問題編

生物 ［生物基礎・生物］

標準問題精講 七訂版

Standard Exercises in Biology

旺文社

Standard Exercises in Biology

生 物

[生物基礎・生物]

標準問題精講

七訂版

石原將弘・山下 翠 共著

問題編

旺文社

はじめに

「先生。授業で先生が教えてくれた色んな考え方や計算方法を完全に自分のものにしたいから，もっと沢山の問題を解いてみよと思て問題集を買ってん。でも，問題は難しいのに解説が少ないから，自分一人では，どう考えてどう解いたらいいかわかれへんねん。どうしたらいいん⁇　もっと詳しく解説してくれてる問題集はないん⁇」という学生の切実な質問を，今までに一体どれほど受け続けてきただろうか…。

そして「やっぱりページ数に限りがあるから，どうしても解説が少なくなってしまうんやろなぁ」と答えながら，心の中で「実験考察系や計算系が中心の良問を集めて，ページ数のことを気にせず，自分の納得がいくまで詳しく解説できる問題集を出せる機会があればいいのに」と，一体どれほど思い続けてきただろうか…。

この『生物(生物基礎・生物)　標準問題精講〔七訂版〕』は，そのような私の願いがようやく叶ったといえる問題集である。そして，本書を一緒に執筆していただいた山下翠先生も，必ずや私と同じ気持ちでおられるはずである。とにかく，一刻も早く，本書の奥の深い精講・丁寧で解りやすい解説・そして的を射た **Point** を通じて，実験考察の仕方・計算の仕方・論述の仕方などの本質を学んでほしい。高度な問題も数多く扱っているので苦労も多いだろうが，その分さらに，諸君の生物学に対する理解や考察する力が飛躍的に伸びることを信じて疑わない。

なお今回の改訂では，今後の入試にしっかり対応できるよう，20題の差し替え・追加を行うことで，新しい出題傾向に沿った問題や今後も出題が増加すると予想される問題を積極的に取り入れ，既存の解答・解説についても，より理解しやすいものとなるよう，多くの修正と加筆を行った。

最後に，編集部の方々，特に小平雅子さんには本書を執筆する機会を与えていただいた上に甚大なご協力をいただいた。ここに改めて「本当に有り難うございました」と，心より感謝の意を表したい。

M. Ishihara

本書の特長と使い方

入試では，ほとんどの受験生が解ける基本問題を完全に解答することはもちろん，標準的な問題～やや難しい問題もかなり解けないと，合格はおぼつきません。

本書は国公立大二次・私立大の入試問題を徹底的に分析し，難関大学の入試で合否の分かれ目になる問題を厳選して，それらを解くためにはどのような学習をしたらよいのかを示しながら丁寧に解説したものです(問題は適宜改題してあります)。したがって，基本的な学習を終了した上で本書にチャレンジしてください。

なお，本書の姉妹書として『生物(生物基礎・生物)基礎問題精講〔五訂版〕』がありますので，基礎力に少し不安のある人は，そちらを理解してから本書にとりかかってください。

本書は10章109標問で構成されています。学習の進度に応じて，どの項目からでも学習できますので，自分にあった学習計画を立て，効果的に活用してください。

解くことに集中できるように，「問題」は別冊に収録しています。とり外して使ってください。

標問

国公立大二次・私立大の入試問題を徹底的に分析し，生物基礎・生物の分野から，難関大学の入試で合否の分かれ目になる問題を厳選しました。

解答・解説 p.●●

各問題の解答・解説が掲載されているページ(本冊)を示しています。

扱うテーマ

関連する分野を示しました。チャレンジしたい問題を探すときの目安に使うなど，うまく活用してください。

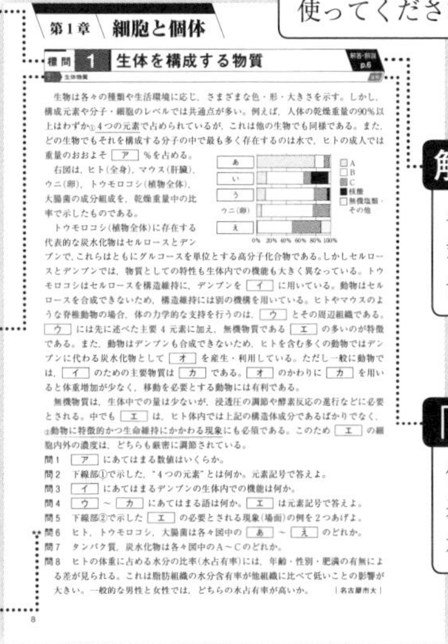

「生物基礎」「生物」

使いやすいように「生物基礎」「生物」の分野を示しました。

★印

無印……必修問題(入試の基礎レベルの問題)
★………合格ラインの問題(難関大の合否を決める問題[平均点をとるためには正解することが必要])
★★……チャレンジ問題(難関大の生物で点差をつけたい人が正解したい問題)

目次

はじめに ……2

本書の特長と使い方 ……3

第1章 細胞と個体

標問No.	問題タイトル	扱うテーマ	範囲	ページ
標問1	生体を構成する物質	生体物質	生物	8
標問2	細胞分画法	細胞分画法／密度勾配遠心法	生物基礎 生物	9
標問3	細胞骨格	細胞骨格／モータータンパク質	生物	10
標問4	細胞膜の構造と機能	流動モザイクモデル／選択的透過性／受動輸送／能動輸送	生物基礎 生物	12
標問5	グルコースの輸送	輸送体による輸送／受動輸送／能動輸送	生物	14
標問6	細胞周期	細胞周期の解析	生物基礎 生物	16
標問7	細胞周期の調節	細胞周期／細胞融合	生物基礎 生物	18
標問8	モータータンパク質	モータータンパク質／細胞骨格／酵素反応の速度	生物	19
標問9	細胞膜受容体と細胞内シグナル伝達	細胞膜受容体／細胞内シグナル伝達／非競争的阻害	生物	21
標問10	プロトプラスト・顕微鏡の操作	プロトプラストの作製／ミクロメーターによる計測	生物基礎 生物	23

第2章 生物の進化と系統

標問11	進化の証拠	命名法／学名／相似と相同	生物	24
標問12	熱水噴出孔	化学進化／熱水噴出孔の生物	生物	26
標問13	進化の要因(1)	集団遺伝／環境要因と遺伝子頻度の変化	生物	28
標問14	進化の要因(2)	ハーディ・ワインベルグの法則／任意交配／遺伝的浮動／自然選択	生物	30
標問15	進化の要因(3)	隔離／自然選択／性選択	生物	32
標問16	鎌状赤血球貧血症	自然選択／集団遺伝／ハーディ・ワインベルグの法則	生物	33
標問17	分子系統樹	分子系統樹／同義置換と非同義置換	生物	34
標問18	ヒトの進化	霊長類とヒトの進化／ヒトの特徴	生物	36
標問19	五界説とドメイン	五界説／ドメイン	生物	38
標問20	動物の分類	動物の分類／脱皮動物と冠輪動物	生物	40
標問21	植物の分類	植物の分類／被子植物の生殖と意義	生物	42

第3章 代　謝

標問22	タンパク質と酵素	タンパク質の構造／酵素の性質／酵素反応のグラフ	生物	44
標問23	酵素反応	酵素反応／酵素反応のグラフ／最適温度と熱変性	生物基礎 生物	46
標問24	酵素反応とその阻害	最適温度と熱変性／競争的阻害／非競争的阻害／化学平衡	生物	48
標問25	酵素反応の速度論(K_m と V_{max})	ミカエリス・メンテンの式／K_m と V_{max}／競争的阻害と非競争的阻害	生物	50
標問26	アロステリック酵素とフィードバック調節	生合成系の活性調節／アロステリック酵素／フィードバック調節	生物	52
標問27	エネルギー代謝と膜輸送	エネルギー代謝／受動輸送と能動輸送／二次能動輸送	生物	54
標問28	光合成の計算と遮断実験	光合成の計算／カルビン回路の遮断実験	生物	56

標問 29	光合成と酵素	C_3 回路とルビスコ／光呼吸／K_m／C_4 回路と PEP カルボキシラーゼ	生物	……57
標問 30	呼吸とその反応調節	呼吸／アロステリック酵素／酸化的リン酸化／化学浸透／アンカップラー	生物	……59
標問 31	呼吸と呼吸基質	呼吸のしくみ／呼吸基質／呼吸商(RQ)	生物	……61

第４章 遺伝情報とその発現

標問 32	点突然変異	翻訳／遺伝子突然変異	生物	……64
標問 33	転写と翻訳(スプライシング)	転写／スプライシング／翻訳／遺伝子突然変異	生物基礎 生物	……66
標問 34	選択的スプライシング	選択的スプライシング／遺伝子突然変異	生物	……68
標問 35	PCR 法	DNA の半保存的複製／PCR 法／遺伝子突然変異	生物	……70
標問 36	原核生物の遺伝子発現とその調節(1)	オペロン説／ラクトースオペロン／リプレッサーによる負の調節	生物	……72
標問 37	原核生物の遺伝子発現とその調節(2)	オペロン説／アクティベーターによる正の調節／ゲル電気泳動法	生物	……74
標問 38	遺伝子組換え(1)	遺伝子組換え／ラクトースオペロン／ブルーホワイトセレクション／転写と遺伝子の方向	生物	……76
標問 39	遺伝子組換え(2)	遺伝子組換え／転写と遺伝子の方向／葉緑体 DNA と RNA 編集	生物	……79
標問 40	真核生物の遺伝子発現とその調節(1)	真核生物の転写調節／DNA のメチル化／エピジェネティック変化	生物	……81
標問 41	真核生物の遺伝子発現とその調節(2)	レポーター遺伝子／転写調節配列／調節タンパク質／電気泳動	生物	……84
標問 42	RNA ウイルスと逆転写	セントラルドグマ／レトロウイルス／逆転写／cDNA	生物	……86

第５章 生殖と発生

標問 43	動物の生殖	無性生殖と有性生殖／減数分裂と配偶子形成／性の分化と *SRY*／ウニの多精拒否	生物	……88
標問 44	受精と減数分裂の再開	受精による減数分裂再開のしくみ／対照実験の組み方	生物	……90
標問 45	ショウジョウバエの発生(1)	母性因子／位置情報／ショウジョウバエの前後軸の決定	生物	……92
標問 46	ショウジョウバエの発生(2)	母性因子／位置情報／前後軸の決定	生物	……94
標問 47	ショウジョウバエの発生(3)	母性因子／位置情報／母性効果遺伝	生物	……96
標問 48	両生類の発生(1)	母性因子／表層回転／灰色三日月環／形成体／カエルの背腹軸の決定	生物	……98
標問 49	両生類の発生(2)	形成体と誘導／両生類の中胚葉誘導／ニューコープの実験	生物	……100
標問 50	両生類の発生(3)	背腹軸の決定／誘導／形成体／全能性と多能性	生物	……101
標問 51	Hox 遺伝子	前後軸／位置情報／Hox 遺伝子	生物	……103
標問 52	色素細胞の分化	キメラマウス／神経堤と神経堤細胞／色素細胞の分化	生物	……105
標問 53	細胞の分化と多能性	発生の進行と遺伝子発現／多能性／全能性／ES 細胞／iPS 細胞	生物	……107

第６章 遺　伝

標問 54	自家受精	自家受精／独立／三遺伝子雑種	生物	……108
標問 55	胚乳形質と独立の三遺伝子雑種	胚乳形質／独立／三遺伝子雑種	生物	……109
標問 56	母性効果遺伝	独立／二遺伝子雑種／不完全顕性／母性効果遺伝／自由交配	生物	……110
標問 57	連鎖と組換え(1)	独立／補足遺伝子／連鎖と組換え／三遺伝子雑種／一遺伝子一酵素説	生物	……111
標問 58	連鎖と組換え(2)	共顕性／独立／連鎖と組換え／電気泳動／一塩基多型(SNP)	生物	……113
標問 59	性と遺伝	ヒトゲノム／性決定の様式／伴性遺伝／ライオニゼーション／*SRY*	生物	……115

標問 60　家系分析　家系分析／伴性遺伝／集団遺伝　生物　····117
標問 61　集団遺伝(1)　集団遺伝／自由交配／ハーディ・ワインベルグの法則／自然選択　生物　····118
標問 62　集団遺伝(2)　集団遺伝／自由交配／ハーディ・ワインベルグの法則／自然選択　生物　····120
標問 63　遺伝子の位置決定(1)　連鎖と組換え／自由交配／DNA マーカー／遺伝子の位置決定　生物　····121
標問 64　遺伝子の位置決定(2)　マイクロサテライト／連鎖と組換え／遺伝子の位置決定　生物　····123

/第 7 章/体内環境の維持

標問 65　心臓・循環　循環系／血管系／血液循環／自律神経系　生物基礎　····126
標問 66　循環系・腎臓　尿生成／内分泌系／血管系／体液／脊椎動物の心臓の構造／排出系／尿素合成　生物基礎　····128
標問 67　尿生成　腎臓の構造／尿生成／内分泌系／体液浸透圧の調節　生物基礎　····130
標問 68　カルシウム代謝　内分泌による恒常性維持　生物基礎　····132
標問 69　血糖量調節　血糖量調節／消化管ホルモン／外分泌と内分泌／糖尿病　生物基礎　····134
標問 70　糖尿病　血糖量調節／糖尿病　生物基礎　····137
標問 71　体温調節　体温調節／内分泌系／自律神経系　生物基礎　····138
標問 72　レプチン　レプチン／血糖量調節／摂食行動の制御　生物基礎　····141
標問 73　免疫とその医療への利用　免疫のしくみ／体液性免疫／ELISA 法　生物基礎 生物　····144
標問 74　細胞性免疫　細胞性免疫／拒絶反応／遺伝／免疫寛容　生物基礎　····146
標問 75　体液性免疫　体液性免疫／バイオテクノロジー／血液／抗体の構造　生物基礎　····149
標問 76　血液型　ABO 式血液型／Rh 式血液型／遺伝　生物　····151

/第 8 章/動物の反応と調節

標問 77　膜電位とその変化　膜電位／静止電位／活動電位　生物　····152
標問 78　神経の興奮と伝導・伝達　活動電位／不応期／伝導／伝達／シナプス後電位／シナプス後電位の加重／軸索小丘　生物　····154
標問 79　シナプス後電位とその加重　興奮の伝達／シナプス後電位／シナプス後電位の加重　生物　····156
標問 80　筋収縮　筋繊維の構造／筋収縮のしくみ／神経伝達物質　生物　····158
標問 81　張　力　サルコメアの構造／滑り説　生物　····160
標問 82　中枢神経　神経系の種類／脊椎動物の脳　生物　····161
標問 83　眼(1)　眼の構造／視神経の構造／明暗調節　生物　····164
標問 84　眼(2)　眼の構造／錐体細胞の種類と色覚　生物　····166
標問 85　耳　耳の構造／全か無かの法則／音の受容と聴覚　生物　····167
標問 86　動物の行動　本能行動／フェロモン　生物　····170

/第 9 章/植物の反応と調節

標問 87　オーキシンの働き　植物ホルモンによる成長調節／重力屈性とオーキシン／オーキシンの器官最適濃度　生物　····172
標問 88　オーキシンの移動　極性移動／オーキシン輸送タンパク質／重力屈性とオーキシン　生物　····174
標問 89　植物細胞内の情報伝達　ジベレリン／転写調節　生物　····177
標問 90　アブシシン酸の働き　光発芽種子／フォトトロピン／気孔の開閉　生物　····180

標問 91	フロリゲン	花芽形成／遺伝子発現調節	生物	····182
標問 92	花芽形成	花芽形成／フロリゲン／日周性／遺伝子発現調節	生物	····184
標問 93	発芽調節	光発芽種子／光受容体／春化処理(バーナリゼーション)	生物	····186
標問 94	水分調節	気孔の開閉／植物の体制	生物	····189
標問 95	被子植物の受粉	花粉管伸長のしくみ／自家不和合のしくみ	生物	····191
標問 96	被子植物の受精	被子植物の重複受精／花粉の発芽／花粉管の胚のうへの誘導	生物	····193
標問 97	花器官の形成と ABC モデル	ホメオティック遺伝子／ホメオティック突然変異／ABC モデル	生物	····194

第10章 生態と環境

標問 98	個体群密度の変化	成長曲線	生物	····196
標問 99	個体数の推測・相変異	個体数の推測／標識再捕法／区画法／相変異	生物	····198
標問 100	種内関係，種間関係	捕食者-被食者相互作用／種内関係／種間関係／学習	生物	····200
標問 101	遷移，バイオーム	植生の遷移／ギャップ更新／バイオーム／(ラウンケルの)生活形	生物基礎	····203
標問 102	垂直分布(動物)	動物の垂直分布／種／種分化	生物基礎 生物	····205
標問 103	垂直分布(植物)	植物の垂直分布／暖かさの指数	生物基礎	····207
標問 104	生態系とエネルギーの移動	生態ピラミッド／物質とエネルギーの移動	生物基礎 生物	····209
標問 105	炭素循環	生態系における物質の循環	生物基礎 生物	····211
標問 106	窒素同化	窒素同化	生物	····212
標問 107	海岸の生態系	植物の環境への適応	生物基礎 生物	····213
標問 108	キーストーン種	食物連鎖／食物網／海岸の生態系／キーストーン種	生物基礎 生物	····214
標問 109	環境保全	生物濃縮	生物基礎 生物	····216

編集担当：小平雅子

著者紹介

石原 將弘(いしはら まさひろ)

元代々木ゼミナール講師。京都大学で学部と大学院博士課程の前後期を通じて魚類の行動生態学を専攻し，南紀白浜の瀬戸臨海実験所で長年に渡ってSCUBAで黒潮の魚を相手にする日々を過ごしていたが，いつの間にやら陸に上がって人の相手をすることに…。著書は『生物思考力問題精講』(旺文社)のほか，『渚の生物』(共著，海鳴社)，『さんご礁の海から(ハンス・W・フリッケ著)』(共訳，思索社)，『魚類の繁殖行動』(共著，東海大学出版会)などの研究関連のもの。既成概念に囚われない自由な発想で物事をわかりやすく説明することを得意とする。

山下 翠(やました みどり)

愛知県生まれ。現在，駿台予備学校講師。論理的でストーリー性のある解説に定評がある。「得点アップのためにはまず楽しむことが必須」という観点から行われる講義は，受講生から「勉強なのに楽しい！」との声が絶えない。著書に，『生物入門問題精講』，『大学入試全レベル問題集 生物 レベル①』(以上旺文社)などがある。趣味はランニング。生徒の合格報告とマラソンの記録更新が同じくらい嬉しい。

第1章 細胞と個体

標問 1 生体を構成する物質

解答・解説 p.6

扱うテーマ 生体物質 生物

生物は各々の種類や生活環境に応じ，さまざまな色・形・大きさを示す。しかし，構成元素や分子・細胞のレベルでは共通点が多い。例えば，人体の乾燥重量の90％以上はわずか①4つの元素で占められているが，これは他の生物でも同様である。また，どの生物でもそれを構成する分子の中で最も多く存在するのは水で，ヒトの成人では重量のおおよそ［ア］％を占める。

右図は，ヒト(全身)，マウス(肝臓)，ウニ(卵)，トウモロコシ(植物全体)，大腸菌の成分組成を，乾燥重量中の比率で示したものである。

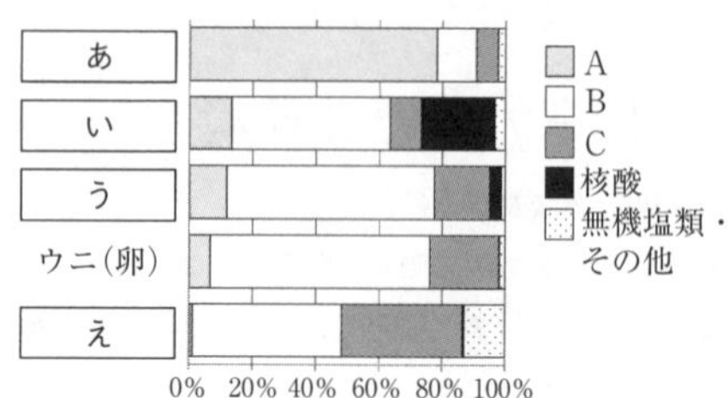

トウモロコシ(植物全体)に存在する代表的な炭水化物はセルロースとデンプンで，これらはともにグルコースを単位とする高分子化合物である。しかしセルロースとデンプンでは，物質としての特性も生体内での機能も大きく異なっている。トウモロコシはセルロースを構造維持に，デンプンを［イ］に用いている。動物はセルロースを合成できないため，構造維持には別の機構を用いている。ヒトやマウスのような脊椎動物の場合，体の力学的な支持を行うのは，［ウ］とその周辺組織である。［ウ］には先に述べた主要4元素に加え，無機物質である［エ］の多いのが特徴である。また，動物はデンプンも合成できないため，ヒトを含む多くの動物ではデンプンに代わる炭水化物として［オ］を産生・利用している。ただし一般に動物では，［イ］のための主要物質は［カ］である。［オ］のかわりに［カ］を用いると体重増加が少なく，移動を必要とする動物には有利である。

無機物質は，生体中での量は少ないが，浸透圧の調節や酵素反応の進行などに必要とされる。中でも［エ］は，ヒト体内では上記の構造体成分であるばかりでなく，②動物に特徴的かつ生命維持にかかわる現象にも必須である。このため［エ］の細胞内外の濃度は，どちらも厳密に調節されている。

問1　［ア］にあてはまる数値はいくらか。

問2　下線部①で示した，“4つの元素”とは何か。元素記号で答えよ。

問3　［イ］にあてはまるデンプンの生体内での機能は何か。

問4　［ウ］～［カ］にあてはまる語は何か。［エ］は元素記号で答えよ。

問5　下線部②で示した［エ］の必要とされる現象(場面)の例を2つあげよ。

★★問6　ヒト，トウモロコシ，大腸菌は各々図中の［あ］～［え］のどれか。

問7　タンパク質，炭水化物は各々図中のA～Cのどれか。

問8　ヒトの体重に占める水分の比率(水占有率)には，年齢・性別・肥満の有無による差が見られる。これは脂肪組織の水分含有率が他組織に比べて低いことの影響が大きい。一般的な男性と女性では，どちらの水占有率が高いか。　｜名古屋市大｜

標問 2 # 細胞分画法

解答・解説 p.8

扱うテーマ 細胞分画法／密度勾配遠心法

生物基礎 生物

植物の緑葉を用いて，以下の手順で密度勾配遠心法を行った。

濃度の異なるスクロース(ショ糖)水溶液を重層した遠心管を準備した。用いたスクロース水溶液の質量パーセントと体積濃度の関係を表1に示す。ある植物の緑葉を等張液中でつぶして細胞破砕液を作製した。この操作によってある割合で細胞小器官も破壊され，その内部の構造体が遊離した。この細胞破砕液をスクロース水溶液の上に重層し(図1，遠心分離前)，遠心分離機にかけて遠心操作を行った。遠心分離後，①細胞小器官やその他の構造体は密度に応じて分離され，図1の矢印1～6のいずれかの位置に濃縮された(図1，遠心分離後)。細胞小器官の密度は生物種や細胞の種類によって異なるが，この実験に用いた植物細胞の3種類の細胞小器官の密度を表2に示す。なお，実験中に遠心管内のスクロース水溶液は濃度変化しなかったものとする。

表1　スクロース濃度

質量パーセント(%)注1	20	30	40	50	60
体積濃度(g/L)注2	216.2	338.1	470.6	614.8	771.9

注1：たとえば，20%スクロース水溶液は溶液100g中にスクロース20gを含む。

注2：たとえば，20%スクロース水溶液は溶液1L(リットル)中にスクロース216.2gを含む。

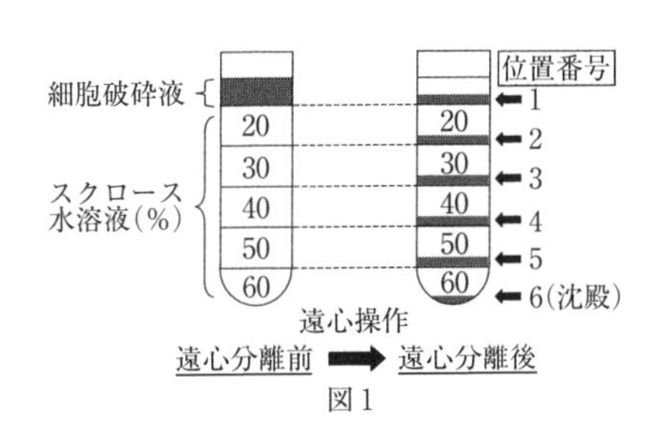

図1

表2　細胞小器官の密度

細胞小器官	(a)　核	(b)　ゴルジ体	(c)　ミトコンドリア
密度(g/cm^3)	1.32	1.10	1.20

★★ 問1　下線部①について，遠心分離後に表2の細胞小器官(a)～(c)は主に遠心管のどの位置に分離されていると考えられるか，細胞小器官ごとに対応する図1の位置番号を記せ。

問2　遠心分離後，遠心管の図1の位置番号1～6のうちの2ヶ所が緑色を呈していた。この観察結果について，以下の(1)～(3)の問いに答えよ。

(1)　緑色を呈する物質の名称を記せ。

(2)　緑色を呈していた2ヶ所の位置には，それぞれどのような構造体が濃縮されていると考えられるか。それらの名称を記せ。

(3)　この観察結果から，実験操作中にどのようなことが起き，緑色の構造体が2ヶ所に分かれたと考えられるか，記せ。

｜京大｜

標問 3 細胞骨格

解答・解説 p.10

扱うテーマ 細胞骨格／モータータンパク質

生物

A. 生物は細胞骨格と呼ばれる繊維状の構造を細胞内にもっている。真核生物では，微小管，アクチンフィラメント，中間径フィラメントの３つの細胞骨格がみられ，それらは細胞の構造の維持，運動，細胞内における物質の輸送など，細胞のさまざまな機能を担っている。微小管は，α［ア］とβ［ア］の２つの球状のタンパク質によってつくられる管状の繊維である。アクチンフィラメントは，球状のタンパク質であるアクチンの単量体がつらなって形成される２本の鎖からできている。中間径フィラメントは細長い構造をもつタンパク質が束になってつくられる。

微小管やアクチンフィラメントに結合し，［イ］の分解エネルギーを利用してそれら繊維の上を移動するタンパク質を［ウ］タンパク質と呼ぶ。［ウ］タンパク質は細胞内のさまざまな物質と結合することで，それらの輸送に役割を果たしている。微小管とアクチンフィラメントには極性があり，繊維の２つの末端はそれぞれマイナス(－)端，プラス(＋)端と呼ばれる。［ウ］タンパク質は種類によってどちらの端に向かって移動するかが決まっている。微小管上を移動する［ウ］タンパク質には［エ］と［オ］があるが，例えば動物のニューロンでは，［エ］は軸索末端から細胞体(－端方向)への，［オ］は細胞体から軸索末端(＋端方向)への物質の輸送を担っている。アクチンフィラメント上を移動する［ウ］タンパク質である［カ］は，真核生物が共通にもつタンパク質であり，動物では筋収縮にも役割を果たしている。

問１　文中の空欄に適切な用語を記せ。

問２　以下の(1)～(6)の語に最も関連性が深い細胞骨格はどれか。アクチンフィラメントはａ，微小管はｂ，中間径フィラメントはｃを記せ。

(1)　紡錘糸
(2)　植物の細胞質にみられる原形質(細胞質)流動
(3)　デスモソーム
(4)　ウニの精子の先体突起
(5)　精子のべん毛
(6)　核の形の維持(核膜の裏打ち)

B. 細胞骨格の形成のしくみや細胞内での働きを調べるために，生物がつくり出す代謝産物が利用されている。その１つである薬剤Ｘは，単量体のアクチンには結合しないが，繊維を形成しているアクチン(アクチンフィラメント)には結合する。薬剤Ｘは，１本のアクチンフィラメントにおおよそ１つ結合し，結合した場所で作用することがわかっている。薬剤Ｘがアクチンフィラメントの伸長にどのような作用をもつのかを調べるため，図１のような実験を行った。アクチンフィラメントの形成過程では，複数個の単量体のアクチンが集まって安定した形になると，その末端に単量体のアクチンがさらに付加されて繊維が伸長する。はじめに，単量体のアクチンを，塩類を含む溶液に適切な濃度で加えて短いアクチンフィラメントを形成させた(図1，①)。この短いアクチンフィラメントに，アクチンに結合性をもつタンパク質を安定的に結合させ，それによって全体が修飾されたアクチンフィラメントを作製した(図1，②)。図1のように，このタンパク質で全体が修飾されたアクチンフィラメントは，顕微鏡で観察すると－端と＋端の判別ができるようになる。次に②に対して，片方には単量体のアクチンと薬剤Xを加え，もう片方には単量体のアクチンのみを加えた。その後，時間を追って，それぞれのアクチンフィラメントの伸長のようすを観察した(図1，③)。

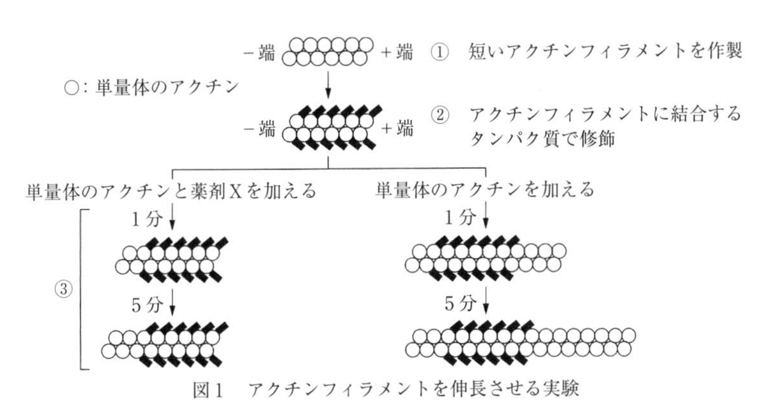

図1　アクチンフィラメントを伸長させる実験

★問3　図1の実験結果から，アクチンフィラメントの伸長は通常どのように進むと考えられるか。文中に「単量体のアクチン」，「－端」，「＋端」の3つの用語を用いて50字程度で述べよ。

★問4　図1の実験結果から，薬剤Xは，アクチンフィラメントの「－端」，「＋端」，それぞれの方向への伸長にどのような作用をもつか30字程度で答えよ。また，薬剤Xがアクチンフィラメントに結合すると考えられる場所を答えよ。

★問5　分裂を行っている動物の細胞に対して，細胞周期のM期に薬剤Xを作用させたところ，M期の終期に起こる現象が阻害された。また，この現象が阻害された細胞は，その後，間期に進行して細胞内に核を形成したが，形成された核には通常の細胞のものと異なる点があった。薬剤Xによって阻害された細胞の現象を答えよ。また，薬剤Xを作用させた細胞の核が通常と異なった点を考えて述べよ。

｜2020年 名大｜

標問 4 細胞膜の構造と機能

解答・解説 p.12

扱うテーマ 流動モザイクモデル／選択的透過性／受動輸送／能動輸送

生物基礎 生物

細胞は，絶えず水や養分を取り入れ，余分な水や老廃物などを排出している。細胞における物質の出入りは，a細胞膜を通して行われている。細胞膜は主として［ア］とタンパク質からできている。［ア］分子には［イ］性の部分と［ウ］性の部分があり，2層に並んだ［ア］分子が［イ］性の部分を外側に，［ウ］性の部分を内側にして向かい合っている。細胞膜に埋め込まれたタンパク質には，物質の輸送に関連するものとb細胞外の情報を受け取り細胞内へ伝えるものが存在する。細胞膜は特定の物質を選択的に通過させる性質を示し，c濃度勾配に従って物質を通過させる場合と，濃度勾配に逆らって物質を通過させる場合とがある。

問1 下線部aに関して，細胞膜の厚さとして適切な値を次から1つ選べ。

① 約1nm　② 約10nm　③ 約100nm　④ 約1000nm

問2 上の文中の空欄に適語を入れよ。

問3 下線部bに関して，細胞外の情報を細胞内へ伝えるタンパク質の具体的な名称を1つ答えよ。

問4 下線部cに関して，単純拡散(輸送タンパク質を必要としない濃度勾配に従った輸送)によって細胞膜を透過する物質を次から2つ選べ。

① グリセリン　② 水　③ ATP
④ 二酸化炭素　⑤ カルシウムイオン　⑥ グルタミン酸

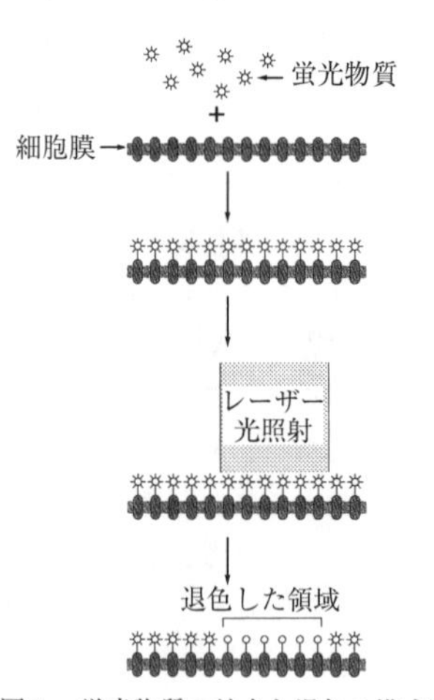

図1 蛍光物質の結合と退色の模式図

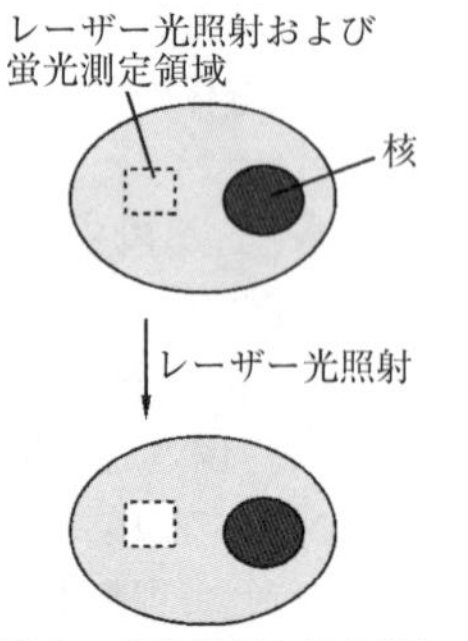

図2 蛍光測定を行う細胞の模式図

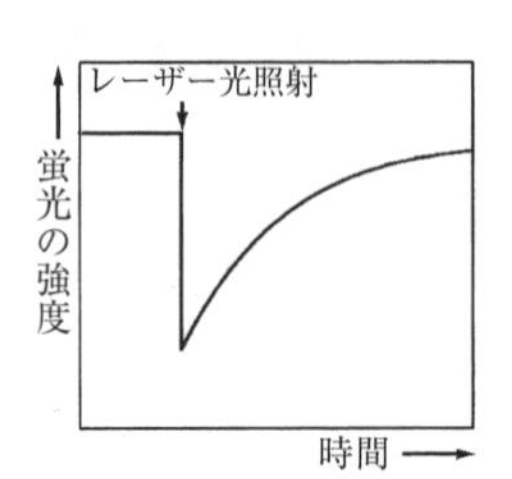

図3 測定領域での蛍光の強度の変化

★問５　細胞膜の研究のために，次のような実験を行った。この実験結果から，細胞膜のどの様な性質が明らかになるか，理由とあわせて述べよ。

実験　蛍光物質とは，励起光と呼ばれるある波長の光を当てると，蛍光と呼ばれる特定の波長の光を出す物質である。蛍光物質に強力なレーザー光を照射すると，退色と呼ばれる現象を起こし，励起光を当てても蛍光を出さなくなる。ある細胞の細胞膜に存在するタンパク質に蛍光物質を結合させ(図１)，図２の破線で示した場所にレーザー光を照射して蛍光物質を退色させる実験を行った。その場所で一定強度の励起光を当て蛍光の強度をレーザー光照射の前後にわたって測定したところ，図３のグラフに示すような蛍光の強度の変化が見られた。

★問６　細胞膜をつくるリン脂質だけを取り出して試験管の中でリポソームという脂質二重層からなる人工膜小胞を作ることができる。細胞膜の特定のタンパク質を精製してリポソームに組み込むと，組み込んだタンパク質固有の性質を詳しく調べることができる。

ナトリウムポンプ(ナトリウム-カリウム ATP アーゼ)は細胞膜を貫通するタンパク質であり，細胞膜では常に分子の特定の部位を細胞の外側に向け，別の特定の部位を細胞の内側に向けている。ナトリウムポンプを組み込んだリポソームを作製し，体液と同じイオン組成の液に入れて実験を行った。

図４に示すように，リポソームに組み込んだナトリウムポンプがＡ～Ｃの３つの異なる向きを取るようにした。すなわち，本来，細胞の外側に面している部位が，すべてリポソームの外側に向くようにしたもの(A)，すべてリポソームの内側に向くようにしたもの(B)，リポソームの内側，外側に向くものが半数ずつ混在するようにしたもの(C)，の３種類である。これらのリポソームを用いて37℃の液中で次の実験１，２を行った。なお実験開始時のリポソームの内側には外側と同じ液が含まれるようにした。

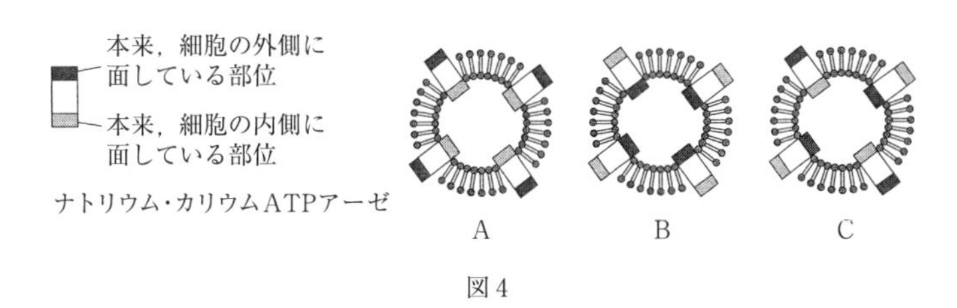

図４

実験１　(A)～(C)のリポソームの外側の液に ATP を添加した。

実験２　(B)のリポソームの内側の液の Na^+ 濃度を外側より20ミリモル/L 低くし，逆に K^+ 濃度は外側より20ミリモル/L 高くした。この条件でリポソームの外側の液に ATP を添加した。

それぞれの実験において，リポソームの内側の Na^+，K^+ 濃度は実験開始時に比較してどのように変化するか。①高くなる，②変わらない，③低くなる，の中からそれぞれ１つずつ選べ。

｜大阪公大・浜松医大｜

標問 5 グルコースの輸送

解答・解説 p.14

扱うテーマ 輸送体による輸送／受動輸送／能動輸送

生物

食物として摂取したデンプンはアミラーゼと［ア］によってグルコースに分解される。このグルコースは，小腸の内面を覆う上皮細胞が吸収する。この上皮細胞にはグルコースなどの栄養物を効率よく吸収するために［イ］が発達している。上皮細胞は小腸の腸管内腔から血管側の細胞外液にグルコースを輸送する働きがある。このグルコースの輸送は上皮細胞の細胞膜にある次の3種類のタンパク質によって行われる。

i．Na^+ がその濃度勾配に従って輸送される時に，Na^+ の輸送と同じ方向にグルコースを能動的に輸送する輸送体タンパク質

ii．グルコースをその濃度勾配に従って輸送する輸送体タンパク質

iii．ATPを消費して Na^+ を能動輸送するタンパク質(ウアバインはこの輸送タンパク質の働きを特異的に阻害する)

これらのタンパク質は上皮細胞の腸管内腔と接する頂頭部の細胞膜と血管側の細胞外液と接する細胞膜のどちらか一方のみに存在している。グルコースの輸送に関わるこれらのタンパク質について以下の実験を行った。

［実験］ ネズミの円筒状の小腸の一部を切り出し，下図のように平板状にした小腸を，2つの容器で挟んで固定した。2つの容器は酸素で飽和させた生理的塩類溶液(Na^+を含む)で満たし，全体を37℃に保ちながら，測定点A(上部容器内)，測定点B(小腸の上皮細胞内)，測定点C(下部容器内)でグルコース濃度と Na^+ 濃度を測定した。ただし，上部容器と下部容器の容量は上皮細胞の容量に比べ充分な量があり，物質の出入りがあっても上部容器と下部容器での物質の濃度の変化は無視できるものとする。なお，ウアバインは細胞の外側の表面だけに作用するものとする。

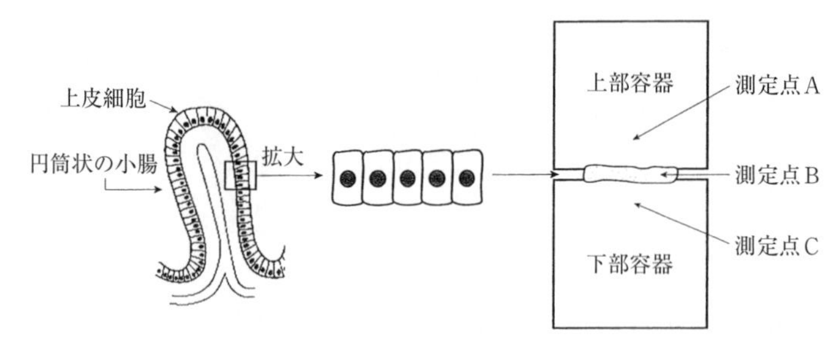

実験1 上部容器と下部容器の溶液に，それぞれ最終濃度が1g/Lになるようにグルコースを加えた。しばらくして，測定点A，B，Cでグルコース濃度と Na^+ 濃度を測定したところ，グルコース濃度は測定点Bで最も高い濃度を示し，Na^+ 濃度は測定点Bで最も低い濃度を示した。

実験2 両容器の溶液から酸素を除去して，**実験1**と同様の実験を行うと，グルコース濃度と Na^+ 濃度は測定点A，B，Cでほぼ同じになった。

実験3　ウアバインを上部容器に加え，**実験1**と同様の実験を行うと，**実験2**の結果とほぼ同じになった。

実験4　上部容器と下部容器の溶液から酸素を除去して，下部容器のNa^+だけを10倍の濃度にして**実験1**と同様の実験を行うと，グルコース濃度は測定点Bで最も高い濃度を示した。

問1　文中の空欄に最も適当な語句を入れよ。

★★問2　上部容器だけにグルコースを加えて，**実験1**と同様の実験を行った。このとき，測定点A～Cのグルコース濃度について最も適当なものを，次から1つ選べ。

①　Aが一番高い　②　Bが一番高い　③　Cが一番高い

④　AとCがほぼ同じで高い　⑤　AとBがほぼ同じで高い

⑥　BとCがほぼ同じで高い　⑦　3点において濃度差が見られない

★★問3　下部容器だけにグルコースを加えて，**実験1**と同様の実験を行った。この実験におけるグルコースの移動について最も適当なものを，次から1つ選べ。

①　下部容器のグルコースはそのまま下部容器から移動しない。

②　下部容器のグルコースは上皮細胞に移動し，細胞内で留まる。

③　下部容器のグルコースは上皮細胞に移動した後，下部容器に戻り，下部容器と上皮細胞の間を循環する。

④　下部容器のグルコースは上皮細胞を経て，上部容器に移動する。

⑤　下部容器のグルコースは上皮細胞を経て，上部容器に移動した後，上皮細胞を経由して下部容器に戻り，下部容器と上部容器の間を循環する。

★★問4　グルコースの能動輸送と，ATPの消費に関する記述として最も適当なものを，次から1つ選べ。

①　上部容器と接している細胞膜でATPを消費し，下部容器と接している細胞膜でグルコースを能動輸送する。

②　上部容器と接している細胞膜でATPを消費し，グルコースを能動輸送する。

③　下部容器と接している細胞膜でATPを消費し，上部容器と接している細胞膜でグルコースを能動輸送する。

④　下部容器と接している細胞膜でATPを消費し，グルコースを能動輸送する。

⑤　上部容器と接している細胞膜と下部容器と接している細胞膜の両方でATPの消費とグルコースの能動輸送をする。

問5　iの輸送タンパク質は，グルコース1分子を小腸上皮細胞へ取り込む時に，同時に1個のNa^+を取り込む。100gのグルコースを取り込む時に必要なNa^+を得るには，何グラムのNaClが必要か，小数第2位を四捨五入して求めよ。なお，C，H，O，Na，Clの原子量は，それぞれ，12，1，16，23，35.5とする。

｜立教大・大阪公大｜

標問 6 細胞周期

解答・解説 p.16

扱うテーマ 細胞周期の解析

生物基礎 / 生物

A. 植物の根が伸長するとき，根端分裂組織では細胞が分裂を繰り返し細胞増殖する。根の細胞周期を調べるために，チミジンの類似物質であるエチニル・デオキシウリジン(EdU)を含む培地で根を生育させた。EdU は DNA 複製時に DNA に取り込まれるが，DNA 複製や細胞周期に影響を及ぼすことはない。化学処理をすることで，EdU は蛍光を発するため，顕微鏡を使用して DNA 複製期（S 期）の細胞を特定することができる。EdU を用いて，次の**実験 1** と**実験 2** を行った。

実験 1　EdU を含んだ培地で生育させたところ，17時間経過後に根端分裂組織の全細胞の細胞核で EdU の取り込みが検出できた。

実験 2　EdU を含む培地で短時間生育させた後，根をよく洗い，EdU を含まない培地で生育させた。EdU を含まない培地で生育させた根端分裂組織の中で，明視野観察による細胞数の測定および，DNA を染色した細胞内の特徴を指標に分裂期(M期)の細胞を特定して EdU の取り込み細胞の割合を算出した。その結果，図 1 のように EdU の検出されたM期の細胞の割合は時間によって変動した。

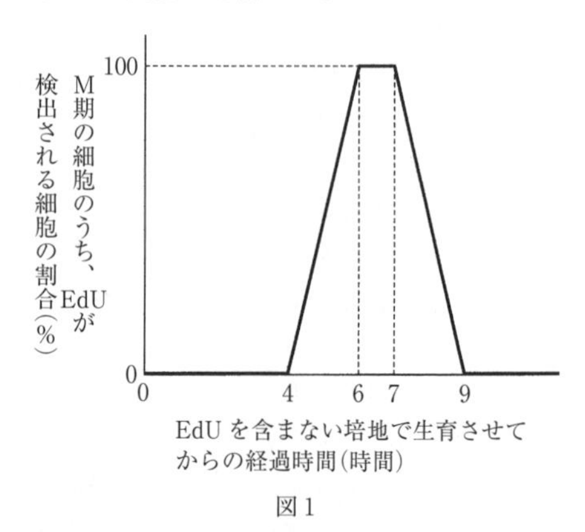

図 1

★★ **問 1**　**実験 1** および**実験 2** の結果から，この植物の根端分裂組織細胞の細胞周期の各期はそれぞれ何時間と考えられるか。

B. ある哺乳動物に由来する体細胞の細胞周期を調べる実験を行った。この細胞は，通常の条件で培養すると細胞周期の時期はそろわないが，細胞集団中のすべての細胞は約16時間で細胞周期が 1 回転することがわかっている。この実験では，ヨウ化プロピジウムという，2 本鎖ヌクレオチドに入り込み，隣接する塩基対と塩基対の間に入ると蛍光を発するようになる色素と，フローサイトメーターという細胞 1 個 1 個の発する蛍光強度を測定することができる分析機を使用した。この細胞をヨウ化プロピジウムで染色し，フローサイト

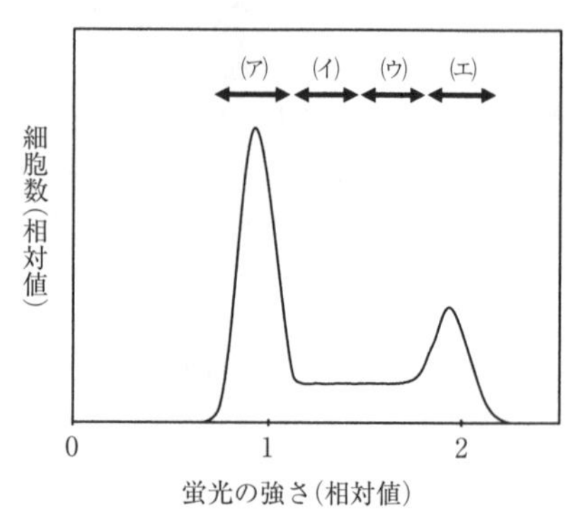

図 2　細胞の蛍光強度分布

メーターで個々の細胞の蛍光強度とその数を測定したところ，図２のような結果が得られた。

問２　図２の蛍光の強さは個々の細胞の何に対応するか。次から最も適切なものを１つ選べ。

①　DNA 含量　　②　RNA 含量　　③　タンパク質含量
④　脂質含量　　⑤　GC 含量

問３　G_1 期，G_2 およびM期，Ｓ期の前半，Ｓ期の後半にある細胞の蛍光は図２中の両矢印(ア)～(エ)で示した領域のいずれに観察されるか。それぞれ最も適切なものを１つずつ選べ。

★問４　ノコダゾールという薬剤は紡錘糸の伸長を阻害し，染色体が分離できない状態のまま細胞周期の進行を停止させることがわかっている。細胞をノコダゾールを加えた培地中で20時間培養した後，ヨウ化プロピジウムで染色した場合，蛍光強度分布はどのようになると予想されるか。右の図①～⑥の中から最も適切なものを１つ選べ。

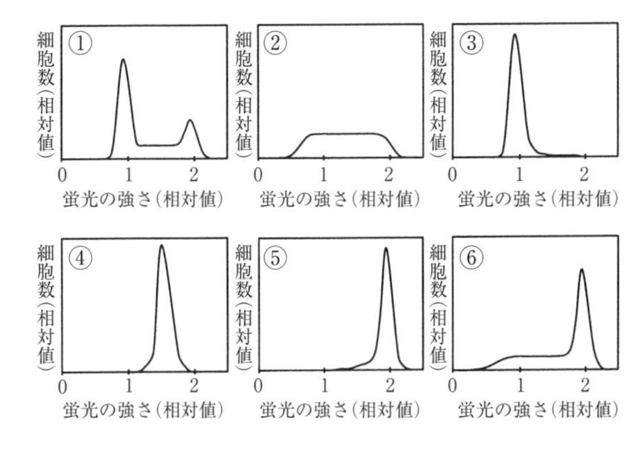

★問５　ある薬剤Xは，細胞周期の進行を阻害することはわかっているが，どのようなしくみで細胞周期を停止させるかはわかっていない。そこで培地に薬剤Xを加えて細胞を20時間培養した後，蛍光の強さを測定したところ図３に実線で示すような結果を得た。薬剤Xを加える前の細胞の蛍光は図３の点線で示すような分布であった。薬剤Xは，どのように働いて細胞周期を停止させたと考えられるか。次から最も適切なものを１つ選べ。

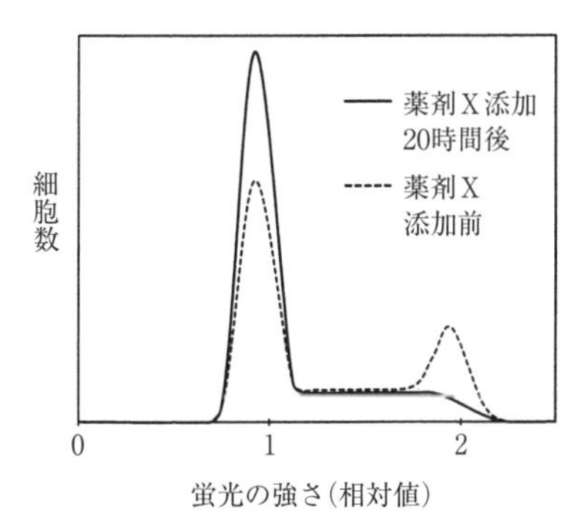

図３　薬剤Xを作用させる前と後の細胞の蛍光強度分布

①　細胞質分裂の阻害
②　染色体の凝縮の阻害
③　DNA 合成の阻害　　④　新たな核膜の形成阻害

｜東京理大・大阪公大｜

標問 7 細胞周期の調節

解答・解説 p.20

扱うテーマ 細胞周期／細胞融合

生物基礎 生物

細胞分裂においてDNA合成(複製)，核分裂，細胞質分裂などにみられる周期性を細胞周期と呼び，細胞は，… → G_1期(DNA合成準備期) → S期(DNA合成期) → G_2期(分裂準備期) → M期(分裂期) → G_1期 → …，という経過を繰り返しながら分裂する。

異なる細胞周期にある2つの細胞を融合させ，それぞれの核が融合せず共存している状態の細胞の核について調べたところ，以下のような結果が得られた。

(i) S期の細胞とG_1期の細胞を融合したところ，S期の核ではDNA合成が進行し，G_1期の核はすぐにS期に進んだ。

(ii) S期の細胞とG_2期の細胞を融合したところ，S期の核はそのままDNA合成を続け，G_2期の核はS期の核が追いつくまでG_2期にとどまり，その後そろってM期に進んだ。

(iii) G_2期の細胞をG_1期の細胞と融合したところ，G_2期の核はそのままG_2期にとどまって，分裂の進行が遅れた。G_1期の核は予定通りS期に進み，特別の変化はみられなかった。

(iv) M期の細胞と融合した間期の細胞の核では，染色体が形成され，核膜が崩壊した。

★★問1 次の中から正しいものを4つ選べ。

① G_1期の細胞はDNAを合成する準備ができているが，DNA合成を開始するのに必要なシグナル(S期活性化因子)をもたない。

② M期の細胞質にはM期を開始するのに必要なシグナル(M期促進因子)があり，細胞周期のどの期にある細胞もこれに感受性をもつ。

③ G_1期の核はS期活性化因子に応答しない。

④ G_2期の核はS期活性化因子に応答しないが，M期を経て新たなG_1期に入れば，DNA合成が可能になる。

⑤ M期の細胞質にあるM期促進因子は，M期に進行する準備が整った細胞にしか作用しない。

⑥ S期活性化因子はS期が終わると消失し，G_2期の細胞には存在しない。

⑦ G_2期の核はS期活性化因子に応答し，DNA合成を再び開始する。

⑧ S期活性化因子はS期が終わっても消失せず，G_2期の細胞でも存在する。

⑨ G_1期の細胞はDNAを合成する準備ができているが，DNA合成を阻害する因子をもっている。

問2 細胞融合は自然条件下における細胞や組織などの形成時にも起こることが知られている。次の中から適切な例を3つ選べ。

① 血管内皮　② シナプス　③ 心筋　④ 小腸縦走筋

⑤ 導管　⑥ 変形菌類(真性粘菌)の変形体

⑦ 黄体　⑧ 受精卵　⑨ 形成層　⑩ 骨格筋

｜早大｜

標問 8 モータータンパク質

解答・解説 p.22

扱うテーマ モータータンパク質／細胞骨格／酵素反応の速度　生物

筋細胞内のモータータンパク質ミオシンは，細胞骨格タンパク質アクチンからなるフィラメントと作用することによって，ATPを盛んに分解するようになり，その結果，力を発生しアクチンフィラメント上を一方向へ移動することができる。このとき，ATPはADPとリン酸に分解される。ふつうの細胞内でも，筋細胞のミオシンやアクチンと同じような性質をもったタンパク質が存在する。そのモータータンパク質は，物質や細胞小器官を結合し，はりめぐらされた鉄道網のような細胞骨格上を移動している。

ある種のキノコの細い菌糸を顕微鏡で観察すると，細胞小器官(小胞)が先端と基部方向および核方向へ輸送されるのが見える(図1)。小胞輸送に関与するタンパク質として，A，B，Cがみつかっている。これらのタンパク質に関して次の3つの実験をした。

図1

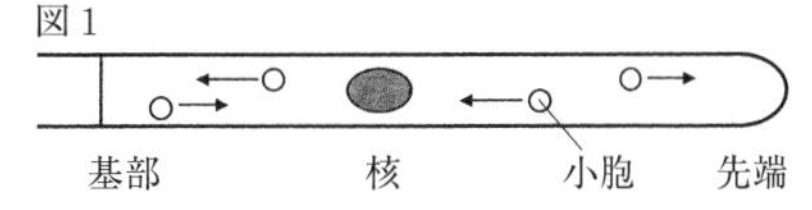

実験1　野生型またはタンパク質A，Bのいずれかを欠損したキノコの菌糸を顕微鏡で観察して小胞の分布を調べたところ，下の表1のような結果が得られた。

表1

キノコの型	タンパク質　ある：＋　なし：－		小胞の分布
	A	B	
野生型	＋	＋	全体に分布している。
変異型Ⅰ	＋	－	核付近に蓄積している。
変異型Ⅱ	－	＋	先端と基部に蓄積している。

実験2　ATPが分解されてリン酸が増える反応を調べることにした。野生型のキノコ菌糸から調製したタンパク質A，B，Cを異なる組み合わせで，1リットルの反応液に加え，さまざまなATP濃度で反応させた。その結果得られたリン酸量の増加速度を図2に示す。ただし，A，B，C単独で実験する場合にはタンパク質量は2.0×10^{-6}モルに調製した(1モルは6.02×10^{23}分子を表す単位である)。また，A＋CとB＋Cの場合は，2.0×10^{-6}モルのタンパク質AまたはBに，タンパク質Cを過剰に加えた。

図2

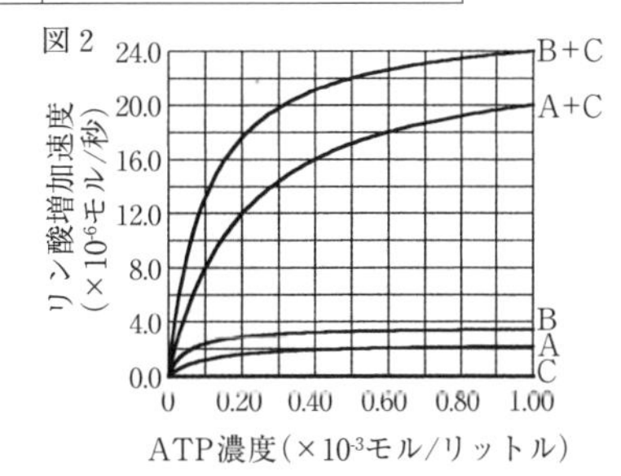

実験3　実験2で調製したタンパク質Bに目印となる色素を結合させ，キノコの菌糸に注入してタンパク質1分子の運動を調べ

図3

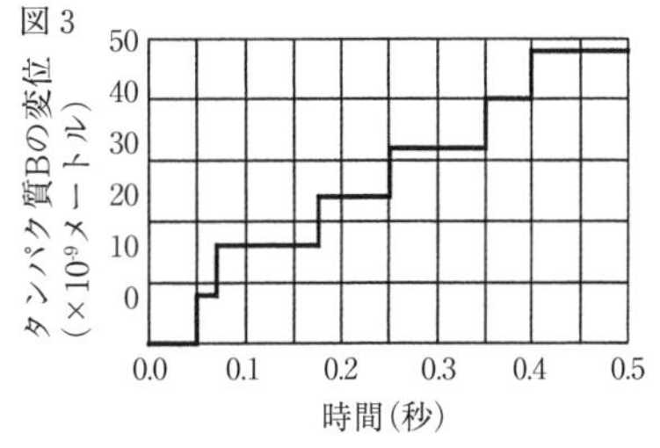

た。図 3 は0.5秒間にみられた変位(実験開始時の位置からの距離)の時間経過を示しており，小さなステップ(段)状に動く頻度は，確率的であることがわかる。ここでは，0.5秒間のステップ数について，最も多く観測された典型例を示している。

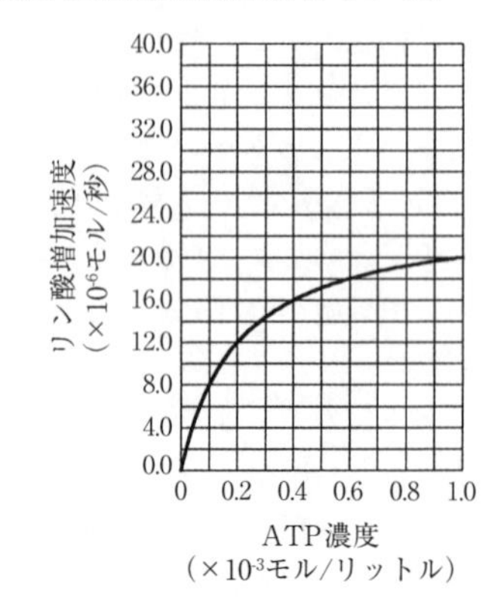

問1　実験 2 の A + C の条件で，タンパク質 A の量を 1.0×10^{-6} モルで実験した。その結果を，右のグラフに 2.0×10^{-6} モルの結果にならって記入せよ。

問2　細胞小器官を先端や基部へ運ぶモータータンパク質はどれか。また核付近へ運ぶモータータンパク質はどれか。A，B で答えよ。

★問3　タンパク質 C の役割について答えよ。根拠となる実験結果とともに記述せよ。

★問4　実験 2 のグラフ B + C において，ATP 濃度を増やしたとき，リン酸増加速度がほぼ一定になる。その理由を述べよ。

★★問5　キノコ菌糸内部において ATP 濃度が 1.0×10^{-3} モル/リットル，タンパク質 B 濃度が 2.0×10^{-6} モル/リットルでタンパク質 C が十分に存在するとき，1 秒間に 1 分子のタンパク質 B が分解する ATP の平均分子数を計算せよ。その計算結果と実験 3 のタンパク質 B のステップ状の動きとから予想される「1 分子のタンパク質 B の ATP 分解と運動の連動性」について述べよ。ここで行った実験結果のみから考察すること。ただし，実験 3 の目印色素の結合によってモータータンパク質の働きは変化しないものとする。

｜2008年 阪大(改題)｜

標問 9 細胞膜受容体と細胞内シグナル伝達

解答・解説 p.24

扱うテーマ 細胞膜受容体／細胞内シグナル伝達／非競争的阻害　生物

細胞が増殖するためには，細胞外にある増殖因子と呼ばれるタンパク質が，細胞膜を貫通する受容体の細胞外の部位に結合し，その受容体の細胞内にある部位に結合する分子(基質)をリン酸化(基質にリン酸基を共有結合させること)して，細胞に増殖を促すシグナルを伝達するケースが多い。基質のリン酸化は以下のような反応で生じ，受容体の中にある基質をリン酸化する部位が，リン酸化酵素としてこの反応を触媒する。

基質＋ ATP
　⟶リン酸基が結合した基質
　　＋ADP

この受容体からのシグナル伝達異常は細胞の異常な増殖を促し，がんの原因になることが知られている。

ある受容体Aには，細胞外の領域に増殖因子Xが結合する部位があり，細胞内の領域に基質Bをリン酸化する部位がある。受容体Aに増殖因子Xが結合すると，受容体どうしが結合し2分子になる。2分子になるとリン酸化する部位が活性化し，基質Bをリン酸化することができるようになる(図1)。基質Bがリン酸化されると細胞の増殖が促進されるため，通常は増殖因子Xの存在する場合のみ，細胞増殖が促進される。

しかし，ある種のがん細胞では，染色体の異常により，受容体Aの

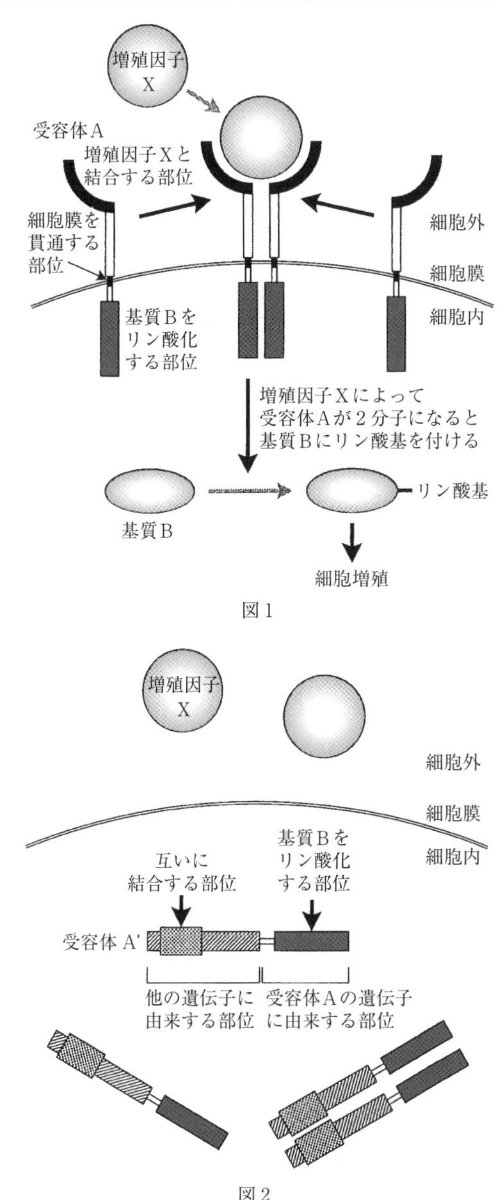

図1

図2
(出典：Tri Le, David E. Gerber, Seminars in Cancer Biology (2016)より一部改変)

遺伝子の細胞外の領域と細胞膜を貫通する部位に対応する部分が他の遺伝子と入れ替わる。一方で，細胞内の基質Bをリン酸化する部位は入れ替わらない。このように，部分的に他の遺伝子と入れ替わった受容体Aを受容体 A' と呼ぶことにする(図2)。受容体 A' の中の他の遺伝子に由来する部位の一部には互いに結合する部位があることが判明した。また受容体 A' は細胞膜を貫通する部位がないため，細胞内に存在する(図2)。

★問1　受容体Aが受容体 A' に変化した細胞では常に細胞増殖が促進されている。細胞内では受容体 A' によってどのようなことが起きて細胞増殖が促進されるか，以下の語句をすべて用いて75字以内で述べよ。

語句：増殖因子X，受容体 A'，基質B

★問2　受容体 A' 内の基質Bをリン酸化する部位は，基質が結合する部位と ATP が結合する部位という各々独立の部位から構成され，受容体 A' に基質Bと ATP の両方が結合することが基質Bのリン酸化に必要である。ATP が結合する部位はくぼんでおり，ATP はそのくぼみの一部に入り込んで結合する(図3)。このがん細胞の増殖を抑える薬物Cも ATP が入り込むくぼみに入り込んで結合する(図3)。薬物Cはどのように機能して細胞増殖を抑えると考えられるか，以下の語句をすべて用いて90字以内で述べよ。

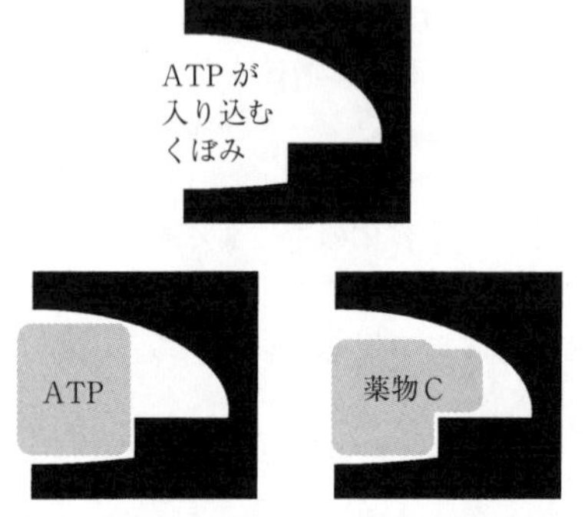

図3　受容体 A' 内の ATP が結合する部位を拡大したところ(黒い部分)

語句：ATP，リン酸化，基質B，薬物C

★★問3　薬物Cを患者に投与したところ，がんの増殖が抑制された。しかし，薬物Cを継続して投与したところ，投与期間中にもかかわらず，がんが再度大きくなってしまった。この再度増殖しはじめたがん細胞では，受容体 A' 内の ATP が結合する部位の近くのアミノ酸1つが別のアミノ酸1つに変化したことが判明した。しかしアミノ酸が変化した受容体 A' が基質Bや ATP と結合する強さは，アミノ酸が変化する前と変わらないこともわかった。薬物Cがこの患者のがんに対して効かなくなって，がんが再度増殖しはじめた原因を，75字以内で説明せよ。

★問4　薬物Cはある種の肺がんに対してのみ強い増殖抑制効果をもち，正常な肺や他の組織(臓器)に対する増殖抑制効果は弱い。この理由として可能性が最も高いものを，次から1つ選べ。

①　受容体Aは正常な組織(臓器)では量(分子の数)が少ない。

②　受容体A内の ATP が結合する部位の構造が変化したときのみ，薬物Cが受容体に結合できる。

③　受容体A内の基質Bが結合する部位の構造が変化したときのみ，薬物Cが受容体に結合できる。

｜2021年 阪大(改題)｜

標問 10 プロトプラスト・顕微鏡の操作

解答・解説 p.26

扱うテーマ プロトプラストの作製／ミクロメーターによる計測　生物基礎／生物

トマトの葉からプロトプラストを作製する目的で，以下のような実験を行った。

実験　トマトの葉を取り，葉の裏面の表皮層をはがした。溶液①※が入ったペトリ皿に，表皮層をはがした面を下にして葉を浮かべた。ペトリ皿をゆっくりと振とうしながら２～３時間放置し，低速の遠心分離によりプロトプラストを集め，光学顕微鏡でプロトプラストを観察した(図１)。

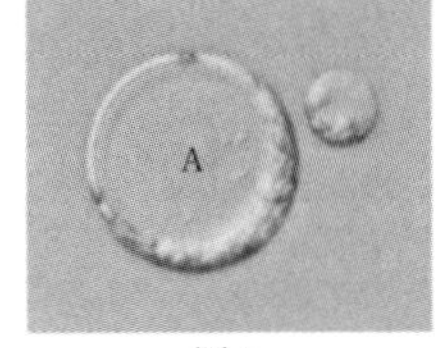

図１

次に，対物ミクロメーターと接眼ミクロメーターを用いて，プロトプラストの大きさ(直径)を測定した。対物ミクロメーターには，1mm を100等分した目盛りがついている。まず，プロトプラストが載ったスライドガラスを顕微鏡からはずし，対物ミクロメーターと接眼ミクロメーターを顕微鏡にセットした。図２のように顕微鏡の視野の中で２つの目盛りが平行になるようにステージ，対物ミクロメーター，接眼レンズを調整した。次に，対物ミクロメーターをはずしプロトプラストが載ったスライドガラスを観察すると，図３のようにプロトプラストと接眼ミクロメーターの目盛りが重なって観察された。

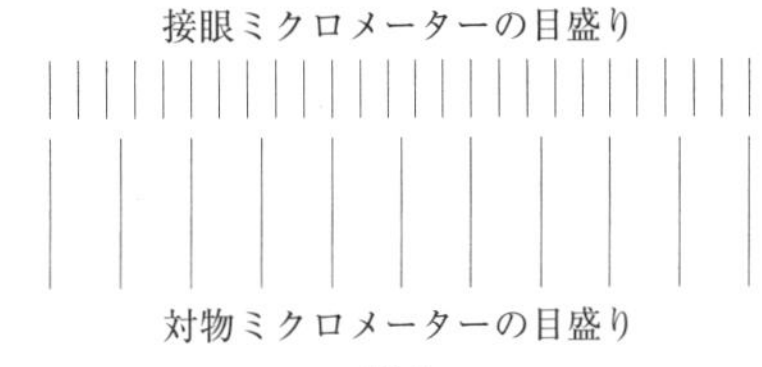

図２

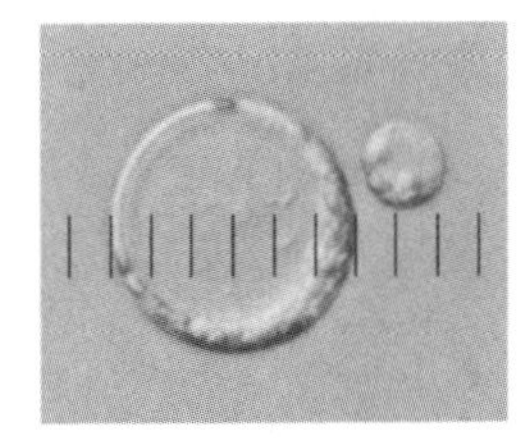

図３

※溶液①(10mL あたりの含有量)

　ペクチナーゼ　20mg　セルラーゼ　200mg

　塩化カルシウム　15mg　マンニトール　1.2g

問１　溶液①中のペクチナーゼとセルラーゼの働きをそれぞれ25字以内で答えよ。

★問２　図２，図３を参考にして，図３左(大きい方)のプロトプラストの直径を求めよ。

問３　スライドガラス上のプロトプラストが含まれている溶液に水を加えると，プロトプラストに変化が起こった。どのような変化が起こったか10字以内で答えよ。また，その変化が起こる理由を40字以内で説明せよ。

★問４　光学顕微鏡を用いた観察において，対物レンズを高倍率に変えた時に，視野の明るさを適切にするために，どのような操作をする必要があるか20字以内で答えよ。

問５　図１のプロトプラストのＡの部分は，細胞の大部分を占める細胞小器官である。この細胞小器官は何か。また，この細胞小器官の働きを30字以内で答えよ。

｜東京農工大｜

標問 11 進化の証拠

解答・解説 p.28

扱うテーマ 命名法／学名／相似と相同 生物

19世紀半ばにジャイアントパンダの存在が世界に知られるようになって以来，この動物がクマ科に属するか，アライグマ科に属するか，あるいは独立したパンダ科(もしくは，ジャイアントパンダ科)を設けるべきかという論争が長年繰り広げられてきた。その際，ジャイアントパンダの「六番目の指」(偽の親指)が特に注目された。以前アライグマ科に分類されていたレッサーパンダにも類似した指があることから，ジャイアントパンダはクマ科ではなくアライグマ科もしくは独立した科に分類すべき動物と考えられた。

a 1972年になって，ジャイアントパンダ，レッサーパンダ，アライグマ，アメリカクロクマ(クマ科)の血清タンパク質が比較された。その結果，ジャイアントパンダは，レッサーパンダやアライグマよりもアメリカクロクマに近縁であることが示された。さらに近年，これらの動物の遺伝子の塩基配列が比較され，あらためて血清タンパク質の研究結果と同じ結論が得られた。また近年，偽の親指もレッサーパンダのものとジャイアントパンダのものでは構造，機能ともに異なることが明らかとなってきている。

ナメクジウオとホヤは，脊椎動物と同じように発生の過程で体の支持器官として働く脊索をもつ。このためこれらの生物は脊椎動物に最も近縁の無脊椎動物と考えられ，[ア]と呼ばれている。b 魚類は，ホヤよりもナメクジウオと形態全般が類似していることから，[ア]のうちではナメクジウオがより脊椎動物に近い動物であると考えられてきた。

近年，ホヤ，ヒトなどの生物では[イ]プロジェクトによって遺伝子の全塩基配列が決定されてきている。このようにして蓄積されてきた多くの遺伝子の塩基配列に関する情報を用いて，2006年これらの動物について図1のような類縁関係が示された。

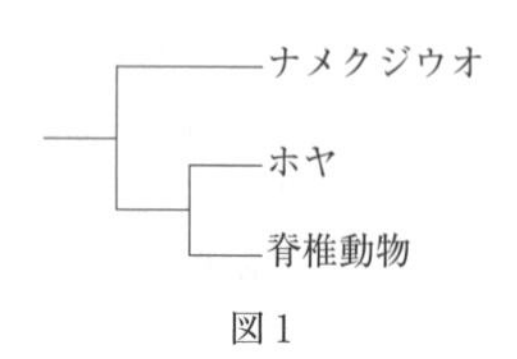

図1

問1　文中の空欄にあてはまる最も適切な語句を入れよ。

問2　ジャイアントパンダの学名は (A)*Ailuropoda* (B)*melanoleuca*，レッサーパンダの学名は (A)*Ailurus* (B)*fulgens* である。

(1)　リンネによって確立されたこの命名法の名称を答えよ。

(2)　この命名法における下線部(A)，(B)の部分の名称を答えよ。

★問3　(1)　図1のような，生物群どうしの類縁関係やそれぞれが進化した経路を表す図を何と呼ぶか，答えよ。

(2)　本文に基づいて，ジャイアントパンダ，レッサーパンダ，アメリカクロクマについて(1)の類縁関係を表す図を書け。

★問4　ジャイアントパンダとレッサーパンダの偽の親指について考えられることを，次の語句を用いて50字以内で説明せよ。

〔語句〕　相同，相似

問5　下線部aに示されたDNAの塩基配列やタンパク質のアミノ酸配列を利用した手法を用いて，大腸菌，シアノバクテリア，昆虫，は虫類，哺乳類，被子植物すべての類縁関係を調べるために適したものを，次から1つ選べ。

①　ヘモグロビンα鎖のアミノ酸配列

②　葉緑体DNAの塩基配列

③　リボソームDNAの塩基配列

④　ミトコンドリアDNAの塩基配列

★★問6　下線部bにあるように，ナメクジウオと脊椎動物は分節構造と呼ばれる体節に見られる節状の繰り返し構造を共通してもつのに対して，ホヤは明瞭な分節構造をもたない。この分節構造について，ナメクジウオ，ホヤ，脊椎動物の共通の祖先がどのような形質をもっており，それぞれの現生生物はどのように進化したと考えられるか，本文に基づいて60字以内で説明せよ。

★問7　ハイギョは肉質の鰭(ひれ)，内鼻腔や肺をもち，空気呼吸を行う魚類の1グループで，生きている化石と呼ばれる。現生のハイギョは，古生代に出現した化石魚ディプテルスを祖先として進化し，アフリカ，オーストラリア，南米の河川に1属ずつ生息している。現生の近縁種がこのように遠く離れたところに分布する理由について，次の語群から1つ用語を選び，それを使って説明せよ。

〔語群〕　適応放散，収斂(しゅうれん)(収束)進化，大陸移動

｜千葉大・熊本大・山口大｜

標問 12 熱水噴出孔

解答・解説 p.30

扱うテーマ 化学進化／熱水噴出孔の生物

生物

近世までは，生物は自然に“わいてでる”と考えられていた。この考えは，肉片を放置しておくと蛆虫が発生するというような経験に基づいており，生物の『自然発生説』と呼ばれる。しかし，17世紀中ごろのレディや18世紀中ごろのスパランツァーニらの研究に続いて，パスツールが，19世紀中ごろに，「白鳥の首」の形をしたフラスコを用いた実験を行い，生物の『自然発生説』を否定した。ところが，自然発生説の否定によって，「では，なぜ地球上に生物がいるのか？」という疑問が生じた。

［ア］は，1953年に，人工的に作り出した原始大気(NH_3，CH_4，H_2，H_2O などを含む)に放電を続ける実験を行い，タンパク質の構成材料であるアミノ酸が生成されることを実証した。このような事実から，(a)原始地球では，長い時間をかけて無機物から低分子の有機物が合成され，蓄積した低分子有機物が寄り集まって高分子有機物が合成される物質変化の過程ができ，それがやがて生命の出現につながったと考えられるようになった。生命の起源には諸説があるが，その１つに海洋底にある熱水噴出孔から誕生したという仮説がある。海底火山にともなって存在する熱水噴出孔と呼ばれる場所では，ミネラルや硫化水素を含む熱水が湧き出しており，硫化水素などをエネルギー源として利用する化学合成細菌を含む生態系が成立している。

一方，約35億年前のオーストラリアの地層から，最古とされる生物の化石が見つかった。その生物は，形状から原核生物の一種であると考えられている。なお，地球に最初に現れた生物が，原始海洋中に蓄積していた有機物を取り込んで生育する従属栄養生物なのか，(b)細胞内で無機物から有機物を合成する能力をもつ独立栄養生物なのかはまだ結論が得られていない。いずれにしても，このころの地球大気には火山ガスの噴出により多量の二酸化炭素が存在し，酸素はほとんど含まれていなかったと考えられている。したがって，初期の生物は呼吸を行うことはできず，［イ］によって生きるためのエネルギーを得ていた可能性が高い。その後，酸素発生を伴う光合成を行う原核生物が出現し，繁栄した。20～30億年前の地層から多量に見出される［ウ］という層状構造をもつ石灰岩は，光合成を行う当時の生物に由来するものである。

この酸素発生型光合成を行う生物によって大量に放出された酸素は，始めは，海水に溶けていた［A］イオンとの反応で消費された。しかし，［A］イオンの減少とともに，徐々に酸素は水中や大気中に蓄積するようになった。蓄積した酸素によって［エ］層が形成され，地表に届く［オ］が減少した結果，生物の陸上進出が可能となった。また，呼吸により「エネルギー通貨」である［カ］が効率的に合成できるようになった。このように，地球大気の酸素濃度の増加は，その後の生物の進化に大きな影響を与えたと考えられている。

問１　文中の［ア］～［カ］に適する人名または語句を記せ。

問2　文中の［　A　］にあてはまる物質名として最も適当なものを,次から1つ選べ。

①　銅　　②　カルシウム　　③　マグネシウム　　④　鉄

⑤　銀　　⑥　アルミニウム　　⑦　マンガン

問3　文中の下線部(a)に関して，この一連の過程を指す語句を記せ。

問4　文中の下線部(b)に関して，現在の生物の中で，当時の独立栄養生物の代謝と最も近い代謝をもつと考えられる生物を，次から1つ選べ。

①　マメ科植物の根などに共生する根粒菌

②　深海底の熱水噴出孔などにすむ化学合成細菌

③　アゾトバクターやクロストリジウムなどの土壌細菌

④　クロレラやミカヅキモなどの単細胞緑藻

問5　生命の起源に関して，熱水噴出孔付近において最初の生命が誕生したとする説がある。この説はどのようなものか，熱水噴出孔特有の条件をふまえて説明せよ。

問6　熱水噴出孔付近に生息するハオリムシ(チューブワーム)と呼ばれる生物では，体内に大量の化学合成細菌が含まれている。この現象名と意義を簡潔に記せ。

★問7　熱水噴出孔付近に生息する細菌は，通常の細菌が死滅するような高い温度で生育する。高い温度で生育するために，DNA の塩基組成がどのように変化していると考えられるか。二本鎖 DNA において塩基対が形成する水素結合の数をふまえて答えよ。

｜立命館大・早大(先進理工)｜

標問 13 進化の要因(1)

解答・解説 p.32

扱うテーマ 集団遺伝／環境要因と遺伝子頻度の変化　　生物

現在，地球上にはさまざまな生物が生息しているが，これらは約40億年前に出現した原始生命体から，さまざまな過程を経て進化してきたと考えられている。しかしながら，これまでに，調査や実験で進化を実証した例はなかった。ところが，19世紀の後半，それまでは体色が白っぽい個体(明色型)が大多数であったイギリスのマンチェスターのオオシモフリエダシャク(*Biston betularia*)の自然個体群において，体色が黒っぽい個体(暗色型)が急激に増加し，98％にも達した。工業暗化と呼ばれるこの出来事は，短期間に起こった進化ではないかと考えられた。

1950年代には，工業暗化が生じたしくみについて『工業化の進行に伴い，工場から排出される煤煙が増加し，オオシモフリエダシャクの生息場所である樹皮に付着していた地衣類が枯死して，黒っぽい樹皮が露出するようになった。その結果，明色型個体が目立つようになって小鳥に捕食されやすくなり，明色型個体が減少した(つまり，暗色型個体が増加した)』と考えられた。

さらに，その後の研究によって，次の①～④の事実が明らかになった。

① オオシモフリエダシャクでは，暗色型と明色型は常染色体上の単一の遺伝子による対立形質であり，暗色型が明色型に対して顕性である。

② a<u>マンチェスターのオオシモフリエダシャクの自然個体群には，元々，数％程度の比率で暗色型個体が混在していた。</u>

③ b<u>工業化していない地域では，オオシモフリエダシャク自然個体群中の暗色型個体の比率は，長年にわたって安定している。しかし，その比率は地域間で大きくばらついており，80％程度の地域もある。</u>

④ 近年では，大気汚染が改善され，マンチェスターのオオシモフリエダシャク自然個体群においても，明色型個体の比率が増加している。

その結果，現在では，「マンチェスターで見られたオオシモフリエダシャクの事例は，実際に働いた要因は不明ではあるものの，進化のしくみとなる ［　　　］ の一例であることは間違いない」とされている。また，「この事例は小進化ではあるが，c<u>大進化ではない</u>」という考え方が定着している。

問1 文中の空欄に適語を入れよ。

★問2 下線部aに関して，“自然個体群に暗色型個体が低い比率で混在していたこと”は表現型ならびに遺伝子型が多型(集団内に複数の表現型ならびに遺伝子型をもつ個体が混在していること)であることを意味する。遺伝子型多型が生じる原因を簡潔に記せ。

★問3 下線部bに関して，“暗色型個体の比率を高くする方向に働く要因”として，次の(1)～(4)が考えられる。それぞれの文を完成するために適した語句を，(　　　)内から1つずつ選べ。

(1) 平均気温，湿度等の気候条件が，地衣類の生育に(ア．適している　　イ．適していない)。

(2) 地衣類の生育に適していない樹木が(ア．多い　　イ．少ない)。

(3) オオシモフリエダシャクを好んで捕食する小鳥が(ア．多い　　イ．少ない)。

(4) 木がうっそうと茂っていて光がほとんど差し込まない林の面積が(ア．広い　イ．狭い)。

問4　下線部cに関して，「大進化ではない」といわれる理由として正しい文章を，次から2つ選べ。

① 暗色型個体では，からだの多くの組織でメラニン合成が活発であった。

② 暗色型個体の比率が一旦増えたが，その後減少した。

③ 暗色型個体と明色型個体との間に種分化が見られなかった。

④ 暗色型個体と明色型個体との間に地理的隔離が起こった。

⑤ 突然変異の頻度が変化した。

★★問5　ある地域のオオシモフリエダシャクの自然個体群では，長年にわたって，明色型個体と暗色型個体の比率が49％と51％で安定している。この自然個体群において，体色遺伝子の頻度がハーディ・ワインベルグの法則に適合しているか否かを調べる目的で，下に示す実験をすることにした。

〔実験〕

(1) この地域から十分な数のオオシモフリエダシャクの幼虫を採集する。

(2) 幼虫を飼育し，蛹(さなぎ)になり，羽化(うか)するのを待つ。

(3) 羽化直後(交尾前)の成虫を，明色型個体群〔実験区1〕と暗色型個体群〔実験区2〕に分けて飼育する。

(4) 〔実験区1〕と〔実験区2〕について，産卵するのを待ち，さらに卵が孵化(ふか)し，幼虫から成虫になるのを待つ。

(5) 〔実験区1〕と〔実験区2〕について，明色型個体と暗色型個体の比率(％)を調べる。

この実験で“ハーディ・ワインベルグの法則に適合している場合に期待される明色型個体と暗色型個体の比率(％)”を求めよ。なお，この実験では，明色型個体と暗色型個体は同数の卵を産み，卵はすべて孵化し，成虫にまで育つとする。また，数値については整数で答えよ。割り切れない場合は，％表記における小数点第1位を四捨五入すること。

★問6　[　　　　] の例としてあてはまるものを，次から1つ選べ。

① 動物飼育室で捕獲されたハエの集団を検査してみると，DDTなどの殺虫剤に耐性をもっている個体が混じっていた。

② ガラパゴス諸島のフィンチ(鳥のヒワの一種)は，島によってそのくちばしの形が違っている。

③ 犬にはシェパード，チワワ，柴犬など数多くの品種があり，国際畜犬連盟では331種を正式な品種として公認している。

｜立命館大・麻布大｜

標問 14 進化の要因(2)

解答・解説 p.34

扱うテーマ ハーディ・ワインベルグの法則／任意交配／遺伝的浮動／自然選択　生物

ハーディ・ワインベルグの法則が成立する集団は以下の条件1～5をすべて満たす必要があり，そうした集団では，集団中の遺伝子頻度は世代を超えて変化しない。
条件1：十分に大きな集団である
条件2：複数の遺伝子(対立遺伝子，アレル)間に生存や繁殖の面で差がない
条件3：すべての個体が自由に交配(任意交配)している
条件4：他の集団との間に個体の移出入がない
条件5：遺伝子の突然変異は生じない

しかし，実際の野外集団では，これらの条件がすべて満たされることはほとんどなく，時間の経過とともに集団の中の遺伝子頻度が変化する。例えば，野外集団は条件1を満たさないことが多い。こうした集団では，条件2～5が成立している場合でも，遺伝子頻度の変化が生じる。

琉球太郎先生は，遺伝的浮動の影響と集団内の個体数の関係を調べるため，10年前と現在のリュウキュウカジカガエルのDNAにみられる遺伝的変異を，大きさの異なる2つの島で調査した。その結果，10年前の時点では，大きな島，小さな島とも，遺伝子頻度は，遺伝子 M：80%，遺伝子 m：20%であった。その後の10年間，両島のカエルの個体数に大きな変動はみられなかった。しかし，(a)最初の調査から10年後の現在では，片方の集団の遺伝子頻度のみが，10年前に比べ，大きく変化していた(図1)。

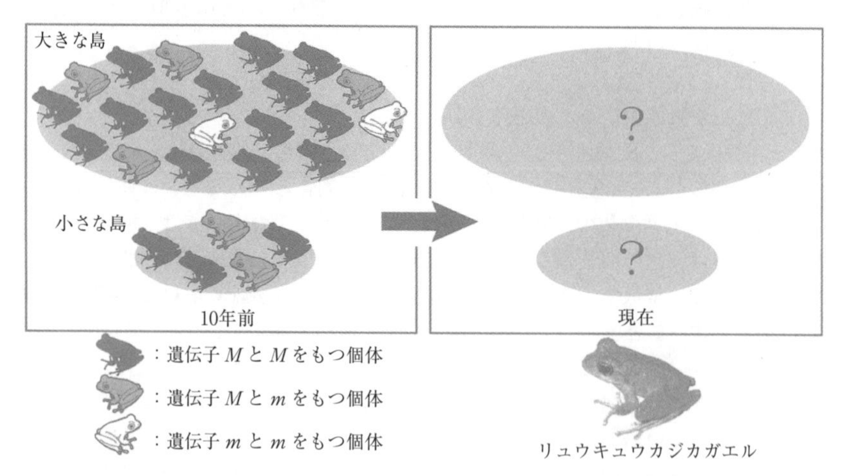

図1　2つの島におけるリュウキュウカジカガエルの遺伝的変異の調査

条件2を満たさない場合でも，遺伝子頻度は時間の経過とともに変化する。グッピーでは，色彩の派手なオスほどメスに好まれ，繁殖する機会が多くなる。また，こうした色彩の特徴は遺伝することが知られている。琉球花子先生は，熱帯の河川でグッ

ピーの観察を行った結果，捕食者の少ない河川上流域のグッピーは派手な色彩をもつ個体の割合が高く，捕食者の多い河川下流域のグッピーは地味な色彩をもつ個体の割合が高いことに気がついた(図２)。そこで，地点間で色彩に違いがみられる理由を実験で検証するために，(b)グッピーを河川のいろいろな地点から採集して，それらを混ぜて飼育繁殖させた。得られた子孫を200個体ずつ，捕食者のいる池と捕食者のいない池に入れて，再度，それぞれ飼育繁殖させた。10世代目になったところで，２つの池のオスの色彩を調べた。その結果，捕食者を入れた池では，実験開始時に比べ，地味な色彩をもつオスの割合が高くなっていた。(c)一方，捕食者のいない池では，実験開始時に比べ，派手な色彩をもつオスの割合が高くなっていた。

図２　派手な色彩をもつオスのグッピー(上)と地味な色彩をもつオスのグッピー(下)

問１　自由に交配(任意交配)していない集団として適切なものを，次からすべて選べ。

① 派手なメスは派手なオスを好み，地味なメスは地味なオスを好む生物の交配
② 特定の場所に集まって繁殖する生物の交配
③ 近くの個体どうしでの繁殖が，他の組み合わせより頻繁に起きる生物の交配
④ 集団内での個体の移動が大きい生物の交配
⑤ 繁殖期が非常に短い生物の交配

問２　下線部(a)について，集団サイズ(リュウキュウカジカガエルの個体数)は，島の大きさに比例するとし，条件２～５が成立しているとする。この場合，10年前と現在の間で，集団の遺伝子頻度に大きな変化が生じたのはどちらの集団か，「大きな」島の集団または「小さな」島の集団どちらかで答えよ。また，そう考える理由を50字以内で説明せよ。

★問３　下線部(b)について，河川のいろいろなところからグッピーを採集し，それらを混ぜて繁殖させた子孫を実験に用いたことには，どのような意味があるか。「自然選択」と「変異」という用語を両方使って，80字以上100字以内で説明せよ。

問４　下線部(c)について，捕食者のいない池では，実験開始時の世代よりも，派手な色彩をもつオスの割合が高くなった理由を80字以上100字以内で説明せよ。

｜琉球大｜

標問 15 進化の要因(3)

解答・解説 p.36

扱うテーマ 隔離／自然選択／性選択

生物

A. キリンはアフリカのサバンナに分布するキリン科の哺乳類である。下図は，キリンの特定の齢から次の齢までの間に死亡した個体の割合を表す。例えば12カ月齢の死亡率20％は，図から，6カ月齢から12カ月齢の間の死亡率をさす。繁殖が可能になる48カ月齢から数年間の死亡率は0％とする。死亡率に雌雄差はなく，雌：雄の性比は1：1とする。雌は繁殖可能齢に達するとすぐ受胎し，12カ月の妊娠期間後，1個体を産む。移出入はないものとする。

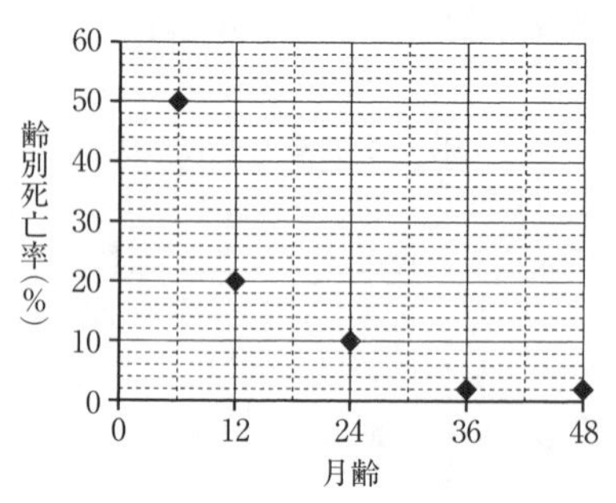

ある月に1000個体のキリンが産まれた。これを集団Xとする。このうち繁殖可能齢に達する個体数は，図に基づき，[a]だと推定できる。72カ月後には集団Xが産んだ12カ月齢の子の個体数は[b]になる。

★問1　文中の[a]，[b]に入る数字を求めよ。ただし，小数点以下は四捨五入せよ。

B. キリンの祖先種に近いオカピはアフリカ中部の熱帯雨林の密林に生息する。どちらも木本の葉を主に食べる草食動物だが，オカピは2mほどしか背の高さがないのに対し，キリンは首が長く4〜6mの背の高さがあり，高い木の葉を食べる。サバンナでは草本に混じって木本が疎に生え，草本を食べるシマウマや低木の葉を食べるサイなど他の草食動物も多数生息している。

①キリンが，森林に住むオカピとの共通祖先種から種分化し，長い首を進化させ，他の草食動物と共存できた過程には，[ア]隔離，[イ]選択，種間[ウ]が重要な役割を果たしたと考えられる。

★★問2　文中の[ア]〜[ウ]に入る最も適切な語句を記せ。さらに，下線部①でそれぞれが果たした役割を各80字以内で説明せよ。

★★問3　キリンは繁殖期になると雄どうしで首をぶつけ合って闘争し，首の長い雄が雌と交尾しやすい。[イ]選択以外に，このような雌をめぐる雄どうしの闘争や，雌による選り好みによって，ある形質をもつ雄が選択されることを性選択という。例えばキリンでは雄の方が雌より体に対して首が長い。これが，性選択の結果であって，[イ]選択の結果でないといえるのは，首が長いキリンについて次の①〜④のどれが観察された場合か答えよ。

① 繁殖可能になる前にライオンによって捕獲されやすい。
② 繁殖可能になる前にライオンによって捕獲されにくい。
③ 繁殖不可能になった後にライオンによって捕獲されやすい。
④ 繁殖不可能になった後にライオンによって捕獲されにくい。　｜九大｜

標問 16 鎌状赤血球貧血症

解答・解説 p.38

扱うテーマ 自然選択／集団遺伝／ハーディ・ワインベルグの法則　生物

マラリアは，赤血球にマラリア原虫が侵入することで引き起こされる伝染病である。マラリア原虫は蚊の一種であるハマダラカによって媒介される。

ヒトのヘモグロビンの遺伝子には正常型の対立遺伝子 A と，塩基配列の一部が置き換わった変異型の対立遺伝子 S がある。対立遺伝子 S から生じるヘモグロビン分子は赤血球の形態異常の原因となる。遺伝子型 SS の人は赤血球が鎌(かま)状となる鎌状赤血球貧血症となり，重い貧血を引き起こすため，生存が困難になる。一方，遺伝子型 AS の人は正常型対立遺伝子 A をもつため，貧血の症状も軽い。マラリア原虫は遺伝子型 AS の人の赤血球内部では増殖しにくいため，遺伝子型 AS の人は遺伝子型 AA の人よりもマラリア抵抗性が高いことが知られている。このため，鎌状赤血球貧血症はマラリアが発生する地域で多く見られる。

★問1　マラリアが発生しているある地域で新生児の遺伝子型を調べたところ，各遺伝子型が $AA：AS：SS = 36：12：1$ の比で観察された。新生児の対立遺伝子 S の遺伝子頻度を有効数字3桁で答えよ。

★問2　問1の地域では，遺伝子型 AA の人は生殖年齢に達するまでにマラリアによって x%死亡し，遺伝子型 SS のすべての人は生殖年齢に達するまでに鎌状赤血球貧血症により死亡する。それ以外の人はすべて生殖年齢に達するとする。生殖年齢に達した人における対立遺伝子 S の頻度を調べたところ，新生児における頻度と同じであった。x を有効数字3桁で答えよ。

★★問3　本文中で調査が行われた国において，以下のケース(1)～(4)が生じたと仮定する。その後100世代程度の間に，遺伝子 S の頻度はどのような変化をたどると予想されるか。図1のA～Eで該当するものをそれぞれ1つずつ選べ。なお，この国の人口は十分に大きく，結婚は，鎌状赤血球貧血症の遺伝子型とは全く無関係に行われており，突然変異率や他国との間の人の出入りは無視できるほど小さい。また，以下のケースで想定した鎌状赤血球貧血症の治療法は，遺伝子 S のマラリア病原虫に対する抵抗性には影響を及ぼさないものとする。

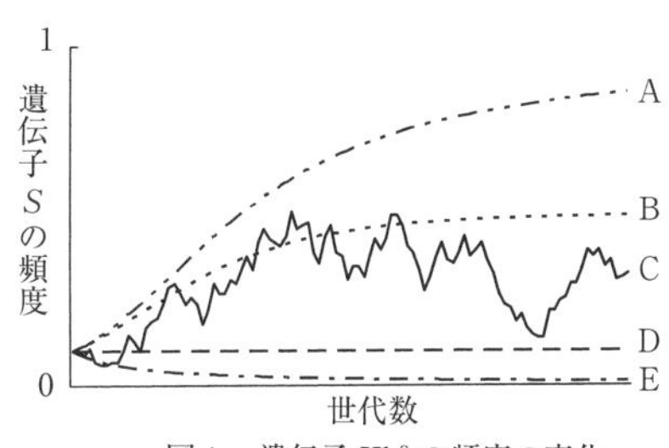

図1　遺伝子 Hb^S の頻度の変化

(1)　鎌状赤血球貧血症の治療法が改善され，遺伝子型 SS の人の生殖年齢に達するまでの死亡率は，遺伝子型 AA の人とほぼ等しくなった。

(2)　地球上からマラリアが撲滅(ぼくめつ)された。

(3)　鎌状赤血球貧血症の完全な治療法が開発され，この病気で死ななくなった。

(4)　地球上からマラリアが撲滅され，かつ，鎌状赤血球貧血症の完全な治療法が開発されてこの病気で死ぬことはなくなった。

｜大阪公大・千葉大｜

標問 17 分子系統樹

解答・解説 p.40

扱うテーマ 分子系統樹／同義置換と非同義置換　生物

下表1は，ある6種のショウジョウバエの$_a$名前と，それぞれの食性を示している。これらのショウジョウバエは，そのほとんどが北アメリカに分布し，種によって，$_b$キノコを食べて繁殖する(キノコ食の形質をもつ)もの，あるいは腐った$_c$植物を食べて繁殖する(植物食の形質をもつ)ものが知られる。これら6種のショウジョウバエについて，ミトコンドリアDNAの塩基配列を用いて$_d$系統樹を作成したところ，図1の類縁関係が示された。また，6種のDNA塩基配列を比較したところ，$_e$図2に示される一部の領域では，DNA塩基の変異がコドンの3番目だけで確認され，いずれもアミノ酸を変えない変異だった。

表1

種	食性
Drosophila falleni	キノコ食
Drosophila guttifera	キノコ食
Drosophila palustris	植物食
Drosophila phalerata	キノコ食
Drosophila quinaria	植物食
Drosophila recens	キノコ食

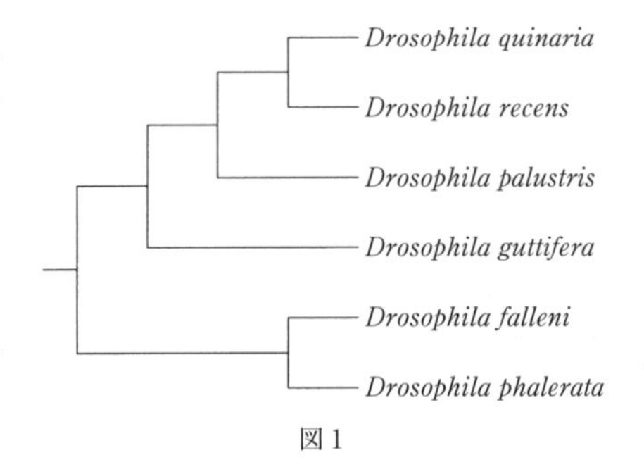

図1

Drosophila falleni	G	G	A	A	C	T	C	C	A	G	G	A	C	G	A
Drosophila guttifera	G	G	T	A	C	T	C	C	A	G	G	A	C	G	T
Drosophila palustris	G	G	T	A	C	C	C	C	T	G	G	A	C	G	A
Drosophila phalerata	G	G	A	A	C	T	C	C	T	G	G	T	C	G	A
Drosophila quinaria	G	G	T	A	C	C	C	C	T	G	G	A	C	G	A
Drosophila recens	G	G	T	A	C	C	C	C	T	G	G	A	C	G	A
	Gly			Thr			Pro			Gly			Arg		

図2

問1　下線部aについて，次の文中の空欄に適切な語句を入れよ。

生物の名前を正式に表すには，世界共通の［ア］が用いられる。種の［ア］は2つの語で表記され，そのうち最初の語は［イ］と呼ばれ，次の語は［ウ］と呼ばれている。この表記の方法は［エ］と呼ばれ，「分類学の父」と呼ばれる［オ］によって体系化された。

問2　下線部bとcについて，これらの分類に関する次の説明のうち，適切なものをすべて選べ。

① 5界説の分類に従うと，キノコと植物は同じ界に含められる。
② 5界説の分類に従うと，キノコとアメーバは同じ界に含められる。
③ 5界説の分類に従うと，植物とアメーバは別の界に分けられる。
④ 3ドメイン説の分類に従うと，キノコと植物は同じドメインに含められる。
⑤ 3ドメイン説の分類に従うと，植物とヒトは別のドメインにわけられる。
⑥ 3ドメイン説の分類に従うと，キノコとヒトは同じドメインに含められる。

★問3 下線部dについて，次の文を読み，問いに答えよ。

系統樹は，対象とする生物の類縁に関する情報を与えるだけではなく，それらの類縁関係をもとに，形質が変化した道筋に関する情報をも与え得る。例えば，種A～種Fについて図3の類縁関係が示され，そのうち，種Aと種Bは形質X，他の種は形質Yをもっているとする。ここで，形質の変化の回数が最も少ない道筋が適切であると想定した場合，種A～種Fの共通祖先は形質Yをもち，種Aと種Bの祖先からなる系統で形質Yから形質Xへの変化が1回起こった，という道筋を推定することができる。

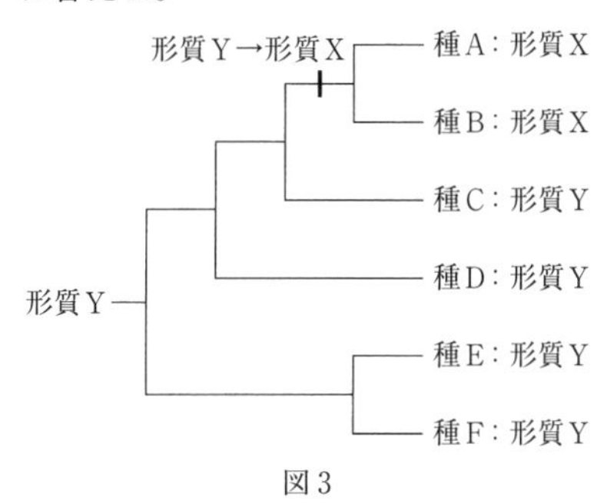

図3

そこで，この想定に従うと，図1の系統樹からは，キノコ食と植物食の形質の変化について，キノコ食を祖先形質とする2通りの道筋を推定することができるが，それぞれどのようなものか。図3にならい，図4の系統樹のそれぞれに，形質の変化が起こった箇所を短い縦線で示すとともに，両形質がどちらの方向に変わったかを，矢印を用いて記入せよ。

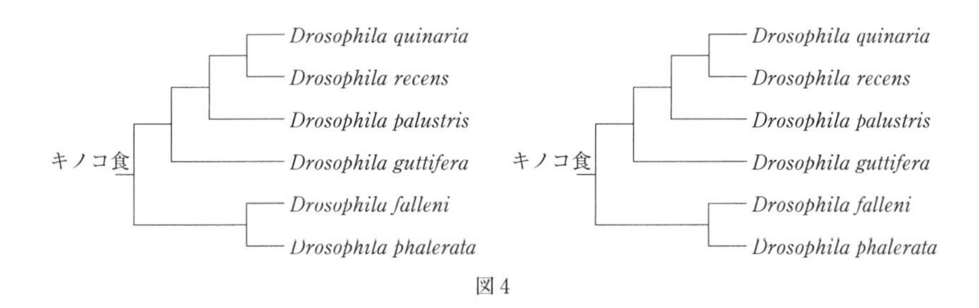

図4

★問4 下線部eについて，図2に示されているDNA塩基の変異は，多くの場合次の①か②のどちらであると判断されるか，記号で答えよ。また，そのように判断される理由を述べよ。
① 中立な変異
② 中立でない変異

｜北大｜

標問 18 ヒトの進化

解答・解説 p.44

扱うテーマ 霊長類とヒトの進化／ヒトの特徴　生物

地球が誕生したのは46億年前といわれる。生物ははじめ水中だけで生活していたが，やがて(a)生物が陸上にも進出できる地球環境になってきた。中生代の地球では，イチョウ類・ソテツ類などの裸子植物の森林が発達し，温暖な気候が続いていた。中生代の後半には被子植物が現れた。(b)被子植物の多くは，昆虫を媒介にして受粉する花を発達させたが，このことは同時に，花蜜を食物とする昆虫を多様化させた。

6500万年前に新生代が始まり，哺乳類は全世界に広がっていった。新生代は，哺乳類が世界的に広がっていったことから，「哺乳類の時代」とも呼ばれている。現生の哺乳類は，イヌ・ネコ・サル・ヒトなど，雌が乳汁を分泌して子を育てる動物である。哺乳類の中で原始的なものには，卵を産む(c)単孔類と，子が母親の育児嚢の中で乳を飲んで発育・成長する(d)有袋類がある。これら以外の哺乳類を真獣類といい，子は［ア］を通して母親から栄養分などを供給され，母親の体内でかなり発達してから産まれる。真獣類は，現在，世界中で繁栄しており，多様な環境のもとで生活している。約5000万年前に，哺乳類の食虫類の中から進化し，(e)森林の樹上生活を行うようになった動物群の１つに霊長類があった。

霊長類の中で最も原始的なものはキツネザルなどの［イ］であり，主に熱帯の森林に分布している。［イ］の祖先からオマキザルのような広鼻猿類とニホンザルやヒヒのような狭鼻猿類が出現した。さらに，狭鼻猿類の祖先から進化したのが類人猿である。現生の類人猿としては，ヒト以外にオランウータン・ゴリラ・チンパンジーなどがいる。

初期の人類(猿人)は，およそ500〜600万年前に現れたと考えられている。(f)人類と他の類人猿との大きな違いは，人類が直立二足歩行を行うことである。化石としてはいくつかの種類が知られているが，その中の［ウ］の化石は，すべてアフリカの南部や東部で見つかっている。この化石の脳の容積は500mL程度でゴリラとほぼ同じ大きさであり，直立二足歩行をしていたと考えられている。

約150万年前に絶滅した猿人にかわって進化したのは，［エ］である。［エ］では，脳の容積はおよそ1000mLと飛躍的に増えた。この化石は，アフリカ以外にも東南アジア・中国・ヨーロッパなどから見つかっており，石器や火を利用していた証拠も残されている。

問１　文中の空欄に最も適切な語句を入れよ。

問２　下線部(a)について，次の(1)，(2)に答えよ。

(1)　生物の陸上への進出を妨げていた要因は何であったのか，説明せよ。

(2)　生物が陸上へ進出できる環境はどのようにして作られたか，説明せよ。

問３　下線部(b)に関連して，被子植物の花粉を媒介する昆虫とその植物には，特異的な関係がみられることがある。例えば，ある種のランは花筒が長く伸び，その奥に花の蜜がたまる。このランに適応した，口器の非常に長いスズメガの１種だけがこの花の蜜を吸うことができる。このように種間の相互的な作用によって適応が起こることを何と呼ぶか，記せ。

問４　下線部(c)の単孔類と下線部(d)有袋類の具体的な動物名を，それぞれ１つずつ記せ。

★問５　下線部(e)の森林の樹上生活に適応するようになった霊長類と，食虫類などの他の哺乳類のからだの基本的な違いを２つあげて，樹上生活における利点を記せ。

問６　下線部(f)に関連した次の①～⑥は，人類の直立二足歩行に関する記述である。これらの中から，正しいものを３つ選べ。

①　直立二足歩行によって，行動範囲が限定的となり，穀物などを栽培する農業を営むことで，一定の地域に定住するようになった。

②　直立姿勢にともなって声の通る部分である咽頭が発達し，情報伝達のための複雑な言語が発達した。

③　直立二足歩行によって，頭部が脊柱の真上に位置することになり，より容積の大きい脳を支えることが可能となった。

④　直立二足歩行によって，暗闇での活動が可能となり，大きな動物を捕獲することができるようになった。

⑤　直立二足歩行によって，骨盤が幅広くなり，直立した姿勢で内臓を支えられるようになり，外骨格が発達した。

⑥　直立二足歩行によって，上肢が自由になり，ものを持ち運んだり，石器などのいろいろな道具を作ることができるようになった。

★★問７　遺跡などから発見された新人の遺体からミトコンドリアDNAを抽出し，そのDNA塩基配列を現生人類と比較することによって，現生人類の起源は，約22万年前～12万年前にアフリカ大陸に生存した女性に由来する「アフリカ単一起源説」が有力である。ミトコンドリアDNA解析が生物種の進化過程解明に有利で，広く研究利用されている理由を１つ簡潔に説明せよ。

｜新潟大・山梨大｜

標問 19 五界説とドメイン

解答・解説 p.46

扱うテーマ 五界説／ドメイン　生物

約40億年前に単元的に誕生した原核生物は，その進化の過程において，どのようなルートを歩んで，現在の約1500万種を越えるとされる多様な生物を生みだしたのか。米国のカール・ウーズは，核酸の配列からこの疑問に答えようとした最初の一人である。

従来，生物を系統的に分類する方法としては，1960年にコーネル大学のR. H. ホイッタカーによって提唱された「五界説」が主流であった。彼によれば，生物は五界(グループ)にまとめられるという。すなわち，細菌類を一群にまとめた「［ア］界」，ゾウリムシやアメーバなどの単細胞生物をまとめた「［イ］界」[注1)]，［イ］から摂取によって栄養を獲得するという方向に進化した「［ウ］界」，吸収によって栄養をとる方法を発達させた「［エ］界」，そして光合成により栄養をとる方法を発達させた「［オ］界」である。こうした従来の説に新しい息吹を吹き込んだのが，タンパク質やDNA，RNAに残されている分子進化の痕跡を調べる分子系統学である。分子系統学では，はじめはタンパク質であるチトクロームcのアミノ酸配列を比較して，生物間の分岐年代を推定していた。それがやがて，16SリボソームRNAや5SリボソームRNAの遺伝子など，核酸の塩基配列を比較するようになった。

こうした分子系統学の最大の成果といわれるのが，1970年の中頃，前述のような，ウーズが提唱した，生物界を三つの領域(ドメイン)に分類する三ドメイン説である。本書も基本的にはこの分類法に従っている。ウーズは，原核生物や真核生物がどのように多様化したかについて，(a)リボソームの小サブユニットを形成するrRNAの遺伝子，すなわち原核生物では16Sリボソーム遺伝子[注2)]，真核生物では18Sリボソーム遺伝子[注3)]の塩基のカタログ(塩基配列)を比較して，原核生物から真核生物にいたる生物の系統関係を調べた。その結果，古細菌であるメタン細菌と真正細菌では，同じ原核生物の仲間でありながら，真核生物との差に匹敵するほど異なっていることに気がついた。そしてさらに多くの生物で詳しく調べ，ほとんどすべての生物は真正細菌，古細菌，真核生物という，大きくは三つの生物群に分類されることを明らかにした。真正細菌ドメインには一般的に知られている枯草菌，大腸菌や藍色細菌[注4)]が含まれ，古細菌ドメインには超好熱細菌，好塩細菌，メタン細菌などが含まれる。

黒岩常祥「細胞はどのように生まれたか」1999年

注1) 現在では［イ］界には単細胞生物以外に比較的体制の単純な生物をまとめて分類しているが，本問では問題文に示された特徴をもつものとして答えよ。

注2) 16SリボソームRNA遺伝子のこと。

注3) 18SリボソームRNA遺伝子のこと。

注4) シアノバクテリア，ラン細菌，ラン藻類とも呼ぶ。

問1　文中の空欄に適切な語句を記せ。

問2　下線部(a)は細胞の中でどのような役割を果たしているか。20字以内で記せ。

問3　右図の系統樹に示したⓓは問1の［　エ　］界，ⓔは［　イ　］界に相当する。図中のⓐ〜ⓒ，ⓕは五界のうちいずれに相当するか。適切な語句を記せ（Ⓐと Ⓑの破線は共生説に基づく由来を示す。ⓔの破線は複数の系統に由来することを示す）。

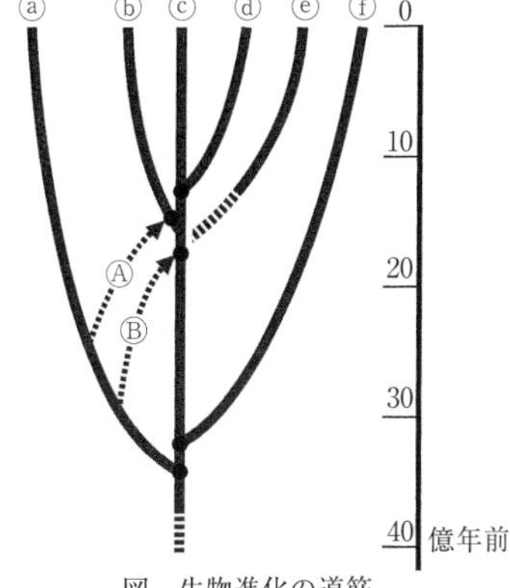

図　生物進化の道筋

問4　図の系統樹に示したⓐ〜ⓕは三ドメインのいずれに相当するか。適切な語句を記せ。

問5　図のⓑ，ⓒ，ⓓ，ⓔの各界の生物はⒶまたはⒷがそれぞれの時期に共生することにより進化してきたと考えられている。図の系統樹を参考に次の問いに答えよ。

(1)　葉緑体とミトコンドリアの起源に相当するのはそれぞれ図中のⒶとⒷのいずれか。記号で答えよ。

(2)　Ⓑの方が古い時代に共生して新しい生物群が生じたと考えられ，図に示すような系統樹が描かれた。Ⓑの方が古い根拠について80字以内で記せ。

(3)　ⓑ，ⓒ，ⓓの各界の生物がもつ細胞小器官の有無について，それぞれ下表の①〜⑧に示す組合せの中から最も適切なものを１つずつ選べ。①〜⑧は，細胞核，ミトコンドリア，葉緑体の順に，それぞれの有無を表している。

	細胞核	ミトコンドリア	葉緑体		細胞核	ミトコンドリア	葉緑体
①	有	有	有	⑤	無	有	有
②	有	有	無	⑥	無	有	無
③	有	無	有	⑦	無	無	有
④	有	無	無	⑧	無	無	無

｜広島大｜

標問 20 動物の分類

解答・解説 p.48

扱うテーマ 動物の分類／脱皮動物と冠輪動物　生物

主な動物群間の系統は，成体や幼生の体制，発生様式などの比較をもとにして，図1のような関係があると推定されていた。最も単純な体制をもつのは海綿動物で，組織や器官が無く，胚葉ももたないため無胚葉動物といわれる。器官をもち胚葉を形成する動物の中で最も体制が単純なものは，(a)刺胞動物であり二胚葉動物と呼ばれる。(b)扁形動物とそれより体制の複雑な動物は，発生過程で3種類の胚葉を形成し，(c)三胚葉動物と呼ばれる。三胚葉動物のからだは基本的には［　　　］相称で，扁形動物を除いて体壁と内臓の間に体腔と呼ばれるすきまができる。三胚葉動物には，扁形動物，(d)軟体動物，(e)環形動物，節足動物を含む動物群である図中のAと，棘皮動物と脊椎動物を含む図中のBがある。

近年，遺伝情報を比較した分子系統樹も用いられるようになった。分子系統樹による主な動物群間の系統関係は図2である。(f)図1と図2を比べると，それぞれの動物群の相互関係が異なることがわかる。

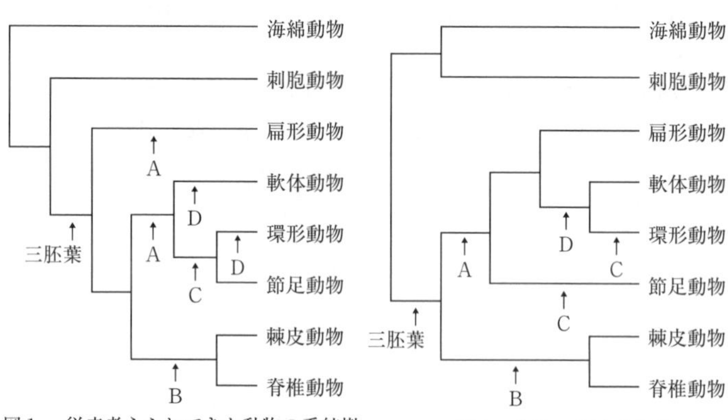

図1　従来考えられてきた動物の系統樹
〔図中の記号A～Dは，矢印以降（右側）のすべての動物群がもつ共通する性質，またはそれに対応した動物群名を示している。たとえば三胚葉と書かれた矢印は，それ以降の動物が三胚葉動物であることを示している。〕

図2　動物の分子系統樹
〔記号A～Dは，図1と同じものを示す。〕

★問1　下線部(a)，(b)，(d)，(e)の各動物群に含まれる動物名を，次からそれぞれ2種類ずつ選べ。

①　ホヤ　　②　ハマグリ　　③　プラナリア　　④　ゴカイ
⑤　ムカデ　　⑥　イソギンチャク　　⑦　ミジンコ　　⑧　ミミズ
⑨　タコ　　⑩　サナダムシ　　⑪　ナメクジウオ　　⑫　クラゲ

★問2　下線部(c)について，次の(1)，(2)に答えよ。

(1)　文中の空欄に適切な語句を入れよ。

(2) 三胚葉動物のカエルにおいて，二胚葉動物にない胚葉から分化する器官あるいは組織を次から３つ選べ。

① 胃　② 表皮　③ 脊髄　④ 心臓
⑤ 腎臓　⑥ 脳　⑦ 甲状腺　⑧ 骨格筋

★問３ 下線部(f)について，次の(1)～(3)に答えよ。

(1) 図中のＡとＢの動物群名を答えよ。またその違いを説明せよ。

(2) 図中のＣは，環形動物と節足動物が共通してもっている体制である。Ｃは何か。また，図１と図２ではＣの現れ方が異なる。その理由を「環形動物」「節足動物」「共通する祖先」の３つの語句を使って説明せよ。なお，いずれの語句も何度使用してもよい。

(3) 図中のＤは，発生過程で軟体動物と環形動物が共通して経る幼生名を示す。幼生名を答えよ。

｜熊本大｜

標問 21 植物の分類

解答・解説 p.50

扱うテーマ 植物の分類／被子植物の生殖と意義

生物

光合成生物は水中で生まれ，そこで進化してきた。現在でも，(a)ユーグレナ藻類やケイ藻類のような単細胞性のものから紅藻類や褐藻類のような多細胞性のものまで，さまざまな藻類が水中で生きている。これらの藻類は，生産者として多様な(b)従属栄養生物の生活を支えている。オルドビス紀からシルル紀には，藻類の一部が陸上へと進出し，体の表面に水分を通しにくい ☐ を発達させるなど乾燥に適応した形質を獲得した。こうして誕生した陸上植物は(c)さまざまな分類群へと進化していった。またこれによって陸上生態系の基礎が築かれ，多様な従属栄養生物が陸上でも生育できるようになった。デボン紀には種子をつくる植物が誕生し，やがてジュラ紀になるとその中から被子植物が生じた。(d)被子植物は動物と大きく関わりながら進化してきたが，このことも現在の陸上生態系における被子植物の繁栄に寄与している。

★問1　文中の空欄に適語を記せ。

問2　陸上植物と同じクロロフィル組成をもつ藻類群名を，下線部(a)の中から1つ選べ。

★問3　下線部(b)について，従属栄養生物とはどのような生物か，25字以内で記せ。

★問4　下線部(c)に関連して，右図は主に陸上を生活の場としている植物の系統樹を示している。図にもとづき，次の(1)～(5)に答えよ。

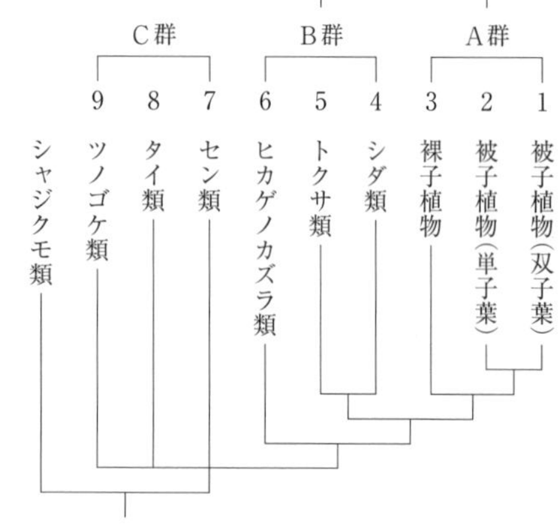

(1)　A～Dの各群の名称を記せ。

(2)　A群とB＋C群の相違点を40字以内で述べよ。

(3)　A群にはみられないが，B群とC群の配偶体(単相)の時期に共通してみられる特徴は何か，20字以内で答えよ。

(4)　次のⓐ～ⓙの植物はそれぞれ図中のどのグループに属するか，図の1～9からそれぞれ1つずつ選べ。なお，同じ数字を繰り返し使用してもよい。

ⓐ　オオカナダモ　　ⓑ　メタセコイア　　ⓒ　イチョウ
ⓓ　ホウセンカ　　ⓔ　テッポウユリ　　ⓕ　スギゴケ
ⓖ　エンドウ　　ⓗ　ワラビ　　ⓘ　モクレン
ⓙ　ゼニゴケ

(5)　シャジクモ類は図1のA～C群の陸上植物と共通する特徴をいくつかもっていることから，陸上植物の祖先形であると考えられる。それらの共通する特徴を60字以内で記せ。

問5　下線部(d)に関連して，多くの被子植物は，他家受粉(異なる個体の花粉を受粉する)を効率的に行うために昆虫を利用し，また昆虫は被子植物から利益を得ている。一方で，被子植物の中には自家受粉(同じ個体の花粉を受粉する)を行う種も少なくない。これについて次の(1)，(2)に答えよ。

(1)　昆虫による受粉を効率的に行うために，被子植物はどのような特徴をもつ花を進化させたか，20字以内で記せ。

(2)　他家受粉と自家受粉は，被子植物にとってどのような利点があると考えられるか，それぞれ25字以内で記せ。

問6　下線部(d)に関連して，虫媒花をつけない種子植物の一部では，花粉が風によって媒介される風媒花をつける。ヒトの花粉症の原因となるスギなどの植物のほとんどが，虫媒花ではなく風媒花をつける種である理由を30字以内で述べよ。

問7　被子植物とシダ植物における受精様式を比較すると，被子植物の方がより陸上の生活に適していると考えられる。そのように考えられる両者の受精様式の違いを70字以内で述べよ。

｜筑波大・名城大・鹿児島大・宮崎大｜

第3章　代　謝

標問 22　タンパク質と酵素

解答・解説 p.52

扱うテーマ　タンパク質の構造／酵素の性質／酵素反応のグラフ　　生物

タンパク質は，アミノ酸が鎖状につながった分子であり，隣り合ったアミノ酸はペプチド結合で結ばれている。アミノ酸は，種類により側鎖(図1のX)の構造が異なっている。タンパク質は数多くのアミノ酸から構成されているため，表1のように1つのアミノ酸をアルファベット一文字で表記し，アミノ酸の配列を示す一次構造は，一文字を並べてMGAVL…のように表される。

アミノ酸($n-1$)　アミノ酸(n)　アミノ酸($n+1$)

・・・—N—C—C—N—C—C—N—C—C—・・・（各アミノ酸：N に H，C に X と H，C に =O）

切断（アミノ酸(n)のCとアミノ酸($n+1$)のNの間の結合を矢印で示す）

図1

表1　アミノ酸の一文字表記

アミノ酸	一文字表記	アミノ酸	一文字表記	アミノ酸	一文字表記
グリシン	G	フェニルアラニン	F	システイン	C
アラニン	A	トリプトファン	W	リシン	K
バリン	V	セリン	S	アルギニン	R
ロイシン	L	トレオニン	T	ヒスチジン	H
イソロイシン	I	アスパラギン	N	アスパラギン酸	D
メチオニン	M	グルタミン	Q	グルタミン酸	E
プロリン	P	チロシン	Y		

生体では，さまざまな化学反応により物質の変換が行われる。この化学反応のほとんどで酵素が［ア］として働き，反応の活性化エネルギーを下げることにより反応速度を大きくする。酵素は，［イ］と呼ばれる特定の物質にしか作用しない。この性質を［ウ］と呼ぶ。これは，酵素の［エ］に適合する物質だけが酵素と結合して［オ］を形成し，酵素の作用を受けるためである。

トリプシンおよびキモトリプシンは，すい臓由来のタンパク質分解酵素であり，特定のペプチド結合に作用する。トリプシンは，図1のアミノ酸(n)がリシンまたはアルギニンのとき，その次のアミノ酸($n+1$)との間の矢印で示すペプチド結合を切断する。キモトリプシンは，アミノ酸(n)がフェニルアラニン，トリプトファン，またはチロシンのとき，矢印で示すペプチド結合を切断する。

実験1　ポリペプチドAが溶けている水溶液に，トリプシンを加え37℃で反応させた。一定時間ごとに反応生成物の量を測定したところ，反応時間と反応生成物量の関係は図2のようになった。また，この反応時間

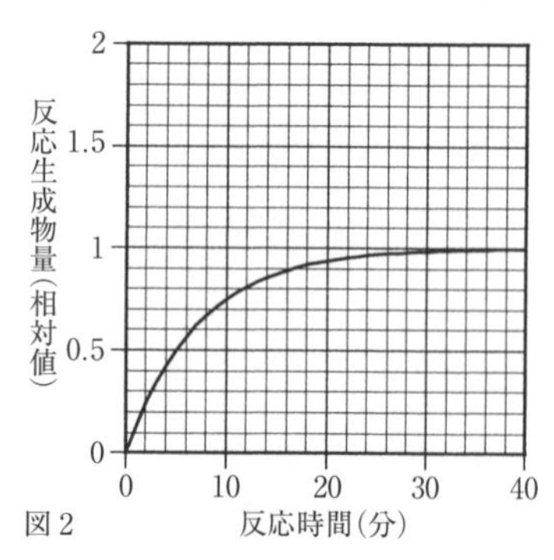

図2

中はトリプシンの活性は安定であることが確かめられた。

実験2　短いポリペプチドBが溶けている水溶液に，トリプシンを加え37℃で充分長く反応させると，反応生成物1～4が生じた。同様に，ポリペプチドBをキモトリプシンと37℃で充分長く反応させると，反応生成物5～7が生じた。反応生成物1～7の一次構造を分析すると，表2に示す結果が得られた。

表2　反応生成物の一次構造

酵　　素	反応生成物	一次構造
トリプシン	生成物1	SEAGWSK
	生成物2	VFSTR
	生成物3	GAK
	生成物4	VD
キモトリプシン	生成物5	STRSEAGW
	生成物6	GAKVF
	生成物7	SKVD

問1　文中の空欄に入る最も適切な語句を記せ。

問2　実験1でトリプシンの濃度だけを2倍にして同じ実験を行うと，反応時間と反応生成物量の関係はどのようになるか。予想されるグラフを図2中に描け。また，その根拠を60字以内で述べよ。

★問3　実験1で，文章中の オ の濃度は反応時間とともにどのように変化するか。オ の濃度の最大値を1として，予想されるグラフを図3中に描け。

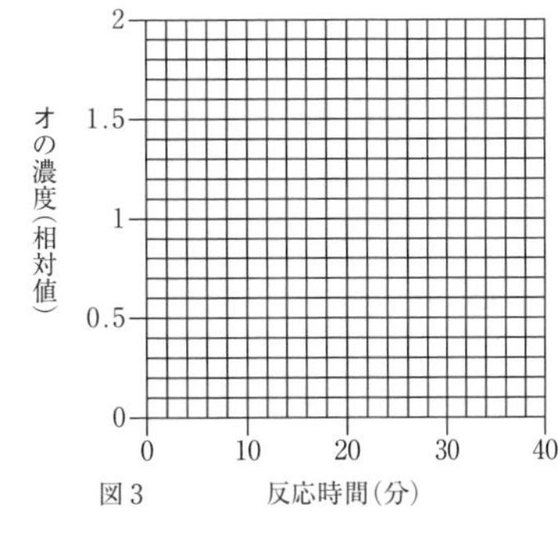

図3

★問4　実験2の結果からポリペプチドBの一次構造を予想し，その配列をアミノ酸の一文字表記で記せ。

|広島大|

標問 23 酵素反応

解答・解説 p.54

扱うテーマ 酵素反応／酵素反応のグラフ／最適温度と熱変性

生物基礎 生物

生物が生命活動を営むのに必要な反応の多くは，生体内に存在するさまざまな酵素により行われる。酵素反応は，基質濃度や温度に大きく依存する。そのため，例えば，温和な環境下に生育する生物が有する酵素(図1　酵素X)に比べ，高温環境下に生育する生物は高温でも機能する酵素(図1　酵素Y)を保持している。このように，生物は分子レベルで適応することで，各環境温度下での生存を可能としている。

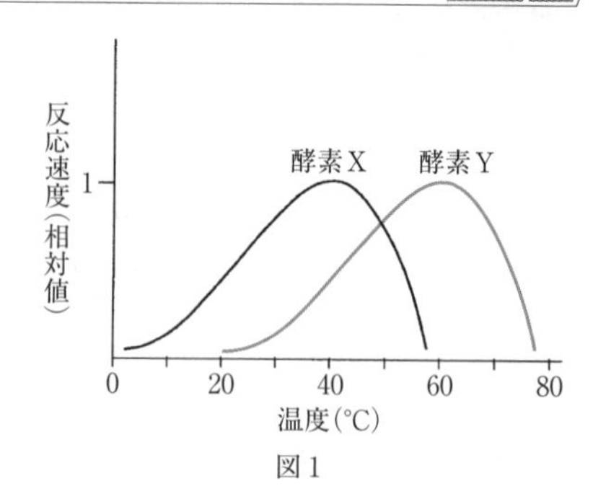

図1

酵素X(図1)は基質Sに作用し，反応生成物Pが生じる。ここで図2は基質Sの一定濃度条件下における時間と生成物P量との関係，図3は酵素Xの一定濃度条件下における基質S濃度と反応速度との関係を表したグラフである。この反応系においては，酵素・基質ともに十分量存在するものとする。

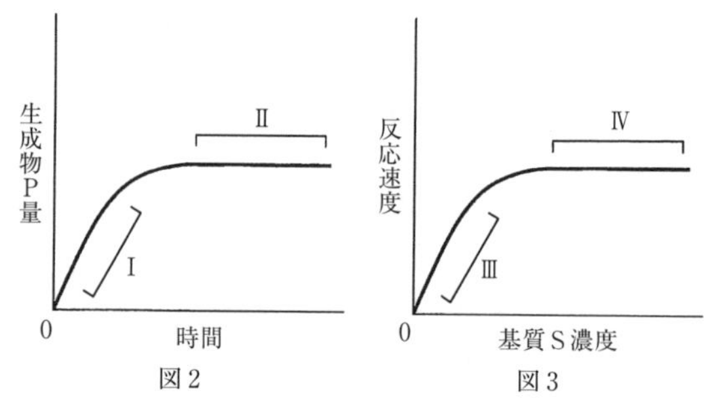

図2　　図3

★問1　図2および図3のⅠ～Ⅳの範囲における酵素と基質との結合状態について，次から正しいものをそれぞれ1つずつ選べ。

① すべての酵素が基質と結合している。

② すべての酵素が基質と結合していない(酵素－基質複合体が存在しない)。

③ 横軸の値の増加に伴い，基質と結合している酵素の量が増える。

④ 横軸の値の増加に伴い，基質と結合している酵素の量が一定から減少に変わる。

★問2　図2および図3に関連して，以下の条件(1)～(3)を表すグラフを右の①～⑥からそれぞれ1つずつ選べ。ただし，実線が元の反応系，点線が新たな条件における反応系を示すものとし，グラフの縦軸お

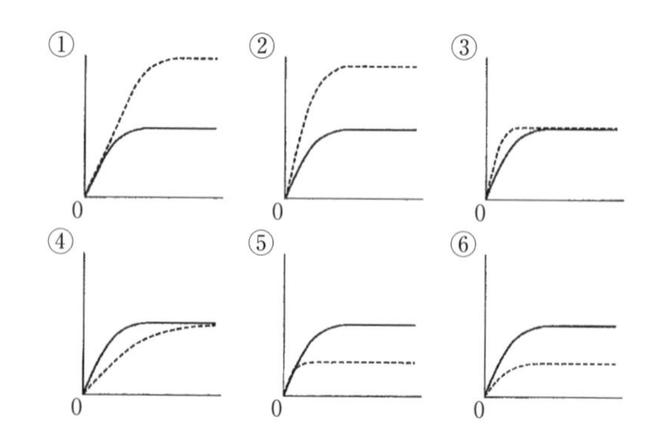

よび横軸は図２あるいは図３のものと同一とする。

(1)　図２において基質Ｓ濃度を２分の１とした。

(2)　図２において反応温度を20℃から40℃に上昇させた。

(3)　図３において反応温度を20℃から40℃に上昇させた。

★問３　酵素Ｘと酵素Ｙ（図１）は同じ基質特異性を示す。ここで20℃条件下で酵素Ｘと酵素Ｙとを等量混合し，酵素混合液(A)を得た。この酵素混合液(A)について，下記の温度処理を連続的に行い，酵素混合液(B)～(E)を得た。

酵素混合液(B)：(A)の一部をとって，40℃条件下で十分に静置した。

酵素混合液(C)：(B)の一部をとって，さらに60℃条件下で十分に静置した。

酵素混合液(D)：(C)の一部をとって，さらに40℃条件下で十分に静置した。

酵素混合液(E)：(D)の一部をとって，さらに20℃条件下で十分に静置した。

次に，一定量の酵素混合液(A)～(E)のそれぞれに基質Ｓを添加し，各静置温度【(A)20℃，(B)40℃，(C)60℃，(D)40℃，(E)20℃】における反応速度を測定した。ここで，酵素混合液(A)とおおよそ同じ反応速度を示した酵素混合液はどれか。(B)～(E)の中から１つ選べ。

｜広島大｜

標問 24 酵素反応とその阻害

解答・解説 p.56

扱うテーマ　最適温度と熱変性／競争的阻害／非競争的阻害／化学平衡　生物

乳酸脱水素酵素は，乳酸を基質とする反応においてピルビン酸を生成する。この酵素の性質を調べるために問1～問4の実験を行ったところ，それぞれ図1～図4に示す結果が得られた。いずれの実験においても，まず酵素以外の成分を含む溶液を反応に使用する温度に保ち，それに10℃に維持しておいた少量の酵素液を加えて反応を開始させた。

★★問1　反応速度と温度の関係を調べたところ，図1のグラフが得られた。

(1)　反応速度が最大となる温度を何と呼ぶか，答えよ。

(2)　50℃以上で反応速度が急激に低下した理由を15字以内で述べよ。

(3)　(2)の理由が正しいことを確かめるためには，下線部の実験をどのように変更して行えばよいか，実験方法を60字以内で，予想される実験結果を100字以内でそれぞれ述べよ。

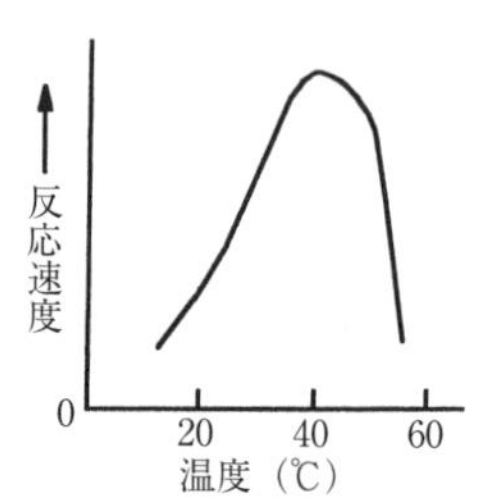

図1　反応速度と温度の関係

★問2　反応速度と基質濃度の関係を40℃で調べたところ，図2のaで示す曲線が得られた。同じ反応液に新たに一定量の物質Aを加えて実験を行ったところ，bで示す曲線が得られた。

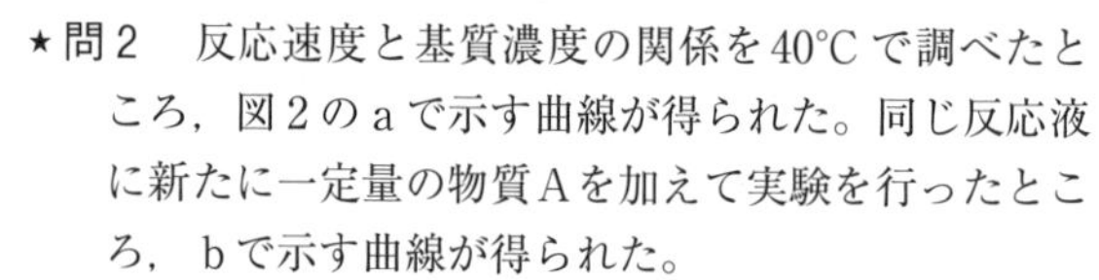

(1)　物質Aは，反応速度と基質濃度の関係をどのように変化させたか，60字以内で述べよ。

(2)　物質Aが(1)のような影響を与えた理由として最も適切なものを次から1つ選べ。

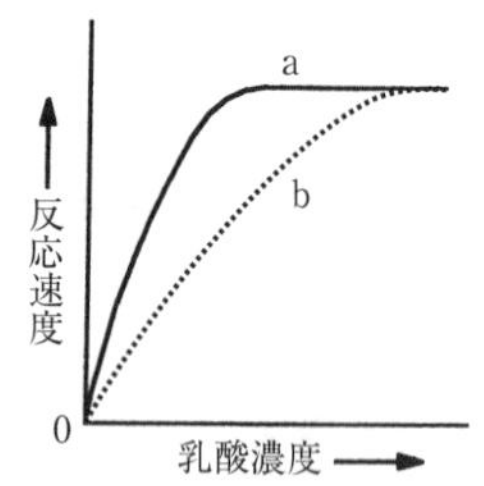

図2　反応速度と基質濃度の関係

① 活性部位に可逆的に結合することによって，乳酸の活性部位への結合を妨げた。

② 活性部位とは異なる部位に可逆的に結合することによって，活性部位に結合している乳酸をピルビン酸に変える反応を妨げた。

③ 活性部位とは異なる部位に不可逆的に結合することによって，活性部位に結合しているピルビン酸を乳酸に変える反応を妨げた。

★問3　反応速度と基質濃度の関係を40℃で調べたところ，図3のaで示す曲線が得られた。同じ反応液に新たに一定量の物質Bを加えて実験を行ったところ，bで示す曲線が得られた。

(1)　物質Bは，反応速度と基質濃度の関係をどのように変化させたか，30字以内で述べよ。

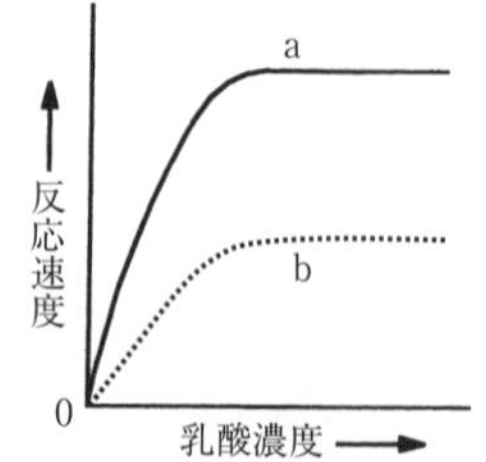

図3　反応速度と基質濃度の関係

⑵　物質Bが⑴のような影響を与えた理由として最も適切なものを，問2⑵の①～③のうちから1つ選べ。

★問4　反応液中のピルビン酸濃度と反応時間の関係を40℃で調べたところ，図4のaで示す曲線が得られた。同じ実験を行い，矢印Tの位置で反応液に水素と結合した補酵素XHを加えたところ，曲線は，bで示すように変化した。

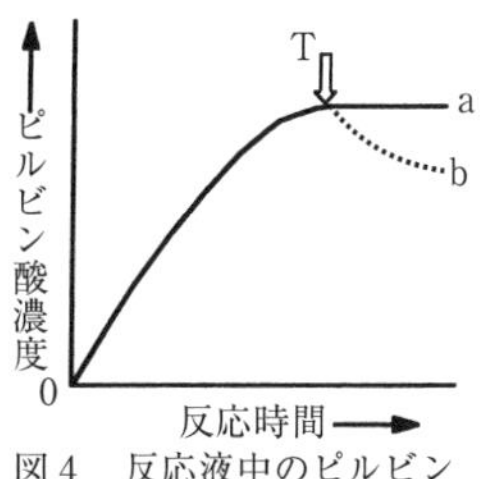

図4　反応液中のピルビン酸濃度と反応時間の関係

⑴　XHを加えることによって，ピルビン酸の濃度が低下した理由を30字以内で述べよ。

⑵　曲線aが矢印Tの位置から一定値を示す直線となった理由として最も適切なものを次から1つ選べ。

①　反応時間の経過にともなって酵素が分解した。
②　乳酸が完全に失われた。
③　酵素が乳酸をピルビン酸に変えることができなくなった。
④　乳酸からピルビン酸を生成する反応とその逆の反応が同程度に起こり，反応が起こっていないように見えた。

｜大阪公大｜

標問 25 酵素反応の速度論(K_m と V_{max})

解答・解説 p.58

扱うテーマ ミカエリス・メンテンの式／K_m と V_{max}／競争的阻害と非競争的阻害　生物

A. 酵素は基質と結合して酵素-基質複合体を形成する。酵素の中には酵素-基質複合体を形成しやすいものもあれば，形成しにくいものもある。酵素-基質複合体を形成しやすい酵素を基質との親和性が高い酵素といい，酵素-基質複合体を形成しにくい酵素を基質との親和性が低い酵素という。基質との親和性は，酵素の反応速度を決める要因の1つである。

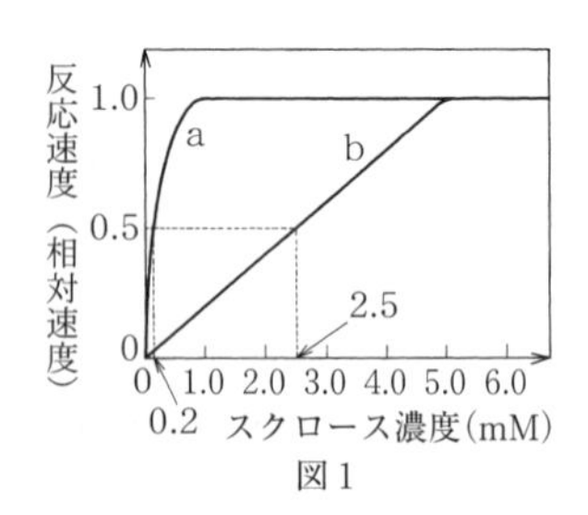

図1

図1は，2種類のスクロース分解酵素について，基質(スクロース)の濃度を変えて反応速度(グルコース生成速度)を測定した結果を模式的に示すグラフである。曲線aを与えた酵素をA，曲線bを与えた酵素をBとする。

〈注〉 1M ＝1mol/L

問1　酵素Aと酵素Bのどちらが基質との親和性が高いか。

★問2　酵素Aではスクロースが1.0mMより高い濃度で反応速度が一定になっているのに，酵素Bではスクロース濃度が5.0mMになるまで反応速度が上昇している。考えられる理由を80字以内で記述せよ。

★問3　スクロース濃度が1.0mMのとき，酵素Aおよび酵素Bのそれぞれ何%がスクロースと結合して酵素-基質複合体を形成していると考えられるか。数字を記せ。なお，最大反応速度の $\frac{1}{2}$ の速度を与えるスクロース濃度は，酵素Aでは0.2mM，酵素Bでは2.5mMである。

B. グルコースのような電荷をもたない比較的小さな分子でも，単純拡散によって脂質二重層を透過することはほとんどできない。しかし，グルコースは細胞内のエネルギー代謝のもとになる重要な物質で，すみやかに細胞内に供給される必要がある。そこで細胞は，細胞膜の表面にある「グルコース輸送体」を用いてグルコースを促進拡散させることにより，すみやかにグルコースを細胞内に供給している。単純拡散や促進拡散による物質輸送は，ともに細胞からのエネルギーを必要とせず，細胞内と細胞外の物質の濃度勾配を利用しているため，［ア］と呼ばれる。

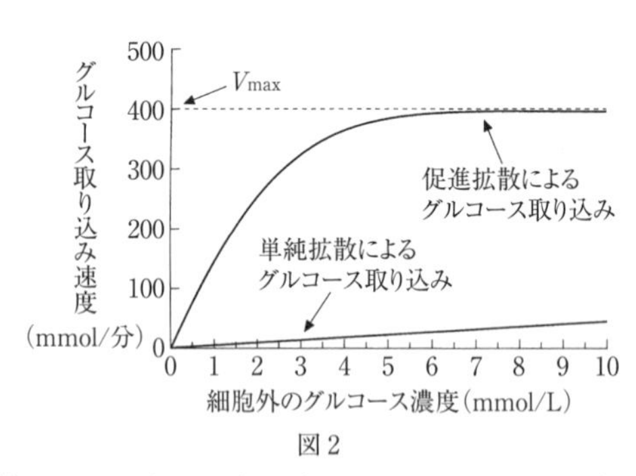

図2

ある均一な細胞の細胞外のグルコース濃度に対するグルコース取り込み速度を，

一定数の細胞で測定した結果を図2に示す(図中および文中のLはリットルを表す)。細胞外のグルコース濃度が高くなると，輸送体によるグルコース取り込み速度は，ある一定の最大値に近づいていく。これは，グルコース輸送体がグルコースの輸送を触媒する酵素のようにふるまうことを示している。このときのグルコース取り込み速度の最大値を V_{max} とする。また，グルコース取り込み速度が V_{max} の半分を示すグルコース濃度を K_m とする。K_m はグルコースと輸送体の結合の強さを表す定数であり，値が小さいほど結合が強いことを意味する。図2より，グルコース輸送体の K_m は [イ] mmol/L (mmol：ミリモル，$1\,mmol = 1 \times 10^{-3}\,mol$)であることが読み取れる。図2と同じ測定条件下で，グルコース輸送体の阻害剤Aをこの細胞に添加したときのグルコース取り込み速度を測定した結果を図3に示す。

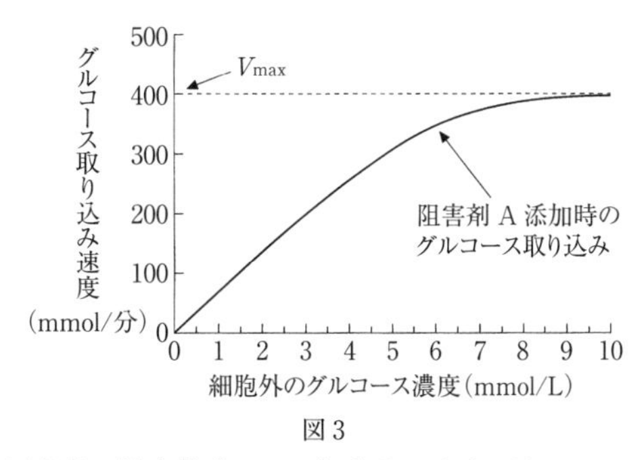

図3

問4　文中の [ア] ，[イ] に適切な語句または数値を記入せよ。

★問5　図3の結果から，阻害剤Aがグルコースの取り込みを阻害するしくみを，「結合部位」という用語を用いて60字程度で説明せよ。

次に，図2の測定で用いた細胞をがん化させて異常細胞を作った。その異常細胞では，グルコース取り込み速度が正常細胞と比較して増加していた。そこで，その原因を検討するために，以下の実験を行った。

実験　正常細胞と異常細胞を用いて，図2と同じ実験条件下でグルコース取り込み速度を測定した。その結果，異常細胞は正常細胞と比較して10倍の速度で細胞内にグルコースを取り込んでいたことがわかった。さらに(ア)<u>正常細胞と異常細胞について V_{max} と K_m を比較した結果，異常細胞のグルコース取り込み速度の上昇は，細胞膜上のグルコース輸送体の数が増加したことによってもたらされたことがわかった。</u>

★★問6　下線部(ア)の結果から，異常細胞を用いて得られた V_{max} と K_m は正常細胞の場合と比較してどのような値であったか。次から1つ選べ。

① V_{max}：1倍，K_m：10倍
② V_{max}：$\sqrt{10}$ 倍，K_m：1倍
③ V_{max}：10倍，K_m：1倍
④ V_{max}：1倍，K_m：$\frac{1}{10}$ 倍
⑤ V_{max}：10倍，K_m：$\frac{1}{\sqrt{10}}$ 倍

｜九大・京大｜

標問 26 アロステリック酵素とフィードバック調節

解答・解説 p.61

扱うテーマ 生合成系の活性調節／アロステリック酵素／フィードバック調節 生物

アロステリック酵素には基質が結合する［ア］以外に，酵素の活性を調節する低分子(エフェクター)が結合するアロステリック部位が存在する。アロステリック部位に結合するエフェクターは，基質である場合も基質以外の場合もある。また，アロステリック部位にエフェクターが結合して酵素反応を促進する場合と，酵素反応を抑制する場合とがある。

アロステリック酵素の一例として，大腸菌のアスパラギン酸トランスカルバミラーゼ(ATCase)があげられる。ATCaseにはL-アスパラギン酸，アデノシン三リン酸(ATP)，シチジン三リン酸(CTP)の3種類のエフェクターが存在する。この酵素はヌクレオチドのウラシル，チミン，シトシンといったピリミジン塩基の生合成の一連の反応にかかわる初めの酵素である。この酵素は

L-アスパラギン酸＋カルバモイルリン酸

⟶ *N*-カルバモイル-L-アスパラギン酸＋リン酸

という反応を触媒する。カルバモイルリン酸が充分な濃度で存在すればその濃度による反応速度に対する影響は無視してよい。つまり，ATCaseのもう1つの基質であるL-アスパラギン酸の濃度についてのみ考慮すればよい。図1は，カルバモイルリン酸が充分な濃度で存在する状態でのATCaseのL-アスパラギン酸濃度と反応速度の関係を示したものである。L-アスパラギン酸以外のエフェクターがない場合は，反応速度とL-アスパラギン酸濃度の関係は図1のbのようなS字に似た曲線になった。つまり，L-アスパラギン酸が低濃度では酵素活性が低いが，L-アスパラギン酸の濃度が高くなると急激に反応速度が上昇する。この特徴は基質の濃度によって反応を制御するスイッチの役割を担っている。ヌクレオチドのプリン塩基であるアデニンを含むATPにも反応促進効果があり，L-アスパラギン酸以外にATPが充分に存在する場合は図1において［イ］のような曲線になった。また，ATCaseが関与する一連の生合成の最終産物の一種であるシトシンに由来するCTPが存在しATPが存在しないと，酵素反応が抑制される。その場合，図1において［ウ］のような曲線になった。つまり，CTPは，ピリミジン塩基の生合成を［エ］している。

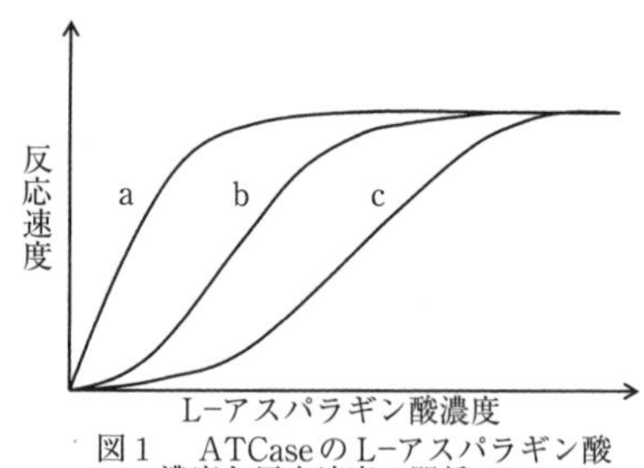

図1　ATCaseのL-アスパラギン酸濃度と反応速度の関係

図1からわかるように，アロステリック酵素の特徴の1つは，反応を調節するエフェクターが存在しても基質濃度を上げていくと，最終的に［オ］がエフェクターがなくても同じになることである。これは，基質と化学構造が似た［カ］が，基質と［ア］を奪い合う競争的阻害によるものではない。

★問1　文中の空欄に最も適切な語句や図中の記号を記せ。

★問2　文中の［エ］には物質の生合成においてどのような利点があるのか，50字以内で説明せよ。

★★問3　ヌクレオチドの塩基にはアデニン，グアニンのようなプリン塩基と，ウラシル，チミン，シトシンのようなピリミジン塩基が存在する。プリン塩基のヌクレオチドとピリミジン塩基のヌクレオチドの生体内濃度のバランスを保つようにATCaseの活性は調節されていると考えられる。次から正しいものをすべて選べ。

① CTPには抑制効果があるため，ATCase活性を抑制してウラシル，チミンの生合成を促進する。

② ATPには促進効果があるため，ATP濃度をより高める効果がある。

③ CTPが存在しない場合，ATP濃度が低くなるとピリミジン塩基の生合成は促進される。

④ ATP濃度が高くなると，基質濃度が低くてもATCaseの反応速度は上昇する。

⑤ ATP非存在下でCTP濃度が低下した場合と，CTP非存在下でATP濃度が低下した場合とでは，反応速度と基質濃度の関係は似た曲線になる。

⑥ エフェクターの種類によってATCaseの基質との結合のしやすさが変化することにより，酵素活性を調節している。

｜東京農工大｜

標問 27 エネルギー代謝と膜輸送

解答・解説 p.65

扱うテーマ　エネルギー代謝／受動輸送と能動輸送／二次能動輸送　　生物

細胞は生物の基本単位で，細胞膜により外界から仕切られている。生きている細胞の内部にはイオンや有機分子などのさまざまな物質が存在し，細胞の生存や機能と密接に結びついているため，それら分子の濃度の制御は不可欠である。その制御を行う上で重要な役割を果たしているのが細胞膜である。細胞膜は脂質とタンパク質からなる薄い膜である。細胞膜は細胞内外を区切る単なる「仕切り」ではなく，種々の物質を選択的に透過させる性質をもつ。この選択的透過性は，細胞膜に存在するタンパク質によっている。

赤血球などの動物細胞では，細胞内の Na^+ 濃度は10mM程度で細胞外の Na^+ 濃度140mMに比べ低く抑えられている。それとは逆に，K^+ 濃度は細胞内が140mM，細胞外が5mM程度となっている。この2種類のイオンの細胞膜を隔てた大きな濃度勾配は細胞膜に存在する Na^+/K^+-ATP分解酵素により形成されている。Na^+/K^+-ATP分解酵素はATP加水分解のエネルギーを利用して，細胞内の Na^+ と細胞外の K^+ を交換する(a)能動輸送を行っている。〈注〉 1M＝1mol/L

Na^+ および K^+ の濃度勾配は，他の溶質分子やイオンの細胞内外への輸送に密接に関係している。例えば，(b)Na^+ の濃度勾配は，小腸上皮細胞において低濃度のグルコースを腸管内腔から細胞内に取り込む際に利用される。また，(c)細胞内の急激な酸性化(H^+ 濃度の上昇)に対して細胞内を中性に戻す際にも Na^+ の濃度勾配が利用される。これらの輸送現象は Na^+/K^+-ATP分解酵素と同じく，細胞膜中に存在するタンパク質によって触媒される。

★問1　下線部(a)に示す能動輸送とはどのような輸送のことか。対照的な輸送形式である受動輸送と対比し，80字程度で説明せよ。

★★問2　赤血球を低張液で処理し溶血させた後，再び細胞膜が閉じて袋状の細胞の形を取り戻したものを赤血球ゴーストという。内部に Na^+ とATPを含むが，K^+ とADPを含まない赤血球ゴーストを調製した。この赤血球ゴーストをKClを含む適当な緩衝液中に懸濁した。このときに起こる赤血球ゴースト内での Na^+，K^+，ATPおよびADPの濃度変化を右のグラフ中にそれぞれ示せ。ただし，Na^+ およびATPのグラフ縦軸に記した矢印はそれぞれの初

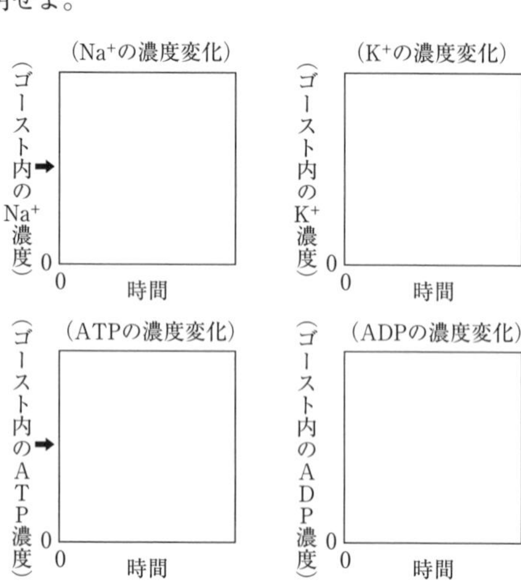

期濃度を示す。また，赤血球ゴーストを緩衝液中に懸濁した時間を0とする。

★★ 問3　下線部(b)の輸送現象およびタンパク質の性質を詳しく調べるため，その輸送タンパク質を細胞膜から取り出し，脂質からなる人工膜に埋め込んだ。この人工膜は袋状の小胞になっており，小胞内外の溶液組成を自由に設定することができる。グルコースを含む溶液に小胞を懸濁し，小胞外の Na^+ 濃度を小胞内に比べ高濃度にした場合，小胞内で Na^+ およびグルコースの濃度の上昇が観察された。一方，小胞内外の Na^+ 濃度を同一にした場合は Na^+ およびグルコースの濃度の変化は認められなかった。ただし，この実験は小胞内外の溶液にATPを含まない条件で行った。この輸送タンパク質と Na^+/K^+-ATP分解酵素が利用するエネルギーには明らかな違いが存在する。それはどのような違いか80字程度で説明せよ。

★ 問4　小腸上皮細胞で見られる下線部(b)および(c)で示した輸送現象で起こる物質の動き（輸送される物質名とその方向）を Na^+/K^+-ATP分解酵素の例にならって右の図中に示せ。

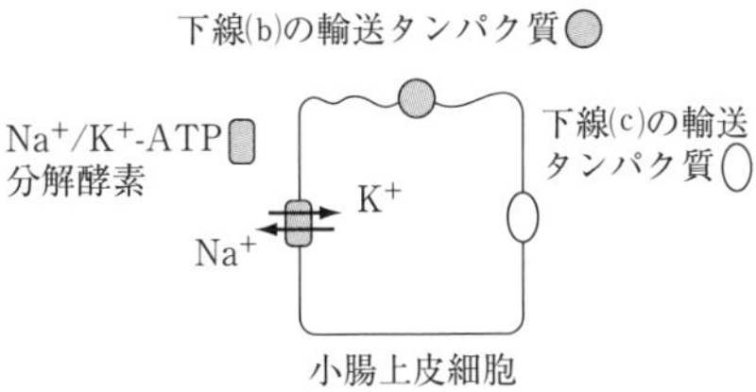

★ 問5　Na^+ の濃度勾配が物質輸送に利用されるためには細胞膜の脂質部分のどのような性質が重要であるといえるか。理由とともに80字程度で答えよ。

｜2002年　阪大（改題）｜

標問 28 光合成の計算と遮断実験

解答・解説 p.69

扱うテーマ 光合成の計算／カルビン回路の遮断実験 生物

次の文章を読み，以下の問いに答えよ。なお，H，C，O の原子量はそれぞれ 1，12，16とし，実験温度における CO_2 の密度は 1.8g/L として計算せよ。

植物の光合成速度と呼吸速度は，植物の CO_2 の吸収量と放出量から求めることができる。そこで，ある植物の光合成速度と呼吸速度を測定するために透明なアクリル板で図 1 のような装置(同化箱)を作り，実験を行った。この装置では，同化箱の入口と出口以外は密閉され，入口から一定の流量(30L/時)で出口の方向に空気が流れている。同化箱の入口(図中の A 点)における空気中の CO_2 濃度は 300ppm である。なお，1ppm は，空気中にその体積の $1/10^6$ の体積の CO_2 を含む濃度である。

図 1

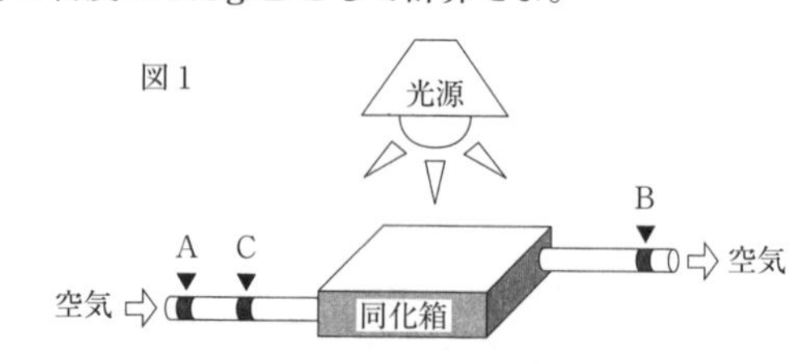

表 1

光の強さ(ルクス)	0	2,000	4,000	6,000	8,000	10,000	12,000
CO_2 濃度(ppm)	330	300	270	240	210	210	210

この同化箱の中に，面積が $100\,cm^2$ の葉を入れて密閉し，光の強さを0〜12,000 ルクスに変化させて，同化箱出口(図中の B 点)における CO_2 濃度を測定した。B 点での CO_2 濃度(ppm)は表 1 のとおりであった。なお，すべての実験は同一の温度で行った。

★問 1　葉の呼吸速度はいくらか。葉面積 $100\,cm^2$・1 時間当たりの CO_2 重量($mgCO_2/100\,cm^2$・時)を小数点以下第 1 位(小数点以下第 2 位を四捨五入)まで求めよ。

★問 2　葉の光飽和における光合成速度($mgCO_2/100\,cm^2$・時)はいくらか。小数点以下第 1 位(小数点以下第 2 位を四捨五入)まで求めよ。

★問 3　10,000ルクスで 2 時間照射した後，暗黒下に 2 時間置いた。光合成で作られる炭水化物と呼吸の基質はすべてグルコース(ブドウ糖)とすると，4 時間後の葉に含まれるグルコース量(mg)の増減はいくらか。小数点以下第 1 位(小数点以下第 2 位を四捨五入)まで求め，増加する場合には「＋」，減少する場合には「－」の記号をつけよ。

★問 4　10,000ルクスでしばらく照射を続けた後，CO_2 吸収剤であるソーダライムが入った管を図中の C 点に挿入した。その後，葉中のカルビン回路の C_3 化合物と C_5 化合物の量はどのように変化し始めるか，30字以内で記せ。なお，C_3 化合物とは PGA(ホスホグリセリン酸)のことであり，C_5 化合物とは RuBP(リブロースビスリン酸)のことである。

｜九大｜

標問 29 光合成と酵素

解答・解説 p.72

扱うテーマ C_3 回路とルビスコ／光呼吸／K_m／C_4 回路と PEP カルボキシラーゼ　生物

光合成のカルビン回路において，ルビスコと呼ばれる酵素は，二酸化炭素を固定する最も初期の反応を触媒している。ルビスコは，基質として二酸化炭素 1 分子と(a)炭素数［ア］の物質1分子から，(b)炭素数［イ］の物質を［ウ］分子生成する反応を触媒している。この反応以外にも，ルビスコは基質として酸素 1 分子と炭素数［ア］の物質1分子から，炭素数［イ］と炭素数［エ］の物質をそれぞれ1分子ずつ生成する反応も触媒する(図１)。

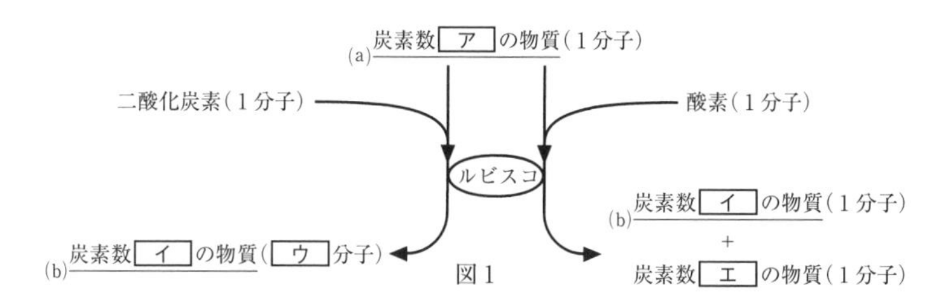

図１

一般に，ルビスコの反応のように 基質X＋基質Y→生成物 で示される酵素反応では，酵素濃度が一定で，基質Xの濃度が十分高い場合，基質Yの濃度と酵素反応速度の関係は図２のように表される。図２の K_m はミカエリス定数と呼ばれ，酵素反応速度が最大反応速度(V_{max})の半分$\left(\frac{V_{max}}{2}\right)$になるときの基質濃度であり，酵素の基質Yに対する親和性の尺度となっている。

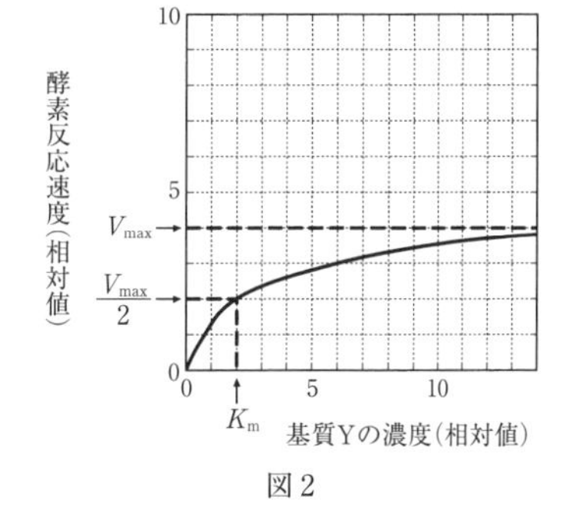

図２

問１　文中の空欄に適切な数字を記せ。

問２　下線部(a)および(b)の物質はそれぞれ何か，その物質名を記せ。

★問３　酵素濃度を図２で用いた濃度の半分にした場合，基質Yの濃度と酵素反応速度の関係はどのように変化するか。変化したグラフを図示せよ。また，この場合，K_m の値はもとの値の何倍になるか，最も適切なものを次から１つ選べ。

① 4倍　② 2倍　③ 1倍　④ $\frac{1}{2}$倍　⑤ $\frac{1}{4}$倍

★問４　ルビスコが基質として二酸化炭素と酸素のどちらを用いるかは，二酸化炭素と酸素の濃度の比に依存しており，二酸化炭素および酸素を用いる反応速度の比$\left(\frac{v_{CO_2}}{v_{O_2}}\right)$は次ページの(式１)で表すことができる。

$$\frac{v_{CO_2}}{v_{O_2}}=\frac{\left(\dfrac{V_{max}^{CO_2}}{K_m^{CO_2}}\right)}{\left(\dfrac{V_{max}^{O_2}}{K_m^{O_2}}\right)}\times\frac{二酸化炭素濃度}{酸素濃度} \qquad (式1)$$

（式１）における記号の説明

v_{CO_2} ：二酸化炭素と下線部(a)の物質を基質とするルビスコの反応速度
v_{O_2} ：酸素と下線部(a)の物質を基質とするルビスコの反応速度
$K_m^{CO_2}$ ：ルビスコの二酸化炭素に対する K_m
$K_m^{O_2}$ ：ルビスコの酸素に対する K_m
$V_{max}^{CO_2}$ ：二酸化炭素と下線部(a)の物質を基質とするルビスコの最大反応速度
$V_{max}^{O_2}$ ：酸素と下線部(a)の物質を基質とするルビスコの最大反応速度

二酸化炭素および酸素を基質として用いるルビスコの反応が右記の条件で起こるとき，反応速度の比$\left(\frac{v_{CO_2}}{v_{O_2}}\right)$はどのような値になるか。解答は小数点以下第２位を四捨五入して示せ。

反応の条件
・$K_m^{O_2}$ は $K_m^{CO_2}$ の20倍。
・$V_{max}^{CO_2}$ は $V_{max}^{O_2}$ の4.5倍。
・水中の酸素濃度は二酸化炭素濃度の23倍。
・下線部(a)の物質は十分な量存在する。

★問５　（式１）における$\left(\frac{v_{CO_2}}{v_{O_2}}\right)$の値が大きくなることは，植物における正味の二酸化炭素の固定化効率を上げることになる。これは植物の成長において重要な意味をもつ。C_4 植物は$\left(\frac{v_{CO_2}}{v_{O_2}}\right)$の値を大きくするために，$C_4$ ジカルボン酸回路と呼ばれる機構をもつ。（式１）を考慮した上で，「濃縮装置」という用語を用いて，この回路の役割を70字程度で述べよ。

｜広島大｜

標問 30 呼吸とその反応調節

解答・解説 p.74

扱うテーマ 呼吸／アロステリック酵素／酸化的リン酸化／化学浸透／アンカップラー　生物

細胞内でグルコースを分解してエネルギーを得る過程は，大きく分けて3つの段階からなる。最初の段階は，グルコースから炭素3個を含む化合物に至る反応経路で解糖系と呼ばれる。この段階にはさまざまな酵素が関与しているが，(a)フルクトース6-リン酸がフルクトース1,6-二リン酸に変化する反応は，ホスホフルクトキナーゼという酵素によって促進されている。この酵素はアロステリック酵素であり，解糖系全体の反応速度調節に重要な役割を果たしている。また，解糖系は酸素を必要としない反応であり，ある種の組織や細胞では，この段階のみでエネルギーを得ている。急激な運動時の骨格筋は，この一例である。また，微生物の中には無酸素環境で解糖系とほぼ同じ代謝系を用いるものがいるが，この働きは［ ア ］と呼ばれる。

酸素が利用できる場合には，グルコース分解の第2段階が進行する。すなわち，炭素3個を含む化合物に由来するアセチル基がアセチルCoAという物質を介して，［ イ ］回路へと入っていく。この回路は，ミトコンドリアのマトリックスに存在している。この回路を1周する間にアセチル基が分解され，炭素原子は［ ウ ］として放出される。また，数カ所の脱水素反応により，還元型補酵素が生成する。生じた還元型補酵素は，第3段階である電子伝達系で利用される。

(b)電子伝達系はミトコンドリアの内膜に存在しており，還元型補酵素に由来する電子は反応系内を次々に受け渡されていき，最終的に［ エ ］に受容され水ができる。この過程で，内膜を介して水素イオンの濃度勾配が形成される。その結果，水素イオンは濃度勾配に従って高濃度側から低濃度側に移動しようとし，この移動力を利用してATP合成酵素がATPを合成する。

問1　文中の空欄に適切な語を入れよ。

★★問2　図1は，下線部(a)のホスホフルクトキナーゼについて，その反応速度に及ぼすフルクトース6-リン酸濃度の影響を示している。曲線Aは低濃度のATP存在下で，曲線Bは高濃度のATP存在下で測定した結果である。

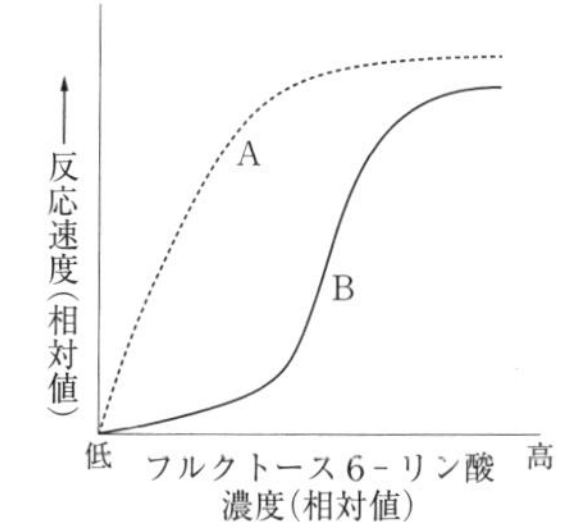

図1　ホスホフルクトキナーゼ活性へのフルクトース6-リン酸濃度の影響

(1)　曲線Aと曲線Bの比較から，高濃度のATPは酵素活性を阻害していることがわかる。その理由として，どのようなことが考えられるか。アロステリック効果に基づく説明として適切なものを次から1つ選べ。

① 酵素中の活性部位にATPが結合して，酵素活性を阻害するため。

② ATPがフルクトース6-リン酸と結合して，フルクトース6-リン酸の濃度を下げるため。

③ 酵素中の活性部位とは別の部位にATPが結合して，酵素活性を阻害するため。

④ ATPは逆方向の反応であるフルクトース1,6-二リン酸からフルクトース6-リン酸への変化を促進するため。

(2) ATPは解糖系の最終産物の1つといえるが，このATPによってホスホフルクトキナーゼ活性が抑制されることは解糖系全体の速度調節に重要である。こうした調節機構を何というか。その名称を記せ。

(3) ホスホフルクトキナーゼの酵素活性が曲線Bのように変化するという特徴は，酵素活性の調節の上でどのような役割を果たすか。「基質」，「スイッチ」という用語を用いて60字程度で記せ。ただし，ホスホフルクトキナーゼという酵素名は示さなくてよく，フルクトース6-リン酸を基質と示すものとする。

★問3 下線部(b)の電子伝達系の働きを調べるために，分離・精製したラット肝臓のミトコンドリアを用いて実験を行った。図2は外気から密閉された容器にミトコンドリアと十分量のリン酸を含む反応液を入れ，反応液中の溶存酸素を測定した結果である。図の矢印の位置では，反応液にそれぞれの物質が加えられた。

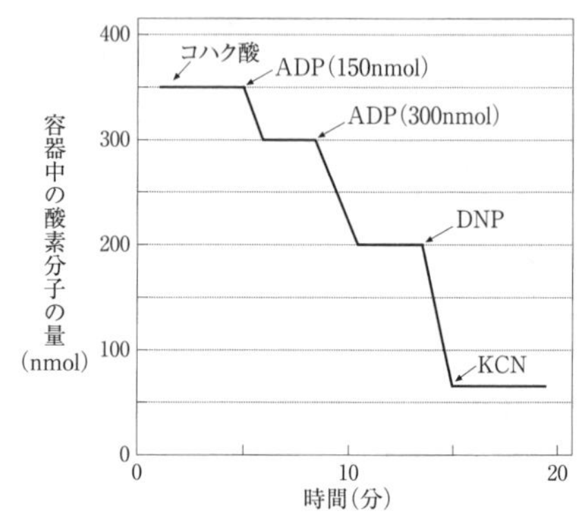

図2 ラット肝臓ミトコンドリアの酸素消費

(1) コハク酸やADPは，ミトコンドリアのどの位置で反応したと考えられるか。次から適切なものを1つ選べ。

① 外膜の細胞質に接する表面　② 内膜の外膜側に位置する表面

③ 内膜のマトリックス側に位置する表面

④ 内膜から離れた位置のマトリックス

(2) 図2で加えられたADPは，反応液中のミトコンドリアでATP合成に使われる。図から酸素1分子の消費によって生成するATPの分子数を計算せよ。ただし，図中のnmol（$=10^{-9}$mol）は，物質量の単位であり，分子数に比例する。また図中に示すように，ADPは150nmolと300nmolが別々に加えられたものとする。

(3) DNP(2,4-ジニトロフェノール)は，ミトコンドリア内膜の水素イオン透過性を増大させる。図2でDNPを加えてからのミトコンドリアではどのようなことが起こっているか。次の中から適切なものを1つ選べ。

① 電子伝達系が停止している。

② ATPのミトコンドリア外への輸送が停止している。

③ 電子伝達系が活発に働いている。　④ ATP合成が活発に行われている。

⑤ ATPの分解が進行してADPが生成している。

(4) KCN(シアン化カリウム)を加えると図2に示されているような結果となった。KCNはどのような作用を及ぼしたか。「電子伝達系」，「酸素消費」の2語を用いて30字程度で記せ。

｜岐阜大｜

標問 31 呼吸と呼吸基質

解答・解説 p.78

扱うテーマ 呼吸のしくみ／呼吸基質／呼吸商(RQ)　生物

A. グルコースが細胞に取り込まれると，まず解糖系で代謝される。(a)解糖系では，ATPを1分子消費し，1分子のグルコースからグルコース-6-リン酸が生成される。その後，［ア］-3-リン酸を経て，2分子のピルビン酸に変換される。続いて，ピルビン酸はミトコンドリアのマトリックスに移動した後，(b)クエン酸回路で種々の物質に変換される。クエン酸回路では，2分子のピルビン酸からNADHが［イ］分子，$FADH_2$が［ウ］分子生成され，電子伝達系で最大［エ］分子のATPが生成される。

電子伝達系ではNADHや$FADH_2$から電子が放出され，電子はミトコンドリアの［オ］に存在するタンパク質や補酵素に次々に受け渡されていき，最後に酸素を還元する。電子が受け渡されている間に，プロトン(H^+)がマトリックスから膜間腔へ輸送され，［オ］を隔てたプロトンの濃度勾配(濃度差)が形成される。プロトンがマトリックスに戻る際のエネルギーを用いて，ATP合成酵素がADPとリン酸からATPを合成する。このようなプロトンの濃度勾配を用いたミトコンドリアのATP合成機構は，ピーター・ミッチェルによって［カ］説として提唱され，酸化的リン酸化反応と呼ばれる。(c)酸化的リン酸化反応が安定的に行われている間は，電子伝達系における酸素消費速度は理論上，一定の値になる。

問1　文中の空欄に適切な語句あるいは数字を入れよ。

★問2　下線部(a)について，図1の下向きの矢印が示す箇所で，ATPが消費あるいは合成される。空欄に適切な語句あるいは数字を入れよ。［キ］，［ケ］にはATPの分子数が，［ク］，［コ］には消費あるいは合成のいずれかが入るものとする。

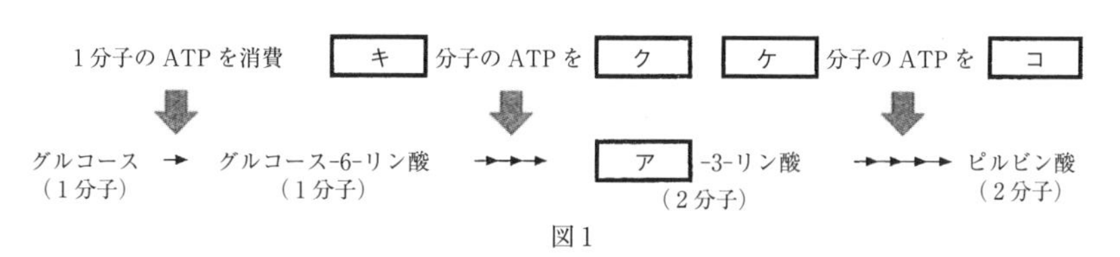

図1

問3　下線部(b)について，グルタミン酸がアミノ基転移酵素の働きによって，クエン酸回路で代謝される物質になる。その物質名を記入せよ。

★★問4　下線部(c)に関して，次の実験を行った。細胞よりミトコンドリアを単離し，図2に示す空気が入らない密閉装置の緩衝液(37℃，ADPおよびリン酸を含む)に懸濁した。この装置を2つ準備し，同一量の単離ミトコンドリアを添加した。懸濁液を攪拌(かくはん)しながら，酸化的リン酸化反応を持続させるのに充分な濃度の①ピルビン酸，②クエン酸，③コハク酸，④ピルビン酸とコハク酸，のいずれかを各装置に添加した。このときの，ミトコンドリア懸濁溶液中の酸素濃度の時間変化を示すグラフを下の選択肢A～Hの中からそれぞれ1つずつ選べ。なお，緩衝液に呼吸基質は含まれていないものとし，基質添加に伴う懸濁液量の増加は結果に影響しないものとする。また，グラフの上向きの矢印は基質を添加した時間を示す。

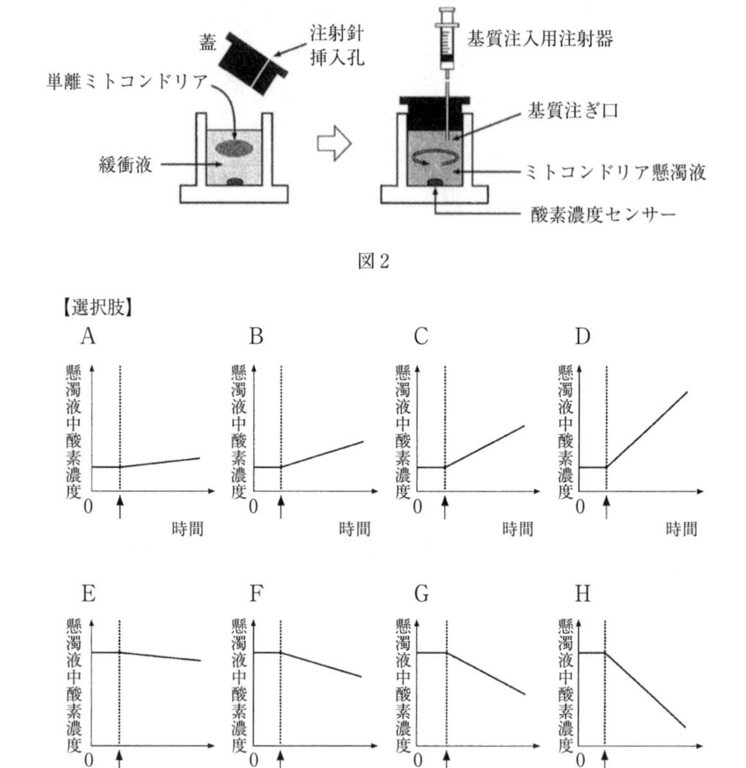

図2

B. 炭水化物が呼吸基質として通常用いられるが，脂肪やタンパク質も呼吸基質となる(図3)。脂肪は脂肪酸とグリセリンに分解されたのち，脂肪酸は［サ］回路に，グリセリンは［シ］系に入る。タンパク質の分解によって生じたアミノ酸は［ス］反応によって，有機酸と［セ］に分解される。有機酸は［サ］回路に入り，有毒な［セ］はオルニチン回路(尿素回路)と呼ばれる回路に入り，毒性の弱い尿素となる。尿素は血流に乗り，腎臓で濾過(ろか)されて尿中へ排泄される。

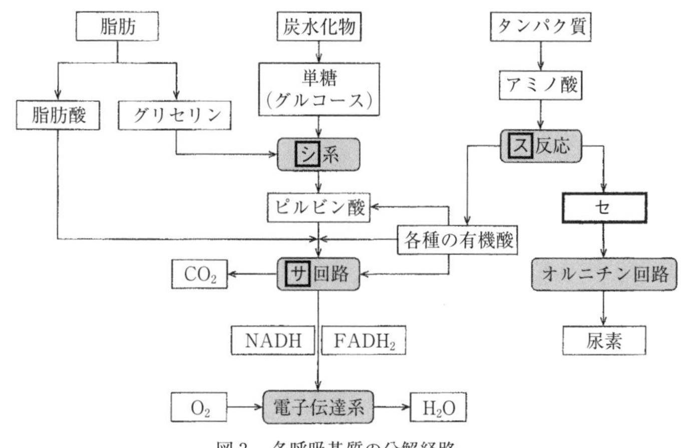

図3　各呼吸基質の分解経路

問5　文中，図3中の空欄に適切な語句を入れよ。

★問6　炭水化物・脂肪・タンパク質は呼吸基質となり，呼吸に伴い酸素を吸入し，二酸化炭素を放出する。この際の酸素と二酸化炭素の体積比，すなわち CO_2/O_2 を呼吸商(RQ)と呼ぶ。炭水化物であるグルコースの反応式を例に示す。グルコースのRQは1である。

例)　$C_6H_{12}O_6 + 6O_2 + 6H_2O \rightarrow 6CO_2 + 12H_2O$　RQ＝6÷6＝1

(1)　脂肪酸である(i)オレイン酸($C_{18}H_{34}O_2$)，アミノ酸である(ii)バリン($C_5H_{11}NO_2$)の反応式を，例にならって係数が整数になる反応式で示せ。

(2)　(i)オレイン酸，(ii)バリンのRQを計算せよ。値は四捨五入して小数第2位までの数で答えよ。

★★問7　炭水化物はグリコーゲンとして肝臓をはじめ，筋肉などの組織に貯留されていく。貯留できるグリコーゲン量はヒトの場合，約数百グラムである。過剰に摂取した炭水化物は脂肪に合成され，脂肪組織に貯留されていく。中程度の強度の有酸素運動を行うことは，強い強度の無酸素運動を行うよりも効率がよい脂肪の減量が期待できる。

(1)　有酸素運動の方が無酸素運動よりも効率がよい脂肪の減量が期待できる理由について，呼吸基質の違いを含めて125字以内で説明せよ。

(2)　有酸素運動を行った際に想定されるRQの変化を簡潔に説明せよ。

｜東北大・2022年 阪大(改題)｜

第4章　遺伝情報とその発現

標問 32　点突然変異

解答・解説 p.80

扱うテーマ　翻訳／遺伝子突然変異　　生物

ニジマスのある遺伝子の塩基配列を調べ，その遺伝子から転写される mRNA の配列を決定したところ，多くの正常個体から下のような配列が得られた。しかし，一部の個体では①～⑧に示したような変異を起こした mRNA も認められた。下の配列は左端の AUG から右方向に翻訳されるものとして，以下の問いに答えよ。なお，必要に応じて下のコドン表を用いること。

```
1        10          20          30          40          50
|        |           |           |           |           |
AUG CUC CUA UAC GUC AUU CUU AUU GAC AAA UUU CAA GUC AUA UGA CUU GAA AUG A
```

① 左から6番目のCがUに変異していた。
② 左から28番目のAがUに変異していた。
③ 左から33番目のUがAに変異していた。
④ 左から28番目のAがGに変異していた。
⑤ 左から13番目のGが欠失していた。
⑥ 左から13，14番目のGとUが欠失していた。
⑦ 左から15，16番目のCとAの間にAが挿入され，CAA と変異していた。
⑧ 左から33，34番目のUとCの間にCが挿入され，UCC と変異していた。

コドン表（mRNA の3塩基の組み合わせとそれらがコードするアミノ酸）

第1字＼第2字	U（ウラシル）	C（シトシン）	A（アデニン）	G（グアニン）	第2字／第3字
U（ウラシル）	フェニルアラニン フェニルアラニン } (Phe) ロイシン ロイシン } (Leu)	セリン セリン セリン セリン } (Ser)	チロシン チロシン } (Tyr) （停　止） （停　止）	システイン システイン } (Cys) （停　止） トリプトファン (Trp)	U C A G
C（シトシン）	ロイシン ロイシン ロイシン ロイシン } (Leu)	プロリン プロリン プロリン プロリン } (Pro)	ヒスチジン ヒスチジン } (His) グルタミン グルタミン } (Gln)	アルギニン アルギニン アルギニン アルギニン } (Arg)	U C A G
A（アデニン）	イソロイシン イソロイシン イソロイシン } (Ile) メチオニン (Met)	トレオニン トレオニン トレオニン トレオニン } (Thr)	アスパラギン アスパラギン } (Asn) リシン リシン } (Lys)	セリン セリン } (Ser) アルギニン アルギニン } (Arg)	U C A G
G（グアニン）	バリン バリン バリン バリン } (Val)	アラニン アラニン アラニン アラニン } (Ala)	アスパラギン酸 アスパラギン酸 } (Asp) グルタミン酸 グルタミン酸 } (Glu)	グリシン グリシン グリシン グリシン } (Gly)	U C A G

★問1　上の mRNA から翻訳されるポリペプチドを構成するアミノ酸数が，減少する変異を①～⑧からすべて選べ。

★問2　上の mRNA から翻訳されるポリペプチドを構成するアミノ酸数が，増加する変異を①～⑧からすべて選べ。

★問3　前ページのmRNAから翻訳されるポリペプチドを構成するアミノ酸の配列が，全く変化しない変異を①～⑧からすべて選べ。

★問4　①，④，⑧の変異は翻訳により合成されたタンパク質の機能に全く変化をもたらさなかったが，②，③，⑤，⑥，⑦の変異mRNAから翻訳されたタンパク質は全く機能しなかった。このことから，(1)このタンパク質が機能する上で必須ではないアミノ酸配列は左から数えて［A］番目の［B］以降である，(2)左から数えて［C］番目のアミノ酸は必ずしも［D］である必要がないが，(3)［E］番目のアミノ酸は［F］である必要性が高い，と考えられる。

文中の［A］～［F］に，正常個体でのアミノ酸の位置，あるいはアミノ酸名を入れよ。

｜東京海洋大｜

標問 33 転写と翻訳(スプライシング)

解答・解説 p.83

扱うテーマ 転写／スプライシング／翻訳／遺伝子突然変異

生物基礎 生物

DNA の遺伝情報に基づくタンパク質合成の過程では，RNA が重要な働きをしている。RNA は [ア] の一種で，一本鎖であり，DNA と同じように [イ] が鎖状につながった高分子の化合物である。RNA の糖は [ウ] であり，塩基にはチミンがなくて，[エ] がある。RNA は，その働きによって，[オ]，[カ]，[キ] の 3 種類に分けられる。

タンパク質合成は，次のような過程によって行われる。まず，DNA の 2 本鎖の一部がほどけて，[ク] の働きによって，DNA の塩基配列を写し取るようにして RNA が合成される。真核生物の DNA では，タンパク質の情報となるエキソンと，情報にならないイントロンがあり，①スプライシングによって RNA からイントロンが除かれ，エキソンをつなぎ合わせることによって [オ] ができる。[オ] が核膜孔から細胞質へ出て，[ケ] と結合すると，結合部分の [オ] のコドンに対応するアミノ酸を結合した [カ] がやってきて，[コ] の部分で [オ] と結合する。[カ] によって運ばれたアミノ酸は伸長しつつあるペプチド鎖の末尾のアミノ酸とペプチド結合して，[カ] は [オ] から離れる。この過程を遺伝情報の翻訳という。

問1　文中の空欄に適語を入れよ。

問2　下線部①のスプライシングは原核生物では起こらない。その理由を30字以内で説明せよ。

★問3　図1は真核生物の DNA の塩基配列を模式的に示したものであり，開始暗号で始まり，終止暗号で終わっている。全長の DNA 鎖を鋳型として転写が行わ

```
1 ATGGCTTATT TGCGCCTAAA GGTGGAAATC GGATCGGTTT 40
                          (a)
                                       d    e
                                       ↓    ↓
41 AGCTAGTTCA GGTAGCTAGC TCGCAGGTTT TAGGACACAC 80
                                  (b)
          f     g  h
          ↓     ↓  ↓
81 ACAGGCTAAG GTATTGGGTC ATTCGCAGGA TTCGATTTAA 120
         (c)
```

(注：図中の塩基配列は実際の生物で同定されたものではない。番号は開始暗号 ATG の A を1とした場合の番号であり，数えやすいように10塩基ごとにスペースを設けてある。)

図1

1番目の塩基	2番目の塩基 U		C		A		G		3番目の塩基
U	UUU	フェニルアラニン(F)	UCU	セリン(S)	UAU	チロシン(Y)	UGU	システイン(C)	U
	UUC		UCC		UAC		UGC		C
	UUA	ロイシン(L)	UCA		UAA	(終止)	UGA	(終止)	A
	UUG		UCG		UAG		UGG	トリプトファン(W)	G
C	CUU	ロイシン(L)	CCU	プロリン(P)	CAU	ヒスチジン(H)	CGU	アルギニン(R)	U
	CUC		CCC		CAC		CGC		C
	CUA		CCA		CAA	グルタミン(Q)	CGA		A
	CUG		CCG		CAG		CGG		G
A	AUU	イソロイシン(I)	ACU	トレオニン(T)	AAU	アスパラギン(N)	AGU	セリン(S)	U
	AUC		ACC		AAC		AGC		C
	AUA		ACA		AAA	リシン(K)	AGA	アルギニン(R)	A
	AUG	メチオニン(M)(開始)	ACG		AAG		AGG		G
G	GUU	バリン(V)	GCU	アラニン(A)	GAU	アスパラギン酸(D)	GGU	グリシン(G)	U
	GUC		GCC		GAC		GGC		C
	GUA		GCA		GAA	グルタミン酸(E)	GGA		A
	GUG		GCG		GAG		GGG		G

表1

れ，スプライシングを経た後，翻訳によって合成されたタンパク質のアミノ酸配列は，MAYLRLKVASSQVLGHTQAKDSIであった。なお，アミノ酸は表1中のカッコ内に示したアルファベットを用いている。この塩基配列中には，イントロンが2カ所存在しており，一方は図1に示した下線部(a)であった。もう一方は，下線部(b)か(c)のどちらであるかを記せ。

★問4　図1中のDNAに遺伝子突然変異が起こり，1カ所の塩基TがAに置換されたところ，最終的に合成されたタンパク質のアミノ酸配列は，MAYLRLKVASSQVであった。図1中に変異を起こした可能性のある5カ所の塩基Tを矢印d～hで示している。最も適切な塩基Tの位置を記し，その理由を80字以内で説明せよ。

｜神戸大｜

標問 34 選択的スプライシング

解答・解説 p.85

扱うテーマ 選択的スプライシング／遺伝子突然変異　生物

ヒトの染色体DNAは，約200塩基対を単位として，そのうち約146塩基対が(a)ヒストンと呼ばれるタンパク質に巻きついている。この単位構造の繰り返しがさらに高度に折りたたまれたものが染色体である。DNAの複製の際には，複製を行う主要な酵素である［ ア ］が接近できるように圧縮された構造を一時的にゆるめ，さらにDNAの二重らせん構造をほどき一本鎖にする必要がある。

DNAからRNAが合成される過程を転写といい，それを行う主要な酵素が［ イ ］である。転写の開始を助けるタンパク質である基本転写因子はDNA上の［ ウ ］と呼ばれる部位に結合する。真核生物では，DNAから最初に作られたRNAの一部がスプライシングによって切断・再結合される。ヒトの大部分の遺伝子は，複数のエキソンとイントロンからなっていて，中には，特定のエキソンをある細胞では残し，別の細胞では除くことによって，個体全体でみると1つの遺伝子から複数種類の伝令RNAが合成される場合がある。これを選択的スプライシングと呼ぶ。伝令RNAは［ エ ］から［ オ ］へと輸送され，［ カ ］と呼ばれる粒状の構造体で，伝令RNAの塩基配列情報をもとにタンパク質が作られる。結局，(b)選択的スプライシングにより，1つの遺伝子から複数種類のタンパク質を作ることができる。ヒトの場合，少なくとも50%以上の遺伝子で選択的スプライシングが起こるとされている。

問1　文中の空欄に適切な語句を入れよ。

問2　下線部(a)について，DNAが巻きついている部分のヒストンの表面電荷は正か負か記せ。

問3　DNAに結合するヒトのタンパク質には，特定の塩基配列にのみ結合するものがある。次の①～④の中から，特定の塩基配列にのみ結合するものを選べ。

① ヒストン
② 複製を行う主要な酵素
③ 転写開始を助ける基本転写因子
④ 二重らせん構造をほどき一本鎖DNAにする働きをもつ酵素

★問4　前述の文章および右の表1を参考にして，次の文章①～⑤のうち正しいものをすべて選べ。

表1

ゲノムの塩基配列が解読された生物	ゲノムあたりの総塩基対の概数($\times 10^6$)*	遺伝子の概数*
シアノバクテリアA*a	3.6	3,300
大腸菌B*b	4.6	4,300
酵母C*c	12	6,300
線虫D*d	100	20,000
シロイヌナズナ	120	27,000
キイロショウジョウバエ	120	14,000
イネ	390	29,000
ヒト	3,000	24,000

(*KEGGおよびNCBIのデータベースをもとに作成，*a*Synechocystis* sp. PCC 6803株，*bK 12株，*c*Saccharomyces cerevisiae*，*d*Caenorhabditis elegans*)

① 表中の生物では，ゲノムあたりの総塩基対数は真核生物の方が原核生物より多い。

② ヒトのタンパク質の平均の大きさは，酵母Cのタンパク質の平均の大きさの約65倍である。

③ ヒトのタンパク質は，約24,000種類ある。

④ 表の上から下に向かって，タンパク質をコードしないDNAの量が多くなる傾向がある。

⑤ シアノバクテリアAのもつ遺伝子はすべてヒトにも存在する。

★★ 問5 下線部(b)の現象に関連して次のような場合を考察する。

ある動物の遺伝子 G は6つのエキソンとそれらの間の5つのイントロンから成るものとしよう。6つのエキソンの長さは転写開始点側からそれぞれ，222，153，141，135，219，350塩基であった。健康な動物の遺伝子 G から作られるタンパク質の大きさは，通常の組織では320アミノ酸であったが，特定の組織Xで作られる場合だけ365アミノ酸であった。最初と最後のエキソンはどの組織でも共通に使用されており，開始コドンは最初のエキソンの途中に，終止コドンは最後のエキソンの途中にあるので，組織Xとそれ以外の組織での遺伝子 G のエキソンの選ばれ方が違うことが推測された。この動物のある遺伝病の系統を調べてみると，遺伝子 G に1塩基置換の突然変異が起こっていることがわかった。この遺伝病の最も強い症状は組織Xに見られるため，この遺伝病の個体の組織Xで遺伝子 G から作られるタンパク質の大きさを調べたところ，正常な365アミノ酸のタンパク質の他に，その約半分の大きさの異常タンパク質が検出された。組織X以外の組織では正常な320アミノ酸のもののみが検出されたので，この遺伝病における組織Xの障害の原因は，この小さな異常タンパク質の発現にある可能性が考えられた。

(1) 組織Xとそれ以外の組織での遺伝子 G のエキソンの選ばれ方の違いについて推定し，記述せよ。

(2) この遺伝病における突然変異が存在する場所は転写開始点側から数えて何番目のエキソンか記せ。

(3) この遺伝病における突然変異の結果，なぜ約半分の大きさの異常タンパク質が産生されたと考えられるか記述せよ。ただし，この突然変異はスプライシングのされ方に影響を与えることはなかった。

｜京大｜

標問 35 PCR法

解答・解説 p.88

扱うテーマ DNAの半保存的複製／PCR法／遺伝子突然変異　生物

ポリメラーゼ連鎖反応(PCR)法の原理について考えてみよう。

DNAは，半保存的複製によって増幅される。DNAの合成を担うDNA複製酵素(ポリメラーゼ)は，鋳型の配列に相補的なヌクレオチドを既存のDNA鎖に次々と付加していく重合反応の触媒活性しかもたないため，DNAの複製開始にはプライマーと呼ばれる1本鎖の短いヌクレオチド鎖が必要とされる。プライマーは鋳型となるDNA鎖の特異的な部位と相補的な塩基配列をもち，鋳型と水素結合することで，DNA複製の起点となるが(図1)，PCR法ではこのプライマーの配列特異性を利用して目的とするDNA領域の増幅を行う。

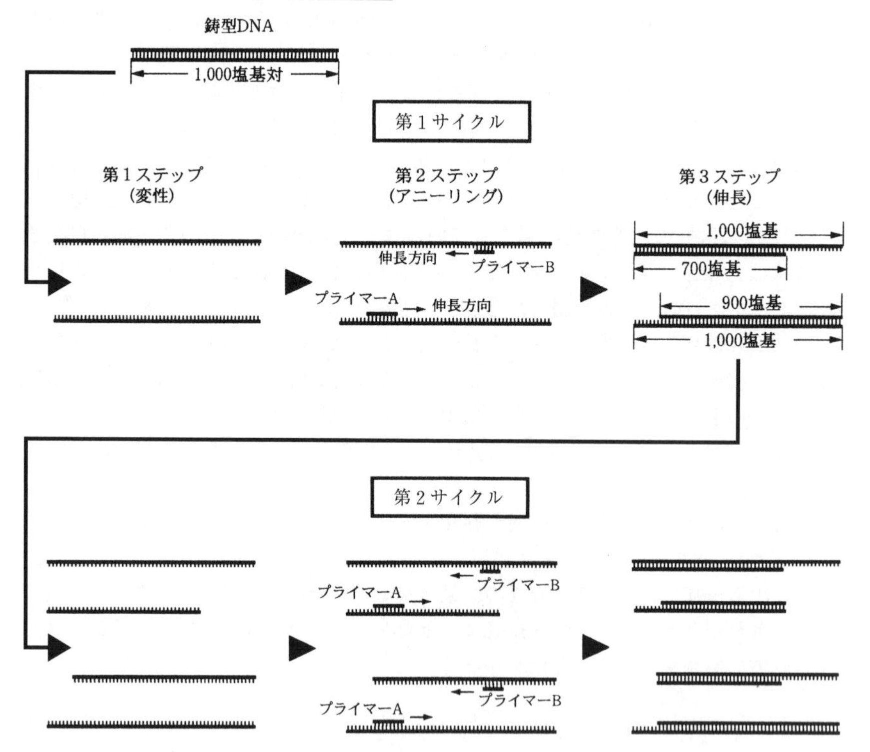

図1．1,000塩基対の2本鎖DNA 1分子を鋳型としてPCR反応を2サイクル行った例を模式的に示す。プライマーAおよびBは，図に示された2カ所の位置でのみ鋳型DNAと水素結合するものとする。

DNAの増幅は次のような過程で行われる(図1)。第1ステップでは，例えば94℃で熱変性させることにより，2本鎖DNAを半保存的複製の鋳型として利用可能な1本鎖とする。第2ステップでは，50〜60℃に冷却することにより，各プライマーと鋳型となる1本鎖DNAとの相補性に基づいた結合(アニーリング)を可能とする。第

3 ステップでは，特殊なDNAポリメラーゼの反応至適温度である72℃に保つことにより，プライマーを起点として新しいDNA鎖が伸長し合成される。この第1〜3ステップを1サイクルとして30〜40回反復して行うことにより，変性，アニーリング，伸長のサイクルが次々と繰り返され，DNAが大量に増幅される。

★問1　ある任意の16塩基のプライマーと同一の配列がヒトゲノム中に何個存在するか，期待値(小数点以下1桁)を求めよ。ただし，ヒトゲノムは，30億塩基対(60億塩基)とする。また，A(アデニン)，C(シトシン)，G(グアニン)，T(チミン)の各塩基はゲノム中に同じ確率で存在するとし，$4^5 \fallingdotseq 10^3$ の近似値を用いて計算してよい。

★★問2　図1のように，PCR反応を10サイクル行った後に，どのような長さのDNA分子が何分子存在することになるか答えよ。ただし，PCR反応は理想的な条件で完全に行われるとし，DNA分子は1本鎖DNAを単位として解答するものとする。例えば，1サイクル後の状態は，1,000塩基のDNAが2分子，900塩基のDNAが1分子，700塩基のDNAが1分子と表記する。

★★問3　PCRの原理に照らし，次の実験からテスト株では遺伝子Aにどのような変異が生じていると推測されるか答えよ。

実験　ある遺伝子Aの野生株DNA配列に基づいて図2に示すような3種のプライマーX，Y，Zを作製した。野生株およびテスト株のゲノムDNAを鋳型としてX，YおよびX，Zの組み合わせのプライマーを用いPCRを行った。X，Yのプライマーセットを用いた際には，野生株とテスト株で完全に同じ長さのDNA断片が増幅して検出された。しかし，X，Zのセットを用いた際には，野生株では増幅断片が検出されたが，テスト株では検出されなかった。

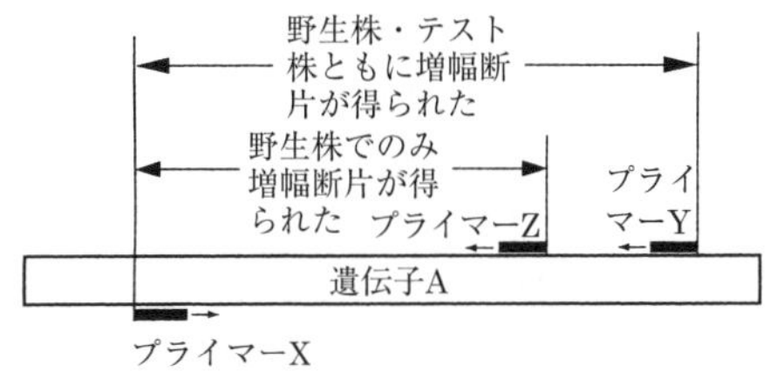

図2

★問4　問3で生じた遺伝子変異の結果，テスト株では野生株と比べてどのような翻訳産物(タンパク質)が生じている可能性があるか。3つ答えよ。

｜神戸大｜

標問 36 原核生物の遺伝子発現とその調節(1)

解答・解説 p.92

扱うテーマ オペロン説／ラクトースオペロン／リプレッサーによる負の調節　生物

生物の遺伝情報はDNAに記されている。通常，遺伝子の情報はRNAに転写され，タンパク質に翻訳される。転写では，[ア]と呼ばれる酵素と[イ]と呼ばれるDNA領域が重要な役割を果たす。[イ]は転写開始に必要なDNA領域のことで，(A)原核生物の[ア]は[イ]の中の特定のDNA塩基配列を認識し，その領域に結合したのち，DNA上を移動しながら転写を行う。

生物は置かれた環境に応じて，遺伝子の発現を調節する。例えば，原核生物の大腸菌は，通常グルコース(ブドウ糖)を生命活動に利用するが，ラクトース(乳糖)などの他の糖類も利用できる。大腸菌は，グルコースは無いがラクトースが存在する環境に置かれると，速やかにラクトースを分解する酵素(以後ラクターゼと表記)の発現を開始する。ラクターゼ遺伝子は，隣接する他の2つの酵素の遺伝子とともに転写される。遺伝子の発現を調節する遺伝子を(B)調節遺伝子と呼び，そのタンパク質(調節タンパク質)は特定のDNA塩基配列を認識し，その領域に結合して転写の調節に関わる。ここで述べたような遺伝子発現の調節系において，調節タンパク質が結合するDNA領域を[ウ]と呼び，1つの[ウ]によって制御される遺伝子群のことは[エ]と呼ぶ。このように，DNAの塩基配列にはタンパク質のアミノ酸配列の情報だけではなく，遺伝子発現の調節に関わる情報も記されている。

大腸菌に突然変異誘発剤を作用させ，4種類の突然変異体(突然変異体1～4)を見つけた。それぞれの突然変異体を，エネルギー源としてグルコースあるいはラクトースのみを含む培地で培養し，ラクターゼ遺伝子に由来するmRNAとラクターゼの酵素活性を調べた。下表に，それら大腸菌の野生型と突然変異体の特性を示す。なお，それぞれの突然変異体は，ラクターゼ遺伝子の中あるいは近くに1カ所の突然変異をもつ。

表　大腸菌の野生型と突然変異体の特性

大腸菌の種類	グルコース(エネルギー源)		ラクトース(エネルギー源)		調節タンパク質***
	ラクターゼmRNA*	ラクターゼ活性**	ラクターゼmRNA*	ラクターゼ活性**	
野生型	−	−	+	+	+
突然変異体1	−	−	+	−	+
突然変異体2	−	−	−	−	+
突然変異体3	+	+	+	+	−
突然変異体4	+	+	+	+	+

*　ラクターゼ遺伝子に由来するmRNAが検出されたことを(+)で，検出されなかったことを(−)で示す。

**　ラクターゼの酵素活性が検出されたことを(+)で，検出されなかったことを(−)で示す。

***　正常な(野生型と同じ)機能をもつ調節タンパク質が発現することを(+)で，発現しないことを(−)で示す。

問1　下線部(A)について，原核生物と真核生物に関する以下の問いに答えよ。

(1)　原核生物にはみられない，真核生物の細胞内構造の特徴を50字以内で述べよ。

(2)　遺伝子の転写と翻訳の過程には，原核生物と真核生物の間で違いがみられる。その違いを100字以内で述べよ。

問2　下線部(B)のラクターゼの調節遺伝子は，ラクターゼ遺伝子のすぐ隣に位置する。ラクターゼの調節タンパク質の発現に関して最も適切なものを，次から1つ選べ。

①　グルコース存在下では発現していないが，ラクトース存在下で発現する。

②　ラクトース存在下では発現していないが，グルコース存在下で発現する。

③　エネルギー源がグルコースかラクトースかに関係なく，発現している。

④　エネルギー源がグルコースかラクトースかに関係なく，発現していない。

★問3　突然変異体1と突然変異体2に関して，以下の問いに答えよ。

(1)　文中の空欄［ア］と［イ］に適切な語句を入れよ。

(2)　突然変異体のラクターゼのアミノ酸配列を指定するDNA塩基配列を調べたところ，突然変異体1の塩基配列には突然変異が見つかったが，突然変異体2の塩基配列は正常(野生型と同じ)であった。突然変異体2が，ラクトースのみの存在下にもかかわらずラクターゼの活性を示さないのはなぜか。［ア］と［イ］の働きに着目して，突然変異体2で生じた突然変異とともにそのしくみを推測し，90字以内で述べよ。なお，突然変異体2は，正常なラクターゼの調節タンパク質を発現しているとする。

★問4　突然変異体3と突然変異体4に関して，以下の問いに答えよ。

(1)　文中の空欄［ウ］と［エ］に適切な語句を入れよ。

(2)　突然変異体3は，ラクターゼの調節タンパク質が機能を失った突然変異体であった。野生型と突然変異体3を比較し，ラクターゼの調節タンパク質の正常な機能に関し推測されることを35字以内で述べよ。

(3)　突然変異体4は正常なラクターゼの調節タンパク質を発現しているが，突然変異体3と同様に，ラクトース非存在下でラクターゼを発現する。突然変異体4で生じた突然変異とともにそのしくみを推測し，90字以内で述べよ。

｜横浜市大｜

標問 37 原核生物の遺伝子発現とその調節(2)

解答・解説 p.95

扱うテーマ　オペロン説／アクティベーターによる正の調節／ゲル電気泳動法　生物

遺伝子とは，親から子へと受け継がれ形質を決定する要素である。しかし，(ア)すべての遺伝子が常に発現している訳ではなく，外界の環境に反応して調節される。

DNAからタンパク質が合成される遺伝子発現の第一段階は，転写と呼ばれる過程である。プロモーターと呼ばれる特定の領域に結合したRNAポリメラーゼが，DNA塩基配列の一方の鎖を鋳型として(イ)RNAに写し取る。この転写の開始を調節することが遺伝子発現の大きな要因となり，これまでに多くのDNA結合性の転写調節タンパク質がわかっている。転写調節タンパク質も遺伝子によりつくられ，そのような遺伝子を調節遺伝子という。

ここでは，そのしくみの一例を調べてみよう。遺伝子は小文字，タンパク質は大文字で表す。細菌において，細胞内に物質Aが存在した場合のみ発現する遺伝子xがある。

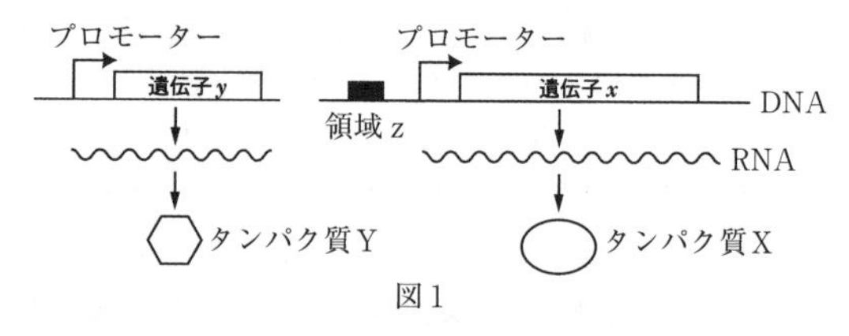

図1

遺伝子xの発現には，別の遺伝子yから常に発現している転写調節タンパク質Yが関与する(図1)。タンパク質Yが物質Aと結合すること，および遺伝子xプロモーター上流の領域zが遺伝子xの発現に必要であることもわかっている。そこで，タンパク質Yと領域zとの結合について，ゲル電気泳動法を利用して解析した。

ゲル電気泳動法とは，DNA断片を分離する方法の1つである。(ウ)DNAは負に荷電しているため，緩衝液中のゲルに電場をかけると陽極に向かってゲル内を移動する。この移動距離はDNA断片の長さに依存して，小さな断片の方が速く移動する。しかし，同じ大きさのDNA断片であってもタンパク質が結合した複合体は遅く移動する。

タンパク質Y	−		+	
物質A	−	+	−	+

⊖　⊕　タンパク質-DNA複合体　DNAのみ

図2

物質Aの存在下，非存在下において，領域zを含む短いDNA断片と，タンパク質Yとを混合してゲル電気泳動をし，DNAを検出した結果を図2に示す。

問1　下線部(ア)の遺伝子発現について記述した以下の文章から，正しいものをすべて選べ。

① 動物の発生過程で，異なる性質の細胞へと分化するときに調節遺伝子によって特定の遺伝子が発現する。

② 3塩基からなるコドンは理論上64種類あるので，すべてのアミノ酸は3種類以上のコドンによって指定される。

③　真核生物において，核内で転写されたRNAの大部分は細胞質でスプライシングをうける。

④　植物の成長は環境要因で変化するが，これは植物ホルモンの働きによるもので遺伝子の発現調節は起こらない。

⑤　真核生物において，大部分のリボソームはゴルジ体に結合しており，合成されたタンパク質は分泌される。

⑥　原核生物では，RNAポリメラーゼが転写しているRNA上で，リボソームによる翻訳が開始される。

問2　下線部(イ)のRNAについて，DNAと違う特徴を3つ答えよ。

問3　下線部(ウ)について，DNAの化学構造上の何が原因であるか，答えよ。

★問4　図2の結果からわかる物質A，タンパク質Y，および領域zとの関係を50字以内で述べよ。

★問5　遺伝子yの突然変異体y-1を単離したところ，物質Aの存在にかかわらず遺伝子xが発現しなくなった。変異体y-1は，遺伝子y上でDNA塩基置換が1カ所起こり，アミノ酸配列が変化していた。変異体y-1から発現する変異タンパク質Y-1と領域zを含むDNA断片を混合してゲル電気泳動を行ったところ，物質A存在下においてもDNA断片の移動の遅延は観察されなかった。変異タンパク質Y-1が失った機能として可能性があるものを2つ答えよ。

★問6　遺伝子yの突然変異体y-2では，物質Aの存在にかかわらず遺伝子xが発現した。変異体y-2から発現する変異タンパク質Y-2と領域zを含むDNA断片を混合してゲル電気泳動を行った場合に予想されるDNAの位置を右の図に示せ。ただし，物質Aの分子量は無視できるほど小さく，また変異タンパク質Y-2の分子量はタンパク質Yと同じであるものとする。

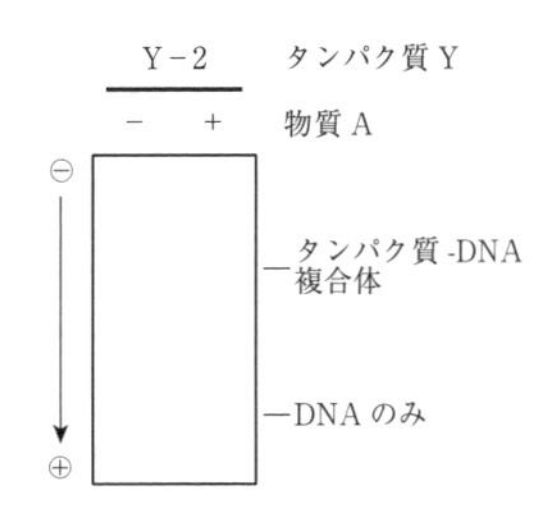

★問7　以上の実験結果から推察される以下の記述について，正しいものを3つ選べ。

①　物質Aはタンパク質Yの基質として働く。

②　物質Aと結合したタンパク質Yは立体構造が変化する。

③　タンパク質Yは物質Aと結合して核に移動する。

④　タンパク質Yは物質Aと結合して転写のリプレッサーとして働く。

⑤　タンパク質Yは塩基配列に特異的なDNA結合活性をもつ。

⑥　タンパク質Yが領域zに結合すると，RNAポリメラーゼによる転写が促進される。

⑦　タンパク質Yが領域zに結合しないとき，RNAポリメラーゼは領域zに結合する。

｜名古屋市大｜

標問 38 遺伝子組換え(1)

解答・解説 p.98

扱うテーマ 遺伝子組換え／ラクトースオペロン／ブルーホワイトセレクション／転写と遺伝子の方向 生物

20人の学生が，遺伝子組換え実験に関わる法律に従い，全員が同じ試薬を使用して，遺伝子組換え大腸菌を作製するための**実験1**～**実験3**を行った。

実験1：GFP(緑色蛍光タンパク質)遺伝子のプラスミドへの組み込み

図1のプラスミドを①制限酵素 *Eco*RⅠで切断したもの，GFP遺伝子を含み両端が *Eco*RⅠで切断されたDNA断片，およびDNAリガーゼを混合して反応させた。

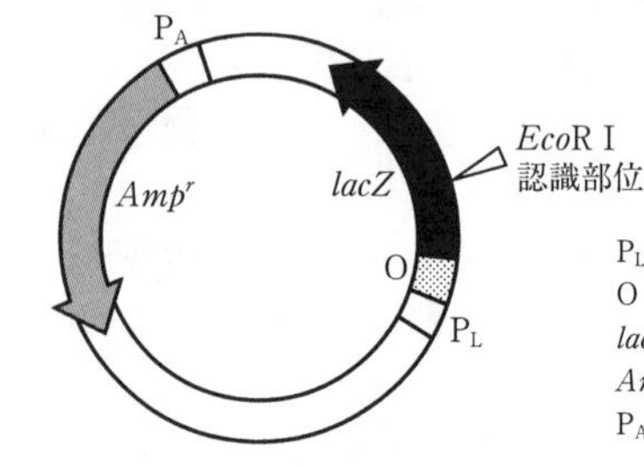

P_L：ラクトースオペロンのプロモーター
O：ラクトースオペロンのオペレーター
lacZ：β-ガラクトシダーゼの遺伝子
Amp^r：アンピシリン耐性の遺伝子
P_A：Amp^r のプロモーター

図1　使用したプラスミドの模式図

実験2：寒天培地の作製

液体培地に寒天を加えて加熱処理し，寒天が固まらない程度に冷ましてから抗生物質のアンピシリン溶液を加えて混ぜ，シャーレに注ぎ入れた。寒天が固まった後，②IPTG（ラクトースに類似した化合物で，β-ガラクトシダーゼによって分解されない）溶液とX-gal（β-ガラクトシダーゼによって分解されると青色に発色する物質）溶液を寒天培地上に塗布した。

実験3：形質転換

形質転換溶液を入れたマイクロチューブを氷上で十分に冷やし，これに大腸菌（アンピシリン耐性をもたず，β-ガラクトシダーゼをつくれない株）を適量入れて懸濁した後，**実験1**で得た溶液を加え，さらに10分間氷冷した。このマイクロチューブを，③42℃ の湯に50秒間浸した後，すばやく氷上に戻して2分間冷やし，液体培地を加えて37℃ で10分間放置した。この試料を，**実験2**で作製した寒天培地上に塗布し，恒温器で培養した。20時間後，自然光下，および紫外線照射下で寒天培地を観察し，得られた結果をⅠ～Ⅴのパターンに分け，それぞれのパターンに該当する結果を得た学生の人数を表1にまとめた。

問1　下線部①に関して，図2は *Eco*RⅠが認識する塩基配列，および切断部位を表している。*Eco*RⅠの認識はきわめて正確で，1塩基異なっても切断しない。このように，酵素が特定の物質にのみ作用する性質を何と呼ぶか答えよ。

図2　*Eco*RⅠが認識する塩基配列と切断部位(点線)

表1

<table>
<tr><th>パターン</th><th>コロニーの大きさと個数</th><th>自然光下でのコロニーの色</th><th>紫外線照射下でのコロニーの色</th><th>人数（人）</th></tr>
<tr><td>Ⅰ</td><td rowspan="3">直径 1〜2mm くらいのコロニーが，寒天培地1枚当たり，80〜160個観察された。</td><td>コロニーの40〜60%が青色，
残りはすべて白色だった。</td><td>自然光下で白色だったコロニーのうち，約半数が緑色の蛍光を発し（タイプ1），残りのコロニーからは緑色の蛍光は観察されなかった（タイプ2）。
自然光下で青色だったコロニーのうち，緑色の蛍光を発するものは全く観察されなかった（タイプ3）。</td><td>16</td></tr>
<tr><td>Ⅱ</td><td rowspan="2">すべて白色だった。</td><td>25%のコロニーから緑色の蛍光が観察された。</td><td>1</td></tr>
<tr><td>Ⅲ</td><td>緑色の蛍光を発するコロニーは全く観察されなかった。</td><td>1</td></tr>
<tr><td>Ⅳ</td><td>非常に小さなコロニーが寒天培地全面にびっしりと生えていた。</td><td>全面に広がった白色のコロニーの中に，青色のコロニーが10個点在していた。</td><td rowspan="2">紫外線照射下での観察を行わなかった。</td><td>1</td></tr>
<tr><td>Ⅴ</td><td colspan="2">コロニーは1つも観察されなかった。</td><td>1</td></tr>
</table>

問2　図1に関して，Amp^r には大腸菌内で常に発現を誘導するプロモーターP_A が連結していて，図1のプラスミドが導入された大腸菌はアンピシリンに対する耐性をもつようになる。Amp^r の発現により合成され，大腸菌にアンピシリン耐性を与えている物質は何か。次から適切なものを1つ選べ。

① 大腸菌の細胞内にアンピシリンが進入するのを防ぐ細胞膜中の脂質
② 大腸菌の細胞膜にアンピシリンが結合するのを防ぐ細胞膜中の脂質
③ 大腸菌の DNA にアンピシリンが結合するのを抑制するタンパク質
④ アンピシリンを分解する酵素
⑤ アンピシリンと結合する抗体
⑥ アンピシリンと結合する核酸

★問3　この実験系では，ある調節タンパク質が下線部②と強く結合して，最終的に支配下の遺伝子の発現に影響を与える。この調節タンパク質の性質あるいは働きについて，適切なものを次からすべて選べ。

① 支配下の遺伝子の転写を促進する。
② 支配下の遺伝子の転写を抑制する。
③ 支配下の遺伝子の翻訳を促進する。
④ スプライシングを抑制する。

⑤ DNA ポリメラーゼの働きを阻害する。
⑥ RNA ポリメラーゼの働きを阻害する。
⑦ 図1の P_L に結合する。
⑧ 図1の P_A に結合する。
⑨ DNA の特定の塩基配列に結合する。
⑩ RNA の特定の塩基配列に結合する。

★問4 下線部③の操作は何と呼ばれているか。10字以内で答えよ。

★★問5 次の(a)～(d)の実験操作ミスをした学生がそれぞれ1人ずついた。これらの学生が得た結果は，表1のパターンⅡ～Ⅴのうちのいずれか，それぞれ答えよ。ただし，(a)～(d)のミスを重複して行った学生はいなかった。

(a) **実験2**で，寒天培地にアンピシリンを加えるのを忘れた。
(b) **実験2**で，寒天培地に IPTG を塗布するのを忘れた。
(c) **実験2**で，寒天培地に X-gal を塗布するのを忘れた。
(d) **実験3**で，形質転換溶液の代わりに液体培地を使用してしまった。

★★問6 表1のパターンⅠの結果に関して，タイプ1，2，3の各コロニーの大腸菌がもつプラスミドをそれぞれ取り出し，これらを *Eco*RI で切断して得た3種類の DNA 試料を電気泳動法で調べた。その結果を模式的に表したものが図3である。次の問いに答えよ。

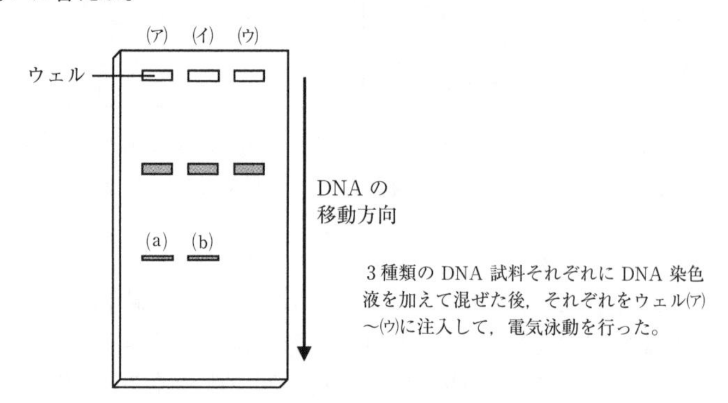

図3 電気泳動の結果の模式図

(1) タイプ3の大腸菌から取り出したプラスミドを，*Eco*RI で切断して得た DNA 試料を注入したウェルはどれか。(ア)～(ウ)の中から1つ選べ。
(2) 図3のバンド(a)，(b)の位置にある DNA 断片の全塩基配列を調べた結果，両者は完全に一致していた。タイプ2のコロニーが緑色の蛍光を発しなかった理由を推測し，35字以内で答えよ。

｜大阪公大｜

標問 39 遺伝子組換え(2)

解答・解説 p.101

扱うテーマ 遺伝子組換え／転写と遺伝子の方向／葉緑体 DNA と RNA 編集　生物

ダイズなどの遺伝子組換え植物の一般的な作出法は次の通りである。まず目的遺伝子を含むDNAとプラスミドなどのベクターを(A)適切な制限酵素で切断し，両者の切断末端どうしをDNAリガーゼで連結する。次に，連結反応液で大腸菌を形質転換し，(B)適切な構造をもつプラスミドを選択する。このプラスミドを導入したアグロバクテリウムを介して目的遺伝子は植物に導入される。こうして作出された遺伝子組換え植物は，さまざまな試験と審査を経てはじめて商業栽培や流通が可能になる。

一方，遺伝子組換え植物の花粉が飛散して周辺の植物と交雑すると，核DNA上の組換え遺伝子が伝播した交雑種が出現し，生態系に組換え遺伝子が拡散する可能性がある。そこで，(C)葉緑体DNAの遺伝子組換え技術の開発も進められている。これは一般的に，(D)葉緑体DNA上の遺伝子は花粉を介した受精によって同種あるいは近縁種の植物へ伝播することがないからである。

★問1　下線部(A)について，特定の6塩基対からなるDNA配列を↓で切断する制限酵素AとB(図1)で，遺伝子Zを含む1000塩基対のDNA断片(図2)を切り出し，制限酵素AとBの切断部位がプロモーターを挟んで500塩基対の距離に存在する全長4000塩基対のプラスミド(図3)と連結する。このとき，制限酵素AとBで切り出した遺伝子Zを含むDNA断片は，プラスミドを制限酵素AまたはBのどちらで切断したものとも連結できる。その理由を30字以内で説明せよ。

	配列
制限酵素A	G↓GATCC CCTAG↑G
制限酵素B	A↓GATCT TCTAG↑A

図1

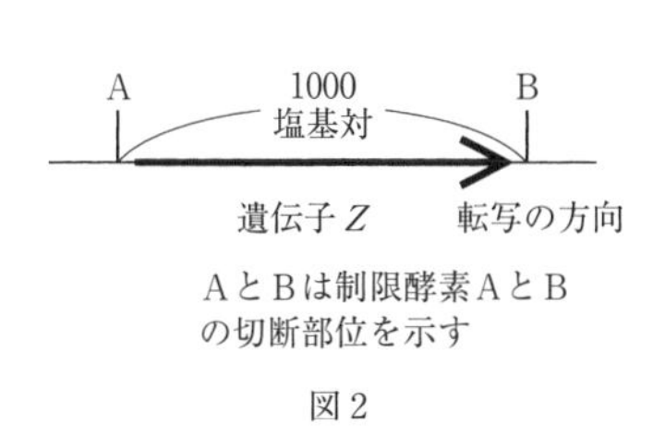

図2

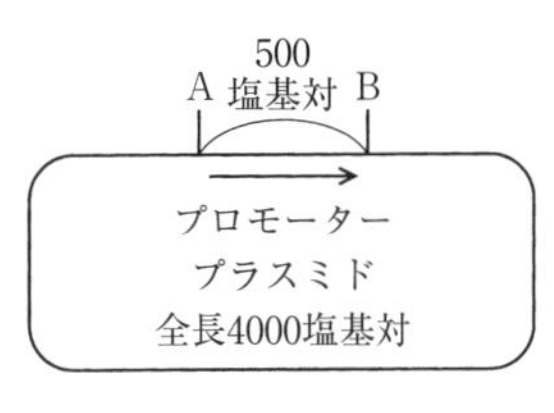

図3

★★問2　下線部(B)について，図3のプラスミド上で遺伝子Zを発現させるには，制限酵素AとBで切り出した遺伝了Zを，制限酵素Bで切断したプラスミドに連結し，遺伝子Zの向きが転写開始に必要なプロモーターの向きと同じになっていればよい。しかし実際にはこの連結反応で，

① 遺伝子Zが挿入されず，自己連結して元に戻ったプラスミド

② 遺伝子Zの転写方向が，プロモーターの向きと逆向きに入ったプラスミド

③ 遺伝子Zの転写方向が，プロモーターの向きと同じ向きに入ったプラスミド

ができ，連結反応液で大腸菌を形質転換し，それを培養するといずれか一種類を保持したコロニーがプレート上にランダムに出現する。そのため複数のコロニーを別々に培養して，精製したプラスミドから③を選び出す必要がある。それには，制

限酵素で切断したプラスミド断片の長さを調べることができるアガロースゲル電気泳動法(図４)が有効である。

①，②，③の各プラスミドを制限酵素ＡとＢの両方で完全に切断すると，それぞれ何本のDNA断片が検出されるか答えよ。

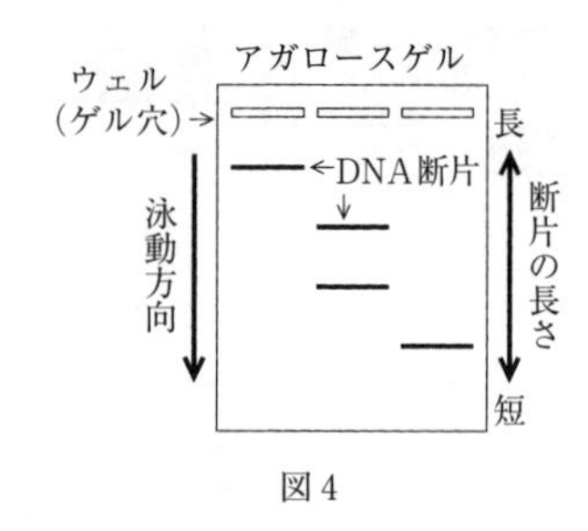

図４

★★問３　問２の①，②，③の各プラスミドを，制限酵素ＡとＢの両方で完全に切断した際に生じるDNA断片の長さ(塩基対)をすべて記せ。

★★問４　下線部(C)の葉緑体DNAは，高等植物で約120の遺伝子をもつ環状二本鎖DNAであり，独特な遺伝子発現機構を進化させている。例えば，葉緑体遺伝子には転写後に「スプライシング」や「RNA編集」を受けるものがある。このうち葉緑体での「RNA編集」とは，葉緑体DNAから転写されたmRNAの特定のＣ塩基をＵ塩基に置きかえる機構で，約20の遺伝子で見つかっている。つまりこれらの遺伝子ではDNA配列上はＣであるが，mRNAではＵになっている部分があり，DNA配列とわずかに異なる配列のmRNAが翻訳に使われる。

その結果，(1)　翻訳開始，(2)　ペプチド鎖の長さ，(3)　アミノ酸配列について，DNA情報とは異なるどのようなことが起こりうるかを，各40字以内で答えよ。

ただし，葉緑体遺伝子に用いられているコドンは一般的なものであり，翻訳はmRNA上の開始コドン(AUG)から始まり，終止コドン(UAA，UAG，UGA)で終了する。

問５　下線部(D)の理由を「花粉」を主語に20字以内で記せ。

｜神戸大｜

標問 40 真核生物の遺伝子発現とその調節(1)

解答・解説 p.104

扱うテーマ 真核生物の転写調節／DNA のメチル化／エピジェネティック変化　生物

A. 副腎皮質ホルモンに対する受容体は，遺伝子の発現調節に関与する調節タンパク質(転写調節因子)として働く。受容体はホルモンと結合し，特定の遺伝子(標的遺伝子と呼ぶ)の転写を促進する。このホルモン受容体のアミノ酸配列の中には，ホルモンと結合する領域，標的遺伝子の転写調節配列と結合する領域，および標的遺伝子の転写促進に直接関わる領域がそれぞれ重なることなく位置する。そこで，この受容体の遺伝子のさまざまな部位に，次のような配列の12塩基，

① TTAATTAATTAA，または，② CCGGCCGGCCGG

を挿入し，さまざまな変異受容体ア～スを作製した。図1に，この受容体遺伝子に①または②を挿入した部位に相当する受容体タンパク質上の位置をア～スとして示す。なお，変異受容体ア～スを作製するために塩基を挿入した部位に相当する位置はそれぞれア～スであり，ア～オには①を，カ～スには②を挿入した。

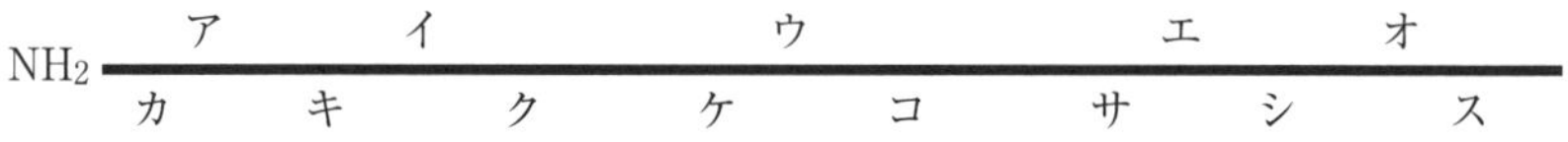

図1

次に，作製した変異受容体ア～スについて，ホルモンと結合する能力，転写調節配列と結合する能力，および転写を促進する能力をそれぞれ調べた。その実験結果を表1に示す。なお，翻訳はタンパク質のN末端から進行する。また，終止コドンはUAG，UAA およびUGA，開始コドンは AUG である。

表1

挿入した塩基	変異受容体	調べた能力		
		ホルモンとの結合	転写調節配列との結合	転写の促進
①	ア	−	−	−
	イ	−	−	−
	ウ	−	−	−
	エ	−	+	+
	オ	+	+	+
②	カ	+	+	+
	キ	+	+	−
	ク	+	+	−
	ケ	+	−	−
	コ	+	−	−
	サ	−	+	+
	シ	−	+	+
	ス	+	+	+

「+」は能力が認められたこと，「−」は能力が認められなかったことを示す。

問1　下線部の副腎皮質ホルモンについて，次の(1)～(3)に答えよ。

(1)　副腎皮質ホルモンは，細胞膜を通過し，細胞内に到達する。なぜ細胞膜を通過できるのか，その理由を細胞膜の構造と関連付けて40字程度で述べよ。

(2)　次のホルモンのうち，副腎皮質ホルモンと同様に，細胞膜を通過できるものをすべて選べ。

①　アドレナリン　　②　ろ胞ホルモン　　③　成長ホルモン

④　バソプレシン　　⑤　チロキシン

(3)　次の疾患のうち，副腎皮質ホルモンの欠乏が原因となるものを１つ選べ。

①　小人症　　②　尿崩症　　③　クレチン病

④　バセドウ病　　⑤　アジソン病

★問2　この受容体遺伝子に，(1)①，または(2)②を挿入すると，受容体タンパク質の一次構造がどのように変化し，さらに機能にどのような影響を与えると考えられるか。(1)は80字程度，(2)は100字程度で述べよ。

★問3　この実験結果から，受容体タンパク質について，転写調節配列との結合と標的遺伝子の転写促進との間にどのような関係があると考えられるか，50字程度で述べよ。

★★問4　この実験結果から，受容体タンパク質上のどこに標的遺伝子の転写調節配列と結合する領域が位置すると考えられるか。例えば，以下の例のように，だ円で囲んだ領域と考えられる場合には，エシオと示せ。

(例)

　　ア　イ　ウ　エ　オ

NH_2 ――――――――――――――――

　　カ　キ　ク　ケ　コ　サ　シ　ス

★★問5　受容体タンパク質のホルモンと結合する領域および転写を促進する領域の位置にも触れたうえで，①を挿入した変異受容体ウについて，なぜこのようになったのかを150字程度で説明せよ。

B.　DNAの配列が全く同じであっても遺伝子の発現に違いがみられることが少なくない。近年，この要因のひとつにDNAのメチル化という現象が関わっていると考えられている。DNAは4種類の塩基から構成されているが，このうちシトシン(C)のピリミジン環の5位にある炭素原子にメチル基が付加されてメチル化シトシン(^{m}C)となっていることがみられ，主にこれをDNAのメチル化と呼んでいる。CのメチルC化は多くの場合，DNA配列の中でもCGジヌクレオチド配列部位(C-ホスホジエステル結合-G)のCで生じる。例えば，ATTGCCGCTCAGTCGTTという配列があった場合，下線のあるCは^{m}Cとなりうるが，それ以外のCはメチル化されない。プロモーター部位にCGジヌクレオチド配列が存在する場合には，転写調節タンパク質のプロモーター部位への結合がCのメチル化により抑制されることから，DNAのメチル化が遺伝子の発現制御に関与していると考えられている。DNAのメチル化の状態は一般的には細胞ごとに異なるが，株化した細胞(細胞株)ではすべて同一であると考えられる。

DNAのメチル化を検出する方法として，重亜硫酸ナトリウムを用いる方法が知られている。重亜硫酸ナトリウムでDNAを化学処理すると，DNA上のCはウラシル(U)に変換されるが，^{m}Cはこの処理では変換されず^{m}Cのままである。重亜硫酸ナトリウム処理後のDNAをPCR法で増幅した場合に，増幅対象となった部位に存在するUはチミン(T)として増幅されることから，どのCが^{m}Cであったかを判別することや，もとのDNAに存在するCG配列部位のCそれぞれについて何%が^{m}Cであったかがわかる。

遺伝子Xはリンパ球で発現し，糖尿病の発症に関係することが知られている遺伝子で，そのプロモーター部位の塩基配列の一部を図2に示す(わかりやすいように10塩基ごとに空白をあけている)。

AAATTTGGAC ATGGTCCGCA AATCTCGGGT TTATTACGCC TGCTGGGCTG

CACGCCATGC ACGCATCGAA GCTGGGCCCG GCCTTGGCAA ACGAGGGATG

(S1)　(S2)　(S3)　(S4)　(S5)

図2

遺伝子Xのプロモーターと糖尿病との関連を明らかにするために一卵性双生児について以下の解析を行った。①一卵性双生児のペア2人のうち，1人が糖尿病を発症しているがもう1人は健康であるペア10組(20名)を解析対象とし，それらの血中リンパ球からDNAを精製した。次にこれらのDNAを用いて，遺伝子Xのプロモーター部位に存在する(S1)〜(S5)の5か所のCG配列部位(CGと網かけで記載している)のそれぞれについて^{m}Cの存在率(メチル化率)を解析した。これらの実験の結果を図3に示す。また，同じ20名の血中リンパ球において，遺伝子Xから転写されたmRNAの発現量を測定したところ，糖尿病発症群は，健康群よりも非常に高い発現量を示していた。

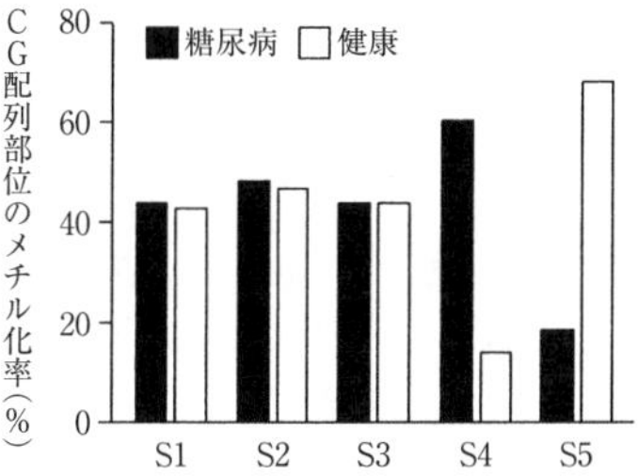

図3

★★ 問6　表2に転写調節タンパク質A〜Hが結合する塩基配列をまとめた。表2の転写調節タンパク質のうち，この実験の結果から，遺伝子Xの発現を促進すると考えられる転写調節タンパク質と，遺伝子Xの発現を抑制すると考えられる転写調節タンパク質を，それぞれ1つずつ答えよ。

表2

転写調節タンパク質	結合配列
A	CAAACGAGGG
B	AGGTAGCAA
C	CATGCACGCAT
D	TGCACGCCATG
E	TGGCTGGCT
F	ATCGAAGCT
G	GCCCGGCCTT
H	ATTTGGACA

★★ 問7　下線部①のように一卵性双生児を解析対象とした理由を，90字以内で説明せよ。

| 福井大・2013年 阪大(改題) |

標問 41 真核生物の遺伝子発現とその調節(2)

解答・解説 p.108

扱うテーマ　レポーター遺伝子／転写調節配列／調節タンパク質／電気泳動　　生物

遺伝子発現は，転写を調節する調節タンパク質によって制御される。調節タンパク質Aと調節タンパク質Bは，複合体を形成した後に遺伝子Xのプロモーターに結合するが，調節タンパク質Cと調節タンパク質Dはプロモーターには結合しないことが知られている。また，調節タンパク質Dは，調節タンパク質Aとも調節タンパク質Bとも結合しない。遺伝子Xの転写調節機構を明らかにするため，下記の**実験1**～**実験3**を行った。

実験1　ホタルの発光反応を触媒する酵素であるルシフェラーゼの遺伝子を，遺伝子Xのプロモーターに制御されるように連結した。これをXレポーター遺伝子とする。Xレポーター遺伝子と共に，図1に示すように色々な組合せで調節タンパク質A，調節タンパク質B，調節タンパク質Cの遺伝子を培養細胞に導入して発現させ，発光基質を添加して発光量を測定した。この方法では，細胞を破砕することなく生物発光を経時的に測定できる。

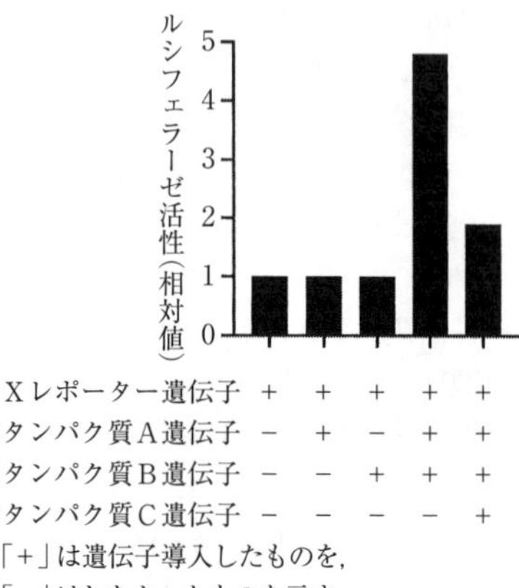

図1

実験2　培養細胞に調節タンパク質Aと調節タンパク質Bの遺伝子を導入し，一定時間後に遺伝子XのmRNA量を測定した結果，mRNA量の上昇が観察された。その後，翻訳阻害剤を添加し，さらに一定時間後にmRNA量を測定した場合にもmRNA量の上昇が観察された。

培養細胞に調節タンパク質Dの遺伝子を導入した場合も，一定時間後に遺伝子XのmRNA量を測定した結果，mRNA量は上昇した。しかし，次に翻訳阻害剤を添加した後の遺伝子XのmRNA量の測定では，mRNA量の上昇は抑制された。

実験3　DNA断片にタンパク質が結合すると，DNA断片のみの場合よりも全体としての分子量が大きくなり，電気泳動の移動距離が小さくなる。電気泳動による移動距離は，リンの放射性同位体，^{32}PでDNA断片を標識し，その放射線をオートラジオグラフィーという手法で可視化することで測定できる。

調節タンパク質A，調節タンパク質B，調節タンパク質Dと^{32}Pで標識した遺伝子XのプロモーターのDNA断片を混合し，電気泳動により分離した(図2)。この^{32}P標識DNA断片は，単独では移動距離が大きいところに集積したが(レーンL)，調節タンパク質と結合すると移動距離が小さいところにも観察された(レーンMのバンドW)。レーンNでは，レーンMの条件に加え，^{32}P標識DNA断片と同じ配列で，標識していないDNA断片を大過剰に混合した。すると，バンドWが消失した。

また，レーンOとレーンPでは，レーンMの条件に加え，それぞれ，調節タンパク質Aに対する抗体と調節タンパク質Dに対する抗体を加えた。

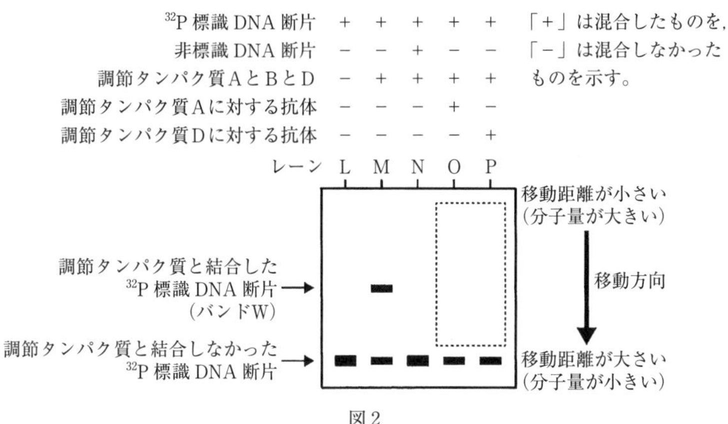

図2
点線の内側は，電気泳動の結果を表示していない。

★★問1　図2において，バンドWは，(1)レーンOと(2)レーンPではどのように観察されるか，その理由も含めてそれぞれ説明せよ。ただし，抗体が調節タンパク質に結合しても，調節タンパク質のDNAへの結合は阻害されないものとする。

★問2　実験1から実験3をふまえた考察として，適切でないものを次からすべて選べ。

① 遺伝子Xの転写の活性化には，調節タンパク質A，調節タンパク質Bおよび調節タンパク質Cが必要である。

② 調節タンパク質Cの機能は，調節タンパク質Aと調節タンパク質Bの複合体の形成あるいは遺伝子Xのプロモーターへの結合を阻害することなどが考えられる。

③ 調節タンパク質Dによる遺伝子Xの転写の活性化には，別の調節タンパク質が必要である。

④ 遺伝子発現を経時的に調べる実験において，ルシフェラーゼを用いると，生きた細胞で経時的な測定が可能である。

⑤ 図2のレーンNでバンドWが消失した理由は，調節タンパク質Aと調節タンパク質Bの複合体が ^{32}P標識DNA断片よりも非標識DNA断片により強く結合するためである。

⑥ 図2のレーンNでバンドWが消失した理由は，調節タンパク質Aと調節タンパク質Bの複合体が結合した非標識DNA断片が，オートラジオグラフィーでは検出できないためである。

｜京大｜

標問 42 RNAウイルスと逆転写

解答・解説 p.110

扱うテーマ セントラルドグマ／レトロウイルス／逆転写／cDNA　生物

遺伝子工学発展の契機となった大きな発見が1970年前後に次々と報告されている。当時，(a)細胞がもっている遺伝情報の発現の流れはDNA→RNA→タンパク質という一方向に限られるとされていた。ところが米国のH・M・テミンは，(b)遺伝物質としてRNAをウイルス粒子中にもつある種の腫瘍ウイルスの増殖が転写阻害薬によって抑制されることを見出した。彼はこの結果から，このRNA腫瘍ウイルスの増殖過程にDNAが介在すること，すなわちRNAからDNAという遺伝情報の流れが存在することを予想した。その後テミンは1970年に共同研究者の水谷哲と共に，(c)RNA腫瘍ウイルス粒子内に［ア］が存在することを報告した。この発見によって，RNA腫瘍ウイルスは自分の遺伝情報をDNAに置き換え，そのDNAを細胞のDNAに組み込むことによって感染を成立させることが明らかになった。また，遺伝情報の流れの一方向性に例外が存在することも確認された。

［ア］や(d)特定の塩基配列を認識して切断する酵素の発見，また1973年にS・コーエンとH・ボイヤーによって発表された初めての組換えDNA作製実験の成功は，その後の遺伝子解析や遺伝子工学技術を応用した有用タンパク質の産生に大きく寄与している。例えば，ヒトのインスリンを大腸菌を利用して産生する場合，ヒトのインスリン遺伝子をそのまま大腸菌に入れても大腸菌は活性のあるインスリンを産生できない。その理由の1つは，遺伝子そのものの構造とタンパク質の産生を指令する伝令RNAの構造が異なるからである。すなわち，ヒトの遺伝子は通常［イ］と［ウ］からなり，転写された伝令RNA前駆体の［ウ］に相当する部分は［エ］と呼ばれる過程によって除かれ，［イ］のみがつなぎ合わされて成熟した伝令RNAとなる。大腸菌の遺伝子にはこの様なシステムは存在しない。したがって，この成熟した伝令RNAを［ア］によってDNAに置き換えてから大腸菌に導入しないと大腸菌はヒトタンパク質を産生できない。

また，(e)ヒト細胞のように核が存在する細胞では，インスリンのように細胞外に分泌されるタンパク質はリボソームによって合成されると同時に［オ］に取り込まれ，さらに［カ］を通って細胞外に分泌される。ところが(f)大腸菌のように核が存在しない細胞は［オ］や［カ］をもたないため，インスリンのような分泌タンパク質を活性を保ったまま産生させるには多くの困難が存在する。

核をもつ細胞では，［オ］や［カ］のように膜で囲まれた細胞小器官が発達しており，また核自体も核膜によって形態を維持している。このような細胞内の膜構造の存在は，1940年代にG・E・パラーデによって技術的改良がなされ生物学に導入された電子顕微鏡によって初めて確認され，その後，各細胞小器官の分離精製や機能解析が進められた。すなわち研究者達は，各細胞小器官を細胞分画法などによって精製した後，界面活性剤によって膜を破壊し，細胞小器官内部や膜に埋め込まれたタンパク質を回収し機能解析を行った。その結果，各細胞小器官はその内部や膜に特有なタンパク質をもっており，それらのタンパク質の働きによって各細胞小器官固有の機能を果たしていることが明らかになった。例えばインスリンの場合，分子内部に3ヵ所(g)硫黄を含むアミノ酸どうしが結合する構造をもっており，これは［ オ ］にのみ存在する特殊な酵素タンパク質の働きによってその正しい構造形成が保証されている。したがって，このような分泌系膜構造をもたない大腸菌を利用して活性をもったインスリンを直接産生する事は通常不可能である。

問1　文中の空欄に適語を入れよ。

問2　下線部(a)のような考え方は何と呼ばれているか。

問3　下線部(b)のように，ある生物のすべての遺伝情報を含む塩基配列のひとそろいを何と呼ぶか。

★問4　図1は下線部(c)の事実を示すテミンの実験データである。テミンらは，精製したウイルス粒子サンプルに適切な緩衝液と反応に必要な材料を加え，時間を追ってDNAの合成量を測定した。Aの線は完全な反応液，Bの線は完全な反応液から界面活性剤を除いた場合の結果を示す。

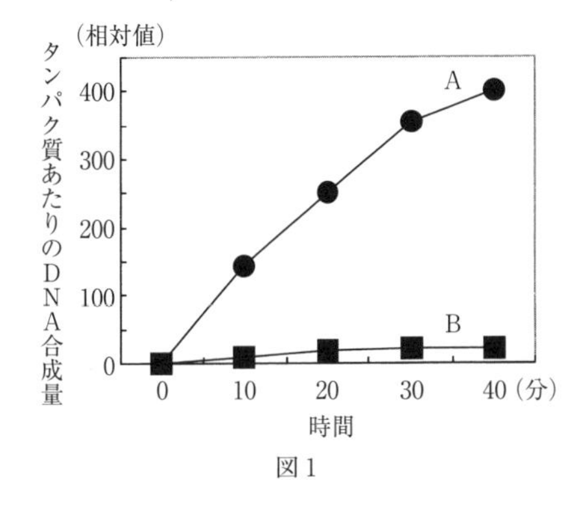

図1

(1)　DNAの合成量をRNAと区別して測定するために標識すべき適切なヌクレオチドに含まれる塩基の名前を記せ。

(2)　反応液から界面活性剤を除くと反応が進まなくなるが，これはウイルス粒子がどのような特徴をもっているためと考えられるか。20字～40字で述べよ。

問5　下線部(d)の酵素を一般に何と呼ぶか。

問6　下線部(e)，(f)のような細胞からできている生物を，それぞれ何と呼ぶか。

問7　下線部(g)のような構造を何と呼ぶか。

★★問8　後天性免疫不全症候群(エイズ)の原因となるヒト免疫不全ウイルス(HIV)もRNA腫瘍ウイルスと同様に，自らの遺伝情報をDNAに置き換え，ヒトの細胞DNAに組み込むことによって感染を成立させる。ウイルスDNAが細胞DNAに組み込まれるメカニズムは両者とも同じとされているが，RNA腫瘍ウイルスは増殖中の細胞でしか感染が成立しない(例外もあるが，本問では考慮しない)のに対して，HIVの感染は増殖していない細胞でも成立する。この両者の違いはそれぞれのウイルスのどのような特徴を示唆するか。次の語群の4つの用語すべてを用いて，80～120字で簡潔に記せ。

〔語群〕　核膜　分裂　核膜孔　消失

｜東北大｜

標問 43 動物の生殖

解答・解説 p.113

扱うテーマ 無性生殖と有性生殖／減数分裂と配偶子形成／性の分化と *SRY*／ウニの多精拒否 生物

生物は，自己と同じ種類の個体をつくることで，子孫を増やし生命の連続性を維持している。このような働きを生殖と呼ぶ。生殖には，大きく分けて無性生殖と有性生殖の2つの様式があるが，有性生殖を行う生物には雌雄の性が存在し，雌と雄はそれぞれ特別に(a)分化した配偶子をつくる。

(b)ヒトやマウスの場合，精子・卵のもとになる始原生殖細胞は，卵巣の中では卵原細胞，精巣の中では精原細胞に分化する。卵原細胞は，一次卵母細胞となり減数分裂の第一分裂の途中で一旦停止し，その後，一次卵母細胞は減数分裂を再開して第二分裂中期まで進み，排卵されて精子と接触し(c)受精する。

★問1　動物の(1)無性生殖と(2)有性生殖について，子孫を残し繁栄させるために有利な点，不利な点をそれぞれ40字程度で説明せよ。

問2　ヒトの場合，1つの一次卵母細胞からいくつの卵がつくられるか。また，第二極体が放出される時期を答えよ。

問3　下線部(a)の分化とはどのような現象か，40字以内で説明せよ。

問4　ヒトの体細胞には，22対44本の常染色体と2本の性染色体，計46本の染色体が存在する。次にあげる細胞の染色体数および核相を答えよ。ただし，体細胞の核相を $2n$ とする。

(1)　始原生殖細胞　　(2)　二次卵母細胞　　(3)　第二極体
(4)　精原細胞　　(5)　精子

問5　減数分裂の過程で，相同染色体の対合が開始する時期を次から1つ選べ。

①　減数分裂第一分裂前期　　②　減数分裂第一分裂中期
③　減数分裂第二分裂中期　　④　減数分裂第二分裂後期

★★問6　下線部(b)について，ヒトやマウスの場合，性は性染色体により決められている。

マウスの発生における雌雄の違いは，受精後12日目前後の生殖腺の体細胞に現れる。雄ではY染色体上の遺伝子Zの働きにより，生殖腺が精巣へ分化する。一方，Y染色体のない雌の生殖腺は卵巣に分化する。受精後12日目には生殖細胞の発生にも雌雄差が現れ，雌の生殖細胞は減数分裂を起こすが，雄の生殖細胞は体細胞分裂の G_1 期で停止する。

生殖細胞の発生の雌雄差に与える生殖腺の影響を調べるために，次ページの図に示す**実験1**～**6**を行った。**実験1**と**実験2**では，雌または雄の受精後11日目の生殖腺から取り出した生殖細胞を単独で培養した。**実験3**と**実験4**では，雌または雄の受精後11日目の生殖腺から取り出した生殖細胞を異性の生殖腺に移植した。**実験5**と**実験6**では，雌または雄の受精後12日目の生殖腺から取り出した生殖細胞を異性の生殖腺に移植した。2日後に観察した結果，生殖細胞は図に示すように G_1 期で停止するか，減数分裂した。

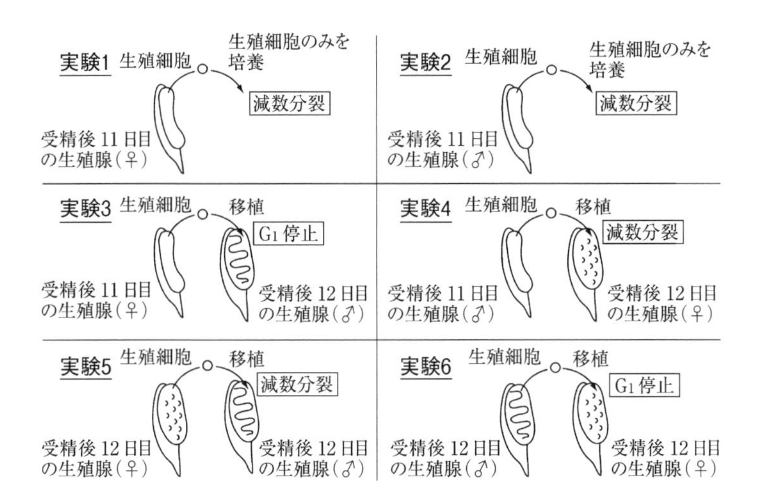

(1) 受精後13日目の雌の生殖細胞を受精後12日目の雄の生殖腺に移植すると，その生殖細胞はどのようになるか。予想される結果と，その結果が得られる理由を100字程度で記述せよ。

(2) 遺伝子Ｚの働きを受精後12日目の胚(XY 個体)の生殖細胞のみでなくした。この生殖細胞を，受精後12日目の雌の生殖腺に移植した。この実験において予想される結果と，その結果が得られる理由を100字程度で記述せよ。

★問７ 下線部(c)について，ウニなどの水中で体外受精を行う生物の場合，大量の卵・精子が放出されるため，１個の卵に対して多数の精子が接触する可能性があるが，ウニの卵には最初に進入した精子以外の精子の進入を防ぐ機構(多精拒否)が備わっている。その機構を60字以内で説明せよ。

｜関西学院大・京大｜

標問 44 受精と減数分裂の再開

解答・解説 p.116

扱うテーマ 受精による減数分裂再開のしくみ／対照実験の組み方　生物

排卵されたマウスの卵を，体外に取り出して観察したところ，減数分裂の中期で細胞分裂を停止しており，(a)直径が卵の５分の１程度の細胞が付着していた。その卵を受精させると，減数分裂を再開し，直径が卵の５分の１程度である小さな細胞を１個放出した。さらにしばらく培養すると，卵割した。この現象が，どのようなイオンによって制御されているかを調べるために以下の実験Ａ～Ｃを行った。なお，カルシウムイオン吸収剤と亜鉛イオン吸収剤は，それぞれのイオンと１:１で強固に結合することが知られている。

実験Ａ　カルシウムイオン吸収剤を未受精卵に注入すると，受精によって精子が卵内に入っても，細胞分裂せず，そのままの状態でとどまった。なお受精させない場合でも，細胞分裂せず，そのままの状態でとどまった。

実験Ｂ　亜鉛イオン吸収剤を未受精卵に注入すると，受精させていないのに，細胞分裂して，直径が卵の５分の１程度の細胞を放出した。

実験Ｃ　カルシウムイオン吸収剤を注入しなかった時と，注入した時の受精時における細胞質基質のカルシウムイオン濃度を測定した。注入しなかった卵ではカルシウムイオン濃度は上昇したが，注入した卵では低い濃度に維持されていた。

問１　下線部(a)の細胞の名称を答えよ。

★問２　亜鉛イオン吸収剤の注入実験(実験Ｂ)では，亜鉛イオンを吸収することで細胞分裂が誘導されたのであり，亜鉛イオン吸収剤の他の予期しない効果によって細胞分裂が誘導されたのではない，と考えた。このことを確かめるためには，どのような実験を行い，どのような結果が得られればよいか。以下の文中の空欄に入る適当な語句を，下の語群から選べ。ただし，同じ語句を複数回使用してもよい。

［ア］吸収剤と［イ］を１:１で混ぜたものを，［ウ］に注入すると，［エ］。

〔語群〕カルシウムイオン，亜鉛イオン，受精卵，未受精卵，精子，
細胞分裂しない，細胞分裂する，吸収する，吸収しない

★問３　亜鉛イオン吸収剤によって，卵内の亜鉛イオンが吸収された後に，どのようにして細胞分裂が起こるのか，明らかにしようと考えた。そこでまず以下のような仮説１を立ててみた。

仮説１「亜鉛イオンが吸収されると，その刺激で卵内のカルシウムイオン濃度が上昇する結果，細胞分裂する」

(1)　仮説１の真偽を判定するための実験は，どのようにすればよいか。対照実験も含めて，次ページの語群の中から適当な語句を用いて述べよ。ただし，この実験では，細胞質基質内のイオン濃度の測定を行わないこととする。解答には，実験Ａ～Ｃまでの内容の一部または全部を用いてもよい。

〔語群〕 カルシウムイオン，亜鉛イオン，カルシウムイオン吸収剤，
亜鉛イオン吸収剤，受精卵，未受精卵，精子，細胞分裂しない，細胞分裂する，
吸収する，吸収しない

(2) さらに，どのような実験結果が得られれば，仮説1が正しいと考えられるか述べよ。解答には，実験A～Cまでの内容の一部または全部を用いてもよい。

問4 問3の実験を行ったところ，仮説1は支持されなかった。実際に，細胞質基質のカルシウムイオン濃度を測定したところ，亜鉛イオン吸収剤ではカルシウムイオン濃度は変化しないことが確かめられた。それでは，なぜ亜鉛イオン吸収剤で細胞分裂するのだろうか。そこで以下のような仮説2を立ててみた。

仮説2 「卵内細胞質基質に存在する未知のタンパク質Xは，亜鉛イオンと結合すれば卵の細胞分裂を阻害できるが，亜鉛イオンと結合しなければ，細胞分裂を阻害できない。一方，亜鉛イオン吸収剤を注入していない卵では，受精によって卵内カルシウムイオン濃度は上昇し，カルシウムイオンの上昇はタンパク質Xを分解する酵素を活性化する。」

もしも仮説2が正しい場合には，突然変異によりタンパク質Xの遺伝子が欠損したマウスが生まれてきて，成長し，排卵できたとすると，どのようなことが起こるだろうか。考えられることを述べよ。

｜お茶の水女大｜

標問 45 シ ョ ウ ジ ョ ウ バ エ の 発 生 (1)

解答・解説 p.119

扱うテーマ 母性因子／位置情報／ショウジョウバエの前後軸の決定 生物

初期発生において，未受精卵の中に存在する母親由来のmRNAが，受精後にタンパク質に翻訳されて胚の発生を制御することが知られている。このようなタンパク質は，母性因子と呼ばれている。母性因子の中には，キイロショウジョウバエ胚の前後軸パターン(頭部，胸部，腹部)形成に関与するものもある。

母性因子PのmRNAは，卵形成時に卵の前方に偏在しているため，胚の中で合成されたタンパク質Pも片寄った分布を示す。

図1(a)に，正常な初期胚におけるタンパク質Pの分布，およびその分布に従って決定される胚の前後軸パターンを示す。(ア)Pをコードする遺伝子*P*を欠失した母親から生まれた胚は，図1(b)のような前後軸パターンとなり，正常に発生できずに死んでしまう。(イ)タンパク質Pを人為的に正常よりも多くしたところ，その胚は図1(c)のような前後軸パターンを示した。

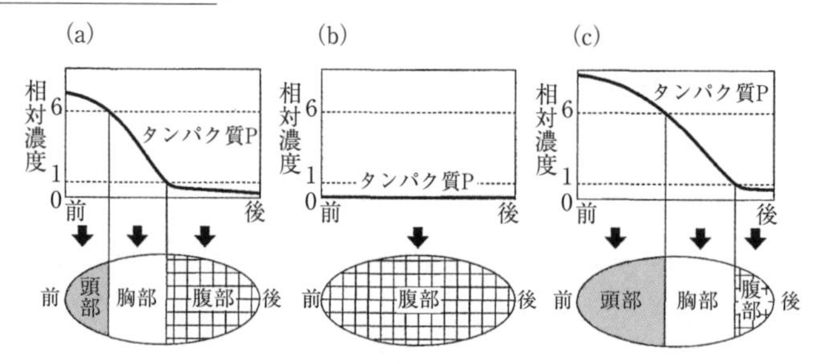

図1　キイロショウジョウバエ初期胚の前後軸に対するタンパク質Pの分布（上図）と，そのときの胚の前後軸パターン（下図）。
(a) 正常な胚，(b) タンパク質Pをもたない胚，(c) タンパク質Pを正常より多くもつ胚。

母性因子QのmRNAは，図2(a)のグラフのように，卵形成時に卵の後方に偏在している。Qをコードする遺伝子*Q*を欠失した母親から生まれた胚は，腹部構造をもたない。

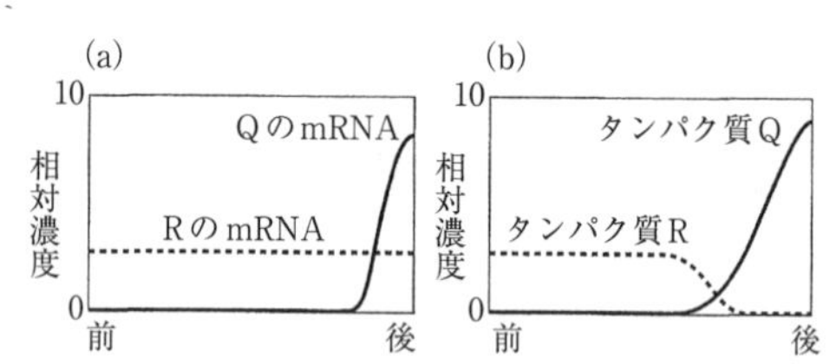

図2　正常な卵または胚の前後軸に対する，(a) QおよびRのmRNA分布，(b) タンパク質Qおよびタンパク質Rの分布。

一方，(ウ)母性因子RのmRNAは，卵形成時に卵全体に均一に存在しているが，合成されたタンパク質Rは，図2(b)のグラフのように，その分布に片寄りが見られた。Rをコードする遺伝子*R*を欠失した母親から生まれた胚は，正常な前後軸パターンをもつ。しかしながら，(エ)タンパク質Rを胚の後方で人為的に増やしたところ，胚は腹部形成できなくなった。

(オ)遺伝子*Q*を欠失した母親から生まれた胚が腹部形成できないにもかかわらず，遺

伝子 Q と遺伝子 R を両方とも欠失した母親から生まれてきた胚の腹部形成は正常であり，胚の前後軸パターンに異常は見られなかった。

問1　下線部(ア)について。図1(b)に示した胚の前後軸パターンから考えられる，タンパク質Pの前後軸パターン形成における役割は何か，次からすべて選べ。

①　頭部形成を抑制する。

②　胸部形成を促進する。

③　腹部形成を促進する。

④　頭部形成と胸部形成に役割をもたない。

★★問2　下線部(イ)について。タンパク質Pはどのようにして胚の前後軸パターン形成に関与すると考えられるか。図1(c)の結果に基づいて，70字程度で述べよ。

★問3　下線部(ウ)について。RのmRNAの分布とタンパク質Rの分布が異なる理由を説明した次の①～④について，間違っているものをすべて選べ。

①　タンパク質Rはタンパク質Qを分解する。

②　タンパク質QはRのmRNAの翻訳を阻害する。

③　タンパク質QはRのmRNAの転写を抑制する。

④　タンパク質QはRのmRNAの転写を促進する。

★問4　下線部(エ)について。この実験から推測されるタンパク質Rの機能を，35字程度で述べよ。

★★問5　下線部(オ)について。この結果から，前後軸パターン形成においてQとRはそれぞれどのような役割を果たしていると推測されるか，110字程度で説明せよ。QおよびRについて，遺伝子，mRNA，タンパク質を明確に区別して記せ。

｜東大｜

標問 46 ショウジョウバエの発生(2)

解答・解説 p.121

扱うテーマ 母性因子／位置情報／前後軸の決定　生物

動物の体には，前後軸(頭尾軸)，[ア]，[イ]の3つの体軸がある。発生初期における体軸の決定には，[ウ]が重要な役割を果たすことが知られている。

ショウジョウバエの前後軸の形成過程では，[ウ]のうち，ビコイド，ナノス，ハンチバック，コーダルが重要な役割を果たしている。それぞれの伝令RNA(mRNA)は図1の左のグラフに示すように卵形成時に卵の前後軸に沿って分布する。また，受精後それぞれのmRNAから翻訳されたタンパク質も，図1の右のグラフに示すように，受精卵の前後軸に沿って特有の分布を示す。それらのmRNAとタンパク質の分布や機能に異常が生じると，その受精卵は正常に前後軸を形成できなくなる。このような[ウ]の働きにより前後軸が形成されたのち，[エ]の働きにより前後軸に沿った体節が形成され，さらに[オ]の働きによって，触角，肢(あし)，翅(はね)など，それぞれの体節に特有の器官が形成される。

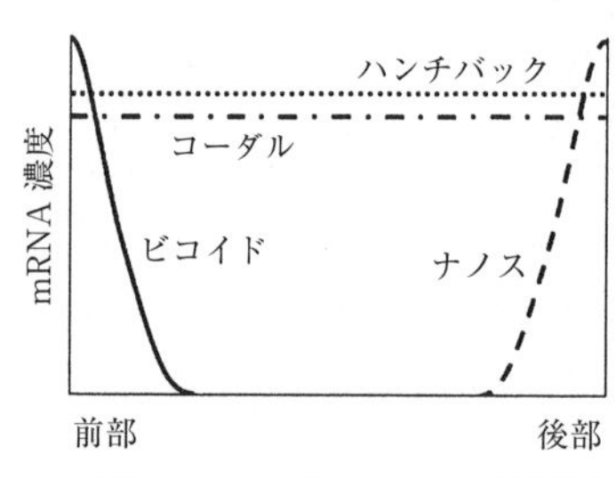

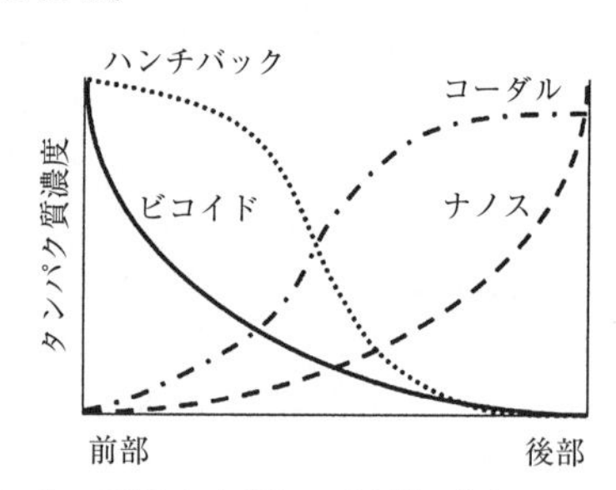

図1　ショウジョウバエの前後軸に沿ったmRNAおよびタンパク質の分布

問1　文中の空欄に適切な語句を入れよ。

★問2　図1のグラフは，ビコイド，ナノス，ハンチバック，コーダルのmRNAとタンパク質の前後軸に沿った濃度を示している。それぞれのグラフから読み取れる仮説として適切なものを次から2つ選べ。

① ビコイドタンパク質はハンチバックの転写を抑制する。
② ビコイドタンパク質はコーダルの転写を促進する。
③ ナノスタンパク質はハンチバックの翻訳を抑制する。
④ ナノスタンパク質はハンチバックの転写を促進する。
⑤ ビコイドタンパク質はコーダルの翻訳を抑制する。
⑥ ビコイドタンパク質はハンチバックの翻訳を抑制する。
⑦ ナノスタンパク質はコーダルの転写を抑制する。

★問3　下線部に関して，ビコイドの機能を欠いた突然変異体では，発生過程において次ページの図2のような前後軸の形成異常が見られた。このことから予想されるビコイドの前後軸形成における役割として適切なものを次からすべて選べ。

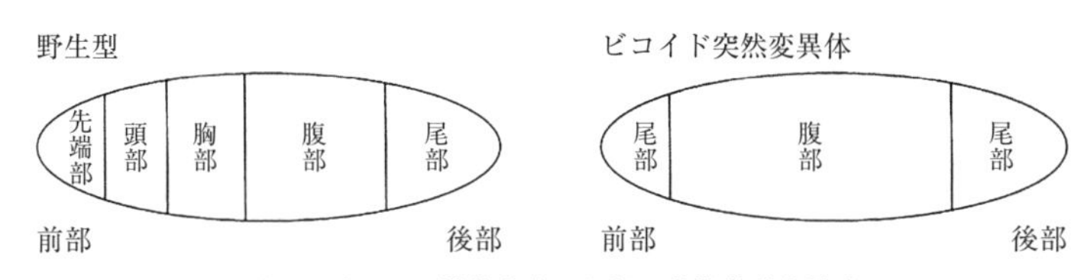

図2　ビコイド機能を失った胚の前後軸形成異常

① 頭部形成を促進する
② 頭部形成を抑制する
③ 頭部の形成には影響を与えない
④ 胸部形成を促進する
⑤ 胸部形成を抑制する
⑥ 胸部の形成には影響を与えない
⑦ 腹部形成を促進する
⑧ 尾部の形成を促進する
⑨ 尾部の形成には影響を与えない

★**問4**　下線部に関して，図3に示したように，受精直後の野生型卵を用い，将来尾部が形成される部位にビコイド mRNA を注入した。この受精卵の発生過程で形成が予想される前後軸のパターンを図3下の①〜⑥の模式図のうちから1つ選べ。なお，ビコイド mRNA の注入によりナノス mRNA の機能は影響を受けないものとする。

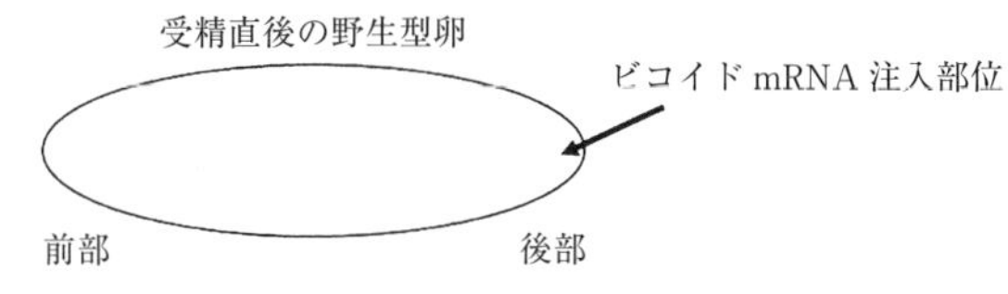

図3　受精直後の野生型卵へのビコイド mRNA 注入実験

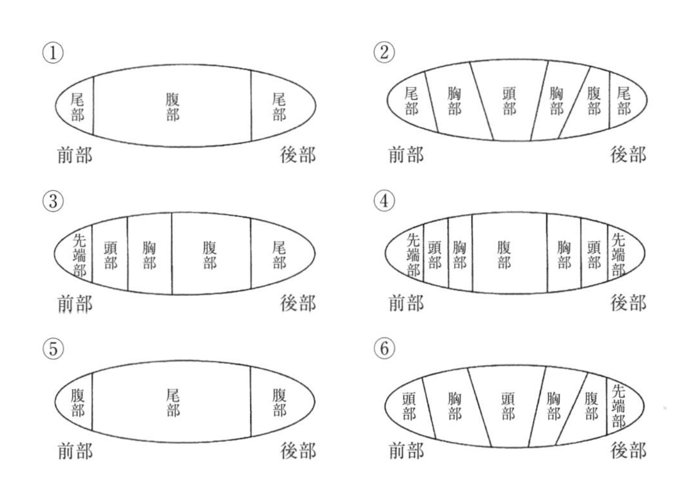

｜大阪公大｜

標問 47 ショウジョウバエの発生(3)

解答・解説 p.123

扱うテーマ 母性因子／位置情報／母性効果遺伝　生物

A. ショウジョウバエの未受精卵は細長い紡錘形で，その中ではビコイドmRNA，ナノスmRNA，ハンチバックmRNAなどの母性因子(母性効果因子)が頭尾軸に沿って規則正しく配置されている。これらの母性因子は母バエの卵巣内で体細胞の哺育細胞によって転写され，その後未受精卵に移行したものである。受精卵の中では(a)ビコイドタンパク質やナノスタンパク質の濃度勾配に従って(b)3つのグループからなる［ア］遺伝子が段階的に発現し，やがて体節が形成される。その後，複数のホメオティック遺伝子がそれぞれの体節からどの器官がつくられるのかを決定する。多くのホメオティック遺伝子は，ホメオボックスと呼ばれる180塩基対の塩基配列を含む。ホメオボックスが翻訳されてできる領域はホメオドメインと呼ばれ，ホメオドメインをもつタンパク質は［イ］タンパク質としての機能をもつ。

問1　文中の空欄に適切な語句を入れよ。

★問2　ショウジョウバエの初期胚には，脊椎動物の初期胚とは異なる構造的な特徴があり，それによって胚内のすべての核が下線部(a)の現象の影響を受ける。この特徴とは何か，25字程度で答えよ。

問3　ショウジョウバエの卵では頭尾軸に沿って微小管が配向しており，その向きは頭部側がマイナス端で尾部側がプラス端である。ビコイドmRNAの卵内での位置は微小管とモータータンパク質によって保たれている。ビコイドmRNAの位置を保つ役割を担うモータータンパク質の名称を答えよ。

問4　下線部(b)について，3つの遺伝子の発現順序をA→B→Cのように示せ。

★★問5　ビコイド遺伝子が機能を失うと異常個体(頭部と胸部が欠損した致死性の個体)が生じることが知られている。正常なビコイド遺伝子を*B*，機能を失ったビコイド遺伝子を*b*とする。ただし，遺伝子*B*は遺伝子*b*に対して顕性とする。次から生じる可能性のない個体を選べ。

①　遺伝子型が*bb*の正常個体　　②　遺伝子型が*BB*の異常個体
③　遺伝子型が*Bb*の異常個体　　④　遺伝子型が*b*の卵の受精による正常個体
⑤　正常個体の掛け合わせによる異常個体

★★問6　ビコイド遺伝子について，ともに*Bb*の遺伝子型の雄と雌を交配し第一世代を得た。次に第一世代の雌を*BB*の雄と交配し第二世代を得た。次の(1)〜(3)に答えよ。

(1)　第一世代の遺伝子型の種類とその分離比を答えよ。
(2)　第一世代のうち正常個体の割合(%)を答えよ。
(3)　第二世代の正常個体と異常個体の分離比を答えよ。

B. 次ページの図1は，甲虫の一種(幼虫)の模式図と3種類のホメオティック遺伝子(*Dll*，*Ubx*，*abdA*)の胚の時期における発現領域を示している。この甲虫の体節は頭部，胸部(T1〜T3)，腹部(A1〜A9)の13個に分かれている。野生型ではT1〜T3に3対の脚，A1に1対の小型の側脚を生じる。野生型の胚では，*Dll*がT1〜

T3 と A1に，*Ubx* が A1～ A9に，*abdA* が A2～ A9 に発現していた。

この甲虫を用いて *Ubx* のみを発現しない *Ubx* 変異体と *abdA* のみを発現しない *abdA* 変異体を実験的に得た。その結果，*Ubx* 変異体の幼虫は，T1～ A1 に 4 対の脚が生じ，*Dll* と *abdA* の発現領域は野生型と同様であった。また *abdA* 変異体では T1 ～ T3 に 3 対の脚が，A1～ A9 に 9 対の側脚が生じ，*Dll* は T1～ A9 に発現し *Ubx* の発現領域は野生型と同様であった。

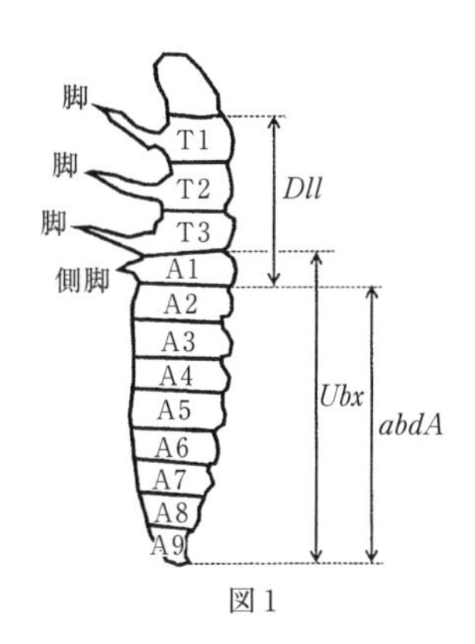

図 1

★問 7　*abdA* が発現してつくられるタンパク質の働きとして適切なものを次から選べ。

① *Dll* の発現を抑制する。　② *Ubx* の発現を促進する。
③ 側脚を脚にする。　④ 側脚の発生を促進する。
⑤ 胸部の体節数を増やす。

★問 8　*Ubx* と *abdA* の両方の発現を抑制すると，T1～ A9 の各体節における脚や側脚などの表現型はどのようになると予想されるか。脚は○，側脚は△，どちらも形成されない場合は×を記せ。

｜東京慈恵医大｜

標問 48 両生類の発生(1)

解答・解説 p.126

扱うテーマ 母性因子／表層回転／灰色三日月環／形成体／カエルの背腹軸の決定 生物

受精卵の細胞質には，将来の形態形成に重要な影響を及ぼす因子(母性因子)が，しばしば偏りをもって存在する。①イモリの胚を一部縛ったり除去したりする実験は，このような母性因子の分布を知る手がかりとなる。胚発生では，胚の方向性(体軸)の決定が，からだのおおまかな形づくりに重要である。その1つである背腹軸も，ある母性因子が胚内で偏って存在することによって決められている。

図1に示すように，アフリカツメガエルの胚では，受精のあと，1細胞期の間に，もともと植物極付近にあった②背側化因子が，胚の表層の回転によって，精子進入点から離れる方向に移動する。この因子がある影響を及ぼすことによって，母性因子であるAタンパク質が，胚内で偏って機能する。その後，ある遺伝子が特異的に発現することによって，神経などへの分化を周辺組織に誘導する［ア］を形成する。なお，［ア］は，原腸胚の原口背唇部に相当する。

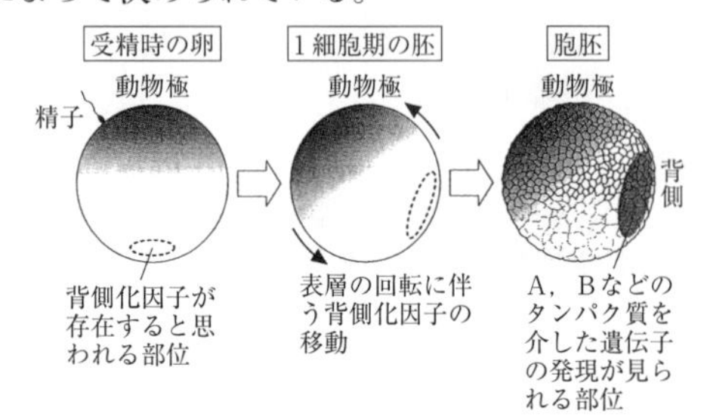

図1　アフリカツメガエルの胚における，背側の決定のしくみ

イモリやアフリカツメガエルの胚では，原口背唇部を胚の腹側に移植すると，通常の発生では見られない二次胚ができる。このような二次胚は，胚の背側を決めるタンパク質をコードする伝令RNAを胚に直接注入することでも形成される。ここで，Aタンパク質をコードする伝令RNA（A RNA)を用い，Aタンパク質の機能を調べる目的で次の実験を行った。

実験　アフリカツメガエルの受精直後の胚は，動物半球で表層の色が濃い。しかし，4細胞期胚を動物極側からよく見ると，4つの割球の動物極側の色はすべて同じではなく，やや色の濃い割球と薄い割球が，2つずつあることがわかる。これは，胚の背腹の向きを反映しており(図2，色の濃い方が腹側)，背腹方向をこの色の偏りによって判別することができる。この時期に，背側の決定に関わるタンパク質をコードする伝令RNAを注入すれば，背腹の決定に影響を与えることができる。③図2の中央に示すように，A RNAをアフリカツメガエルの4細胞期胚の腹側割球に，ガラス注射針を用いて注入し，初期幼生になるまで発生させたところ，二次胚が形成された。

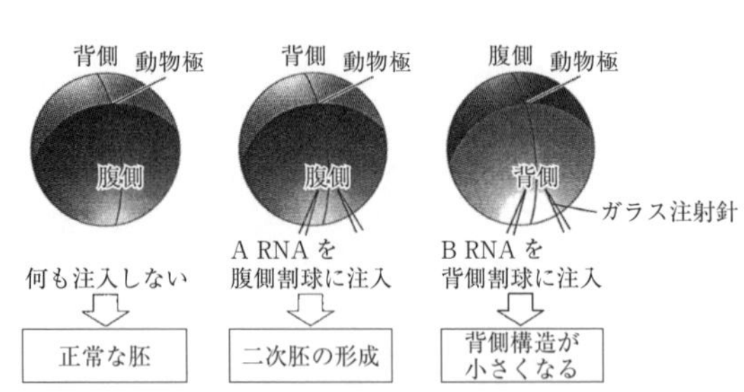

図2　アフリカツメガエルの胚への伝令RNAの注入実験

次に，別の母性因子であるBタンパク質をコードする伝令RNA(B RNA)を用意した。B RNAを腹側割球に注入しても，目立った変化は起こらなかったが，図2の右に示すように，背側割球に注入すると，背側の構造が小さくなった初期幼生が得られた。このことから，Bタンパク質には背側の決定を阻害する効果があることがわかった。なお，別の実験結果から，Bタンパク質はAタンパク質の働きに対して影響を与えるが，Aタンパク質はBタンパク質の働きに影響を与えないことがわかっている。

問1　空欄アに適切な語を入れよ。

★問2　下線部①について。2細胞期のイモリ胚を細い髪の毛でくくり，割球を分離すると，2つの割球からそれぞれ完全な個体が発生する場合だけでなく，片方の割球だけが完全な個体に発生し，もう片方の割球は正常に発生しない場合も生じる。これらの結果の違いはなぜ引き起こされるか。灰色三日月環という語を用いて70字程度で述べよ。

★★問3　下線部③について。この結果から，Aタンパク質は背側の決定にどのような働きをもつと考えられるか。理由とともに70字程度で述べよ。

★問4　実験について。一定量のA RNAにB RNAを加えた混合液を，胚の腹側割球に注入した。加えるB RNAの量を少しずつ増やした時に得られる結果として，最も適切なグラフはどれか。下図の①～⑥から1つ選べ。

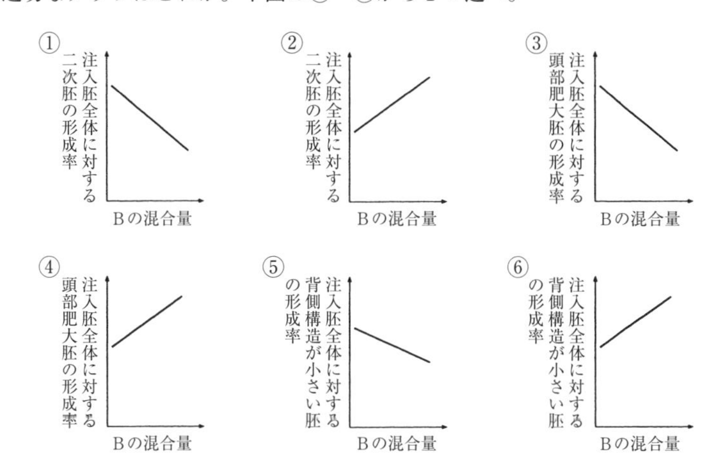

★★問5　Aタンパク質とBタンパク質は，ともに胚の背側，腹側の両方に分布する。このとき，下線部②の背側化因子は，Aタンパク質の働きに，結果としてどのような影響を与えると考えられるか。Bタンパク質と関連づけながら，70字程度で述べよ。

｜東大｜

標問 49 両生類の発生(2)

解答・解説 p.129

扱うテーマ 形成体と誘導／両生類の中胚葉誘導／ニューコープの実験　生物

脊椎動物の発生過程では，1つの受精卵が卵割を繰り返して三胚葉(外胚葉・中胚葉・内胚葉)に分化したのち，さまざまな組織・器官の細胞になる。図1は，アフリカツメガエルの胞胚期の断面図と中胚葉の誘導様式を調べた実験の概略を示したものである。動物極側細胞塊(アニマルキャップ)での筋肉細胞の誘導に関して，次の実験1～実験4を行った。

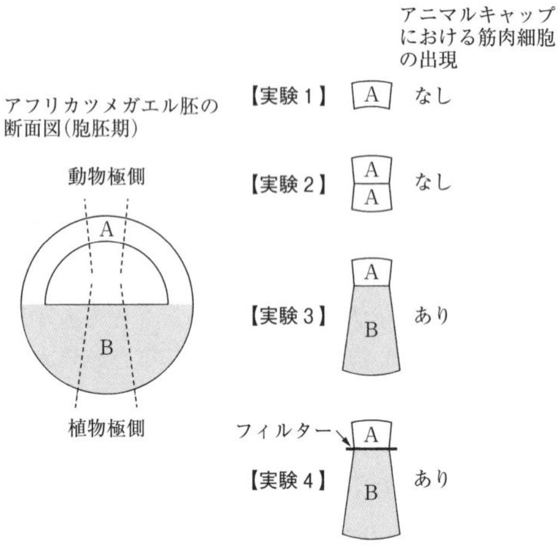

図1　実験の概略

実験1　胞胚から破線部分で切り取ったアニマルキャップ(部分A)を単独で培養した。その結果，アニマルキャップは外胚葉性組織に分化し，筋肉細胞は出現しなかった。

実験2　2つの切り取ったアニマルキャップ(部分A)を接触させ，培養(共培養)した。その結果，アニマルキャップは外胚葉性組織に分化し，筋肉細胞は出現しなかった。

実験3　アニマルキャップ(部分A)と破線部分で切り取った植物極側細胞塊(部分B)を共培養した。その結果，筋肉細胞は植物極側細胞塊との接触面近くのアニマルキャップに出現した。

実験4　アニマルキャップ(部分A)と植物極側細胞塊(部分B)を共培養する際，直径 $0.1\mu m$ ($\mu m = 10^{-6} m$)の穴が多数開いているフィルター(厚さ $10\mu m$)を両細胞塊の間に入れた。フィルターによって両細胞塊が直接接触しないようにしても，筋肉細胞はアニマルキャップに出現した。なお，フィルターは筋肉細胞を誘導しない。

★★問1　実験1～実験4の結果より，どのようにしてアニマルキャップに筋肉細胞が誘導されたと考えられるか，理由を含めて200字程度で述べよ。

★問2　実験3において，さらに，接触面積を変化させず，植物極側細胞塊の厚さを変えることで，その細胞数を減少させて培養実験を行った。その結果，植物極側細胞塊の細胞数の減少に対応してアニマルキャップに出現する筋肉細胞数が減少することがわかった。筋肉細胞数が減少した理由を80字程度で述べよ。

★問3　胞胚および原腸胚から切り取ったそれぞれのアニマルキャップと，胞胚の植物極側細胞塊を組み合わせて共培養実験を行った。その結果，原腸胚のアニマルキャップに出現した筋肉細胞数は，胞胚のものを用いた場合に比べて少ないことがわかった。胞胚と原腸胚のアニマルキャップの間にどのような違いが生じていると考えられるか，110字程度で述べよ。

｜広島大｜

標問 50 両生類の発生(3)

解答・解説 p.131

扱うテーマ 背腹軸の決定／誘導／形成体／全能性と多能性　生物

多くの動物において，前後軸・背腹軸・左右軸といった体軸は胚発生の過程で決まり，その決定には，未受精卵に含まれる［ア］因子と呼ばれるタンパク質やRNAが関与する場合がある。カエルの背腹軸は精子の侵入位置によって，以下のように決まる。精子が卵細胞内に入ると，卵の表層全体が回転する。これに伴い，微小管をつたって，卵の植物極側に局在する［ア］因子で，ディシェベルドと呼ばれるタンパク質が将来の背側で灰色三日月環のできる領域に移動する。一方で，(a)これとは別の［ア］因子であるβカテニンと呼ばれるタンパク質は，未受精卵では卵全体に存在するが，表層回転の後に将来背側となる領域の細胞質に蓄積する。卵割が進むと，背側の細胞質に蓄積したβカテニンは核に移動して背側の形成に関与する遺伝子の発現を促し，［イ］をつくるための条件を整える。なお，［イ］は原腸胚の原口背唇部に相当する。

胞胚期へと発生が進むと，植物極側に局在しているVegTと呼ばれる調節タンパク質が，βカテニンとともに，ノーダルと呼ばれる分泌タンパク質の遺伝子の転写を促進する。このとき，βカテニンは背腹軸に沿って背側が高くなる濃度勾配を形成しているため，VegTの分布とβカテニンの分布が重なる背側の部分でノーダルの発現が最も高くなる。その結果，ノーダルの濃度が最も高い領域に［イ］が指定される。背腹軸の形成には，分泌タンパク質であるBMPとコーディンが重要な役割を担っている。(b)BMPは胞胚の全域で発現し，外胚葉の細胞を表皮への分化に誘導する。しかし，［イ］においては分泌タンパク質コーディンが発現することで，この領域は脊索へと分化する。

このように，細胞や組織の分化を理解する上で重要な概念に「誘導」がある。胞胚期中期カエル胚の動物極周辺の予定外胚葉領域は［ウ］と呼ばれ，(c)この領域と内胚葉領域を接着して培養すると，脊索，筋肉，血液などの中胚葉性の細胞が生じる。また，［ウ］は培養条件によってさまざまな組織や細胞を生じえることから，この領域が［エ］細胞から構成されることがわかっている。

受精卵のように，あらゆる種類の細胞に分化して完全な個体を形成する能力を［オ］といい，さまざまな種類の細胞に分化することができる能力を［エ］という。また，分化した動物細胞が［オ］または［エ］を有する状態に戻ることを［カ］という。(d)アフリカツメガエルの未受精卵に紫外線を照射して核の機能を失わせ，この卵に胞胚の細胞から採取した核を移植すると，移植された一部の卵は正常に発生して成体になる。このように作製された同一のゲノムをもつ個体は，［キ］と呼ばれる。哺乳類においても羊の乳腺細胞の核を用いて同様に［キ］が得られている。

問1　文中の空欄にあてはまる適切な語句を答えよ。

★★ 問2　下線部(a)に関連して，次の問いに答えよ。

受精直後から胞胚期まで，βカテニンの mRNA は胚の中で一様に分布していた。表層回転により，精子侵入点の反対側の細胞の核にβカテニンが蓄積するメカニズムを考えて，70字以内で述べよ。

★★ 問3　下線部(b)に関連して，次の問いに答えよ。

胚全体で BMP の発現を抑制したところ，腹側の細胞が筋肉と脊索の両方に分化し，胚が背側化した。一方で，コーディンの発現を抑制したところ，背側領域が縮小して腹側領域が増大した。それでは，BMP とコーディンの両方の発現を抑制すると，どちらのタンパク質の機能を抑制した場合の胚と同じ形態を示すか。名称を答えよ。また，そう考えた理由を100字以内で述べよ。

★★ 問4　下線部(c)に関連して，次の問いに答えよ。

カエルの胞胚期中期の動物極周辺の予定外胚葉領域と，腹側予定内胚葉領域を接着して培養したところ，血液などの中胚葉性の細胞が生じた。一方で，この予定外胚葉領域と背側予定内胚葉領域を接着して培養した場合には，筋肉や脊索などの中胚葉性の組織が生じた。文中の二重線部分を参考に，このような現象が起こる理由を100字以内で述べよ。

★ 問5　下線部(d)に関連して，次の問いに答えよ。

成体の水かきの表皮細胞から採取した核を用いて核移植実験を行ったところ，ほとんどの胚は発生途中で死んでしまい，ほんの数パーセントの胚が幼生(おたまじゃくし)まで発生したのみであった。このように，胞胚細胞の核を用いる場合と比較して発生率が下がる理由として，適切なものを次からすべて選べ。

① 水かき細胞へと分化する際に，ゲノム DNA が長くなるため。

② 水かき細胞へと分化する際に，ゲノム DNA の長さは変化しないが，塩基配列が変化するため。

③ 水かき細胞へと分化する際に，ゲノム DNA から発生に不必要な塩基配列が除去されるため。

④ 水かき細胞へと分化する際に，染色体を構成するヒストンタンパク質に化学修飾が起こるため。

⑤ 水かき細胞へと分化する際に，染色体を構成するヒストンタンパク質のアミノ酸配列が変化するため。

｜横浜国大｜

標問 51 Hox遺伝子

解答・解説 p.133

扱うテーマ 前後軸／位置情報／Hox遺伝子　生物

ショウジョウバエの発生初期には，体節と呼ばれる分節構造が形成される。分節構造の形成には，[ア] 遺伝子群，[イ] 遺伝子群，[ウ] 遺伝子群が順番に働くことが必要である。それぞれの体節は [エ] 遺伝子群の働きにより，前後軸に沿った位置特有の形態へと変化する。[エ] 遺伝子群の発現領域に変化が起きると，体の一部の領域の形態が別の位置の形態に転換する。

[エ] 遺伝子群は哺乳類を含むほとんどの動物にも存在する。哺乳類の脊椎骨や肋骨の形態形成は，胎児期のHox遺伝子群の発現により制御される。マウス胎児における *Hox1*，*Hox3*，*Hox6*，*Hox10*，*Hox11*，*Hox12* の発現領域は，将来の脊椎骨および肋骨の位置と図1のように対応していた。なお，マウスの *Hox1*，*Hox3*，*Hox6*，*Hox10*，*Hox11*，*Hox12* には同等の機能をもつ複数の遺伝子が存在するが，本問では簡単のために1つの遺伝子として表した。

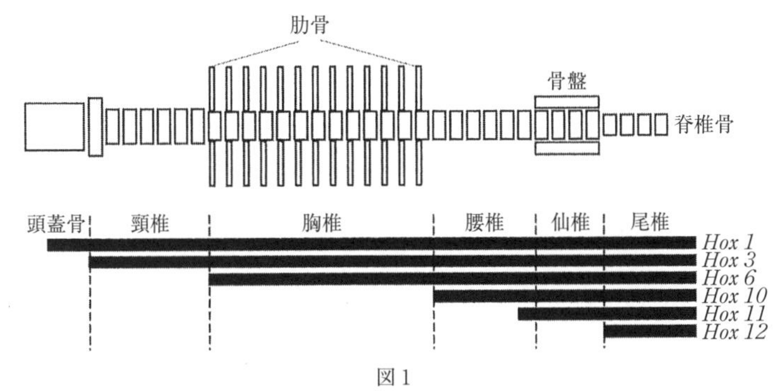

図1

横棒線はそれぞれHox遺伝子の発現する領域を模式的に表したものである。

問1　文中の空欄に入る最も適切な語句を，以下の語群から選べ。ただし，[ア] ～ [ウ] については発生の段階で機能する順に記せ。

語群：BMP，ペアルール，セグメントポラリティー，アポトーシス関連，Smad，ホメオティック，ギャップ，Nodal

★問2　Hox遺伝子群の空間的配置は，転写の活性化状態と関連があると考えられている。図2は，Hox遺伝子の染色体上の配置，図3は図1で示したHox遺伝子の発現パターンが観察されたマウス胎児，図4は遺伝子の空間的配置をそれぞれ模式的に表しており，図4におけるA，Bのどちらかは転写が活性化された領域，もう一方は転写が抑制された領域を表す。図4の(i)～(iii)は，図3①～④のうち，どの部分の状態を表していると考えられるか，図1を参考に，最も適切なものを番号で答えよ。また，A，Bの転写制御について，転写活性化または転写抑制いずれの状態か記せ。

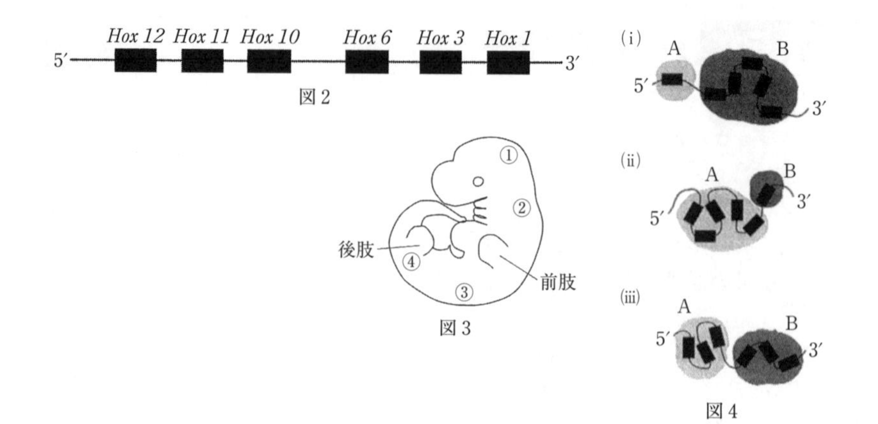

図 2

図 3

図 4

｜京大｜

標問 52 色素細胞の分化

解答・解説 p.134

扱うテーマ キメラマウス／神経堤と神経堤細胞／色素細胞の分化 生物

マウスを用いて実験1を行ったところ，体色が縞(しま)模様の個体が出現した。この現象に興味をもったため，組織の移植実験によりそのしくみを調べようとしたが，子宮内で発生するマウス胚では実験が困難だった。そこで，代わりにニワトリ胚を用いて実験2の移植実験を行い，その結果から仮説を立てた。

実験1　毛色が黒の系統のマウスと白の系統のマウスを用い，図1のようにそれぞれから発生途中の割球を取り出して混合し，胚盤胞(子宮に着床可能な発生段階)まで発生を進めた。複数の胚盤胞を養母の子宮に移植し，産まれてきた子マウスの毛色を調べたところ，黒と白の横縞模様の個体が多かった。なお，図1中の割球には両者を区別するため便宜上色がつけてあるが，実際の割球は両方とも無色である。

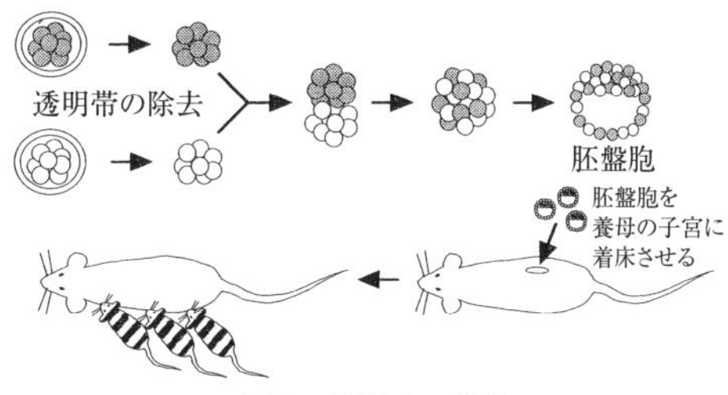

図1　実験1の手順

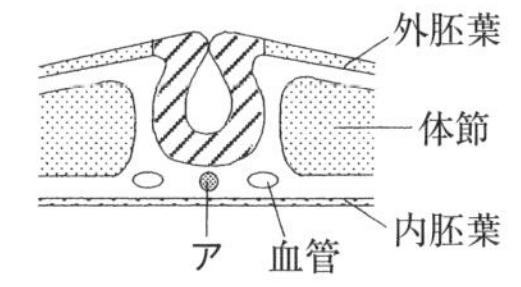

図2　ニワトリ胚正中線付近の横断面模式図

実験2　羽毛の色が茶のニワトリと白のニワトリを用い，神経管が背側で閉じる発生段階の胚をそれぞれ準備した。白色胚を宿主とし，図2の斜線部で示した神経管領域を前後軸に沿って一部取り除き，そこに茶色胚の相当する組織を移植した。産まれてきたニワトリの羽毛の色を調べると，茶色の領域は移植部位から左右に帯状に広がっていた。

仮説　茶色ニワトリでは神経管領域の細胞から誘導物質が分泌され，誘導物質は側方へと拡散し，未分化な色素細胞に作用し分化を促した。白色ニワトリが白色である原因は，色素細胞自身の色素合成能力に欠陥があったためでなく，神経管領域の細胞が誘導物質を合成・分泌できなかったためである。

問1　(1)　図2の神経管の真下にある器官アの名称を答えよ。

(2)　この器官は両生類胚ではどのように形成されるか，40字程度で説明せよ。

(3)　この器官は両生類胚の発生過程でどのような役割があるか，15字程度で説明せよ。

問2　仮説のように，神経管には誘導作用があることが知られている。分化した神経管の誘導作用により表皮から形成される構造物の名称を1つ答えよ。

★問3　仮説のように2つの組織の間に拡散性の誘導物質が関与するかどうかを調べるために，細胞が通過できない孔を持つろ紙を，2つの組織の間に挿入する実験がよく行われる。マウス胚やニワトリ胚の細胞が通過できない孔の最大直径は次の①～⑥の値のどれが最も適切か，1つ選べ。

① 1000μm＝1mm　② 100μm　③ 10μm
④ 1μm　⑤ 0.1μm　⑥ 0.01μm

★★問4　鳥類のウズラ胚の細胞とニワトリ胚の細胞を比較観察したところ，どの細胞も核の染色像が両者で異なっており，ウズラの細胞かニワトリの細胞かを区別できることが判明した。そこで，白色ニワトリ胚を宿主，ウズラ胚の組織を移植片として用い，実験2と同様な実験を行った。その結果，実験2と同様なパターンで色素をもった領域が広がり，その色素細胞はすべてウズラ由来であることが判明した。

⑴　この実験結果は仮説と矛盾するか。「矛盾する」，「矛盾しない」で答えよ。

⑵「矛盾する」とした場合にはこの実験結果と矛盾しない新たな仮説を，「矛盾しない」とした場合にはその理由を，どちらも150字以内で述べよ。なお，ニワトリとウズラの間で色素細胞の発生のしくみには差がないことが判明している。

★問5　実験1で得られた横縞模様のオスマウスと横縞模様のメスマウスを交配し，産まれてきた複数の子マウスの体色を調べたところ，すべての個体が白色であった。黒色が顕性形質であるとき，その原因として考えられることを50字以内で述べよ。

｜千葉大｜

標問 53 細胞の分化と多能性

解答・解説 p.136

扱うテーマ 発生の進行と遺伝子発現／多能性／全能性／ES 細胞／iPS 細胞　生物

動物の発生は，精子が卵と接触し，精子の核が卵の核と融合する受精から始まる。受精した卵を受精卵と呼ぶ。①受精卵は，分裂を繰り返し多細胞の胚をつくり，最終的には多様な細胞から構成される個体をつくりあげる。この能力を全能性と呼ぶ。また，細胞が形質の異なる別の細胞に変化することを分化と呼ぶが，細胞の分化は［ア］の働きによって決められる。［ア］の情報をもとに［イ］と呼ばれる酵素の働きにより伝令 RNA（mRNA）が合成される。この過程を［ウ］と呼ぶ。その後 mRNA からタンパク質が合成される。異なる形質をもつ細胞は，異なる組み合わせのタンパク質を発現しており，そのタンパク質の機能の違いが細胞の形質の違いを生み出している。自然に発生した個体において，特定の細胞に分化した細胞は全能性を失っているが，②人工的な操作を行うことで，分化の終了した細胞の核も受精卵の核と同じように発生分化をやり直すことができる。例えば，動物細胞の核を卵に移植することで，遺伝的に同一の個体であるクローン動物を作製することができる。1997年には，ドリーと名づけられた体細胞クローンのヒツジがイギリスのウィルムットらによって作製され，世界的にも話題となった。両生類などで胞胚と呼ばれる発生段階の胚を，ほ乳類では胚盤胞と呼ぶ。胚盤胞の内側に位置する細胞集団を［エ］と呼び，体を構成するすべての細胞へ分化する能力（多能性）をもつ。［エ］を取り出し培養することで，多能性を保ちながら増殖する胚性幹細胞（ES 細胞）を樹立することができる。③ES 細胞は，再生医療への応用が期待されているが，拒絶反応が大きな問題となっている。近年，ES 細胞の拒絶反応をなくすためにさまざまな研究が行われ，現在では④日本の山中らが人工多能性幹細胞（iPS 細胞）の樹立に成功し，再生医療への応用が期待されている。

問1　文中の空欄に入る最も適切な語句を記せ。

★問2　下線部①について，ホヤなどでは，受精後の遺伝子発現は卵割後期に始まるにもかかわらず，細胞の運命は卵割期の早い時期に決定している。その理由を40字以内で説明せよ。

★問3　下線部②の最初の例として，イギリスのガードンによる以下の実験がある。

実験　アフリカツメガエルの幼生の腸上皮細胞核を取り出し，紫外線を照射した未受精卵に移植した。その結果，正常な成体を得ることに成功した。その際，腸上皮細胞は核小体を１個もつ系統，未受精卵は核小体を２個もつ系統を用いた。

(1)　未受精卵に紫外線照射した理由を30字程度で説明せよ。

(2)　核小体の数が異なる系統を用いた理由を30字程度で説明せよ。

(3)　発生と核の関係について，この実験からわかることを40字程度で説明せよ。

★問4　下線部③について，拒絶反応を起こす可能性がある理由を40字程度で説明せよ。

★★問5　下線部④について，iPS 細胞以外にも拒絶反応の起きない多能性幹細胞を樹立することができる。本文を参考にしてその方法を100字程度で述べよ。〔関西学院大〕

第6章 遺 伝

標問 54 自家受精

解答・解説 p.138

扱うテーマ 自家受精／独立／三遺伝子雑種　生物

純系の植物を自家受精して得られる子孫は，親と同じ形質をもつ。ここでは，異なる2つの純系の植物を交雑し，得られる植物を繰り返し自家受精させることによって新しい純系をつくりだす方法を考えてみよう。

二倍体の植物において，由来が異なる2種類の純系を交雑して得た F_1 世代の個体は，相同染色体の多くの座において遺伝子がヘテロ接合となる。ここで，対立遺伝子Aをもつ純系と対立遺伝子aをもつ純系の交雑を考えると，F_1 世代ではすべての個体がAaのヘテロ接合体になっている。また，F_2 世代の集団における各遺伝子型の個体数の割合は，AA：Aa：aa = 1：2：1になる。したがって，F_2 世代におけるホモ接合体AAとaaの出現率は合わせて50%になる。次に，F_2 世代のすべての個体を自家受精して十分量の種子を得る。すべての個体から得られた種子を同じ割合で混合した F_3 世代のホモ接合体の出現率は［ア］%になり，この操作を繰り返したのちの F_{10} 世代では［イ］%になる。このように対象とする遺伝子座が1つの場合，第 g 世代（Fg 世代；ただし $g \geqq 2$）でのホモ接合体の出現率 Q（%）は，Q = ［ウ］×100という式で表すことができる。次に，これらの集団における3つの遺伝子座のホモ接合の出現率について考える。これら3つの遺伝子座ではメンデルの独立の法則が成り立っており，F_1 世代ではそれぞれの座の遺伝子がいずれもヘテロ接合であるとする。このとき，これら3つの遺伝子座のすべてがホモ接合である個体の出現率は，F_3 世代で［エ］%になり，F_6 世代でようやく90%を超える。このように，自家受精の繰り返しによって新しい純系を得るには長い期間が必要である。

★★問1　文中の［ア］，［イ］に入れるべき数値を計算せよ。必要な場合には，四捨五入して小数点以下1桁で記せ。

★★問2　［ウ］に入れるべき数式を記せ。

★問3　［エ］に入れるべき数値を計算せよ。ただし，答えは四捨五入して小数点以下1桁で記せ。

★問4　自家受精の繰り返しによって純系を得るには長い期間が必要である。しかし，減数分裂後の未熟な花粉を培養し，得られる植物体の染色体数を倍加すれば，二倍体の純系を短期間で得ることができる。そこで，ある二倍体の植物において，3つの座の遺伝子型がそれぞれAA，BB，CCの個体と，aa，bb，ccの個体とを交雑し，F_1 個体を得た。AとB（またはaとb）は連鎖しており，組換え価は10%である。この F_1 個体の未熟な花粉を培養した場合，“aBC”という遺伝子の組合せをもつ植物体が得られる確率を計算し，分数で記せ。

｜京大｜

標問 55 胚乳形質と独立の三遺伝子雑種

解答・解説 p.142

扱うテーマ 胚乳形質／独立／三遺伝子雑種 生物

草丈の低い黄色種子のトウモロコシを母親に，草丈の高い白色種子のトウモロコシを父親として交配し，F_1 種子を得た。①このドF_1 種子をまいて育てた雑種植物(F_1)を自家受粉させたところ，F_2 種子は，黄色種子が234粒と白色種子が82粒であった。これらの F_2 種子をまいて育てた F_2 集団では，交配に用いた両親と同じ草丈を示す個体の他に，黄色種子の親よりも草丈の低い個体や，白色種子の親よりも草丈の高い個体が出現した。そこで，同じ条件で栽培した両親植物，F_1 植物，F_2 集団の草丈を計測したところ，F_1 の植物の草丈は白色種子の親よりも高かった。F_2 集団においては，②黄色種子の親よりも草丈の低い個体が 5 個体，③黄色種子の親と同じ草丈の個体が48個体，白色種子の親と同じ草丈の個体が133個体，④F_1 植物と同じ草丈の個体が130個体あった。それぞれのグループの草丈の平均値を求めると，それぞれ 90cm，120cm，150cm，180cm であった。この現象は，草丈を支配する完全顕性を示す 3 個の遺伝子が，それぞれ異なる染色体上にあって，各々の顕性対立遺伝子が 30cm ずつ草丈を高くする作用をもつことによる。いま，草丈を決める遺伝子の顕性対立遺伝子をそれぞれD，E，F，潜性対立遺伝子をそれぞれ d，e，f とすると，草丈の低い黄色種子の親の遺伝子型は ddeeFF，草丈の高い白色種子の親の遺伝子型は DDEEff と表すことができる。

問 1　(1)下線部①の遺伝現象から予測される F_1 種子の色を書け。また，種子の色を決める遺伝子について，(2) F_1 種子の胚の遺伝子型，(3)胚乳の遺伝子型を記せ。ただし，実験に用いたトウモロコシの親はいずれも純系であるものとし，黄色種子の親の遺伝子型を AA，白色種子の親の遺伝子型を aa とする。

問 2　草丈の低い黄色種子の親(ddeeFF)と草丈の高い白色種子の親(DDEEff)とを交配して得られた F_1 の配偶子の遺伝子型は何種類あるか，数字で答えよ。

問 3　下線部②の F_2 個体の草丈に関する遺伝子型を書け。

★問 4　下線部③の F_2 個体を自家受粉させて F_3 植物を育成すると，その草丈がすべてもとの F_2 個体と同じになるものがあった。そのような場合の F_2 個体の遺伝子型のうち，最初の交配に用いた草丈の低い植物の遺伝子型(ddeeFF)とは異なるものが 2 つある。その遺伝子型を書け。

★問 5　下線部④の F_2 個体を自家受粉させて F_3 植物を育成すると，その草丈がすべて F_1 植物と同じになるものがあった。その割合は，下線部④の F_2 個体の何％か答えよ。答えは四捨五入して小数点以下第 1 位まで求めよ。

｜九大｜

標問 56 母性効果遺伝

解答・解説 p.145

扱うテーマ 独立／二遺伝子雑種／不完全顕性／母性効果遺伝／自由交配 生物

ショウジョウバエは，一度に多数の卵を産む。遺伝子Xは，卵を形成するときに発現し，胚発生に必要である。また，その機能がなくなった対立遺伝子xがある。Xの機能を失った雌は正常数の卵を産むが，その卵は受精していても胚発生の途中で死んでしまい孵化しない。Xはxに対して完全に顕性である。

一方，眼の色に関与する遺伝子Rとその突然変異の対立遺伝子rがある。遺伝子型rrの個体の眼の色は白色に，RRの遺伝子型では赤色になる。また，Rrの遺伝子型の個体の眼の色は桃色となる。この遺伝子(R，r)と先にあげた遺伝子(X，x)は，それぞれ別の常染色体上にある。また，ショウジョウバエの性比は1：1である。

①眼が桃色でXxの遺伝子型をもつ雌と眼が白くXxの遺伝子型をもつ雄とを交配した。その結果，生まれてきた②F_1の雌1個体に別の③F_1の雄1個体を交配する実験を何組も行った。すると$\frac{1}{4}$の組合せにおいてすべての受精卵(F_2にあたる卵)が孵化せずに胚発生の途中で死んでしまった。そこで，受精卵が孵化しなかった組合せの雌個体に孵化した組合せの雄個体を交配させてみたが，その受精卵はすべて孵化しなかった。しかし，受精卵が孵化しなかった組合せの雄個体と孵化した組合せの雌個体とを交配させるとその受精卵はすべて孵化した。つまり，④F_1の雌の$\frac{1}{4}$はどのような雄と交配しても，その受精卵は孵化せず途中で死んでしまった。

問1　雌の卵巣で卵母細胞が減数分裂して卵を形成するとき，1つの卵母細胞からいくつの卵が形成されるか。また，下線部①の雌が形成する卵がRとXの遺伝子をともにもつ確率を分数で答えよ。

問2　下線部②のF_1の雌個体の眼の色は，赤色，白色，桃色がどのような比率になっているか答えよ。ただし，割合を表す数値はできるだけ小さい整数にすること。

問3　下線部③のF_1の雄個体がもつ眼の色と生殖に関係する遺伝子の遺伝子型は6通りある。それらの遺伝子型すべてと，それぞれの遺伝子型の雄個体がF_1の雄個体全体の中に占める比率を分数で答えよ。

★問4　下線部④のF_1の雌の$\frac{1}{4}$がもつ可能性のある，眼の色と生殖に関係する遺伝子の遺伝子型は2通りしかない。その2つの遺伝子型と，それぞれの遺伝子型の雌個体がF_1の雌個体全体の中に占める比率を分数で答えよ。

★★問5　下線部②と下線部③との交配によって多数のF_2の成熟個体が得られた。そのF_2の成熟個体の中に，どのような雄の精子と受精しても孵化せず胚発生途中で死んでしまう卵を産む赤色の眼をした雌個体が出現する。そのような個体は，F_2の成熟個体の中でどれだけの割合を占めるか分数で答えよ。

｜九大｜

標問 57 連鎖と組換え(1)

解答・解説 p.148

扱うテーマ 独立／補足遺伝子／連鎖と組換え／三遺伝子雑種／一遺伝子一酵素説　生物

エチレンは，果実の成熟，落葉・落果，老化の促進などさまざまな作用をもつ植物ホルモンである。エチレン生成は花の老化を促進させる要因の１つとされ，多くの植物の花では花弁のしおれや落花が始まる前にエチレン生成量が急激に増加する。

ある植物において，落花までの期間が長い３種の純系，「純系１」，「純系２」および「純系３」がある。これらの純系の花はエチレンを生成しない。花のエチレン生合成に関係する遺伝子を明らかにするため，これら３種の純系とエチレンを生成する「純系４」を用いて以下の交配実験を行い，得られた個体の花におけるエチレン生成量を測定した。

実験１　「純系１」，「純系２」および「純系３」とエチレンを生成する「純系４」を交配してできた雑種第一代(F_1)の花はいずれもエチレンを生成した。いずれの交配組合せのF_1も，自家受粉して得られた雑種第二代(F_2)には，エチレンを生成する花としない花が３：１に分離した。

実験２　「純系１」，「純系２」および「純系３」を相互に交配してできたF_1の花はいずれもエチレンを生成した。

実験１と**実験２**の結果から，花のエチレン生合成には３個の顕性遺伝子(A，BとCとする)が関係していると推測された。「純系１」，「純系２」および「純系３」はこれら遺伝子に対する潜性の対立遺伝子a，bとcをそれぞれホモにもち，各純系の遺伝子型は「純系１」(aaBBCC)，「純系２」(AAbbCC)および「純系３」(AABBcc)となった。

実験３　実験２の各F_1を自家受粉して得られたF_2群における花のエチレン生成量を測定した。「純系１」と「純系３」のF_2，および「純系２」と「純系３」のF_2では，エチレンを生成する花としない花が９：７に分離した。一方，①「純系１」と「純系２」のF_2におけるエチレンを生成する花としない花の分離比は１：１に近かった。

実験３のF_2群の表現型の分離比から，A，BとC遺伝子は相互に［ア］遺伝子として働くと考えられた。交配組合せによる表現型の分離比の違いは，AとB遺伝子がC遺伝子に対して［イ］に遺伝するのに対し，AとB遺伝子が連鎖しているため生じたと考えられた。

次に，A，BとC遺伝子がコードしているタンパク質のエチレン生合成経路における働きを調べるため，**実験４**と**実験５**を行った。

実験４　花のエチレン生合成経路には，中間代謝産物となる２種類の物質(XとY)が関係している。物質XとYの水溶液を調製し，各水溶液に茎を適当な長さに切った「純系１」，「純系２」および「純系３」の花をそれぞれ挿し，エチレン生成量を測定した。その結果，「純系１」と「純系２」を物質Yの水溶液に挿した処理区でのみ，エチレンが生成された。

実験５　「純系１」,「純系２」および「純系３」におけるA，BとC遺伝子のmRNAの合成を調べた。A遺伝子のmRNAは「純系２」と「純系３」で合成されていたが,「純系１」では合成されていなかった。B遺伝子のmRNAは「純系３」でのみ合成されていた。C遺伝子のmRNAは「純系１」と「純系２」で合成されていたが,「純系３」では合成されていなかった。

問１　文中の空欄に適する語句を入れよ。

問２　実験３の下線部①について，以下の問いに答えよ。

AとB遺伝子が完全に連鎖している場合,「純系１」と「純系２」のF_1を自家受粉して得られたF_2には，エチレンを生成する花としない花が1:1に分離する。しかし，分離比が1:1からずれていたことから，AとB遺伝子間で組換えが生じている可能性がある。ここで，AとB遺伝子間の組換え価を12.5%とした場合のF_2の表現型の分離比(エチレンを生成する花：エチレンを生成しない花)を答えよ。

★問３　問２の12.5%の組換え価で生じるエチレンを生成しないF_2個体群(F_2非生成個体群)すべてに「純系２」を交配したとする。このとき，次世代でエチレンを生成する花が出現するF_2個体は，F_2非生成個体群の何%にあたるか，有効数字２桁で答えよ。

★★問４　実験４と実験５の結果から，A，BとC遺伝子がコードしているタンパク質は，エチレン生合成経路においてそれぞれどのような働きをしていると考えられるか。次から最も適切と考えられるものをそれぞれ１つずつ選べ。

①　物質Xからエチレンを合成する酵素タンパク質
②　物質Yからエチレンを合成する酵素タンパク質
③　物質Xから物質Yを合成する酵素タンパク質
④　物質Yから物質Xを合成する酵素タンパク質
⑤　A遺伝子の転写を促進する調節タンパク質
⑥　B遺伝子の転写を促進する調節タンパク質
⑦　C遺伝子の転写を促進する調節タンパク質

｜神戸大｜

標問 58 連鎖と組換え(2)

解答・解説 p.151

扱うテーマ 共顕性／独立／連鎖と組換え／電気泳動／一塩基多型(SNP)　生物

異なった対立遺伝子をそれぞれホモ接合でもつ両親(遺伝子型 A_1A_1 と A_2A_2)間の子のヘテロ接合体(遺伝子型 A_1A_2)が，両親のどちらかと同じ形質を示す遺伝様式を顕性，中間の形質を示す遺伝様式を不完全顕性，そして両親の両方の形質を示す遺伝様式を共顕性という。タンパク質のアミノ酸配列やDNAの塩基配列の違いを検出する様々な分子生物学的手法が開発されている。電気泳動で検出される分子の移動度の差異やPCRによるDNA断片増幅の有無のように特定の手法で検出されるタンパク質やDNA配列の特徴を形質として捉えれば，それらの形質もまた顕性や共顕性の遺伝様式を示す。(a)DNAの塩基配列の違いを最も正確に検出するのが塩基配列解読法である。この方法で検出される一塩基多型(SNP)もメンデルの法則に従って遺伝するので，DNA配列中のSNP部位を遺伝子座(座位)とみなすことができる。

メンデルは，エンドウの種子の形態("丸"か"しわ")を観察した。それから100年以上のちに，この形質がデンプン分枝酵素I(SBEI)遺伝子座によって支配されていて，"丸"純系(遺伝子型 *RR*)では機能的な酵素がつくられて丸い種子となるのに対し，"しわ"純系(遺伝子型 *rr*)ではSBEI遺伝子機能が転移因子(トランスポゾン)の挿入によって破壊されていることがわかった。*R* と *r* の対立遺伝子はトランスポゾン配列を挟むプライマーを用いたPCR産物の電気泳動により識別することができる。

★★ 問1　下線部(a)に関連して，ある栽培植物の1000品種について2つのSNP座位(SNP座位1とSNP座位2)の遺伝子型を調査して対立遺伝子頻度を求めた。SNP座位1ではアデニン(A)が60%でシトシン(C)が40%であり，SNP座位2ではアデニン(A)とグアニン(G)がそれぞれ50%であった。2つのSNP座位の対立遺伝子の組み合わせの頻度(表1)は，それぞれの対立遺伝子頻度の積で求められる期待頻度からずれていた。この現象が起きる要因を70字程度で説明せよ。

表1

		SNP座位2の対立遺伝子	
		A	G
SNP座位1の対立遺伝子	A	45%	15%
	C	5%	35%

★ 問2　"丸"純系(遺伝子型 *RR*)のエンドウを毎世代自家受粉して栽培していたら，"しわ"の表現型を示す新規突然変異体が生じた。この新規"しわ"突然変異体を"丸"純系と交配したところ，F_1 はすべて"丸"となった。新規突然変異がSBEI遺伝子座に起こった変異なのかを確認するために，新規突然変異体と"しわ"純系(遺伝子型 *rr*)間の F_1 を自家受粉して得られた F_2 の表現型を調査した。以下の(1)，(2)の場合に期待される表現型の分離比("丸"："しわ")を記せ。ただし，SBEI遺伝子座内での組換えは起きないとする。

(1)　新規突然変異がSBEI遺伝子座に起きた場合

(2)　新規突然変異がSBEI遺伝子座と連鎖しない遺伝子座に起きた場合

★★ 問3　SBEI 遺伝子座に連鎖する共顕性の SNP 座位について調査したところ，*RR* の純系(親1)ではアデニン(A)のホモ接合，*rr* の純系(親2)ではグアニン(G)のホモ接合であった。この両者の F_1 を *rr* 純系で戻し交雑をして得た子孫(BC_1 世代)で SBEI 遺伝子座と SNP 座位は図1に示したように分離していた。SBEI 遺伝子座と SNP 座位との間の組換え価(%)を求め，有効数字2桁で記せ。

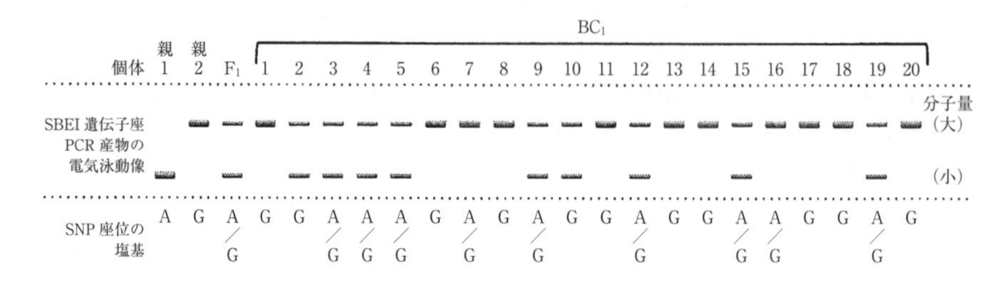

SNP 座位の塩基に関する記号と遺伝子型の対応表

記号	A	A／G	G
遺伝子型	Aのホモ接合	AとGのヘテロ接合	Gのホモ接合

図1

｜京大｜

標問 59 性と遺伝

解答・解説 p.154

扱うテーマ ヒトゲノム／性決定の様式／伴性遺伝／ライオニゼーション／*SRY* 生物

ゲノムとは，ひとつの生物種がもつすべての [1] (またはRNA)塩基配列の1セットを意味する。ヒトの細胞では，そのほとんどが [2] 内の染色体に存在するが，[ア] 内にも [1] が存在し，37個の遺伝子が見つかっている。1990年に欧米各国や日本などが協力したヒトゲノム計画が開始され，2002年にはほぼ解明された。その解析結果によると，ヒトゲノムには約20000の遺伝子が存在すると推定されている。この約20000の遺伝子は，46本の染色体に分かれて存在している。ヒトの46本の染色体には22対の [3] と，男性ではX，Yと呼ばれる性染色体が1本ずつ，女性では2本のX染色体が含まれる。このような，雄が [4]，雌が [5] の染色体対からなる性決定様式は [6] 型と呼ばれ，哺乳類一般に共通の様式である。一方，鳥類は哺乳類とは逆に，雄が [5]，雌が [4] の染色体対からなる [7] 型と呼ばれる性決定様式をもつのが一般的である。は虫類以下の脊椎動物では，多様な性染色体構成が報告されている。

性染色体の遺伝子による遺伝は [8] 遺伝と呼ばれている。ゲノム解析の結果，ヒトのX染色体の遺伝子数は1098，Y染色体の遺伝子数は78と予想されている。このY染色体の遺伝子数は他の染色体に比べて極めて少ないが，ヒトの男性化を決定する遺伝子(*SRY*)がY染色体に存在する。また，X染色体には，[イ] や [ウ] に関連する遺伝子があることが古くから知られている。

ヒトをはじめとして哺乳類の雌に2つあるX染色体は，発生初期に必ずどちらか一方が不活性化される。この不活性化されたX染色体にあるほとんどの遺伝子は発現しない。また一度不活性化されると，その細胞に由来する子孫細胞はすべて同じX染色体が不活性化される。そのため，成体のある部位では母親由来，ある部位では父親由来のX染色体が不活性化された細胞集団が存在する。この現象は，マウスのX染色体に含まれる毛色を決定する遺伝子の研究によって明らかにされた。マウスの毛色は灰色が野生型であるが，まれにしま模様の潜性形質が現れる。灰色の雌としま模様の雄を交配させると，F_1 の雌はすべてまだら(灰色としま模様)になり，雄はすべて灰色となる。この F_1 の雌と雄から生じる F_2 の雌は灰色とまだらが1：1で現れるが，雄は灰色としま模様が1：1で現れる。逆に，しま模様の雌と灰色の雄を交配させると，[エ] となる。この F_1 の雌と雄を交配させると，[オ] で現れる。

ネコの毛色を決定する遺伝子のうち，茶色(顕性形質)か黒色(潜性形質)かを決める遺伝子もX染色体にある。この遺伝子がヘテロの雌は，茶と黒の二毛ネコになり，他の染色体にある白斑点を発現する遺伝子が顕性ホモかヘテロの組合せを同時にもつと，三毛ネコとなる。

問1 文中の空欄1～8に当てはまる最も適当な語を答えよ(ただし，空欄2，3，8は漢字，空欄6，7はアルファベットで答えよ)。

問2　文中の空欄アに当てはまる最も適当な語を次から1つ選べ。

① 葉緑体　② 中心体　③ ゴルジ体　④ リボソーム

⑤ ミトコンドリア

問3　文中の空欄イ，ウに当てはまる最も適当な語句の組合せを次から1つ選べ。

① ABO式血液型・赤緑色覚異常　② ABO式血液型・血友病

③ ABO式血液型・色素性乾皮症　④ 赤緑色覚異常・血友病

⑤ 赤緑色覚異常・色素性乾皮症　⑥ 血友病・色素性乾皮症

★問4　文中の空欄エに当てはまる最も適当なものを次から1つ選べ。

① F_1の雌はすべてまだらになり，雄はすべて灰色

② F_1の雌はすべてまだらになり，雄はすべてしま模様

③ F_1の雌と雄はともにすべて灰色

④ F_1の雌と雄はともにすべてまだら模様

★問5　文中の空欄オに当てはまる最も適当なものを次から1つ選べ。

① F_2の雌は灰色とまだらが1：1で現れるが，雄は灰色としま模様が1：1

② F_2の雌と雄はともに灰色としま模様が1：1

③ F_2の雌はしま模様とまだらが1：1で現れるが，雄は灰色としま模様が1：1

④ F_2の雌はすべてまだらになり，雄は灰色としま模様が1：1

★問6　きわめてまれに三毛ネコの雄が生まれることが知られている。三毛ネコの雄の性染色体について，最も適当なものを次から1つ選べ。

① 性染色体を3本，XYYの組合せでもつ。

② 性染色体を3本，XXYの組合せでもつ。

③ 2本のX染色体をもつが，一方のX染色体に*SRY*が存在している。

④ 2本のX染色体をもつ細胞と，X染色体とY染色体をもつ2種類の細胞が混在している。

★問7　本文中の下線部に関して，下の問いに答えよ。

英国の動物園で飼われていた世界最大のトカゲ，コモドドラゴンの雌が，長く雄から隔離されていたにもかかわらず卵を産んだ。このように雄から精子をもらうことなく産卵することを「単為生殖」と呼ぶ。単為生殖は脊椎動物では珍しく，ヘビなどの限られた生物種のみで報告されている。無事にふ化したコモドドラゴンは，すべて雄であった。この単為生殖で生まれたコモドドラゴンのもつ性染色体の組合せを答えよ。なお，コモドドラゴンの体細胞の染色体数は雌雄で同じであることがわかっている。

｜東邦大（理）｜

標問 60 家系分析

解答・解説 p.157

扱うテーマ 家系分析／伴性遺伝／集団遺伝　生物

5000人に1人現れる程度の，頻度の低いある遺伝的形質が知られている。この形質が現れている個人がみつかった。これをきっかけに，その個人につながる家系を調査したところ，右図の結果が得られた。ただし，点線の部分は今後生まれる子を示す。

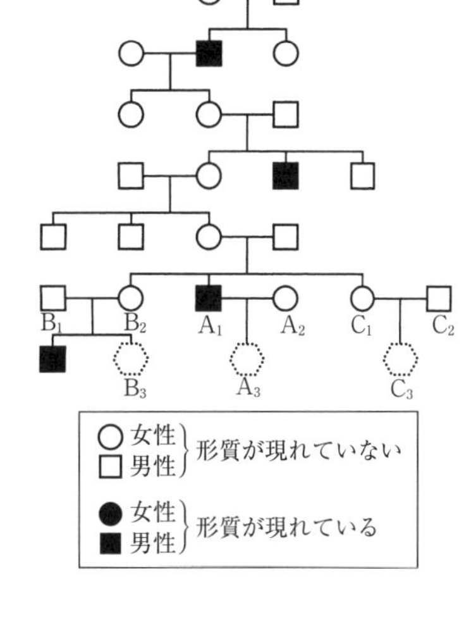

問1　この形質をもたらす遺伝子は，次の分類のうちどれに該当すると考えられるか，1つ選べ。ただし，遺伝子型以外の要因，例えば環境条件などは，形質の発現に関与しないものとする。

① 常染色体上にある顕性遺伝子
② 常染色体上にある潜性遺伝子
③ 性染色体上にある顕性遺伝子
④ 性染色体上にある潜性遺伝子

★問2　A_1 と A_2 の間に血縁関係はない。子 A_3 にこの形質が現れる確率は，次のうちのどれであるか。1つ選べ。

① 0ではないがきわめて小さい

② 約 $\frac{1}{8}$　③ 約 $\frac{1}{4}$　④ 約 $\frac{1}{2}$　⑤ 約 $\frac{3}{4}$　⑥ 1に近い

問3　B_1 と B_2 の間に血縁関係はない。子 B_3 が男性である場合，この形質が現れる確率を求めよ。答えは問2の選択肢①～⑥から1つ選べ。

問4　C_1 と C_2 の間に血縁関係はない。子 C_3 にこの形質が現れる確率を求めよ。答えは問2の選択肢①～⑥から1つ選べ。

｜2004年 名大｜

標問 61 集団遺伝(1)

解答・解説 p.160

扱うテーマ 集団遺伝／自由交配／ハーディ・ワインベルグの法則／自然選択　生物

A. 1908年にイギリスの数学者ハーディとドイツの医師ワインベルグとが独立に発見したハーディ・ワインベルグの法則は今日なおヒトの集団遺伝学の重要な原理である。この法則が適用される集団には自然選択が働かないこと，集団のサイズが十分に大きいこと，［ア］，［イ］，［ウ］などの前提条件が要求される。その適用条件が満たされる限り，集団の中で各遺伝子座の対立遺伝子の遺伝子頻度は世代間で変化しないことがハーディ・ワインベルグの法則で示されている。

問1　上の文中の空欄に当てはまる最も適当なものを次の①～⑨より選べ。ただし解答の順序は問わない。

①　非選択婚が行われること
②　突然変異は起こらないとすること
③　夫婦間の子供の数は一定であること
④　集団内の年齢別階層の人数はすべて同数とすること
⑤　一夫多妻ではないこと
⑥　男女が同数であること
⑦　集団構成員は同一職業であること
⑧　集団は単一人種で構成されること
⑨　集団への人の移住がないものとすること

問2　常染色体上のある遺伝子座の１組の対立遺伝子，Aとaについて，ハーディ・ワインベルグの法則が成立することを示せ。ただしAの遺伝子頻度をp，aの遺伝子頻度をq，$p+q=1$とする。

★★問3　上記のAaの遺伝子型の頻度が0.455であった場合，aの遺伝子頻度qの値をハーディ・ワインベルグの法則から求めよ。

B. 自然選択が働くとその環境での生存に適した特定の遺伝子の頻度が高くなる場合がある。アフリカのマラリア流行地でのヘモグロビンS(HbS)遺伝子がその例である。HbSは鎌状赤血球症という致死性の常染色体潜性遺伝病の原因であるが，正常ヘモグロビン(HbA)のホモ接合個体(HbA/HbA)と比較してそのヘテロ接合個体(HbA/HbS)はマラリアに対する抵抗性が高い。HbA/HbSの遺伝子型の人がマラリアの流行する環境に対して一定の高い適応度を示し続けていると，十分に長い時間の後にHbSは高い遺伝子頻度で平衡に達する。

いまマラリアが流行しているある集団を仮定してみる。そこではHbA/HbSの遺伝子型の子供の全員が生殖可能年齢まで育つ一方，HbA/HbAの子供は一定の割合でマラリアのために死亡するという自然選択が働く。しかし，生殖可能年齢に達した後はマラリアで死亡する者はいない。またHbS/HbSの遺伝子型の子供は全員生まれた直後に鎌状赤血球症のために死亡する。その結果，この集団の生殖可能年齢層ではHbA/HbAの人の頻度が0.8，HbA/HbSの人の頻度が0.2で平衡に達している。ただし，マラリアによる自然選択があることと鎌状赤血球症によって死亡することを除いて，他のハーディ・ワインベルグの法則の適用条件をこの集団は満たしている。

この平衡状態の下では，集団の生殖可能年齢層でのHbAの遺伝子頻度は［エ］，HbSの遺伝子頻度は［オ］となり，その結果生まれてくる子供のHbA/HbA，HbA/HbS，HbS/HbSの各遺伝子型の比は［カ］：［キ］：1である。しかしHbS/HbSの子供はすぐに死亡するので集団にはHbA/HbAとHbA/HbSの子供だけが残ることになり，子供たちの中でのHbSの遺伝子頻度は親の遺伝子プールでの値よりもいったんは［ク］くなる。しかしこの子供たちはマラリアによる選択を受け，生殖可能年齢に達した時点でHbAとHbSの遺伝子頻度は再び［エ］と［オ］になってくる。このことからHbA/HbAの遺伝子型は生まれた子供たちのうち$\frac{1}{\boxed{ケ}}$が生殖可能年齢に達するまでにマラリアのために死亡することがわかる。

★★問4　上の文中の空欄［エ］～［ケ］にあてはまる適切な語句または数字を記せ。

｜名古屋市大｜

標問 62 集団遺伝(2)

解答・解説 p.164

扱うテーマ 集団遺伝／自由交配／ハーディ・ワインベルグの法則／自然選択　生物

I. 鑑賞魚として人気のあるグッピーは体色や雄の体側部に現れる模様，ヒレの形等により様々な品種が作出されている。このような品種の中には黒色素(メラニン)をもたないアルビノの品種がある。メラニンを有する野生型はアルビノに対して顕性で，この形質を支配する遺伝子は常染色体上に存在する。

①人為的に維持されているある野生型の集団において希にアルビノが観察されることがある。あるとき，この集団からグッピーを採集したところ，表現型はすべて野生型であった。しかし，採集した個体を用いて交配実験を行ったところ，400ペアに1ペアの割合で子魚の中にアルビノが観察された。このような交配実験を異なる世代においても何度か行ったが，アルビノが出現するペアの割合は変化しなかった。このことからアルビノの遺伝子はこの集団中に一定の頻度で維持されているものと考えられる。

表1

	遺伝子型			全体
	AA	Aa	aa	
遺伝子型頻度	p^2	$2pq$	q^2	1.000

野生型の遺伝子をA，アルビノの遺伝子をa，それぞれの遺伝子頻度をpとq，$p+q=1$とすると，ある世代での遺伝子型と遺伝子頻度，遺伝子型頻度との関係は表1のようになる。

★問1　下線部①の集団におけるアルビノ遺伝子(a)の頻度を，採集した個体の表現型と交配実験の結果から算出せよ。遺伝子頻度は小数点以下第三位まで算出し，計算に際してはその過程も示せ。

表2

	遺伝子型			全体
	AA	Aa	aa	
遺伝子型頻度	p^2	$2pq$	0	p^2+2pq

II. 野生型の体色が濃い灰色であるのに対して，アルビノの体色は淡黄色である。そのため，アルビノは自然状態では非常に目立ち，外敵に捕食されやすく，次世代を残せる確率が低い。アルビノが捕食され，次世代を残せないと仮定すると，遺伝子型と遺伝子頻度，遺伝子型頻度の関係は表2のようになる。この場合，次世代のaの頻度(q')をqの式で表すと，

$$q'=\left(\frac{1}{2}\times 2pq+0\right)/(\boxed{\text{ア}})=\boxed{\text{イ}}$$ となる。

同様に2世代後，3世代後のaの頻度(q'', q''')をqの式で表すと，$q''=\boxed{\text{ウ}}$，$q'''=\boxed{\text{エ}}$

となることから，t世代後のaの頻度(qt)をqの式で表すと，$qt=\boxed{\text{オ}}$となる。

★★問2　文中の空欄に適当な数式を入れよ。

★問3　アルビノが次世代を全く残せないと仮定した場合，aの遺伝子頻度が問1で求めた値の半分に減少するのは何世代後か求めよ。計算に際しては計算の過程も示せ。

★問4　潜性遺伝子のホモ接合体が次世代を全く残せない場合，この潜性遺伝子の頻度は集団中でどのような減少の過程をたどるか30字程度で説明せよ。

｜東北大｜

標問 63 遺伝子の位置決定(1)

解答・解説 p.167

扱うテーマ 連鎖と組換え／自由交配／DNA マーカー／遺伝子の位置決定　生物

哺乳類であるラットでは，常染色体上のすべての遺伝子座において，同一の対立遺伝子をもっている近交系(純系)ラットをつくりだすことができる。近交系ラットを利用することで，さまざまな形質の原因となる遺伝子の解析ができる。

ある近交系ラット(S)では，肝臓への銅の異常な蓄積が雌雄の区別なくみられる。また，Sの毛色は黒色であった。このような銅の異常蓄積を引き起こす病気の遺伝子(注)を解析するため，Sの雄を，銅異常蓄積がみられない別の白色の近交系ラット(W)の雌と交配した。すると，得られた雑種第一代(F_1)の個体のすべてで銅異常蓄積は認められず，毛色は黒色であった。この結果より，Sでみられる銅異常蓄積は［ア］形質であることがわかった。また，毛色を決める遺伝子(注)について，Sは黒色にする［イ］遺伝子をもっていることが判明した。さらに，そのF_1どうしを交配すると，①得られた雑種第二代(F_2)には，銅異常蓄積で黒色のもの，銅異常蓄積で白色のもの，正常で黒色のものおよび正常で白色のものという4つのタイプが［1］：［2］：［3］：［4］の比率で表れた。この結果から，銅異常蓄積を引き起こす遺伝子と毛色を決定する遺伝子は［ウ］しており，その2つの遺伝子の間の②組換え価は20%であることがわかった。

表1は，そのF_2で得られたデータの一部(ラット1～6)であり，縦1列が1匹の個体に対応している。前述の実験で用いた2つの近交系ラット(SとW)の間で染色体上のDNA塩基配列が異なる部分がある。

表1

ラット番号	1	2	3	4	5	6
性別	雄	雌	雌	雄	雌	雄
銅蓄積	異常	正常	異常	異常	正常	正常
毛色	黒	黒	白	黒	黒	白

そのようなDNA塩基配列をマーカー(目印)として利用することで，常染色体上の特定部位における一対のDNA塩基配列が，どちらの近交系ラットから伝えられたものかを決定することができる。図1の左に示すように，ラット第9染色体上にはマーカーA～Fがあり，A—B—C—D—E—Fの順に並んでいることが判明している。このようなマーカーの伝達をラット1～6で調べたところ，図1に示すような結果が得られた(ラット1～6は表1のものに対応している)。図1のラット1～6の染色体では，黒で示す染色体部位がSに由来し，白で示す染色体部

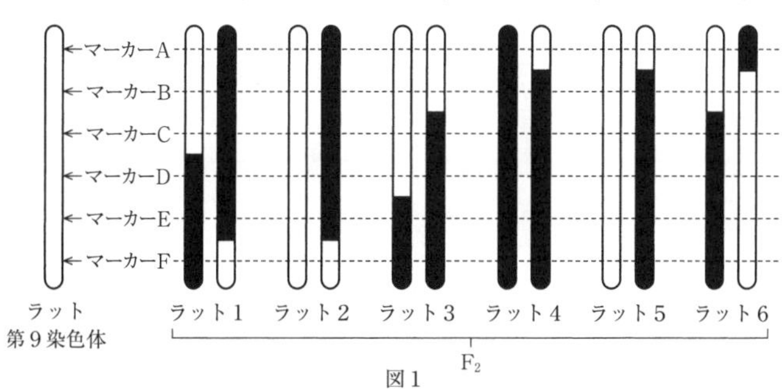

図1

位がWに由来していることを示している。このような結果から，銅異常蓄積を引き起こす遺伝子と毛色を決定する遺伝子のラット第9染色体上での位置を決めることができる。

（注） 銅異常蓄積を引き起こす遺伝子と毛色を決定する遺伝子は，それぞれが単一であり，ともにラット第9染色体上にあることがわかっている。

問1 文中の ア ～ ウ に適切な語句を入れよ。

問2 文中の 1 ～ 4 に適切な数値を入れよ。

★問3 下線部①の F_2 どうしを無作為にいろいろな組合せで交配した場合に，得られた子の中で銅異常蓄積を示すものと示さないものの比率はどうなるか推定せよ。

★問4 下線部①の F_2 において，銅異常蓄積が認められないものどうしを無作為に交配した場合に，得られた子の中で銅異常蓄積を示すものと示さないものの比率はどうなるか推定せよ。

★★問5 表1および図1に基づくと，銅異常蓄積を引き起こす遺伝子と毛色を決定する遺伝子の染色体上の位置は，それぞれマーカーA～Fのどれに最も近いと予想されるか答えよ。また，銅異常蓄積を引き起こす遺伝子を例にし，そのように予想した理由を150字程度で述べよ。

問6 下線部②について，組換え価は F_1 を検定交雑することでも調べられる。このような交雑に用いるラットの表現型を答えよ。

｜新潟大｜

標問 64 遺伝子の位置決定(2)

解答・解説 p.170

扱うテーマ マイクロサテライト／連鎖と組換え／遺伝子の位置決定　生物

マイクロサテライトは，染色体に散在する反復配列で，特にCACACA…のような数塩基の単位配列の繰り返しからなるものである。また個人ごとに異なる繰り返し数をもつ。

以下に，ある個人の染色体上のDNA配列を示す(図1)。

```
                                 ①
5'- AGAGG ATCCC CAAGT GCATT |CACA…CA| GGAGC CCATC TGCAG CACAG-3'
                                          ③
3'- TCTCC TAGGG GTTCA CGTAA |GTGT…GT| CCTCG GGTAG ACGTC GTGTC-5'
   ②
```

図1

枠線部①はCAを単位配列とするマイクロサテライトである。この繰り返し数をPCR法で調べる。下線部②，下線部③の配列に相補的に結合する［　ア　］を使用して図1の塩基配列をもつDNA断片を増幅した。増幅されたDNA断片の長さを電気泳動法で調べたところ，2つの異なる長さの断片が観察された。これは父方，母方から由来するそれぞれのマイクロサテライトで単位配列の繰り返し数が異なるためである。このDNA断片は52塩基対と66塩基対の長さをもっていたことから，CAの繰り返し数はそれぞれ［　イ　］回と［　ウ　］回である。

同一染色体上の異なる位置のマイクロサテライトについて，片方の親由来の1本の染色体にある単位配列の繰り返し数の並びをハプロタイプと呼ぶ。

ある個人について，常染色体上で位置がわかっている3つのマイクロサテライトについて，それぞれPCR法で繰り返し数を調査した(表1)。表1の結果のみでは図2に示すような複数のハプロタイプの例が考えられ，一人のマイクロサテライトの実験結果からはハプロタイプを決定することはできない。

表1

マイクロサテライト番号	観察された単位配列の繰り返し数
1	2，4
2	3，6
3	3，8

例1

マイクロサテライト番号	父親由来の染色体	母親由来の染色体
1	4	2
2	6	3
3	3	8

例2

マイクロサテライト番号	父親由来の染色体	母親由来の染色体
1	2	4
2	6	3
3	3	8

［　］で囲まれた並びはハプロタイプを示す。

図2

ハプロタイプを決定するためには，親子間でのマイクロサテライトの単位配列の繰り返し数の伝わり方の情報を用いる。血縁関係のある親子のある常染色体のマイクロサテライトの単位配列の繰り返し数を PCR 法で調べた(表２)。

表２

マイクロサテライト番号	観察された単位配列の繰り返し数		
	父	母	子
1	2,6	3,4	2,4
2	3,6	3,7	3,6
3	3,8	3,5	3,8

問１　文中の空欄に当てはまる適切な語句または数値を記せ。

★問２　表２の結果から子の染色体のハプロタイプを図２の例にならって記せ。ただし，この領域では乗換えは生じていない。またマイクロサテライトの突然変異は起こっていないとする。

X病患者は10万人に約１人の頻度で見つかり，常染色体上の単一の遺伝子の変異が原因で顕性遺伝すると考えられる。図３はX病患者がいる家系図である。

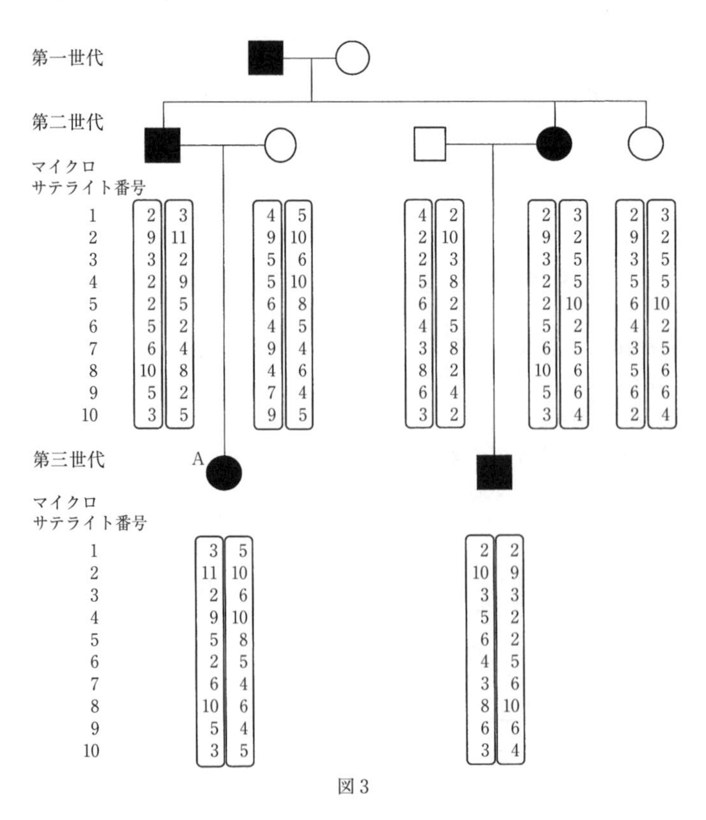

図３

□，○はそれぞれX病の原因となる遺伝子の変異をもたないと考えられる男性，女性を示す。■，●はX病患者である男性，女性を示す。上から下に世代が新しくなっている。この家系について，常染色体のマイクロサテライトを調べ，ハプロタイプを決定した結果を図3に示す。X病に関わる遺伝子の変異は第1マイクロサテライトと第10マイクロサテライトの間にあることがわかっていた。その遺伝子の変異は第一世代の患者から伝わっている。これらのマイクロサテライトは同一染色体上で順番にほぼ等間隔に並んでいる。両端のマイクロサテライト間での組換え価はおおよそ30%程度である。このなかでマイクロサテライトの突然変異は起こっていなかった。

★★ 問3　図3の第三世代のAのハプロタイプに関して，父親，母親の配偶子が形成される際に乗換えが起こったと考えられるならば，父親，母親のどちらの染色体の何番と何番のマイクロサテライトの間で起こったのかを記せ。

★★ 問4　この家系のマイクロサテライトの情報から，X病に関わる遺伝子の変異の染色体上の位置をさらに絞り込むことができる。何番と何番のマイクロサテライトの間に遺伝子の変異があるか，最小の範囲を記せ。 ｜京大｜

第7章 体内環境の維持

標問 65 心臓・循環

解答・解説 p.172

扱うテーマ 循環系／血管系／血液循環／自律神経系　生物基礎

心臓と動脈，[ア]，静脈は，①外界とは隔離された血管系を構成している。この血管系を通って，血液が常に体内を循環している。ヒトの心臓は，左右の心房と左右の心室の4つの部屋からなり，それぞれの心房と心室の間，および各心室の出口に弁がある。血液は，心臓の[イ]から大動脈に送り出され，からだの各部に到達し，[ア]を流れた後，大静脈に集められて心臓の[ウ]に帰ってくる。この経路を[エ]という。[ウ]に帰ってきた血液は，[オ]から肺動脈に送り出され，肺の[ア]，肺静脈を経て，[カ]に戻る。この経路を[キ]という。[エ]では，動脈内を[ク]の多い血液が流れ，[キ]では，静脈内を[ク]の多い血液が流れる。

このような血液の循環は，心臓の収縮によって維持されている。規則的な心臓の収縮は，周期的に興奮する[ケ]の指令によって行われる。[ケ]に生じた興奮は，まず心房に伝わり，心房筋を興奮させ，心房の収縮が起こる。次に，心房に伝わった興奮が，房室結節を興奮させる。②房室結節ではゆっくりと興奮が伝わる。続いて，房室結節の興奮が，特殊な心筋繊維を伝わって，心室の筋全体に伝えられ，心室の収縮が起こる。

心臓の活動は，自律神経により常に調節されている。自律神経による調節は，心拍数の増減や心筋が収縮する力の強弱などに及ぶ。身体活動には，[コ]を分泌する[サ]が働き，心拍数を[シ]，心筋が収縮する力を[ス]，血液の循環量を増やす。逆に[セ]を分泌する[ソ]が働くと，心臓の活動を抑制する。

周期的な心室の活動は，次のような4つの段階(ステージ)に分けられる。まず心室の収縮が始まると，心室の内圧が上昇する。心房と心室の間の弁が閉じるが，心室の出口の弁もまだ閉じたままで，心室内の容積は変化しない(この時期をステージ1とする)。心室の筋がさらに収縮すると，心室の内圧が高まり，心室の出口の弁が開き，心室内から血液が動脈に送り出される(この時期をステージ2とする)。続いて心室の筋の弛緩が始まり，心室の内圧が低下していく(この時期をステージ3とする)。さらに心室の内圧が低下して心房の内圧よりも低くなると，心房と心室の間の弁が開き，心房に貯まっていた血液が心室内へ流れ込んでくる(この時期をステージ4とする)。以上のように心室が周期的に収縮し弛緩するときの，左心室の内圧と左心室の容積との関係を，右図に示した。

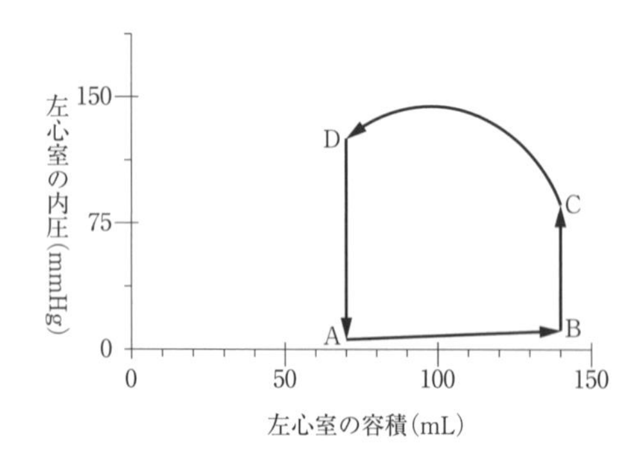

問1　文中の空欄に適語を入れよ。

問2　ヒトの血管系のように，下線部①の特徴を示す血管系を何と呼ぶか。

★問3　下線部②のように房室結節でゆっくりと興奮が伝わることにより，心臓が適切に機能する上で不可欠なある事象を引き起こしている。それはどのような事象か。25字以内で答えよ。

問4　図のB→Cで起こっている現象は，文章中のステージ1～4のどれか。

問5　ステージ2に相当するのは，図中のA→B，B→C，C→D，D→Aのどれか。

問6　図に基づいて，1回の心臓の収縮によって左心室から送り出される血液の量を求めよ。

｜近畿大(医)｜

標問 66 循環系・腎臓

解答・解説 p.174

扱うテーマ 尿生成／内分泌系／血管系／体液／脊椎動物の心臓の構造／排出系／尿素合成　生物基礎

動物体内の環境は体内に存在する体液によって安定した状態に維持されている。体液は栄養分や酸素の運搬，老廃物の運び出し，さらには免疫にも重要な役割を担っている。高等動物の循環系は，液を送り出すポンプである心臓と，液を送り届ける管とからなりたっている。循環系は動物によってそのしくみが異なっており，脊椎動物などでみられる［ア］血管系と節足動物などの［イ］血管系に分けられる。脊椎動物では，心臓のしくみも複雑になり効率的に血液を循環できる。

各組織で生じた老廃物は腎臓で血液からこし取られて，尿として排泄される。ヒトの場合，主要な老廃物の１つとして尿素がある。尿素はアミノ酸が呼吸基質として使われたあとなどで生じる①アンモニアが肝臓で害の少ない形に変えられたものである。腎臓は約100万個のネフロン(腎単位)(図１)と呼ばれる基本的な構造物が集まってできている。ネフロンは，腎小体と腎細管とからなる。腎細管をさらに詳しく分けると，近位細尿管，ヘンレのループ，遠位細尿管からなっている。次ページの表１は腎小体でこし出された原尿の量や低分子成分の濃度が腎うにいたるまでのネフロンの各部分において，どのように変化したかを測定した結果をまとめたものである。タンパク質などの高分子物質を除く血液中の血しょう成分のほとんどすべてがボーマンのうにこし出されるので，表１の「A」に示した原尿の各成分の濃度は血しょう中の各成分の濃度と等しい。しかし，腎うにいたるまでのネフロンの各部分における低分子成分のそれぞれの濃度は複雑に変化していた。腎小体でこし出された原尿は，腎細管の各部分(「近位細尿管」→「ヘンレのループ」→「遠位細尿管」)および集合管を通って腎うにいたるまでに必要な成分の再吸収や，場合によっては低分子物質の細尿管内への移入などが起こり，最終的に尿となって体外に捨てられる。細尿管では場所によって，再吸収される物質，逆に管内に入ってくる物質が異なっている。②例えば，ヘンレのループの下降する部分(図１の「B」から「C」にいたる部分)では水分の再吸収が起こり，ナトリウムイオン(Na^+)は再吸収されな

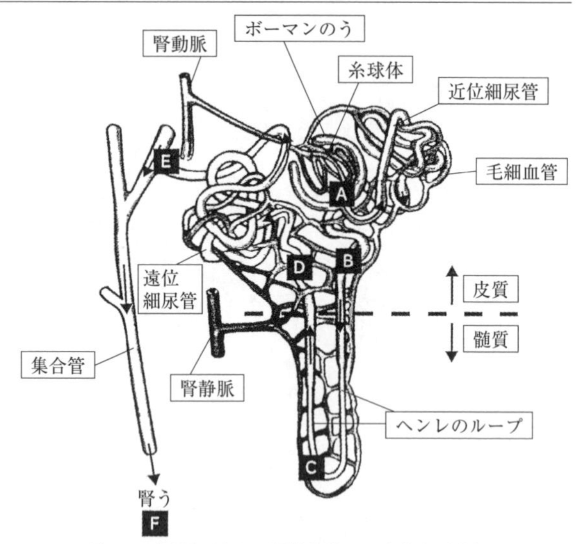

図１　(原尿の流れる経路と流れる方向を示す)

い。したがってこの部分では，原尿 Na^+ が濃縮されて，一時的に濃度が高くなる(表1の「C」)。また，別の実験で，ボーマンのうにこし出されたあと，再吸収されない物質であるイヌリンを静脈注射したあと，その尿における濃縮率を計算したところ，(a)であった。

腎臓はまた，血液の浸透圧調節で重要な役割を担っている。激しい発汗などで水分が失われ，血液の浸透圧が高まると，[ウ]から[エ]の分泌が増加して[オ]の再吸収が増すことによって尿として失われる部分を減らす。逆に多量の水を摂取したりして血液の浸透圧が下がると，[エ]の分泌が減って[オ]の再吸収が減少する。また，副腎皮質から分泌されるホルモン[カ]が働いて[キ]の再吸収が促進される。

	A：糸球体でのろ過直後の原尿	B：ヘンレのループ下降部の開始点	C：ヘンレのループ上昇部の開始点	D：遠位細尿管開始点	E：集合管開始点付近	F：腎う(尿)
水分量	100	36	21	19	10	1.25
グルコース	1	0	0	0	0	0
Na^+	1	1	1.7	0.25	0.5	1
尿素	1	1.3	9	10	19	60

表1 (水分量：最初を100とした場合の相対的な量，水分以外の成分：最初の濃度を1とした場合の相対的な濃度)。表中のA～Fは図1の各部位を示す。

問1 文中の[ア]～[キ]にあてはまる最も適切な語句を記せ。

問2 脊椎動物の体液は3種類に分けられる。その1つが血液であるが，その他の体液の名称と存在する場所を答えよ。

問3 魚類，両生類，は虫類，鳥類，哺乳類の心臓の心房と心室の数を答えよ。

★問4 腎臓と同様の役割を果たす昆虫体内の器官およびゾウリムシの細胞小器官の名称をそれぞれ答えよ。

★問5 下線部①の反応は回路状になっている。この回路の名称および尿素の合成に関する全体の反応式を書け。また，この回路状の反応が一回転するたびに消費されるATPは何分子か答えよ。

問6 表1の実験結果のうち，水分量と Na^+ 濃度について1つのグラフにまとめよ。相対的な水分量の変化を実線で，相対的な Na^+ 濃度の変化を点線で示せ。縦軸は相対的な水分量または Na^+ 濃度，横軸はネフロンの各部分(A～F)とする。

★★問7 表1に示したように，グルコースや Na^+ はネフロンの各部位(A～F)ごとにその濃度が変化する場合としない場合がある。その理由を，下線部②を参考にして説明せよ。

問8 文中の(a)にあてはまる数値を，表1の結果をもとにして求めよ。

★問9 尿における尿素の濃縮率を計算せよ。また，イヌリンの濃縮率と比較しながら，なぜ尿素の濃縮率がイヌリンと異なるのか，その理由を表1の結果をもとにして述べよ。

|関西学院大|

標問 67 尿生成

解答・解説 p.177

扱うテーマ 腎臓の構造／尿生成／内分泌系／体液浸透圧の調節　　生物基礎

哺乳類の腎臓は，有害な代謝産物や過剰な物質を尿の成分として体外に排出し，生体の内部環境を維持する働きをもつ。腎臓には，尿を生成するための基本構造である腎単位(ネフロン)があり，これは，ア血しょう成分をろ過して原尿をつくる部分とイ原尿から生体に必要な成分を再吸収する部分からなる。血しょう中のグルコースは，タンパク質以外の血しょう成分とともに，ウ下線部アの部分の毛細血管から外に漏れ出て，エ袋状の構造に入り，原尿の一部となる。血しょう中のグルコース濃度(血糖値)が正常範囲を超えなければ，原尿中のグルコースは下線部イの部分ですべて再吸収され，最終的に尿中に排出されることはない。しかし，何らかの原因で血糖値が再吸収できる量の上限値(閾値)を超えると，超えた分は尿中に排出されるようになる。血糖値と，原尿および尿へ1分間に移動するグルコース量との関係を図1に示す。通常，食事をとった直後に血糖値はいったん上昇するが，オしばらくすると下がり始め，血糖値が閾値を超えることはない。また，長時間，食物を摂取しないと血糖値は低下し，下がりすぎると神経活動に支障をきたす。それを回避するために，カ脳の一部が血糖値の低下を感知して，内分泌系や自律神経系に働きかけ，フィードバック制御を行って血糖値を回復させている。また，腎臓では，キ体液の浸透圧調節も行われている。

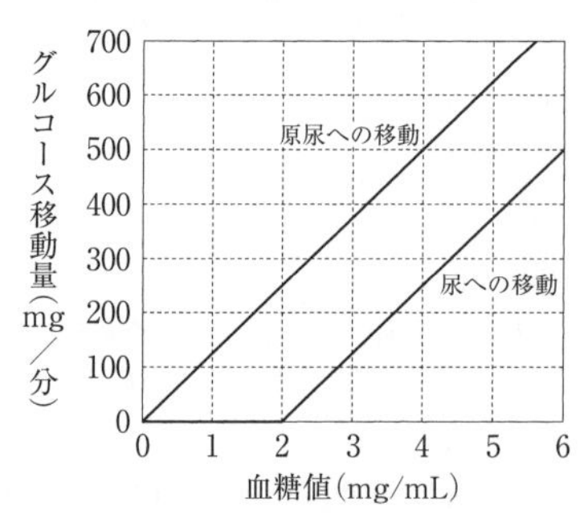

図1 「血糖値」と「原尿および尿へのグルコースの移動量」の関係

問1　下線部ア～エの名称を答えよ。

★問2　ある健康な人(Aさん)に対して，腎臓の機能を調べるために一連の検査を行った。次の問い(1)～(3)に答えよ。

(1)　多糖類の一種であるイヌリンは，下線部アですべてろ過され，下線部イで全く再吸収されない性質をもつ。Aさんの静脈内にイヌリンを持続的に注入して，動脈血中のイヌリン濃度が一定値を維持するようになったとき，血しょう中のイヌリン濃度は0.002mg/mLであり，尿中の濃度は0.3mg/mLであった。これらの値をもとに，100mLの尿は原尿何リットルから生成されるか，求めよ。

(2)　低分子の代謝産物Xは，下線部アですべてろ過され，下線部イでその一部が再吸収されて血液中に戻る。Aさんの血しょうと尿中のXの濃度を調べたところ，それぞれ0.07mg/mLと6mg/mLであった。原尿中のXのうち，何パーセント(%)が再吸収されたか，小数点以下を四捨五入して求めよ。

(3) Aさんの1日の尿量は1.3リットル，血糖値の平均値は1.2mg/mLであり，血糖値は1日中，閾値を超えることはなかった。Aさんの原尿から再吸収されたグルコース量は，1日当たり何グラムか，求めよ。

★問3 図1に基づいて，血糖値の閾値を求めよ。また，腎臓が1分間当たりに再吸収するグルコース量の最大値を求めよ。

問4 下線部オの現象を引き起こすホルモンの名称および，それを産生する臓器の名称を答えよ。また，このホルモンが血糖値を下げるしくみについて，80字以内で説明せよ。

問5 下線部カは脳のどの部位か，次から1つ選べ。

① 大脳　② 小脳　③ 視床　④ 視床下部　⑤ 延髄

問6 低血糖時に起こる反応を，次から2つ選べ。

① 副交感神経の働きが強くなる。
② 副腎髄質からアドレナリンの放出が促進される。
③ 鉱質コルチコイドの放出が促進される。
④ タンパク質から糖への合成が促進される。
⑤ ランゲルハンス島B細胞からグルカゴンが放出される。

問7 下線部キに関して，塩分の多い食物をとると，飲水行動が刺激されるとともに，腎臓によって体液の浸透圧が上がり過ぎないように調節される。この腎臓での浸透圧調節のしくみについて，70字以内で説明せよ。

|富山大|

標問 68 カルシウム代謝

解答・解説 p.179

扱うテーマ 内分泌による恒常性維持　　生物基礎

A. 血液中のカルシウム濃度の調節には，骨，腎臓，小腸の3つの器官が関与しており，血液中のカルシウム濃度は9～10mg/100mLの一定範囲内に保たれている。その中で骨はカルシウムの貯蔵庫として働き，血液中のカルシウムを取り込んで蓄えるとともに蓄えられたカルシウムを血液中に放出している。ホルモンはこれらの器官に作用して，図1の矢印に示すカルシウムの移動を制御することにより血液中のカルシウム濃度を一定に保っている。例えば，血液中のカルシウム濃度が低下すると①パラトルモンが分泌され，骨から血液中にカルシウムを放出させたり，腎細尿管でのカルシウムの再吸収を促進させることで，血液中のカルシウム濃度を上昇させる。

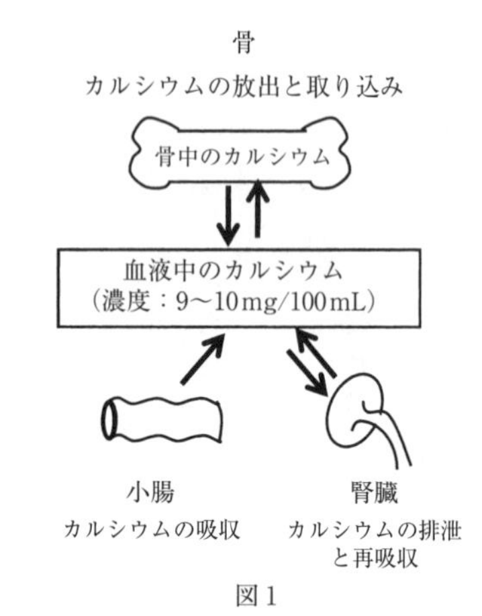

図1

問1　下線部①のパラトルモンを分泌する内分泌腺の名称を答えよ。

問2　ホルモンの分泌調節機構について述べた以下の文中の空欄に適語を入れよ。

血液中のチロキシン濃度の低下を感知した間脳の一部である［ア］は放出ホルモンを分泌する。放出ホルモンは［イ］に作用し，［ウ］の分泌を促進することにより，甲状腺からのチロキシンの分泌を促進する。血液中のチロキシン濃度が上昇すると，放出ホルモンや［ウ］の分泌が低下する結果，チロキシンの分泌が抑制される。このように，最終的につくられた物質や効果が前の段階に戻って作用する調節機構を［エ］という。

B. 血液中のカルシウム濃度を調節するホルモンとして，パラトルモン以外にホルモンAが存在する。ホルモンAは甲状腺から分泌されるが，チロキシンとは異なる。ホルモンAの作用について調べるために，以下の実験1～実験5を行った。

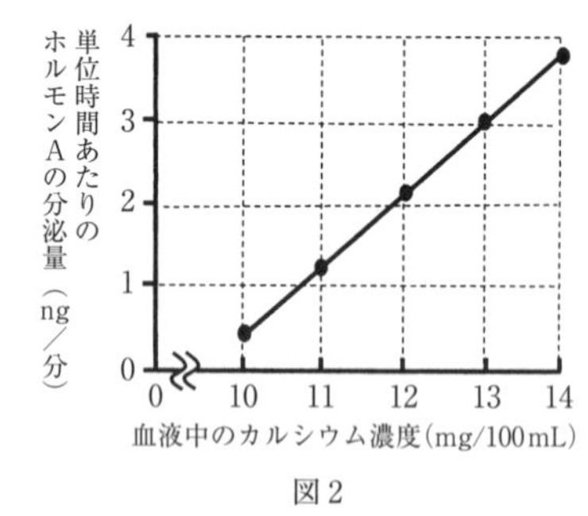

図2

実験1　正常なイヌの血管にさまざまな濃度のカルシウム溶液を注入した後，血液中のカルシウム濃度と甲状腺から分泌される単位時間あたりのホルモンAの分泌量を調べたところ，図2の結果を得た。

実験2　正常なイヌの血管に，一定量のカルシウム溶液を注入した後，経時的に血液中のカルシウム濃度を測定したところ，図3(イ)の結果を得た。次に，甲状腺を摘出したイヌの血管に同量のカルシウム溶液を注入し，経時的に血液中のカルシウム濃度を測定したところ，図 3 (ロ)の結果を得た。

実験 3　甲状腺を摘出したイヌの血管に，**実験 2** と同量のカルシウム溶液を実験 2 と同じ方法で注入した。その後，ホルモンAを投与したところ，高い値を示していた血液中のカルシウム濃度は正常値に戻った。

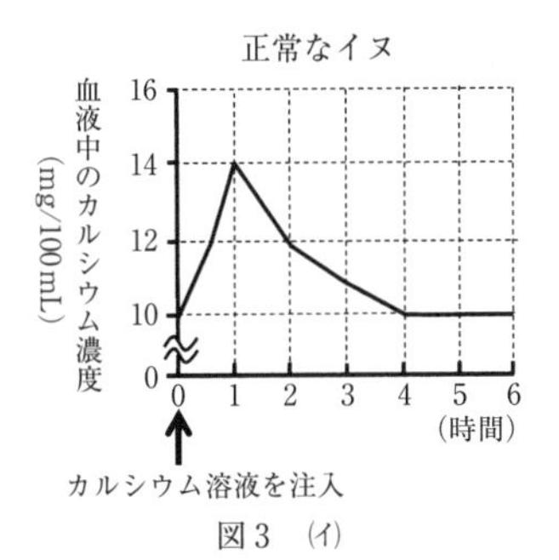

図 3　(イ)

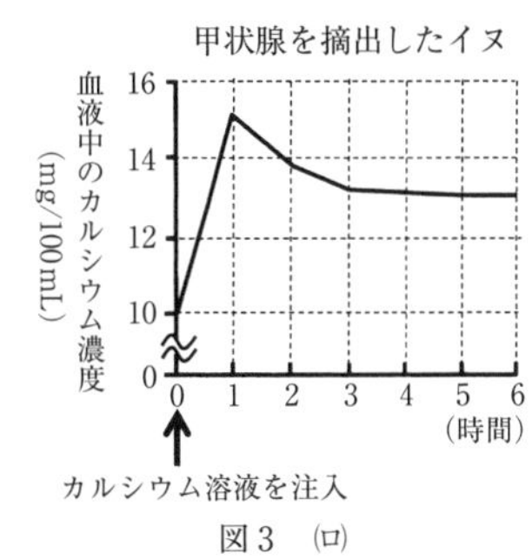

図 3　(ロ)

実験 4　放射性物質で標識したホルモンAを，正常なイヌの血管に注入して全身を循環させた。放射性物質がもつ放射活性を目印として，標識した物質の生体内でのゆくえを追跡することが可能となる。さまざまな器官の放射活性を測定した結果，骨に放射活性が検出された。骨には骨を破壊する細胞(破骨細胞)と骨を造る細胞(骨芽細胞)が存在するため，さらに詳しく調べたところ，②放射活性は破骨細胞の細胞膜に検出された。また，その他の臓器や細胞に放射活性は検出されなかった。

実験 5　イヌから取り出した骨(細胞を含まない)を培養液中に置き，(イ)では細胞が存在しない，(ロ)では破骨細胞が存在する，(ハ)では骨芽細胞が存在する，という培養条件を設定した(図 4 (イ)〜(ハ)上段模式図)。それぞれの培養条件で，ホルモンAを含まない培養液(－)とホルモンAを含む培養液(＋)で 3 日間培養した後に，培養液中のカルシウム濃度を測定したところ，図 4 (イ)〜(ハ)の下段に示す棒グラフの結果を得た。

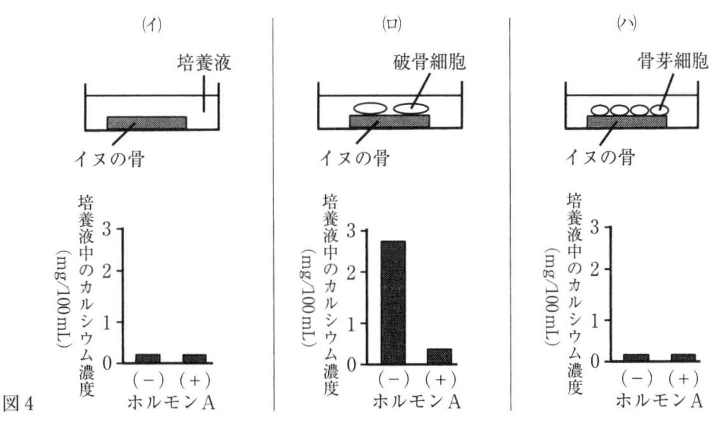

図 4

★ **問 3**　下線部②のように，放射活性が破骨細胞の細胞膜にのみ検出された理由を60字以内で説明せよ。

★★ **問 4**　血液中のカルシウム濃度は，ホルモンAによってどのように調節されていると考えられるか。**実験 1** ～**実験 5** の結果に基づいて，160字以内で述べよ。

| 2012年 阪大(改題) |

標問 69 血糖量調節

解答・解説 p.181

扱うテーマ 血糖量調節／消化管ホルモン／外分泌と内分泌／糖尿病

生物基礎

A. ホルモンは神経とともに臓器のさまざまな働きを調節する。ホルモン産生器官の1つに消化器官がある。消化器官からはいろいろなホルモンが分泌され，それらのホルモンは消化吸収機能や血糖(グルコース)などの調節を行っている。ホルモンと消化器官の関わりを調べる目的で次の実験1～3を行った。

実験1　図1は麻酔をかけて開腹した犬の内臓の一部を示す。胃と十二指腸との境界部分を糸でしばり十二指腸内にチューブaを挿入した。次に十二指腸に開口するすい管にチューブbを挿入した。チューブaに胃液とほぼ同じ pH の塩酸を注入したところ，①チューブbから液体が落ちてきた。

実験2　実験1の終了後，チューブaにグルコースを注入し，②すい臓で産生され血糖調節に関与するホルモンDの血中濃度を測定し，図2の結果を得た。

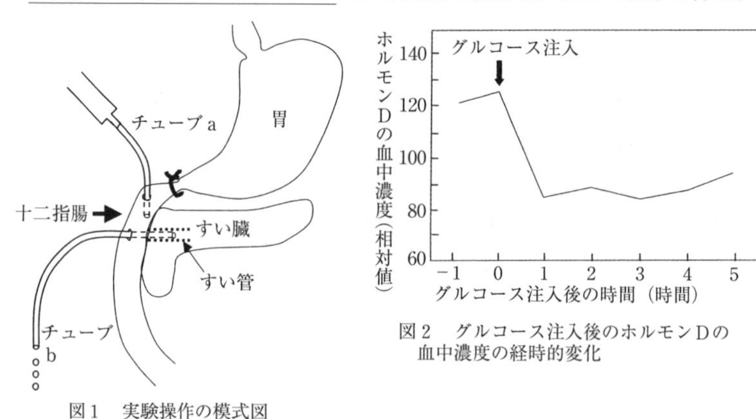

図1　実験操作の模式図

図2　グルコース注入後のホルモンDの血中濃度の経時的変化

実験3　実験2の終了後，この犬の血管内にホルモンDを注射し，その1時間後の生体の反応を調べた。

問1　下線部①の液体について，次の(1)～(3)に答えよ。

(1)　この液体の名称を記せ。

(2)　この液体の分泌を促すホルモンの名称，このホルモンを産生する器官の名称を記せ。

(3)　正常の個体において，この液体はどのような役割をもっているか，25字以内で記せ。

問2　下線部②のホルモンDの名称，ホルモンDを産生する組織の名称と細胞の名称を，それぞれ記せ。

問3　次の文は，実験3においてホルモンDの注射後に観察された反応に関連して述べたものである。文中の空欄に適語を入れよ。

ホルモンDの投与により上昇した血中の［ア］の濃度が間脳の［イ］で感知

されると，[ウ]神経を介してすい臓の[エ]細胞が刺激される。その結果，[エ]細胞から[オ]が分泌される。また[ア]は直接，[エ]細胞を刺激することもできる。[オ]は，肝臓における[ア]から[カ]の合成を促進する作用をもつ。

B. 物質Eは消化器官から産生されるホルモンで，血糖調節に主要な役割を果たす。物質Eが適切に働かなくなると，高血糖状態が持続し，糖尿病を引き起こす。血糖の調節には，グルコースを細胞内に取り込むグルコース輸送体の関与が知られている。その中でも，グルコース輸送体xとグルコース輸送体yが重要と考えられている。これらのグルコース輸送体の血糖調節における役割を調べる目的で，物質Eの標的となる細胞(細胞X)と物質Eを産生する細胞(細胞Y)を用いて，次の実験4と5を行った。

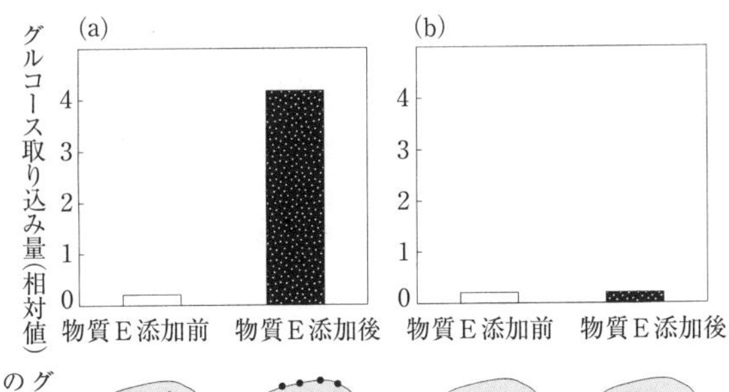

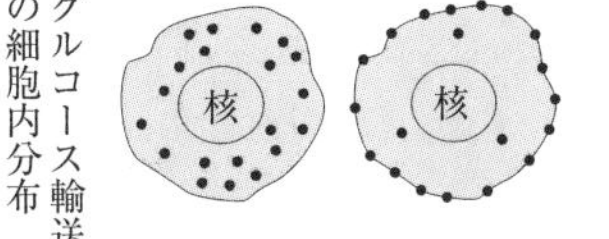

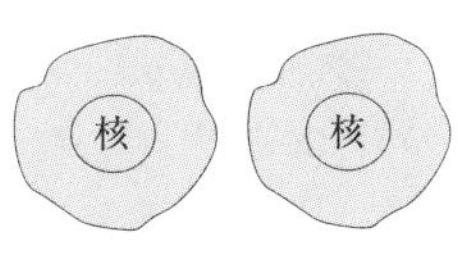

図3　細胞Xと細胞X*におけるグルコース取り込み量とグルコース輸送体xの細胞内分布
(a)は細胞X，(b)は細胞X*を用いた実験の結果を示す。
また，細胞内の黒丸(●)はグルコース輸送体xを表す。

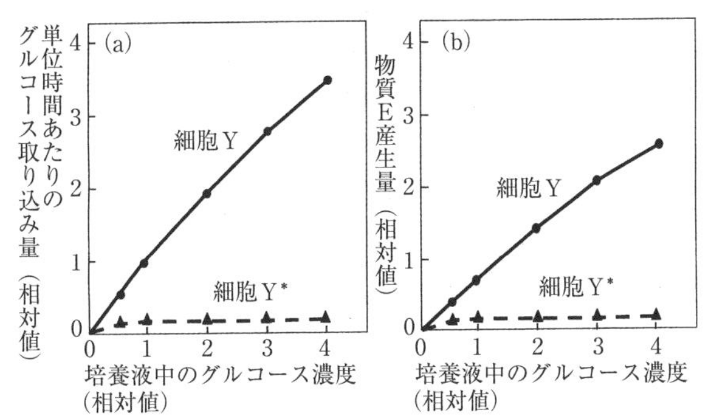

図4　異なるグルコース濃度における，細胞Yと細胞Y*のグルコースの取り込み量(a)と物質Eの産生量(b)

実験4　細胞Xをグルコースを含む培養液で培養し，物質Eを添加する前と添加した後で，グルコースの取り込み量とグルコース輸送体xの細胞内分布を調べ，図3(a)の結果を得た。また，細胞Xのもつグルコース輸送体xの遺伝子を破壊した細胞X*を作製し，同様の実験を行い，図3(b)の結果を得た。

実験5　細胞Yのもつグルコース輸送体yの遺伝子を破壊した細胞Y*を作製した。培養液中のグルコース濃度を変えて細胞Yと細胞Y*を培養し，グルコースの取り込み量と物質Eの産生量を調べ，それぞれ図4(a)と(b)の結果を得た。

★★ 問4　実験4の結果から，物質Eはどのようにして細胞Xによるグルコースの取り込みを調節していると推察されるか。75字以内で記せ。

★★ 問5　実験5の結果から，物質Eの産生はどのように調節されていると推察されるか。75字以内で記せ。

★ 問6　グルコース輸送体xの異常が原因となっている糖尿病の患者Xと，グルコース輸送体yの異常が原因となっている糖尿病の患者Yがいるとする。患者Xと患者Yの食後の血糖値と物質Eの血中濃度の検査結果として最も適切と考えられるグラフを，図5の(ア)〜(カ)からそれぞれ1つずつ選べ。

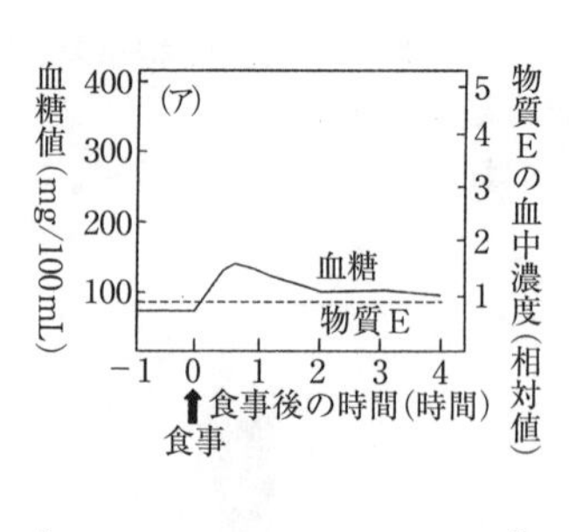

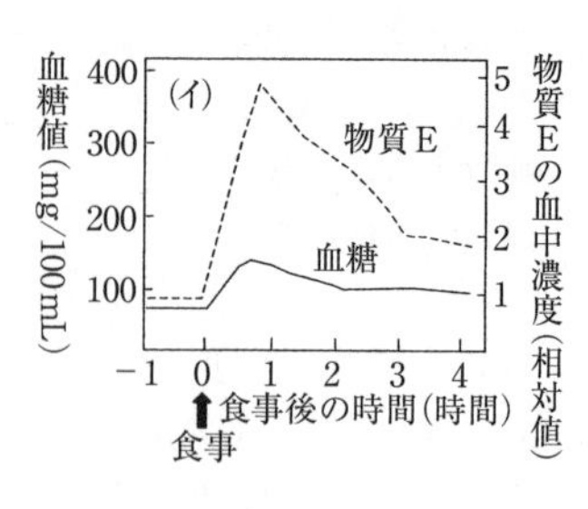

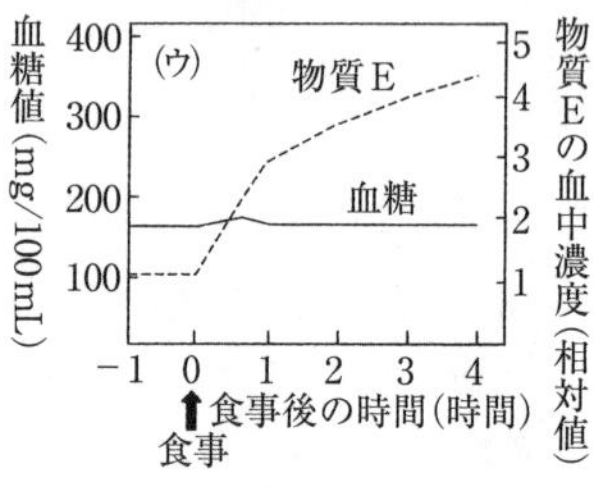

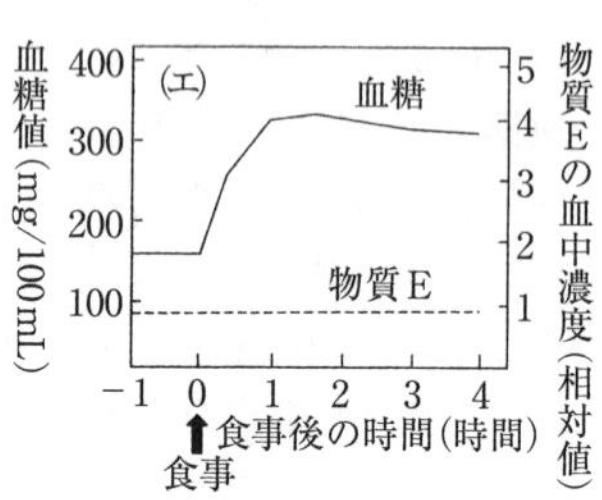

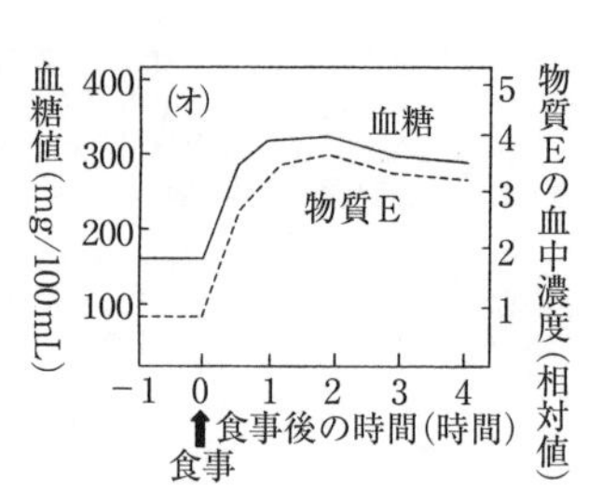

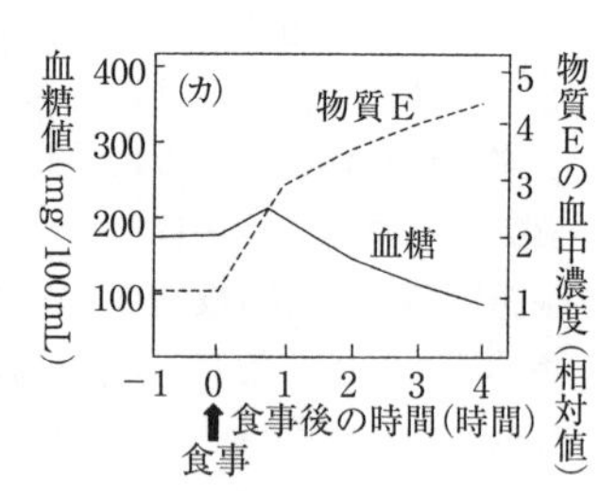

図5　食後の血糖値と物質Eの血中濃度の変化

｜山形大｜

標問 70 糖尿病

解答・解説 p.183

扱うテーマ 血糖量調節／糖尿病　生物基礎

ヒトの血糖濃度は0.1％前後でほぼ安定している。食事などにより糖質を摂取すると，血糖濃度が一時的に上昇するが，2～3時間後にはほぼ正常値に戻る。血糖濃度の減少は，間脳の視床下部のニューロンで感知され，この情報は，［ア］神経を介して副腎髄質およびランゲルハンス島A細胞に伝えられ，副腎髄質からは［イ］が，ランゲルハンス島A細胞からは［ウ］が分泌される。［イ］や［ウ］は肝臓のグリコーゲンの分解を促進して，血中にグルコースを放出させる。さらに，視床下部は，脳下垂体前葉を刺激し，［エ］の分泌を促す。この結果，副腎皮質から［オ］が分泌され，タンパク質からのグルコース合成が促進される。これらの反応により血糖濃度が増加する。一方，血糖濃度の増加は，視床下部のニューロンで感知され，この情報は，［カ］神経を通じてすい臓のランゲルハンス島B細胞に伝えられる。また，ランゲルハンス島B細胞自身も直接血糖濃度の増加を感知する。これらの刺激によって，ランゲルハンス島B細胞からインスリンが分泌される。インスリンは，細胞によるグルコースの取り込みと消費を促進し，グルコースからグリコーゲンの合成を促進する。その結果，血糖濃度は減少する。

問1　文中の空欄に最も適切な語を記せ。

★問2　図1のA～Cのグラフは，健常者と1型糖尿病患者および2型糖尿病患者の3人の食事による血糖濃度(実線)と血液中のインスリン濃度(破線)の変化を調べたものである。

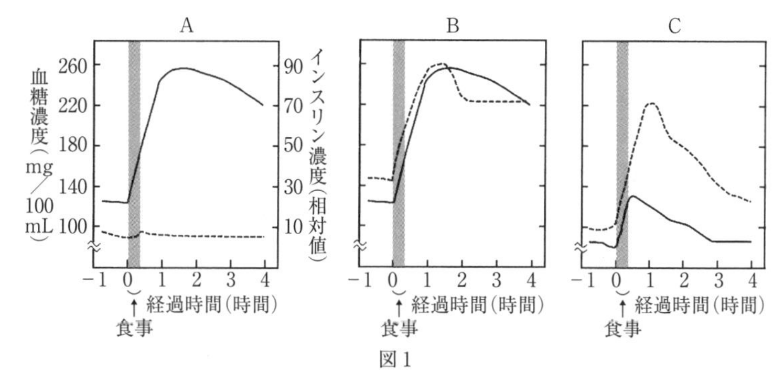

図1

(1)　健常者のグラフはA～Cのうちのいずれか。

(2)　インスリン受容体に対する自己抗体が原因で糖尿病になった患者のグラフはA～Cのうちのいずれか。また，この自己抗体の作用を70字以内で説明せよ。

(3)　残りのグラフの患者は1型糖尿病患者と2型糖尿病患者のうちのいずれか。また，そのようなグラフになった理由を50字以内で説明せよ。

｜富山大｜

標問 71 体温調節

解答・解説 p.184

扱うテーマ 体温調節／内分泌系／自律神経系

生物基礎

恒温動物であるヒトには，体温を一定に保つしくみが備わっている。体は，常に熱を産生しているが，産生したのと同じだけの熱を体外へ排出している。熱は，体表や呼吸器から水分が蒸発するときの気化熱のほか，体表からの放射(輻射)や外気などへの伝導や，尿や便に含まれる熱として体外へ排出される。これらのうち，平常の生活を営んでいる時に最も割合が大きいのは気化熱である。外気温が特に高くなければ，分泌された汗は速やかに蒸発するので体表が汗で濡れることはなく，こういう発汗を不感蒸泄(じょうせつ)という。

外気温が暑くも寒くもない範囲内であって運動を行っていない時であれば，産熱は大きく変動することはなく，産熱につりあうように主に排熱が調節される。外気温が高めの時は体表近くの血管を流れる血流量が増加し，逆に外気温が低めの時は体表近くの血流量が減少する。

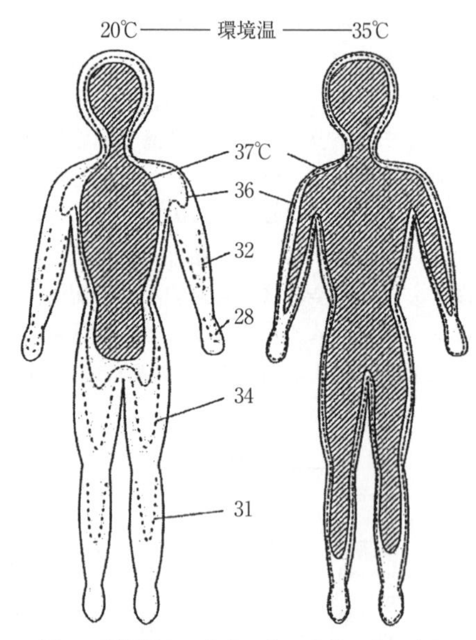

図１　環境温が20℃と35℃のときの体の内部の温度分布

外気温が低めの時は，外気に冷やされて体表温は下がり，放射(輻射)が減少するとともに外気との温度差が小さくなって伝導による排熱も減少する。四肢や首では冷えた血液が流れる静脈を，これと隣接して対向して流れる動脈が温めるため，脳や心臓など生命維持に重要な臓器がある体の深部の温度はあまり下がることはない。このように，実際にほぼ一定に保たれているのは体の深部の温度であり(これを核心温という)，体表や四肢など，末梢の温度は条件によってさまざまに変化する(図１)。

さらに外気温が下がると，排熱の調節に加えて体内で積極的な熱産生が行われる。例えば，筋肉による産熱はふるえや意図的な運動によって行われる。外気温が０℃を下回る時は体表の組織が凍って凍傷になることがある。また，産熱の増大によっても核心温の低下を防げない場合は，意識を失い，死に至ることになる。

一方，外気温が高いと，体表近くの血管を流れる血流量が増加するとともに，発汗が増加して汗が体表を濡らすようになる。こういう時は，体表からの排熱を妨げる着衣を減らしたり，水分の気化を促すように風に当たるなどの排熱を促す行動をとる。冷やした飲み物を飲むことで直接体を冷やそうと試みたりもする。同様のことは，外気温はそれほど高くなくても運動を行っている時にも起きる。外気温が限界を超えて高い時や，激しい運動を続けた時は排熱が間に合わなくなる。運動中であればその運動を緩和もしくは中止することで産熱を減らすことができるが，運動中ではなくただ外気温が限界を超えて高い時には，もはや体の調節機能では体温を保つことができなくなり，核心温が上昇し，ひどい場合は死に至る。

汗腺で汗がつくられるとき，汗腺中に濾し出された液体から塩分が再吸収されることから，汗に含まれる塩分濃度は体液の塩分濃度よりも極めて低いのがふつうである。しかし，激しく発汗すると，汗腺における①ナトリウムの再吸収が間に合わなくなって，汗の塩分濃度が高くなる。激しい運動の後，汗に含まれていた塩分が結晶して体表が粉をふいたように白くなることがあるのはこのためである。

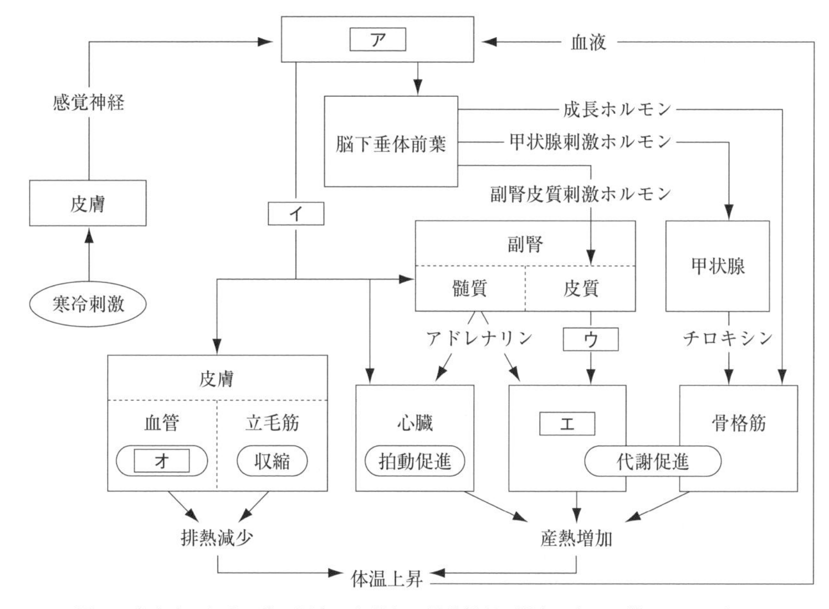

図2　寒冷時における体の反応。ただし，運動神経に関するものは描かれていない。

問1　図2の中の［ア］～［オ］を補うのに適切な用語を答えよ。

問2　文中の下線部①について，腎臓に作用して腎臓における下線部①と同じ働きを促進するホルモンの名称と，そのホルモンを分泌する内分泌器官の名称を答えよ。

★**問3**　次の(1)～(3)のそれぞれは，次ページの図3の中に示した範囲Aと範囲Bのどちらで主に起きるか。AまたはBの記号で答えよ。AとBのいずれでも同様に起きる場合はABと答えよ。いずれでも起きない場合は「なし」と答えよ。

(1)　図中の熱中立帯よりもアドレナリンの血中濃度が高い。

(2)　図中の熱中立帯よりもATPの消費量が多い。

(3)　図中の熱中立帯よりも尿の生成量が多い。

★**問4**　図3内の上の図は，核心温の変化を相対値で表した未完成のグラフである。すでに描かれている線Cは核心温の変化を熱中立帯についてのみ示している。これに線を描き足してグラフを完成させよ。

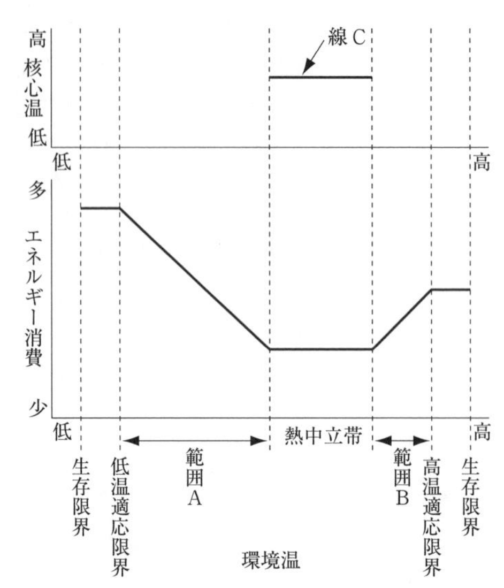

図3　環境温による体のエネルギー消費(下の図)と核心温(上の図)の変化。グラフの横軸はともに環境温，下の図の縦軸はエネルギー消費，上の図の縦軸は核心温で，いずれも相対値。

★★問5　風邪をひいて熱があるとき，布団にくるまって体表からの排熱を妨げる一方で，氷のうや水枕で頭部を冷やす。それによって冷やされた血液はそのまま脳内を流れることはなく，首の静脈を通って心臓へ戻る。しかし，この処置は，脳へ向かう血液の温度を下げる効果があるとされる。どのようにして脳へ向かう血液の温度が下がるか50字以内で述べよ。

★問6　次の文中の空欄を補うのに適切なものを，それぞれ下の選択肢から1つずつ選べ。

ヒトの体温調節の目標値(セットポイント)は約37℃であり，核心温がここから外れていればこれに近づけるようなさまざまな反応が起きる。この目標値は変化することがあり，例えば，風邪を発症して体温調節の目標値が37℃から38℃へ変わったとする。その時点での核心温が37℃だとすると，これは目標値38℃よりも低く，［　カ　］と同様の反応が起きるため，外気温が［　キ　］。

［　カ　］の選択肢

① 運動時で産熱が増大しているとき
② 寒冷下で体が冷やされているとき
③ 高温下で体が温められているとき

［　キ　］の選択肢

① 低くなくても寒いと感じ，ふるえが起きる
② 高くなくても暑いと感じ，汗をかく
③ 低いにもかかわらず，汗をかく

|東京女子医大|

標問 72 レプチン

解答・解説 p.186

扱うテーマ レプチン／血糖量調節／摂食行動の制御　生物基礎

食べることは私たちの行為の中で最も重要なものの1つである。ヒトなど哺乳類の摂食行動の制御には，大脳や間脳をはじめとする脳の様々な領域が関わり，またすい臓や脂肪組織から分泌されるホルモンなども関わる。私たちの食事の量は，神経系や内分泌系による制御によってエネルギーの消費に釣り合う水準に精密に調節され，その結果，体へのエネルギーの蓄えすなわち体脂肪量は一定の水準に保たれる。ところが，現代においてはその制御のしくみは乱れやすく，食べ過ぎによる肥満やそれに伴う疾患は社会問題となっている。ヒトの摂食行動を制御する要因について考えてみよう。

食物の匂いや味は私たちの摂食行動を促す大きな要因の1つである。匂いは嗅上皮の嗅細胞により，味は味蕾の味細胞により受容され，その情報は最終的に［ア］に伝えられ，感覚として成立する。食べ物が口に入ると口腔内に唾液が分泌されるが，好きな食べ物が食卓の上にあるのを見ただけでも唾液が出ることがある。この反応を［イ］と呼ぶ。［ア］は摂食行動の意思決定を行う領域でもある。おいしい食べ物やその刺激に満ちた現代の環境では，私たちは必要以上に食べ過ぎてしまうことになりがちである。

摂食行動を制御するのは空腹感や満腹感であるが，それら内部感覚を生み出すのは間脳の［ウ］である。この領域には摂食中枢と呼ばれる領域と満腹中枢と呼ばれる領域があり，2つの領域の拮抗的な働きにより摂食行動が制御される。例えば，餌を食べているラットの摂食中枢のニューロンを電気刺激すると，ラットはいつまでも餌を食べ続け，逆に満腹中枢のニューロンを電気刺激すると，ラットは直ちに餌を食べるのをやめる。

［ウ］の神経活動は，血糖濃度(血中グルコース濃度)や脂肪代謝の体内情報などによって制御される。例えば，［ウ］には血糖濃度の変化に感受性があるニューロンがあり，その活動変化により，血糖濃度の上昇は満腹感を，血糖濃度の低下は空腹感をもたらす。

［ウ］のニューロンが食事による血糖濃度の上昇を感知すると，その情報は［エ］を通してすい臓のランゲルハンス島のB細胞に伝えられ，［オ］が分泌される。このホルモンは，肝臓でグルコースから［カ］への合成を促進し，また脂肪細胞における脂質の合成を促進し，血糖濃度を下げる。空腹時の血糖濃度の低下も同様に［ウ］のニューロンにより検知され，その情報は［キ］を通してすい臓のランゲルハンス島のA細胞に伝えられ，［ク］が分泌される。このホルモンは，肝臓における［カ］の分解を促進し，血糖濃度を元の水準に戻す。このように体内のある変化の結果がその変化を打ち消すように働くことを［ケ］と呼び，それによって体内環境を一定に保つしくみを［コ］と呼ぶ。

血糖濃度の［サ］は動物にとって致命的であるため，それを防ぐしくみが二重三重に働いている。他方，血糖濃度の［シ］は直ちには生死に関わる結果をもたらさないので，それを防ぐしくみはあまり強力ではない。

脂肪が蓄積した脂肪細胞から分泌されるレプチンと呼ばれるホルモンは，［ウ］に作用して摂食量の抑制を引き起こす。

問1　空欄［ア］～［コ］に適切な語句を入れよ。

問2　空欄［サ］と［シ］に上昇または低下のいずれかの語を入れよ。

問3　ホルモンは血中に放出されて全身を巡るが，標的細胞だけに作用する。その理由を30字以内で答えよ。

★★問4　レプチンとその受容体に関する実験を図1に示した。一般に併体結合実験といわれるもので，2つの個体の主な血管をつなぎあわせて，両者の血液を循環させるものである。この場合，両者の間に神経による連絡はない。遺伝性の肥満マウス(肥満という意味のobeseから，obマウスと呼ばれる)と正常マウスの併体結合を作成すると，obマウスの摂食量と体重がともに減少する。しかし，正常マウスには変化が認められない。一方，別の系統の遺伝性肥満マウス(糖尿病diabetes mellitusになりやすいので，dbマウスと呼ばれる)と正常マウスの併体結合では，dbマウスの摂食量に大きな変化はなく体重は増え続けるが，正常マウスの方は摂食量と体重がともに減少し，ついには餓死してしまう。

(1)　obマウス，dbマウスは，合成するレプチンまたはその受容体に異常をもつ。それぞれのマウスの異常について80字以内で説明せよ。

(2)　obマウスとdbマウスを併体結合させると，それぞれのマウスの摂食量と体重はどうなると考えられるか。60字以内で述べよ。

★★問5　食べ過ぎて脂肪細胞の量が増加すると，分泌されるレプチンの量が

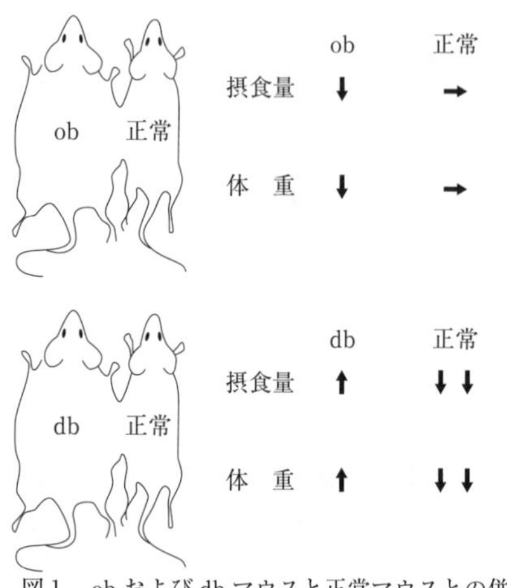

図1　obおよびdbマウスと正常マウスとの併体結合実験，↑は増加，→は変化なし，↓は減少を示す

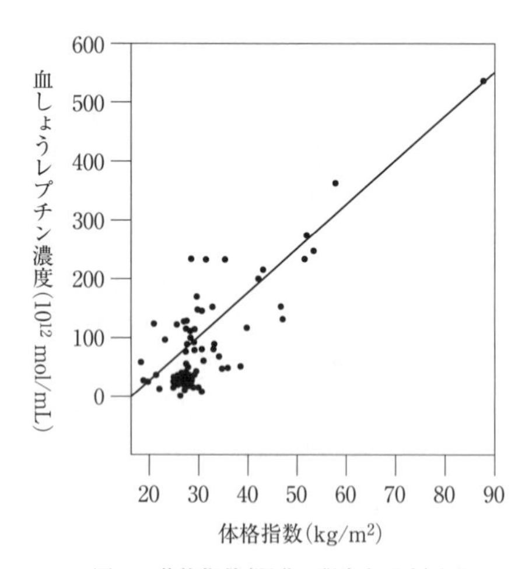

図2　体格指数(肥満の程度を示す)と血しょうレプチン濃度の関係

増加して血中レプチン濃度が上がり，これが脳の視床下部に作用して摂食量を抑制する。その結果，脂肪組織の量が減少する。逆に，摂食量が少なすぎて脂肪組織の量が減少すると，血中のレプチン濃度が低下して摂食量が増加する。肥満のヒトでは，血中のレプチン濃度が低下しているのではないかと予想されていたが，実際には，肥満度と血中レプチン濃度との間に正の相関関係があることがわかった（前ページの図2）。

ヒトの肥満にレプチンが関与しているとすると，そこにどのような異常があると考えられるか。60字以内で述べよ。

問6　本文章を踏まえ，摂食行動の制御において大脳と間脳がそれぞれどのような役割を果たすか，最も適切と思われるものを次から1つ選べ。

① 間脳は摂食行動の制御に決定的な役割を果たす。大脳が摂食行動の制御に果たす役割はそれに比べて小さい。

② 間脳は体内情報を統合し摂食行動を制御する。大脳は間脳の働きを調節することを通して，摂食行動の最終的な意思決定を行う。

③ 大脳は摂食行動の開始や終了の最終的な意思決定をする。間脳は体内情報に基づき空腹感や満腹感をもたらし，大脳での意思決定を支える。

④ 大脳と間脳はそれぞれ摂食行動の制御に関わるが，脊髄も摂食行動の制御に大きな役割を果たす。

問7　現代社会において食べ過ぎや肥満の防止が難しいことを説明する進化的な理由として，最も適切と思われるものを次から1つ選べ。

① ヒトの進化に伴い，摂食を調節するしくみが次第に退化してきたためと考えられる。

② ヒトの進化に伴い，摂食を調節するしくみが高度に発達しすぎたためと考えられる。

③ ヒトの進化に伴い，肥満個体の方が，標準的な体重の個体よりも生存上有利になってきたためと考えられる。

④ ヒトは規則的に食事を取れない環境で進化してきたため，摂食を促すしくみに比べて摂食を止めるしくみが発達してこなかったためと考えられる。

｜北大・福井大（医）｜

標問 73 免疫とその医療への利用

解答・解説 p.188

扱うテーマ 免疫のしくみ／体液性免疫／ELISA 法

生物基礎 生物

免疫には，［ア］と適応免疫(獲得免疫)がある。また，適応免疫はさらに，体液性免疫と［イ］に分けられる。以下は，体液性免疫についての記述である。

ウイルスや自己のものではないタンパク質などの異物は，体内に侵入すると，［ウ］作用によって［エ］細胞に取り込まれる。異物を取り込んだ［エ］細胞は，リンパ管に入ってリンパ節に移動する(問2)。［エ］細胞の中で異物のタンパク質は分解されて断片となり，膜タンパク質である［オ］によって［エ］細胞の表面に抗原として提示される。

この［オ］と，［カ］と呼ばれるリンパ球の表面にある受容体が結合すると，［カ］が活性化されて増殖する。活性化された［カ］は，別のリンパ球の一種である［キ］を活性化して，異物を認識する抗体を産生させる。様々な異物に対する抗体を産生させるために多様な［キ］が存在しているが，どの様にして特定の異物を認識する抗体が大量に産生されるのであろうか。

［キ］は，その表面にある［キ］受容体に異物が結合すると，異物を取り込み分解する。異物の断片の一部は抗原として［オ］によって表面に提示される。ここで提示される抗原を，活性化された［カ］が認識してサイトカインを分泌し，その［キ］を活性化する(問3)。増殖した［キ］は［ク］細胞となり，［キ］受容体の抗原認識部位と同じ構造をもつ抗体を産生する。

1つの［ク］細胞は一種類の抗体しかつくらず，その抗体はエピトープ(抗原決定基)という抗原の特定の部位を認識して結合する。異物の分解物であるタンパク質の断片は複数あり，各々のタンパク質の断片にも複数のエピトープがあるので，ある異物に結合する抗体は複数の種類が存在する。

細胞表面には様々な受容体があり，その受容体に，病原体の表面にあるタンパク質や毒素が結合してしまうことによって，病原性や毒性が発現することが知られている。抗体にはその病原性や毒性を中和する機能があり(問4)，これを利用した抗体医薬品が開発されている。また，抗体の別の応用法として，抗体に蛍光色素や酵素などを結合することによって，組織標本の特定のタンパク質の色分けや血液中の特定のタンパク質の定量(問5)をする技術が開発され，頻繁に用いられている。

問1 文中の空欄に適切な語句を入れよ。

問2 リンパ節の役割について説明せよ。

問3 下線部が説明している内容を図示せよ。図には「［カ］」，「［キ］」，「［オ］」，「［カ］の受容体」，「［キ］受容体」，「サイトカイン」，「異物」，「異物の断片」を用いよ。ただし［カ］，［キ］，［オ］は記号そのままではなく，適切な語句を記すこと。

問4 抗体による中和とはどういうことか，具体的に説明せよ。

問5　下線部の定量法として，一般的にはサンドイッチ酵素結合免疫吸着法(サンドイッチELISA法)と呼ばれる方法が用いられる。この方法では，基板に固定された抗体Aが抗原を捕捉し，続いて別の抗体Bでサンドイッチする。さらにこの方法には，直接検出法と間接検出法の2つがある。直接検出法では，図1に示すように，この抗体Bにあらかじめ酵素を直接付加しておき，その酵素が無色の基質を発色させることにより定量する。また，間接検出法では，抗体Bの定常部を抗原として認識する抗体(抗体C)も用い，抗体Cにあらかじめ付加してある酵素による発色量を定量する。

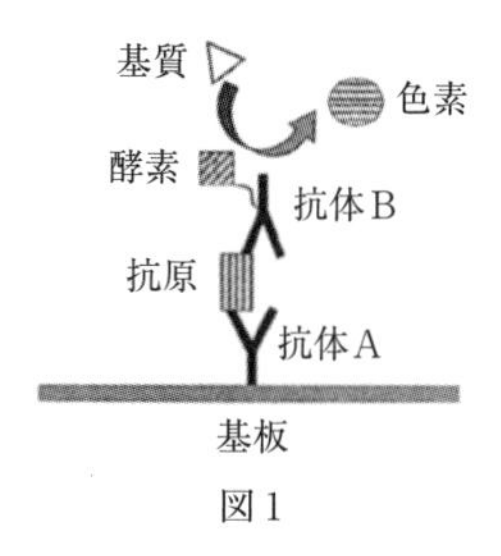

図1

★(1)　抗体Aと抗体Bで抗原をサンドイッチする方法では，抗体Aを用いずに抗原を直接基板に固定する方法よりも抗原に対する特異性が高くなる。その理由を説明せよ。特異性とは，抗原をそれ以外のタンパク質と間違えずに検出する能力のことである。

★(2)　直接検出法では，ある色素を付加してある抗体Bを用いてその色素を定量するよりも，その色素を生じる酵素を付加してある抗体Bを用いて定量する方が感度は高くなる。その理由を説明せよ。

★★(3)　図1にならい，間接検出法を，「基板に固定された抗体A」，「抗体B」，「酵素付加抗体C」，「抗原」，「基質」，「色素」を用いて図示せよ。

｜早大(先進理工)｜

標問 74 細胞性免疫

解答・解説 p.191

扱うテーマ 細胞性免疫／拒絶反応／遺伝／免疫寛容　生物基礎

A. 通常，他人の臓器を移植すると，移植された宿主のT細胞を主体とした免疫反応により，移植片は拒絶される(宿主対移植片反応)。一方，放射線の照射や免疫抑制剤の投与などにより宿主の免疫が抑制された状態では，移植片に含まれるT細胞によって，宿主組織が攻撃される(移植片対宿主反応)。これは，自己と他者の組織を区別するための『標識』がほとんどすべての細胞表面に発現していて，それをT細胞が識別して，自己以外の『標識』を発現する細胞を攻撃するためである。骨髄細胞の一部から分化したT細胞は，胸腺という臓器に移動し，そこで自己に特有の標識をもつ細胞を自己の細胞と認識し，攻撃することなく許容する。一方，自己のものとは異なる『標識』を発現する細胞に対しては，他者と認識し，攻撃して排除するようになる。骨髄移植の場合，移植片由来の未分化なT細胞は宿主胸腺で分化・成熟するため，移植片を起源とするT細胞は宿主細胞を自己と認識するようになる。この『標識』のことをMHC（主要組織適合遺伝子複合体)分子という。MHCはメンデルの法則に従って遺伝し，MHC分子の形質は，子供の細胞では，母親由来のMHC分子と父親由来のMHC分子の両方をその細胞膜表面に発現している。重要なことに，T細胞はMHC分子を発現しない細胞に対しては，自己とも非自己とも区別がつかないため，攻撃しない。

マウスを用いてMHCと移植に関する以下に述べるような実験を行った。なお，実際にはMHCは複数の遺伝子座からなる遺伝子であるが，ここではMHCは単一の遺伝子座から成り，*A*，*B*……など多数の対立遺伝子が存在するものとする。なお，実験に使用したマウスは，MHC遺伝子座以外の遺伝的背景は同一であるとする。

★問1　MHC-A分子のみを発現している雄マウスと，MHC-A分子とMHC-B分子の両方を発現している雌マウスを交配し，9匹の仔マウスを得た。その中の仔マウスXから採取した皮膚組織を母親の皮膚に移植したところ生着したが，逆に母親の皮膚組織をその仔マウスXの皮膚に移植したところ拒絶され，生着しなかった。この仔マウスXが発現するMHC分子の型は何か。次から1つ選べ。

①　MHC-A分子のみを発現　　②　MHC-B分子のみを発現
③　MHC-A分子とMHC-B分子の両方を発現　　④　両方とも発現しない

★問2　問1で母親の皮膚組織が仔マウスXによって拒絶され，生着しなかった理由を40字程度で述べよ。

★問3　MHC-A分子のみを発現しているマウスの全身に放射線を照射し，血液細胞を完全に死滅させた。このマウスに，成熟した免疫細胞を除去したMHC-B分子のみを発現するマウスの骨髄細胞を静脈内に移植した。移植された骨髄細胞は，全身を循環する血流にのって骨髄にたどり着く。移植片が宿主の骨髄に生着後，マウス組織から5種類の細胞((1)神経細胞，(2)マクロファージ，(3)骨細胞，(4)筋細胞，(5)T細胞)を採取し，宿主と移植片のどちらのMHC分子を発現しているのかを解析した。それぞれの細胞がおもに発現するMHC分子はどれか，問1の①～④から1つずつ選べ。

★問4　MHC-A分子のみを発現する雄マウス(第1世代)とMHC-B分子のみを発現する雌マウス(第1世代)を交配した結果，雄3匹と雌4匹の仔マウスを得た(第2世代)。その仔マウスの中から無作為に雄雌1ペアを選び，交配した結果，雄5匹と雌3匹の仔マウスを得た(第3世代)。第3世代のうち，以下の事象に相当するものの全体に対する割合を百分率で答えよ。

(1)　第2世代の母親からの皮膚移植片を拒絶しない。

(2)　第2世代の父親と母親両方に対し皮膚移植できる。

(3)　第1世代の父親に皮膚移植できる。

★★問5　全身に放射線を照射したMHC-A分子とMHC-B分子の両方を発現するマウスを用意した。このマウスに，MHC-A分子のみを発現する骨髄細胞とMHC-B分子のみを発現する骨髄細胞を1：1の割合で混合し，静脈を通して移植した。通常，移植された骨髄細胞は末梢血管中を流れて宿主の骨髄にたどり着く。移植した細胞の宿主骨髄内での生着を確認後，増殖している骨髄細胞を選択的に細胞死に誘導する薬剤を投与したところ，図1のようになった。一方，遺伝子Xをコードする領域が欠損したマウスの骨髄細胞(MHC-A分子のみを発現する)と野生型マウスの骨髄細胞(MHC-B分子のみを発現する)を1：1の割合で混合し，同様の処置を行ったところ，図2のようになった。

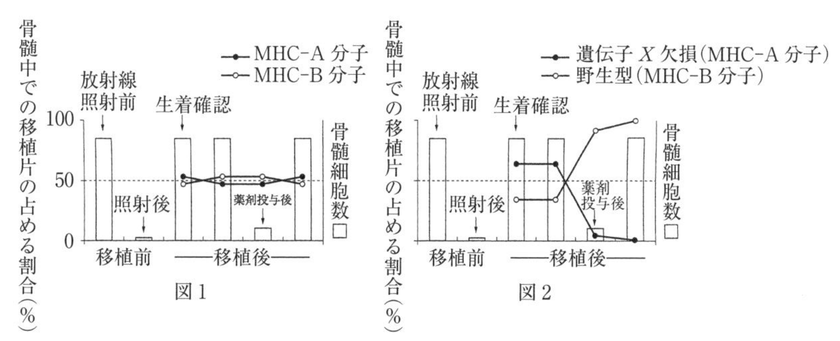

マウスの処置にともなう総骨髄細胞数(棒グラフ，縦軸右端)と移植後の骨髄中での移植片の占める割合(折れ線グラフ，縦軸左端)の推移。横軸は時間。

さらに，放射線を照射する前の骨髄細胞を回収し，細胞のもつDNAの量を横軸に，細胞数を縦軸にプロットしたところ，図3のようになった。骨髄細胞における遺伝子Xの役割として予想され

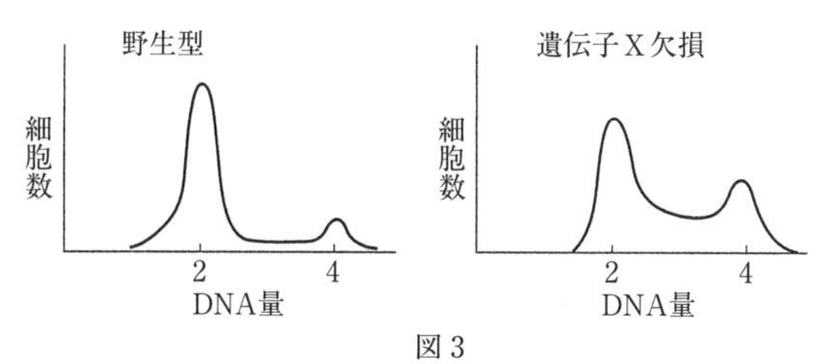

図3
野生型マウスと遺伝子X欠損マウスの骨髄細胞の細胞数(縦軸)とDNA量(横軸)。

るものを次の①～⑧にあげた。正しいものを４つ選べ。

① 細胞の増殖を抑制している。

② 細胞の増殖を促進している。

③ 細胞死を抑制している。

④ 細胞死を促進している。

⑤ 放射線照射で減少した骨髄細胞数を正常値に回復させるために必須である。

⑥ 放射線照射で減少した骨髄細胞数を正常値に回復させるためには必須ではない。

⑦ 末梢血管から移植した細胞が宿主の骨髄に到達するために必須である。

⑧ 末梢血管から移植した細胞が宿主の骨髄に到達するためには必須ではない。

B. A系統およびB系統の異なる系統のマウスを実験動物として用いて実験した結果，Ⅰ，ⅡおよびⅢの実験結果が得られた。この実験結果をふまえてさらに実験を行った。

Ⅰ．A系統のマウスの皮膚片をB系統のマウスに移植すると皮膚片は約10日で脱落した。

Ⅱ．Ⅰの実験終了後，再びA系統マウスの皮膚片を移植すると，約５日で脱落した。

Ⅲ．A系統のマウスの皮膚片をA系統のマウスに移植すると皮膚片は生着した。

問６　B系統のマウスに生後すぐにA系統のマウスのリンパ節の細胞を注射し，成長させた後，A系統のマウスの皮膚片を移植すると皮膚片は生着した。このマウスにさらに別の何も処理をしていないB系統マウスのリンパ節の細胞を注射すると移植した皮膚片はどうなるか，簡潔に答えよ。

問７　生後すぐに胸腺を除去し，その後成長したB系統のマウスにA系統の皮膚片を移植すると皮膚片はどうなるか，簡潔に答えよ。

★問８　問７でなぜそのようになるか35字以内で説明せよ。

｜東海大（医）・三重大｜

標問 75 体液性免疫

解答・解説 p.193

扱うテーマ 体液性免疫／バイオテクノロジー／血液／抗体の構造　生物基礎

からだは，細菌・ウイルスなどの病原体や病原体がつくる毒素などの体内への侵入によって病気が起こることを防ぐしくみをもっている。このしくみは，免疫と呼ばれ，白血球の1種である(a)リンパ球が中心的な役割を果たしている。リンパ球には，(b)T細胞とB細胞の2種類が含まれている。T細胞は，ウイルスなどに感染した細胞を直接に攻撃して排除する。このしくみは［ア］性免疫と呼ばれる。一方，B細胞は抗体を生成する。抗体に対して細菌やウイルス，毒素などの異物は［イ］と呼ばれる。抗体は［イ］と特異的に結合し，無毒化して排除する。抗体と［イ］との反応を［ウ］反応と呼び，抗体が関与する免疫を［エ］性免疫という。抗体は，［オ］というタンパク質分子であり，2本の長いポリペプチド鎖(H鎖)と2本の短いポリペプチド鎖(L鎖)とからできている。(c)［オ］分子の中で［イ］が結合する部分は，抗体の種類によってアミノ酸の配列が異なり，［カ］と呼ばれる。［カ］以外のアミノ酸配列は，どの抗体でも一定であり，［キ］と呼ばれる。

B細胞は，1個の細胞が1種類の抗体しかつくらず，短期間しか増殖できない。もし，あるウイルスに特異的な抗体をつくるB細胞を大量に増やすことができれば，そのウイルスによる病気の治療に有用となる。このことを実現したのが細胞融合法である。B細胞に由来するミエローマ細胞は，無限に増殖できるが，抗体をつくらない。このミエローマ細胞をB細胞と混ぜ合わせ，ポリエチレングリコールを用いて融合させると，抗体をつくる能力と無限に増殖できる能力を合わせもつ融合細胞(ハイブリドーマ)ができる(図1)。この細胞融合法では，ポリエチレングリコール処理によって，すべてのミエローマ細胞とB細胞が融合するわけではなく，融合によりできたハイブリドーマと，融合しなかったミエローマ細胞およびB細胞とが混在することになる。そこで，(d)ハイブリドーマのみ選択的に増殖できるようにするため，以下の2つの工夫がなされている。通常の細胞は，DNA合成に必要な塩基を合成するために2つの経路(経路DおよびS)をもっている(図2)。通常の培養液中では，細胞は経路Dを使って塩基を合成する。この経路は物質Aにより阻害される。一方，細胞は，物質Hおよび物質Tが培養液に入っている時のみ，それらを基質として使い経路Sによって塩基を合成できる。1つ目の工夫は，細胞を培養するために，物質H，AおよびTが添加され

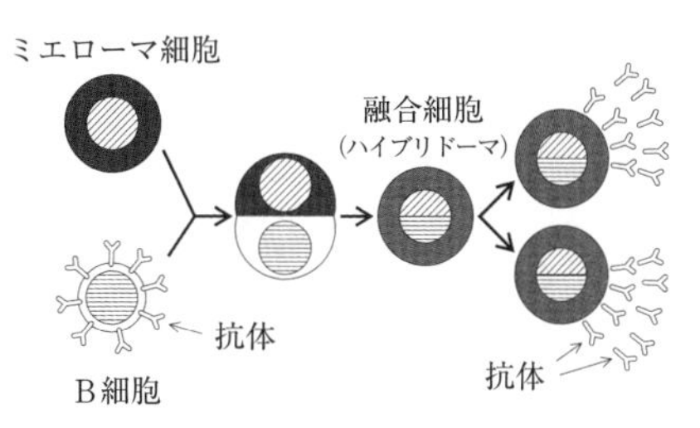

図1　細胞融合によるハイブリドーマの作製

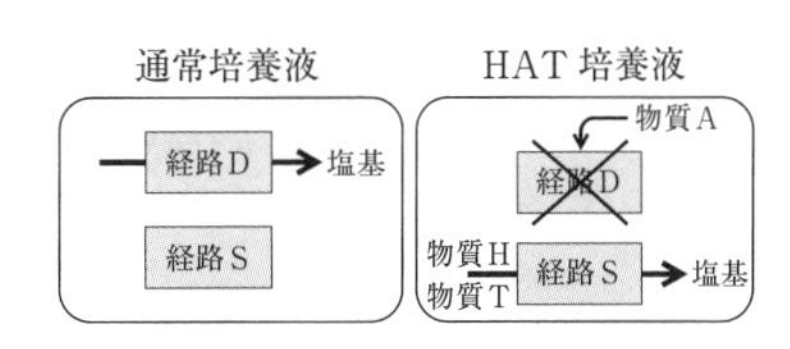

図2　通常培養液およびHAT培養液における正常細胞での塩基の合成経路

た培養液(HAT 培養液)を用いることである。2つ目の工夫は，経路Sにおける塩基の合成に不可欠な酵素が，突然変異により働かなくなっているミエローマ細胞を用いることである。

問1　文中の空欄に最も適切な語を入れよ。

問2　下線部(a)のリンパ球は，ヒトの場合，どの器官で幹細胞から生成されるか。その器官を次から1つ選べ。

①　胸腺　②　脾臓　③　リンパ節　④　小腸　⑤　骨髄

問3　下線部(b)のT細胞は，どの器官で分化・成熟するか。その器官を問2の①～⑤から1つ選べ。

★問4　下線部(c)に関して，次の問いに答えよ。

抗体のH鎖遺伝子の［カ］をつくる部分は，V，D，Jと呼ばれる3つの領域からなっており，それぞれ100個，23個，6個の遺伝子断片よりなる。B細胞が未熟な細胞から成熟細胞に分化すると，3つの領域からそれぞれ1個ずつの遺伝子断片が任意に選ばれ，それらが組み合わされて結合し，H鎖遺伝子の［カ］をつくる部分ができる。そのようにして生じるH鎖遺伝子は，最大で何種類あると考えられるか，計算式と答えを書け。

★★問5　下線部(d)の工夫について，次の問い(1)と(2)に答えよ。

(1)　融合に用いられるミエローマ細胞と融合で得られるハイブリドーマについて，それぞれをHAT 培養液で培養したとき，無限に増殖できるものには○を，増殖できないものには×をつけよ。

(2)　(1)のように答えた理由を，それぞれの細胞について，120字以内で説明せよ。

近年，抗体を利用したがん治療などが進められている。マウスを用いた例について考えてみよう。あるヒトがん細胞にみられるタンパク質pに対する抗p抗体を産生するマウスのハイブリドーマをつくる。これらのハイブリドーマの集団*は，タンパク質pの様々な部分に結合する抗体を産生する。そこで，これらを1細胞ごとに分けて培養を続け，得られた抗p抗体の反応性を試験するとともに，望む抗体を産生するハイブリドーマを選択する。このようにして作製された抗体をモノクローナル抗体という。しかしながら，(e)こうして得られたマウス抗体をそのままヒトに投与するのは適当ではない。(f)そこで，遺伝子組換え技術を併用してヒトに利用できる抗体が作製され，がん治療に利用されている。

＊1個のB細胞は1種の抗体しか産生しない。

★問6　下線部(e)にあるように，マウス抗体をヒトに投与するのは適当でない。その理由を70字以内で記せ。

★★問7　下線部(f)にあるように，得られたマウス抗体をコードする遺伝子の塩基配列情報を基に，遺伝子組換え技術を用いてタンパク質pに対する反応性をもち，かつ，ヒトに利用できる抗体をつくることができる。その理由を免疫グロブリンの構造に着目して150字以内で記せ。

｜富山大・京大｜

標問 76 血液型

解答・解説 p.195

扱うテーマ ABO 式血液型／Rh 式血液型／遺伝　生物

太郎君，次郎君，健太君，彰君たちは，以下の輸血に関する話を聞いた。

「ヒトには血液型(赤血球型)というものがあり，ABO 式や MN 式，Rh 式などが有名です。ABO 式を例にとると，A型の赤血球の表面には凝集原Aが，B型には凝集原Bが，AB 型には両者が存在し，O型の赤血球表面には凝集原は存在しません。一方，血しょう中には凝集素と呼ばれる抗体が存在し，A型のヒトは凝集素βを，B型のヒトはαを，O型のヒトはα，βの両者をもっていますが，AB 型のヒトには凝集素はありません。凝集素αは凝集原Aに結合し，赤血球の塊を作ります。つまり，A型の血液をB型のヒトに輸血すると血管内で赤血球の塊ができ，毛細血管につまってしまいます。すると急性腎不全などを起こし，大変なことになることもあります。」

太郎君「ぼくは２年前に盲腸の手術を受けた時に，軽い腹膜炎があって輸血を受けたんだ。その時にA型の血液を輸血してもらったから，ぼくはA型だよ。」

次郎君「ぼくもお母さんがA型でお父さんが AB 型だから，A型だと思うよ。」

健太君「ぼくはわからないんだ。」

彰 君「ぼくもわからないんだ。」

健太君「そうだ，ぼくらの赤血球と血しょうを使って血液型がわからないかな。」

太郎君「やってみようよ。」

そんな会話の後，彼らは採血してもらい赤血球と血しょうを得た。太郎君，次郎君，健太君，彰君それぞれの赤血球と血しょうを混ぜたところ表に示す結果を得た。

表　太郎君たちの実験結果

		赤血球			
		太郎	次郎	健太	彰
血しょう	太郎	−	＋	＋	−
	次郎	＋	−	＋	−
	健太	−	−	−	−
	彰	＋	＋	＋	−

赤血球が凝固(＋)，凝固せず(−)

★問１　太郎君の血液型がA型のとき，上の実験結果の表から次郎君，健太君，彰君の血液型を答えよ。また，次郎君の母親の血液型はA型，父親は AB 型としたとき，次郎君と母親の血液型の遺伝子型を答えよ。

★問２　理論的には誰から誰へ輸血可能か答えよ。本人から本人への輸血は含めない。

★問３　父親がB型で母親がA型である場合，子供の ABO 式血液型について，どのような割合で生まれてくることが期待されるか。期待される各血液型の比率を例にならって記せ。ただし，各遺伝子型の出現頻度は等しく，また遺伝子 A，B，O は独立して存在するものと仮定する。　(例)　A：B：AB：O＝1：0：2：1

★問４　B型 Rh^{+} の父親とA型 Rh^{-} の母親から，次の血液型の子供が生まれる確率をそれぞれ分数で示せ。ただし，ABO 式を決定する遺伝子と Rh 式を決定する遺伝子は異なる染色体上に存在する。また，各遺伝子型の出現頻度は等しいと仮定する。

(1)　O型 Rh^{-} 型の子供が生まれる確率

(2)　A型 Rh^{+} 型の子供が生まれる確率

｜横浜市大・岐阜大｜

標問 77 膜電位とその変化

解答・解説 p.197

扱うテーマ　膜電位／静止電位／活動電位　　生物

動物細胞の細胞膜の電位に関する次の文章を読み，下の問いに答えよ。

ほとんどすべての動物細胞の細胞膜には(a)ナトリウムポンプがあり，ATPのエネルギーを使って，常に［ア］を細胞外に汲み出すとともに［イ］を細胞内に取り込んでいるため，細胞の外は［ア］濃度が高くて内は［イ］濃度が高い状態となっている。また細胞膜にはK^+が漏れるように透過するタンパク質(漏洩(ろうえい)カリウムチャネルという)があり，K^+は常に細胞の［ウ］に流れようとしている。そのためその流れを引き留める方向に細胞の［エ］側に負の電位が発生し，それはK^+の濃度勾配とつり合っている。動物細胞の細胞膜の電位(膜電位)はこのK^+の濃度勾配とつり合う電位にほぼ等しい。なおNa^+にも濃度勾配があるので，細胞の［オ］へのNa^+の流れを引き留める方向の電位も考えられるが，通常の細胞の細胞膜にはNa^+の漏洩チャネルはないので，膜電位にNa^+の濃度勾配はほとんど寄与しない。

通常の細胞の膜電位はあまり変化しないが，興奮性細胞と呼ばれる［カ］や［キ］の膜電位は，素早く大きな変化をすること(興奮)ができる。これら興奮性細胞の興奮していないときの膜電位を静止電位と呼び，興奮するときの膜電位の一連の変化のことを活動電位という。

興奮性細胞の静止電位は，通常の動物細胞と同様に漏洩カリウムチャネルが存在する(上述)ために，K^+の濃度勾配とつり合う電位にほぼ等しい。興奮性細胞の細胞膜には必ず膜電位感受性の［ク］がある。この［ク］は膜電位が上がって閾値を超えると一瞬開く性質をもっており，開いている瞬間はNa^+が流れ込むのを引き留める方向の電位が発生する。これにより膜電位は静止電位から大きく正に変化して活動電位が起きる。活動電位は，Na^+が流れ込んでNa^+濃度が変化した結果として発生するものではなく，Na^+が流れ込もうとするから発生するといえる。

興奮性細胞の細胞膜には膜電位が上がったときに開く［ケ］もあり，［ク］が閉じる前からこの［ケ］が開き始め，それにより(b)K^+の濃度勾配とつり合う負の電位に素早く戻すことができる。活動電位の一連の電位変化の終期に，戻り過ぎて静止電位より低い電位になる(後過分極という)のは，この膜電位感受性の［ケ］が開いているからで，それも閉じると静止電位に戻る。

活動電位で［ク］が開いている時間は非常に短く，１回の活動電位の発生では細胞内のNa^+濃度はほとんど上昇せずK^+濃度もほとんど下がらない。とはいえ，活動電位が何回も連続発生すると，次第に細胞内のNa^+濃度は上昇してK^+濃度は下がる。この状態を回復させるのはナトリウムポンプである。

問１　タンパク質が脂質二重層に浮かぶように存在する生体膜のモデルを何というか答えよ。

問２　濃度勾配に逆らってイオンを輸送することを何というか答えよ。

問3　下線部(a)に関して，「ナトリウムポンプ」はその機能による名称であるが，その機能を担う酵素としての名称を答えよ。

問4　文中の［ア］と［イ］にあてはまる適切なイオンの名称を答えよ。

問5　文中の［ウ］～［オ］には「内」か「外」が入る。それぞれどちらが適切か答えよ。

問6　文中の［カ］と［キ］にあてはまる適切な細胞の名称を答えよ。

問7　文中の［ク］と［ケ］にあてはまる適切な機能分子の名称を答えよ。

★問8　下線部(b)に関して，負の電位に素早く戻すことによってどのような利点があると考えられるか。次から最も適切なものを1つ選べ。

①　Na^+ の流入量を減らすことができる。
②　K^+ の流出量を増やすことができる。
③　ナトリウムポンプの活性を増やすことができる。
④　興奮の頻度を上げることができる。
⑤　膜電位の変化の大きさを変えることができる。

｜大阪公大｜

標問 78 神経の興奮と伝導・伝達

解答・解説 p.199

扱うテーマ　活動電位／不応期／伝導／伝達／シナプス後電位／シナプス後電位の加重／軸索小丘　生物

A. あるニューロンの活動電位を含む膜電位の変化をグラフにした(図1)。グラフの上部には，膜電位の変化に沿って区分した①～⑥の時期を示している。

以下の設問に最もあてはまる時期の組合せを右下の表で指定したa～gの中から選べ。

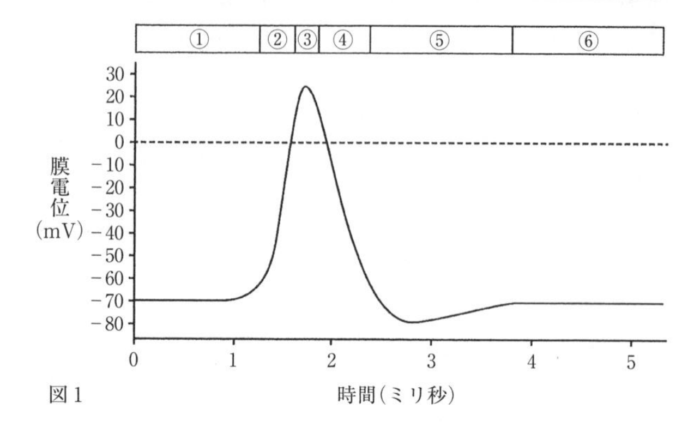

図1

問1　ナトリウムポンプが働いている時期はどれか。

★問2　電位依存性ナトリウムチャネルが開いている時期はどれか。

★問3　電位依存性カリウムチャネルが開いている時期はどれか。

問4　電位依存性ではない一部のカリウムチャネルが開いている時期はどれか。

★問5　このニューロンを強く刺激しても刺激に応じた活動電位が発生しない時期はどれか。

記号	時期の組合せ
a	① ⑥
b	② ③
c	⑤ ⑥
d	② ③ ④
e	③ ④ ⑤
f	④ ⑤ ⑥
g	① ② ③ ④ ⑤ ⑥

B. 単一の運動ニューロンとそれに接続する神経(次ページの図2A)において，以下の実験を行って結果を得た。

ニューロンの樹状突起とシナプスを形成するa，b，cの神経の軸索(図2A)への電気刺激を一定の強さで行った。①a，b，cを別々に1回刺激した場合，点Pで活動電位を記録できなかったが，a，b，cを同時に刺激すると，1ミリ秒後に点Pで活動電位が記録できた。また，a，b，cの同時刺激の2.5ミリ秒後に点Pから60mm離れた点Qでも活動電位が記録できた。ところが，aとbまたはbとcの組合せで同時に刺激しても，点Pから活動電位は記録できなかった。さらにa，b，cの同時刺激に加えて，別の樹状突起とシナプスを形成するdの神経の軸索を同時に刺激すると，点Pから活動電位が記録できなくなった。

a，b，cの同時刺激で発生したシナプス後細胞の膜内の電位変化の最大値の推移を，樹状突起の末端部(ア)から軸索の起始部(ウ)手前まで(図2A)，横軸をアからウまでの距離としたグラフで示した(図2B太い破線)。膜内の電位変化はシナプスからの距離が大きくなるにつれて低下したが，a，b，cの同時刺激によって最初に活動電位が発生した部位は，図のアやイではなくウであった。

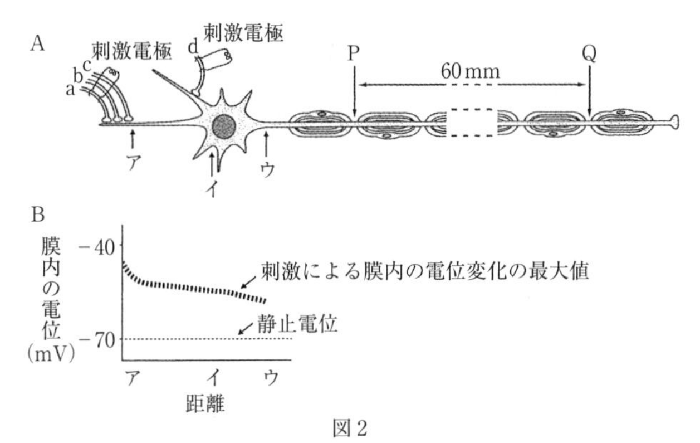

図２

ボロン，ブールペープ　生理学（西村書店 2011）308頁，図 11－7 より改変。

問６　下線①のような現象を何というか，答えよ。

問７　ｄの神経の終末が形成するシナプスにおいて，ｄの神経刺激時にシナプス後細胞内に流入すると考えられるイオンの名称を答えよ。

問８　このニューロンの軸索の伝導速度を計算し，単位をつけて答えよ。

★問９　ａ，ｂ，ｃの同時刺激と同時に軸索上の点Ｑを刺激して活動電位を発生させた。ａ，ｂ，ｃの同時刺激により発生し，ニューロンの終末側へ向かう活動電位と，点Ｑから細胞体側へ向かう活動電位は，刺激後，何ミリ秒後に衝突するか，小数第２位まで求めて答えよ。また，それは点Ｑから細胞体側へ何 mm の部位か答えよ。ただし，髄鞘の影響は無視すること。

★問10　問９に記載した２つの活動電位は衝突後にどうなるか，その結果と理由を40字程度で簡潔に述べよ。

★★問11　図２において，シナプス後細胞の膜内の電位がシナプスからの距離が大きくなるにつれて低下するにもかかわらず，最初に活動電位が発生した部位が，シナプスから離れたウであったのはなぜか，その理由を80字程度で説明せよ。

｜東京慈恵医大｜

標問 79 シナプス後電位とその加重

解答・解説 p.202

扱うテーマ 興奮の伝達／シナプス後電位／シナプス後電位の加重

生物

ある種の動物からニューロンを取り出して培養すると，体内にあったときの性質に応じてニューロン間のシナプスが形成されることがある。培養ニューロンが図1のようなシナプスを形成した場合について，次の**実験1〜3**を行った。なお，この培養ニューロンは，一般的なニューロンの性質に従うものとする。

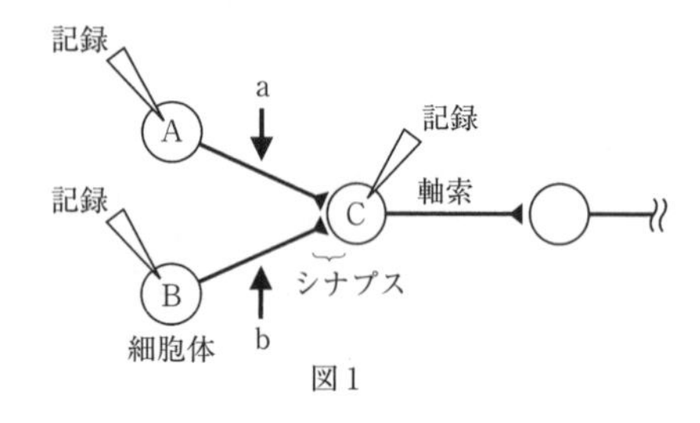

図1

実験1　図1のように，ニューロンA，B，Cそれぞれの細胞体に記録電極を刺し入れ，膜電位を記録した。また，ニューロンA，Bの軸索のa，bの位置に刺激電極をあて，電気刺激を与えることによりニューロンを興奮させることができるようにした。刺激の強さは，この実験を含むすべての実験で，同じになるようにした。この状態で，ニューロンAの軸索をaの位置で1回だけ刺激すると，ニューロンCの細胞体からは図2に示すような［ ア ］性シナプス後電位が記録された。また，ニューロンBの軸索をbの位置で1回だけ刺激すると，ニューロンCの細胞体からは図3に示すような［ イ ］性シナプス後電位が記録された。

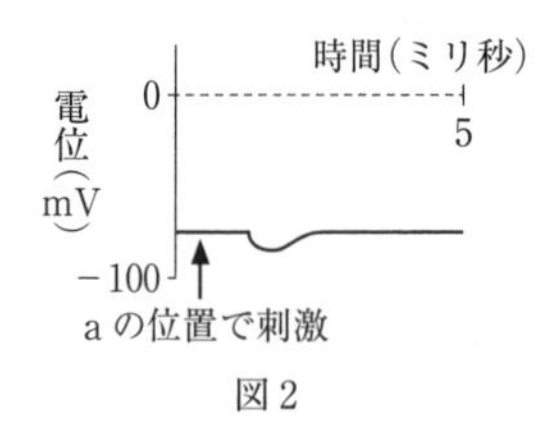

図2

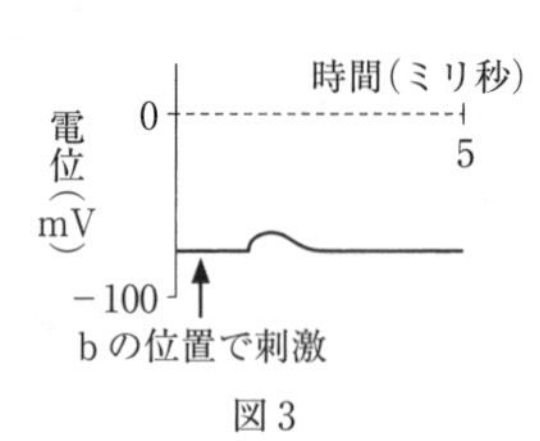

図3

問1　文中の空欄にあてはまる最も適当な語句を答えよ。

実験2　ニューロンBの軸索をbの位置で時間間隔をあけて2回刺激すると，ニューロンCの細胞体からは図4のような反応が記録された。また，短い時間間隔で2回刺激すると，ニューロンCの細胞体からは図5のような反応が記録された。

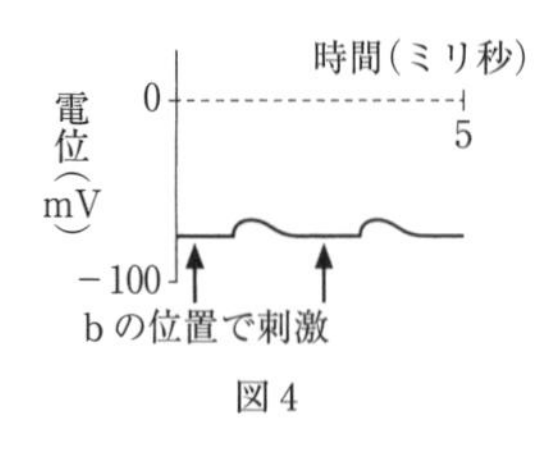

図4

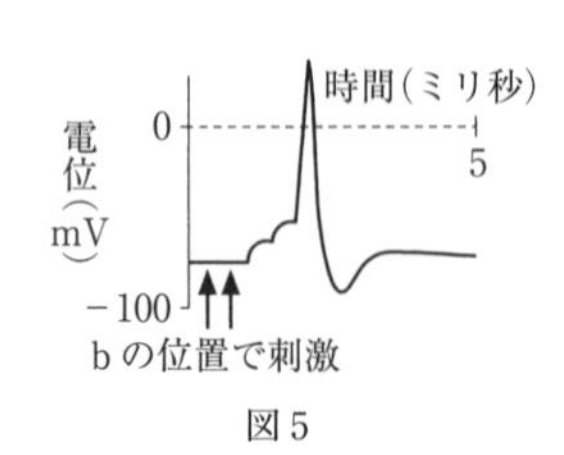

図5

問2　図4に示した刺激条件では，ニューロンCは活動電位を発生しなかったが，図5に示した刺激条件では，ニューロンCは活動電位を発生した。それはなぜか。「シナプス後電位」という用語を使って，その理由を40字以内で説明せよ。

★問3　ニューロンAの軸索とニューロンBの軸索を，それぞれaとbの位置で同時に刺激すると，ニューロンA，B，Cの細胞体からはそれぞれどのような電位変化が記録されると予想されるか。下の①～⑥から最も適当なものを1つずつ選べ。

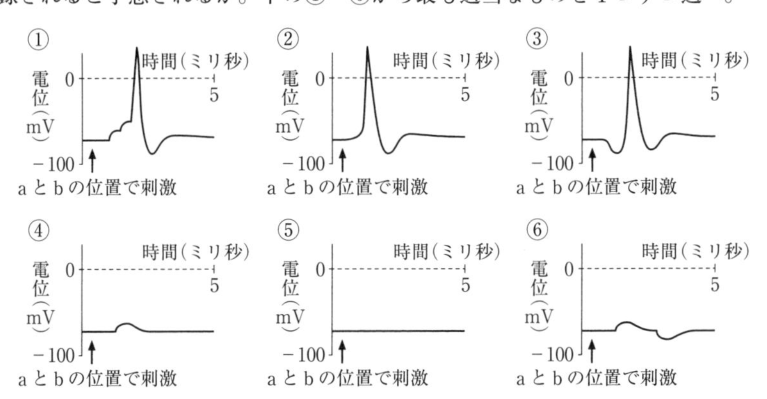

実験3　培養液にカドミウムイオンを加え，ニューロンBの軸索をbの位置で1回刺激すると，ニューロンCの細胞体には電位変化があらわれなかった。また，培養液にカドミウムイオンを加えた状態で，ニューロンBの神経伝達物質を培養液に滴下したところ，ニューロンCの細胞体が興奮した。なお，カドミウムイオンは活動電位の発生を阻害しないことがわかっている。

★★問4　実験3の結果から導き出される仮説として考えうるものを次から2つ選べ。

① カドミウムイオンは，ニューロンの不応期を延長する効果をもつ。
② カドミウムイオンは，ニューロンの軸索における跳躍伝導を阻害する。
③ カドミウムイオンは，電位依存性のナトリウムイオンチャネルの働きを阻害する。
④ カドミウムイオンは，電位依存性のカルシウムイオンチャネルの働きを阻害する。
⑤ カドミウムイオンは，ニューロンCの受容体の働きを阻害する。
⑥ カドミウムイオンは，ニューロンBのシナプス小胞の働きを阻害する。

｜広島大｜

標問	80	筋収縮	解答・解説 p.204

扱うテーマ 筋繊維の構造／筋収縮のしくみ／神経伝達物質　生物

動物の体を支え動かすために，腱を介して骨格につながっている筋肉のことを，骨格筋という。骨格筋は，自分の意志で動かすことができることから，［ア］の一種である。骨格筋を光学顕微鏡で観察すると，規則的に並んだ多数の横縞が見られる。横縞のある筋肉は他にも［イ］などがあげられ，これらは［ウ］と総称される。筋肉を構成する筋細胞は多数の［エ］の束からなり，多核である。また，筋細胞の中には［オ］が多数存在し，①筋収縮のエネルギーを供給するATPの生産を行う。さらに筋細胞には，筋小胞体とT管という2つの特徴的な膜構造が存在する。前者は細胞内にあって筋収縮の制御に不可欠な［カ］の貯蔵庫として働く。後者は細胞膜が陥入したものであり，興奮を筋細胞の内部に伝える。図1において［　］で示した部分は骨格筋の収縮の最小単位であり，これをサルコメアと呼ぶ。サルコメアの境界は［キ］で仕切られている。サルコメア内には明るく見える部分(明帯)と暗く見える部分(暗帯)とがある。1791年，イタリアのガルバーニはカエルの筋肉を解剖中，取り出した筋肉片にたまたま金属製のメスが触れただけで収縮することを発見した。筋肉の収縮が電気的な刺激によることを初めて示したのである。以後の研究により，生体の筋収縮は，②運動神経細胞の末端から筋細胞へ興奮が伝わるために生じることが明らかになった。すなわち，③神経からのシグナルにより，筋細胞の膜内外の電位差が短時間のうちに大きく変化するのである。

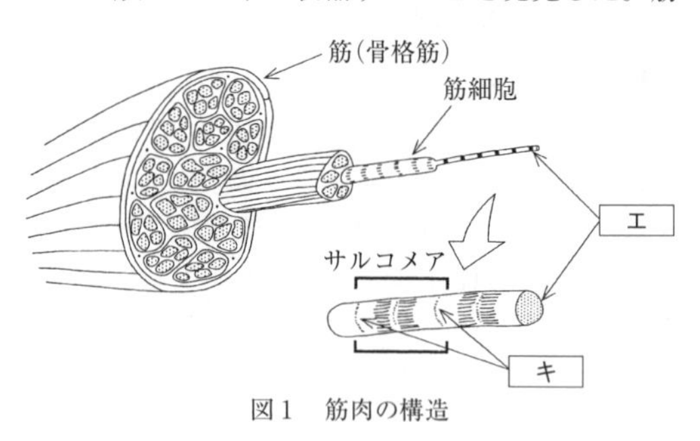

図1　筋肉の構造

問1　文中および図1の中の空欄に適語を入れよ。

問2　下線部①に関連して，筋収縮においてATPのエネルギーを必要とする最も主要なタンパク質の名称を答えよ。またATPがこのタンパク質のどのような働きに必要であるかを50字以内で述べよ。

問3　下線部②について，この現象を何と呼ぶか答えよ。また，このときに興奮が一方向にしか伝わらないのはなぜか，50字以内で説明せよ。

問4　下線部③について，運動神経末端から放出され，筋肉の収縮を促す化学物質の名称を答えよ。また，この物質は自律神経系においてもさまざまな作用を示す。心臓と腸におけるこの物質の働きを答えよ。

問5　次ページの表1は，筋細胞で重要な働きをするイオンについて，その筋細胞内外での濃度を比較したものである。表中の空欄ク，ケ，コにあてはまる最も適切なイオンの名称をそれぞれ答えよ。

★問6　神経のシグナルを受けてから筋肉が収縮するまでの過程を説明した以下の文章を完成させよ。ただし，［サ］，［シ］，［ソ］，［ツ］，［テ］には下の解答群1の中から，それ以外の空欄には解答群2の中から最も適切な語句をそれぞれ1つずつ選べ。なお，同じ語句を複数回使用してもよい。

表1　筋収縮で重要な働きをするイオンの濃度(mM*)

イオンの名称	筋細胞内での濃度	筋細胞外での濃度
ク	10	110
ケ	120	2.5
コ	< 0.1	1.8
マグネシウムイオン	1	1

*注　mMは濃度を表す単位

ステップ1：神経伝達物質からの刺激を受けて筋細胞が興奮すると，T管膜上の［サ］チャネルが開き，［シ］イオンが［ス］。このため，膜電位は［セ］(活動電位の発生)。

ステップ2：T管膜上には，活動電位の発生によって開き，陽イオンを通過させるチャネルが存在する。このため，細胞内外の濃度差の大きい［ソ］イオンがこのチャネルを通って［タ］。その結果，膜電位は［チ］。

ステップ3：上の一過的な電位変化を受けて筋小胞体膜上の［ツ］チャネルが開き，［テ］イオンが［ト］。このイオンがアクチンフィラメントの構造を変化させ，筋肉が収縮する。

〔解答群1〕

①　アンモニウム　②　塩素　③　カリウム　④　カルシウム
⑤　硝酸　⑥　水素　⑦　セシウム　⑧　鉄
⑨　ナトリウム　⑩　マグネシウム

〔解答群2〕

⑪　細胞内に流入する　⑫　細胞外に流出する
⑬　筋小胞体内に流入する　⑭　ミトコンドリア内に流入する
⑮　ミトコンドリア外に流出する　⑯　合成される　⑰　分解される
⑱　上昇する　⑲　下降する　⑳　停止する　㉑　細胞膜に結合する
㉒　筋小胞体膜に結合する　㉓　T管膜に結合する
㉔　筋小胞体外に流出する

｜中央大｜

標問 81 張力

解答・解説 p.207

扱うテーマ サルコメアの構造／滑り説　生物

カエルの大腿部から切り出した筋肉をいろいろな長さで固定して電気刺激し，筋肉が出す力(張力)を測定した(図1)。固定した筋の長さがもとの長さとほぼ同じである時(図1のBの範囲)に最も大きな張力を得ることができたが，それより短くても(図1のAの範囲)，長くても(図1のCの範囲)，発生張力は低下することがわかった。筋肉をさらに伸ばしていくと，張力は直線的に低下し，もとの長さの160%まで伸ばした時には張力が完全にゼロになった。

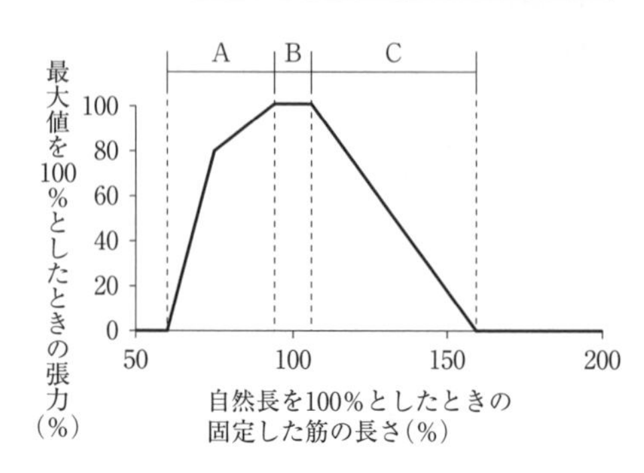

図1　固定する筋肉の長さと発生張力との関係

問1　範囲Bにおいて最大張力が得られるのはなぜか，このときのサルコメアの状態をふまえて50字以内で説明せよ。

★問2　この筋肉に比べて，サルコメア長とその内部のアクチンフィラメントの長さは等しいが，暗帯の幅が半分しかないものを用いて同様の実験を行った場合，固定した筋の長さと張力との関係はどのようになると考えられるか。以下のグラフ群①〜⑧の中から最も適切なものを選び，さらにそれを選んだ理由を記せ。

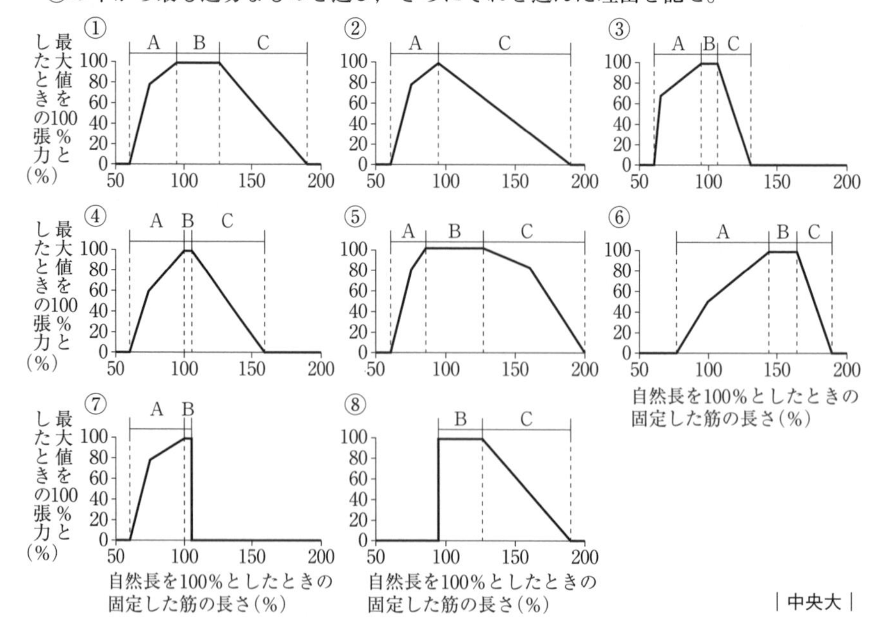

｜中央大｜

標問 82 中枢神経

解答・解説 p.209

扱うテーマ 神経系の種類／脊椎動物の脳　生物

高度な情報処理が行えるヒトの脳は，どのような進化の道筋を歩んできたのだろうか？　ヒトの脳には約250億個の神経細胞があるといわれている。イタリアの医学者ゴルジは，独自の染色法により神経細胞全体を染色した結果，神経細胞の軸索は互いに融合し巨大な網を形成しているという説を唱えた。一方，スペインの医学者であるカハールは，軸索どうしは連結しておらず，神経細胞は1つ1つ独立したものであると主張した。後の研究から，カハールの主張が正しいことがわかった。つまり，神経細胞どうしは融合しているわけではなく，①狭い隙間を隔てて接続していたのである。また，神経細胞は著しく非対称な形をしており，細胞体からは［ア］と長い軸索を伸ばしている。実際に，ヒトの最も長い神経細胞の中には，長さが［イ］に達するものもある。

原始的な多細胞動物であり，胚葉をもたない海綿動物には神経系が存在しない。一方，二胚葉性の刺胞動物では，最も単純な神経系がみられる。例えば，刺胞動物であるヒドラは［ウ］系をもち，外部からの刺激によって筋を収縮させることができる。三胚葉をもつ扁形動物プラナリアはさらに神経細胞が集合し，頭部に脳をもつことにより複雑な筋活動の制御が可能である。また，プラナリアには神経細胞どうしを互いにつなぐ［エ］も存在する。このように，より高度な情報処理を行うために，神経細胞どうしのつながりを複雑化することが，多細胞生物の進化の上で重要であったと考えられる。さらに，一部の無脊椎動物では，非常に太い軸索をもつ神経細胞がみられる。また，脊椎動物では軸索のまわりが髄鞘で囲まれており，活動電流を隣接するランビエ絞輪まで［オ］させることができる。このような特徴は，神経細胞の軸索内を興奮が伝わる速度を速くして，より高速な情報処理を行うための進化であると考えられる。

種々の②脊椎動物の脳を比較してみると，基本的な構成は共通しており，それぞれの構成要素はさまざまな体の働きを分担していることがわかる。そして，これらの構成要素を各動物に適した割合へと段階的に変化させつつ脳が進化してきたことがわかる。

問1　文中の空欄にあてはまる語句を次の語群より1つずつ選べ。

〔語群〕 1 mm，1 cm，10cm，1 m，10 m，50 m，100 m，介在神経，末梢神経，跳躍伝導，反射，大きく，小さく，反射神経，網状神経，樹状突起，伝達，シュワン細胞，集中神経，散在神経，ニューロン，水管，グリア細胞

問2　下線部①について，以下の問いに答えよ。

(1)　この神経細胞どうしを結ぶ接続部位の名称を答えよ。また，この接続部位では化学物質の働きにより，次の神経細胞へ情報が伝達されているが，このような物質を何というか答えよ。

(2)　隣接する次の神経細胞への情報は，一方向にしか伝達しない。その理由を簡潔

に説明せよ。

★問3　神経細胞1番～8番は，互いに右表1のような接続があることがわかっているが，興奮の伝わる方向は明らかになっていない。

表1

1と2が接続	2と5が接続	2と7が接続	3と8が接続
4と5が接続	4と6が接続	7と8が接続	

1番～8番全体の神経接続関係と興奮の伝達する方向を明らかにするために，以下の実験を行った。

実験　1番の神経細胞の細胞体を人工的に興奮させると，残りの神経細胞にそれぞれ下図1のような異なるタイミングでの神経発火パターンが観察された。また，4番の神経細胞の細胞体を人工的に興奮させると，下図2のような神経発火パターンが観察された。ただし，興奮の神経細胞1つあたりを伝わる時間は一定であり，必ず次の神経細胞へ伝達されるものとする。

神経細胞1を刺激したときの発火パターン

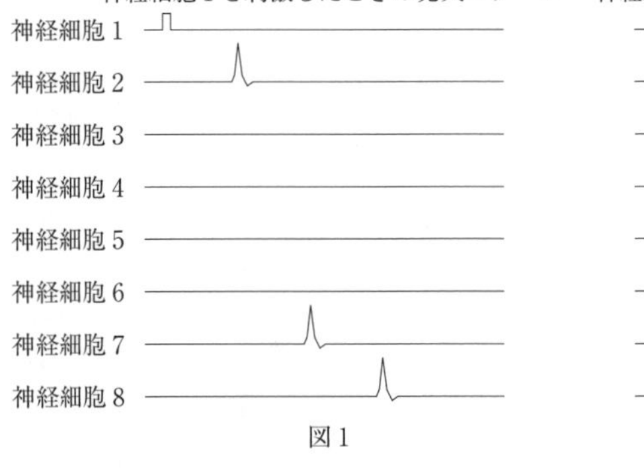

図1

神経細胞4を刺激したときの発火パターン

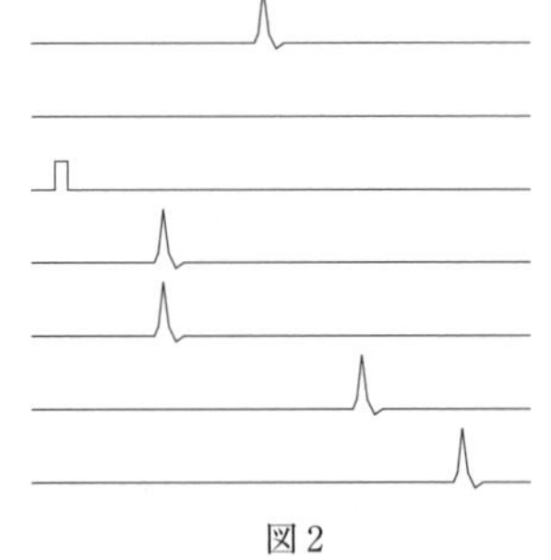

図2

(1)　それぞれの神経細胞間の接続と興奮の伝わる方向を，右の解答例(図3)を参考に矢印で答えよ。

(2)　上の**実験**において，1番の神経細胞の細胞体を人工的に刺激してから8番の神経細胞が発火するまでにかかる時間を計測したところ，18/1000秒であった。この結果から神経細胞1つあたりの興奮が伝わる時間を求めよ。

〔解答例〕

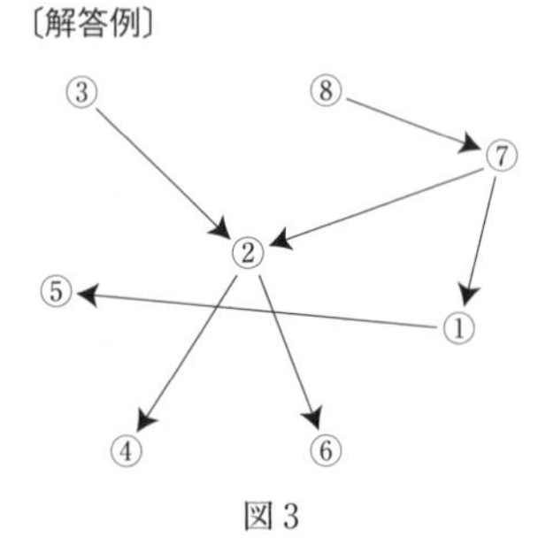

図3

問4　下線部②について，以下の問いに答えよ。

次ページの図4の(あ)～(か)はそれぞれ異なる脊椎動物の脳を模式的に示した図である。

(1)　図中a，b，d，e，gに相当する各部位の名称を次の語群の①～⑩から1つずつ選べ。また，その部位の特徴を最も良く表した文章を次の選択肢㋐～㋗から1つずつ選べ。

〔語群〕　①　小脳　②　大脳　③　中脳　④　間脳　⑤　海馬
⑥　延髄　⑦　脊髄　⑧　脳下垂体　⑨　交感神経　⑩　副交感神経

〔選択肢〕 ㋐ 物を持ったときの筋力調節を担う

㋑ メラトニンを分泌する

㋒ ホルモンを分泌する

㋓ 膝をたたくと脚が前に動く現象に関わる

㋔ 二酸化炭素の濃度に応じて呼吸の頻度を調節する

㋕ 哺乳類において顕著に発達している

㋖ 眼球や瞳孔の動きを調節する

㋗ 体温と血糖値を調節する

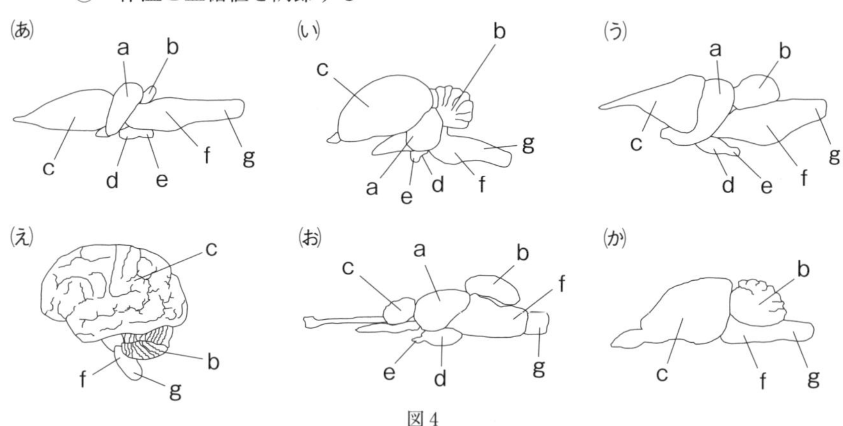

図4

(2) 右表2は脊椎動物A～Fのもつ特徴を示している。表中の左列に示した特徴がある場合は○，特徴がない場合は×を示してある。図4中の(あ)および(か)の脳を有する動物は，それぞれA～Fのうちいずれに該当すると考えられるか。

表2

	A	B	C	D	E	F
脊椎	○	○	○	○	○	○
顎骨	×	○	○	○	○	○
四肢	×	×	○	○	○	○
羊膜	×	×	×	○	○	○
胎生	×	×	×	×	×	○
羽毛	×	×	×	×	○	×

問5 以下の文章のうち間違っているものを2つ選べ。

① 環形動物は体節ごとに神経節をもつ

② 空を飛ぶ鳥類は運動に重要な小脳が発達している

③ 神経は中胚葉由来の組織である

④ 自律神経系は末梢神経に含まれる

⑤ 副交感神経は胃腸活動を促進する

⑥ 反射には感覚神経，介在神経，運動神経が必要である

｜慶應大(看護)｜

標問	83	眼(1)	解答・解説 p.212

扱うテーマ　眼の構造／視神経の構造／明暗調節　　生物

　ヒトなどの多くの脊椎動物の眼はカメラに似た構造をしている。眼球の一番外側の膜を強膜という。眼球正面には強膜が透明になった部分があり，［　ア　］という。光は［　ア　］を透過し，瞳孔と呼ばれる［　イ　］の穴から眼球内部に進入し，［　ウ　］とガラス体を透過して［　エ　］の上に像を結ぶ。

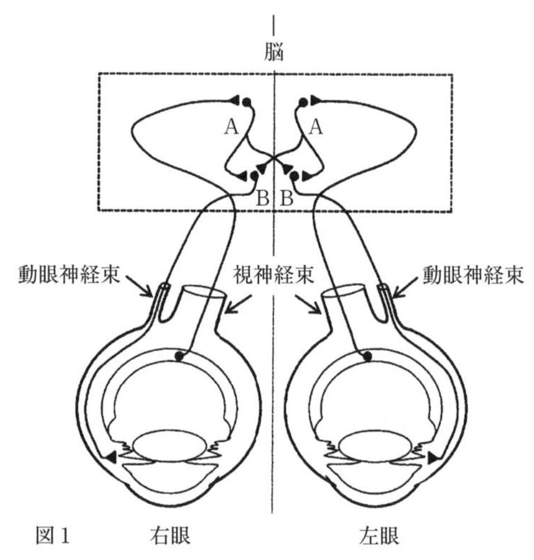

図1

　瞳孔は，眼球内部に入る光の量を調節する働きがあり，外界の明るさによって無意識に直径が変わる。これを瞳孔反射と呼ぶ。図1は瞳孔反射に関わる神経系を簡略化して示した模式図で，頭の上から見たところを示している。黒丸はニューロンの細胞体を，黒三角は軸索終末部を示す。右眼と左眼の［　エ　］で独立に抽出された光の量の情報は，それぞれ視神経細胞の軸索に沿って脳に伝えられる。視神経細胞はそれぞれ同じ側にある介在ニューロンAに興奮を伝達する。介在ニューロンAは2本に枝分かれし，同じ側にある動眼神経細胞Bと反対側にある動眼神経細胞Bに興奮を伝達する。動眼神経細胞Bの軸索は，同じ側の動眼神経束に沿って伸びており，その興奮は［　イ　］の筋肉を収縮させることで最終的に瞳孔を小さくする。

		右眼照射		左眼照射		両眼照射	
	健常者	右	左	右	左	右	左
患者	①	右	左	右	左	右	左
	②	右	左	右	左	右	左
	③	右	左	右	左	右	左

図2

問1　文中の空欄にあてはまる語句を記せ。

★問2　瞳孔反射は視神経束や動眼神経束の損傷を検査する際に利用される。そこで，健常者および患者①～③の片眼あるいは両眼に光を当てて瞳孔反射を調べたところ，前ページの図2のような結果を得た。

これらの結果から，患者①～③は視神経束と動眼神経束のいずれか，あるいは両方に大きな損傷を受けていると考えられる。それぞれどの神経束に損傷があると考えられるか，下表に，正常な神経束には○印を，損傷した神経束には×印を記入せよ。ただし，損傷した神経束は必ずしも1つとは限らない。また，介在ニューロンAは正常であるものとする。

		右眼		左眼	
		視神経束	動眼神経束	視神経束	動眼神経束
患者	①				
	②				
	③				

問3　瞳孔の大きさは光だけでなく自律神経系によっても調節されている。どのような調節か，40字以内で記せ。

問4　私たちは，月の出ていない夜でも，星空の下で暗い野道を歩くことができるし，逆に真夏の太陽がさんさんと降りそそぐ砂浜でも，白い貝殻を見分けることができる。このように私たちが日常生活で経験する光の強さは幅広く，瞳孔反射だけでは対応できない。私たちの眼は，どのようなしくみで，このように幅広い強さの光に対応できるのだろうか。以下の語句をすべて用いて，120字以内で記せ。

〔語句〕　錐体細胞，桿体細胞，感度，暗順応

｜筑波大｜

標問 84 眼(2)

解答・解説 p.214

扱うテーマ　眼の構造／錐体細胞の種類と色覚　生物

A.　ヒトの眼に関する以下の文章を読んで問いに答えよ。

光受容体である眼に入った光は①強膜の一部である角膜から入り，前眼房，瞳孔を通り，［ア］で屈折したあとガラス体を通って網膜に達して像を結ぶ。網膜には錐体細胞と桿体細胞という２種類の［イ］細胞があり，ここで受け取った情報が視神経へと伝達される。錐体細胞には３種類の細胞がある。また，桿体細胞には［ウ］と呼ばれる光受容タンパク質がある。網膜にはいくつかの特殊な部位がある。網膜全体の視神経が集まって網膜を貫く部位は［エ］と呼ばれ，この部位には［イ］細胞が全くないために光を感知できない。また，網膜の中心部にあり錐体細胞が集中している部位は［オ］と呼ばれる。

問１　文中の空欄に適当な語句を入れよ。

問２　下線部①に関して，角膜が強膜の他の部位と異なる点を10字以内で述べよ。

問３　桿体細胞の図を描き，脈絡膜側を矢印で示せ。

★問４　［オ］が障害されると，物はどのように見えるか，20字以内で述べよ。

B.　脊椎動物の色覚は，網膜の中にどのタイプの錐体細胞をもつかによって決まる。②ヒト錐体細胞には赤，緑，青の３種類がある。この３種類の錐体細胞がどのような割合で反応するかにより色を決定している。一方，鳥類などは４種類の錐体細胞をもつものが多く，これらの生物は長波長域から短波長域である近紫外線までを認識できるものと考えられている。しかし，ヒト以外のほとんどの哺乳類は錐体細胞を２種類しかもたない。現在，③哺乳類の祖先は４種類すべての錐体細胞をもっていたが，その後，４種類のうち２種類の錐体細胞を失ったものと考えられている。

問５　下線部②に関して，光の波長とこれら３種類の錐体細胞の光の吸収率の関係を右図に示す。A～Cがどの色の錐体細胞に相当するか色の名前を書け。

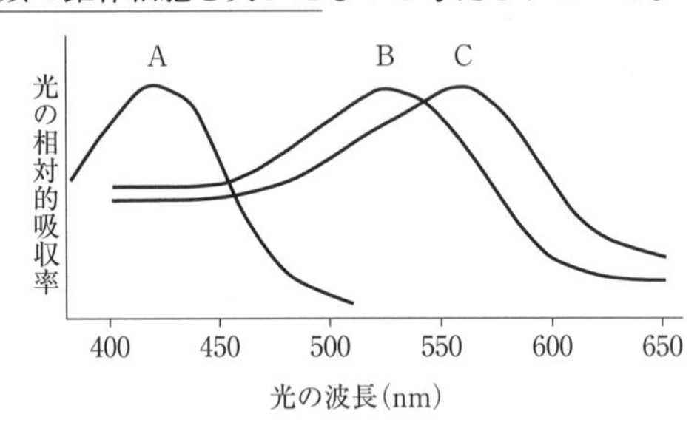

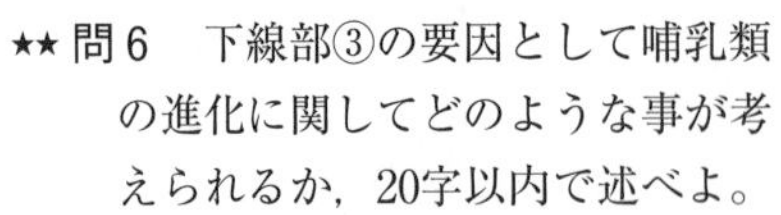

★★問６　下線部③の要因として哺乳類の進化に関してどのような事が考えられるか，20字以内で述べよ。

★★問７　通常，色覚障害がないヒトが見る信号機の色は赤，黄色，緑である。

⑴　イヌなどほとんどの哺乳類は青錐体細胞と赤から緑の波長に対応した錐体細胞の２種類しかもたない。目が不自由な人が連れている盲導犬には信号機の色がどのように見えているか，その特徴を20字以内で述べよ。

⑵　鳥類のように赤，緑，青の３種類の錐体細胞以外に紫外線領域を認識できる４つの錐体細胞をもつ動物では，信号機の色がどのように見えているか，その特徴を20字以内で述べよ。

｜昭和大(医)｜

標問 85 耳

解答・解説 p.216

扱うテーマ 耳の構造／全か無かの法則／音の受容と聴覚 生物

音刺激は空気の振動として，耳で受容される。ヒトの耳は外耳，中耳，内耳に分かれ，音は外耳と中耳との境にある鼓膜に伝わる。この後，ア中耳の耳小骨を経て内耳に伝わり，リンパ液の振動を介してうずまき管内の受容細胞である聴細胞が興奮する。聴細胞の興奮によってイ電気信号に変換された情報が聴神経を通って大脳の聴覚中枢に伝えられ，音として認識される。ウヒトが聞き分けられる音の周波数は一定の範囲でほぼ決まっており，エ聴覚の経路のどこが障害されても音の聞こえが悪くなる現象，すなわち難聴が起こりうる。オまた高齢になると生理的な難聴が起こる。

音が発生する位置については，目を閉じていてもある程度，感知できる。水平方向の音源の位置についてはカ左右の耳に音が伝わるわずかな時間差や音の強さの差を利用していることが知られている。

問1　下線部アに関して，リンパ液の振動に関与する経路として正しいのはどれか。次から1つ選べ。

① アブミ骨—卵円窓—前庭階—鼓室階　② アブミ骨—正円窓—前庭階—鼓室階
③ アブミ骨—卵円窓—鼓室階—前庭階　④ アブミ骨—正円窓—鼓室階—前庭階
⑤ キヌタ骨—卵円窓—前庭階—鼓室階　⑥ キヌタ骨—正円窓—前庭階—鼓室階
⑦ キヌタ骨—卵円窓—鼓室階—前庭階　⑧ キヌタ骨—正円窓—鼓室階—前庭階

問2　下線部イに関して，1本の聴神経繊維で記録される反応を右図1で示す。これより強い音を聞いたときの反応として正しいものを，図2の①～⑥から1つ選べ。

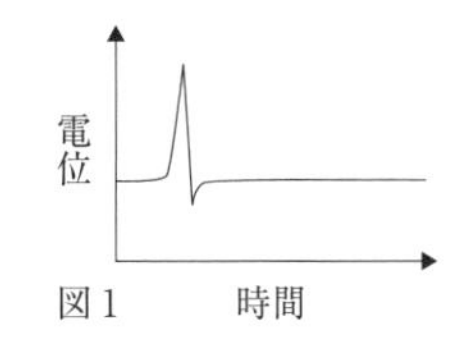

図1

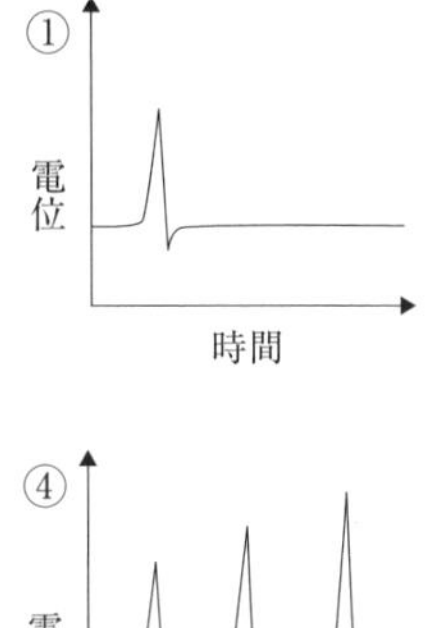

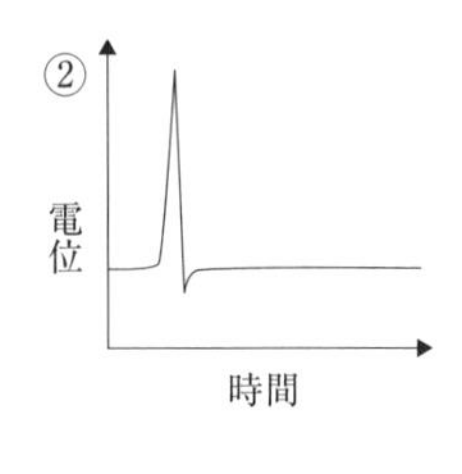

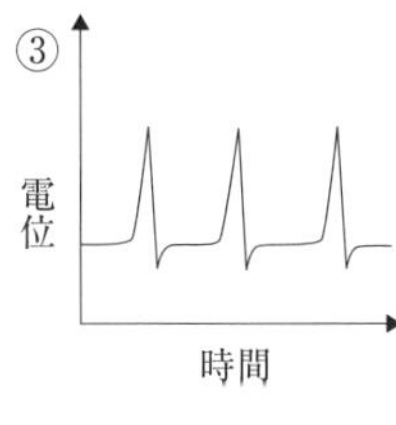

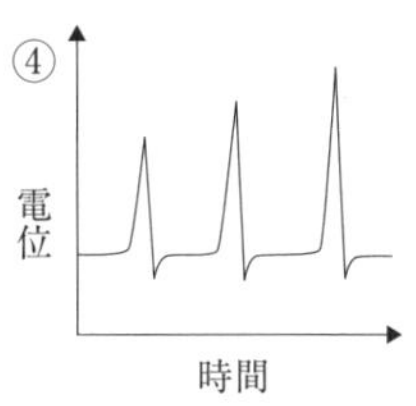

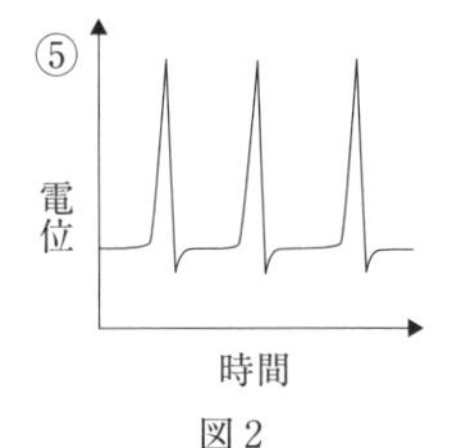

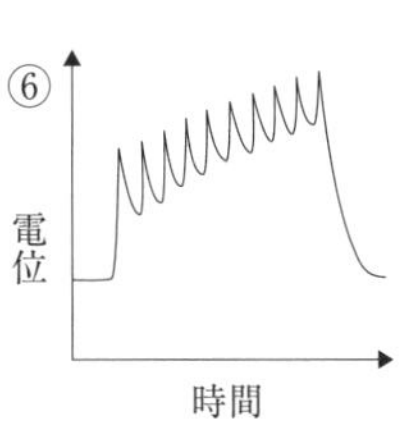

図2

問3　下線部ウに関して，ヒトが聞くことのできるおおよその周波数は，低音域から

高音域へと [a] Hz～ [b] Hz である。空欄にあてはまる数値を次から1つずつ選べ。

① 2　② 20　③ 200
④ 2,000　⑤ 20,000　⑥ 200,000

★問4　下線部エに関して，聴力検査のグラフを図3に示す。耳にレシーバーを当てて聞く気導音(実線)と，耳の後ろの骨に当てた装置から骨を伝わって内耳で感じる骨導音(点線)とを，周波数の低いものから高いものまで音量を変えて検査した結果をプロットしたグラフである。音の大きさはdB（デシベル)で表現され，グラフの縦軸に音が聞こえたときのdB値をプロットしてある。0～30dBまではほぼ正常とみなされ，それより大きな音でないと聞こえない場合が聴力の低下(難聴)とみなされる。内耳だけが原因の難聴と考えられるものを図4の①～⑤から選べ。

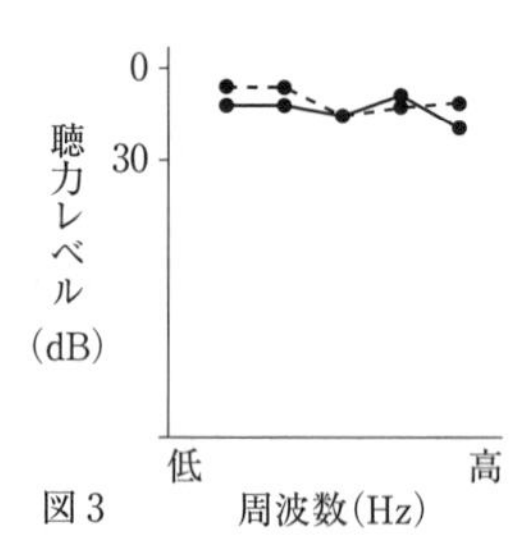

図3

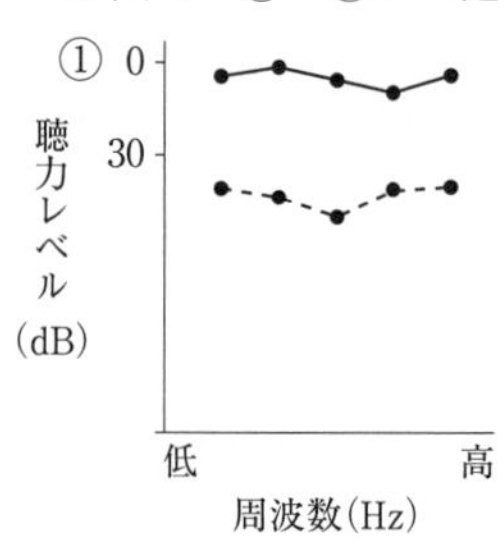

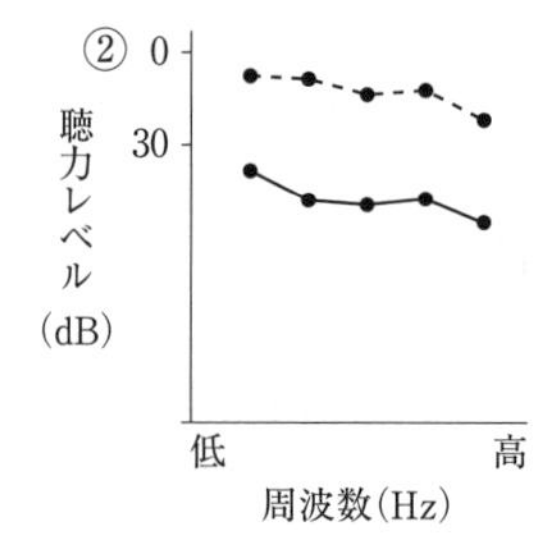

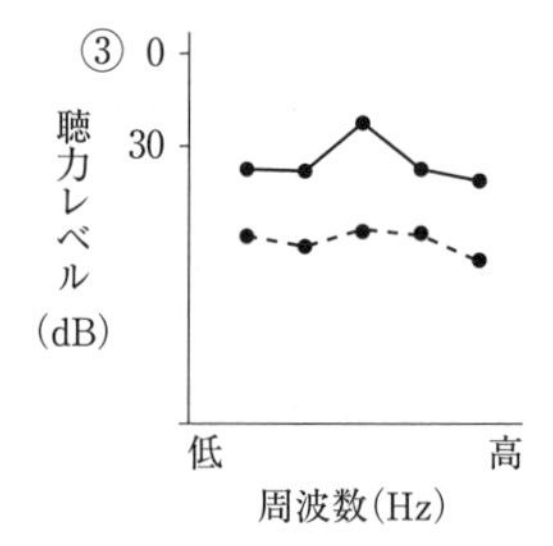

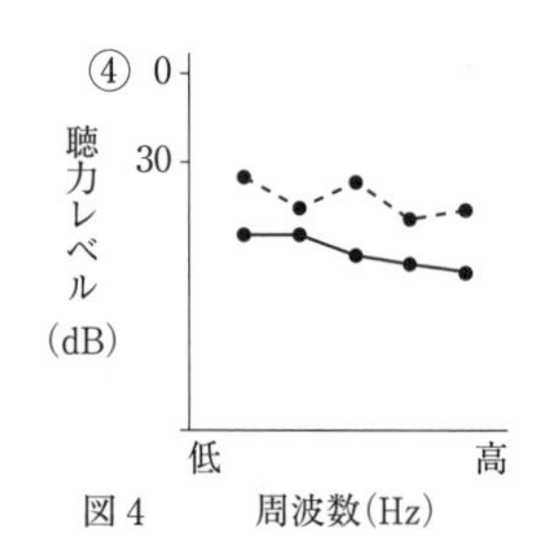

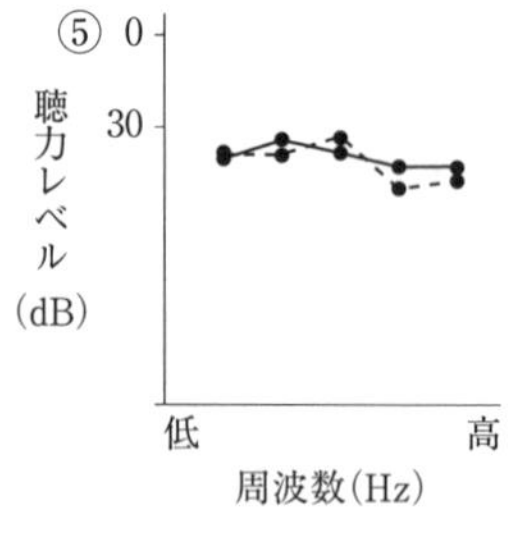

図4

★★問5　下線部オに関して，老人性難聴の際には，聴覚検査のグラフは一般に図5のようになる。このときに聴覚を伝える経路に起きている変化として考えられるものはどれか，次の①～⑦から1つ選べ。

① 鼓膜の弾性が低下した。
② 耳小骨の動きが悪くなった。
③ うずまき管基部の聴細胞の数が減った。
④ うずまき管先端部の聴細胞の機能が低下した。

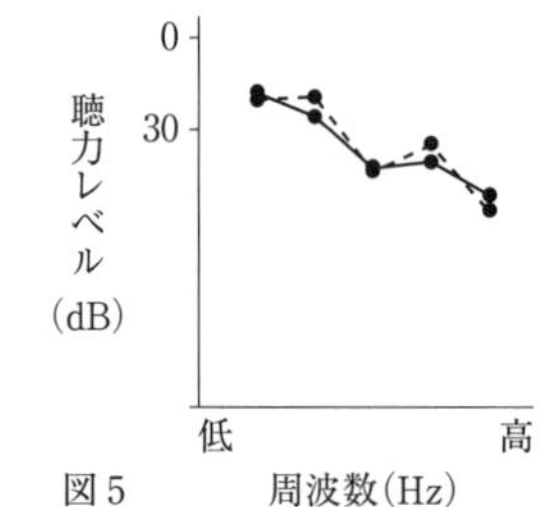

図5

⑤　うずまき管のリンパ液の粘性が増した。
⑥　聴神経繊維の数が減った。
⑦　大脳聴覚中枢の細胞の感受性が鈍くなった。

問6　下線部カに関して，音源が図6のように正面から右方向30度の位置にあった場合，両耳間を20cm，音速を330m/秒とすると，左右の耳に音が伝わる時間差は何ミリ秒か。小数点以下第1位(小数点以下第2位を四捨五入)まで求めよ。ただし，音源は十分遠い場所にあり，音は平行な波として両耳に届くものとする。

〔東邦大(医)〕

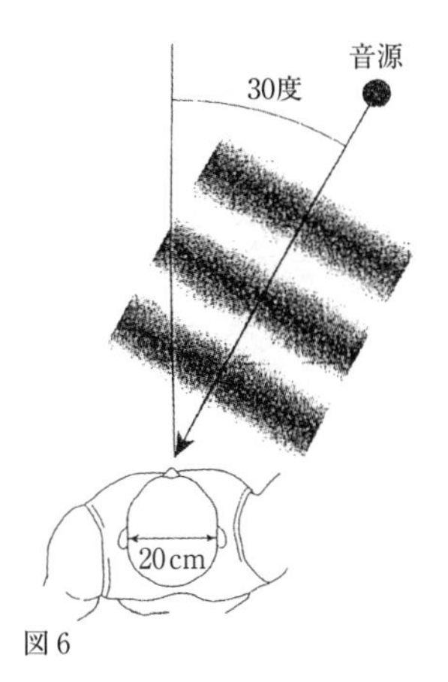

図6

標問 86 動物の行動

解答・解説 p.218

扱うテーマ 本能行動／フェロモン

生物

A. カイコガの雄は，羽化するとすぐに近くの雌に近づき，交尾する。そこで，雌のカイコガを机の端に置き，20cm ほど離れたところに雄を放して，雌雄のカイコガの行動を観察した。雌は，机に置かれるとすぐに尾部の先端から側胞腺と呼ばれる分泌腺を突出させた。すると，雄ははねを激しく羽ばたかせながら接近し，やがて雌のところにたどりついた。

雄がどのような刺激を感じて交尾相手を探し出しているのか知るために，次の実験1～6を行った。なお，実験には雌雄ともに成虫になったばかりの未交尾のカイコガを用いた。机に置かれた雌のカイコガは，すべてすぐに側胞腺を突出させた。また，外科的手術そのものの影響はなかった。

実験1　机の端に雌を置き，側胞腺を突出させる前に透明なガラス容器をかぶせて密閉した。その後，雄を放したところ，雄は何の反応も示さなかった。

実験2　机の端に雌を置き，両眼を黒エナメルで塗りつぶした雄を放したところ，雄ははねを羽ばたかせながら歩行し，雌のところにたどりついた。

実験3　机の端に雌をしばらく置いておき，その雌を取り除いた直後に雄を放したところ，雄はすぐにはねを激しく羽ばたかせながら動き回った。

実験4　ビーカーの中に雄を入れておき，雌の尾部にこすりつけたろ紙をピンセットでつまんで近づけると，雄ははねを激しく羽ばたかせた。次に，別のビーカーの中に両方の触角を根元から切った雄を入れ，雌の尾部にこすりつけたろ紙をピンセットでつまんで近づけたが，触角のない雄は何の反応も示さなかった。

★問1　実験1～4の結果から，雄のカイコガは，(1)視覚によって雌に接近しているのではないこと，(2)雌が発するにおいを手がかりに雌に接近していること，そして，(3)触角で雌が発するにおい刺激を受容していること，がわかる。(1)～(3)の根拠を，実験1～4の結果に基づいて，それぞれ50字以内で記せ。

問2　雌の尾部先端の側胞腺からは揮発性の高い性フェロモンが分泌され，雄はその情報をもとに，雌に近づいている。多くの動物は性フェロモン以外にも，他の役割をもつさまざまな種類のフェロモンを利用している。性フェロモン以外のフェロモンの種類を1つあげ，その名称を，そのフェロモンを用いている動物名とともに記せ。

問3　雌のカイコガが発する性フェロモンには雄のカイコガだけが反応し，雌のカイコガや他の動物は反応しない。感覚受容の観点から，その理由を50字以内で記せ。

実験5　雌を机の端に置き，両方のはねを根元から切断した雄を放したところ，雄はなかなか雌のところへたどりつけなかった。そこで，雌のいる側から雄の方に向けてうちわで風を送ったところ，雄は短い時間で雌にたどりついた。しかし，雄のいる側から雌の方に向けて風を送っても，雄はなかなか雌のところへたどりつけなかった。

実験6　正常な雄の頭部前方に，火のついた線香を近づけたところ，はねの羽ばたきにより，線香の煙は雄の触角の方へ吸い寄せられるように流れていくことが観察された。

問4　実験5と6の結果から，雄のはねの羽ばたきが果たしている役割について，最も適切と思われるものを，次から1つ選べ。

① 前方から後方へ向かう風の流れを作り，歩行速度を高めている。

② 後方から前方へ向かう風の流れを作り，歩行速度を高めている。

③ 前方から後方へ向かう風の流れを作り，触角で性フェロモンを検出しやすくしている。

④ 後方から前方へ向かう風の流れを作り，触角で性フェロモンを検出しやすくしている。

B. カイコガをはじめ，ガのなかまの雄は，雌が発する性フェロモンを利用して，数km離れた雌の存在を知ることができる。しかし，空気中に存在するにおい物質は，におい源から連続的に広がるのではなく，かたまり(フィラメントと呼ぶ)となって不均一に分布し，風が吹く自然環境下では刻々とその分布状態が変化している。におい源に近いほど，においのフィラメントの分布密度は高く，におい源から離れるほど，においのフィラメントの分布密度は低くなる。雄のカイコガが雌に向かっていく動きを詳しく解析したところ，図1のように，その歩行パターンは，ⅰ)においの刺激方向に直進する反射的行動(直進行動)，ⅱ)ジグザグターンから回転に移る，プログラムされた定型的行動(ジグザグターン－回転行動)，の2つのパターンからなっていることがわかった。

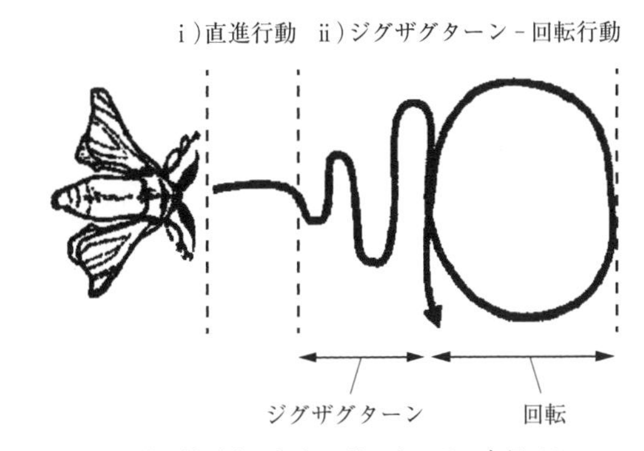

図1　雌へ接近するときの雄カイコガの歩行パターン

★★問5　におい源から遠いときには，雄は直進行動とジグザグターン－回転行動という2つのパターンを交互に繰り返す。雌に近づくにしたがって，回転はあまり見られなくなり，直進行動とジグザグターンを繰り返すようになり，最終段階ではほぼ直線的に雌に接近する。触角によるにおい刺激の受容の有無と2つの歩行パターンの切り替えの間にどのような関連性があるのか，次の語句をすべて用いて75字以内で記せ。

〔語句〕 におい刺激，直進行動，ジグザグターン－回転行動

問6　この雄カイコガの雌への接近のしかたのように，走性や反射，定型的な行動が組み合わさって起こる生得的な行動のことを何と呼ぶか。

｜山形大｜

第9章 植物の反応と調節

標問 87 オーキシンの働き

解答・解説 p.220

扱うテーマ 植物ホルモンによる成長調節／重力屈性とオーキシン／オーキシンの器官最適濃度 生物

植物はさまざまな環境要因の影響を受けながら成長するが，植物の成長調節や環境からの刺激に対する応答には種々の植物ホルモンが関わることが知られている。植物に特徴的な伸長成長や，重力や光刺激に対する応答には植物ホルモンのオーキシンが関わっている。以下の実験から，植物の成長や環境応答におけるオーキシンの働きを考えてみよう。

8日間生育させたエンドウから図1のように茎の一部を切り出し，水，あるいはオーキシン(2,4-D)を1mg/L含む水に浮かべて25℃で保温した。また，茎から表皮組織のみをはがしたものを作製し，同様の処理を行った。一定時間後に茎の長さを測定し，その変化をグラフで表した(図2)。

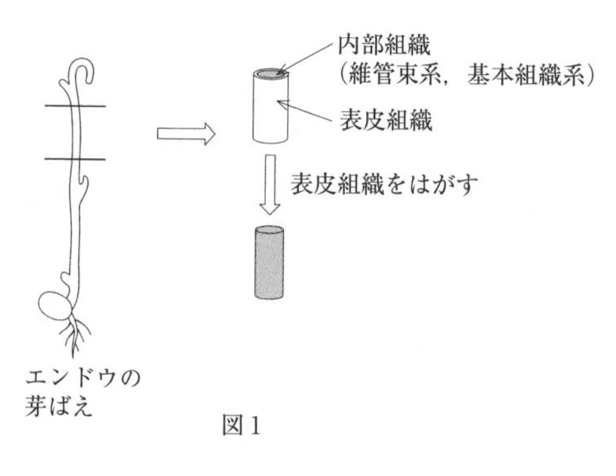

図1

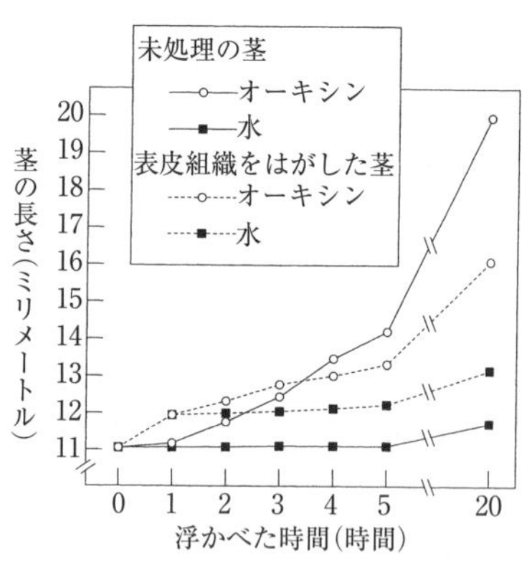

図2 (Tanimoto と Matsuda(1971)を一部改変)

問1 下線部に関連して，植物の成長過程で働く植物ホルモンは，促進的に働いたり，抑制的あるいは逆に働くことで，さまざまな生理現象を調節する。以下の諸現象に対して，それぞれのホルモンが促進的に働く場合は＋を，抑制的あるいは逆に働く場合は－を記せ。

(1) 気孔の開口に対するアブシシン酸の作用。

(2) イネやムギなど胚乳をもつ種子の発芽に対するアブシシン酸とジベレリンの作用。

(3) 離層の形成に対するエチレンとオーキシンの作用。

(4) 伸長成長に対するエチレンとジベレリンの作用。

問2 この実験では人工的に合成されたオーキシン(2,4-D)を使っている。植物で合成されオーキシンとして働いている物質の名称を略さずに答えよ。

★問３　図２の実験について述べた次の文章のうち，正しくないものをすべて選べ。

① この実験でみられる茎の伸びは，茎の細胞の伸びを足し合わせたものである。

② オーキシンの作用は２時間以降ではっきりと見られ，その程度はそれ以降のいずれの時点でも未処理の茎の方が表皮組織をはがした茎よりも大きい。

③ 表皮組織をはがした茎が処理後１時間で伸びているのは，表皮組織をはがしたことでしみこみやすくなったオーキシンにより茎の伸びが促進されたからである。

④ オーキシンは内部組織と表皮組織のどちらの細胞の伸びも促進する。

⑤ オーキシンは正常な表皮組織を通過して浸透したときにしか成長を促進しない。

⑥ 水の代わりに12%スクロース溶液を使って実験を行うと，茎はスクロースを栄養にして伸びやすくなり，オーキシンの有無による伸びの差が大きくなる。

★問４　この実験でオーキシンはエンドウの茎に対して成長を促進する作用があることを確認した。さらにこの実験では表皮をはがした茎を使うことで何を明らかにしようとしているのか，35字以内で答えよ。また，その目的をより明確にするには，さらにどのような実験を行えばよいか。30字以内で答えよ。

問５　オーキシンによる茎の伸びは細胞が吸水することで起こるが，吸水された水が主に貯えられる細胞内の構造体の名称を答えよ。

★★問６　切り出したエンドウの茎に，図３の破線のように縦に深く切り込みを入れ，水，あるいはオーキシンの入った水に浮かべてそれらの屈曲を観察した。水に浮かべて20時間後に観察すると，切れ目を入れた茎は図３のように外側に向かって屈曲した。図２の結果から，オーキシンの入った水に浮かべた茎はどのような曲がり方をすると予測されるか。最も適切と考えられるものを □ の中のａ～ｃから選び記号で答えよ。

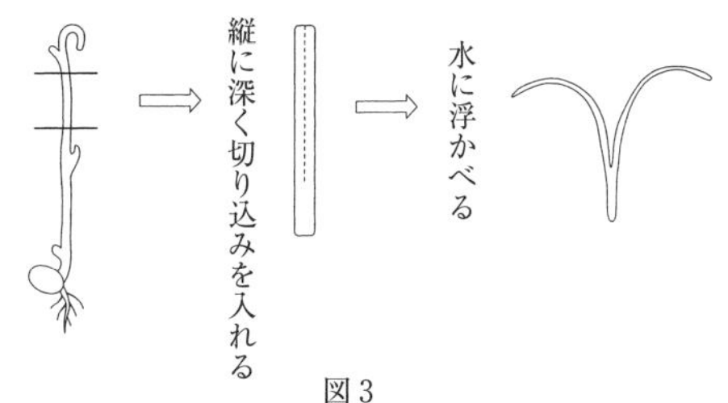

図３

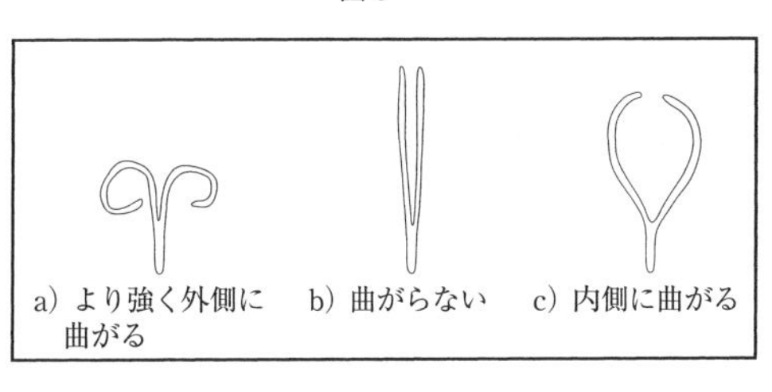

問７　暗所で発芽させたキュウリの芽ばえを90度倒して水平に置き成長を観察したところ，茎は上向きに，根は下向きに曲がった。このような反応は何と呼ばれているか。また，茎や根が曲がるしくみを，「オーキシン」，「濃度」，「感受性」という用語を使い80字以内で説明せよ。

★問８　問７の処理を行うときに，あらかじめ根の根冠を取り除いておくと根は曲がらずに水平方向に伸びる。その理由として考えられることを60字以内で説明せよ。

｜2012年 名大｜

標問 88 オーキシンの移動

解答・解説 p.222

扱うテーマ 極性移動／オーキシン輸送タンパク質／重力屈性とオーキシン 生物

植物が外界の刺激に成長を伴って反応する運動を成長運動と呼ぶ。刺激の方向に対して反応の方向が決まっている成長運動を屈性と呼ぶ。屈性には，光刺激に対する屈性(光屈性または，屈光性)や重力刺激に対する屈性(重力屈性または，屈地性)などがある。光屈性の研究から，植物の成長にはオーキシンという植物ホルモンが関係すること，また，それが植物体内で方向性をもって輸送されることが明らかになった。オーキシンのこのような輸送は極性輸送と呼ばれている。

オーキシンは茎頂とその周辺部で合成された後，根端へ向けて輸送される。この極性輸送を茎では求基的輸送，根では求頂的輸送と呼ぶ(図1)。この他に，根では求基的輸送(根端から茎に近い側への輸送)があることも知られている(図1)。

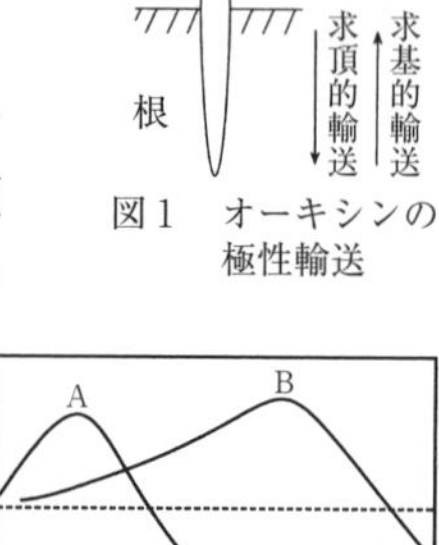

図1 オーキシンの極性輸送

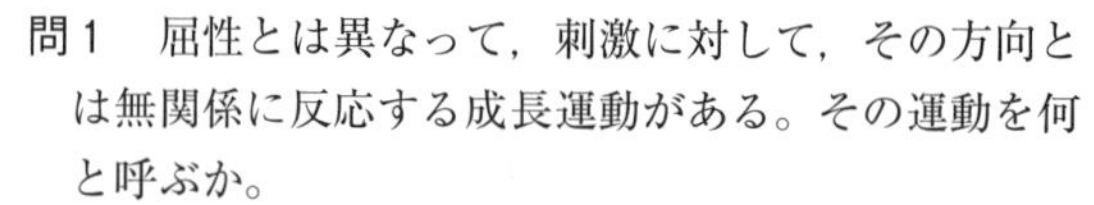

問1 屈性とは異なって，刺激に対して，その方向とは無関係に反応する成長運動がある。その運動を何と呼ぶか。

問2 図2(図中の破線はオーキシンを与えない場合の成長を示す)は，根または茎に与えたオーキシンの濃度とそれらの成長に及ぼす効果との関係を示している。曲線A，Bは根，茎のいずれについて示したものか，曲線A，曲線Bについてそれぞれ記せ。

図2 与えたオーキシンの濃度と植物の成長

実験1 根の成長と根でのオーキシンの極性輸送との関係を次のようにして調べた。

図3のように，ソラマメの芽生えの根に，根端から1mmごとに墨で印を付け，根端から2mmの位置にオーキシンをラノリン(脂質の1種)に含ませて塗布して与えた。また別の根に根端から5mmの位置で同様にオーキシンを与えた。これらの根を培養し，それぞれの根の成長を，オーキシンを含まないラノリンを塗布した根の場合と比較して，図4に示す結果を得た。

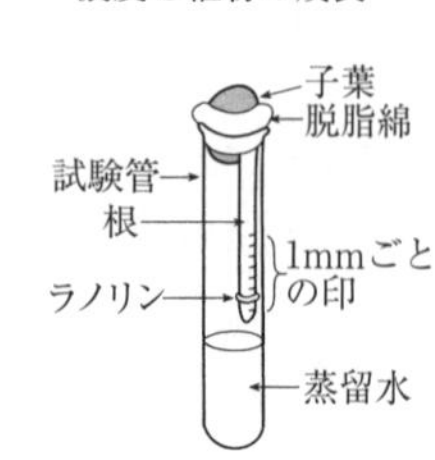

図3 ソラマメの根のオーキシン処理

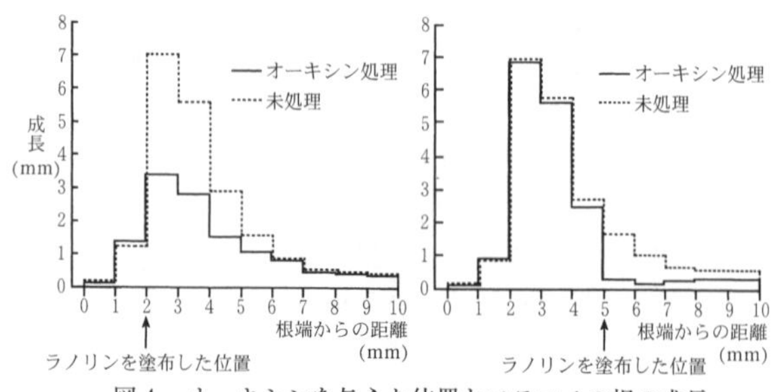

図4 オーキシンを与えた位置とソラマメの根の成長

★問3　実験1で与えたオーキシンの濃度は図2のア～エのいずれと考えられるか。最も適切なものを1つ選べ。

★問4　実験1の結果から，与えたオーキシンは主に求頂的輸送と求基的輸送のどちらで輸送されていると考えられるか記せ。また，選んだ理由を100字以内で記せ。

実験2　根でのオーキシンの求頂的輸送と求基的輸送が根のどの部域で起こっているかを次のようにして調べた。

図5のように，ソラマメの根端3mmから6mmまでの部分を切り出して，維管束系を含む中心部(以下，中心部)を取り除き針金を通してふさいだ切片と，未処理の切片とを用意した。

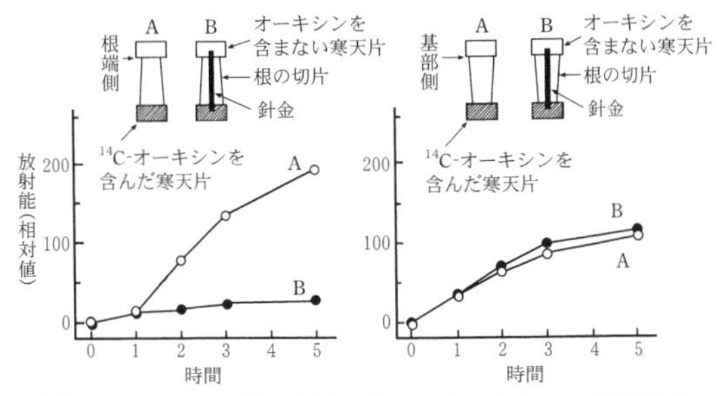

図5　ソラマメの根の切片におけるオーキシンの極性輸送

放射性炭素^{14}Cで標識したオーキシンを含んだ寒天片の上に，用意した根の切片をその基部側または根端側が下になるように置き，さらにその上にオーキシンを含まない寒天片を置いて培養した。根の切片の上側に置いた寒天片の放射能を，培養開始から1時間ごとに測定して，図5に示す結果を得た。

★★問5　実験2の結果から，オーキシンの輸送が起こっている部域について考えられることがらを，次から1つ選べ。

① 求頂的輸送は主に中心部で起こっているが，求基的輸送は主に中心部よりも外側の部域で起こっている。

② 求頂的輸送は主に中心部よりも外側の部域で起こっているが，求基的輸送は主に中心部で起こっている。

③ 求頂的輸送と求基的輸送は，いずれも，主に中心部で起こっている。

④ 求頂的輸送と求基的輸送は，いずれも，主に中心部よりも外側の部域で起こっている。

★問6　実験2から，オーキシンの極性輸送への重力の関わりを考える手がかりが得られる。実験2の結果でみられた極性輸送は，(1)「重力の作用で起こっている」と考えられるか，記せ。また，(2)そう考えた理由を125字以内で記せ。

実験3　根端には，根の頂端分裂組織を覆っている根冠と呼ばれる部分がある。根の重力屈性において，根冠が重力刺激の感受と伝達に関わっていることを明らかにするために，ある植物の根を用いて次の実験を行った。

図6のように，水平に置き6時間培養して重力屈性を示した根から根冠を切除した(図6A)。その根冠を，垂直に置き培養したあ

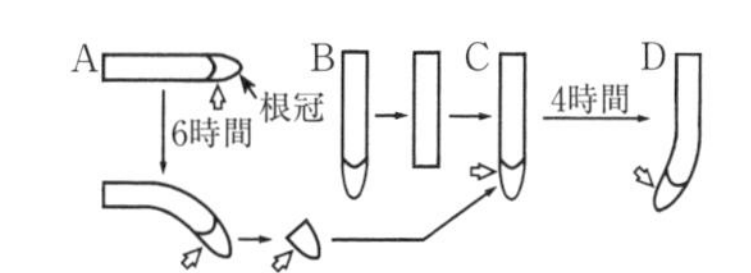

図6　根の重力屈性と根冠の影響
⇧はAの根の下側を示す。

とで根冠を切除した別の根(図６Ｂ)に接いだ(図６Ｃ)。その根を垂直のまま，さらに４時間培養して，図６Ｄの結果を得た。

★★ **問７**　実験３の図６Ｄの屈曲は，根冠で感受された重力刺激の伝達によって生じたと考えられている。最近の研究では，根冠内で，重力刺激によってオーキシンの分布に偏りが生じることが明らかになっている。これらのことをふまえて，**実験１～３**の結果をもとに，水平に置かれた根が重力屈性を示すしくみを，次の語句をすべて用いて175字以内で説明せよ。

〔語句〕　オーキシン，根冠，成長部域，相対的成長量，輸送

｜山形大｜

標問 89 植物細胞内の情報伝達

解答・解説 p.225

扱うテーマ ジベレリン／転写調節　生物

ジベレリンは種子の発芽促進等において重要な役割を担う。その情報伝達では，ジベレリン量が少ないときにはDELLAタンパク質が転写因子Aに結合することで，転写因子Aの機能を抑制する。しかしジベレリン量が増えると，DELLAタンパク質が分解されることで，転写因子Aが解放され，下流の遺伝子の転写量が増える(図1)。例えば，オオムギやイネの種子では，ジベレリン量が増えはじめると，アミラーゼ遺伝子の転写量が増える。このことで，種子の発芽が誘導される。

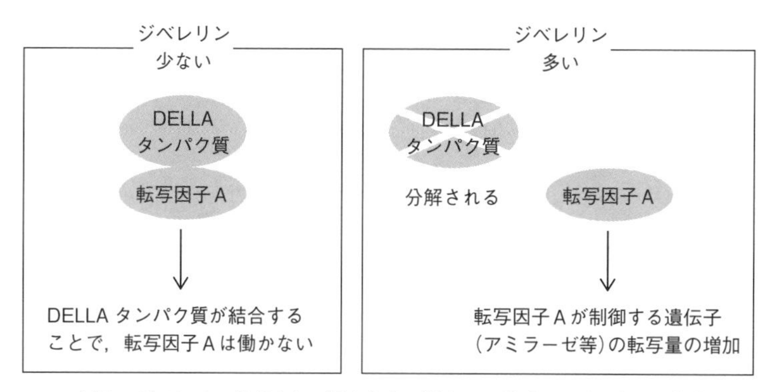

図1　ジベレリン量が少ない場合と多い場合での種子における転写の制御

種子と同じように，緑葉においてもDELLAタンパク質は転写因子Aに結合することで，転写因子Aが制御する遺伝子の転写量は減少する。これに加えて，DELLAタンパク質は物質Jの情報伝達における制御タンパク質Bにも作用することが知られる。制御タンパク質Bは転写因子Cに結合することで，転写因子Cの働きを抑制する制御因子である。緑葉で物質Jの量が増えると，制御タンパク質Bの多くが分解される。その結果，転写因子Cが制御する遺伝子Dの転写量が増える(図2)。

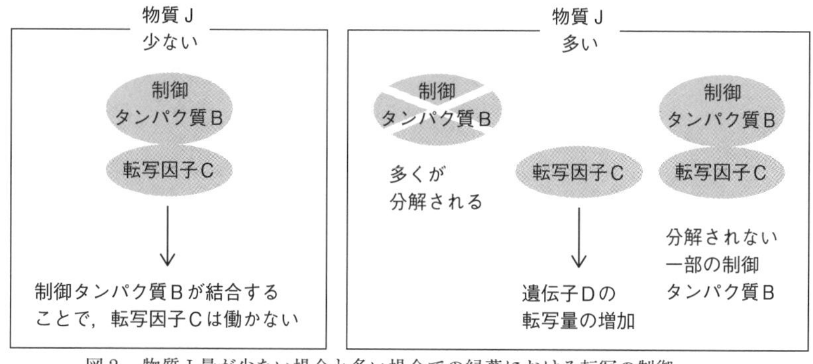

図2　物質J量が少ない場合と多い場合での緑葉における転写の制御

一方，DELLA タンパク質が制御タンパク質Bに結合すると，制御タンパク質Bは転写因子Cに結合できなくなる。緑葉でジベレリン量が増えると，DELLA タンパク質が分解されるため，制御タンパク質Bは転写因子Cに結合できるようになる。これにより，遺伝子Dの転写量は減る。なお，緑葉における DELLA タンパク質，転写因子A，制御タンパク質B，転写因子Cの合成量は一定であり，緑葉内のジベレリン量や物質J量の増減によっても変動しない。したがって，転写因子A，転写因子Cの分子数や働きは，DELLA タンパク質や制御タンパク質Bの分解と結合のみによって制御され，下流の遺伝子の転写量は調節される。

問1　ジベレリン量と物質J量が少ない緑葉に，十分な濃度のジベレリン，物質Jを与えた場合，遺伝子Dの転写量は変化する。このとき，転写量が多い順に，以下の不等式の空欄にあてはまる最も適切なものを下の①～③からそれぞれ1つずつ選べ。

転写量が多い　ア　＞　イ　＞　ウ　少ない

①　ジベレリンのみを与えた場合　　②　物質Jのみを与えた場合

③　ジベレリンと物質Jの両方を与えた場合

問2　ある変異型植物(DELLA 変異株)では，野生型植物(野生株)の DELLA 遺伝子内の開始コドン付近のシトシンがアデニンに変化することで，DELLA タンパク質が働かなくなっていた。図3は，DELLA タンパク質の mRNA の転写開始点から翻訳開始点を含む領域の変異が生じる前の配列を示す。表1の遺伝暗号表を参考にして，変異の箇所として最も適切なシトシン塩基に該当する番号を図3中の0～9より1つ選べ。なお，変異箇所は1箇所のみとする。

表1

第1塩基	第2塩基 U	第2塩基 C	第2塩基 A	第2塩基 G	第3塩基
U	フェニルアラニン	セリン	チロシン	システイン	U
					C
	ロイシン		(終止)	(終止)	A
				トリプトファン	G
C	ロイシン	プロリン	ヒスチジン	アルギニン	U
					C
			グルタミン		A
					G
A	イソロイシン	トレオニン	アスパラギン	セリン	U
					C
			リシン	アルギニン	A
	メチオニン(開始)				G
G	バリン	アラニン	アスパラギン酸	グリシン	U
					C
			グルタミン酸		A
					G

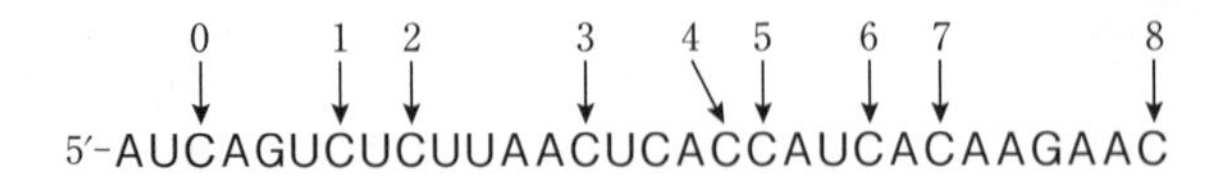

図3　野生株における DELLA タンパク質の mRNA 配列
(転写開始点から翻訳開始点を含む領域)

問3　問2で述べたDELLA変異株の，緑葉での特徴についての以下のエ～カの記述について，内容的に正しいものには①を，誤りを含むものには②を，どちらともいえないものには⓪を記せ。なお，野生株とDELLA変異株の緑葉におけるジベレリン量と物質J量は十分に少なく，DELLA変異株ではDELLA遺伝子以外における変異は生じていないものとする。

エ．転写因子Aが制御する遺伝子の転写量は野生株よりも多い。

オ．遺伝子Dの転写量は野生株よりも多い。

カ．物質Jを与えたDELLA変異株では，同じく物質Jを与えた野生株よりも遺伝子Dの転写量は多い。

問4　生体での遺伝子の機能を明らかにする技法の1つとして，RNA干渉(RNAi)がある。RNAiを用いることで，生体内における特定のタンパク質量を減少させることができる。この技法を用いて，DELLAタンパク質量が減少している植物(DELLA抑制株)を作出した。このDELLA抑制株の緑葉におけるDELLAタンパク質量は，野生株の半分になっていることがわかった。同様に，DELLA抑制株の遺伝子Dの転写量は野生株の半分になっていたが，転写因子Aによって制御される遺伝子の転写量は野生株と同程度であった。このことから考えられる以下の①～③の考察のうち，正しいものをすべて選べ。なお，野生株とDELLA抑制株の緑葉におけるジベレリン量と物質J量は十分に少なく，DELLA抑制株ではDELLAタンパク質以外のタンパク質がRNAiによって直接影響を受けることは無いものとする。

①　DELLAタンパク質量が半分になる量のジベレリンを野生株に与えた場合，転写因子Aによって制御される遺伝子の転写量は増えると予想される。

②　DELLA抑制株に十分な濃度のジベレリンを与えた場合，転写因子Aによって制御される遺伝子の転写量は増えると予想される。

③　DELLA抑制株に物質Jを与えると，遺伝子Dの転写量は増えると予想される。

｜東京理科大｜

標問 90 アブシシン酸の働き

解答・解説 p.228

扱うテーマ 光発芽種子／フォトトロピン／気孔の開閉　生物

葉の表皮には，気孔と呼ばれる小さな穴が多数存在する。気孔は，葉の内部と外界とを結ぶ気体の通り道として，大きな役割を担っている。環境が変化すると，それに応じて気孔の開きぐあいが変わり，気体の出入りが調節される。

気孔の開閉に関わる環境要因の中でも，特に重要なものに光がある。一般に気孔は，暗い環境で閉じ，明るい環境で開く。光照射で速やかに誘導される気孔開口は，特定の①色素タンパク質による光受容を介する。この色素タンパク質は，②光に依存した種子の発芽に関与する色素タンパク質とは種類が異なり，それを反映して，光応答の特徴も，気孔開口と発芽とで大きく異なる。

水分もまた，気孔の開閉を左右する。水分の変化を気孔開閉に結びつける仲介役を果たすのは，アブシシン酸である。水分が不足すると，それが刺激となって植物体内のアブシシン酸濃度が高まり，このアブシシン酸の作用によって気孔が閉じる。

気孔は構造的には1対の孔辺細胞に挟まれた隙間であり，気孔の開閉は孔辺細胞が変形することによる。③この変形に先立つ孔辺細胞の生理的変化については，ツユクサなどを材料に用いてさまざまな実験が行われ，概略が明らかにされている。近年では，シロイヌナズナの突然変異体を利用した解析も進んでいる。

実験1　ツユクサの葉から表皮を剥(は)ぎ取り，これを細胞壁分解酵素で処理して，孔辺細胞のプロトプラストを得た。このプロトプラストを，その体積に比べてはるかに量の多い，やや高張の培養液に浮かべ，直径が変化しなくなるまで，暗所でしばらく静置した。その後，プロトプラストに光を照射したところ，膨らんで直径が増大した。

実験2　アブシシン酸に応答した気孔閉口が起きない突然変異体（アブシシン酸不応変異体）を探し出す目的で，突然変異を誘発したシロイヌナズナを多数育て，アブシシン酸を投与した。アブシシン酸投与後に，サーモグラフィー（物体の表面温度を測定・画像化する装置）により葉の温度を調べ，その結果に基づいて，アブシシン酸不応変異体の候補株を選抜した。

★問1　下線部①について。青色の光を受容し，気孔の開閉以外にも光屈性などに働いているこの色素タンパク質の名称を答えよ。

問2　下線部②について。レタスなどの光発芽種子の発芽にみられる光応答の特徴を，光の波長（色）との関係から40字以内で説明せよ。

★問3　下線部③について。次の文章は，実験1の結果からの考察を述べたものである。［ア］～［ウ］に適切な語句を入れよ。

考察：光照射により孔辺細胞のプロトプラストが膨らんだのは，水が流入したことを示している。一般に植物細胞への水の流入が起きるのは，［ア］と細胞外の［イ］の和より細胞内の［イ］が［ウ］なったときである。この実験の場合，細胞外の［イ］は一定とみなせ，細胞壁がないプロトプラストでは

[ア] が無視できるので，水の流入の原因は細胞内の [イ] が [ウ] なることであると考えられる。

★問4　実験2について。アブシシン酸不応変異体を見つけるには，野生型と比べて葉の温度がどうなっている個体を選び出したらよいか，答えよ。また，その理由を60字以内で述べよ。

★問5　実験2で単離されたアブシシン酸不応変異体が，気孔閉口だけでなく，すべてのアブシシン酸応答を示さないとしたら，どのような表現型が考えられるか。気孔閉口の異常とは直接の関係がない表現型を1つ答えよ。

｜東大｜

標問 91 フロリゲン

解答・解説 p.230

扱うテーマ 花芽形成／遺伝子発現調節　生物

1920年代のガーナーとアラードらの実験から，花成と日長の密接な関係が明らかにされた。続く1930年代の研究で(ア)適当な日長条件下において葉で合成され，師管を通って運ばれ花成を促進する花成因子の存在が提唱された。そして早くも1937年にはチャイラヒャンによって花成因子は“フロリゲン”と命名されたが，その実体は実に70年間にわたり謎のままであった。ようやく1990年代以降になりモデル植物のシロイヌナズナを用いた分子遺伝学によりフロリゲンの研究は急速に進展した。

シロイヌナズナは長日植物であり，人為的に長日条件におけば花成は早まる。ところが長日条件においても花成が早まらない *ft* 突然変異体(*FLOWERING LOCUS T*)が報告された。*ft* 突然変異体では *FT* 遺伝子が突然変異により正常に機能しなくなっていた。そこで正常な *FT* 遺伝子をクローニングして，シロイヌナズナの植物体内で人為的にFTタンパク質を過剰合成させると，日長にかかわらず花成が促進された。野生株では，短日条件から(イ)長日条件に移すと葉で *FT*mRNA と FTタンパク質が検出されるようになる。しかし，花芽を形成する茎頂ではFTタンパク質は検出されたが *FT*mRNA は全く検出されなかった。

では日長に応じた *FT* 遺伝子の活性化はどのようにして起こるのだろうか。植物には概日リズムが存在する。葉に存在する CONSTANS (CO)タンパク質の濃度は概日リズムと日長の両方の影響を受け変動する(図１)。COタンパク質は概日リズムに沿って午後の決まった時刻に合成され始める。しかし，COタンパク質は暗期では速やかに分解される性質をもっている。このため早く暗くなってしまう短日条件では１日を通して葉に蓄積されることはない。一方，長日条件下では暗期になる前に一時的にCOタンパク質が分解されずに葉内に蓄積される時間帯がある。実はCOタンパク質は *FT* 遺伝子の転写調節配列に直接結合し *FT* 遺伝子を活性化する調節タンパク質であった。つまり(ウ)COタンパク質の濃度の変動こそが，長日条件に応答して *FT* 遺伝子を調節するというしくみであった。(エ)葉で作られたFTタンパク質は，茎の師管を通って８時間後には茎頂に達し，茎頂だけに存在する別の調節タンパク質と共同して，花成の遺伝子スイッチを入れることが明らかにされている。

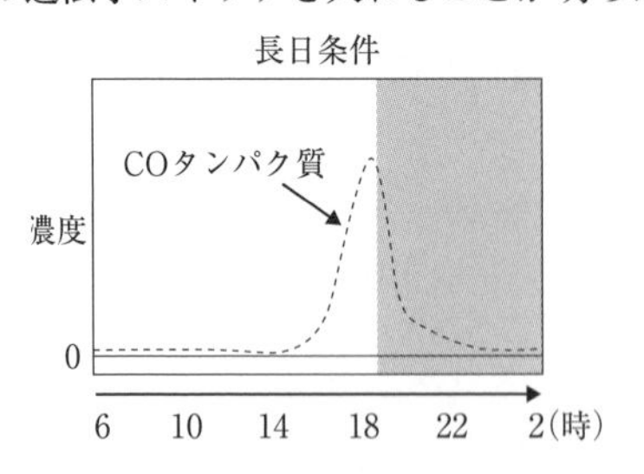

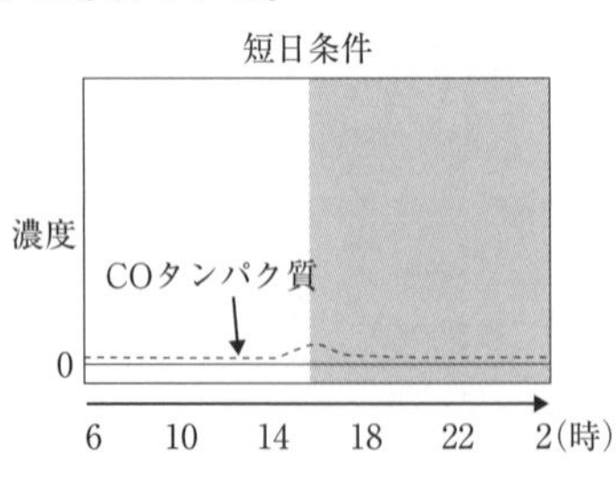

図１　実験室内での長日条件および短日条件において，
シロイヌナズナの葉に含まれる COタンパク質の濃度変化

その後，*FT* 遺伝子と類似の遺伝子が他の植物種でも次々発見された。植物はその生活環境に適応し，日長の長短に限らずさまざまな条件に応答して花成するシステムを進化させている。しかし，これまでの研究で *FT* 遺伝子こそが種を超えて共通する花成促進の主役であり，長年研究者が追い求めてきたフロリゲンの実体であることが広く認められるようになった。

（注：タンパク質名は大文字，遺伝子名・RNA 名は大文字イタリック，変異遺伝子名は小文字イタリックで表記する。）

★**問1**　下線部(ア)のフロリゲンの性質を調べるために，オナモミ（短日植物）を使用した花成の**実験1～4**を行った。各実験においては，図2のように，2つの鉢植えに植わった2個体のオナモミA，Bを途中で接ぎ木したものを使用した。いま，どちらのオナモミも長日条件下で花芽をもたない状態で実験を開始するが，仮に短日条件になれば図2のように花成できるものとする。**実験1～4**について予想される結果を下の①～④から1つずつ選べ。

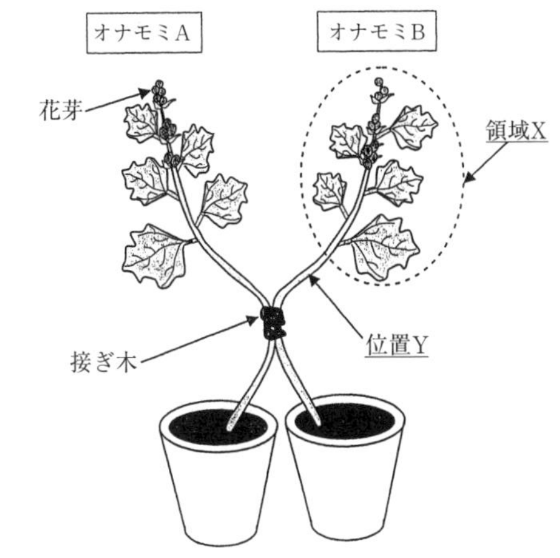

図2　実験に用いたオナモミの模式図（短日植物）

実験1：接ぎ木したA，Bのうち，Bの領域Xに覆いを被せて短日処理した。

実験2：接ぎ木したA，Bのうち，Bの葉をすべて取り去り，Bの領域Xに覆いを被せて短日処理した。

実験3：接ぎ木したA，Bのうち，Bの領域Xの葉を1枚だけ残して取り去り，Bの領域Xに覆いを被せて短日処理した。

実験4：接ぎ木したA，Bのうち，Bの位置Yで茎の形成層より外側を環状除皮して，Bの領域Xに覆いを被せて短日処理した。

①　A，Bのどちらにも花芽がついた。

②　A，Bのどちらにも花芽がつかなかった。

③　Aのみに花芽がついた。

④　Bのみに花芽がついた。

★**問2**　長日条件下での *FT* 遺伝子の発現について記述した下線部(イ)の内容を，葉・茎・転写・翻訳・輸送の5語を使用して改めて説明せよ。（60字以内）

★**問3**　下線部(ウ)について，図1のCOタンパク質の濃度変化を参考にして，長日条件下，および短日条件下で予想される葉内の *FT*mRNA の濃度変化を図1のグラフに書き入れよ。ただし白色部は明期，灰色部は暗期を表す。

★★**問4**　下線部(エ)について，葉で合成されたFTタンパク質が実際に茎頂に運ばれることを実験的に示したい。実験を考案せよ。（100字以内）　｜防衛医大｜

標問 92 花芽形成

解答・解説 p.232

扱うテーマ 花芽形成／フロリゲン／日周性／遺伝子発現調節　生物

被子植物の花芽形成(花成)は，本来葉になる部分(原基)を生み出す［ア］組織が，花芽の原基を形成することである。つまり，花成とは［ア］組織が光合成により増殖する栄養成長モードから，生殖モードに変換するプロセスのことである。この変換には，栄養成長に必要な遺伝子群の不活性化と，生殖器官形成のための遺伝子群の活性化が必要であろう。多くの植物の花芽形成には季節性があり，その季節性には，温度感受性のものや日長感受性のものが知られている。後者の日長感受性の応答は［イ］と呼ばれている。

花成と［イ］の関連について詳しく調べるため，あるダイズの品種を用いて下記の実験1～3を行った。なお，植物体は人工気象室内で十分に成長したものを用い，日長処理は光合成を行うために十分な明るさの蛍光灯を用いた。気温は一定に保った。

実験1　明期16時間，暗期8時間の明暗サイクル下(長日条件)で栽培したところ，開花する兆しが見られなかったが，明期8時間，暗期16時間の明暗サイクル下(短日条件)では開花した。

実験2　短日条件の暗期開始9時間目に短い15分の光パルスを投与する光中断実験を行ったところ，花芽形成が抑制された。

実験3　暗期中で光中断を行う時間帯を少しずつ変えたところ，図1に示す結果を得た。また，明期8時間，暗期64時間の明暗サイクルを数回かけて，花芽形成率を調べた。この際，64時間の暗期中のさまざまな時間帯で光中断実験を行ったところ，図2の結果が得られた。なお，図中の短い白バーは光中断をした時間を示す。

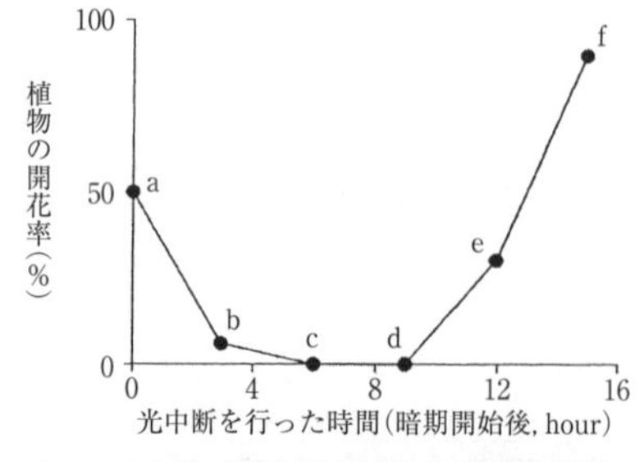

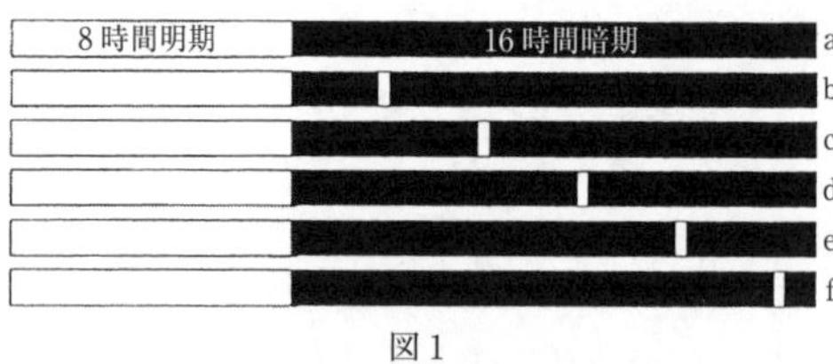

図1

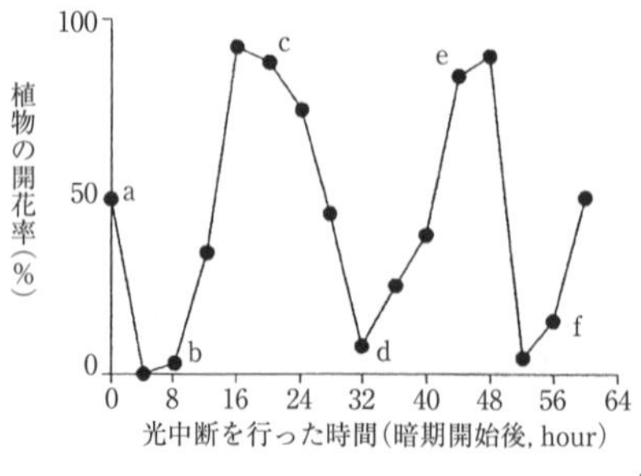

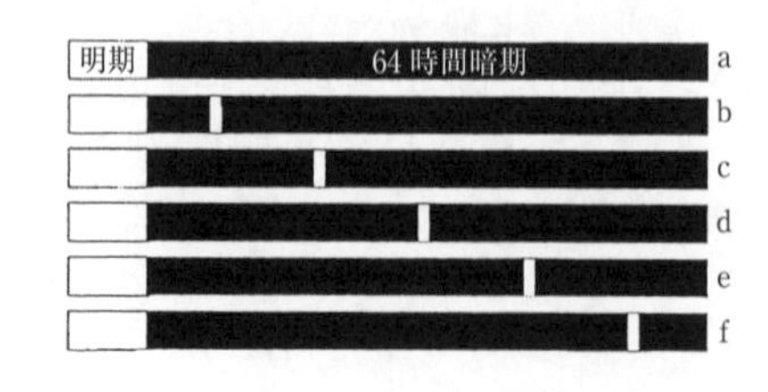

図2

さらに遺伝学的な解析を行うために，同じく短日植物のイネを用いて，**実験4**と**5**を行った。イネでは短日条件下での開花率が大きく低下し，開花の日長感受性を示さなくなる変異株がいくつか知られている。これらの原因遺伝子のうち，A遺伝子とB遺伝子のmRNAの発現パターンを，野生株と変異株を用いて解析した。

実験4　10時間明期，14時間暗期の明暗サイクル下(短日条件下)でのA遺伝子とB遺伝子の葉のmRNAの発現量は，野生株では図3の実線部のように変化した。この明暗サイクル中，暗期開始後6時間目(＝明期開始の8時間前)に光パルスを投与すると，その後の開花率が大幅に減少することがわかっている。この光中断処理後，明暗サイクルを続けた場合，A，B遺伝子の葉のmRNA量は図3の点線部のように変化した。なお，図中の横軸の黒バーは暗期を，0―10時間目の白バーは明期を，矢印で示した短い白バーは光中断をした時間を指す。

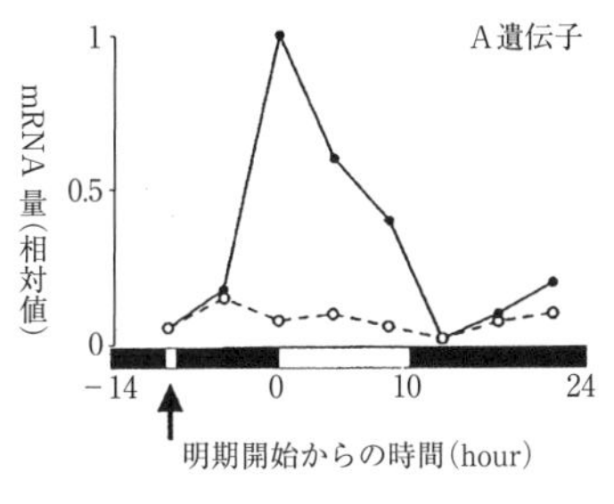

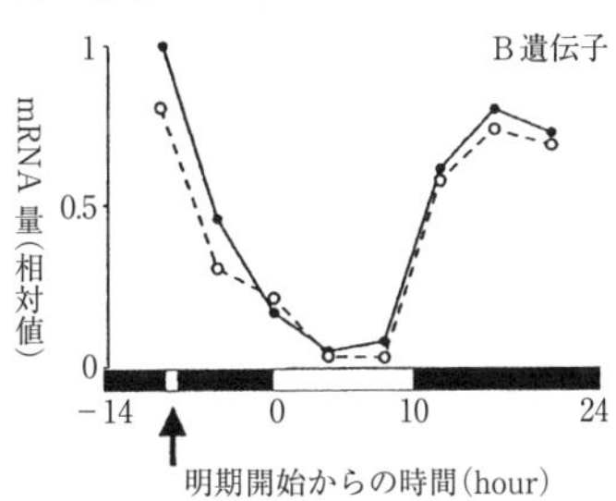

図3

実験5　A遺伝子を欠く変異株では，短日条件下におけるB遺伝子mRNAの発現パターンは野生株とほぼ同じであった。一方，B遺伝子を欠く変異株ではA遺伝子mRNAの発現は明期でも暗期でも全く認められなかった。

問1　文中の空欄にあてはまる最も適当な用語を答えよ。

★★ **問2**　**実験2**の解釈として,「短日条件の明期の短さではなく，暗期の長さ(限界暗期)が短日植物の開花(花成)のオン・オフを決める」という仮説がある。しかし，**実験3**で得られた結果から，この仮説には修正が必要である。結果を踏まえながら，短日植物の花芽形成に関する仮説を書け。

★★ **問3**　**実験4**および**実験5**から，もしA遺伝子もしくはB遺伝子のいずれかがコードするタンパク質が花成ホルモンであるとすれば，どちらがその候補としてふさわしいか。その理由とともに答えよ。

★★ **問4**　問3で想定した可能性を具体的に検証するためには，何をどのように示せばよいか。「これが明らかになれば花成ホルモンである可能性が高い」と思われる項目を2つあげよ。さらに，それらを検証するために必要な実験について述べよ。ただし，イネで検証することが困難な実験については，エンドウその他の植物の場合に置き換えて答えてもよい。

★★ **問5**　A遺伝子とB遺伝子の転写制御に関して，推測されることを2つ述べよ。

｜早大(先進理工)｜

標問 93 発芽調節

解答・解説 p.234

扱うテーマ 光発芽種子／光受容体／春化処理(バーナリゼーション)

生物

A. 植物の種子の発芽には，光，温度，水，酸素濃度などの環境条件に加えて，種子自身の休眠も関係している。東北地方のある畑では，作物X種が栽培されており，その畑の作物X種の群落の周囲には，雑草Y種が多く生えている。作物X種，雑草Y種ともに日当たりのよいところでよく生育・開花し，秋には種子が熟して地上に落下する。地上に落下する直前に採取した作物X種と雑草Y種の種子を使って，実験1と2を行った。

実験1 湿らせたろ紙の上に，作物X種と雑草Y種の種子をまいて，次の処理a～fのいずれかを行った。すべての処理は25℃に保って行った。

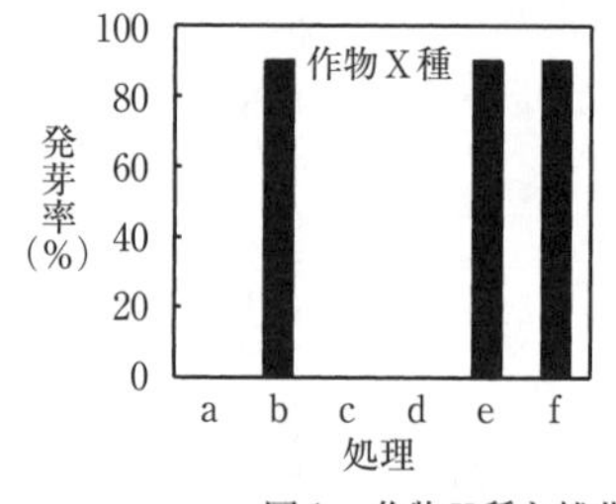

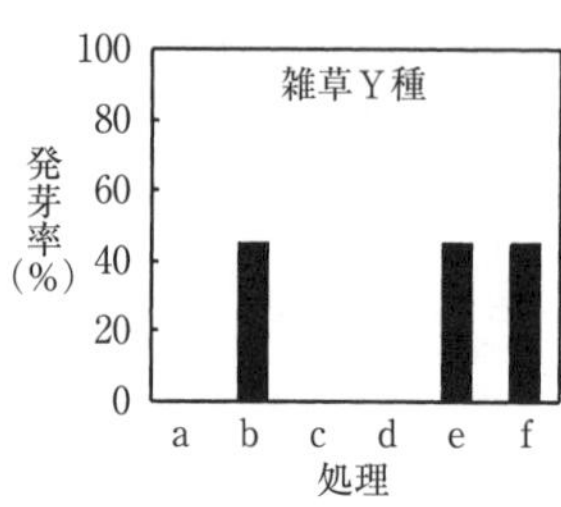

図1 作物X種と雑草Y種の種子の発芽率

1週間後の種子の発芽率は図1のとおりであった。

処理a．暗黒下に1週間置いた。

処理b．赤色光下に30分間置いたのち，暗黒下に1週間置いた。

処理c．遠赤色光下に30分間置いたのち，暗黒下に1週間置いた。

処理d．赤色光下に30分間，続いて遠赤色光下に30分間置いたのち，暗黒下に1週間置いた。

処理e．遠赤色光下に30分間，続いて赤色光下に30分間置いたのち，暗黒下に1週間置いた。

処理f．赤色光下に30分間，続いて遠赤色光下に30分間，さらに続いて赤色光下に30分間置いたのち，暗黒下に1週間置いた。

問1 光が種子の発芽に及ぼす効果について，実験1の結果から判断して適切な記述を，次からすべて選べ。

① 赤色光は種子の発芽を促進する。
② 赤色光は種子の発芽を促進しない。
③ 赤色光は種子の発芽を促進するかどうかわからない。
④ 遠赤色光は種子の発芽を促進する。
⑤ 遠赤色光は種子の発芽を促進しない。
⑥ 遠赤色光は種子の発芽を促進するかどうかわからない。
⑦ 赤色光は遠赤色光の効果を打ち消す。
⑧ 赤色光は遠赤色光の効果を打ち消さない。
⑨ 赤色光は遠赤色光の効果を打ち消すかどうかわからない。

⑩　遠赤色光は赤色光の効果を打ち消す。

⑪　遠赤色光は赤色光の効果を打ち消さない。

⑫　遠赤色光は赤色光の効果を打ち消すかどうかわからない。

実験２　湿らせたろ紙の上に，作物Ｘ種と雑草Ｙ種の種子をまいて，5℃の低温，暗黒下に10日間置いた(低温処理)。続いて25℃，赤色光下に30分間置いたのち，25℃，暗黒下に１週間置いたところ，いずれの種も90％の種子が発芽した。

★問２　実験１と実験２の結果だけから判断すると，低温処理は雑草Ｙ種の種子の発芽に対してどのような効果をもつと考えられるか。次の語句をすべて用いて75字以内で記せ。

〔語句〕　赤色光，低温処理，発芽率

B.　植物ホルモンのひとつであるジベレリンが種子の発芽にどのように関係しているかを調べるために，地上に落下する直前に採取した作物Ｘ種と雑草Ｙ種の種子を用い，実験３～５を行った。

実験３　ジベレリンを添加した水で湿らせたろ紙の上に，作物Ｘ種と雑草Ｙ種の種子をまいて，25℃，暗黒下に１週間置いたところ，いずれの種も90％の種子が発芽した。

実験４　ジベレリン合成阻害剤を添加した水で湿らせたろ紙の上に，作物Ｘ種と雑草Ｙ種の種子をまいて，25℃，赤色光下に30分間置いたのち，25℃，暗黒下に１週間置いたが，いずれの種も種子の発芽はみられなかった。

実験５　ジベレリン合成阻害剤を添加した水で湿らせたろ紙の上に，作物Ｘ種と雑草Ｙ種の種子をまいて，5℃の低温，暗黒下に10日間置いた。続いて25℃，赤色光下に30分間置いたのち，25℃，暗黒下に１週間置いたが，いずれの種も種子の発芽はみられなかった。

問３　実験１～５の結果から，ジベレリンは作物Ｘ種と雑草Ｙ種の種子の発芽に対してどのような作用をもつと考えられるか。適切なものを次から１つ選べ。

①　ジベレリンは，作物Ｘ種と雑草Ｙ種の種子の発芽を促進する。

②　ジベレリンは，作物Ｘ種と雑草Ｙ種の種子の発芽を抑制する。

③　ジベレリンは，作物Ｘ種と雑草Ｙ種の種子の発芽を促進も抑制もしない。

④　実験結果だけでは，作物Ｘ種と雑草Ｙ種の種子の発芽に対するジベレリンの働きはわからない。

★★問４　実験１～５の結果だけから判断すると，赤色光と低温処理は，作物Ｘ種と雑草Ｙ種の種子におけるジベレリン合成に対して，どのような効果をもつと考えられるか，100字以内で記せ。

問５　(1)ジベレリンと，もうひとつの植物ホルモンである(2)アブシシン酸の，種子発芽以外での作用として適切なものを，つぎの①～⑥から１つずつ選べ。

①　果実の成熟を促進する。　②　孔辺細胞の膨圧を下げる。

③　離層の形成を抑制する。　④　不定根の形成を促進する。

⑤　側芽の成長を抑制する。　⑥　茎の伸長成長を促進する。

C. 作物X種の畑の土壌中に雑草Y種の種子は含まれているが，作物X種の群落内でそれらが発芽することはない。そこで，作物X種の群落外と群落内(図2(あ))における各波長の光の強さを調べたところ，図2(い)の通りであった。

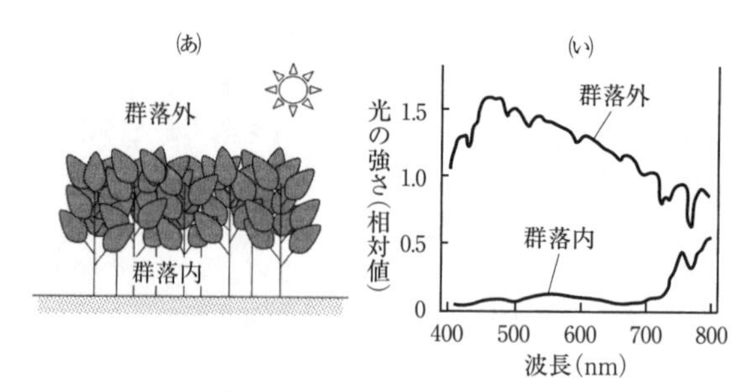

図2　作物X種の群落外と群落内(あ)における各波長の光の強さ(い)

問6　作物X種の群落内外の光環境について適切に述べたものを，次の①～⑥からすべて選べ。

①　群落内には，光合成に必要な青色光と赤色光の大部分が到達する。
②　群落内には，光合成に必要な青色光と赤色光はわずかしか到達しない。
③　群落外では，赤色光より遠赤色光の方が強い。
④　群落外では，遠赤色光より赤色光の方が強い。
⑤　群落内では，赤色光より遠赤色光の方が強い。
⑥　群落内では，遠赤色光より赤色光の方が強い。

★問7　下線部において，雑草Y種の種子が作物X種の群落内で発芽しない理由を，50字以内で記せ。

★問8　下線部において，作物X種の群落内では，土壌中に雑草Y種の種子があっても発芽しないことは，雑草Y種の生き残りにとってどのような利点があると考えられるか，75字以内で記せ。

｜山形大｜

標問 94 水分調節

解答・解説 p.237

扱うテーマ 気孔の開閉／植物の体制　生物

根では，表皮細胞の一部が変形・突出して［ア］を形成しており，ここから水と［イ］が吸収される。吸収された水は［ウ］に入り，その細胞内を通過したり，細胞壁の部分を通り抜けたりして移動した後，必ず［エ］の細胞内を通過して内部にある道管や仮道管に入る。さらに，水は植物体内を移動して葉などの器官に達し，一部は生命活動に使われ，大部分は(a)気孔から蒸散されていく。

気孔は1対の孔辺細胞からなり，蒸散の他にガス交換にも関わっている。気孔の開閉は外部の環境要因や植物の内部要因によって調節されている。表1は，ある植物の葉の気孔について，気孔の幅，孔辺細胞の体積，および孔辺細胞に含まれるカリウムの濃度を測定した結果である。

表1

	気孔の幅 (μm)	孔辺細胞の体積 (相対値)	カリウム濃度 (相対値)
気孔が開いているとき	12	5.0	0.4
気孔が閉じているとき	2	2.5	0.04

★問1　上の文中の空欄に適語を入れよ。

問2　文中の下線部(a)について述べた次の文から，誤っているものを2つ選べ。

① 双子葉植物では，一般に気孔を形作る孔辺細胞は葉の裏側に多い。
② 孔辺細胞には葉緑体がある。
③ 気孔以外の部分からも蒸散が行われる。
④ 蒸散により，凝集力の小さい水が道管の中を引き上げられていく。
⑤ 植物体内の水の上昇には蒸散の他に根圧も関係する。
⑥ 表皮にはクチクラがあり，水の蒸発を防ぐ。
⑦ 蒸散により，葉温を上げることができる。

★問3　孔辺細胞の細胞膜が完全な半透性であり，水だけが出入りするとすれば，表1の結果から，気孔が閉じている状態から開いた状態になったときの体積変化から孔辺細胞のカリウム濃度(相対値)を求めることができる。気孔が開いているときのカリウム濃度の計算値として最も適当なものを，次から1つ選べ。

① 0.01　② 0.02　③ 0.04　④ 0.08　⑤ 0.2　⑥ 0.24
⑦ 0.4　⑧ 0.8

★問4　表1の結果から，気孔が開くときのしくみを次のア～オのように推測した。なお，ア～エは順不同である。下の(1)，(2)に答えよ。

ア．孔辺細胞には細胞壁があるので，［ i ］が上昇する。
イ．孔辺細胞の［ ii ］が上昇する。
ウ．水が孔辺細胞に流入する。
エ．カリウムが孔辺細胞の外側から内側へ取り込まれる。
オ．孔辺細胞は細胞壁の薄い［ iii ］側に湾曲し，気孔が開く。

(1) 上の文ア，イ，オの空欄ⅰ～ⅲに入る最も適当な語句の組合せを，次から１つ選べ。ただし，選択肢の中の語句はⅰ，ⅱ，ⅲの順に記述してある。

① 浸透圧，膨圧，内　② 浸透圧，膨圧，外　③ 膨圧，浸透圧，内
④ 膨圧，浸透圧，外　⑤ 吸水力，浸透圧，内　⑥ 吸水力，浸透圧，外

(2) 上の文ア～エを正しい順序に並び替えよ。

★問５　植物は，一般に，明るいときには気孔を開き，暗いときには気孔を閉じる。これに関連して，孔辺細胞内の(c)青色光受容体が青色光を受容すると気孔が開くことが知られている。

(1) 文中の下線部(c)の青色光受容体の名称を答えよ。

(2) 青色光が刺激となって起こる植物の応答として最も適切なものを，次から１つ選べ。

① 光によるレタス種子の発芽の促進
② 日長に応じたアサガオの花芽形成
③ マカラスムギ幼葉鞘の光屈性

(3) ソラマメ孔辺細胞のプロトプラスト(酵素消化によって細胞壁を除去した細胞)を適切な溶液に入れて赤色光下におき，これに青色光を照射すると，図１に示すような体積変化が観察された。このプロトプラストの体積変化を，問５の内容をもとに50字程度で説明せよ。

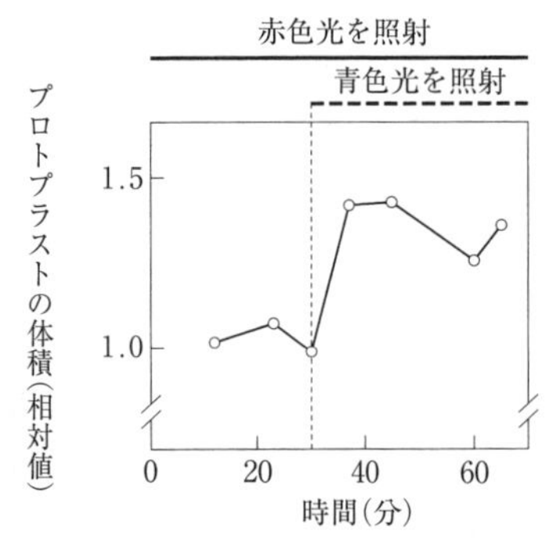

図１　ソラマメ孔辺細胞プロトプラストの体積変化
図上部の実線と破線はそれぞれ，試料に赤色光と青色光を照射している期間を示す。

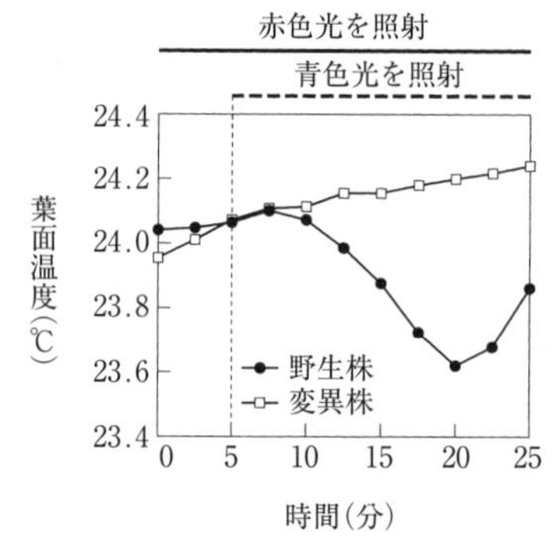

図２　シロイヌナズナ芽生えの葉面温度の変化
図上部の実線と破線はそれぞれ，試料に赤色光と青色光を照射している期間を示す。

(4) 赤色光下においたシロイヌナズナ野生株の芽生えに弱い青色光を照射すると，葉面温度の低下が観察された(前ページの図２)。一方で，下線部(c)の青色光受容体の機能が欠失したシロイヌナズナ変異株を用いて同様の実験を行うと，このような葉面温度の低下は観察されなかった。シロイヌナズナ野生株で葉面温度が低下した理由と，変異株では低下しなかった理由を，それぞれ40字程度で答えよ。

｜自治医大(看護)・新潟大｜

標問 95 被子植物の受粉

解答・解説 p.239

扱うテーマ 花粉管伸長のしくみ／自家不和合のしくみ　生物

植物の花粉がめしべの柱頭に付着すると，めしべから花粉へ水分が供給され，花粉が発芽・伸長して花粉管となる。花粉の発芽・伸長は，花粉を適当な培養液の中に置くことにより，顕微鏡下で観察することができる。花粉管には，図1に示すように，先端部を除いて細胞壁があり，それによって花粉管の細長い形が維持されている。花粉管の中では，(1)細胞壁や細胞膜の成分を含む小胞が，タンパク質の繊維に沿って花粉管の先端部まで運ばれ，細胞膜に接触して融合する。このようにして，花粉管の先端部に細胞壁や細胞膜の成分が供給され，花粉管は先端方向へ伸長する。(2)花粉の内部には，さまざまな伝令RNA(mRNA)やタンパク質が蓄えられており，それらは花粉管の伸長に利用される。さらに，伸長し始めた花粉管では転写が始まり，花粉管がさらに伸長するために必要なmRNAとタンパク質が新たに供給される。花粉管が胚のうに達すると，胚のう内で重複受精が起こり，種子が形成される。

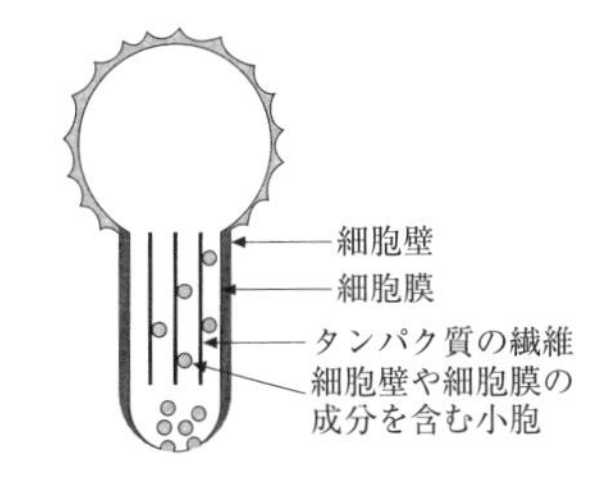

図1　花粉管の縦断面の模式図

(3)多くの植物種では，自己の花粉が柱頭に付着しても花粉の発芽・伸長が起こらず，他の個体からの花粉が付着した時にのみ，花粉が発芽・伸長して受精が起こることが知られている。

★問1　下線部(1)に関連して，花粉を培養液の中に置いて発芽・伸長を開始させた後，培養液に小胞の細胞膜への融合を阻害する試薬を加えた。そして一定時間培養した後に，花粉管の形と長さを観察した。その結果を表す模式図として最も適当と考えられるものを図2のA～Fの中から選べ。また，そのように考えた理由を80字程度で述べよ。

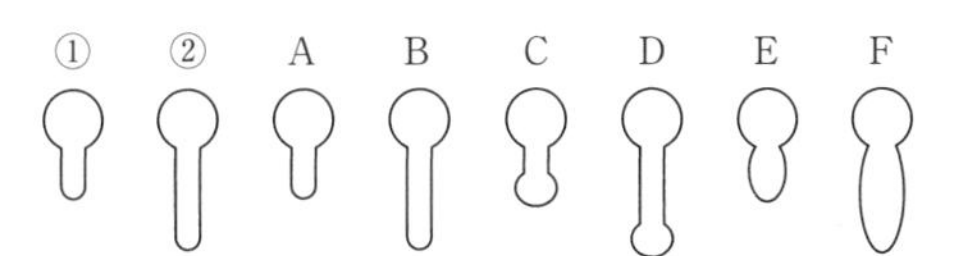

図2　小胞の細胞膜への融合を阻害した実験の結果の模式図
①阻害剤を加える前の花粉管　②阻害剤を加えずに培養した花粉管

★問2　下線部(2)に関連して，転写を阻害する試薬を加えた培養液，翻訳を阻害する試薬を加えた培養液，阻害剤を加えない培養液を用意した。これらの培養液の中に花粉を置いて一定時間培養した後に，花粉管の長さを比較した。その結果を表す模式図として最も適当と考えられるものを次ページの図3のG～Lの中から選べ。また，そのように考えた理由を150字程度で述べよ。

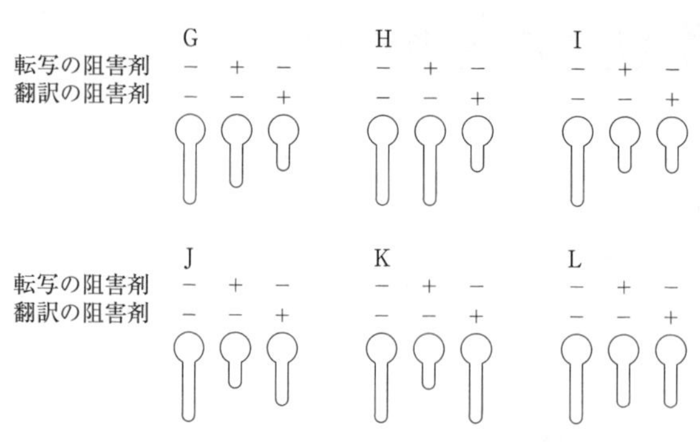

図３　転写，翻訳の阻害実験の結果の模式図

★**問３**　下線部(3)について，このような現象は自家不和合と呼ばれている。これは，花粉表面に存在しているタンパク質が自己の柱頭表面の細胞に作用して，柱頭から花粉へ水分が供給されなくなることによって起こる。自家不和合の性質をもつ植物Ｚの３個体(個体Ⅰ，個体Ⅱ，個体Ⅲ)を用いて次の**実験１**を行った。

実験１　個体Ⅰの花粉から，その表面に存在するタンパク質を取り出し，個体Ⅰ，個体Ⅱ，個体Ⅲの柱頭にまんべんなく塗布した。その後，それらの柱頭に個体Ⅱの花粉を付着させ，花粉の発芽・伸長を調べた。

個体Ⅰ，個体Ⅱ，個体Ⅲのそれぞれについて，どのような結果が得られたと考えられるかを，そのように考えた理由とともにそれぞれ80字程度で述べよ。

｜都立大｜

標問 96 被子植物の受精

解答・解説 p.242

扱うテーマ 被子植物の重複受精／花粉の発芽／花粉管の胚のうへの誘導　生物

花粉がめしべの ア につくと，花粉は胚珠の中の胚のうに向かって花粉管を伸ばす。胚のうは，図1のような構造になっており，卵細胞の両側には イ が1個ずつ，中央細胞の反対側には3個の ウ がある。花粉管の先端が胚のうに到達すると，2個の エ が放たれ，卵細胞と中央細胞に対してそれぞれ1個ずつが受精する。これを オ という。花粉の発芽および花粉管の胚のうへの誘導がどのようなしくみで起こるのかを調べるために，実験1～3を行った。ここでは，胚珠から卵細胞が外に飛び出しているため花粉管伸長のしくみを観察しやすい，トレニアという植物を用いた。

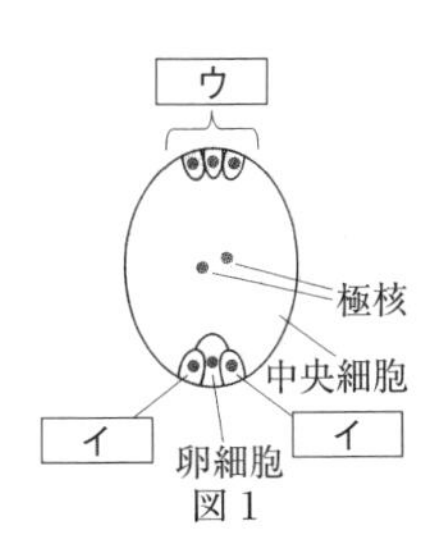

図1

実験1　おしべから花粉を取り出し，めしべからは ア を取り除き，胚のうを取り出した。次に，花粉と胚のうを寒天培地で同時に培養したところ，めしべに受粉した花粉に比べて，花粉管を伸ばすまでに時間がかかった。ただし，めしべから取り出すという処理は，胚のうの機能に対しては無影響であることがわかっている。

実験2　花粉から花粉管が胚のうに誘導される条件で，図に示された胚のうの細胞をレーザー光の照射によって破壊する実験を行った。その結果， イ を2つとも破壊した場合にのみ花粉管が胚のうに誘導されなくなり， イ を1つだけ破壊した場合や イ 以外の細胞を破壊した場合は，花粉管は胚のうに誘導された。

実験3　トレニアおよびトレニア以外の植物Xから取り出した花粉と胚のうを一緒に培養した。その結果，トレニアの花粉から伸びる花粉管はトレニアの胚のうに誘導されたが，植物Xの胚のうには誘導されなかった。逆に，植物Xの花粉から伸びる花粉管は植物Xの胚のうに誘導されたが，トレニアの胚のうには誘導されなかった。

問1　文中の空欄にあてはまる語句を記せ。

★問2　実験1について，次の(1)～(3)に答えよ。

(1)　この実験は何のしくみについて調べるためのものか記せ。

(2)　得られた結果から，可能性が高いと推定されるしくみを，30字程度で記せ。

(3)　得られた結果から，可能性は低いがあり得ないわけではないと推定されるしくみを，30字程度で記せ。

★問3　問2の(2)のしくみを支持し，(3)のしくみを否定するには，さらにどのような実験を行って，どのような結果が得られればよいかを，100字程度で記せ。

★問4　実験2の結果から推定されることを，30字程度で記せ。

★問5　実験3の結果が得られたしくみについて推定されることを，50字程度で記せ。

★問6　問5のしくみが，被子植物個体の繁殖の上でどのような意義をもつと考えられるかを，以下の語句をすべて用いて40字程度で記せ。

〔語句〕 子孫の数，胚のう，交配，花粉，次世代以降　｜早大(先進理工)｜

標問 97 花器官の形成とABCモデル

解答・解説 p.245

扱うテーマ ホメオティック遺伝子／ホメオティック突然変異／ABCモデル　生物

多細胞生物のからだの形づくりにおいて，本来特定の部位に形成されるはずの器官がつくられず，そこに別の器官が生じる突然変異を［ア］突然変異という。

がくや花弁などの植物の花器官は［イ］が進化して特殊化したものと考えられている。これらの花器官の形成では［ア］遺伝子が調節遺伝子として働いている。シロイヌナズナの場合，花器官ができる領域は4つに区画化される。図1の同心円で示すように，外側から，領域1：がく，領域2：花弁，領域3：おしべ，領域4：めしべ，の順に花器官が形成される。この配置は，3種類の調節遺伝子であるAクラス遺伝子，Bクラス遺伝子，Cクラス遺伝子(以下，調節遺伝子A，B，Cとする)の働きによって制御されている。調節遺伝子A，B，Cは花器官形成において，それぞれ働く領域が決まっており，その組合せによってどの花器官が形成されるかが決まる。

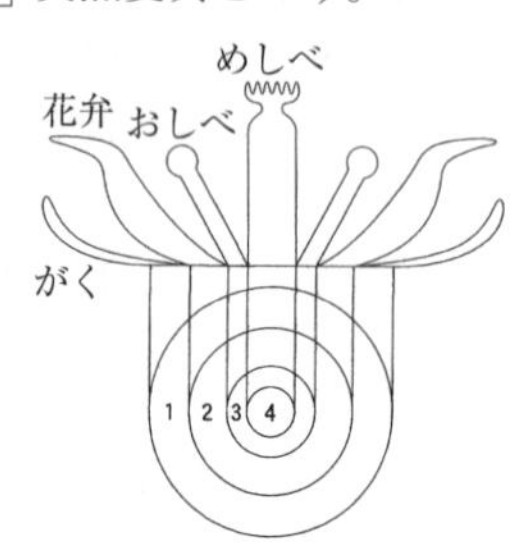

図1　花器官が形成される4つの領域

表1　花器官形成に異常を示す突然変異体の表現型

変異体の種類	領域 1（がく）	2（花弁）	3（おしべ）	4（めしべ）
野生型	○	○	○	○
A突然変異体	×	×	○	○
B突然変異体	○	×	×	○
C突然変異体	○	○	×	×

（注）　表中の○は正常な花器官，×は本来つくられるべきものとは異なる花器官が形成されることを示す。

これまでに，花器官の形成に異常を示すシロイヌナズナの突然変異体が多数得られている。調節遺伝子A，B，Cのそれぞれの機能を失った突然変異体では，表1のように，いくつかの花器官の形成に異常を示す。また，調節遺伝子A，B，Cのすべての機能を失った突然変異体では，すべての花器官が［イ］に［ア］変異する。

問1　遺伝情報はDNAからmRNAに写され，次に，そのmRNAの情報に基づきアミノ酸が連結したタンパク質が合成される。これら2つの過程をそれぞれ何というか。また，遺伝情報がDNAからmRNA，さらにはタンパク質へと一方向に流れる原則のことを何というか。それぞれ答えよ。

★問2　グアニンがアデニンへと変化する遺伝子突然変異を人為的に誘発して，トリプトファンのコドン(UGG)に変異が生じた場合，野生型と異なる表現型を示す突然変異体となることが多い。その理由を100字程度で述べよ。

★問3　タンパク質のアミノ酸配列はDNAの塩基配列に対応しているが，その塩基配列に変化が生じても，アミノ酸配列に影響を及ぼさず，表現型にも影響を与えない場合がある。一方，タンパク質のアミノ酸配列からDNAの塩基配列を推定することは，DNAの塩基配列からタンパク質のアミノ酸配列を推定することより難しい。

これら２つの事柄は同じ理由による。その理由を，遺伝暗号の特徴を考慮して60字程度で述べよ。

問４　文中の空欄に適切な語を入れよ。

★★問５　A突然変異体では，領域１から領域４にかけて，めしべ，おしべ，おしべ，めしべの順に花器官が形成された。このことから推測される調節遺伝子A，B，Cの相互の関係について，適切なものを次からすべて選べ。

①　調節遺伝子Aは調節遺伝子Bの機能を阻害しており，調節遺伝子Aの機能欠損により，調節遺伝子Bがすべての領域で機能するようになる。

②　調節遺伝子Aは調節遺伝子Cの機能を阻害しており，調節遺伝子Aの機能欠損により，調節遺伝子Cがすべての領域で機能するようになる。

③　調節遺伝子Aは調節遺伝子BとCの機能を阻害しており，調節遺伝子Aの機能欠損により，調節遺伝子BとCがすべての領域で機能するようになる。

④　調節遺伝子Aの機能は，調節遺伝子BとCの機能と関係しない。

⑤　調節遺伝子Aの機能は，調節遺伝子Bの機能に必要である。

★問６　ラカンドニアという植物の領域３と領域４では，シロイヌナズナと比べて花器官の形成位置が逆転しており，それぞれ，めしべ，おしべが形成される。これは，調節遺伝子A，B，Cの機能する領域がシロイヌナズナとは異なるためであると考えられている。ラカンドニアの領域１と領域２では，がくが形成されると仮定すると，ラカンドニアではどの調節遺伝子がどの領域で機能すると考えられるか。調節遺伝子A，B，Cについてそれぞれ答えよ。

★問７　シロイヌナズナで，領域１から領域４のすべての領域で調節遺伝子Bを強制的に発現させると，各領域にはどの花器官が形成されるか。それぞれの領域について答えよ。また，調節遺伝子Bを強制的に発現させた後，調節遺伝子Aと調節遺伝子Cの機能を変化させるとすべての領域でおしべが形成されたとする。調節遺伝子Aと調節遺伝子Cの機能をどのように変化させたかを40字程度で述べよ。

｜東大｜

標問 98 個体群密度の変化

解答・解説 p.249

扱うテーマ 成長曲線　生物

生物は増殖する。つまり，個体数を増やすということが生物の基本特性である。しかし，ある集団の個体数が無限に増え続けることはありえない。個体数の増加に伴い，[ア]によって増加率が抑制されるからである。ある個体群において，その個体数の増加率(単位時間あたりの増加数)は，出生率(単位時間あたりの出生個体数)から死亡率(単位時間あたりの死亡個体数)を差し引いた値で表される。一般的に，①個体数の増加に伴って出生率は低下する。一方，死亡率は上昇する。そのような作用によって，個体数はある一定の値に収束することになる。

問1　文中の空欄に適語を入れよ。

問2　(1)　下線部①について，個体数の増加によって死亡率が上昇する理由を簡潔に述べよ。

(2)　下線部①の文中の「ある一定の値」のことを何というか。

(3)　下線部①をグラフで表したのが右図1である。文中の「ある一定の値」は，このグラフ中のどこに相当するか，図中に矢印で示せ。

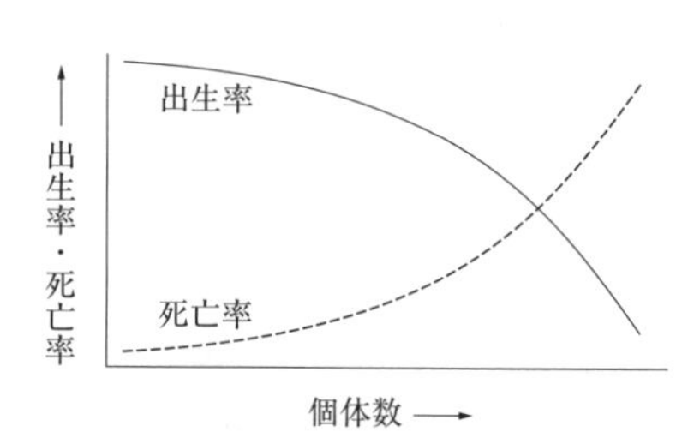

図1　個体数と出生率(実線)および死亡率(破線)との関係

★★問3　一定の大きさのペトリ皿にアズキ20gを入れ，そこへ雌雄1対から数百対までのアズキゾウムシの成虫を数を変えて入れ，産卵させた。それぞれのペトリ皿から羽化してきた子世代の成虫数を調べたところ，右図2のようなグラフが得られ，子世代の成虫数は，親世代の成虫数が約150匹のときに最大となった。次の①～③の記述について，正しいものをすべて選べ。ただし，子世代が羽化したときには親世代はすべて死んでいるものとする。

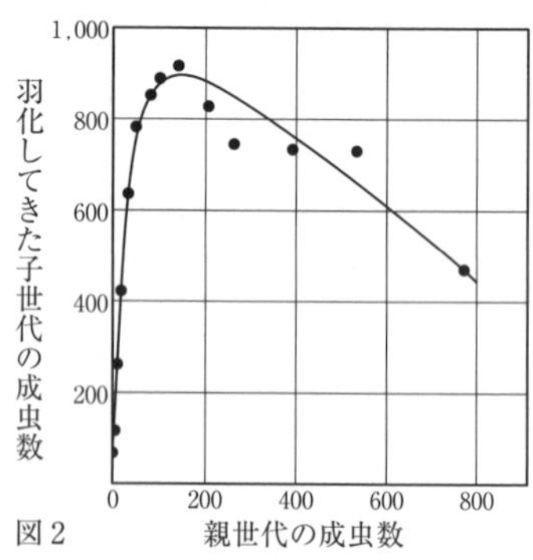

図2

①　親世代の成虫数約150匹までは，子世代の成虫数に密度の影響は見られない。

②　親世代のメス1匹あたりの増殖率が最大になる密度と，個体群の成長が最大になる密度は一致しない。

③　親世代の成虫数が約150匹を超えると，親世代のメス1匹あたりの産卵数が急激に減少すると考えられる。

★★問4　問3のグラフを参考にして，次の文中の[イ]には以下のグラフ①～⑤からあてはまるものを，また[ウ]には以下の数値群の中で，最も近いと思われるものをそれぞれ1つずつ選べ。

アズキ20gを入れたペトリ皿に，アズキゾウムシの雌雄1対を入れて産卵させ，羽化した子世代のすべての個体(雌雄比は1：1)を，新しいアズキ20gを入れた別のペトリ皿に移すという操作を続けたとする。このときペトリ皿の個体数の変化は以下のグラフ [イ] になると考えられる。また，最初のペトリ皿にアズキゾウムシ [ウ] 匹を入れた場合は，その後ペトリ皿内の個体数は変化しないと考えられる。

〔 [イ] のグラフ〕

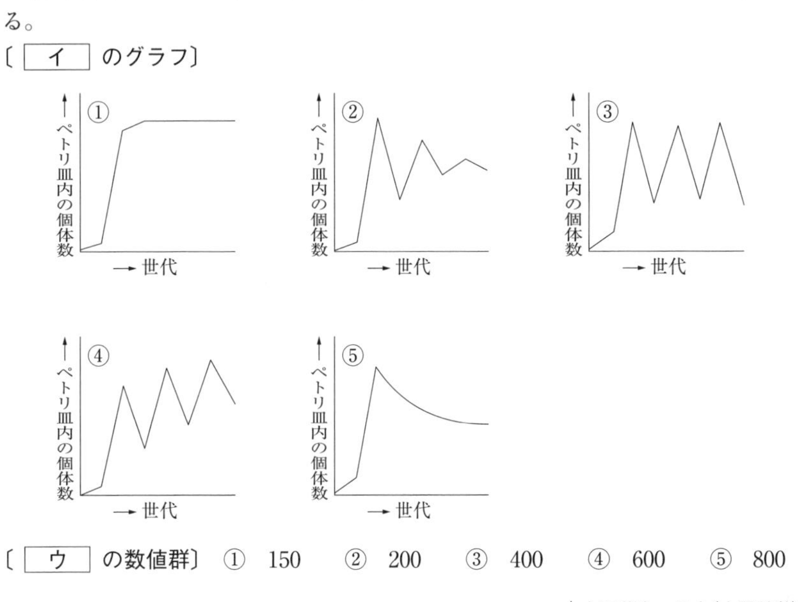

〔 [ウ] の数値群〕 ① 150 ② 200 ③ 400 ④ 600 ⑤ 800

｜大阪薬大・早大(人間科学)｜

標問 99 個体数の推測・相変異

解答・解説 p.251

扱うテーマ　個体数の推測／標識再捕法／区画法／相変異　　生物

生物の①個体群の大きさは，個体群密度により示されることが多い。しかし，全個体数を数えることは現実的に困難であるため，通常は②区画法や［ア］を用いて間接的に推定される。一般に，［ア］は動き回る種に適するが，どの個体も同じように捕獲されるという仮定のもとに適用される。③岐阜県内の池で［ア］による調査を行うため，ある魚類を1250匹捕獲しマークをして放した。数日後に2500匹を捕獲したところ，マークされていた個体は［A］匹であった。その結果，この池の推定個体数は156250匹と算出された。

個体群密度は，個体の生存や死亡の影響を受けて変動する。びん内で飼育を開始したキイロショウジョウバエの実験では，初めは急速に個体数が増えるが，種内競争が激しくなるため，次第に増加率は低下し最終的には一定の個体数となる。このように一定となった時の個体群密度を［イ］という。

一方，野外環境においては，周期的に起こる大きな個体数の増減も確認されている。アフリカワタリバッタでは，しばしば大発生による著しい個体群密度の増加が観察され，その際には個体の体色や脂肪蓄積量などに変化が現れる。この例のように，個体群密度に応じ，個体の形態や行動などの複数の形質を同時に変化させることを，特に④相変異という。相変異が生じている場合，個体群密度が大きいときの状態は［ウ］，小さいときの状態は［エ］と呼ばれる。

問1　文中の空欄［ア］～［エ］に適切な語句を入れよ。

問2　下線部①に示す個体群という語を用い，生物群集の定義を25字以内で記せ。

★問3　下線部②について，区画法とは，調査地をいくつかの区画に分け，そのうちのいくつかの区画において実際に調査を行うことで調査地全体の個体数を推定する方法である。区画法はどのような特徴をもつ動物に適用すべきか，簡潔に述べよ。

問4　5m×5mの調査地に1m×1mの区画を設定し，5カ所で個体数を数えたとき，右図1のようになったとすると，調査地全体の総個体数は何個体と推定されるか。

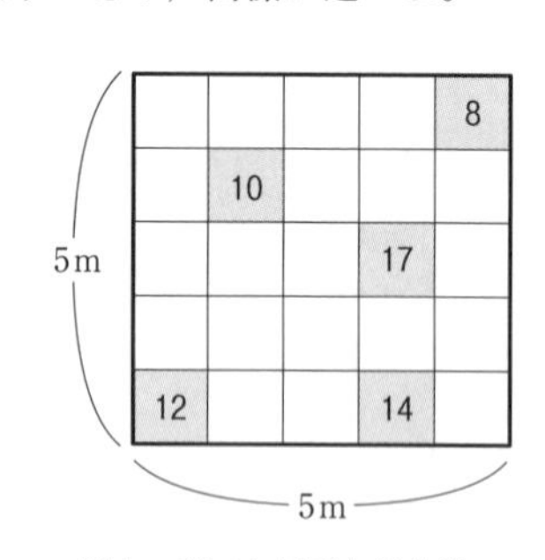

図1　調べた区画と個体数

★問5　下線部③の調査では［ア］を用いたが，それにはいくつかの仮定が必要とされる。この調査例において，本文中に記された「どの個体も同じように捕獲される」という仮定の他に，必要とされる仮定を3つあげよ。

問6　下線部③の［A］に入る適切な数値を記せ。

★★問7　次ページの表1は，アフリカワタリバッタにおいて，個体群密度が大きい状態と小さい状態で認められる特徴の一覧である。表中の(a)～(f)の項目のうち，それぞれの状態の特徴として適切な組合せが記されているものを3つ選べ。

表1　アフリカワタリバッタの相変異

項　目	個体群密度が大きい状態	個体群密度が小さい状態
(a)　集合性	な　し	強　い
(b)　幼虫の活動	活　発	不活発
(c)　相対的な翅の長さ	長　い	短　い
(d)　後脚の長さ	長　い	短　い
(e)　産卵数	多　い	少ない
(f)　生活様式	移動性が強い	定住性が強い

★問8　下線部④について，トノサマバッタの［エ］の成虫と［ウ］の成虫では卵巣発達の時期に違いが見られる。［エ］個体は成虫になった後すぐに卵巣が発達するが，［ウ］個体は成虫になった後しばらくたってから卵巣が発達する。これは［ウ］の成虫にとってどのような利点があるか，１つあげよ。

｜岐阜大・大阪公大・大分大｜

標問 100 種内関係，種間関係

解答・解説 p.253

扱うテーマ 捕食者-被食者相互作用／種内関係／種間関係／学習　生物

次の**A**～**D**の文を読んで問１～７に答えよ。なお，以下の実験で示すデータ間の差や，データと期待値の差は，偶然生じたものではない。

A. 被食者の中には，毒物を体内に蓄積し，目立つ色や模様をもつものがいる。これは，健康を害する餌を食べた後に，捕食者に生じる行動の変化の原因となることがある。餌の毒性と模様が捕食者の行動に与える影響を調べるために，**実験１**と**２**を行った。なお，実験に用いた餌は，毒性と模様以外は同じだった。

実験１　次の操作①～③を行った。

①　鳥類Ｅを１羽，鳥かごに入れ，模様がない無毒な餌を３個提示し，食べ終わるまで待った。

②　模様がない無毒な餌５個と，模様を描いた有毒な餌５個を，無作為な順序で鳥類Ｅに１つずつ提示し，１分以内に食べるか否か観察した。

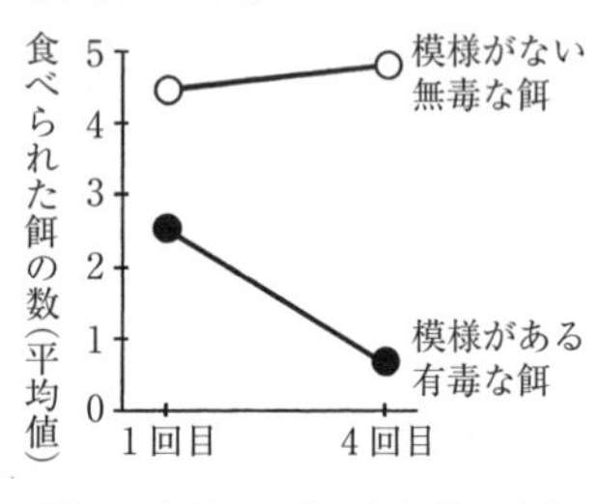

図１　鳥類Ｅが食べた餌数の変化

③　20分の間隔をあけて，操作②を合計４回繰り返した。

鳥は有毒な餌を吐き出したが，死んだ個体はいなかった。32羽を用いて実験を行い，図１の結果を得た。なお，有毒な餌に描いた模様は，鳥類Ｅが自然環境で目にしないようなものを用いた。

問１　有毒な被食者が無毒な被食者と異なる模様をもつことは，捕食者の行動にどのような影響を与えるか，**実験１**の結果から推察されることを25字以内で記せ。

実験２　鳥類Ｅが自由に飛び回れる十分広い飼育ケージに，止まり木を設置した。止まり木の下の床に，模様付きの台紙を敷いた。無毒な餌には台紙と同じ模様を，有毒な餌には台紙と異なる模様を描いて，台紙の上に並べた。鳥類Ｅを12羽ずつ３群に分け，群(1)では有毒な餌を８個，無毒な餌を192個，群(2)では有毒な餌を24個，無毒な餌を176個，群(3)では有毒な餌を64個，無毒な餌を136個並べた。飼育ケージに１羽ずつ鳥を放ち，200個の餌のうち，はじめに食べられた50個の餌の種類を記録した。どの群もすべての個体の行動を観察し，図２の結果を得た。

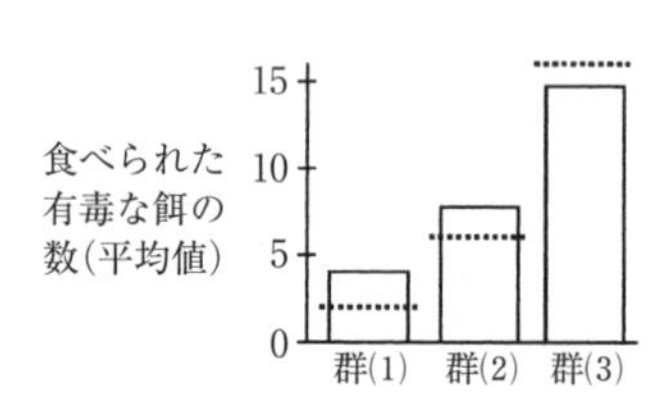

図２　鳥類Ｅが食べた有毒な餌の数

点線は無作為に食べられた場合に期待される有毒な餌の数を示す（提示した有毒な餌の数÷200×50）。

★問２　目立ちやすい有毒な被食者が生存しにくいのは，どのような場合だと考えられるか，**実験２**の結果から推察されることを50字以内で記せ。

B. 無毒な昆虫F種には，色と模様が異なるタイプαとタイプβがいる。タイプαは全体的に黒い。タイプβは黒地に赤い斑点があり，色と模様が有毒な昆虫G種とよく似ている。さまざまな野外観察を通じて，タイプαよりタイプβの方がより目立ち，捕食者に発見されやすいことが明らかになっている。G種が多い島ほどタイプαは少なくタイプβが多い。

問3　無毒な生物が，有毒な生物によく似た形態をもつことを何と呼ぶか，記せ。

★★問4　下線部の状態が生じた理由を**A**の**実験**1と2の結果から推察し，75字以内で記せ。ただし，模様以外の性質は，F種のタイプαとβで変わらないものとする。

C. 一般に，種は交配が可能な生物の集団と定義されているが，異種間でも生殖能力をもつ雑種が生じることがある。地域1に生息する有毒な昆虫2種(X種とY種)も，その例に当てはまる。両種は生態的地位(ニッチ)に差があるが，行動域が一部重なっていて，野外では低頻度だが雑種が生じる。両種の形状はよく似ているが，はねにある大きな模様がX種は赤色と黄色，Y種は白色である点が異なる。いずれの種も模様に雌雄差はない。また，雑種の模様は，X種やY種の模様とは明らかに異なるので，捕食者は雑種を区別できる。

★★問5　雑種は，野外でX種やY種に比べて捕食されやすい。その理由を，**A**の**実験**1と2の結果から推察し，75字以内で記せ。なお，雑種の毒性や運動能力，耐病性，捕食者から見たときの目立ちやすさは，X種やY種と変わらないものとする。

D. 地域1から3000kmに離れた地域2には，X種は生息するが，Y種は生息していない。X種の移動能力から考えて，地域1と地域2の個体が直接交配する機会はほとんどない。また，地域2のX種には，黄色の模様がない。Y種の有無が，X種の生殖行動に与える影響を調べるため，実験3～5を行った。

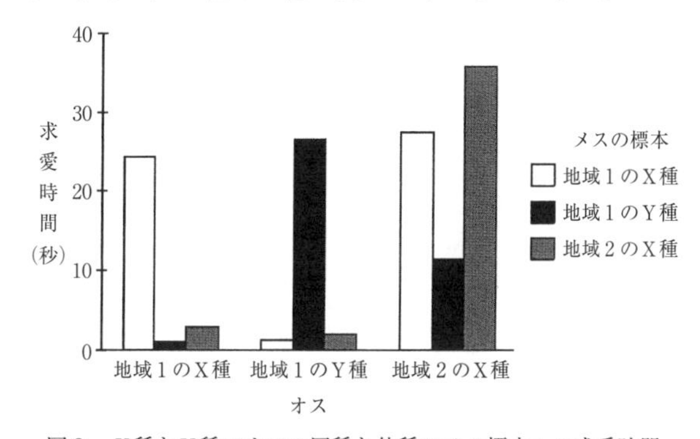

図3　X種とY種のオスの同種と他種のメス標本への求愛時間

表1　最初に生じた交尾ペアの頻度

		オス	
		地域1のX種	地域1のY種
メス	地域1のX種	168	0
	地域1のY種	0	132

実験3　X種とY種のオスに，同種や他種のメスの標本を提示して，標本に求愛する時間を測定し，図3の結果を得た。

実験4　地域1のX種とY種からそれぞれ未交尾のオスとメスを1匹ずつ選び，計4匹を飼育ケージに放ち，最初に交尾した組合せを記録した。1200匹を用い300回観察し，表1の結果を得た。

実験５　地域２のＸ種と地域１のＹ種からそれぞれ未交尾のオスとメスを１匹ずつ選び，計４匹を飼育ケージに放ち，最初に交尾した組合せを記録した。1200匹を用い300回観察し，表２の結果を得た。

表２　最初に生じた交尾ペアの頻度

		オス	
		地域２のＸ種	地域１のＹ種
メス	地域２のＸ種	145	0
	地域１のＹ種	30	125

問６　実験３～５から，次のことが推察される。［あ］に入る適切な用語を記せ。

地域２に比べ，地域１の方がＸ種とＹ種の間の［あ］隔離が進行している。

問７　実験３～５で示されたＸ種の行動の地域差は，Ｙ種の存在に応じて，Ｘ種が生殖行動を適応させた結果だと考えられている。その適応を示す地域１のＸ種の行動を，その意義とともに，75字以内で記せ。

｜山形大｜

標問 101 遷移, バイオーム

解答・解説 p.255

扱うテーマ 植生の遷移／ギャップ更新／バイオーム／(ラウンケルの)生活形 生物基礎

A. 植生遷移の考え方では極相は最終段階の安定した植生であり，日本のような雨の多い気候では陰樹の森林になるとされている。しかし，実際の極相林は陰樹だけからなる森林ではなく，多くは陰樹と陽樹の混生する森林になる。これには極相林に存在するギャップと，森林を構成するさまざまな樹種の幼木の性質の違いが関わっている。

極相に達した自然林で，森林を構成する樹種の次世代をになう幼木を探してみると，種によって出現のしかたが異なっている。例えば［ア］と［イ］はどちらも高木になり，風によって広範囲に種子を散布する能力のある樹種であるが，［ア］の幼木は密度の差はあるものの森林内のさまざまな場所に出現するのに対し，［イ］は通常の林床にはあまり出現せず，大きいギャップの部分に集中的に出現した。また，これら2種を含めた5種について芽生えたばかりの幼木の林床での生存率と大きいギャップでの成長速度との関係を調べてみると，図1に示すような関係が得られた。図1は生存率と成長速度との間にトレードオフ(一方を追求すると他方が犠牲にならざるを得ない)関係があることを示唆する。このような種ごとの幼木の性質の違いとギャップのもたらす森林内の環境の異質性が，極相林での多種の共存を可能にしていると考えられている。

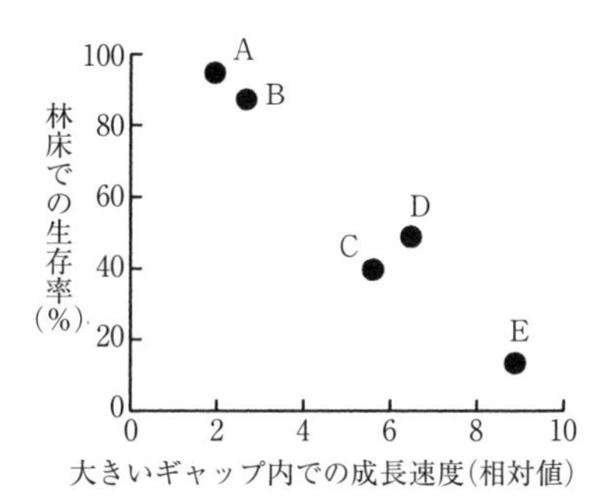

図1 ある森林に生育するA～Eの5種の幼木の林床での生存率と大きいギャップ内での成長速度との関係

問1 極相林内に存在するギャップとはどのようなものか。ギャップのでき方とギャップ内の環境に関して説明せよ。

問2 日本の落葉広葉樹林(夏緑樹林)における典型的な陽樹と陰樹の例をそれぞれ1種あげよ。

★問3 ［ア］と［イ］はそれぞれ図1中のB種とE種のどちらかに対応する。［ア］に対応する種の記号を答えよ。また，そう考えた根拠を述べよ。

★問4 幼木の性質のトレードオフ関係について図1から読み取れる傾向を簡潔に説明せよ。

★問5 極相林で陰樹と陽樹が混生するしくみを簡潔に説明せよ。

B. 地球上の植生は相観にもとづいてさまざまなバイオームに分けられている。それぞれのバイオームの分布域は気温や降水量などの気候条件と対応している。一方，地域の気候によって，植生を構成する植物の生育に不適な期間の乗り切り方も異なっている。ラウンケルは休眠芽の位置に基づいて，植物を表1のように分類した。

図2は，地点A～Eの年平均気温と年降水量の関係を表している。これらの地点で見られる植生はそれぞれ異なるバイオームに属している。図3は，植生(i)～(iv)における，植生を構成する植物の全種類数に対するラウンケルの各生活形に属する種類数の割合を示している。なお，植生(i)～(iv)は，図2の4地点A～Dで見られる植生のいずれかに該当する。

表1　ラウンケルの生活形

生活形の名称	休眠芽の位置
地上植物	地上 30cm 以上
地表植物	地上 30cm 未満
半地中植物	地表に接している
地中植物	地中にある
一年生植物	*種子として生き残る

＊休眠芽をもたないので，種子をそれに代わるものとした。

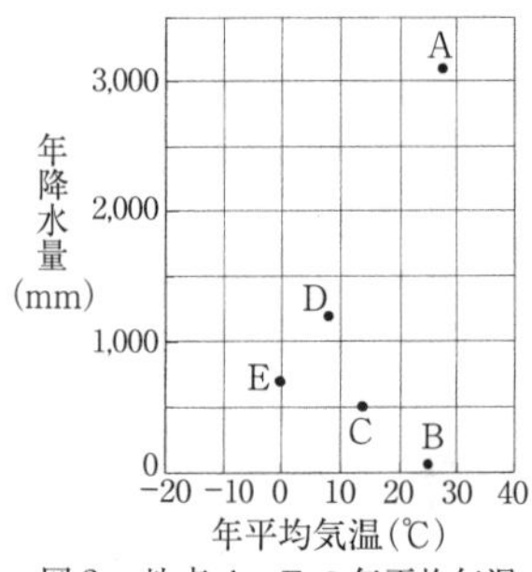

図2　地点A～Eの年平均気温と年降水量

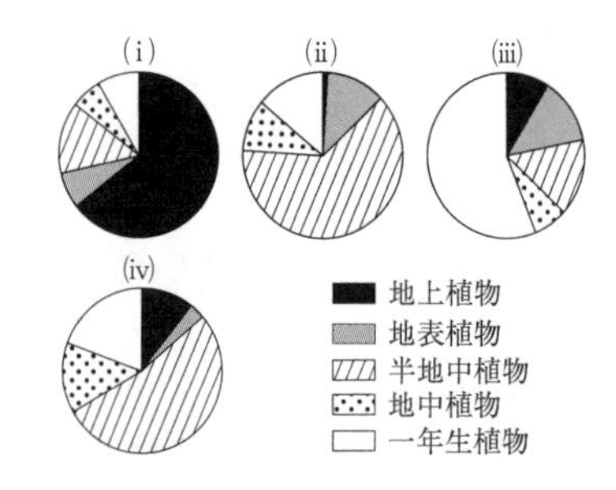

図3　植生(i)～(iv)における，異なるラウンケルの生活形をもつ種類数の割合

問6　図3の植生(i)は常緑樹が優占する森林であり，この植生が属するバイオームは世界のバイオームの中で最も樹木の種類数が多いことで知られている。

(1)　この植生が分布する地点を図2のA～Dから1つ選べ。

(2)　この植生が属するバイオームの名称を記せ。

問7　図3の植生(ii)は図2の地点Cに分布しており，半地中植物が植物相の大半を占める。この植生で優占する半地中植物として適切なものを，次から1つ選べ。

①　着生植物　②　つる植物　③　イネ科草本　④　硬葉樹　⑤　落葉広葉樹

問8　図3の植生(iii)が分布する地域の気候の特徴を，25字以内で記せ。

★問9　図3の植生(iv)は落葉樹が優占する森林である。一般に，樹木から落ちた葉は枯れ枝とともに土壌の最上部に層を形成し，この層の下には，分解した落葉や枯れ枝に由来する腐植に富んだ層が見られる。図3の植生(i)と植生(iv)の土壌を比べた場合，どちらの植生の方が，この腐植に富んだ層が厚いか。

(1)　該当する植生の記号を記せ。

(2)　(1)のように判断した理由を50字以内で記せ。

問10　図2の地点Eに分布する植生で優占する樹木は常緑樹である。この常緑樹は，図3の植生(i)で優占する常緑樹の樹木と異なる葉の形態をもつ。どのように異なるか，50字以内で記せ。

｜福島大・山形大｜

標問 102 垂直分布(動物)

解答・解説 p.258

扱うテーマ　動物の垂直分布／種／種分化　　生物基礎／生物

180万～160万年前頃(注1)に始まり，現在に至る新生代第四紀は，寒冷な時期と温暖な時期が繰り返される，気候変動の大きい時期であった。例えば，最終［ア］はわずか1万数千年ほど前まで続いていた。この気候変動に合わせて，生物は生存に適した気候帯へ，分布域を変化させたと考えられている。その過程で，環境の変化に適応できなかった種や一部の個体群が絶滅したり，分断・隔離された集団が種分化を起こしたり，というようなことがしばしば起こったと推察される。

本州・四国・九州の山岳地帯の樹林には，ルリクワガタ属という小型のクワガタムシの仲間(図1)が分布し，現在までに10種が記載されている。このうち，図2に水平分布を示した種A，種B，種C，種Dは，長らく1つの種として扱われてきた。最近になって，これらの種は近縁ではあるものの，(ア)交尾器(雌雄が交尾する時に結合する部分で，交尾時以外は腹部に格納されている)の形態が互いに異なり，遺伝子の塩基配列等によっても互いに識別できる4種であることが明らかになった。図2の分布域は，それぞれの種の分布確認地点の最も外側の点をなめらかな線で結んだものである。

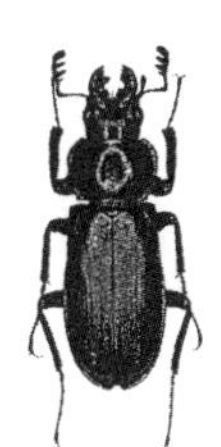

図1　ルリクワガタ属の種A(雄)

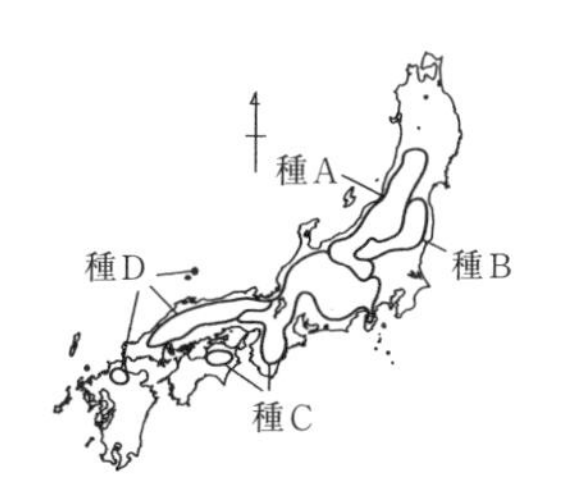

図2　種A～種Dの水平分布域

種A～種Dの分布域は基本的に重ならない。2種の分布域の間に平地の空白地帯を挟む場合もあるが，生息に適した樹林が連続しているような地域に境界がある場合には互いに隣り合うように分布している。これらの種は気候変動にともなって隔離されて種分化し，その後分布を拡大して，現在のような分布状態になったと推定される。これらの種の分布境界線は，しばしば図3に示したように分水嶺(ぶんすいれい)に近い高地に存在している。そのような境界域を詳しく調べると，幅1kmにも満たない混生地帯を挟んで2種が接している場合がある。したがって，種A～種Dは，互いに分布域が接触しても，混ざり合って生息することがない関係だと推定される。

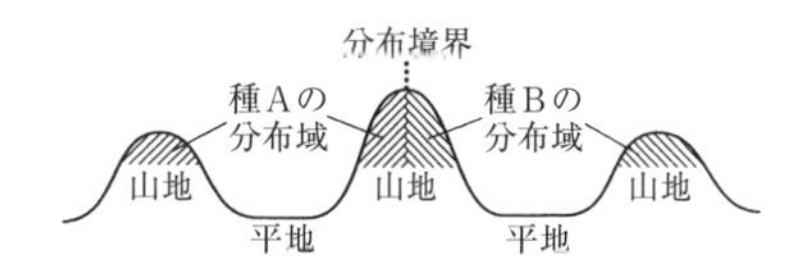

図3　種Aと種Bの分布境界付近の模式図。種A～Dの分布境界付近は同様の状態になることが多い。

種A～種Dでは，1つの容器に異種の雌雄を入れておくと，しばしば交尾をしようとする。しかし，種間交配では交尾が成立する割合は低く，子ができることも稀で，たとえ雑種個体が生じたとしても，多くの場合，生存能力や生殖能力が低い。このような種間交配のために子孫の数が減少することを「繁殖(生殖)干渉」といい，種A～種Dの例のように，近縁な2種が混ざり合って生息することができない原因のひとつと考えられている。

これ以外にも，近縁な種どうしの生息域が隣接しているものの，混ざり合わない現象としては［イ］が知られ，餌やすみかをめぐる［ウ］を避ける効果があると考えられている。

（注1） 2009年になって，第四紀の始まりは約260万年前だとする新しい説が広く認められるようになった。

問1 文中の空欄に適切な語句を入れよ。

★★問2 下線部(ア)について。昆虫の複数の集団を比較すると，外見が非常に似通っていて生態もよく似ているが，交尾器の形態に明瞭な差のある場合がある。このような集団どうしは通常，別種として扱われる。その理由を種の概念と関連づけて簡潔に述べよ。

問3 種A～種Dの垂直分布は，おおむね標高500～1500mの範囲にあり，それは，ほぼ1つのバイオームの分布域に相当している。そのバイオームの樹林帯名を答えよ。また，その樹林帯に生育する代表的樹種として適切なものを次からすべて選べ。

① アラカシ　② ガジュマル　③ ミズナラ　④ シイ
⑤ ブナ　⑥ タブノキ　⑦ トドマツ

★問4 種Aと種Bは，最初はそれぞれ孤立していたが，その後，分布域を接するようになったと考えられる。現在の分布状態から，これらの種の種分化および分布域の形成過程として最も適切なものを，次から1つ選べ。

① 寒冷期に，高標高地に孤立して種分化し，温暖期に，低標高地へ向かって分布を広げて現在のようになった。
② 寒冷期に，低標高地に孤立して種分化し，温暖期に，高標高地へ向かって分布を広げて現在のようになった。
③ 温暖期に，高標高地に孤立して種分化し，寒冷期に，低標高地へ向かって分布を広げて現在のようになった。
④ 温暖期に，低標高地に孤立して種分化し，寒冷期に，高標高地へ向かって分布を広げて現在のようになった。

｜東大｜

標問 103 垂直分布（植物）

解答・解説 p.260

扱うテーマ 植物の垂直分布／暖かさの指数　　生物基礎

バイオームの分布は気温や降水量によって強く影響されるが，降水量が比較的多い日本では，主に気温がバイオームの分布を左右している。標高が高くなるにつれ気温は低下するため，標高に沿ったバイオームの垂直分布が見られる。以下は，本州中部のある山の標高 900m，1400m，1800m，2500m における植生のようすを記述したメモである。

標高 900m：ススキ草原とアカマツ林が広がっていた。ススキ草原には，まばらにアカマツの幼木が見られた。アカマツ林の中には広葉樹の芽ばえは見られたが，アカマツの芽ばえや幼木は見られなかった。植生のようすから，(a)<u>このあたりは，火山の噴火などの自然現象，あるいは人間活動によって，過去に生態系がかく乱を受けたことがあると推測した。</u>

標高 1400m：ミズナラの林が広がっており，カエデ類などのさまざまな落葉広葉樹も観察できたが，ススキやアカマツは見られなかった。

標高 1800m：オオシラビソやコメツガの森が続き，林床にはコミヤマカタバミなどの草本植物，コケ植物が生えていた。途中で通った崖崩れの跡にはダケカンバやミヤマハンノキが見られた。

標高 2500m：ハイマツの低木林が広がっていた。(b)<u>この付近より標高の高い所には高木は生えておらず，</u>クロユリ，コマクサなどのさまざまな高山植物が生えていた。大きな岩の上には地衣類が生育していた。

★問1　上記のメモに出てくる植物に関する次の文①～⑤から正しいものを２つ選べ。

① アカマツは外生菌根を形成して窒素固定を行う。
② 光合成の光飽和点はコミヤマカタバミの方がススキより低い。
③ 北海道では，オオシラビソやコメツガが平地に自生している。
④ オオシラビソやダケカンバは亜高山帯の代表的な針葉樹である。
⑤ 地衣類は，菌類と緑藻類やシアノバクテリアが共生したもので，光合成を行う。

問2　下線部(a)について，このように推測した根拠は何か，30字以内で説明せよ。

問3　下線部(b)について，このような境界を何と呼ぶか，その名称を答えよ。

★問4　次の文①～⑤から，日本の高山帯についてあてはまるものを２つ選べ。

① 生育期間が短いため一年生植物はほとんど見られない。
② CO_2 の吸収効率が高い C_4 植物の占める割合が大きい。
③ 寒さが厳しいため常緑の植物は生育できない。
④ 中国・四国地方には高山帯は分布しない。
⑤ 暖かさの指数で45～15の範囲に成立する。

★問5　地球温暖化により，地球の平均気温は上昇傾向にあり，この傾向は今後も続くと予想されている。バイオームの垂直分布が年平均気温によって決まると仮定すると，平均気温が3℃上昇したときに，この山の標高900m，1400m，1800m，

2500 m 地点は最終的にどのようなバイオームになると予想されるか。バイオームの名称をあげよ。また，それぞれのバイオームを代表する樹種を下記の中から2つずつ選べ。同じ番号を繰り返し使用してもよい。なお，標高による気温の低下は 100 m につき 0.6℃ とする。

① アカマツ	② スダジイ	③ タブノキ	④ ガジュマル
⑤ シラビソ	⑥ メヒルギ	⑦ ミズナラ	⑧ コメツガ
⑨ ハンノキ	⑩ ブナ		

｜広島大｜

標問 104 生態系とエネルギーの移動

解答・解説 p.262

扱うテーマ 生態ピラミッド／物質とエネルギーの移動　　生物基礎／生物

A. 生物群集とそれをとりまく非生物的環境は互いに密接に関係しており，両者をひとつのまとまりとして捉えたものを生態系と呼ぶ。生態系を構成する生物群集は，生産者，消費者および分解者の3つのグループに分けることができる。生産者は光合成などにより [ア] から [イ] をつくりだし，消費者は生産者がつくった [イ] を直接または間接に利用する。また，分解者は生産者や消費者の遺体や排出物を，生産者が再び利用できる [ア] に分解する。これらの捕食・被食の関係は直線的ではなく，複雑な網目状になっており，[ウ] と呼ばれている。

生態系に流れ込む太陽の [エ] エネルギーの一部は，生産者によって [イ] の中に [オ] エネルギーとして蓄えられる。この [オ] エネルギーは [ウ] にしたがって消費者に移り，生命活動に利用される。分解者も，遺体や排出物中の [オ] エネルギーを利用する。これらの全過程で利用された [オ] エネルギーは，各栄養段階において代謝に伴う [カ] エネルギーとなる。

問1　文中の空欄に適切な語句を記せ。

問2　次の式は生態系として固定される炭素量を計算する式である。空欄 [キ] に当てはまる語句を以下の①～⑦から選べ。ただし，純生産量と呼吸量は炭素の量で表すものとする。

生態系の炭素固定量＝純生産量－ [キ] の呼吸量

①　生産者　　②　消費者　　③　分解者　　④　生態系全体

⑤　生産者と消費者　　⑥　消費者と分解者　　⑦　生産者と分解者

問3　生態系のエネルギーの流れを説明した次の文①～③について，正しいものには○，誤っているものには×を記せ。

①　次の栄養段階へ移行するエネルギー量は50～80%である。

②　総生産量が小さいと，生態ピラミッドの栄養段階の数は減少する。

③　環境条件さえ整えば，生態ピラミッドの栄養段階の数は無限に増加する。

B. オギは水辺近くに生育するイネ科の大型多年生草本植物である。表1は生育期間中におけるオギの地上部(主に葉と茎)の現存量，地下部(根と根茎)の現存量，枯死量の変化を示したもの

表1

	地上部現存量 g/m^2	地下部現存量 g/m^2	枯死量 g/m^2/月
4月1日	0	1.52	
			0
5月1日	0.06	1.48	
			0.03
6月1日	0.28	1.31	
			0.21
7月1日	0.69	1.12	
			0.26
8月1日	0.98	1.22	
			0.12
9月1日	1.07	1.46	
			0.09
10月1日	1.11	1.62	

である。表１の結果に関して，以下の問４，５に答えよ。ただし，重量は乾物重で示してある。

★問４　生育期間中に地上部現存量は増加し続けたが，地下部現存量は４月１日から７月１日まで減少し，その後は増加した。多年生草本植物であるオギは秋に地上部を枯らすので，翌年の生産活動を行うためには新たな地上部をつくる必要がある。４月１日～７月１日まで地下部現存量が減少する理由について70字以内で記せ。ただし，この間の地下部枯死量は無視できるものとする。

★問５　７月，８月，９月におけるオギの純生産量を計算し，最大の純生産量を示す月とその数値を単位とともに記せ。ただし，この期間中は被食量は無視できるものとする。

｜筑波大｜

標問 105 炭素循環

解答・解説 p.264

扱うテーマ 生態系における物質の循環

生物基礎 / 生物

地球の生態系において，植物は生産者として，太陽エネルギーを用いて大気中の二酸化炭素(CO_2)を固定し，有機物の生産を行っている。これから植物自身の呼吸を引いた残りが純一次生産で，これは消費者・分解者を経て，最終的にすべてCO_2になり大気中に戻る。下表は，地球の各生態系における植物の現存量と純生産，および土壌中の有機物の量を調べ，面積あたりの炭素量に換算して示したものである。表をみて，下の問いに答えよ。ただし，現在の大気中にCO_2として含まれる炭素の総量は750×10^{12}kgである。

生態系	面積 $10^{12}m^2$	植物現存量 kg/m^2	純一次生産 $kg/(m^2$・年)	土壌有機物 kg/m^2
熱帯多雨林	10	18.7	1.02	8.0
亜熱帯季節林(雨緑林)	5	11.3	0.71	9.1
温帯林	8	12.6	0.66	10.3
針葉樹林	10	10.1	0.38	14.2
サバンナ	22	2.9	0.79	11.7
陸地全体(その他を含む)	149	3.8	0.40	11.0
海洋全体	361	0.0043	0.061	
地球全体	510	1.44	0.133	

★★ 問1　植物の総生産の$\frac{1}{2}$が呼吸で失われると仮定すると，1年間に大気CO_2の何パーセントが植物の光合成により固定されることになるか。また，大気CO_2は生態系の炭素循環を介して，平均して何年に1回の割合で入れかわるか。計算結果は有効数字2桁まで示せ。

★★ 問2　純一次生産量あたりの植物現存量は，生体内の炭素の平均的な滞留時間を表すと考えることができる。陸地と海洋のそれぞれでいくらになるか。また，その違いの原因を簡潔に述べよ。計算結果は有効数字2桁まで示せ。

★ 問3　サバンナと，亜熱帯季節林とを比較すると，現存量に大きな差があるのに，面積あたりの純生産量はそれほど変わらない。その原因を，それぞれの気候と植物の生活形の違いに着目して簡潔に述べよ。

★ 問4　4種類の森林生態系を比較すると，熱帯多雨林・亜熱帯季節林・温帯林・針葉樹林の順に面積あたりの植物現存量・純一次生産量は減少するが，反対に土壌有機物量は増加している。その原因を簡潔に述べよ。

| 東北大 |

標問 106 窒素同化

解答・解説 p.266

扱うテーマ 窒素同化　生物

陸上植物は主に土壌や大気から無機窒素化合物を獲得し，有機窒素化合物を合成することができる。

(a)土壌から主に吸収される無機窒素化合物は硝酸イオンとアンモニウムイオンである。好気的な土壌では ア によってアンモニウムイオンは イ を経て硝酸イオンとなる。植物に吸収された硝酸イオンは酵素1により ウ されて イ に，さらに酵素2により ウ されてアンモニウムイオンとなる。アンモニウムイオンとグルタミン酸から，グルタミン合成酵素によりグルタミンが合成される。グルタミンと エ から2分子のグルタミン酸が合成され， オ の働きによってグルタミン酸といろいろな有機酸からアミノ酸がつくられていく。その後さまざまな(b)有機窒素化合物が合成される。(c)除草剤にはグルタミン合成酵素を特異的に阻害するグルホシネートという化合物を主成分とするものがあり，海外ではグルホシネート耐性を付与した遺伝子組換え作物が広く栽培されている。

植物は主に無機窒素化合物を根から吸収するが，有機窒素化合物も直接根から吸収できることが知られている。(d)低温や日照不足の条件において，イネでは無機窒素化合物よりもグルタミンをほどこすことで生育が促進されることがある。

問1　文中の空欄に適切な語句を記せ。

問2　下線部(a)について，土壌に乾土100g当たり2.8mgの窒素が含まれており，その窒素の80%が硝酸イオンであるとする。5平方メートル，地表15cmの土壌から植物に供給されうる硝酸イオンの重さ(g)を有効数字2桁で記せ。土壌の仮比重(土壌1cm^3に含まれる乾燥重量)は0.8g/cm^3，原子量はN＝14，O＝16とする。

問3　下線部(b)について，植物で合成される有機窒素化合物を次からすべて選べ。

① 硝酸イオン　② 脂肪　③ グルタミン合成酵素　④ クエン酸
⑤ RNA　⑥ グルコース　⑦ フィトクロム

問4　下線部(c)にあるように除草剤に含まれるグルホシネートが植物を枯死させる原因として考えられる要因について， カ ～ ケ に適切な語句を記せ。

要因1：植物に高濃度の カ が キ するため。

要因2：窒素 ク 産物が ケ するため。

問5　グルタミン酸とグルタミンの化学式を，次からそれぞれ1つずつ選べ。

① $(NH_4)_2CO_3$　② $C_5H_{10}N_2O_3$　③ $C_6H_{14}N_4O_2$　④ $C_6H_{12}O_6$
⑤ $C_4H_6O_5$　⑥ $C_5H_9NO_4$　⑦ $C_2H_5NO_2$

問6　下線部(d)が起こる原因について，「ATP」という語句を用いて100字以内で記せ。

| 東北大 |

標問 107 海岸の生態系

解答・解説 p.268

扱うテーマ 植物の環境への適応　生物基礎／生物

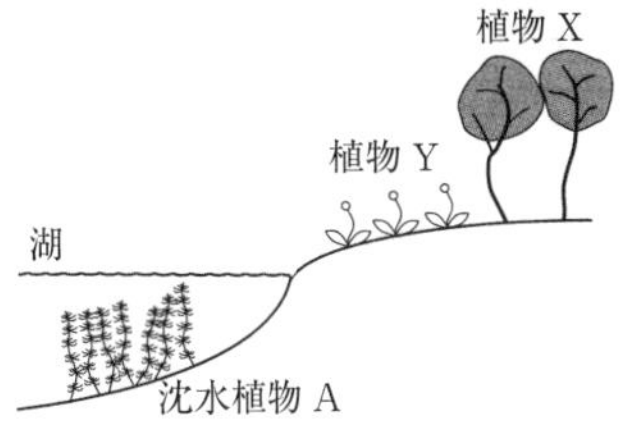

図1

ある地方の湖岸に生育する主な植物の種類と分布を調べたところ，図1のようになっていた。

問1　一般に，沈水植物は水深の浅いところでは生存できるが，ある限度より深いところでは生存できない。その理由を「補償深度」という語を用いて説明せよ。

問2　一般に，沈水植物が密に生えている場所では，晴れた日には水中の溶存酸素濃度が日中と夜間で大きく変動する。その理由を説明せよ。

★問3　沈水植物Aは雌雄が別個体の帰化植物で，雄株だけが日本に移入して各地で増殖している。この植物は日本ではどのように増殖していると考えられるか記せ。

問4　湖岸に生育する植物Xはマメ科に属し，根粒の働きによって，栄養分が比較的乏しい砂地でもよく育つ。根粒の機能について記せ。

同じ地方の海岸には，図1に示した湖岸の植物Yと形態的には区別のつかない植物Yが分布している。分類学の祖といわれるリンネは，形態的に連続する生物群を同種と考え，不連続な形態的相違がある場合は，それらを別種と考えた。リンネに従えば，湖岸のYと海岸のYは同種とみなされる。そこで，両者を比較するために**実験1〜3**を行った。

実験1　湖岸に生育するYと，海岸に生育するYのそれぞれの生育地において，根元に約1％の食塩水をかけて最大光合成速度を測定した。その結果，湖岸に生育するYでは最大光合成速度が著しく低下したが，海岸に生育するYは食塩水の影響をほとんど受けなかった。

実験2　湖岸に生育するYと，海岸に生育するYの根の細胞の浸透圧を調べた。その結果，海岸に生育するYの細胞では，湖岸に生育するYの細胞に比べて浸透圧が高くなっていた。

★★問5　**実験1**において最大光合成速度が著しく低下した理由として，どのようなことが考えられるか。**実験2**の結果をもとに記述せよ。ただし，解答には「二酸化炭素」という語を必ず含めること。

実験3　湖岸に生育するYと，海岸に生育するYの個体間で，相互に人工交配を行ったところ，種子を形成しなかった。

★★問6　**実験3**によると，湖岸に生育するYと海岸に生育するYは，相互に交配が妨げられている。この湖は淡水湖で，現在は内陸に位置するが，今から数万年前には海との距離が接近していた歴史をもつ。このことをふまえ，地史的時間をへて，2つの集団間で交配が妨げられるようになった理由を説明せよ。　｜京大｜

標問 108 キーストーン種

解答・解説 p.270

扱うテーマ 食物連鎖／食物網／海岸の生態系／キーストーン種

生物基礎／生物

ある海岸の岩場を観察したところ，フジツボ，イガイ，カメノテ，イソギンチャク，紅藻などの岩に固着している生物と，ヒザラガイ，カサガイ，ヒトデなどの岩場を動き回る生物が生息していた。下図はこれらの生物の食物網を表す。数値は，ヒトデが捕食した生物の総個体数に対する各生物の個体数の割合〔%〕を示したものである。

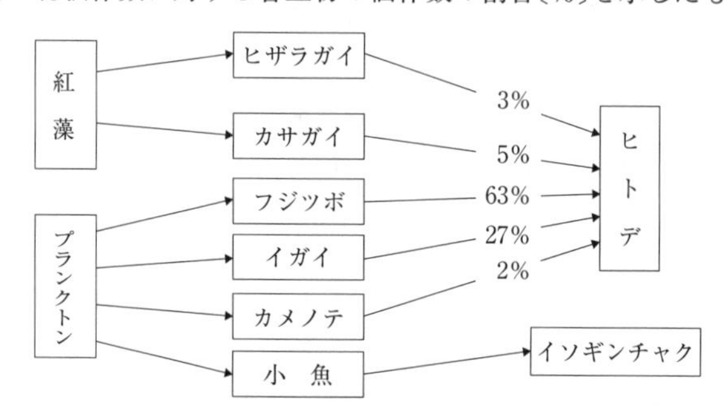

この岩場に実験のための2つの区域を設けた。一方の区域でヒトデを一度完全に除去し，その後も除去し続けた。約2年の間にこの区域では生物群集の構成が下記のⅰ～ⅳの順に大きく変化した。他方，ヒトデを除去しなかった区域では，変化が見られなかった。

ⅰ　フジツボとイガイの個体数が増加しはじめた。カメノテの個体数には変化が見られなかった。

ⅱ　増加したフジツボとイガイに生活空間を奪われ，イソギンチャクと紅藻は減少してほとんど見られなくなった。

ⅲ　ヒザラガイとカサガイが激減した。

ⅳ　イガイが他の生物と比べて著しく増加した。

さらに観察を続けたところ，実験開始3年後には岩礁表面の95%がイガイに，5%がカメノテに覆われ，カサガイやヒザラガイはこの区画で見られなくなった。その後，岩礁表面はすべてイガイで覆われた。

★問1　この岩場に生息する次の(1)～(4)の動物について，それぞれが属する動物門をa～dから，その動物門の特徴を最もよく表している記述をア～エから1つずつ選べ。

(1)　ヒトデ　(2)　ヒザラガイ　(3)　フジツボ　(4)　イソギンチャク

〔動物門〕　a．軟体動物　b．棘皮動物　c．刺胞動物　d．節足動物

〔特徴〕　ア．消化管の出入り口が1つである。

イ．発生の過程で原口側に肛門ができる。

ウ．外套膜をもち石灰質の殻をもつ。

エ．多数の体節があり硬い外骨格をもつ。

問2　ヒトデの捕食率がカサガイとフジツボでは大きく異なる。この原因として，生活様式の観点からどのようなことが考えられるか。

問3　この生態系において，食物をめぐりカサガイと競争関係にある生物は何か。

問4　この生態系において，食物をめぐる種間競争が最も起こりにくい生物の組合せを，次から1つ選べ。

①　ヒトデとイソギンチャク　　②　フジツボとイガイ　　③　イガイとカメノテ

問5　ヒトデを除去した区域を実験区と呼ぶ。これに対してヒトデを除去しなかった区域は何と呼ぶか，漢字で記せ。

★問6　実験区に関して次の問(1)と(2)について簡潔に答えよ。

(1)　ヒトデに捕食される5種の生物のうち，ⓘの時期にフジツボとイガイが増えた原因について，どのようなことが考えられるか。

(2)　ⓘⓘⓘの時期に，ヒザラガイとカサガイが激減した原因について，どのようなことが考えられるか。

問7　除去実験の結果から推測して，ヒトデは種多様性の維持につながるどのような役割を果たしていたと考えられるか。妥当と考えられるものをすべて選べ。

①　すべての餌動物種を均等に捕食することによって，群集の構成を一定に保つ。

②　捕食によって，餌動物や藻類が新たに定着できる場所を作りだす。

③　餌動物間の競争で優位なイガイを捕食することにより，他の劣位な種の存在を可能にする。

④　捕食によって藻類の生育場所を減少させ，新たな餌動物の定着場所を増やす。

｜神奈川大・京大｜

標問 109 環境保全

解答・解説 p.271

扱うテーマ 生物濃縮　　生物基礎 / 生物

DDTやBHCなどの有機塩素系殺虫剤は，農作物の害虫や衛生害虫の駆除のために世界中で大量に使用された。その結果，有害生物の防除に大きな成果があったものの，①これらの薬剤の本来の標的でない鳥類や哺乳類などの高次消費者の大量死をも引き起こした。これは，生態系での［ア］の過程を通じて，これらの化学物質がより高濃度で高次消費者の体内に蓄積されたためである。この現象を［イ］という。このような化学物質の［イ］の例はヒトでも知られており，有機水銀による［ウ］病や，［エ］によるイタイイタイ病など，日本で大きな社会問題になった。

フロンは不燃性で無毒の理想的なガスとして，冷媒，洗浄剤，噴霧剤などに広く使用されてきた。フロンガスが大気中に大量に放出されると，成層圏の［オ］が破壊されるため，地上に到達する紫外線の量が増加する。紫外線は生物の細胞中の［カ］に損傷を与えることがあり，②ヒトでも多くの病気の原因となっている。

問1　文中の空欄に適当な語句を記せ。

問2　DDTなどの合成化学物質はなぜ生物の体内に蓄積されやすいのか，考えられる理由を2つ，それぞれ30字程度で述べよ。

問3　下線部①に関し，アメリカのロングアイランド沿岸では，この生態系の上位消費者であるアジサシ(鳥類)の体内から高濃度のDDTが検出された。アジサシと，アジサシが主に捕食するイワシに含まれるDDTの量は，それぞれ100gあたり0.48mgと0.02mgであった。この時，(1)イワシからアジサシへのDDTの濃縮率と，(2)海水からアジサシへのDDTの濃縮率はそれぞれ何倍になるか，答えのみ記せ。ただし，海水中のDDT濃度を0.00005ppmとする。1ppmは100万分の1を表す。

問4　イギリスでは1943年より農薬散布が始まり，これ以降，ワシやタカの仲間であるハヤブサの数が減少した。減少したのは，ハヤブサの卵のふ化率が低下したからである。そこで博物館に保存されていたハヤブサの卵について卵殻指数の変化を調べたところ図1のような結果を得た。図1より，ふ化率が下がる原因の1つがわかった。

図1にもとづいて，以下の(1)，(2)について推定し，それぞれ30字以内で述べよ。

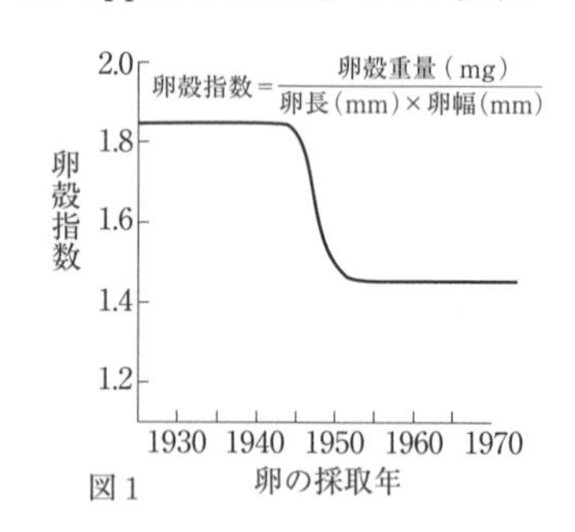

図1

(1)　ハヤブサの卵の殻に何が起きたのか。

(2)　(1)はふ化率が下がったこととどのように関係するのか。

問5　下線部②に関し，紫外線照射により起こる可能性のある病気を次から2つ選べ。

①　鎌状赤血球貧血症　②　クレチン症　③　血友病　④　骨軟化症
⑤　白内障　⑥　バセドウ病　⑦　皮膚がん　⑧　夜盲症

｜京都府医大・帯広畜産大｜

S

Standard Exercises in Biology

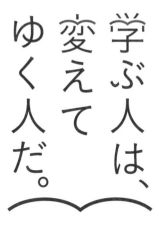

生　物

［生物基礎・生物］

標準問題精講

七訂版

石原將弘・山下 翠　共著

Standard Exercises in Biology

旺文社

本書の特長と使い方

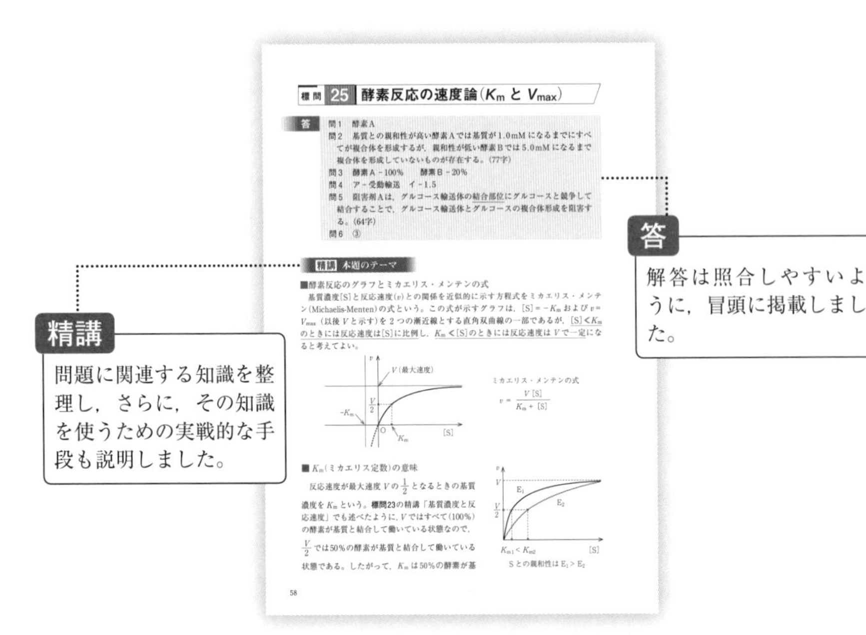

標問 25 酵素反応の速度論（K_m と V_{max}）

答

問1　酵素A

問2　基質との親和性が高い酵素Aでは基質が1.0mMになるまでにすべてが複合体を形成するが，親和性が低い酵素Bでは5.0mMになるまで複合体を形成していないものが存在する。（77字）

問3　酵素A－100%　　酵素B－20%

問4　ア－受動輸送　イ－1.5

問5　阻害剤Aは，グルコース輸送体の結合部位にグルコースと競争して結合することで，グルコース輸送体とグルコースの複合体形成を阻害する。（64字）

問6　③

精講　本題のテーマ

■酵素反応のグラフとミカエリス・メンテンの式

基質濃度[S]と反応速度(v)との関係を近似的に示す方程式をミカエリス・メンテン(Michaelis-Menten)の式という。この式が示すグラフは，$[S]=-K_m$ および $v=V_{max}$（以後 V と示す）を2つの漸近線とする直角双曲線の一部であるが，$[S]<K_m$ のときには反応速度は[S]に比例し，$K_m<[S]$ のときには反応速度は V で一定になると考えてよい。

ミカエリス・メンテンの式

$$v=\frac{V[S]}{K_m+[S]}$$

■ K_m（ミカエリス定数）の意味

反応速度が最大速度 V の $\frac{1}{2}$ となるときの基質濃度を K_m という。標問23の精講「基質濃度と反応速度」でも述べたように，V ではすべて(100%)の酵素が基質と結合して働いている状態なので，$\frac{V}{2}$ では50%の酵素が基質と結合して働いている状態である。したがって，K_m は50%の酵素が基

Sとの親和性は $E_1>E_2$

58

答

解答は照合しやすいように，冒頭に掲載しました。

精講

問題に関連する知識を整理し，さらに，その知識を使うための実戦的な手段も説明しました。

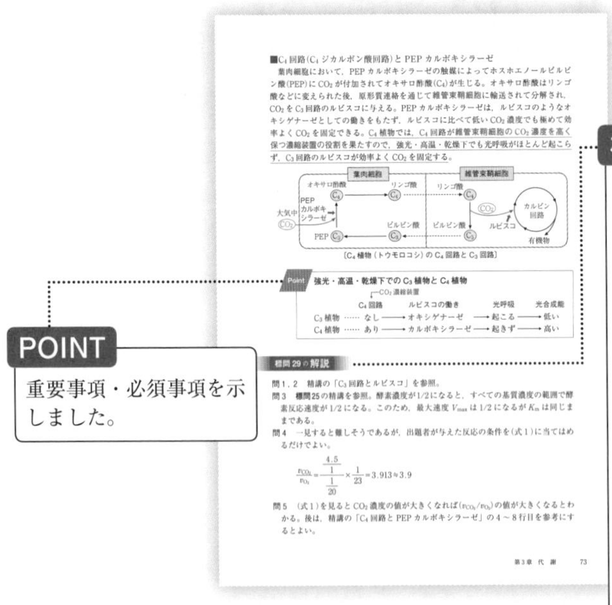

■C_4 回路（C_4 ジカルボン酸回路）と PEP カルボキシラーゼ

葉肉細胞において，PEP カルボキシラーゼの触媒によってホスホエノールピルビン酸(PEP)に CO_2 が付加されてオキサロ酢酸(C_4)が生じる。オキサロ酢酸はリンゴ酸などに変えられた後，原形質連絡を通じて維管束鞘細胞に輸送されて分解され，CO_2 を C_3 回路のルビスコに与える。PEP カルボキシラーゼは，ルビスコのようなオキシゲナーゼとしての働きをもたず，ルビスコに比べて低い CO_2 濃度でも極めて効率よく CO_2 を固定できる。C_4 植物では，C_4 回路が維管束鞘細胞の CO_2 濃度を高く保つ濃縮装置の役割を果たすので，強光・高温・乾燥下でも光呼吸がほとんど起こらず，C_3 回路のルビスコが効率よく CO_2 を固定する。

［C_4 植物（トウモロコシ）の C_4 回路と C_3 回路］

Point　強光・高温・乾燥下での C_3 植物と C_4 植物

（C_4 回路 ← CO_2 濃縮装置）

	C_4 回路	ルビスコの働き	光呼吸	光合成能
C_3 植物 ……	なし ⟶	オキシゲナーゼ ⟶	起こる ⟶	低い
C_4 植物 ……	あり ⟶	カルボキシラーゼ ⟶	起きず ⟶	高い

標問 29 の解説

問1，2　精講の「C_3 回路とルビスコ」を参照。

問3　標問25の精講を参照。酵素濃度が1/2になると，すべての基質濃度の範囲で酵素反応速度が1/2になる。このため，最大速度 V_{max} は1/2になるが K_m は同じままである。

問4　一見すると難しそうであるが，出題者が与えた反応の条件を（式1）に当てはめるだけでよい。

$$\frac{v_{CO_2}}{v_{O_2}}=\frac{\frac{4.5}{1}}{\frac{1}{20}}\times\frac{1}{23}=3.913\fallingdotseq3.9$$

問5　（式1）を見ると CO_2 濃度の値が大きくなれば(v_{CO_2}/v_{O_2})の値が大きくなるとわかる。後は，精講の「C_4 回路と PEP カルボキシラーゼ」の4～8行目を参考にするとよい。

第3章 代 謝　　73

POINT

重要事項・必須事項を示しました。

標問◯の解説

解法の手順，問題の具体的な解き方をまとめ，出題者のねらいにストレートに近づく糸口を，早く見つける方法を示しました。

解き方は必ずしも解説と同じである必要はありませんが，解説で示した解き方は“応用範囲の広い，間違えることの少ない”ものですので，必ず研究しておいてください。解けなかった場合はもちろん，答えが合っていた場合にも読んでおきましょう。

目　次

本書の特長と使い方 ……2

標問 No.　問題タイトル　ページ

第1章 細胞と個体

標問 1　生体を構成する物質 ……6
標問 2　細胞分画法 ……8
標問 3　細胞骨格 ……10
標問 4　細胞膜の構造と機能 ……12
標問 5　グルコースの輸送 ……14
標問 6　細胞周期 ……16
標問 7　細胞周期の調節 ……20
標問 8　モータータンパク質 ……22
標問 9　細胞膜受容体と細胞内シグナル伝達 ……24
標問 10　プロトプラスト・顕微鏡の操作 ……26

第2章 生物の進化と系統

標問 11　進化の証拠 ……28
標問 12　熱水噴出孔 ……30
標問 13　進化の要因(1) ……32
標問 14　進化の要因(2) ……34
標問 15　進化の要因(3) ……36
標問 16　鎌状赤血球貧血症 ……38
標問 17　分子系統樹 ……40
標問 18　ヒトの進化 ……44
標問 19　五界説とドメイン ……46
標問 20　動物の分類 ……48
標問 21　植物の分類 ……50

第3章 代　謝

標問 22　タンパク質と酵素 ……52
標問 23　酵素反応 ……54
標問 24　酵素反応とその阻害 ……56
標問 25　酵素反応の速度論(K_m と V_{max}) ……58
標問 26　アロステリック酵素とフィードバック調節 ……61
標問 27　エネルギー代謝と膜輸送 ……65
標問 28　光合成の計算と遮断実験 ……69
標問 29　光合成と酵素 ……72
標問 30　呼吸とその反応調節 ……74
標問 31　呼吸と呼吸基質 ……78

第4章 遺伝情報とその発現

標問 32　点突然変異 ……80
標問 33　転写と翻訳(スプライシング) ……83
標問 34　選択的スプライシング ……85
標問 35　PCR 法 ……88
標問 36　原核生物の遺伝子発現とその調節(1) ……92
標問 37　原核生物の遺伝子発現とその調節(2) ……95
標問 38　遺伝子組換え(1) ……98
標問 39　遺伝子組換え(2) ……101
標問 40　真核生物の遺伝子発現とその調節(1) ……104
標問 41　真核生物の遺伝子発現とその調節(2) ……108

標問 No.	問題タイトル	ページ
標問 42	RNA ウイルスと逆転写	110

第5章 生殖と発生

標問 No.	問題タイトル	ページ
標問 43	動物の生殖	113
標問 44	受精と減数分裂の再開	116
標問 45	ショウジョウバエの発生(1)	119
標問 46	ショウジョウバエの発生(2)	121
標問 47	ショウジョウバエの発生(3)	123
標問 48	両生類の発生(1)	126
標問 49	両生類の発生(2)	129
標問 50	両生類の発生(3)	131
標問 51	Hox 遺伝子	133
標問 52	色素細胞の分化	134
標問 53	細胞の分化と多能性	136

第6章 遺　伝

標問 No.	問題タイトル	ページ
標問 54	自家受精	138
標問 55	胚乳形質と独立の三遺伝子雑種	142
標問 56	母性効果遺伝	145
標問 57	連鎖と組換え(1)	148
標問 58	連鎖と組換え(2)	151
標問 59	性と遺伝	154
標問 60	家系分析	157
標問 61	集団遺伝(1)	160
標問 62	集団遺伝(2)	164
標問 63	遺伝子の位置決定(1)	167
標問 64	遺伝子の位置決定(2)	170

第7章 体内環境の維持

標問 No.	問題タイトル	ページ
標問 65	心臓・循環	172
標問 66	循環系・腎臓	174
標問 67	尿生成	177
標問 68	カルシウム代謝	179
標問 69	血糖量調節	181
標問 70	糖尿病	183
標問 71	体温調節	184
標問 72	レプチン	186
標問 73	免疫とその医療への利用	188
標問 74	細胞性免疫	191
標問 75	体液性免疫	193
標問 76	血液型	195

第8章 動物の反応と調節

標問 No.	問題タイトル	ページ
標問 77	膜電位とその変化	197
標問 78	神経の興奮と伝導・伝達	199
標問 79	シナプス後電位とその加重	202
標問 80	筋収縮	204
標問 81	張　力	207
標問 82	中枢神経	209
標問 83	眼(1)	212

標問 No.	問題タイトル	ページ
標問 84	眼(2)	214
標問 85	耳	216
標問 86	動物の行動	218

第 9 章 植物の反応と調節

標問 No.	問題タイトル	ページ
標問 87	オーキシンの働き	220
標問 88	オーキシンの移動	222
標問 89	植物細胞内の情報伝達	225
標問 90	アブシシン酸の働き	228
標問 91	フロリゲン	230
標問 92	花芽形成	232
標問 93	発芽調節	234
標問 94	水分調節	237
標問 95	被子植物の受粉	239
標問 96	被子植物の受精	242
標問 97	花器官の形成と ABC モデル	245

第10章 生態と環境

標問 No.	問題タイトル	ページ
標問 98	個体群密度の変化	249
標問 99	個体数の推測・相変異	251
標問 100	種内関係，種間関係	253
標問 101	遷移，バイオーム	255
標問 102	垂直分布(動物)	258
標問 103	垂直分布(植物)	260
標問 104	生態系とエネルギーの移動	262
標問 105	炭素循環	264
標問 106	窒素同化	266
標問 107	海岸の生態系	268
標問 108	キーストーン種	270
標問 109	環境保全	271

第1章　細胞と個体

標問 1　生体を構成する物質

答
問1　60　　問2　C，O，N，H（順不同）　　問3　エネルギーの貯蔵
問4　ウ－骨　エ－Ca　オ－グリコーゲン　カ－脂肪
問5　筋収縮，エキソサイトーシス，血液凝固　から2つ
問6　ヒト－え　　トウモロコシ－あ　　大腸菌－い
問7　タンパク質－B　　炭水化物－A　　問8　男性

精講　生体を構成する物質のまとめ

■生体を構成する主要4元素
生体の大部分は有機物や水を構成するO，C，H，Nの4元素からなり，これらだけでヒトの生重量の約95%を占める。

■生体を構成する物質とその構成元素
炭水化物（C，H，O）：直接エネルギー源として消費されたり（グルコースやスクロース），エネルギーを貯蔵したり（デンプンやグリコーゲン），植物体の構造成分となる（セルロース）など。
脂質（C，H，O，P）：エネルギーを貯蔵する脂肪，生体膜の成分となるリン脂質，ホルモンとして働いたりするものもあるステロイドなどがある。
タンパク質（C，H，O，N，S）：アミノ酸がペプチド結合でつながってできる。酵素や輸送体，構造成分として生体内で多様な役割をもつ。
核酸（C，H，O，N，P）：ヌクレオチドが多数つながってできる。遺伝情報の保存（DNA）や遺伝子発現（RNA）などに働く。

■細胞の化学組成

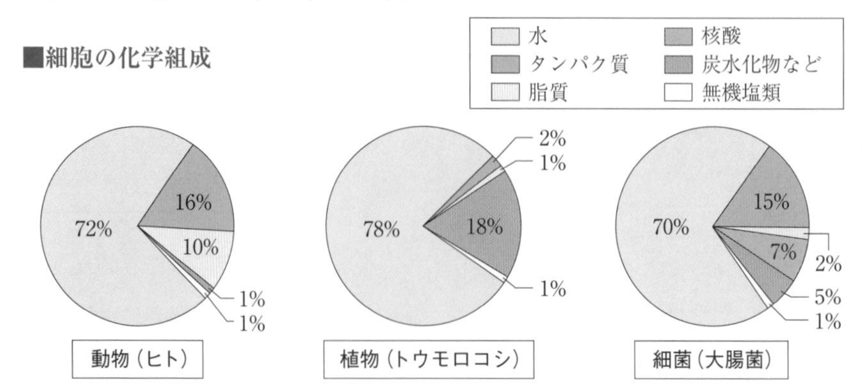

標問1の解説

問1　生体の構成物質の中で最も多く含まれるのは水で，ふつう70～80%ほど含まれ

る。ヒトの場合，胎児で約90%，新生児で約75%，**成人で約60%**，老人で約50%と年齢とともに変化する。

水は優れた溶媒として，酵素反応の場となったり，さまざまな物質を運搬したりする。また比熱が大きいので，体温の恒常性維持にも大きな役割を果たす。

問2　ヒトを含む生物の乾燥重量においても主要4元素は同じで，90%以上を占める。水を除くので多い順はC，O，N，Hとなるが，解答する際に順は気にしなくてよい。

問4　ウ，エ．骨はコラーゲンに**リン酸カルシウム**が蓄積したもの。

カ．エネルギーの貯蔵については，出題者が炭水化物ではなくデンプンやグリコーゲン(オ)としていること，および問8で脂肪組織を扱っていることから，脂質ではなく**脂肪**と示す必要がある。同じ重量で比較すると脂肪は多糖の2倍程度のエネルギーをもつので，脂肪を貯蔵する方が多糖を貯蔵するより体重の増加が少なく，運動するのにも有利である。

問5　カルシウムは非常に多くの生命現象に関わる。**筋収縮**は言うに及ばず，神経伝達物質や表層粒の内容物などのエキソサイトーシス，セカンドメッセンジャーとして**ホルモンの細胞内シグナル伝達**(**標問9**の精講を参照)，トロンビンの補助因子として**血液凝固**，そしてカドヘリンによる**細胞接着の固定結合**などに関わる。

問6，7　**表は乾燥重量で示されているので水を含まないことに注意する。**

表から，それぞれの特徴として［あ］ではA，［い］では核酸，［え］ではCが多いことがわかる。

問題文に示されているように，植物は細胞壁に炭水化物の**セルロースを多量に含む**ので，炭水化物の割合が著しく高い。よって**Aは炭水化物**で，［あ］はトウモロコシであると判断できる。

植物以外の生物ではタンパク質を多く含むので，**Bがタンパク質**である。

細菌は細胞構造が単純で，**相対的に核酸量が多い**。よって［い］が大腸菌。

［う］と［え］については，マウスの肝臓ではグリコーゲンの合成と貯蔵によって**炭水化物の割合が高くなる**。逆に，ヒトの全身では脂肪組織があるので**脂質の割合が高くなり**，骨格がかなりの重量を占めるので**無機塩類の割合も高くなる**。よって，［う］がマウス肝臓で，［え］がヒト(全身)とわかる。

Cは動物細胞に多い**脂質**である。

Point　生体の構成物質

	最多	2番目	3番目
動物細胞	水	タンパク質	脂質
植物細胞	水	炭水化物	タンパク質
細菌細胞	水	タンパク質	核酸

問8　女性の方が体内に蓄積する脂肪の量が多く，問題文に脂肪組織の水分含有率は他の組織に比べて低いとあるので，女性の方が水分の占有率が低いと考えられる。

標問 2 細胞分画法

答

問1 (a) 6　(b) 2　(c) 4

問2 (1) クロロフィル　(2) 葉緑体，チラコイド

(3) 細胞破砕液を作成する際に一部の葉緑体が破壊されて内部のチラコイドが遊離し，葉緑体とチラコイドの密度が異なるために両者が異なる位置に遠心分離された。

標問2の解説

スクロースなどの溶液を密度の大きい順に重層し，遠心分離することによって密度勾配をつくり，これを利用して細胞小器官や物質などを分離する実験方法を密度勾配遠心法と呼ぶ。この方法では，試料に遠心力をかけることによって，構造体や物質が溶液と等密度のところまで移動することを利用している。

問1　表2で細胞小器官の密度は与えられているが，スクロース水溶液の密度がわからない。そこで，スクロース水溶液の密度を求める。表1の注釈に注目すると，20%スクロース水溶液について，

「溶液100gに20g」のスクロースを含む

「溶液1L＝1000cm^{3}には216.2g」のスクロースを含む

とあるので，溶液の重さと体積の関係がわかる。

つまり，20gのスクロースを含むスクロース水溶液は100gであることから，216.2gのスクロースを含むスクロース水溶液の重さx(g)は，

$$100 : 20 = x : 216.2$$

より，

$$x = 216.2 \times 100 \div 20 〔\mathrm{g}〕$$

となり，これが20%スクロース水溶液1000cm^{3}の重さなので，密度は，

$$\frac{216.2 \times 100 \div 20 〔\mathrm{g}〕}{1000 〔\mathrm{cm}^3〕} = \frac{216.2 〔\mathrm{g}〕}{20 \times 10 〔\mathrm{cm}^3〕} = 1.081 〔\mathrm{g/cm}^3〕$$

となる。このとき，式変形の過程を見ると，求める密度が，

$$\frac{体積濃度}{質量パーセント \times 10}$$

となっていることを見抜くと計算が手早い。

同様に各溶液の密度を計算し，与えられた細胞小器官の密度と照合すると，右図のような位置に移動することがわかる。

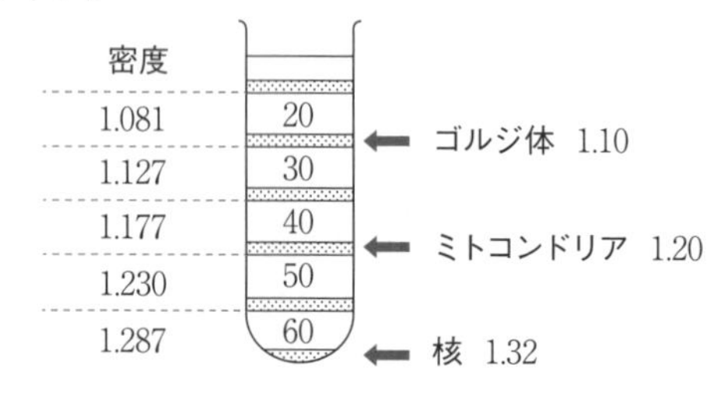

問2 (1) 植物細胞で緑色を呈する細胞小器官は，クロロフィルを含む葉緑体である。

(2), (3)　問題主文の10～13行目の「この操作によってある割合で細胞小器官も破壊され，その内部の構造体が遊離した」という一文が出題者の与えたヒントであることに気づけば，葉緑体とチラコイドの密度が異なるために異なる位置に分離されたことも容易に理解できるはずである。

精講 細胞分画法

物質の沈降速度(沈殿のしやすさ)が物質の大きさの２乗や密度に比例することを利用して，さまざまな細胞小器官を単離する方法。遠心分画法と密度勾配遠心法とがある。

■遠心分画法

主に大きさの違いを利用する方法。遠心力を段階的に強めていくことで，大きさが大きく異なるものを遠心分離する。

(1)　分画の順(植物細胞の場合)

核・細胞壁 ⟶ 葉緑体 ⟶ ミトコンドリア ⟶ リボソーム・小胞体 ⟶ 細胞質基質

(2)　操作条件

① 等張の溶液中で行う ⟵ 浸透現象による細胞小器官の変形・破裂を防ぐ。

② 低温(４℃)下で行う ⟵ 細胞破砕時の発熱によるタンパク質の熱変性を防ぎ，破砕液中の分解酵素による細胞小器官の分解を防ぐ。

③ 緩衝溶液を加える ⟵ pHの変化によるタンパク質の変性を防ぐ。

└壊れた液胞などから出てくる有機酸が原因

■密度勾配遠心法

密度の違いを利用する方法。遠心分画法では分離できないような，大きさや密度の違いが小さいものを遠心分離する。なお，メセルソンとスタールの実験(1958年)で行われたのも，この密度勾配遠心法である。

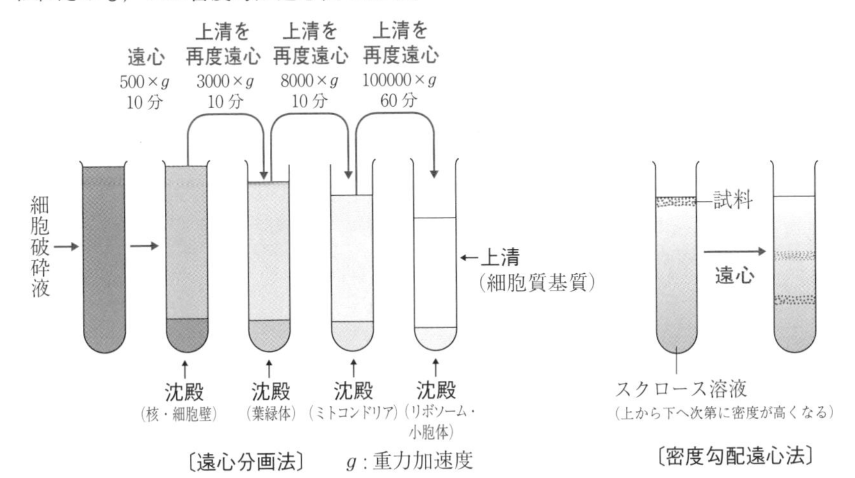

〔遠心分画法〕　g : 重力加速度　　〔密度勾配遠心法〕

標問 3 細胞骨格

答

問1 ア－チューブリン イ－ATP ウ－モーター エ－ダイニン
オ－キネシン カ－ミオシン

問2 (1)－b (2)－a (3)－c (4)－a (5)－b (6)－c

問3 単量体のアクチンが－端より＋端により多く結合することで，アクチンフィラメントは主に＋端の方向へ伸長していく。(54字)

問4 薬剤Xの作用：－端の方向への伸長は阻害せず，＋端の方向への伸長を阻害する。(30字)
結合する場所：(アクチンフィラメントの)＋端

問5 阻害された細胞の現象：細胞質分裂
細胞の核が通常と異なった点：細胞の核が(，1つではなく，)2つである。

精講 細胞骨格とモータータンパク質

■細胞骨格

真核生物では微小管，アクチンフィラメント，中間径フィラメントの3種類で，**細胞の形態維持**，**運動**，**細胞内輸送**などのさまざまな機能を担う繊維状の構造である。

微小管：**αチューブリン**と**βチューブリン**という球状タンパク質が重合して形成される**直径25nm**ほどの管状の繊維。極性があり，βチューブリンが露出し長さを活発に変化させる端を＋端，αチューブリンが露出し長さをあまり変化させない端を－端という。ニューロンでは中心体がある細胞体側が－端，軸索末端側が＋端である。

【モータータンパク質と共同して担う機能】

小胞などの細胞内輸送，細胞分裂時の染色体分離，鞭毛や繊毛の運動

アクチンフィラメント：**アクチン**(球状タンパク質)が重合して形成される鎖が2本より合わさった**直径7nm**ほどの構造。極性があり，本題で扱われているように，よく伸長する端が＋端，あまり伸長しない端が－端である。細胞膜直下に多く存在する。

【モータータンパク質と共同して担う機能】

アメーバ運動，**原形質流動**(細胞質流動)，**細胞分裂時の細胞質分裂**(動物細胞)，**筋収縮**

中間径フィラメント：ケラチン繊維などの細長い構造をもつタンパク質が束になって形成される**直径10nm**ほどの構造。細胞膜や核膜の内側に位置して細胞や核などの形を保ち，細胞に機械的強度を与える。

■モータータンパク質

細胞骨格に結合し，ATPの分解エネルギーを利用して移動するタンパク質。

ダイニン：**微小管**に結合し，**－端側**に移動する。

キネシン：**微小管**に結合し，**＋端側**に移動する。

ミオシン：**アクチンフィラメント**に結合し，**＋端側**に移動する。

標問 3 の解説

問1　エ，オ．ダイニンとキネシンの微小管上の移動方向については「ダイマイ(－)&キネプラ(＋)」と覚えておくとよい。

問2　(3)　デスモソームは細胞接着の固定結合の1つで，カドヘリンが細胞内の中間径フィラメントと結合している。

(4)　先体突起は精子頭部の細胞質中でアクチンフィラメントの束ができることで形成される。

問3　薬剤Xを用いないので，図1の③の右側の「単量体のアクチンを加える」の図を見る。1本の鎖あたりで，1分後には，単量体のアクチンが－端には1個しか付加されていないのに対して＋端には4個付加されている。そして5分後には，－端には2個しか付加されていないのに対して＋端には8個付加されていることがわかる。このことから，アクチンフィラメントは－端の方向にも少しは伸長するが，主に＋端の方向に伸長していくと考えられる。

問4　薬剤Xを用いるので，図1の③の左側の「単量体のアクチンと薬剤Xを加える」の図を見る。1本の鎖あたりで，1分後には，単量体のアクチンが－端には1個付加されているのに対して＋端には全く付加されていない。そして5分後には，－端には2個付加されているのに対して＋端には全く付加されていないことがわかる。このことから，薬剤Xは－端の方向への伸長は阻害せず，＋端に結合することで＋端の方向への伸長を阻害すると考えられる。

問5　細胞周期のM期にある動物細胞に薬剤Xを作用させると，アクチンフィラメントの伸長が阻害されるので，通常なら終期に起こるはずの細胞質分裂が起こらなくなる。しかし，間期になると両極に分かれた染色体群がそれぞれ核を形成するので，細胞の核が，1つではなく，2つになると考えられる。

標問 4 細胞膜の構造と機能

答

問1 ② 問2 アーリン脂質 イー親水 ウー疎水

問3 受容体(レセプター) 問4 ①，④

問5 レーザー光照射によって大きく低下した蛍光強度が急速に回復し始めたのは，周囲に存在していた退色していない蛍光物質と結合したタンパク質が測定領域に流入してきたためであるとしか考えられない。このことから，細胞膜に埋め込まれたタンパク質は，脂質二重層の中を常に(かなり)自由に動いていることが明らかになる。

問6 実験1(A) Na^+－②，K^+－② (B) Na^+－①，K^+－③

(C) Na^+－①，K^+－③ 実験2 Na^+－①，K^+－③

精講 細胞膜の選択的透過性

特定の物質を選択的に透過させる細胞膜の特性を**選択的透過性**という。(リン)脂質二重層(脂質二重膜)がもつ特性と輸送タンパク質の働きに基づき，受動輸送と能動輸送のいずれにもみられる。なお「受動輸送と能動輸送」および「一次能動輸送と二次能動輸送」については**標問27**の精講で詳しく扱うので，必ず参照するように。

■輸送体(トランスポーター)

担体(キャリヤー)，運搬体ともいう。通常は輸送タンパク質のうちで，チャネル以外の，輸送のたびに基質結合部位の方向を膜の内外に変えるものを意味する。そして狭義には，輸送のためにATP加水分解を必要とするものをポンプといい，輸送体とは区別する。高校の教科書ではポンプという用語を必ず用いるので，原則として，本書ではチャネルとポンプ以外の輸送タンパク質を輸送体として扱うことにする。

■膜輸送

	輸送タンパク質		例
受動輸送	①なし	(単純拡散)	… CO_2・尿素・グリセリン・ステロイド
	②チャネル	(促進拡散)	… アクアポリン(水チャネル)・Naチャネル
	③輸送体	(促進拡散)	… グルコース輸送体(**標問25 B**，**標問69**)
能動輸送	①ポンプ	(一次能動輸送)	… Naポンプ
	②共役輸送体*	(二次能動輸送)	… グルコース共(役)輸送体**(**標問5**，**標問27問3・4**)

* 受動輸送③の輸送体と区別しやすいよう，原則として，本書では共役輸送体と明記する。

** グルコースポンプということもある。

標問4の解説

問1，2　リン脂質は，リン酸などを含む親水性部分と，炭化水素鎖が長く続く疎水性部分からなり，**脂質二重層**を形成する。この脂質膜にタンパク質がモザイク状に埋め込まれており，タンパク質はリン脂質とは直接結合していないため，脂質二重層を比較的自由に移動できる。このような生体膜の構造はシンガーとニコルソンによって提唱され，**流動モザイクモデル**と呼ばれる。

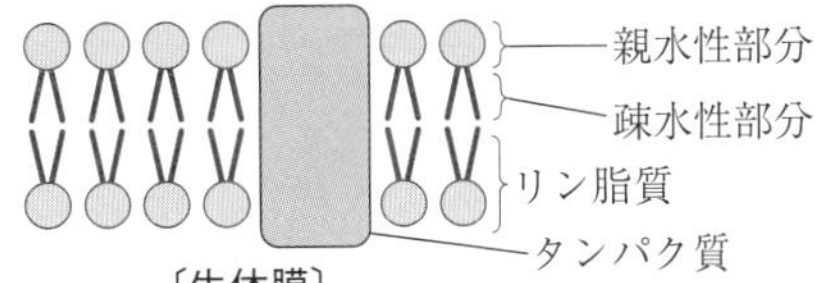

〔生体膜〕

生体膜は厚さ約 8～10nm 程度であるが，細胞膜や核膜は細胞骨格で裏打ちされ，容易に壊れないようになっている。

問4　脂質二重層中央の疎水性の部分は，O_2・CO_2 などの気体，尿素などの低分子(分子量100程度まで)，そしてグリセリンをはじめとするアルコール類などを透過させる。さらに，ステロイドホルモンなどの脂質はかなり大きい分子でも透過させる。しかし，水やアミノ酸・糖などのように極性をもつ分子や，イオンのように荷電したものは(ほとんど)透過させない。このため，これらの物質は膜貫通型の輸送タンパク質(精講の「膜輸送」を参照)によって膜を透過する。

問5　グラフに示されているのは，①「レーザー光を照射した時点では照射部で退色して蛍光強度が低下した」が，②「時間経過に伴って蛍光強度が回復している」ことだけである。①については問題文で述べられている。

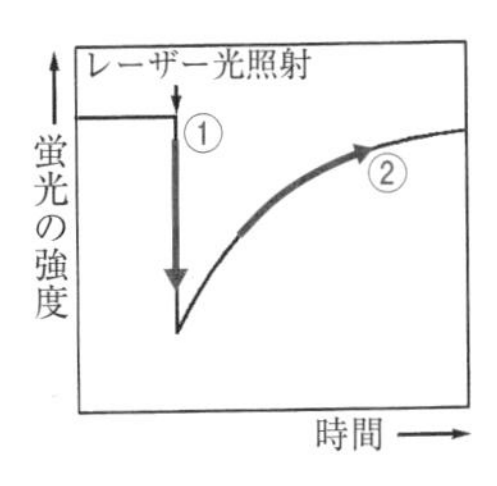

問題文には「退色した蛍光物質は励起光を当てても再度蛍光を発することがない」と示されている。新たに蛍光物質が合成されないならば，レーザー光照射部の周囲にある蛍光物質が移動したとするのが妥当であろう。ただし，蛍光物質は細胞膜に存在するタンパク質に結合しているのだから，蛍光物質が勝手に移動するのではなく「蛍光物質が結合したタンパク質が移動した」のである。この実験結果の解釈は，問題文に述べられている細胞膜の流動モザイクモデルと合致する。

問6　ナトリウムポンプは Na^+/K^+-ATP アーゼとも呼ばれ，能動輸送に関わる代表的な膜タンパク質である。ATP を加水分解したときのエネルギーを用いて，Na^+ を細胞外に，K^+ を細胞内に輸送することで，細胞内外の陽イオンの濃度勾配を形成することに関わる。ATP を分解するのは細胞内，すなわち細胞膜の内側に面している部位である。

実験1のAでは，リポソーム外に ATP を添加しているのでナトリウムポンプは働かない。しかし，BとCではナトリウムポンプが働く。

実験2ではナトリウムポンプが働くので，リポソーム外の Na^+ はリポソームの内側へ，リポソーム内の K^+ は外側へ輸送される。

標問 5 グルコースの輸送

答 問1 ア－マルターゼ イ－微柔毛 問2 ⑤ 問3 ④
問4 ① 問5 32.5〔g〕

標問5の解説

容器に挟んでいる上皮細胞の上下どちらが腸管内腔側か血管側かが示されていない点に注意する。まずは実験結果から，3つの輸送体の存在場所を検討する。

実験1，**実験2**では上部容器と下部容器の溶液に違いがないので，輸送体の偏りが判断できない。ただし，**実験2**では酸素供給をなくすと呼吸が停止してATP供給がなくなり，Na^+とグルコースの輸送が停止することが示されている。

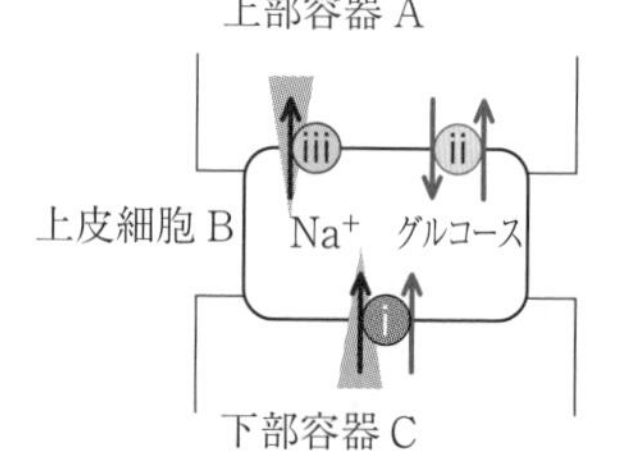

実験3より，上部容器に添加したウアバインによってⅲが阻害されると，Na^+の能動輸送が停止して**実験2**と同様な結果になるので，ⅲはAとBの間にあるとわかる。

実験4より，下部容器のNa^+濃度を高くしたときにBのグルコース濃度が高くなるには，ⅰがBとCの間にあればよい。このとき，ⅱが同じBとCの間にあればグルコースはC側に戻ってしまうので，ⅱはAとBの間にあると考えられる。

つまり，この実験では**上部容器A側が血管側**で，**下部容器C側が腸管内腔側**である。

問1 ア．デンプンはアミラーゼによってマルトースやグルコースなどに分解される。マルトースの分解にはマルターゼが必要である。

イ．小腸の表面には粘膜ヒダがあり，粘膜の表面には多数の柔毛が発達し，柔毛の表面の上皮細胞には微柔毛が発達している。このように何重にも表面積を大きくすることで，食物の消化・吸収が効率的に行えるようになっている。

問2 グルコースはⅱによってAからBに濃度勾配(濃度差)に従って移動するが，ⅰは輸送方向が逆なのでBからC方向へは移動できない。また下部容器にはグルコースを含まないので，グルコース濃度は，A＝Bとなり，Cよりも高い。

問3 Na^+濃度はBよりもCの方が高いので，Na^+が濃度勾配に従ってCからB方向へⅰにより移動するときに，グルコースも移動する。これによってBでのグルコース濃度が高くなり，ⅱによってBからAにグルコースが移動する。

問4 ATPの消費はⅲで行われ，これによって生じるNa^+の濃度勾配によってⅰによるグルコースの移動が起こる。

問5 モル数と分子数は比例するので，100gのグルコース＝$\frac{100}{180}$モルのグルコースと等量のNa^+が必要とされる。よって，NaClも$\frac{100}{180}$モル必要である。NaClの分

子量は58.5なので，$58.5〔g〕\times\frac{100}{180}〔モル〕=32.5〔g〕$

本問のテーマである小腸上皮細胞における Na^+ とグルコースの輸送について，同様な輸送は腎臓の細尿管の上皮細胞でもみられる。グルコース自体を能動輸送することができないので，濃度勾配に逆らうようなグルコース輸送には，このような3つのタンパク質が関わる。ⅰは **Na^+/グルコース共輸送体**(等方輸送を行う共役輸送体)，ⅱは**グルコース輸送体**，ⅲは**ナトリウムポンプ**である。

なお，Na^+/グルコース共輸送体によるグルコースの能動輸送は，Na^+ の濃度差がエネルギー差として働き，Na^+ が濃度勾配に従って共(役)輸送体を移動するときにエネルギーが転嫁されて，グルコースの移動が起こる。

一般に能動輸送といえば，ナトリウムポンプのように直接には ATP を消費するものを思い浮かべるが，Na^+/グルコース共輸送体は直接には ATP を消費しない。しかし，Na^+/グルコース共輸送体は，ATP を消費して Na^+ の濃度勾配を作り出すナトリウムポンプの働きがなければ共(役)輸送が起こらないので，間接的に ATP のエネルギーを利用している(二次能動輸送と呼ぶ)。**標問27**の精講も参照すること。

精講 Na^+ の濃度勾配を利用したグルコースの輸送

① ナトリウムポンプによって，細胞内の Na^+ 濃度が低く保たれる。

② Na^+/グルコース共輸送体によって，Na^+ の濃度勾配を利用して，グルコースを能動輸送する。

③ グルコース輸送体は濃度勾配に従って，細胞外にグルコースを移動させる。

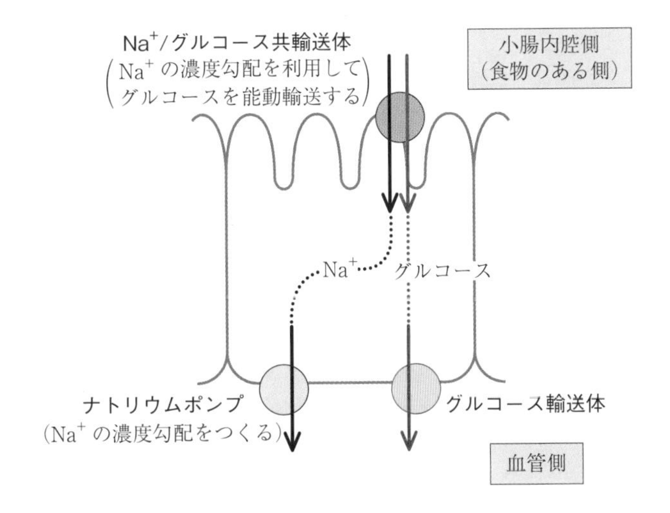

標問 6 細胞周期

答
問1　M期－2時間　G_1期－11時間　S期－3時間　G_2期－4時間
問2　①
問3　G_1期－(ア)　G_2およびM期－(エ)　S期の前半－(イ)　S期の後半－(ウ)
問4　⑤　問5　③

標問6の解説

問1　根端分裂組織で増殖している細胞集団の細胞周期と，そのM期(分裂期)・G_1期(DNA合成準備期)・S期(DNA合成期)・G_2期(分裂準備期)を，右図4のように，環状に示すことにする。この図では，○で示された細胞が隙間なく並んでおり，これらすべての細胞が同じ速さで一斉に右回りに回っている，つまり細胞周期の各過程を進んでいる様子が示されていると理解してほしい。

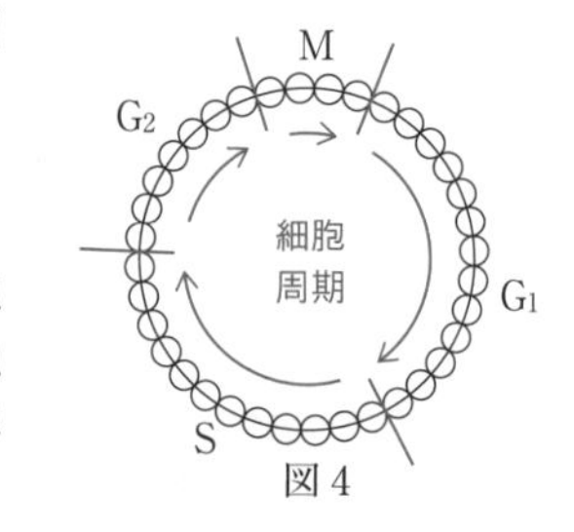

図4

〈1〉　**実験2　EdUの短時間添加パターン**

問題文には示されてはいないが，このパターンでは，培地にEdUが添加されるのは時間的に無視できるほどの**極短時間**であるとみなしてよい。そして，この極短時間の間にS期の細胞群がすべてEdUをDNAに取り込んでラベルされると考える。従って，**生育開始時点ではS期の細胞群のみがラベルされる**(右図5の0hr後)。そして，その後は培地にEdUがないので，ラベルされた細胞の数が同じまま，つまり赤線部分の長さが同じままの状態で，**全細胞が細胞周期を進むことになる**。なお，図5では，細胞を示す○は省略されており，赤線部分のラベルされた細胞群が右回りに進んでいくので，その進行方向を基準として，先端の細胞を●で示し，後端の細胞を■で示すものとする。また，Mの上の［　　］内の%は，M期の細胞のうち，EdUが検出される細胞の割合(問題文図1の縦軸値)を示している。

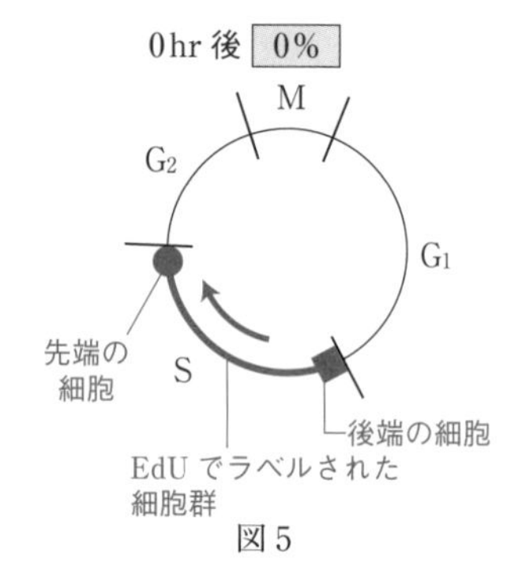

図5

(1)　4hr後：ラベルされた細胞群の先端細胞(●)がG_2期の最後に達した状態。先端細胞の動き(○---➤)に注目すると，$4=G_2$とわかる。
∴　G_2期$=4$ hr

(2)　6hr後：ラベルされた細胞群の先端細胞(●)がM期の最後に達した状態。先端細胞の動き(○---➤)に注目すると，$6=G_2+M$とわかり，$G_2=4$を代入すると，$M=2$とわかる。

∴　M期＝2 hr

(3)　7 hr 後：ラベルされた細胞群の後端細胞(■)がM期の最初に達した状態。後端細胞の動き(□--->)に注目すると，$7 = S + G_2$ とわかり，$G_2 = 4$ を代入すると，$S = 3$ とわかる。

∴　S 期＝3 hr

(4)　9 hr 後：ラベルされた細胞群の後端細胞(■)が G_1 期の最初に達した状態。後端細胞の動き(□--->)に注目すると，$9 = S + G_2 + M$ とわかり，(1)～(3)と矛盾しない。

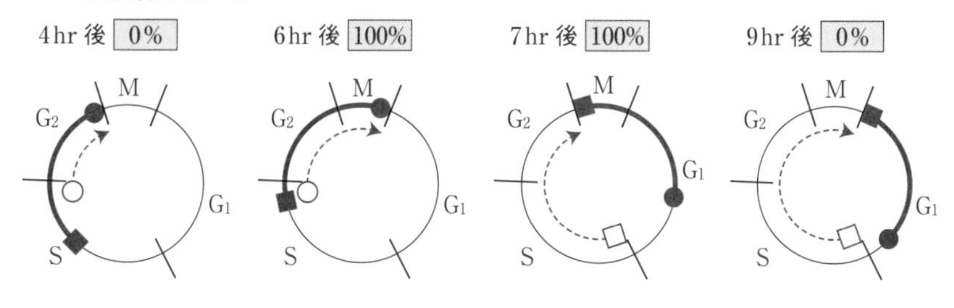

図 6

〈2〉　**実験 1：EdU の継続添加パターン**

生育開始時点でS期の細胞群のみがラベルされるのは**実験 2** と同じ(下図 7 の 0 hr 後)であるが，**実験 1** では EdU が培地に添加され続けているので，**ラベルされた細胞の数が時間とともに増えながら，つまり赤線部分の長さが時間とともに長くなりながら，全細胞が細胞周期を進む**ことになる。

(1)　17hr 後：ラベルされた細胞群の先端細胞(●)が G_1 期の最後に達した状態。先端細胞の動き(○--->)に注目すると，$17 = G_2 + M + G_1$ とわかり，$G_2 = 4$ および $M = 2$ を代入すると，$G_1 = 11$ とわかる。

∴　G_1 期＝11hr

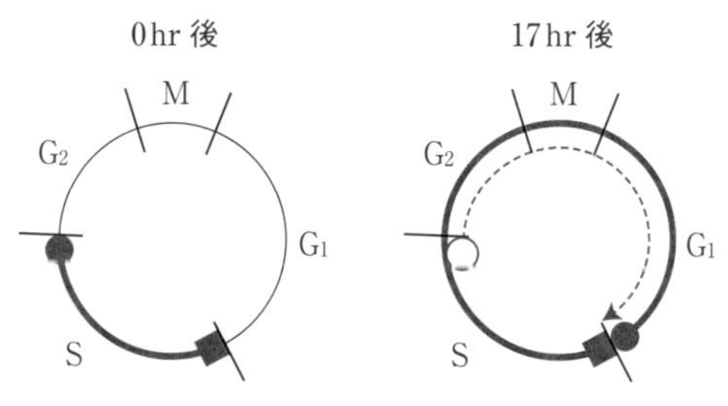

図 7

問 2　**B** の問題主文にヨウ化プロピジウムという色素の説明として「2 本鎖ヌクレオチドに入り込み，隣接する塩基対と塩基対の間に入ると蛍光を発するようになる」とあるので，この色素が DNA に入るとわかり，さらに発光の強さが細胞の DNA **含量**に対応するとわかる。

問3　図2の蛍光の強さ，つまりDNA量の相対値が0と1と2で示されていることに注意して，細胞周期に伴う細胞あたりのDNA量の変化のグラフを自分で描いてみるとわかりやすい。図2の(ア)はDNA量(蛍光の強さ)が1なので，自分で描いたグラフからG_1期であるとわかる。同様に，図2の(イ)と(ウ)はDNA量が1と2の間なので，それぞれS期の前半と後半であるとわかり，図2の(エ)はDNA量が2なのでG_2期およびM期であるとわかる。

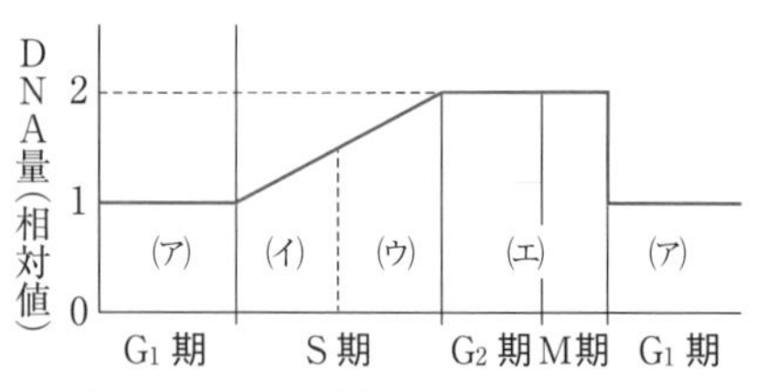

問4　ノコダゾールは紡錘糸の伸長と染色体の分離を阻害するので，細胞周期はM期で停止する。このため，問題主文に示された細胞周期の約16時間を上回る20時間後には，ノコダゾールを加えた時点でG_1期・S期およびG_2期であった細胞はすべてM期まで進んで細胞周期を停止すると考えられる。

問5　図3を見ると，20時間後でもS期の(イ)と(ウ)の細胞数が全く変化していない。これに対して，G_2とM期の(エ)の細胞数が減少してG_1期(ア)の細胞数が増加していることから，G_2とM期の細胞はG_1期にまで進んで細胞周期を停止するとわかる。これらのことから，薬剤XはS期のDNA合成を阻害すると考えられる。

精講　本題のテーマ

本問ではDNAを標識して追跡するために，チミジンの類似物質で，蛍光を発するエチニル・デオキシウリジン(EdU)が用いられているが，放射性同位体である^{3}H（トリチウム)を用いてDNAを追跡する問題も頻繁に出題されるので，オートラジオグラフィーについて説明しておく。

■オートラジオグラフィー

^{3}Hを含むチミジン(チミンとデオキシリボースの複合体)を^{3}H-チミジンといい，これを増殖し続けている細胞の培養液に添加すると，^{3}H-チミジンはS期(DNA合成期)の細胞の核に，そしてDNAに取り込まれる。^{3}H-チミジンを添加した後，暗室内で標本とした培養細胞に写真乳剤(X線写真フィルム)を密着させて放置すると，DNAに取り込まれた^{3}Hからの放射線によって乳剤が感光するので，現像すればその部位に黒い銀粒子が現れる。このように，写真乳剤などを使って生体内における放射性物質(トレーサー)の取り込みを観察し，これを基に生体内物質の分布・移動・代謝を調べる方法をオートラジオグラフィーという。

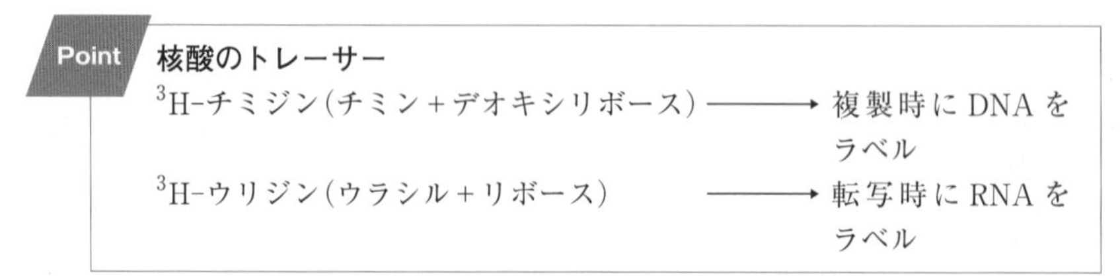
Point　核酸のトレーサー

^{3}H-チミジン(チミン＋デオキシリボース) ⟶ 複製時にDNAをラベル

^{3}H-ウリジン(ウラシル＋リボース) ⟶ 転写時にRNAをラベル

オートラジオグラフィーはさまざまな分野で用いられている。例えば，膵臓細胞内での消化酵素の生成から分泌に至る過程が「粗面小胞体 → ゴルジ体 → 分泌小胞（膜小胞）→ 細胞膜 → 細胞外」であることも，^{3}H や ^{14}C を含むアミノ酸を取り込ませることで追跡することができる。それに，バクテリオファージの増殖に関する研究においても，ハーシーとチェイスがファージのDNAを ^{32}P で，タンパク質を ^{35}S でラベルしたことも必ず学習するはずである。

■細胞周期の解析

〈1〉 EdUや ^{3}H-チミジンを添加した瞬間 ⟶ S期の細胞群がラベルされる。

〈2〉 短時間添加 ⟶ ラベルされた細胞数は同じままで細胞周期を進む。

〈3〉 継続添加 ⟶ ラベルされた細胞数が増加しながら細胞周期を進む。

標問 7 細胞周期の調節

答 問1 ①，②，④，⑥　問2 ⑥，⑧，⑩

標問7の解説

問1　本問は特に問題文の意味が正確に読み取れないと解答できないので，慎重に問題文を読み進める必要がある。

(i)「S期細胞＋G_1期細胞」の融合

「S期の核ではDNA合成が進行」,「G_1期の核はすぐにS期に進んだ」とあるが，S期はもともとDNA合成期なのでDNA合成が進行している。これに対して，G_1期の核は「すぐに」とあるので，G_1期核は融合をきっかけにS期に進んだ，といえる。つまり，細胞融合によってS期の核自体には特別な作用が起こっていないが，G_1期の核には変化が起きたことがわかる。

(ii)「S期細胞＋G_2期細胞」の融合

まず「S期の核はそのままDNA合成を続け」ということから，S期核には融合による影響はない。次に「G_2期核はS期の核が追いつくまでG_2期にとどまり」とあることから，G_2期核は細胞融合によってM期への進行が抑制されているようである。また，「その後そろってM期に進んだ」とあるので，S期の細胞質にはG_2期核がM期に進行することを抑制する物質を含み，G_2期に入るとこの物質の作用がなくなってM期に進行すると考えられる。

(iii)「G_2期細胞＋G_1期細胞」の融合

「G_2期細胞の核は…分裂の進行が遅れた」ということから明らかなように，G_1期の細胞質の影響を受けてG_2期にとどまるので，G_1期の細胞質にはG_2期核のM期への進行を抑制する物質を含む。一方，「G_1期の核は予定通り」とあるので，融合の影響を受けていないと判断される。

(iv)「M期細胞＋間期細胞」の融合

M期細胞についての変化は示されていない。一方，間期細胞は速やかに「染色体が形成され，核膜が崩壊」するのでM期に入る。つまり，M期の細胞質には，どの間期の細胞に対してもM期に進行させる物質を含む。

① (i)より，G_1期核はS期核と融合後すみやかにS期に入ることから，S期活性化因子の影響を受けることができ，DNAを合成する準備ができていることがわかる。一方，S期活性化因子があるとG_1期核はG_1期にとどまれないので，G_1期の細胞質にはS期活性化因子がないと判断できる。妥当である。

② これは(iv)の実験結果そのものに当てはまる。

③ これは(i)に明らかに反する。

④ G_2期核とS期核の関係は(ii)から判断する。「G_2期の核はS期活性化因子に応答しない」という部分は，G_2期核はS期の細胞と融合してもDNA合成をはじめていない(G_2期にとどまるだけ)ので，正しいといえる。「M期を経て新たな

G_1 期に入れば，DNA 合成が可能になる」の部分については，(i)からＳ期活性化因子があれば G_1 期核は DNA 合成することになるので，妥当である。

⑤　(iv)の結果から，間期の細胞核はどの時期でもＭ期促進因子の作用を受けるので，誤り。

⑥　Ｓ期核と G_2 期核の関係は(ii)に示されているが，この実験では G_2 期核はＳ期活性化因子の影響を受けない，ということしかわからない。ここで(iii)に注目してみると，Ｓ期活性化因子の影響を受けることができる G_1 期核は G_2 期の細胞と融合しても影響を受けていないので，G_2 期の細胞質にはＳ期活性化因子は存在しないといえる。

⑦　(ii)から誤りである。

⑧　⑥の検討から，Ｓ期を終えるとＳ期活性化因子は消失する。誤り。

⑨　仮に G_1 期の細胞質に DNA 合成を阻害する因子があるならば，(i)でＳ期核の DNA 合成は阻害されるはずである。誤り。

なお，①については実験の解釈をしただけでは正誤の判断は難しいかもしれない。つまり，②以降の選択肢を判断する過程で，Ｓ期活性化因子の働きなどが明確になるのではないだろうか。さらに，問題 **B**（問２，３）は問題 **A**（問１）の考え方をきちんと踏まえていれば実験の解釈がしやすくなることも，問題を解答する上で重要である。すなわち，「細胞融合によって一方の細胞に何かが起こった」ということは，「相手の細胞質に存在する物質による影響がある」ということである。

問２　⑥　変形菌類（ムラサキホコリカビなど）は，胞子（単相）が発芽してできたアメーバ状細胞が接合（複相）して生じる変形体として生活する。

⑧　受精や接合は細胞融合の一種である。

⑩　骨格筋のもとになる細胞は筋芽細胞と呼ばれるが，発生の過程で筋芽細胞が多数細胞融合して多核で大きな骨格筋細胞ができる。ふつうの細胞に比べて特別長い細胞なので，筋繊維と呼ばれることが多い。

精講　細胞周期を調節するしくみ

細胞周期が正常に進行しているかを確認するチェックポイントがある。

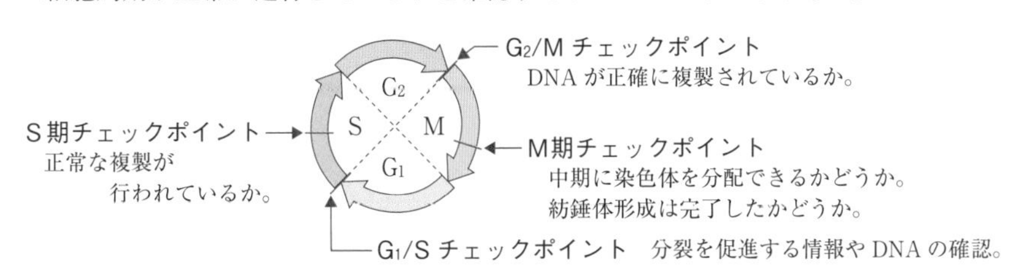

標問 8　モータータンパク質

答

問1　右図赤線

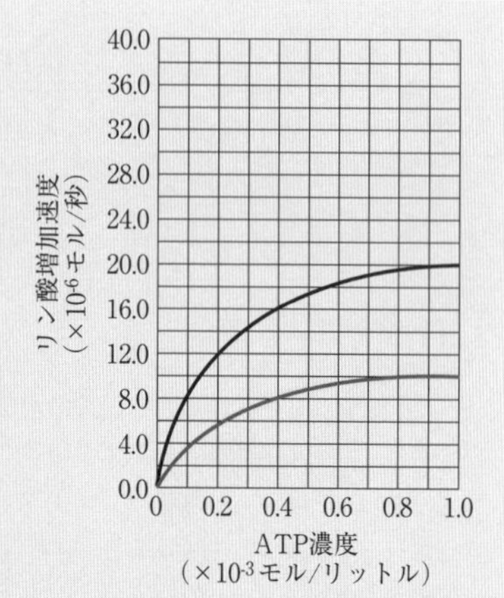

問2　先端・基部方向：B
　核方向：A

問3　タンパク質C単独ではリン酸を増加させないが，タンパク質AやBにCを加えるとAやBのリン酸を増加させる速度が大幅に増大する。このことから，C自体にはATP分解酵素活性はないが，AやBに作用して，AやBのATP分解酵素活性を高める役割をもつ。

問4　ATPアーゼ活性をもつタンパク質Bの濃度が一定なので，基質であるATPの濃度が高くなると，常にすべてのATPアーゼ活性部位がATPで飽和した状態になるため。

問5　分解されるATPの平均分子数：12分子
　運動の連動性：タンパク質BはATPを1分子分解するごとに，8.0×10^{-9}m移動する。

精講　重要事項の整理

■モータータンパク質　**標問3**の精講を見よ。
■細胞骨格　**標問3**の精講を見よ。

標問8の解説

問1　モータータンパク質はATPを加水分解したときのエネルギーを利用するので，ATP分解酵素としての活性(側面)ももつ。したがって，モータータンパク質であるAの量を2.0×10^{-6}モルから1.0×10^{-6}モルに変えることで酵素濃度を$\frac{1}{2}$倍にすると，すべてのATP濃度の領域において反応速度も$\frac{1}{2}$倍となり，グラフが縦方向に$\frac{1}{2}$倍に圧縮されたものとなる。**標問22**の問2の解説を参照。

問2　実験1を解釈する。
　野生型において全体に分布している小胞は，タンパク質Bをもたない変異型Iでは核付近に蓄積する。これよりタンパク質Bは核付近から先端や基部方向への小胞輸送に関わることがわかる。同様にタンパク質Aをもたない変異型Ⅱでは先端と基部に蓄積していることから，タンパク質Aは核付近への輸送に関わることがわかる。野生型ではタンパク質Aとタンパク質Bがともに働くため，細胞内全体に小胞が分布している。

問3　**実験2を解釈する。**

まずは各タンパク質を単独で実験した場合を考える。A単独またはB単独では反応速度は低いものの反応が起こっているが，C単独では反応自体が起こっていない。

A＋C，B＋Cと組合せた実験では，どちらも7〜10倍近く反応速度が大きくなっている。よって，C自体ではATPを分解できないが，AやBの**ATP分解酵素としての働きを促進する**働きがあるといえる。なお，実験でCを「過剰に」加えているのは，AやBに十分に作用させるためと考えられる。

問4　タンパク質BはATP分解酵素の働きをもつ。よって，基質濃度と酵素の反応速度の関係と同様に考えればよい。

酵素の反応速度は**酵素－基質複合体**濃度に比例する。基質濃度が十分に高くなるとすべての酵素が基質と結合して酵素-基質複合体となるため，反応速度が最大となる。

問5　次のように求める。

〈1〉　図2より，ATP濃度が1.0×10^{-3}mol/Lのとき，濃度2.0×10^{-6}molのタンパク質Bは毎秒24.0×10^{-6}molのATPを分解しているとわかる。よって，次の関係が成り立つ。

タンパク質B　：　ATP
＝ 2.0×10^{-6}〔mol〕：24.0×10^{-6}〔mol/s〕
＝ 1〔分子〕：12〔分子 /s〕

よって，1秒間にタンパク質Bが分解するATP量は12分子とわかる。

〈2〉　図3に示された0.5秒の間では〈1〉より6分子のATPが分解され，Bが6ステップ移動するので，Bは1分子のATPを分解するごとに1ステップ移動するとわかる。また，5ステップで40×10^{-9}mの変位なので，1ステップの移動距離は8×10^{-9}mとわかる。

標問 9 細胞膜受容体と細胞内シグナル伝達

答

問1　細胞外の増殖因子Xの有無にかかわらず，細胞内で受容体A'どうしが結合して2分子となるので，常にリン酸化する部位が活性化して基質Bをリン酸化し続ける。(73字)

問2　薬物Cは受容体A'のATPが入り込むくぼみに入り込んでATPが結合するのを競争的に阻害し，基質結合部位に結合した基質Bがリン酸化されないようにすることで，細胞の増殖を抑える。(86字)

問3　1アミノ酸の置換によって，くぼみの中のATPの結合と薬物Cの結合に共通して関わる部位ではなく，薬物Cの結合のみに関わる部位の立体構造が変化した。(72字)

問4　①

精講 細胞膜受容体と細胞内シグナル伝達

■細胞膜受容体

細胞膜に存在する受容体は**イオンチャネル型**，**酵素型**，**Gタンパク質共役型**に大別される。

イオンチャネル型：シグナル分子が受容体に結合すると，**イオンチャネルが開いて特定のイオン(Na^+やCa^{2+}やCl^-など)が流入する**ことで，細胞内に情報が伝えられる。

酵素型：シグナル分子が受容体に結合すると，**受容体の細胞内部分が活性化して基質をリン酸化(基質へのリン酸基の付加)するリン酸化酵素(キナーゼ)などとして働く**ことで，細胞内に情報が伝えられる。本題の受容体もこのタイプである。

Gタンパク質共役型：GTP（グアノシン三リン酸)やGDP（グアノシン二リン酸)と結合するタンパク質をGタンパク質と総称し，結合していたGDPを離してGTPと結合することで活性化される。シグナル分子が受容体に結合すると，**受容体の構造が変化して細胞内のGタンパク質を活性化し，受容体から離れた活性型Gタンパク質が他の酵素やイオンチャネルなどの活性を調節する**ことで，細胞内に情報が伝えられる。

■細胞内シグナル伝達

細胞膜受容体にシグナル分子が結合すると，細胞内でシグナルを変換・増幅させるさまざまな反応が連鎖的に引き起こされ，最終的な細胞応答が引き起こされる過程を細胞内シグナル伝達という。受容体が受容した情報は，**リン酸化タンパク質**，**活性型Gタンパク質**，セカンドメッセンジャー(cAMPやCa^{2+}など)などに変換される。

■競争的阻害

標問25の精講の■ふつうの酵素の競争的阻害と非競争的阻害を見よ。

標問 9 の解説

問1　受容体Aと受容体A'が関わる細胞増殖の過程の要点をまとめると次の〈1〉と〈2〉のようになり，〈2〉を文章にすると解答になる。

〈1〉　受容体Aの場合(図1)

増殖因子Xが受容体Aに結合

⇒ 受容体Aどうしが結合して2分子に

⇒ リン酸化部位が活性化して基質Bをリン酸化 ⇒ 細胞増殖

〈2〉　受容体A'の場合(図2)

増殖因子Xの有無にかかわらず

⇒ 細胞内で受容体A'どうしが結合して2分子に

⇒ 常にリン酸化部位が活性化して基質Bをリン酸化 ⇒ 常に細胞増殖

問2　図3から薬物CがATPとよく似た立体構造をもち，薬物Cが受容体A'内のATPが入り込むくぼみに入り込んでしまうとATPが結合できなくなるとわかる。**つまり，薬物Cは競争的阻害剤としてATPが結合するのを阻害し，基質結合部位に結合した基質Bがリン酸化されないようにすることで，細胞の増殖を抑えると考えられる。**

問3　次の手順で考えるとよい。

〈1〉　薬物Cもあるのに細胞が増殖することから，ATPは結合できるのに薬物Cは結合できなくなったと考えられる。

〈2〉　図3をよく見ると，薬物Cの結合部位がATPの結合部位を内包している，つまり薬物Cの結合部位の一部がATPの結合部位になっているとわかる。

〈3〉　問題文にATPが結合する部位の近くのアミノ酸の1つが別のアミノ酸に変化したとあることから，右図のように**ATPの結合と薬物Cの結合に共通して関わる部分ではなく，薬物Cの結合のみに関わる部位の立体構造が変化し，これによって，ATPはこれまで通りに結合できるが，薬物Cは結合できなくなるので，細胞の増殖が抑えられなくなったと考えられる。**

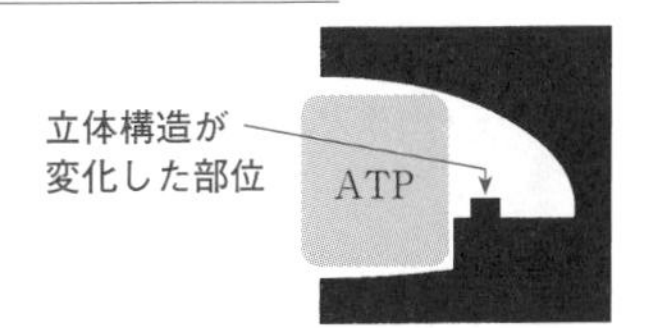

問4　問題主文や図から理由を直接考察できる内容ではないので，消去法で考える。

②　もともとATPが結合する部位の構造が正常な状態で薬剤Cが結合する(図3)し，薬剤Cの結合部位の一部がATPの結合部位なので，ATPが結合する部位の構造が変化すると薬剤Cも結合できなくなってしまう。　∴　×

③　問2の問題文にあるように，基質Bが結合する部位とATPおよび薬物Cが結合する部位は独立している。このため，基質Bが結合する部位の構造の変化と薬剤Cの結合の可否は無関係である。　∴　×

よって，残る①が○であるとわかり，薬物Cがこの肺がんに対してのみ強い増殖抑制効果をもち，正常な組織(臓器)に対する増殖抑制効果が弱い理由は**受容体Aが正常な組織(臓器)では量(分子の数)が少ないことである可能性が高い**とわかる。

標問 10 プロトプラスト・顕微鏡の操作

答

問1　ペクチナーゼ：細胞壁どうしを結合しているペクチンを加水分解する。(25字)

セルラーゼ：細胞壁の成分であるセルロースを加水分解する。(22字)

問2　24〔μm〕

問3　変化：吸水して破裂した。(9字)

理由：細胞壁がないため，細胞外の浸透圧が低下して過剰に吸水すると細胞膜が破れるから。(39字)

問4　反射鏡を凹面鏡にし，絞りを開く。(16字)

問5　細胞小器官：液胞

働き：吸水した水や，細胞の代謝産物や老廃物などを貯蔵する。(26字)

標問 10 の解説

問1　2つ以上の細胞の隔壁が消失して1つになることを**細胞融合**と呼ぶ。適当な培養液中にある細胞に**ポリエチレングリコール**を添加したり，**高圧電流**を短時間流すことで細胞膜どうしが融合して細胞が1つになる。

植物細胞を細胞融合させる場合は，細胞壁を分解してプロトプラストを作り，これを用いる。まず，細胞壁どうしを結合している**ペクチンを分解するペクチナーゼ**を作用させて細胞をバラバラにし，次に**細胞壁を分解するセルラーゼ**を作用させると細胞壁のないプロトプラストが得られる。

問2　図2より，接眼ミクロメーター5目盛りと対物ミクロメーター2目盛りとが一致している。

対物ミクロメーター1目盛りは1mmを100等分しているので，1目盛り＝10μmだから，

接眼ミクロメーター5目盛り＝2×10〔μm〕

接眼ミクロメーター1目盛り＝$\dfrac{2\times10〔\mu m〕}{5}$

＝4〔μm〕

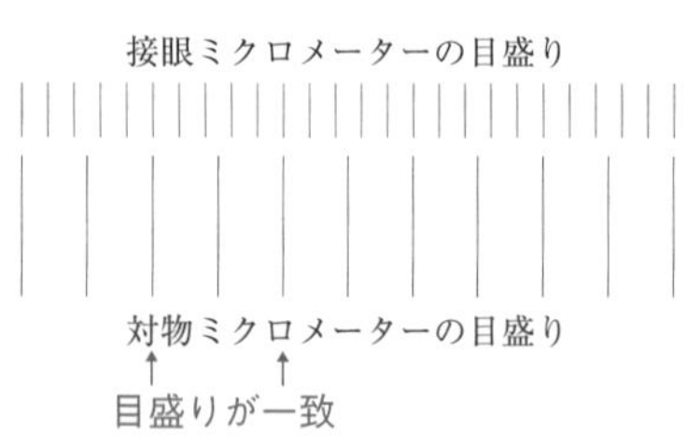

大きい方の細胞の直径は，接眼ミクロメーターの6目盛り分に一致しているので，

6×4〔μm〕＝24〔μm〕

問3　陸上の植物は，地上部が雨水にさらされ，根をとりまく土壌水も塩分濃度が低く，常に低浸透圧の環境下にある。細胞壁が存在する状態では膨圧が生じ，細胞壁が過剰な吸水を抑制するように働く。プロトプラストは細胞壁がないため，低張液中では吸水して破裂する。

問５　植物細胞の成長に伴う体積増加は，吸水による。吸水した水が細胞質基質に残れば低張になり，細胞小器官が破裂する。そこで細胞に吸水された水は液胞に速やかに入り，細胞質基質の浸透圧は維持される。よって，成長した植物細胞では液胞が非常に大きくなる。

液胞には，他に，老廃物の貯蔵や分解，アントシアンなどの色素を貯蔵する働きがある。

精講　重要事項の整理

■ミクロメーターによる計測法

① 接眼ミクロメーターと対物ミクロメーターの目盛りが一致する箇所を読み取る。

② 接眼ミクロメーターの１目盛りの長さを算出する。

$$\text{接眼ミクロメーター1目盛りの長さ} = \frac{\text{対物ミクロメーターの目盛り数} \times 10〔\mu\text{m}〕}{\text{接眼ミクロメーターの目盛り数}}$$

③ 接眼ミクロメーターで対象物の長さを測り，換算する。

■細胞と浸透圧の関係

① 細胞と浸透圧が等しい溶液(等張液)中では，見かけ上水の移動がない。

② 高張液中では脱水によって体積が減少し，低張液中では吸水によって体積が増加する。

⟶ 細胞壁がない細胞では，過剰な吸水が起きると破裂する。

第2章 生物の進化と系統

標問 11 進化の証拠

答

問1 ア－原索動物 イ－ゲノム
問2 (1) 二名法 (2) (A)－属名 (B)－種小名
問3 (1) 系統樹 (2) 右図

アメリカクロクマ
ジャイアントパンダ
レッサーパンダ

問4 共通祖先に由来しない構造なので相同ではなく，機能も一致しないので相似でもない。(39字)
問5 ③
問6 三者の共通祖先で体節構造が獲得されたが，固着生活をするホヤでは体節構造が失われた。(41字)
問7 かつて大陸が1つだった頃にディプテルスが広く分布し，大陸移動に伴って分断された後，肺魚としてわずかに残ったと考えられる。

精講 生物の分類階級

■生物の分類階級

界 ── 門 ── 綱 ── 目 ── 科 ── 属 ── 種

（属・種）学名はこの2つで示す

界の上にドメインがあり，生物を(真正)細菌(バクテリア)，アーキア(古細菌)，真核生物(ユーカリア)の3つに分類する。

標問 11 の解説

問1 ナメクジウオやホヤ，脊椎動物は発生時に脊索がみられるので**脊索動物門**に分類されるが，ナメクジウオとホヤは**原索動物**としてまとめることもある(さらにナメクジウオは頭索目，ホヤは尾索目に分類する)。

問2 **二名法**はリンネによって提唱され受け継がれてきた。学名はこのうち下位の2階級である，属名と種小名を組み合わせて示す。ラテン語またはラテン語化した語を用い，大文字で起こしイタリック体で表記する。ときに，命名者や命名年を示すこともある。

〔例〕 ソメイヨシノ　*Prunus* *yedoensis* Matsum.
（*Prunus*：属名，*yedoensis*：種小名，Matsum.：命名者 Matsumura の略）

問3 (1) 生物が進化してきた道筋を**系統**と呼び，系統関係を示す樹状図を**系統樹**と呼ぶ。

(2) 下線部aに，血清タンパク質および遺伝子の塩基配列の比較から，ジャイアントパンダはレッサーパンダよりもアメリカクロクマに近縁であることが示されたとあるので，この内容をもとに系統樹を書けばよい。参考までに現在の分類を次に示す。

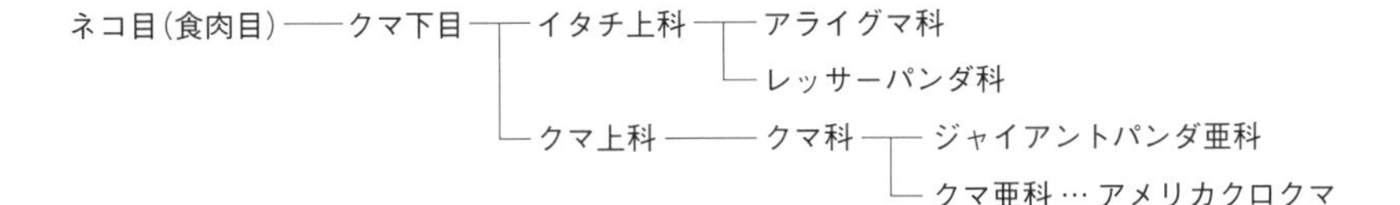

問4　形態や機能が異なっていても共通祖先に由来する同一の基本構造をもつ関係を**相同**と呼び，共通祖先に由来しないが類似した形態や機能をもつ関係を**相似**と呼ぶ。問題文に「構造，機能ともに異なる」と示されているので相同でも相似でもないことがわかる。

問5　近年では系統分類も分子的な特徴によって決定されることが多くなっている。分子系統樹を作成するときに必要なのは，共通した分子をもつことである。

①のヘモグロビンはほぼすべての脊椎動物と，一部の無脊椎動物がもつ色素である。脊椎動物の類縁性を調べるのに利用される。②の葉緑体は動物・原核生物にはなく，④のミトコンドリアは原核生物がもたない。③のリボソームはすべての生物がもつので③が適する。

問6　ナメクジウオが体節をもつことと，問題に示された系統樹から，次の２つの可能性が考えられる。

①　もともと体節をもたなかった共通祖先のうち，ナメクジウオと脊椎動物がそれぞれ独自に体節を獲得し，ホヤは獲得しなかった。

②　これらの共通祖先で獲得された体節がホヤで失われた。

この群に含まれる生物の多くがもち一部の生物がもたない形質について，類似する構造がそれぞれ独自に獲得されたというより，一部の生物でその構造が失われたという方がよりシンプルに説明できるので，②を解答とするのが妥当である。ただし，問題の条件だけから①の可能性を完全に否定できるわけではない。

問7　問6と同様に，次の２つの可能性が考えられる。

①　各大陸の河川で独自に出現した。

②　共通した祖先から出現したが，現在は孤立して存在する。

問題文にある「現生の近縁種が…遠く離れたところに分布する」と〔語群〕の「大陸移動」がヒントとなり，②が妥当であると判断できる。

地球上の陸地は古生代には１つの大陸として存在し，**大陸移動**によって分離したとされる。つまり，ディプテルスはこの頃に広く世界中に分布したが，淡水で生活するので，各大陸が分離したことで海を移動することができず孤立したと考えられる。

標問 12 熱水噴出孔

答

問1 ア－ミラー イ－発酵 ウ－ストロマトライト エ－オゾン
オ－紫外線 カ－ATP

問2 ④ 問3 化学進化 問4 ②

問5 深海の熱水噴出孔付近は高温・高圧であり，硫化水素・水素・アンモニア・メタンなどが噴出する還元的な環境なので，化学反応が盛んに起こることで有機物が合成され，生命誕生のもとになった。

問6 現象：共生
意義：ハオリムシは硫化水素などを取り込んで化学合成細菌に供給し，化学合成細菌が合成した有機物を栄養源として利用できる。

問7 相補的な塩基間で形成される水素結合が2つのAとTよりも，3つのGとCを含む割合が高いと考えられる。

精講 化学進化と生物進化

生命誕生までの過程を化学進化と呼び，その後の過程は生物進化と呼ぶ。

約46億年前 ……… 地球の誕生
↓
約38億年前 ……… 生命の誕生(原始原核生物の出現)
↓
約30億年前 ……… シアノバクテリアの出現
↓
約20億年前 ……… 真核生物の出現

標問 12 の解説

問1～3 生命誕生までの過程を**化学進化**と呼ぶ。現在では原始大気の組成はミラーが想定したものとはかなり異なっていると考えられている(CO_2, N_2, H_2O など)。これらの無機物が落雷などの空中放電などによって有機物となって原始海洋に蓄積し，最初の生命が誕生したとされる。このとき出現した原始原核生物が従属栄養か独立栄養かはまだわかっていない。独立栄養生物として最初に出現したのは化学合成細菌であると考えられている。その後，光合成が可能な光合成細菌やシアノバクテリアが出現した。

光合成細菌は水素源に硫化水素などを用いていて酸素を生じないが，シアノバクテリアのような**酸素発生型の光合成**を行う生物が出現し広く分布するようになると，海水に溶けていた鉄が**酸化**されて沈殿し，反応しきれない酸素は大気中に放出されて酸素濃度が高くなった。

問4 ①，③は従属栄養である。

問5　高圧下の水深1000m付近に点在する**熱水噴出孔**では，硫化水素などの無機塩類を豊富に含む200～300℃の熱水が噴出しており，この付近には硫黄細菌がマット状に分布する。さらに，これを餌とするエビやカニ，硫黄細菌と共生するハオリムシ(チューブワーム)やシロウリガイなどの多様な生物が生息する。生態系における生産者は植物や藻類の場合が多いが，深海では太陽光が届かないためこれらの生物は生活できない。しかし熱水噴出孔では，硫黄細菌が生産者となることで多様な生態系を形成することができる。

熱水噴出孔が生命の起源に関わるとされるのは，**反応性に富む環境**だからである。この点を踏まえて解答する。

Point **熱水噴出孔**

硫化水素などを含む熱水が吹き出る深海の生態系であり，多様な生物が生息する。

問6　教科書的な知識ではないが，ハオリムシは特殊なヘモグロビンをもち，酸素以外に硫化水素を運搬できる。つまり，体内に共生する硫黄細菌が合成した有機物をハオリムシが利用し，ハオリムシは硫化水素を硫黄細菌に効率よく供給する，という**相利共生**の関係がある。

問7　「水素結合の数を踏まえて」とあるので，解答のポイントがわかりやすい。

二本鎖DNAにおける水素結合の数は，AとT間で2個，GとC間で3個であり，水素結合自体はあまり強い結合ではないが，数が多くなると結びつきが強くなる。よって，高温下で生活する生物ではDNAのもつ塩基のうち，GとCの含有率が高くなると考えられる。

標問 13 進化の要因(1)

答

問1　自然選択

問2　DNA の塩基配列の変化である突然変異によって生じる。

問3　(1)　イ　　(2)　ア　　(3)　ア　　(4)　ア

問4　②，③

問5　実験区 1　明色型：暗色型＝100%：0 %

　実験区 2　明色型：暗色型＝17%：83%

問6　②

精講　遺伝子頻度の変化のしくみ(自然選択)

■自然選択

生存や繁殖に与える影響が対立遺伝子間で異なる場合，相対的に有利な対立遺伝子が集団中に広まったり不利な遺伝子が消えたりすることを**自然選択**という。自然選択によって遺伝子頻度が変化すると，それに伴って個体の形質の頻度も変化していく。

自然選択による進化が起こる条件は，次の 3 つである。

① 集団内に変異がみられる。

② 変異に応じて，生存率や繁殖率に違いがある。

③ 変異が遺伝する。

標問 13 の解説

問2　不連続に新たな形質が出現するのは，**突然変異**によって元の遺伝子の機能が変化したことによる。

問3　(1), (2)「樹皮に付着していた地衣類が枯死して，黒っぽい樹皮が露出」するようになると，「明色型が減少した」ことから，地衣類が樹皮に付着すると表面が白っぽく(明るく)なるとわかる。よって，暗色型個体の比率が高くなるには，地衣類が生存しにくい環境が必要である。

(3)　捕食者が体色の違いによって捕食する個体を選択することで，オオシモフリエダシャクの各体色の個体数が変化することから，捕食者がある程度存在することが遺伝子型の割合の変化をもたらすと判断できる。

(4)「光がほとんど差し込まない林」は暗く地衣類が生息できないので，暗色型の個体は発見されにくいと考えられる。

問4　大進化と小進化の定義がわかっていれば判断は容易である。種以上のレベルで系統が分かれることを**大進化**と呼び，種分化に至らない種内で起こる遺伝的な変化を**小進化**と呼ぶ。「大進化ではない」ということは，種分化が認められなかったことを示す。

問5　暗色型を決定する遺伝子を A，明色型を決定する遺伝子を a とする。また暗色

型の遺伝子頻度を x, 明色型の遺伝子頻度を y とする(ただし $x+y=1$)。暗色型の遺伝子型は AA と Aa, 明色型の遺伝子型は aa となる。最初の集団では, ハーディ・ワインベルグの法則が成り立ち, 明色型が49%存在しているので,

$$明色型\ aa\ の遺伝子頻度の割合 = y^2 = \frac{49}{100} = \left(\frac{7}{10}\right)^2$$

より $y=0.7$ となり, また $x+y=1$ より $x=0.3$ とわかる。

これから, 最初の集団における遺伝子型の割合は,

$AA = x^2 = 0.3^2 = 0.09$

$Aa = 2xy = 2\times0.3\times0.7 = 0.42$

$aa = y^2 = 0.7^2 = 0.49$

となる。この集団を明色型個体群と暗色型個体群に分割すると,

明色型個体群〔実験区1〕には aa のみ

暗色型個体群〔実験区2〕には $AA : Aa = 0.09 : 0.42 = 3 : 14$

が含まれることになる。

〔実験区1〕は潜性の明色型しかいないので, 子もすべて潜性の明色型になる。

〔実験区2〕では $AA : Aa = 3 : 14$ の割合で含まれるので, 新たな集団における遺伝子頻度は,

$$A\ の遺伝子頻度 = \frac{3+\left(14\times\frac{1}{2}\right)}{3+14} = \frac{10}{17}$$

$$a\ の遺伝子頻度 = \frac{14\times\frac{1}{2}}{3+14} = \frac{7}{17}$$

となる(ここでは小数にしない)。

この集団で自由交配によって子を生じれば, 遺伝子型の割合は $\left(\frac{10}{17}A+\frac{7}{17}a\right)^2$ より,

$$AA\ の割合 = \left(\frac{10}{17}\right)^2 = \frac{100}{17^2}$$

$$Aa\ の割合 = 2\times\frac{10}{17}\times\frac{7}{17} = \frac{140}{17^2}$$

$$aa\ の割合 = \left(\frac{7}{17}\right)^2 = \frac{49}{17^2}$$

$AA : Aa : aa = 100 : 140 : 49$ となるので, 明色型(aa) : 暗色型(AA と Aa) = 49 : 240から,

$$明色型 : 暗色型 = \frac{49}{289} : \frac{240}{289} \fallingdotseq 17.0\% : 83.0\%$$

問6　①が誤りやすい。単に「ハエ集団に殺虫剤に対して耐性の個体がいる」ことだけが問題文に示されており, 遺伝的多型があることだけがわかっている。耐性と自然選択の関係については示されていない。

②　各島の環境の違いにそれぞれ適応して多様化したフィンチのくちばしの形は, 代表的な自然選択の例である。

③　品種は人為的に作り出したもので, 中には生存に有利ではないものもある。

標問 14 進化の要因(2)

答

問1　①，③

問2　大きな変化が生じた集団：小さな島の集団

理由：個体数が少ないほど遺伝的浮動の影響を受けやすく，自然選択とは関係なく遺伝子頻度が変化しやすいため。(49字)

問3　自然選択には，集団内に変異がみられることが必要であり，実験開始時の世代に変異をもたせるために，いろいろな地点から採集した多様な色彩をもつ個体を繁殖させて，さまざまな変異を含む集団をつくった。(95字)

問4　捕食者のいない池では，生き延びる確率は派手なオスも地味なオスも等しいが，派手なオスの方がメスに好まれるため多くの子孫を残すことができる。その結果，実験開始時よりも派手なオスの割合が増えたと考えられる。(100字)

精講 遺伝子頻度の変化のしくみ(遺伝的浮動)

■遺伝的浮動

自然選択に対して有利でも不利でもない(中立である)遺伝子の場合，次世代に受け継がれる遺伝子は無作為に選ばれる。そのため，遺伝子頻度は偶然によって変動する。このような，**集団内の遺伝子頻度が偶然により変化すること**を遺伝的浮動という。遺伝的浮動は，**個体数が多い集団よりも個体数が少ない集団でその影響が大きくなりやすい**。

■中立説

「進化におけるDNAとタンパク質の変化は，自然選択に対して中立である変異が遺伝的浮動によって広まったものが多い」という考えを**中立説**という。

■びん首効果

生物集団の個体数が急激に減少することで遺伝的浮動が促進され，その子孫が再び繁殖をすることで，遺伝子頻度が元とは異なる集団ができることを**びん首効果**という。

標問 14 の 解説

問1　自由な交配(**任意交配**)とは，個体の形質にかかわらず，あるオス(あるいはメス)がどのメス(あるいはオス)とも等しい交配の機会をもつ交配のことである。

①　派手なメスの交配機会は派手なオスにおいて高く，地味なオスにおいては低いため，任意交配ではない。

② 特定の場所に集まって繁殖しても，ある個体が選ぶ異性が，異性の特定の形質に偏るわけではないため，任意交配である。

③ 近くの個体どうしでの繁殖が，遠くの個体どうしでの繁殖より頻繁に起きるので，交配の機会に偏りがあり，任意交配ではない。

④ 集団内での個体の移動が大きいことが，特定の形質をもつ個体との交配機会を高めることにはならない。よって任意交配である。

⑤ 繁殖期が非常に短い生物は，繁殖機会が低いことにはつながるが，特定の形質をもつ個体との交配機会を高めることにはならない。よって任意交配である。

問2 小集団は，偶然による遺伝子頻度の変化，すなわち**遺伝的浮動**の影響を受けやすい。小集団では，自然選択的には不利な対立遺伝子(アレル)であっても，遺伝的浮動のために頻度が増加することや，有利な対立遺伝子が失われることもある。

問3 同種の個体間でみられる形質の違いを**変異**といい，DNA の塩基配列の違いに基づく変異を**遺伝的変異**という。**自然選択**とは，特定の遺伝的変異をもつ個体が，ある生息環境で他個体より生存や繁殖に有利となる場合，有利な遺伝的変異をもつ個体が次世代に多くの子孫を残すことで，集団内にその遺伝的変異をもつ個体が増え，遺伝子頻度が変化することである。

上流域のグッピーは派手な色彩をもつ個体が多く，下流域のグッピーは地味な色彩をもつ個体が多かったことが，捕食者の存在による自然選択によるものかどうかを調べるためには，派手・地味という変異をもつ個体が混ざった集団をつくった後で，その集団を構成する個体の変異の割合に，捕食者の有無による差異が生じるかどうかを調べる必要がある。

問4 捕食者のいる池では，派手な色彩をもつオスはメスに好まれやすいという有利な面をもつ一方，捕食を受けやすいという不利な面ももつ。しかし，捕食者がいない池では捕食されることがないため，派手な色彩をもつオスは，有利な面のみをもつことになる。すなわち交配機会が多く，色彩の特徴は子に遺伝するため，世代を重ねるごとに派手な色彩をもつオスの割合が高くなっていくと考えられる。

標問 15 進化の要因(3)

答

問1　a－346個体　　b－69個体

問2　ア－地理的　イ－自然　ウ－競争

地理的隔離：キリンの祖先集団がオカピの祖先集団と地理的に隔離されることで遺伝的交流がなくなり，それぞれ独自の遺伝的変化が蓄積して交雑できなくなった結果，種分化が起きた。(78字)

自然選択：首の長い個体ほど高い木の葉を食べることで首の短い個体よりも採餌に有利に働き，首を長くする遺伝子の頻度が高まった。(56字)

種間競争：キリンの祖先種のうち首の短い個体はシマウマやサイなどの祖先種と草本や低木の葉をめぐる競争に勝てず，首の長い個体は高い木の葉を独占することで有利に働いた。(76字)

問3　①

精講 遺伝子頻度の変化のしくみ(性選択)

■性選択

自然選択において不利であったとしても，配偶者を得る上で有利な性質が進化するという概念を性選択という。シカの雄の大きすぎる角や，鳥の雄の長すぎる尾羽などが性選択の例で，その形質を維持するのにエネルギー(体力)が必要で，天敵につかまりやすいなど自然選択において不利な点がある。同性間選択と異性間選択がある。

同性間選択：異性の獲得をめぐって，同性どうしが闘争する場合に，その闘争能力を高める方向に働く選択。

〔例〕 繁殖期にアカシカの雄が角を使って闘争し，角が大きくて強い雄が競争に勝って多くの雌と交尾する。

異性間選択：交尾相手となる異性を他方の性が選り好み(配偶者選択)する場合に，異性を惹きつける能力を高める方向に働く選択。

〔例〕 コクホウジャク(東アフリカに生息する鳥)の雄では，より長い尾羽をもつ雄が雌に選択されやすい。

標問 15 の解説

問1　a．グラフには死亡率が示されているので，生存率は6ヶ月までが50%，6ヶ月から12ヶ月までが80%，12ヶ月から24ヶ月までが90%，24ヶ月から36ヶ月，36ヶ月から48ヶ月までが各98%である。よって，

1000〔個体〕$\times 0.5\times 0.8\times 0.9\times 0.98\times 0.98=345.7\cdots\fallingdotseq 346$〔個体〕

b．48ヶ月目に345.7頭生存している成体の半数が雌で，この雌がそれぞれ1個体の子を出産するのが60ヶ月目である。よって，60ヶ月目に産まれる子の個体数は，

345.7〔個体〕÷2＝172.85〔個体〕

となる。さらに6ヶ月経過して66ヶ月目になると生存率は50%，そして72ヶ月目になると生存率は80%なので，

172.85〔個体〕×0.5×0.8＝69.14≒69〔個体〕

問2　書き分けがやや難しいかも知れない。

ア．問題に取り上げられているキリンとオカピは祖先種が共通でも，現在生息する場所が異なっていることが示されているので，地理的隔離によって別種に分かれる方向づけがなされたと考えられる。地理的隔離が長く続くと，その間にそれぞれの集団に独自の遺伝的な変化が蓄積され，その違いが十分に大きくなると両者の間では交配できなくなる。この状態を，生殖的隔離が生じたという。

イ．地理的に隔離された個体群には，同種であってもさまざまな遺伝的な違いがある。時間経過に伴い，それぞれの環境で相対的に有利な遺伝子をもつ個体が，そうでない個体よりも多くの子孫を残すことになり，それぞれの個体群で遺伝子頻度が変わっていく。これを自然選択という。

ウ．文脈から大方判断できるが，キリンの祖先種が長い首をもつことで，生態的地位の近い他種との間では競争を回避することができたことと，他種には届かない高い位置の葉を利用できることで有利に働いたことを述べる。

問3　仮に長い首の個体が生存に有利だった場合，雌による選り好みはなくても遺伝子頻度は高くなるはずである。個体の生存に不利な形質でも，その形質を雌が好むことによって繁殖に有利であれば，その形質の遺伝子頻度は高くなる。これが性選択のうちの，**異性間選択**である。雄のもつ特定の形質が雌に好まれることで，遺伝子頻度が急速に高くなることが知られている。よって，この形質が生存不利に働くことが示されている①が妥当である。

標問 16 鎌状赤血球貧血症

答

問1　0.143　　問2　16.7%
問3　(1)　B　　(2)　E　　(3)　A　　(4)　D

精講 鎌状赤血球貧血症

鎌状赤血球症のようなヘモグロビンの異常は，生存にとって不利なので，S 遺伝子の遺伝子頻度は低下するはずである。しかし，マラリアの流行地域では S 遺伝子をヘテロ接合にもつことでマラリアに対する抵抗性をもち，この地域では S 遺伝子をもたない正常ヘモグロビン保持者はマラリアで一定の割合で死亡することによって，遺伝子頻度がほぼ一定に保たれている。

鎌状赤血球貧血症の遺伝の計算的な問題は，**標問61**でも扱っているので参照すること。

Point　鎌状赤血球貧血症

ホモ接合は致死的だが，ヘテロ接合でもつとマラリアに対する抵抗性がある

⟶ 変異したヘモグロビン遺伝子の遺伝子頻度が一定に保たれる。

標問 16 の解説

それぞれの遺伝子型と表現型の関係を整理すると，以下のようになる。

AA →「貧血ではない」＋「マラリア抵抗性がない」
AS →「軽度の貧血」＋「マラリア抵抗性が高い」
SS →「重度の貧血で致死的」

問1　$AA:AS:SS=36:12:1$ なので，S の遺伝子頻度は，

$$S\text{の遺伝子頻度}=\frac{\left(\frac{1}{2}\times 12\right)+1}{36+12+1}=\frac{1}{7}=0.1428\cdots$$

問2　成人の集団では SS のヒトはいなくなるので，この時点での遺伝子型の割合は AA のヒトがマラリアで死亡していなければ $AA:AS=36:12=3:1$ である。この集団で AA の x%がマラリアで死亡したときの遺伝子型の割合は，

$$AA:AS=3\times\frac{100-x}{100}:1$$

となる。この集団の遺伝子頻度が新生児集団，すなわち問1で求めた遺伝子頻度に一致する。よって，この集団における S の遺伝子頻度は，

$$S\text{の遺伝子頻度}=\frac{\frac{1}{2}\times 1}{3\times\frac{100-x}{100}+1}=\frac{1}{7}$$

が成り立つので，これを解いて，

$$x=\frac{100}{6}\fallingdotseq 16.7〔\%〕$$

問3　マラリアによるAへの負の淘汰(選択)の大きさと鎌状赤血球貧血症によるSへの負の淘汰の大きさとのバランスによって，AとSの遺伝子頻度がそれぞれどのような値になって平衡に達するかが異なる。

〈1〉　Aへの負の淘汰$=0$で，Sへの負の淘汰のみ

　Sの遺伝子頻度が減少するだけなので，最終的には$A=1$ & $S=0$となって平衡に達する。

〈2〉　Aへの負の淘汰$<S$への負の淘汰

　Aの遺伝子頻度の減少に比べてSの遺伝子頻度の減少の方が大きいので，最終的にはAの遺伝子頻度$>S$の遺伝子頻度の状態で平衡に達する。

〈3〉　Aへの負の淘汰$=S$への負の淘汰

　Aの遺伝子頻度とSの遺伝子頻度との減少が同じなので，最終的にはAとBがともに0.5となって平衡に達する。

〈4〉　Aへの負の淘汰$>S$への負の淘汰

　Aの遺伝子頻度の減少の方がSの遺伝子頻度の減少に比べて大きいので，最終的にはAの遺伝子頻度$<S$の遺伝子頻度となって平衡に達する。

〈5〉　Aへの負の淘汰のみで，Sへの負の淘汰$=0$

　Aの遺伝子頻度が減少するだけなので，最終的には$A=0$ & $S=1$となって平衡に達する。

〈6〉　Aへの負の淘汰$=0$かつSへの負の淘汰$=0$

　AもSも減少しないので，AとSはその値のまま即座に平衡に達する。

(1)　生殖年齢に達するまでの死亡率がSSとAAで同じになるというのは，AとSへの負の淘汰圧が等しいという〈3〉の例なので，最終的には**S=0.5**となって平衡に達する。∴　B

(2)　マラリアが撲滅されるというのは，Aへの負の淘汰$=0$でSへの負の淘汰のみになるという〈1〉の例なので，最終的には**S=0**となって平衡に達する。
∴　E

(3)　鎌状赤血球貧血症で死ぬことがなくなるというのは，Aへの負の淘汰のみでSへの負の淘汰$=0$という〈5〉の例なので，最終的には**S=1**となって平衡に達する。図1からは，右端まででではまだ1に達していないが，次第に1に漸近していきつつあることがわかる。∴　A

(4)　マラリアが撲滅されるとともに，鎌状赤血球貧血症で死ぬことがなくなるというのは，AとSへの負の淘汰がともに0であるという〈6〉の例なので，**Sはそのままの値で即座に平衡に達する**。∴　D

標問 17 分子系統樹

答

問1 ア－学名　イ－属名　ウ－種小名　エ－二名法　オ－リンネ

問2 ③，④，⑥

問3 右図

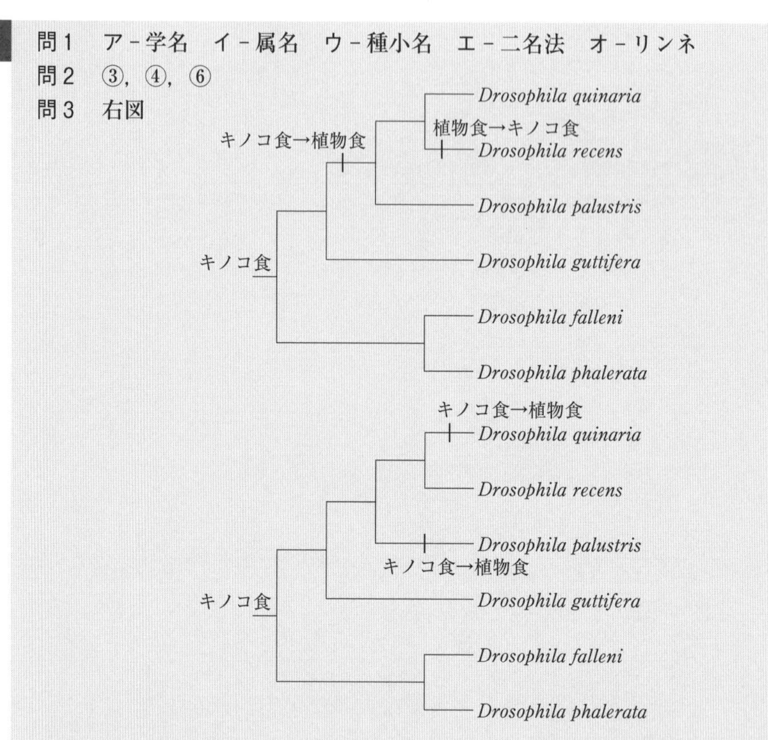

問4 ①　理由：DNA の塩基が変化しても，アミノ酸配列が変化しない場合，合成されるタンパク質の機能は変化前と全く変わらないので，形質に影響がない中立な変異である。

精講 分子系統樹

■分子系統樹

突然変異はランダムに発生し，中立的な突然変異は形質に影響せず自然選択を受けないので，一定の速度で蓄積することになる。生物間で特定の DNA 領域を比較すれば，共通祖先から分かれてからの時間が短いほど塩基配列の違いが少なく，分かれてからの時間が長いほど塩基配列の違いが多くなる。このことを利用して生物の系統関係を示したものが**分子系統樹**である。DNA に起こった突然変異がタンパク質のアミノ酸配列に反映すれば，これを比較しても同様に利用できる。分子系統樹を作成する際には，次の 2 点に気を付ける。

1 共通祖先から分岐した後，「それぞれの種でアミノ酸配列の置換が一定の速度で蓄積する」ので，右図に示すようにそれぞれの種で1カ所ずつのアミノ酸配列の置換が起こると，**2つの種間では2カ所の違いがみられることになる。**

例えば，種Aと種Bの間でアミノ酸配列が6カ所異なっている場合，それぞれの種については，

6÷2＝3カ所＝3回ずつ

のアミノ酸置換が起こったと推測できる(右図参照)。

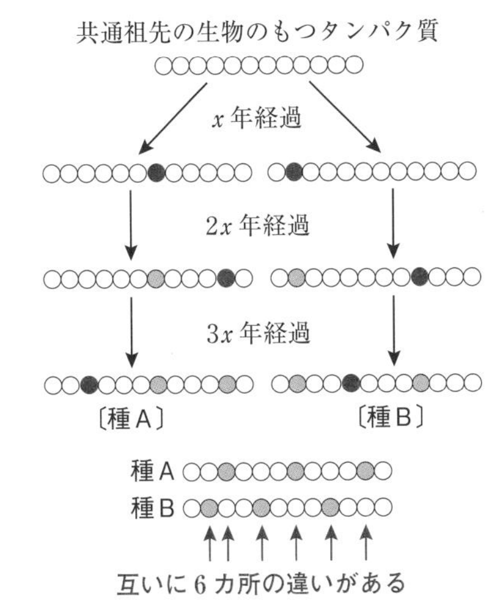

2 種A～種Cの間で相同なタンパク質のアミノ酸配列を比較したときの，アミノ酸の違いの数が右表の通りであったとする。種Aと種Bは共通祖先から同じ時間が経過して現在に至るので，種Cに対する**アミノ酸置換数は同じになる**はずである。

	種A	種B
種B	12	
種C	21	19

しかし，長い時間経過すると同じアミノ酸に複数回の置換が起こることなどが原因で，**必ずしも置換数が一致しない場合が多い**。そのようなときには，**平均値を使う**ことになる。

この場合，種Cに対して種Aの置換数が21，種Bの置換数が19なので，

21 19
種A 種B 種C
共通祖先

$$置換数の平均=\frac{21+19}{2}=20$$

よって，共通祖先から分岐後に生じたアミノ酸の置換数の平均は，20となる。

■同義置換と非同義置換

同義置換ではアミノ酸配列が変化しないので形質が変化せず，生存に影響しない。非同義置換によるアミノ酸配列の変化は，合成されるタンパク質のどの位置に変化が起こるかによって，タンパク質の機能への影響が異なる。つまり，非同義置換が形質の変化を引き起こすとは限らず，また形質が変化しても生存に対する影響もどの程度であるかはさまざまである。しかし，同義置換に比べると非同義置換は生存に影響しやすく，結果として同義置換の方が蓄積しやすい。よって，同義置換の速度の方が大きくなる。

■突然変異の影響

翻訳領域の塩基置換によってアミノ酸配列が1つ変化することよりも，1塩基や2塩基の挿入や欠失が起こりフレームシフトによって合成されるタンパク質のアミノ酸配列が大きく変化することの方が，機能に重大な影響を及ぼす可能性が高い。よって，置換より挿入や欠失の方が淘汰されやすいと考えられる。ただし，置換によって終止コドンを指定したり，アミノ酸配列の変化で立体構造が大きく変化したりすることもあるので，常に置換の影響が少ないわけではないことは意識しておきたい。

Point **中立的な変異は一定の速度で蓄積する**
⟶ 異なる生物間でDNAの塩基配列やタンパク質のアミノ酸配列を比較することで，系統関係を推測できる。

標問 17 の解説

問1　生物の名前は，リンネによって確立された世界共通の**学名**によって表記される。生物の分類階級は大きい方から順に「**ドメイン－界－門－綱－目－科－属－種**」となっており，リンネは種の学名を**属名**と**種小名**を連ねる，**二名法**で表記することを定めた。

問2　ホイッタカーが提唱し，マーグリスが修正を加えた，すべての生物を5つのグループに分ける**五界説**では，生物を原核生物界(モネラ界)，原生生物界，植物界，菌界，動物界に分ける。この考えでは，すべての原核生物は**原核生物界**に分類される。真核生物のうち，単細胞生物や，多細胞生物でも細胞の分化がみられないものなどは**原生生物界**に分類される。細胞の分化がみられ，複雑な構造をもつ真核多細胞生物のうち，独立栄養である(光合成を行う)ものは**植物界**に分類される。残りの従属栄養であるもののうち，細胞壁をもち，体外で分解した有機物を体表から吸収するものが**菌界**に，摂食により有機物を体内に取り込んで吸収するものが**動物界**に分類される。五界説の分類では，キノコは菌界に，植物は植物界に，アメーバは原生生物界に属する。よって①，②は誤り，③は正しい。

ウーズが提唱した**3ドメイン説**は，rRNAの塩基配列をもとに作成された分子系統樹に基づく。3ドメイン説では，生物を**細菌ドメイン**(**バクテリアドメイン**)，**アーキアドメイン**(**古細菌ドメイン**)，**真核生物ドメイン**の3つに分ける。3ドメイン説の分類では，キノコ，植物，ヒトはいずれも真核生物ドメインに属する。よって④，⑥は正しく，⑤は誤り。

問3　表1より，6種のショウジョウバエのうち，植物食であるのは *Drosophila palustris* と *Drosophila quinaria* のみであり，残りの4種はいずれもキノコ食である。よって，*Drosophila palustris* と *Drosophila quinaria* へ進化する祖先において植物食という形質を獲得し，*Drosophila quinaria* と *Drosophila recens* が分岐した後に *Drosophila recens* が再びキノコ食の形質を獲得した可能性と，*Drosophila quinaria* と *Drosophila palustris* のそれぞれが独立に植物食の形質を獲得した可能性が考えられる。

問4　DNAの塩基配列に起こる突然変異(**遺伝子突然変異**)には，塩基が別の塩基に置き換わる**置換**，塩基が新しく加わる**挿入**，塩基が失われる**欠失**の3種類がある。1塩基の変化である場合，突然変異の影響は次のようにまとめられる。

1塩基の置換

➡ ① 同一のアミノ酸を指定するコドンへ変化(**同義置換**)
　 ② 異なるアミノ酸を指定するコドンへ変化(**非同義置換**)
　 ③ 終止コドンへ変化

1塩基の挿入・欠失

→ コドンの読み枠が1塩基ずつずれる
➡ 変異以降，アミノ酸配列が大きく変化する(**フレームシフト突然変異**)

図2で示された変異は，いずれも同一のアミノ酸を指定する同義置換であり，この場合，転写・翻訳により合成されるタンパク質のアミノ酸配列は変化前と全く変わらない。タンパク質の機能は，そのアミノ酸配列によって決まる構造に依存するため，アミノ酸配列が変化しない場合，タンパク質の機能は変化しない。よって同義置換は**有利でも不利でもない中立な変異**であるといえる。

標問 18 ヒトの進化

答

問1　ア－胎盤　イ－原猿類　ウ－アウストラロピテクス
　エ－原人

問2　(1)　DNA を損傷する強い紫外線が地表面に届いていたこと。
　(2)　光合成生物により大量の酸素が放出され，オゾン層が形成されて地表面に届く紫外線の量が著しく減少した。

問3　共進化

問4　単孔類：カモノハシ，ハリモグラ　(などから1つ)
　有袋類：カンガルー，コアラ，フクロネコ　(などから1つ)

問5　①かぎ爪が平爪になり，さらに拇指対向性をもつことで，枝をつかみやすくなった。
　②両眼が正面を向き立体視の範囲が広がることで，木から木に飛び移るときの距離が把握しやすくなった。

問6　②，③，⑥

問7　①ミトコンドリア DNA は卵の細胞質を通じてのみ子に遺伝するので，父からの遺伝情報が混じらない。このため，母方の系統をたどりやすい。
　②塩基置換速度が速いので，比較的短い進化的時間の中で生じた DNA の変異を効率よく測ることができる。
　③ミトコンドリアは数が多いため，組織から大量に収集することができ，分析しやすい。
　(①～③のうちから1つ)

標問 18 の解説

問1　イ．霊長類はキツネザルなどの原猿類と，いわゆるサルらしい特徴をもつ真猿類に分けられる。人類は真猿類に分類される。

人類は祖先となる類人猿から，**猿人**(500万年前頃：ラミダス猿人，アウストラロピテクスなど) ──→ **原人**(200万年前頃：ホモ・エレクトスなど) ──→ **旧人**(80万年前頃：ネアンデルタール人〈ネアンデルタール人は絶滅〉など) ──→ **新人**(20万年前頃：ホモ・サピエンス)と進化してきたとされる。

問2　強い紫外線は直接皮膚を損傷するだけではなく，核酸を構成する塩基に吸収されて突然変異を引き起こす元になる。突然変異によって細胞周期が異常になると皮膚癌を引き起こす一要因となる。

酸素発生型の光合成によって約22億年前くらいから大気中の酸素濃度は上昇してきたが，オゾン層の形成によって紫外線の影響が少なくなるのは**古生代のカンブリア紀末頃**からである。海で誕生して多様化した生物もその頃には生活する場所が徐々に少なくなり，淡水や水深の浅いところで生活するものが増えていたが，オゾン層の形成によって陸上進出が進んだ。

問3　異なる種の生物が互いに影響し合って進化することを**共進化**と呼ぶ。受粉の媒介は風などによるもの(風媒)と，動物を利用するもの(虫媒・鳥媒)などに分けられるが，同種の花粉を効率的に受粉させるには動物を利用する場合が多い。このとき，より特殊な関係が成り立てば，確実に同種の花粉が特定の動物によってもたらされるので極めて効率がよく，動物を誘引するための花や蜜を作る必要があるものの花粉量は少なくて済む。

問4　単孔類は排泄孔が1つにまとまっており，母乳で子を育てるが卵生である。カモノハシやハリモグラが含まれる。有袋類はオーストラリアや南米大陸に生息域が限られている。代表的な動物は，カンガルー，コアラ，ウォンバットなどである。

問5　樹上生活に最も重要な点は，移動のしやすさである。このため，多くの哺乳類にみられるかぎ爪は平爪になり，**拇指対向性**(親指が他の指と向かい合う)となって，枝がつかみやすくなった。また，肩関節の可動域が広がって円運動ができるようになると，枝渡りができるようになる。

視覚については立体視以外に，多くの哺乳類が最大吸収波長の異なる錐体細胞を2種類しかもたないのに対して，赤色光側に最大吸収波長をもつ**錐体細胞が1つ増えたことで色の識別が容易になり**，消化吸収のよい熟した実や若葉を見つけやすくなることで，栄養分の獲得に有利であったという考え方もある。

問6　①　直立二足歩行になっても人類はしばらく狩猟生活が中心であった。農業は道具の発達などを経て発達するのであり，直立二足歩行と直接は関係ない。

③　歩行時の振動が脳に伝わりにくくするために脊椎はS字になっている。

④　暗闇では視覚が働かず行動できない。

⑤　外骨格は節足動物などがもつ骨格であり，ヒトをはじめ脊椎動物は内骨格をもつ。

問7　精子は細胞質に乏しい細胞で，中片部にらせん状のミトコンドリアをもつが，受精時には卵内に入らない(入ったとしても分解される)。よって，核内の遺伝情報は両親に由来するが，ミトコンドリア上の遺伝子は母にのみ由来する。核内遺伝子は両親に由来するほか，減数分裂時に乗換えを起こすなど，両親の遺伝子が混じるので遺伝情報の追跡が難しいことがある。

また，ミトコンドリアDNAは核DNAに比べて塩基置換の起こる速度が5倍から10倍速く，比較的短い進化的時間の中で生じたDNAの変異を効率よく測ることができる。ミトコンドリアは1個の細胞に数百個含まれており，組織から大量に収集することができ，分析しやすいことも利点である。

標問 19 五界説とドメイン

答

問1　ア－原核生物(モネラ)　イ－原生生物　ウ－動物　エ－菌
　オ－植物
問2　mRNA の情報をタンパク質に翻訳する。(19字)
問3　ⓐ－原核生物界　ⓑ－植物界　ⓒ－動物界　ⓕ－原核生物界
問4　細菌ドメイン－ⓐ　　アーキアドメイン－ⓕ
　真核生物ドメイン－ⓑ，ⓒ，ⓓ，ⓔ
問5　(1)　葉緑体－Ⓐ　　ミトコンドリア－Ⓑ
　(2)　Ⓑはⓑ～ⓔすべての真核生物に含まれるが，Ⓐはⓑと一部のⓔにのみ含まれることから，原始的な真核生物にⒷが共生した後に，一部の生物でⒶを取り込んだといえるため。(78字)
　(3)　ⓑ－①　　ⓒ－②　　ⓓ－②

標問 19 の解説

問1　従来提唱されてきた五界説では，生物はまず**原核生物**と**真核生物**に分類され，前者を**原核生物界**(モネラ界)としてまとめた。後者の真核生物のうち，単細胞生物や藻類をはじめとして体制の比較的単純な生物を**原生生物界**とした。原生生物界は多様な生物を含み，1つの界としてまとめるには当時から議論があった。原生生物に含まれない生物は，独立栄養生物からなる**植物界**，従属栄養のものは**動物界**と**菌界**に分類された。

その後，分子生物学的な考え方が分類学に持ち込まれると，原核生物界を1つにまとめるのが難しいことがわかった。すなわち，細胞膜の成分の違いや，真核生物と構造の似たRNA ポリメラーゼをもつような“原核生物らしくない”一群をアーキア(古細菌)として分けることが提唱された。界よりもさらに上位の分類階級であるドメインを設けることで，現在では生物は3つのドメインに大きく分類されることとなった。

Point　**3ドメイン説による生物の分類**
細菌(バクテリア)ドメイン(真正細菌)
アーキアドメイン(古細菌)
真核生物ドメイン(ユーカリア)

ウとエの違いが若干わかりにくいが，「摂取によって」という部分は他の生物自体を「摂取」する，「吸収によって」という部分は他の生物のもつ有機物をある程度分解してから「吸収」するというように解釈する。

問3，5(1)　ⓐ〜ⓕの 6 つを 5 界に分類するのでやや戸惑うが，ⓐの系統からⒶとⒷが他の系統に混じっていくことから，ⓐは原核生物である(これは問5の設問文にも示されている)。Ⓑはⓑ〜ⓔが共通して含む好気性細菌に由来するミトコンドリアで，ⓑだけに取り込まれるのはシアノバクテリアに由来する葉緑体であることからⓑは植物界である。つまり，ⓕは真核生物ではないので原核生物界と判断できる。残るⓒは動物界である。

問4　好気性細菌やシアノバクテリアは細菌ドメインに分類されるので，ⓐが細菌ドメイン，ⓕはアーキアドメインである。残りは真核生物ドメインである。

問5　(2)　真核生物の起源は，核をもつような原始的な真核細胞にはじめ好気性細菌が取り込まれてミトコンドリアが生じ，一部の細胞でシアノバクテリアを取り込んだ結果，葉緑体が生じたと考えられている(**共生説**)。

(3)　ⓑは植物界，ⓒは動物界，ⓓは菌界である。ⓓの菌界は従属栄養であり，葉緑体はもたない。

標問 20 動物の分類

答

問1 (a)－⑥，⑫　(b)－③，⑩　(d)－②，⑨　(e)－④，⑧

問2 (1) 左右　(2) ④，⑤，⑧

問3 (1) 動物群名：A－旧口動物　B－新口動物

違い：旧口動物では原口が口になり肛門が後からできるが，新口動物では原口付近に肛門ができ口が新たに形成される。

(2) 体制：体節

理由：図1では環形動物と節足動物の共通する祖先で体節が獲得されたが，図2では体節は共通する祖先によらず，各々で独自に獲得されたと考えられている。

(3) トロコフォア幼生

標問 20 の解説

問1 ①と⑪は脊索動物（原索動物），⑤と⑦は節足動物に分類される。

問2 (1) 多くの動物の体制は正中面で左右に対称な**左右相称**である。これに対して，刺胞動物や棘皮動物では対称軸が2つ以上あり，**放射相称**である。

(2) 海綿動物は胚葉の分化がなく（無胚葉），刺胞動物では陥入が起こり内側が内胚葉に，外側が外胚葉に分化して二胚葉となる。つまり，三胚葉の動物には**中胚葉**が分化するので，中胚葉性のものを選ぶ。

問3 (1) AとBは原口の行方や体腔を覆う中胚葉の起源から，三胚葉性の動物を大きく分けるもとになる。Aは原口がそのまま口になり，肛門が新たに形成される**旧口動物**であり，中胚葉は胞胚腔に脱落した細胞に由来する。Bは原口がそのまま，または付近に肛門ができ，口が新たにできる**新口動物**で，体腔を仕切る中胚葉は陥入した原腸の膨らみに由来する。

(2)，(3) 従来の動物分類では，旧口動物を以下の基準（図1に相当）で分類してきた。

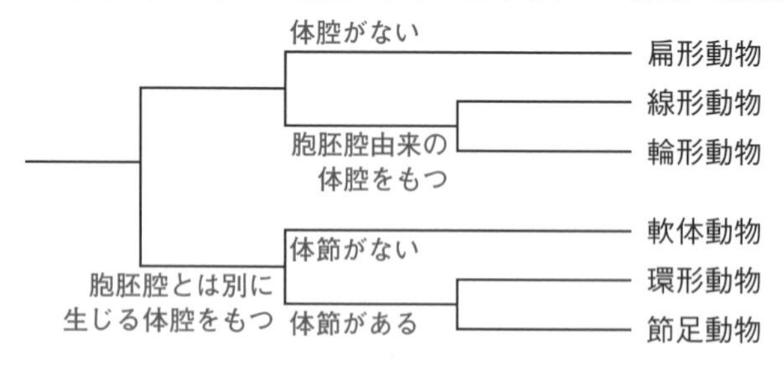

分子生物学的な研究から，現在では図2に相当するような以下の基準で分類される。ワムシなどの輪形動物はその形態がトロコフォア幼生とよく似ており，この幼生を経て発生する軟体動物と環形動物と共通点があるとされる。これらの動

物は**冠輪動物**と呼ばれる。カイチュウなどの線形動物と節足動物はともに脱皮をして成体になる共通点があることから**脱皮動物**と呼ばれる。この結果，従来の分類の指標とされた環形動物と節足動物の共通点である「体節をもつ」ことについては，それぞれが独自で体節を獲得したと考えられるようになった。

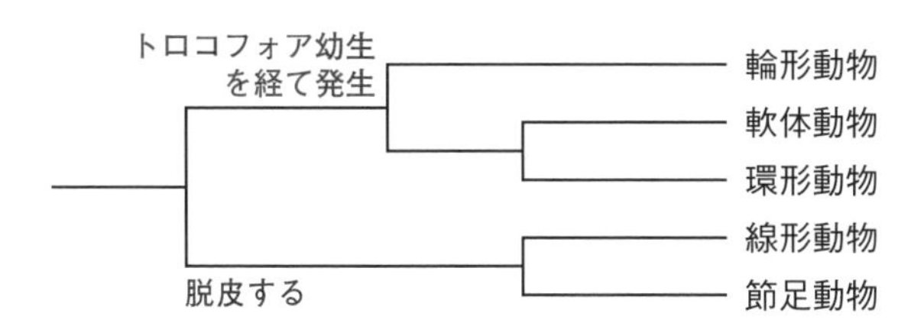

標問 21 植物の分類

答

問1　クチクラ層　　問2　ユーグレナ藻類

問3　他の生物の合成した有機物に依存する栄養様式の生物。(25字)

問4　(1)　A－種子植物　B－シダ植物　C－コケ植物　D－維管束植物

(2)　A群は花を咲かせてつくった種子で繁殖するが，B+C群は胞子で繁殖する。(35字)

(3)　葉緑体をもち，独立して生活できる。(17字)

(4)　ⓐ－2　ⓑ－3　ⓒ－3　ⓓ－1　ⓔ－2　ⓕ－7　ⓖ－1　ⓗ－4　ⓘ－1　ⓙ－8

(5)　光合成色素としてクロロフィルaとbをもち，造精器で形成された精子が造卵器内の卵と受精して新個体を生じる。(52字)

問5　(1)　花弁が大きく目立ち，蜜や芳香をもつ。(18字)

(2)　他家受粉：子孫の遺伝的多様性を高く維持できる。(18字)

自家受粉：個体群密度が低くても容易に繁殖できる。(19字)

問6　風媒花は小さな花粉を大量に空中に飛ばすため。(22字)

問7　シダ植物は造精器から造卵器に精子が移動するときに水を必要とするが，被子植物は配偶体内で受精するため，水が少ない陸上でも受精が成立しやすい。(69字)

精講 植物の分類

光合成色素と形態上の特徴で植物を分類すると，以下のようになる。

		クロロフィルaとb	クロロフィルaとc	クロロフィルaのみ
維管束をもつ	種子を形成	種子植物 (被子植物，裸子植物)		
	種子はない	シダ植物		
維管束はない	多細胞	コケ植物 シャジクモ類 緑藻類	褐藻類	紅藻類
	単細胞	(緑藻類) ユーグレナ藻類	ケイ藻類	

標問 21 の解説

問2　植物(ここでは便宜上，植物界に分類されるものだけでなく，藻類なども含む)の分類は，大きく分けて**光合成色素の種類**と**形態的特徴**によって決められる。

光合成色素のうちクロロフィル類について，すべての植物はクロロフィルaをもつ。これ以外には，ユーグレナ藻類，緑藻類，シャジクモ類，コケ植物，シダ植物，種子植物はクロロフィルbをもち，褐藻類やケイ藻類はクロロフィルcをもつ。シアノバクテリアと紅藻類はクロロフィルａのみをもつ。

形態的特徴については，藻類やコケ植物では根・茎・葉という器官が分化せず，これらはシダ植物と種子植物でみられる。

問４　⑵,⑶　生活環は下図に示すシダ植物を基本にして考えるとよい。我々がよく見るシダ植物は**胞子体**$(2n)$であり，葉の裏にある胞子のうでは減数分裂が行われ胞子(n)が形成される。胞子は散布されると発芽後に細胞分裂によって**配偶体**(n)を形成する。配偶体(前葉体)には造精器と造卵器ができて，精子(n)と卵(n)ができる。水があれば精子は造精器から出て，造卵器に達して受精する。受精卵$(2n)$は配偶体上で成長し，やがて胚になり，再び胞子体になる。

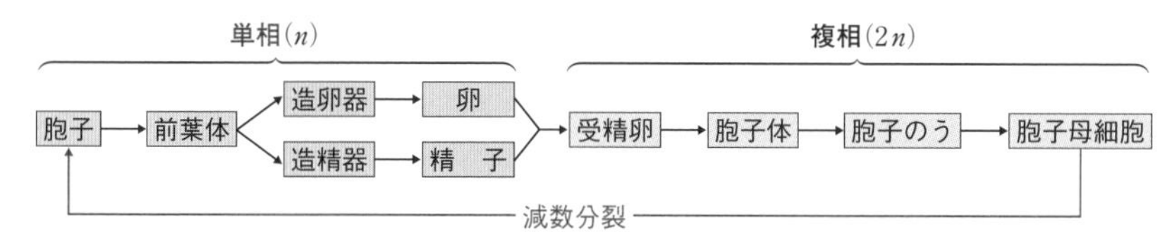

〔シダ植物の生活環(ワラビ・ゼンマイなど)〕

⑵では種子植物と〔シダ植物＋コケ植物〕が異なる点が問われているので，花をつけることと種子で繁殖することを中心に述べる。

⑶では種子植物にはないシダ植物とコケ植物の配偶体の共通点が問われているので，種子植物では配偶体が胞子体に寄生して生活するのに対して，シダ植物とコケ植物ではどちらも独立して生活できることを述べる。

⑷　多くのシダ植物は４に分類されるが，５のトクサ類にはトクサ以外にスギナ，６のヒカゲノカズラ類にはヒカゲノカズラ以外にクラマゴケが比較的有名である。７のセン類(蘚類)はスギゴケ，８のタイ類(苔類)はゼニゴケが有名である。

⑸　シャジクモ類は一時期緑藻類に分類されたこともあったが，陸上植物ももつ造精器と造卵器を形成することが緑藻類とは異なることや，分子生物学的な研究から現在では独立させる。

問５，６　受粉を風にまかせる風媒花では，確実に受粉させるために小型で飛散しやすい花粉を多量につくる。昆虫や鳥などに受粉させることができた植物は，これらの動物は訪れる花がほぼ決まっているので花粉量が少なくなる。かわりに動物を誘引するために目立つ色や模様の花をつけたり，蜜や芳香を出すようになる。

一般に野外で遺伝子型が純系であることは極めて稀なので，他家受粉を行うと**多様な遺伝子型の子孫**ができ，**環境の変化に適応的な個体**を生じる可能性がある。しかし，他家受精は同種個体がある程度の範囲内に存在しなければならないので，個体群密度が低くなると繁殖率が極めて低くなる。一方，自家受粉は繁殖効率が良いため個体数の増加が早期に見込まれるが，交配を繰り返せば**純系が多くなり遺伝的多様性が低下して，環境の変化に適応できない場合は絶滅する可能性**がある。

問７　被子植物では花粉管内の精細胞が胚のうにまで運ばれて受精するため，**受精に水を必要としない**。雨量が多かったり湿度が高かったりすれば，シダ植物やコケ植物でも容易に受精できるが，水分の少ない陸上では被子植物の方が有利である。

第3章 代謝

標問 22 タンパク質と酵素

答

問1　ア－触媒　イ－基質　ウ－基質特異性　エ－活性部位
　オ－酵素-基質複合体

問2　グラフ：下左図の赤線
　根拠：酵素濃度を2倍にしたので初期速度(を示す最初の傾き)は2倍になるが，基質濃度は同じままなので最大反応生成物量は変化しない。〈51字(59字)〉

問3　下右図　　問4　GAKVFSTRSEAGWSKVD

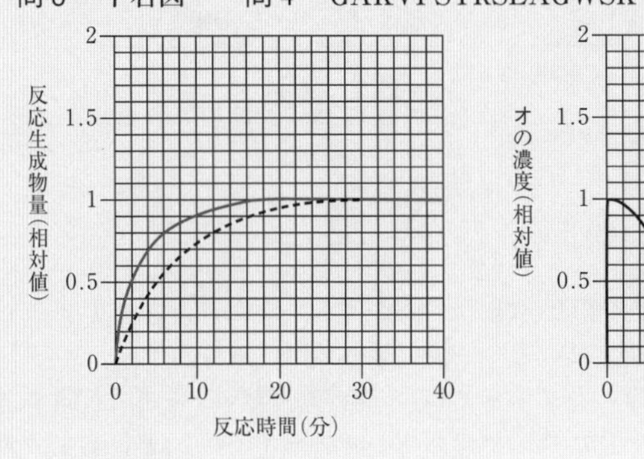

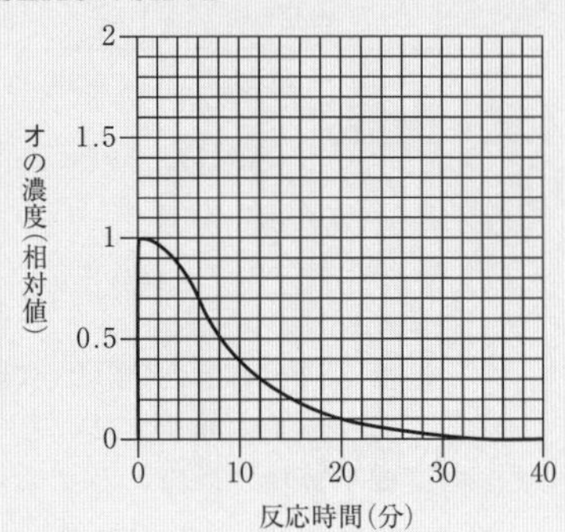

精講 重要事項の整理

■酵素の基質特異性

タンパク質は独自の立体構造をもつことで独自の機能を果たす。その代表的なものとして生体内の化学反応を穏和な条件の下で触媒(ア)する酵素があり，酵素がその作用を及ぼす物質を基質(イ)という。酵素反応では，酵素の活性部位(エ)に基質が結合して酵素-基質複合体(オ)が形成された後，酵素の触媒作用によって生成物が生じる。その際，活性部位の立体構造に相補的な立体構造をもつ物質のみが活性部位に結合するが，これを酵素の基質特異性(ウ)という。

■酵素反応と反応速度

① 酵素 ＋ 基質 ⟶ 酵素-基質複合体 ⟶ 酵素 ＋ 生成物
　E ＋ S ⟶ ES ⟶ E ＋ P

E nzyme
S ubstrate
ES complex
P roduct
v elocity

② **酵素-基質複合体**の濃度が反応速度(v)を決めているので，反応速度は酵素-基質複合体の濃度に比例する。$v \propto [ES]$

標問 22 の解説

問2　横軸に反応時間，縦軸に反応生成物量をとった図2のようなグラフでは，基質濃度を変化させると最大反応生成物量が変化し，酵素濃度を変化させると初期速度つまり最初のグラフの傾きと最大反応生成物量に達するまでの時間が変化する。

本問では，酵素濃度のみを2倍にしたので，最大反応生成物量は変化しないが，初期速度を示す最初の傾きは2倍になり，最大反応生成物量に達するまでの反応時間が1/2になる。したがって，おおまかには(2，0.5)を通り，(17，1)で最大値に達するようなグラフを描けばよい。

問3　次の手順で考えて，グラフを描くとよい。

〈1〉　酵素-基質複合体(複合体と略す)の濃度が反応速度を規定し，その反応速度がグラフの傾きで示されるので，図2のグラフの傾きの経時変化を示す。

〈2〉　厳密には0分時点の複合体の濃度は0であるが，図2のグラフが0分の時点からタイムラグなしに立ち上がり始めているので，0分時点のグラフの傾きを最大値の1としてよい。

〈3〉　グラフの傾きは，2分位まではグラフがほぼ直線的に立ち上がって最大値の1に保たれるが，それ以後は次第に減少し，34分位に0となる。

問4　次の手順で考えるとよい。

〈1〉　トリプシンはリシン(K)またはアルギニン(R)の右側でペプチド結合を切断し，キモトリプシンはフェニルアラニン(F)，トリプトファン(W)，またはチロシン(Y)の右側でペプチド結合を切断する。

〈2〉　ポリペプチドBをどちらの酵素で切断しても，N末端のアミノ酸は生じる断片つまり生成物の中のN末端に残る。このことから，GAKを共通に含む生成物3と6がトリプシンとキモトリプシンで切断した場合に生じる，それぞれ最もN末端側の生成物とわかり，ポリペプチドBのN末端から5番目までのアミノ酸配列がGAKVFとわかる。

〈3〉　トリプシンによって生じる生成物の中でVFから始まるのが生成物2であることから，6～8番目のアミノ酸がSTRとわかる。

〈4〉　キモトリプシンによって生じる生成物の中でSTRから始まるのが生成物5であることから，9～13番目のアミノ酸がSEAGWとわかり，さらに残りの14～17番目のアミノ酸が生成物7のSKVDであることもわかる。

〈5〉　トリプシンによって生じる生成物の中でSEAGWから始まるのが生成物1であることから，14・15番目のアミノ酸がSKとわかり，さらに残りの16・17番目のアミノ酸が生成物4のVDとわかる。そしてこれは〈4〉と矛盾せずに合致する。

トリプシン →　3 ⬇ 2 ⬇ 1 ⬇ 4

(N) - G A K | V F | S T R | S E A G W | S K | V D - (C)

キモトリプシン →　6 ⬆ 5 ⬆ 7

〔ポリペプチドBのアミノ酸配列(一次構造)〕

標問 23 酵素反応

答

問1　Ⅰ－④　Ⅱ－②　Ⅲ－③　Ⅳ－①

問2　(1)　⑥　(2)　③　(3)　②

問3　(D)

精講 重要事項の整理

■酵素反応と外的条件

タンパク質を本体とする酵素の働きは温度や pH の影響を受けるので，最もよく働く最適温度や最適 pH がある。

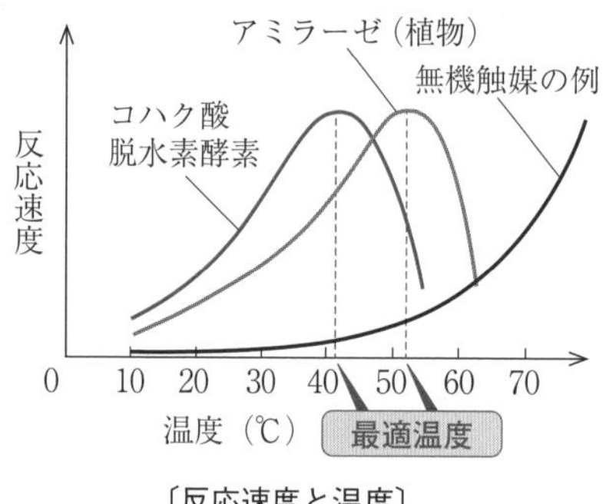

〔反応速度と温度〕

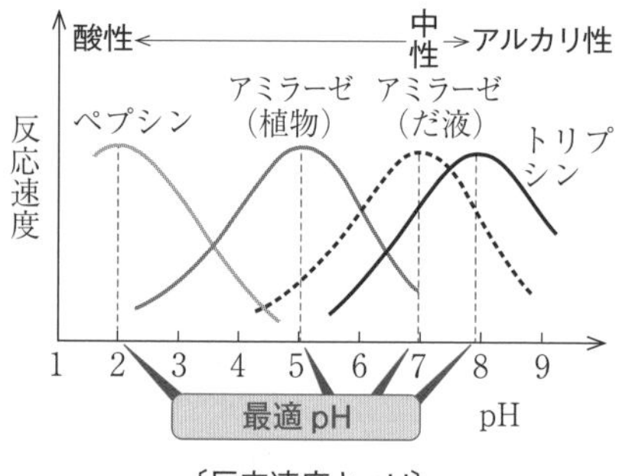

〔反応速度と pH〕

■基質濃度と反応速度

温度・pH などの条件が適当で，酵素濃度が一定のとき，基質濃度を上げていくと，基質濃度がある一定の値に達するまでは反応速度も上がるが，その値に達した後は反応速度が一定になる。

これはすべての**酵素の活性部位に基質が結合した状態**となり，反応速度を決めている**酵素–基質複合体**の濃度が最大値で平衡する(頭打ちになる)からである。

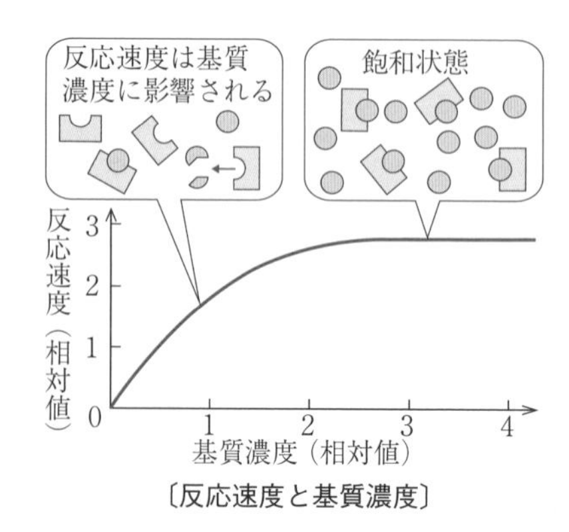

〔反応速度と基質濃度〕

標問 23 の解説

問1　まず，反応速度(v)が酵素－基質複合体(ES)の濃度に比例し，図 2 での v はグラフの傾き，図 3 での v は縦軸値であることを確認しておきたい。

Point 〈1〉 $v \propto [ES]$
〈2〉 v はグラフの傾き(図2) ＆ 縦軸値(図3)

Ⅰ：v（グラフの傾き)が最大値で一定の状態がしばらく続いたのち低下し始める
⇒ ESが最大値で一定の状態がしばらく続いたのち減少し始める。 ∴ ④
Ⅱ：v（グラフの傾き)が0 ⇒ ESがない。 ∴ ②
Ⅲ：v（縦軸値)が上昇する ⇒ ESが増加する。 ∴ ③
Ⅳ：v（縦軸値)が最大値で一定 ⇒ ESが最大値で一定。 ∴ ①

問2 (1) 今までにあったような単に知識で解かせる問題ではなく，与えた図に基づいて考察させる優れた問題である。少し難しいので，次の手順で考えるとよい。
〈1〉 基質S濃度を2分の1にしたので，点線のグラフの生成物P量の最大値(水平部分の高さ)も実線のグラフの2分の1になる。 ∴ ⑤と⑥のいずれか。
〈2〉 図2でのv(グラフの傾き)の経時変化を知るために，図3を見る。
〈3〉 **実線のグラフのv(縦軸値)の経時変化**：問題主文の最後に基質は十分量存在するとあるので，初期(時間 0)の基質濃度は図 3 のグラフの右端(2αとする)と理解すればよい。したがって，初期のvは最大値であり，基質濃度が2αからαより少し低くなるまでのしばらくの間は最大値を保ち，その後次第にvを低下させていく(自分で図 3 の横軸に 2αとαを書き込むとわかりやすい)。図2のv(グラフの傾き)も同じ経時変化を示している。
〈4〉 **点線のグラフのv(縦軸値)の経時変化**：初期の基質濃度がαなので，初期のvはやはり最大値であるが，最大値を保つ時間は短く，基質濃度が少し低くなると直ぐにvが低下していく。したがって図2のv(グラフの傾き)も，**初期のvは実線と同じく最大値だが，すぐにvを低下させていく。** ∴ ⑥

(2) 図1の酵素Xのグラフを見ると，温度を20℃から40℃に上げると，vが0.5から1.0へと2倍になる。したがって，温度を20℃のまま酵素濃度を2倍にするのと同じように，図2の点線のグラフは初期のv(傾き)が2倍になる。 ∴ ③
(3) (2)と同様，酵素濃度を2倍にするのと同じなので，図3の点線のグラフは実線のグラフを縦方向に2倍に引き伸ばしたものとなる。 ∴ ②

問3 酵素混合液(A)～(E)の酵素活性(v)をまとめると次のようになる。

	温度		酵素活性 X		酵素活性 Y			
(A)	20℃	⇒	0.5	+	0.0	=	0.5	
(B)	40℃	⇒	1.0	+	0.5	−	1.5	
(C)	60℃	⇒	0.0	+	1.0	=	1.0	← 酵素Xは熱変性により失活
(D)	40℃	⇒	0.0	+	0.5	=	0.5	← 酵素Xは失活したまま
(E)	20℃	⇒	0.0	+	0.0	=	0.0	← 酵素Xは失活したまま

標問 24 酵素反応とその阻害

答 問1 (1) 最適温度

(2) 酵素タンパク質が熱変性した。(14字)

(3) 実験方法：まず酵素以外の成分を含む溶液を40℃に保ち，それにいろいろな温度に維持しておいた少量の酵素液を加えて反応を開始させる。(58字)

実験結果：40℃以下で維持しておいた酵素液を加えた場合は図1の最大の反応速度になり，40℃よりも高い温度で維持しておいた酵素液を加えた場合は図1と同じ反応速度になって，50℃以上で反応速度が急激に低下する。(95字)

問2 (1) 基質濃度が低いうちは反応速度を大きく低下させるが，基質濃度が高くなるにつれて反応速度を低下させる割合を小さくしていった。(60字)

〔別解〕 基質濃度が高くなるにつれて反応速度を低下させる割合を小さくしていき，最終的には反応速度を低下させなくなった。(54字)

(2) ①

問3 (1) すべての基質濃度の範囲で，反応速度を一定の割合で低下させた。(30字)

(2) ②

問4 (1) ピルビン酸が還元されて乳酸が生じる反応が促進された。(26字)

(2) ④

精講 重要事項の整理

■酵素反応と外的条件 **標問23**の精講を見よ。

■基質濃度と反応速度 **標問23**の精講を見よ。

■酵素反応の阻害

ある物質が酵素に結合すると，酵素の働きが阻害されることがある。これは酵素反応の調節という点から重要な現象であるが，このような物質を**阻害剤**もしくは**阻害物質**(inhibitor)といい，Ｉで表す。阻害剤の中には酵素に不可逆的に結合するものもあるが，多くのものは可逆的に結合して生体内での酵素反応の調節に関わっている。なお，阻害と阻害剤については**標問25**の精講で詳しく扱う。

標問 24 の解説

問1 (1) 無機触媒を用いた反応では，温度が高くなればなるほど反応速度が上昇する。酵素反応も温度が高くなるにつれて反応速度が上昇するが，一定の温度を超えると急激に低下する。反応速度が最大となる温度を**最適温度**といい，図1の場合は40℃である。

(2) 最適温度を過ぎると反応速度が急激に低下するのは，**酵素タンパク質が熱変性して立体構造が変化し，活性部位に基質が結合しにくく，そして結合できなくなる**からである。字数が15字以内と少ないので，酵素タンパク質が熱変性することだけを示せばよい。

(3) 下線部に示された実験の結果だけからだと，50℃以上で反応速度が急激に低下したのは基質に原因がある可能性も考えられるので，この可能性を否定しなければならない。そのためには，最大の反応速度が得られた40℃という最良と考えられる条件に基質を保っておき，さらにその40℃という最良の条件の下で反応させても，50℃以上の高温にさらされていた酵素だと反応が殆ど起こらないことを示す必要がある。

問2　一定量を加えると反応速度が低下するので，**物質Aが阻害剤(阻害物質)**である。そして，基質濃度が低く，阻害剤に対する基質の割合が小さいと阻害の程度が大きいが，基質濃度が高くなって，阻害剤に対する基質の割合が大きくなると阻害の程度が小さくなり，最終的には阻害がなくなる。このことから，物質Aは基質である乳酸と「活性部位という席の取り合い」をすることで，基質が活性部位に結合して反応が起こるのを阻害しているとわかる。また，物質Aが不可逆的に活性部位に結合すれば反応速度は回復しないので，活性部位に可逆的に結合するともわかる((2)は①が正解)。このような阻害剤を**競争的阻害剤**(**拮抗阻害剤**)というが，競争的阻害剤と競争的阻害については**標問25**の精講で詳しく扱うので参照してほしい。

問3　一定量を加えると反応速度が低下するので，物質Bも阻害剤である。そして，すべての基質濃度の範囲で反応速度を$\frac{1}{2}$に低下させているので，基質濃度の高低にかかわらず，常に$\frac{1}{2}$の酵素に結合して阻害し，実際に働く酵素の濃度を$\frac{1}{2}$にしているとわかる。(2)の選択肢で残るのは②と③であるが，図3は乳酸をピルビン酸に変える酵素反応の阻害についてなので，③ではなく，②とわかる。

このように，活性部位とは異なる部位に結合することによって，活性部位に結合している基質に対する触媒作用を抑制する阻害剤を**非競争的阻害剤**(**非拮抗阻害剤**)というが，非競争的阻害剤と非競争的阻害についても**標問25**の精講で詳しく扱うので参照してほしい。

問4　乳酸脱水素酵素は下の反応を可逆的に触媒する。図4の矢印Tの位置から一定値を示す直線となったのは，この時点で化学平衡に達したからである((2)は④が正解)。そして，XH＝NADHを反応液中に加えるとピルビン酸の濃度が低下したのは，平衡が左に移動し，ピルビン酸が還元されて乳酸になる反応が促進されたからである。

$$\underset{\text{乳酸}}{C_3H_6O_3} + NAD^+ \xrightleftharpoons{\text{乳酸脱水素酵素}} \underset{\text{ピルビン酸}}{C_3H_4O_3} + (NADH + H^+)$$

標問 25 酵素反応の速度論(K_m と V_{max})

答

問1　酵素A

問2　基質との親和性が高い酵素Aでは基質が1.0mMになるまでにすべてが複合体を形成するが，親和性が低い酵素Bでは5.0mMになるまで複合体を形成していないものが存在する。(77字)

問3　酵素A－100%　　酵素B－20%

問4　ア－受動輸送　イ－1.5

問5　阻害剤Aは，グルコース輸送体の結合部位にグルコースと競争して結合することで，グルコース輸送体とグルコースの複合体形成を阻害する。(64字)

問6　③

精講 本題のテーマ

■酵素反応のグラフとミカエリス・メンテンの式

基質濃度[S]と反応速度(v)との関係を近似的に示す方程式をミカエリス・メンテン(Michaelis-Menten)の式という。この式が示すグラフは，[S]＝$-K_m$ および $v = V_{max}$（以後 V と示す)を2つの漸近線とする直角双曲線の一部であるが，[S]≪K_m のときには反応速度は[S]に比例し，K_m≪[S]のときには反応速度は V で一定になると考えてよい。

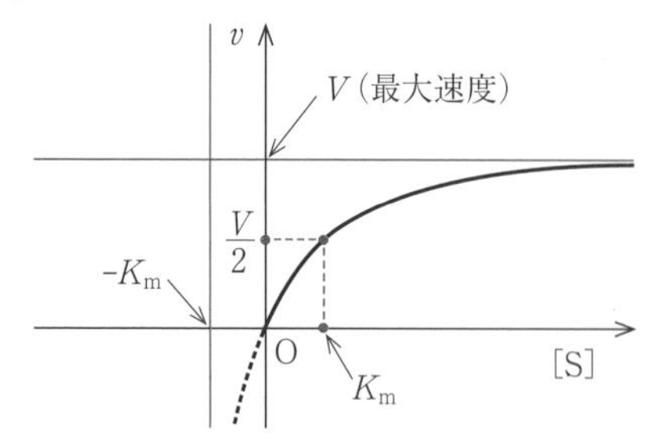

ミカエリス・メンテンの式

$$v = \frac{V\,[S]}{K_m + [S]}$$

■ K_m(ミカエリス定数)の意味

反応速度が最大速度 V の $\frac{1}{2}$ となるときの基質濃度を K_m という。**標問23**の精講「基質濃度と反応速度」でも述べたように，V ではすべて(100%)の酵素が基質と結合して働いている状態なので，$\frac{V}{2}$ では50%の酵素が基質と結合して働いている状態である。したがって，K_m は50%の酵素が基

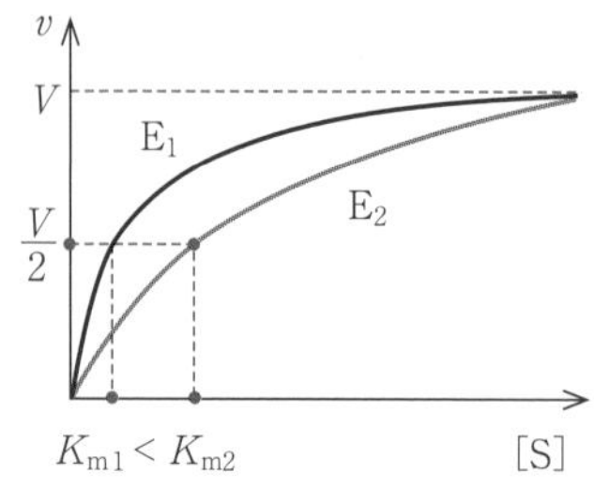

Sとの親和性は $E_1 > E_2$

質と結合して働くために必要な基質濃度を示し，K_m が小さいほど酵素と基質が結合しやすく，K_m が大きいほど結合しにくいということになる。つまり，K_m は酵素と基質の親和性(結合しやすさ)を意味しているのである。K_m は同じ反応を触媒する 2 種類の酵素で異なる場合(本題の **A**)もあれば，同一の酵素だが競争的阻害剤の有無によって異なる場合(**標問24**の問 2 や本題の **B**)もある。

Point **K_m はEとSの親和性を示す**

K_m が 小 ⟶ EとSが結合 しやすい

K_m が 大 ⟶ EとSが結合 しにくい

■ふつうの酵素の競争的阻害と非競争的阻害

└─双曲線のミカエリス・メンテン型酵素

競争的阻害：基質とよく似た立体構造をもつ阻害剤が基質と「活性部位という席の取り合い」をするために起こり，阻害剤が活性部位に結合すると基質が結合できなくなる。阻害剤の存在によって基質が酵素に結合しにくくなるので，K_m は大きくなる。しかし，基質が十分に多くなれば，阻害剤が結合する確率がほぼ 0 になって最大速度にもどるので，V は変化しない(**標問24**の問 2 参照)。

非競争的阻害：阻害剤が活性部位以外の場所に結合して，酵素の触媒機能を抑制する。阻害剤が存在しても基質は活性部位に結合できるので，K_m は変化しない。しかし，逆に基質がいくら多くなっても，阻害剤が結合した酵素は働きを抑制され，実働する酵素が減少したままなので，V は小さくなる(**標問24**の問 3 参照)。

競争的阻害

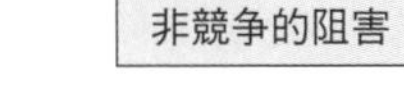

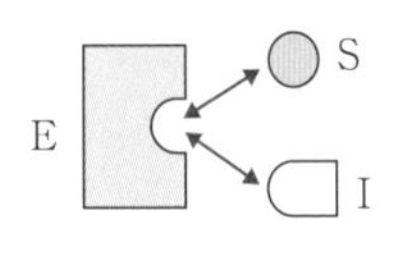

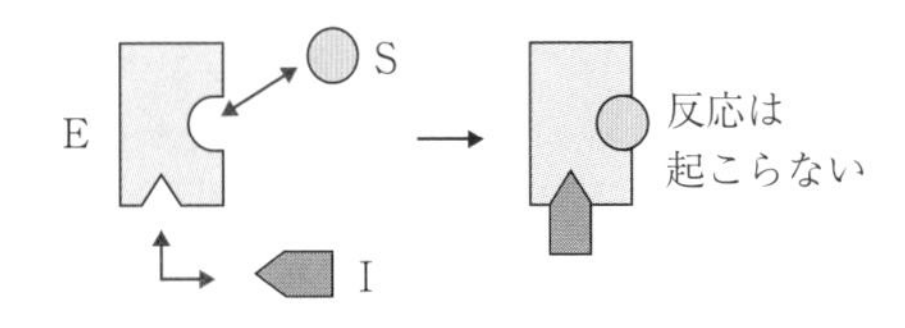

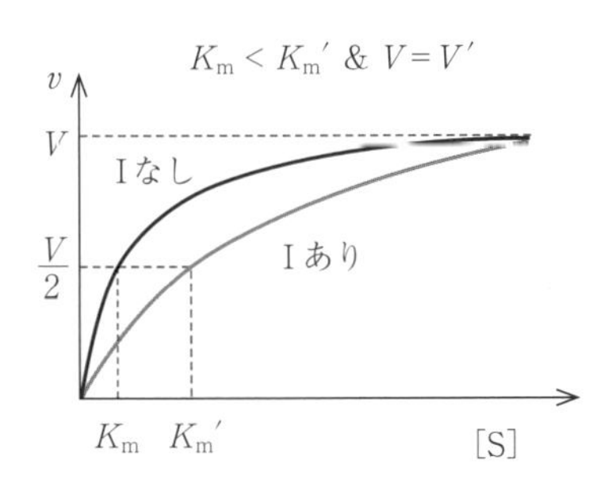

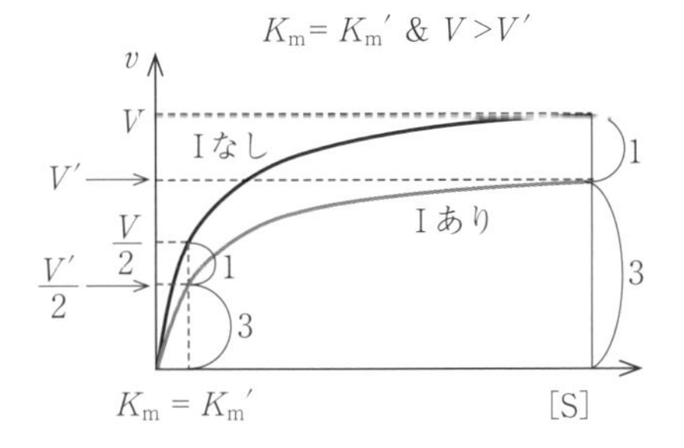

〈注〉
$[I] = \frac{1}{4}[E]$ だと高さが $\frac{3}{4}$ に圧縮されたグラフになる

標問 25 の解説

問1　問3の問題文の最後に，酵素Aの $K_m=0.2mM$ であり，酵素Bの $K_m=2.5mM$ と示されている。また図1を見ても，基質であるスクロースの濃度が低い範囲で反応速度が大きい，つまりより多くの酵素が基質と結合して複合体を形成しているのは，左上のグラフaをもつ酵素Aであるとわかる。

問2　最大速度ですべての酵素が基質と複合体を形成するということは，反応速度が上昇している間は，まだ基質と複合体を形成していない酵素があるということである。

問3　酵素Aについては，問2の問題文にスクロース濃度＝1.0mMで最大速度に達すると示されているので，100％である。そして酵素Bについては，$K_m=2.5mM$ と示されており，グラフが5.0mMまで直線で示されている。よって，複合体を形成しているものを x％とおくと，以下の比例式が成り立つ。

$50\%:2.5mM=x\%:1.0mM \quad \therefore \quad x=20\%$

問4　問4～問6でも V_{max} を V と示す。

ア．膜が細胞からのエネルギーを必要とせず，物質自体の濃度勾配という形の位置エネルギーを拡散という形の運動エネルギーに変換して行われる輸送は**受動輸送**である。これについては**標問27**の精講を参照するとよい。

イ．問題文に「グルコース輸送体がグルコースの輸送を触媒する酵素のようにふるまう」とあることから，図2の促進拡散のグラフが酵素反応に相当し，単純拡散のグラフが，反応速度は低いものの基質の増加とともに反応速度が着実に上がっていく，酵素なしの反応に相当するとわかる。促進拡散のグラフにおいて，$\frac{V}{2}$ の200のときのグルコース濃度は1.5である。

問5　阻害剤Aを加えた場合の K_m を K_m'，V を V' とする。

図2と図3をみると，$K_m=1.5<3.0=K_m'$ かつ $V=400=V'$ なので，酵素とみなせるグルコース輸送体の阻害剤Aは**競争的阻害剤**であるとわかる。

なお，グルコース輸送体の「結合部位」は酵素の基質結合部位(結合部位)，つまり活性部位にあたる。

問6　異常細胞の K_m を K_m'，V を V' とする。

非競争的阻害剤が結合した酵素は働きを抑制されるので，実働する酵素が減少し，V をはじめ，すべての基質濃度の範囲で反応速度が同じ割合で小さくなるという非競争的阻害をモデルとした問題である。

本問では，グルコース輸送体の数が減少するのではなく，逆に**10倍に増大**したので，V をはじめ，すべての**グルコース濃度の範囲で反応速度が10倍に大きくなる**という設定である。したがって，$K_m=K_m'$ かつ $V<10V=V'$ の③となる。

標問 26 アロステリック酵素とフィードバック調節

答

問1　ア－活性部位(基質結合部位，結合部位)　イ－a　ウ－c
　エ－フィードバック調節(フィードバック阻害)　オ－最大速度
　カ－(競争的)阻害剤((拮抗)阻害剤)

問2　物質が過剰になると生合成系を抑制し，不足すると抑制を解除することで，物質の濃度をほぼ一定に保つ。(48字)

問3　④，⑤，⑥

精講 本題のテーマ

■アロステリック酵素

① **オリゴマー酵素**

解糖系やクエン酸回路などの代謝経路で特に重要な役割を果たす酵素の構造は複雑なことが多い。1本のポリペプチド鎖かならなることは珍しく，ほとんどが複数のポリペプチド鎖からなる集合体である。そして，その各サブユニットが酵素としての機能をもつ場合，その集合体を**オリゴマー酵素**という。ヘモグロビン(Hb)の各サブユニットが酵素であるようなイメージである。

② **アロステリック部位とエフェクター**

各サブユニットは基質が結合する活性部位の他に，正や負のエフェクター(調節物質)が結合する**アロステリック部位**(調節部位)をいくつかもっている。正のエフェクターである基質や活性化因子がそれぞれの部位に結合すると，そのサブユニットの立体構造が活性型に変化し，活性部位に基質が結合できるようになって触媒作用を示す(アロステリック活性化)。逆に，負のエフェクターである阻害因子(最終産物)が結合すると，そのサブユニットの立体構造が不活性型に変化して，活性部位に基質が結合できなくなって触媒作用が阻害される(アロステリック阻害)。なお，阻害因子(阻害剤)が活性部位以外の部位に結合するので，負のエフェクターによる阻害も**非競争的阻害**である。

③ **アロステリック効果とS字曲線**

1つのサブユニットに起きた立体構造の変化は直ちに他のサブユニットに感知され，他のサブユニットの立体構造も同じように変化する。このように集合体の中の1つが調節されれば残りすべてのものも調節されるので，生体内における複雑な状況変化に対して即時的に応答できる。このような性質をもつ酵素を**アロステリック酵素**という。

また，このような性質からグラフは**S字曲線**(**シグモイドカーブ**)となり，基質濃度が0から離れたある濃度の前後で反応速度が急激に変化する。これを**アロステリック効果**という。

アロステリック酵素の場合，基質がある水準より低くなると急速に酵素が働かなくなって基質が消費されなくなり，ある水準より高くなると急速に酵素が働くようになって基質が消費されるようになる。このため，アロステリック酵素がもつこのような特徴は細胞内の基質量の変動に敏感に対応できるスイッチとなり，最終産物の合成量を変化させて最終産物をほぼ一定に保つだけでなく，基質濃度をスイッチが入る値の付近に保つという役割をも果たす。

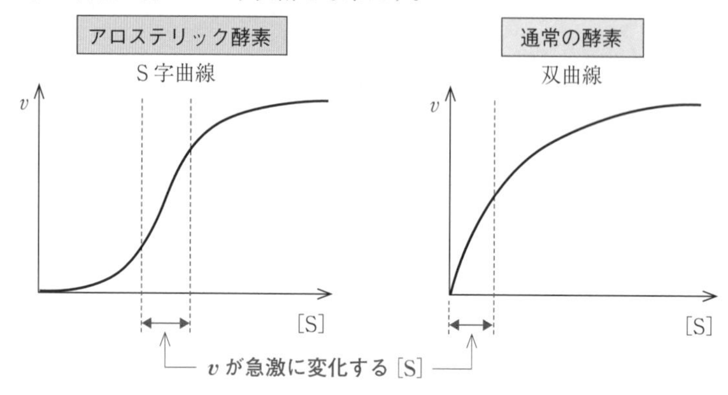

■ATCアーゼとフィードバック調節

①　ATCアーゼ

大腸菌のピリミジンヌクレオチド生合成系の最初の反応を触媒する酵素（下図参照）で，6つのサブユニット（活性部位がある触媒単位＋アロステリック部位がある調節単位）からなるオリゴマー酵素である。酵素の立体構造を活性型にする正のエフェクターとしてL-アスパラギン酸（基質かつ生合成系の初期物質）とATPをもち，不活性型にする負のエフェクターとしてCTP（生合成系の最終産物）をもつ。

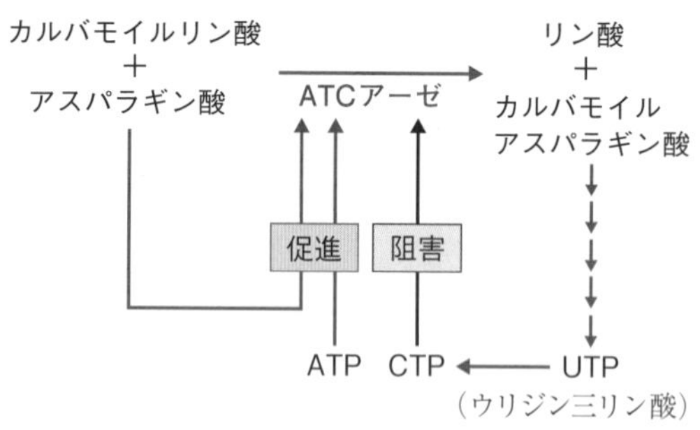

Point　**ATCアーゼのエフェクター**

アロステリック部位に

正のエフェクター（基質やATP）が結合

⟶ CTP生合成系が促進される。

負のエフェクター（CTP）が結合

⟶ CTP生合成系が抑制される。

②　生合成系のフィードバック調節

最終産物がある一定の濃度を超えると，最終産物が最初の反応を触媒する酵素のアロステリック部位に結合して最終産物の生合成を抑制し，その濃度を下回ると，最終産物がアロステリック部位から解離して最終産物の生合成系の抑制を解除する。このような(可逆的なフィードバック阻害を用いた)フィードバック調節によって，**最終産物の濃度がほぼ一定に保たれる**。

標問 26 の解説

問1　イ．精講でもATPがATCアーゼの正のエフェクターであることを示したが，問題文にも「プリン塩基であるアデニンを含むATPにも反応促進効果がある」と明示されている。したがって，グラフbよりも低い基質濃度で反応のスイッチが入るグラフaになるとわかる。

ウ．精講でも最終産物であるCTPが負のエフェクターであることを示したが，問題文にも正のエフェクターであるATPがなく「CTPがあれば酵素反応が抑制される」と明示されている。したがって，グラフbよりも高い基質濃度で反応のスイッチが入るグラフcになるとわかる。

問2　問1のエと本問については，精講の「ATCアーゼとフィードバック調節」の②を参照のこと。

問3　問題文にあるように，プリンヌクレオチドとピリミジンヌクレオチドの生体内濃度のバランスを保つようにATCアーゼの活性が調節されている。しかし，実はもう1つ重要なことがある。グラフcを見ると，負のエフェクターである最終産物のCTPが存在しても，基質であり初期物質であるL-アスパラギン酸の濃度が上がっていくと最大速度に達する。このことからわかるように，ATCアーゼの活性は，単に最終産物であるCTPの濃度を一定に保つために調節されているのではなく，CTP生合成系の**初期物質と最終産物の生体内濃度のバランスも保つ**ように調節されているのである。

Point　**ATCアーゼの活性調節**

ATCアーゼの活性は，正と負のエフェクターによって，初期物質であるL-アスパラギン酸と最終産物であるCTPの生体内濃度のバランスを保ち，さらにプリンヌクレオチドとピリミジンヌクレオチドの生体内濃度のバランスを保つように調節されている。

① CTPには抑制効果があるので，ウラシルなどピリミジン塩基の生合成を抑制する。∴ ×

② ATPには促進効果があるので，ATPではなく，ウラシルなどのピリミジン塩基の濃度が高くなる。∴ ×

③ 促進効果があるATPが少なくなると，ウラシルなどのピリミジン塩基の生合成が促進されなくなる。∴ ×

④ 促進効果があるATPが増えると，図1のaのように，基質濃度が低くても反応速度が上がる。∴ ○

⑤ ATP非存在下で，抑制効果があるCTPが減ると反応のスイッチが入る基質濃

度が低くなるので，図１のｃのグラフがｂのグラフに近づく。また，CTP 非存在下で，促進効果がある ATP が減ると反応のスイッチが入る基質濃度が高くなるので，ａのグラフがｂのグラフに近づく。これを「似た曲線になる」と表現してよいのかどうかという別の問題が生じるが，取り敢えず，○にしておく。

⑥　正のエフェクターである ATP や基質がアロステリック部位に結合すると基質が活性部位に結合できるようになり，負のエフェクターである CTP がアロステリック部位に結合すると基質が結合部位に結合できなくなる。これも「結合のしやすさを変化させる」と表現してよいのかどうかという別の問題が生じる。取り敢えず○にしておくが，⑥が○か×かということよりも，下線部の内容をしっかり理解しておくことの方が重要である。

標問 27 エネルギー代謝と膜輸送

答

問1　受動輸送は物質の濃度勾配に従った輸送で，細胞からのエネルギーを必要としない。これに対して能動輸送は物質の濃度勾配に逆らった輸送で，ATP 加水分解などのエネルギーを必要とする。(87字)

問2　下図

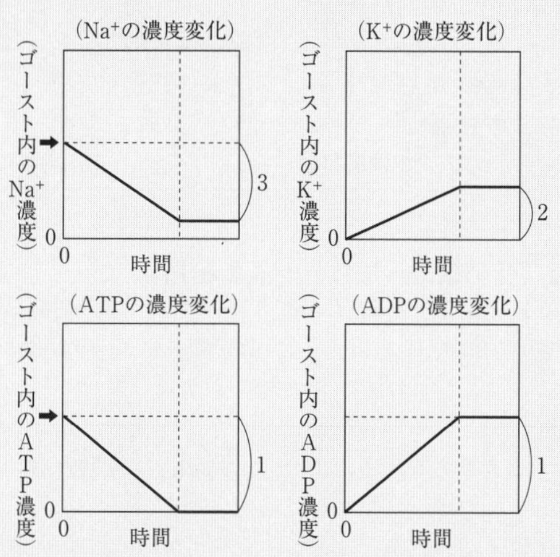

問3　Na^+/K^+－ATP 分解酵素が利用するのは ATP 加水分解に基づく(化学)エネルギーであるが，この輸送タンパク質が利用するのは Na^+ の濃度勾配に基づく(位置)エネルギーである。〈76字(80字)〉

問4　右図

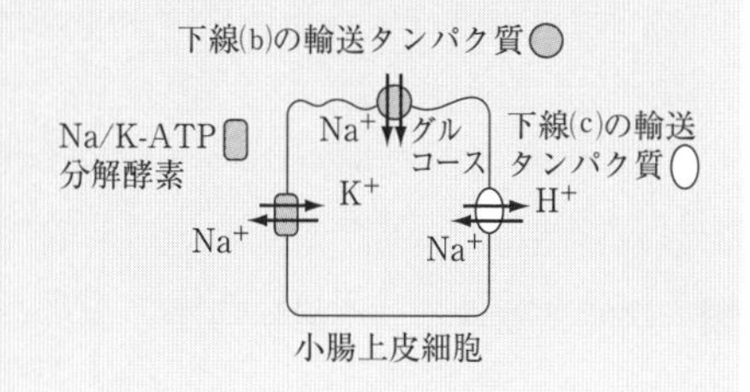

問5　脂質部分が Na^+ を自由に透過させると，Na^+ の濃度勾配を作り出すことができない。したがって，脂質部分の Na^+ を透過させない性質が重要である。(64字)

精講　重要事項の整理

■エネルギー代謝

床の上に置いた物体を持ち上げると両者に高さの差が生じ，床を基準とすると，この高さの差に基づいた位置エネルギーが物体に与えられたことになる。そして，物体を支えている手を離すと物体は床と同じ高さになるまで落下し，床に衝突する。つまり，与えられた位置エネルギーは落下という形の運動エネルギーに変換され，さらに衝突という形で熱エネルギーに変換される。これは物理(中学校の理科でも学ぶ)の世界の話だが，実は，これと同様のエネルギー代謝が溶液(生化学)の世界でも起こっている。溶液の世界では，**濃度の差(濃度勾配)が位置エネルギー**であり，溶質の移動に制限がなければ**拡散という形の運動エネルギー**に変換され，さらに水温上昇という形で**熱エネルギー**に変換される。床と同じ高さになるまでというのは，同じ濃度に，つまり均一になるまでというのと全く同じである。

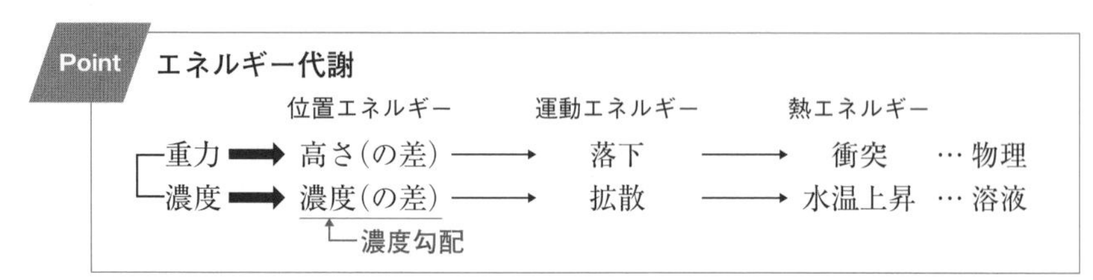

■膜を通じた「受動輸送＝拡散」と能動輸送

受動輸送：濃度勾配に従った物質の輸送で，(細胞)膜が細胞からのエネルギーを用いないので受動(的な)輸送という。では物質が輸送されるために必要な運動エネルギーはどのように供給されているのだろうか?? 実は，輸送される物質自体が，自らがもつ濃度勾配という形の位置エネルギーを拡散という形の運動エネルギーとして開放しているのである。このため，受動輸送は**拡散**ともいう。膜は細胞からのエネルギーを用いないが，物質が自分の濃度勾配という形の位置エネルギーを用いることに注意を要する。

能動輸送：濃度勾配に逆らった輸送，つまり濃度勾配という形の位置エネルギーを与えるための輸送で，膜がATPの化学エネルギーなどを用いるので能動(的な)輸送という。Na^+/K^+-ATPアーゼを本体とするナトリウムポンプ(以後Na^+ポンプと示す)はATPの化学エネルギーを用いて，Na^+やK^+に濃度勾配という形の(電気化学的な)位置エネルギーを与えるが，これは水の汲み上げポンプが電気エネルギーなどを用いて，水に高さの差という形の位置エネルギーを与えるのと全く同じである。

■一次能動輸送と二次能動輸送

Na^+ポンプのようにATPの化学エネルギーが直接用いられる能動輸送は**一次能動輸送**といわれる。これに対して，小腸や腎臓で糖やアミノ酸の吸収を行う輸送タンパク質(輸送体)のように，Na^+ポンプが作り出したNa^+の濃度勾配という形の(電気化学的な)位置エネルギーが用いられる能動輸送は**二次能動輸送**もしくは**共(共役)輸送**といわれる。植物の細胞膜にはH^+(プロトン)の濃度勾配という形の(電気化学的な)位置エネルギーが用いられる二次能動輸送があることも知られており，能動輸送される物質がNa^+やH^+と同じ方向に輸送される場合は**等方輸送(共輸送)**といい，逆方向に輸送される場合は**対向輸送**という。

標問 27 の解説

問1　精講の「膜を通じた「受動輸送＝拡散」と能動輸送」を参照。

問2　次の手順で考えるとよい。

〈1〉　赤血球ゴースト内に ATP があるので Na^+ ポンプが作動する。Na^+ ポンプが細胞内の ATP のみを利用でき，細胞外の ATP を利用できないことは，これを機に再確認しておくとよい。

〈2〉　Na^+ ポンプ(Na^+/K^+－ATP アーゼ)が 1ATP に由来するエネルギーを用いて $3Na^+$ をゴースト外に汲み出し，$2K^+$ をゴースト内に汲み入れる。よって，ゴースト内の Na^+ の減少と K^+ の増大の割合は 3：2 となる。

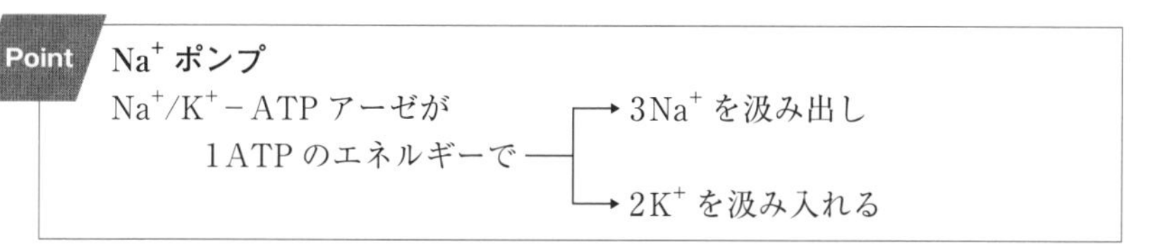

〈3〉　Na^+ ポンプ(Na^+/K^+－ATP アーゼ)が 1ATP を加水分解してエネルギーを生じさせると同時に 1ADP と 1 リン酸(Ⓟ)を生成するので，ゴースト内の ATP の減少と ADP の増大の割合は 1：1 となる。

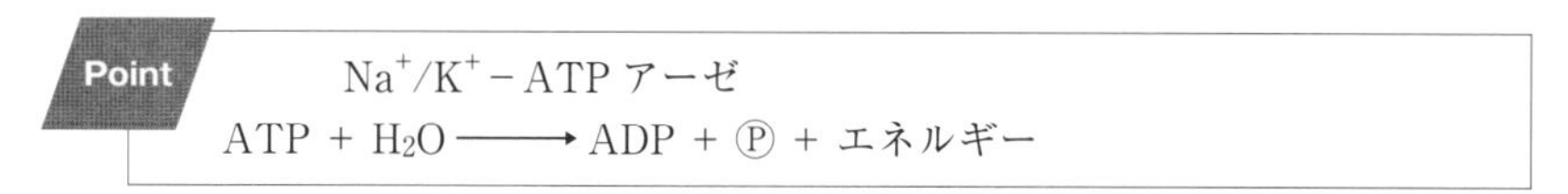

〈4〉　グラフを描くにあたっては，ATP がなくなると Na^+ ポンプが停止するので，ATP 濃度を 0 にした時点で他の 3 つのグラフの値も変化しなくなることに注意する。

〈5〉　最後に「化学平衡」の扱いについて触れておく。〈4〉では ATP 濃度を 0 にまで減少させたが，それは本題の問題主文や各問の問題文に化学平衡について留意することを促す記載がなかったからである。**標問24**の問 4 のように化学平衡そのものを扱う問題や，問題文に化学平衡について留意するように示された問題では，化学平衡に基づいた解答を示さなければならない。しかし，本題のような場合は最終的な ATP 濃度を 0 にしてよい。ただし，本題において化学平衡に基づいた解答を示したとしても，つまり最終的な ATP 濃度を完全に 0 にしなくても正答であるが，水も基質である加水分解反応の場合は，平衡が極端に分解に偏るので，合成はほとんど起こらないことも知っておくとよい。

問3　次の手順で考えるとよい。

〈1〉　小胞内外の溶液に ATP を含まない条件で実験を行っているので，この輸送タンパク質が用いるエネルギーは ATP の加水分解に基づく化学エネルギーではあり得ない。

〈2〉　2 つの実験で唯一異なる条件は Na^+ の濃度勾配の有無である。小胞外の濃度が小胞内に比べて高いという濃度勾配があるとグルコースの小胞内への流入が起こり，濃度勾配がないとグルコースの流入が起こらないことから，グルコースの小胞内への流入が Na^+ の濃度勾配有りのせいであることが明らかで，この輸送タンパク質は Na^+ の濃度勾配に基づく(電気化学的な)位置エネルギーを利用してグルコースを小胞内に能動輸送していると考えられる。

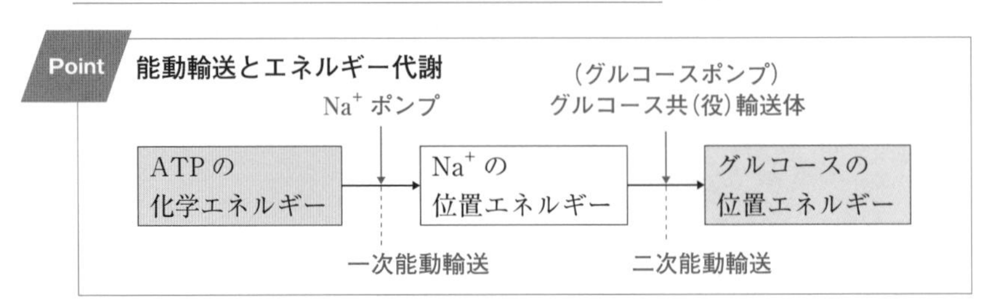

問4　図を見ても Na^+ ポンプによって Na^+ は細胞外に汲み出されているので，細胞外の濃度が高くなっているとわかり，下線部(b)と(c)の輸送タンパク質は Na^+ の濃度勾配に基づく位置エネルギーを用いるので，Na^+ が輸送される方向は細胞外から細胞内であるとわかる。そして，下線部(b)には「グルコースを細胞内に取り込む」とあるので，グルコースが輸送される方向も細胞外から細胞内である(等方輸送)とわかる。しかし，下線部(c)には「H^+ 濃度の上昇した細胞内を中性にもどす際」とあるので，H^+ が輸送される方向は細胞内から細胞外である(対向輸送)とわかる。

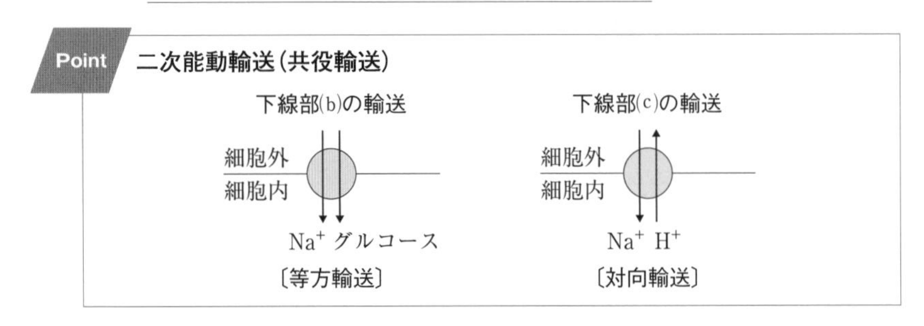

問5　細胞膜の脂質部分が Na^+ を自由に透過させると，いくら Na^+ ポンプが Na^+ を細胞内から細胞外に汲み出して Na^+ の濃度勾配を作り出そうとしても，細胞外の Na^+ が細胞内に戻ってきてしまう。このため，濃度勾配を作り出すことができず，濃度勾配に基づく(電気化学的な)位置エネルギーを利用することができない。

なお，脂質部分が Na^+ を自由に透過させると，Na^+ の濃度勾配が解消されてしまうという主旨の示し方でもよい。

標問 28 光合成の計算と遮断実験

答

問1　1.6〔$mgCO_2/100cm^2$・時〕
問2　6.5〔$mgCO_2/100cm^2$・時〕
問3　+4.4〔mg〕
問4　C_3 化合物の量は減少し始め，C_5 化合物の量は増加し始める。(27字)

精講　本題のテーマ

■光合成速度と呼吸速度

(真の)光合成速度＝見かけの光合成速度(実測値)＋呼吸速度

光補償点：光合成速度＝呼吸速度となり，見かけの光合成速度＝0となる光強度。

光飽和点：それ以上強くしても光合成速度が上がらなくなる光強度。

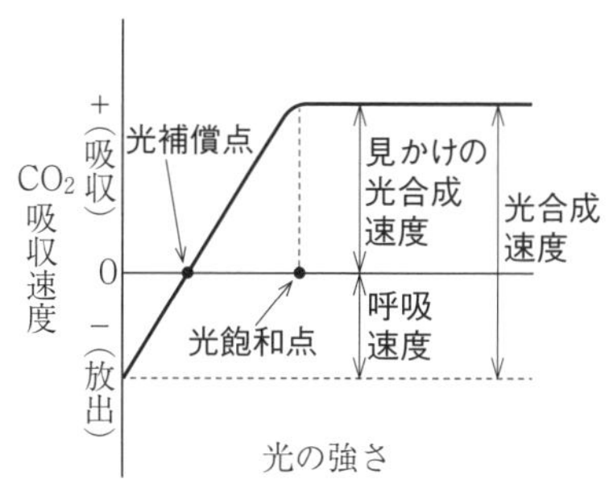

■カルビン回路

葉緑体のストロマの部分では，チラコイドで作られたATPとNADPHを用いて，CO_2を還元して有機物をつくる反応が起こる。

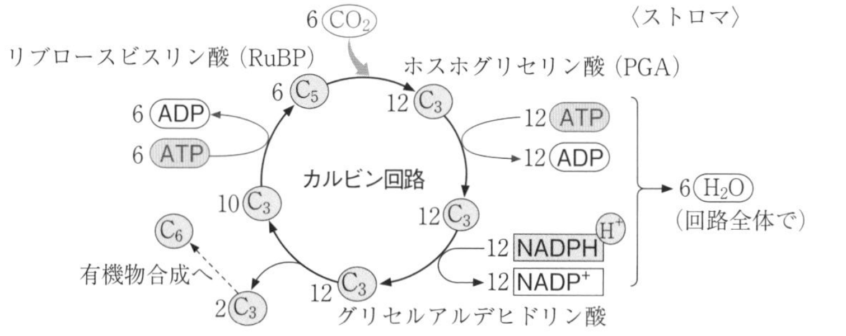

標問 28 の解説

同化箱には面積が $100\,cm^2$ の葉が入っているので，葉面積については換算する必要がない。しかし，CO_2 については表1に示された ppm を mg に換算する必要がある。まず初めに，同化箱の中を1時間に流れる空気30L中における1ppmの CO_2 重量を，密度が1.8g/Lであることから求めておくとよい。

$$30〔L〕\times 10^{-6}\times 1.8〔g/L〕=5.4\times 10^{-5}〔g〕=5.4\times 10^{-2}〔mg〕$$

Point1　表1の CO_2 濃度1〔ppm〕$\Longleftrightarrow$ 5.4×10^{-2}〔mg〕

問１　光合成が行われない０ルクスのとき，入口（Ａ点）と出口（Ｂ点）のppmはそれぞれ300と330である。

見かけの光合成速度＝300－330
＝－30〔ppm〕（の CO_2 吸収）

∴　呼吸速度＝$30\times5.4\times10^{-2}=1.62\fallingdotseq1.6$〔$mgCO_2$〕

問２　8000ルクス以上ではＢ点の値が210ppmで一定なので，8000ルクスでは光飽和に達しているとわかる。したがって，Ｂ点の値は210ppmとして考えればよい。

見かけの光合成速度→（300－210）　呼吸速度（問１より）→30

（真の）光合成速度＝（300－210）＋30＝90＋30
＝120〔ppm〕（の CO_2 吸収）
＝$120\times5.4\times10^{-2}=6.48\fallingdotseq6.5$〔$mgCO_2$〕

なお，30〔ppm〕：120〔ppm〕＝1.62〔mg〕：x〔mg〕
として，$x=6.48\fallingdotseq6.5$　を求めてもよい。

問３　「グルコース量の増減」とあるので，見かけの光合成量が問われていることに注意する。

Point2　合成 ⟹ （真の）光合成量
増減 ⟹ 見かけの光合成量

〈１〉　４時間の見かけの光合成量を求める。

10,000lux → （300－210），0lux → （300－330）　← lux：ルクス
(hr)　← hr：時間

見かけの光合成量＝（300－210）×２＋（300－330）×２
＝＋120〔ppm〕
＝＋6.48〔$mgCO_2$〕（の吸収）

〈２〉　グルコース量に換算する。

$6CO_2$　：$1C_6H_{12}O_6$

$$\frac{6.48\text{mg}}{6\times44\text{ g}}=\frac{x\text{mg}}{1\times180\text{g}}$$

$x=4.418\fallingdotseq+4.4$〔$mgC_6H_{12}O_6$〕（の増加）

本題では敢えて先のような解説にしたが，問１～問３の個々の問題を解く前に表１の改良版を作成しておくと，もっと簡単に解くことができる。つまり，Ｂ点での CO_2 濃度のデータを加えて，各々の光強度の下での見かけの光合成速度を求めておくのである。以下に，表１の改良版の作り方を示しておくので，下線部に自分で数値を入れた上で，問１～問３を解き直してみるとよい。

光強度(klux)…	0	2	4	6	8	10	12
Ａ点（入口）での［CO_2］(ppm)…	300	300	300	300	300	300	300
Ｂ点（出口）での［CO_2］(ppm)…	＿＿	＿＿	＿＿	＿＿	＿＿	＿＿	＿＿
見かけの光合成速度(ppm)…	＿＿	＿＿	＿＿	＿＿	＿＿	＿＿	＿＿

問4　10,000ルクスという充分な光を照射してしばらくカルビン回路を進行させておき，CO_2 吸収剤であるソーダライムを用いて，**急に CO_2 の供給を絶つ**という遮断実験である。ここで精講に示したカルビン回路をしっかり見てほしい。

CO_2 の供給が途絶えると，CO_2 を固定する部分のみで回路が分断される(分断される箇所を指で押さえてみるとよい)。しかし，明るいままなのでチラコイドからの ATP と NADPH の供給は持続し，C_3 化合物(PGA)から有機物を生成して C_5 化合物(RuBP)に戻ってくるまでの部分はしばらく進行し続ける。

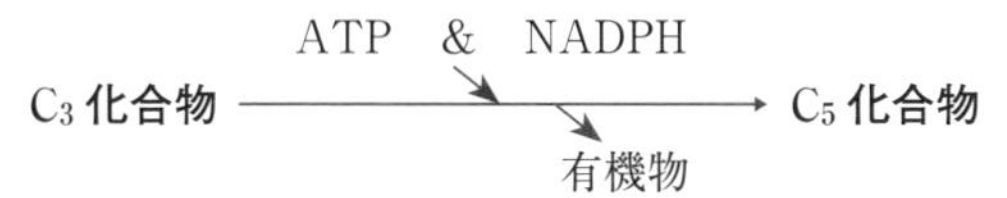

したがって，この部分の初期物質にあたる C_3 化合物は直ちに減少し始め，最終産物にあたる C_5 化合物は直ちに増大し始める。

ついでに，10,000ルクスという充分な光を照射してしばらくカルビン回路を進行させておき，**急に暗くする**実験についても触れておく。この場合は，チラコイドから ATP と NADPH の供給が途絶えるので，カルビン回路はこれらが供給される3カ所で分断される(分断される箇所を指で押さえてみるとよい)。しかし CO_2 があるので，C_5 化合物(RuBP)が CO_2 を固定して C_3 化合物(PGA)になる部分はしばらく進行し続ける。

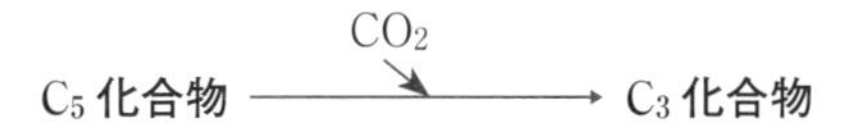

したがって，この部分の初期物質にあたる C_5 化合物は直ちに減少し始め，最終産物にあたる C_3 化合物は直ちに増大し始める。

《注》　表1の改良版の数値は，左から順に

2段目：330，300，270，240，210，210，210

3段目：-30，0，30，60，90，90，90

標問 29 光合成と酵素

答

問1　ア－5　イ－3　ウ－2　エ－2

問2　(a)－リブロースビスリン酸（リブロース二リン酸，RuBP）

(b)－ホスホグリセリン酸(PGA)

問3　グラフ：右図　K_m：③

問4　3.9

問5　二酸化炭素を効率よく取り込んで送ることで，カルビン回路のルビスコ周辺の二酸化炭素濃度を高い状態に保つ濃縮装置としての役割を果たす。(65字)

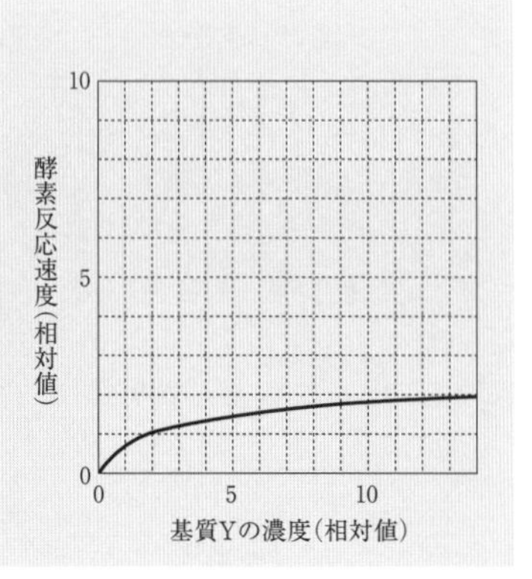

精講 重要事項の整理

■C_3回路（カルビン回路）とルビスコ（RuBisCo）

ルビスコ（RuBPカルボキシラーゼ/オキシゲナーゼ）はRuBP(C_5)にCO_2を付加するカルボキシラーゼであると同時に，RuBPにO_2を付加するオキシゲナーゼでもある。ルビスコがRuBPにO_2を付加すると，PGA(C_3)とホスホグリコール酸(C_2)が生じる。生じたホスホグリコール酸は，強い光の下で起こる光呼吸という特殊な経路で，その3/4がPGAに再生されてC_3回路に戻るが，残りの1/4はCO_2として放出される。このため，ホスホグリコール酸が生じて光呼吸が起こるとC_3回路で固定される炭素量が25%減少し，さらにはチラコイドで合成された多くのNADPHとATPが消費されるので，光合成能が大きく低下する。ルビスコが触媒する2つの反応は競争的（拮抗的）に起こり，ルビスコがCO_2とO_2のどちらを用いるかはCO_2とO_2の濃度比（$[CO_2]/[O_2]$）によって決まる。

RuBP(C_5)［ア］ ＋ CO_2 ──→ 2PGA(C_3)［ウ］［イ］ ⟹ CO_2の固定

↑ ルビスコ ↓

RuBP(C_5)［ア］ ＋ O_2 ──→ PGA(C_3)［イ］ ＋ C_2*［エ］ ⟹ CO_2の放出（光呼吸による）

*ホスホグリコール酸

Point　ルビスコ

カルボキシラーゼとしてCO_2を固定する働きと，
オキシゲナーゼとして光呼吸によりCO_2を放出する働きとをもつ。
──→ $[CO_2]/[O_2]$が低くなると光呼吸によって光合成能が低下する。

■C_4 回路(C_4 ジカルボン酸回路)と PEP カルボキシラーゼ

葉肉細胞において，PEP カルボキシラーゼの触媒によってホスホエノールピルビン酸(PEP)に CO_2 が付加されてオキサロ酢酸(C_4)が生じる。オキサロ酢酸はリンゴ酸などに変えられた後，原形質連絡を通じて**維管束鞘細胞**に輸送されて分解され，CO_2 を C_3 回路のルビスコに与える。PEP カルボキシラーゼは，ルビスコのようなオキシゲナーゼとしての働きをもたず，ルビスコに比べて低い CO_2 濃度でも極めて効率よく CO_2 を固定できる。C_4 植物では，C_4 回路が維管束鞘細胞の CO_2 濃度を高く保つ濃縮装置の役割を果たすので，強光・高温・乾燥下でも光呼吸がほとんど起こらず，C_3 回路のルビスコが効率よく CO_2 を固定する。

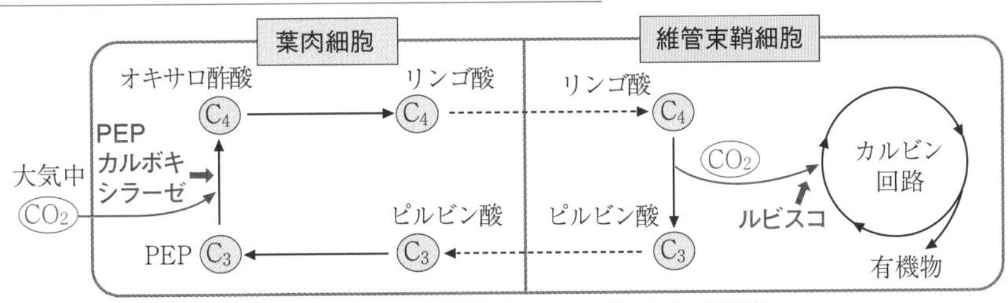

〔C_4 植物（トウモロコシ）の C_4 回路と C_3 回路〕

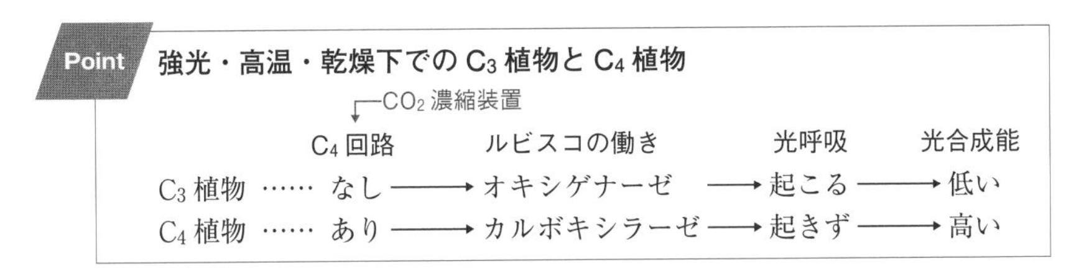

標問 29 の解説

問 1，2　精講の「C_3 回路とルビスコ」を参照。

問 3　**標問25**の精講を参照。酵素濃度が1/2になると，すべての基質濃度の範囲で酵素反応速度が1/2になる。このため，最大速度 V_{max} は1/2になるが K_m は同じままである。

問 4　一見すると難しそうであるが，出題者が与えた反応の条件を(式１)に当てはめるだけでよい。

$$\frac{v_{CO_2}}{v_{O_2}}=\frac{\frac{4.5}{1}}{\frac{1}{20}}\times\frac{1}{23}=3.913\fallingdotseq 3.9$$

問 5　(式１)を見ると CO_2 濃度の値が大きくなれば(v_{CO_2}/v_{O_2})の値が大きくなるとわかる。後は，精講の「C_4 回路と PEP カルボキシラーゼ」の４～８行目を参考にするとよい。

標問 30 呼吸とその反応調節

答

問1　ア－発酵　イ－クエン酸　ウ－二酸化炭素　エ－酸素

問2　(1) ③　(2) フィードバック調節(フィードバック阻害)

(3) 基質がある特定の濃度範囲に達するまでは反応をほとんど起こさせず，達すると急激に反応を起こし始めさせるスイッチの役割を果たす。(62字)

〔別解〕 基質の狭い濃度範囲を境に，それ以下では反応をほとんど起こさせず，以上では反応を起こさせるスイッチの役割を果たす。(56字)

問3　(1) ③　(2) 3分子　(3) ③　(4) 電子伝達系を阻害し，酸素消費が起こらないように(作用)した。〈26字(28字)〉

精講 重要事項の整理

■呼吸

呼吸の過程は**解糖系・クエン酸回路・電子伝達系**の3つに分けられ，基質レベルのリン酸化(リン酸転移)と酸化的リン酸化によってATPが合成される。

① **解糖系**

$C_6H_{12}O_6 + 2NAD^+ \longrightarrow 2C_3H_4O_3 + 2NADH + 2H^+ +$ エネルギー(2ATP)

② **クエン酸回路**

$2C_3H_4O_3 + 6H_2O + 8NAD^+ + 2FAD$

$\longrightarrow 6CO_2 + 8NADH + 8H^+ + 2FADH_2 +$ エネルギー(2ATP)

③ **電子伝達系**

$10NADH + 10H^+ + 2FADH_2 + 6O_2$

$\longrightarrow 10NAD^+ + 2FAD + 12H_2O +$ エネルギー(最大34ATP)

④ **全体**

$C_6H_{12}O_6 + 6H_2O + 6O_2 \longrightarrow 6CO_2 + 12H_2O +$ エネルギー(最大38ATP)

■補酵素の酸化と還元

NADHなどの還元型補酵素がもつエネルギーは，NAD^+などの酸化型補酵素がもつエネルギーよりかなり大きい。このため，これらの補酵素では還元型がエネルギーを放出して酸化型になりやすい。

	還元型補酵素		酸化型補酵素
呼吸	NADH	$\rightleftarrows$	$NAD^+ + H^+ + 2e^- +$ エネルギー
	$FADH_2$	$\rightleftarrows$	$FAD + 2H^+ + 2e^- +$ エネルギー
光合成	NADPH	$\rightleftarrows$	$NADP^+ + H^+ + 2e^- +$ エネルギー

なお，NAD^+と$NADP^+$は酵素タンパク質と結合・解離を繰り返し，プロトン(H^+)と電子(e^-)の運搬体として働く。これに対して，FADはコハク酸脱水素酵素の酵素タンパク質としっかり結合して解離せず，その場でH^+とe^-のやり取りを行う(問3

(1))。このため，厳密には，FAD は**補欠分子属**として補酵素と区別する。

■電子伝達系と酸化的リン酸化

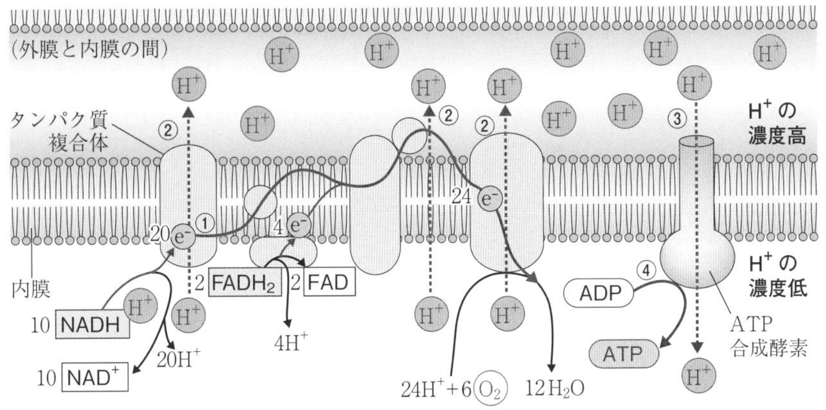

① 解糖系とクエン酸回路で生じたNADHによって運ばれたe^-や$FADH_2$のe^-は内膜にあるタンパク質複合体の間を受け渡しされる(**電子伝達**)。そして，電子伝達系を流れたe^-は最終的にH^+とともにO_2と結合(O_2を還元)してH_2Oを生じる。

② この電子伝達の際に放出されるエネルギーを用いて，マトリックスのH^+が外膜と内膜の間(膜間)に汲み上げられ(プロトンポンプ(H^+ポンプ))，膜間側が高くマトリックス側が低いというH^+の濃度勾配が生じる。

③ この濃度勾配に従って，膜間のH^+が内膜にあるATP合成酵素を通ってマトリックス側に拡散する。

④ その際，グルコース1分子あたり最大34分子のATPがADPとリン酸から合成される。このように，NADHや$FADH_2$が酸化される際に放出されるエネルギーを用いてATPを合成する反応を**酸化的リン酸化**という。

⑤ このリン酸化では，膜間側に多いH^+の濃度勾配という形の(電気化学的な)位置エネルギーがH^+のマトリックス側への拡散という形の運動エネルギーに変換され，さらにこれがATP合成酵素によってATPの化学エネルギーに変換される。このエネルギー代謝は，水力発電におけるダムの水の高低差という形の位置エネルギーが低所への水の落下という形の運動エネルギーに変化され，さらにこれが電気タービンによって電気エネルギーに変換されるのと，本質的には同じである。

なお，このH^+の濃度勾配という形の(電気化学的な)位置エネルギーを用いてATP合成が起こるしくみは**化学浸透**という。

リン酸化

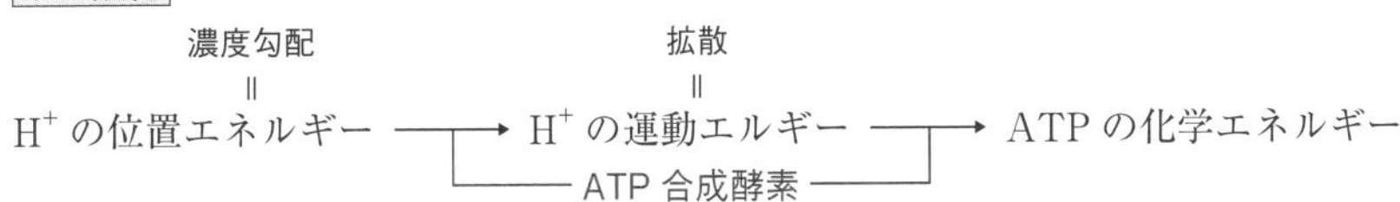

水力発電

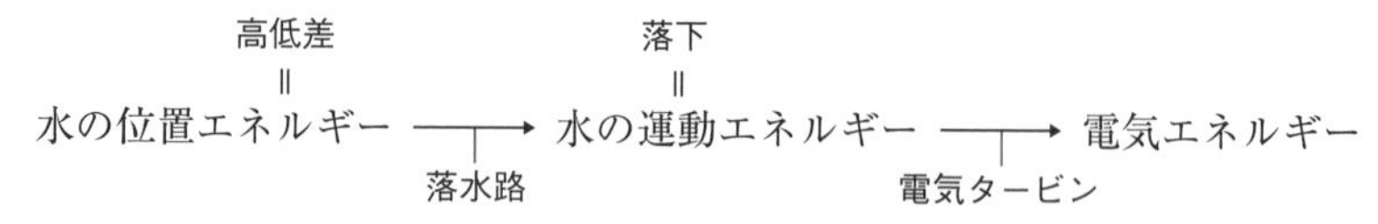

標問 30 の解説

問1　精講の「呼吸」を参照。呼吸の全体の反応は以下の通り。

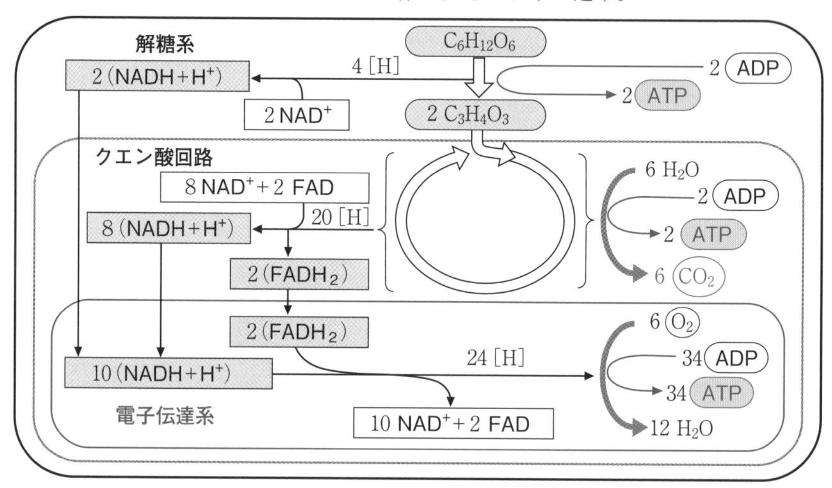

問2　**標問26**の精講「アロステリック酵素」および「ATC アーゼとフィードバック調節」を参照。

(1)　ホスホフルクトキナーゼに対して，ATP は負のエフェクターとしてアロステリック部位に結合し，立体構造を不活性型に変化させて酵素活性を阻害する。よって③が○。

(2)　ATP は解糖系の最終産物の 1 つと明示されているので，フィードバック阻害を用いたフィードバック調節である。フィードバック阻害も可。

(3)　**標問26**の問題主文にも明記されていたように，アロステリック酵素のS字型の反応曲線は，基質濃度の変化に鋭敏に対応して反応を制御するスイッチとしての役割を担う。アロステリック酵素に関する問題ではフィードバック調節(フィードバック阻害)とともに頻出事項なので，しっかり理解しておくように。

問3　(1)　電子伝達系の図を見るとわかるように，ATP 合成酵素のマトリックス側に面した内膜表面にある顆粒状の部分で ADP とリン酸から ATP が合成されるので，③が○である。クエン酸回路の基質であるコハク酸については④をイメージしてしまいやすいが，④は誤りである。精講の「補酵素の酸化と還元」の解説文や「電子伝達系と酸化的リン酸化」の図でも示したように，コハク酸脱水素酵素の補欠分子属である FAD は酵素タンパク質と強く結合している。

⑵　図2を見ると，ATPを合成するのに消費されたADPが，

$150 + 300 = 450$〔nmol〕

なので，合成されたATPも同じ450〔nmol〕とわかる。

そして，消費されたO_2が，

$350 - 200 = 150$〔nmol〕

なので，次の比例式が成立する。

150〔nmolO_2〕　：　450〔nmolATP〕

=　1　O_2　：　x　ATP

∴　$x = 3$(分子)

⑶　次の手順で考えるとよい。

〈1〉　図2を見ると，DNP（2,4-ジニトロフェノール)を加えた後もO_2が消費されていることから，電子伝達系は動いているとわかる。∴　③=○

〈2〉　10分の時点でO_2が消費されなくなっているので，再びADPが枯渇したとわかる。このことから，DNPを加えた時点ではADPは存在せず，ATPは合成されなかったとわかる。∴　④=×

では，ミトコンドリア内膜のH^+透過性を増大させることで，DNPは一体何をしたのだろうか⁇　**標問27の問5**でも「脂質二重層がNa^+を透過させないので，Na^+の濃度勾配という形の(電気化学的な)位置エネルギーを利用できる」という内容を扱ったが，本問も本質的には同じである。DNPが「H^+を自由に透過できる」ようにすると，電子伝達系(電子伝達とH^+ポンプ)が働くことで作られたH^+の濃度勾配が消失する，あるいは働いてもH^+の濃度勾配が作られなくなる。いずれにしても，H^+の濃度勾配を利用できないので，ADPとⓅが十分に存在してもATPが合成されなくなるのである。エネルギー代謝の面からいえば，**H^+の濃度勾配が作られたとしても，それは拡散という形の運動エネルギーに，さらに発熱(温度上昇)という形で熱エネルギーに変換されてしまうのである。**

ミトコンドリア内膜では，電子伝達系とリン酸化(ATP合成)が共役することでATPが合成される。しかし，DNPはこの共役をはずしてしまい，呼吸基質とO_2を盛んに消費して電子伝達系は活発に働いているのにもかかわらず，リン酸化が働かずに発熱(温度上昇)するばかりでATPは合成されないという状態を作り出すのである。このDNPのように，**電子伝達系とリン酸化の共役をはずす物質をアンカップラー(脱共役剤)という。**

Point　**アンカップラー(脱共役剤)…DNPなど**

電子伝達系とリン酸化の共役をはずすことで，呼吸基質とO_2は消費されるが，発熱するだけでATPは(殆ど)合成されない状態にする物質。

⑷　図2をみると，KCN(シアン化カリウム，青酸カリ)を加えるとO_2が消費されなくなることから，電子伝達系が働かなくなったとわかる。毒物の代表的存在であるKCNは，COと同じように，電子伝達系の最終段階で働くシトクロム酸化酵素の機能を奪う**電子伝達系の阻害剤**である。

標問 31 呼吸と呼吸基質

答

問1　ア－グリセルアルデヒド　イ－8　ウ－2　エ－34　オ－内膜
　カ－化学浸透(化学浸透圧)

問2　キ－1　ク－消費　ケ－4　コ－合成

問3　α－ケトグルタル酸(ケトグルタル酸)

問4　①－G　②－F　③－E　④－H

問5　サ－クエン酸　シ－解糖　ス－脱アミノ　セ－アンモニア(NH_3)

問6　(1)　(i)　$2C_{18}H_{34}O_2+51O_2 \longrightarrow 36CO_2+34H_2O$

　(ii)　$C_5H_{11}NO_2+6O_2 \longrightarrow 5CO_2+4H_2O+NH_3$

　(2)　(i)　0.71　(ii)　0.83

問7　(1)　無酸素運動では解糖が行われ，グリコーゲンとして貯留された炭水化物が消費される。これに対して，有酸素運動では解糖系だけではなくクエン酸回路と電子伝達系も進むので，炭水化物に加えて，脂肪の分解によって生じるグリセリンと脂肪酸も消費される。(117字)

　(2)　炭水化物を主に消費する初めはほぼ1だが，脂肪を積極的に消費し始めると次第に下がって0.7に近づいていく。

精講　重要事項の整理

■脂肪とタンパク質の異化

脂肪は脂肪酸とモノグリセリドに分解されて体内に吸収される。体内では再び脂肪になり，最終的に脂肪酸とグリセリンに分解されてクエン酸回路と解糖系に入る。

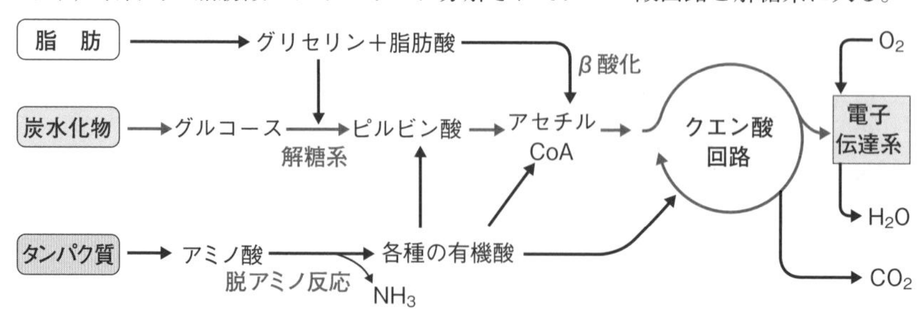

標問 31 の解説

問1　ア．中間産物としてのグリセルアルデヒドリン酸(GAP，C_3)は，カルビン回路だけでなく，解糖系にも存在する。一度は図説などで確認しておくとよい。

問2　解糖系でのATP収支が $-2ATP+4ATP=+2ATP$ であることを思い出せば即座に解けるが，これを機に－2ATPと＋4ATPの間にグリセルアルデヒドリン酸(GAP，C_3)が位置することも覚えておくとよい。

問3

$$\text{グルタミン酸} + \text{有機酸} \xrightarrow{\text{アミノ基転移酵素}} \alpha\text{-ケトグルタル酸} + \text{アミノ酸}$$

問4　次の手順で考えるとよい。

〈1〉　各1分子から生じるNADH & $FADH_2$の数と，電子伝達系に供給される電子の数は次の通り。

①　ピルビン酸 ⟹ 4NADH & $1FADH_2$ ⟹ 10e-

②　クエン酸 ⟹ 3NADH & $1FADH_2$ ⟹ 8e-

③　コハク酸 ⟹ 1NADH & $1FADH_2$ ⟹ 4e-

④　ピルビン酸とコハク酸 ⇒ 5NADH & $2FADH_2$ ⟹ 14e-

〈2〉　電子伝達系を流れる電子の数が多いほど，多くの酸素が消費されるので，**酸素の消費量と消費速度は③<②<①<④となる。**

問6　(i)　**オレイン酸**($C_{18}H_{34}O_2$)　C数が18，H数が34なので，次式を書く。

$$C_{18}H_{34}O_2 + xO_2 \longrightarrow 18CO_2 + 17H_2O$$

$2+2x=36+17$から$x=\dfrac{51}{2}$を求め，両辺の係数を2倍すると，次式となる。

$$2C_{18}H_{34}O_2 + 51O_2 \longrightarrow 36CO_2 + 34H_2O$$

よって，$RQ=\dfrac{CO_2}{O_2}=\dfrac{36}{51}\fallingdotseq 0.71$

(ii)　**バリン**($C_5H_{11}NO_2$)　C数が5，N数が1なので，次式を書く。

$$C_5H_{11}NO_2 + xO_2 \longrightarrow 5CO_2 + yH_2O + NH_3$$

$11=2y+3$から$y=4$，$2+2x=10+4$から$x=6$を求めて，次式となる。

$$C_5H_{11}NO_2 + 6O_2 \longrightarrow 5CO_2 + 4H_2O + NH_3$$

よって，$RQ=\dfrac{CO_2}{O_2}=\dfrac{5}{6}\fallingdotseq 0.83$

問7　(1)　適度な有酸素運動を続けると，一般に，初めの20分ほどは炭水化物を主に消費し，そののち脂肪組織の脂肪を積極的に消費し始めるとされている。出題者も問題主文の「炭水化物が呼吸基質として通常用いられるが，脂肪やタンパク質も呼吸基質となる」および問題文中の「貯留できるグリコーゲン量は約数百グラムである」によって**呼吸基質が炭水化物から脂肪に変わることを**，暗に示してくれている。

したがって，無酸素運動については，**解糖が行われるので呼吸基質として炭水化物が消費されることを示せばよい。**そして有酸素運動については，**解糖系だけでなくクエン酸回路と電子伝達系も動くので，炭水化物に加えて，脂肪の分解によって生じる脂肪酸とグリセリンも消費されることを示せばよい。**

(2)　有酸素運動のRQは，**初めは炭水化物を主に消費するのでほぼ1であるが，脂肪を積極的に消費し始めると次第に下がって0.7に近づいていく。**ついでながら，解糖のみを行う無酸素運動時のRQはというと，O_2の消費もCO_2の発生もないので0/0の不定形となってしまい，値を求めることができない。

第4章 遺伝情報とその発現

標問 32 点突然変異

答 問1 ②, ⑥, ⑦　問2 ⑤, ⑧　問3 ①
問4 (1) A－12　B－グルタミン(Gln)
(2) C－10　D－リシン(Lys)
(3) E－11　F－フェニルアラニン(Phe)

精講 本題のテーマ

■点突然変異

1個の塩基の置換や，1～2個の塩基の欠失もしくは挿入(付加)を**点突然変異**といい，タンパク質のアミノ酸配列をコードするDNA領域における点突然変異とその影響をまとめると，以下の**Point**のようになる。

なお，本来コドンとは1つのアミノ酸をコード(指定)する遺伝暗号である**3組塩基＝トリプレット**を意味するので，mRNAのAUGだけでなくDNAの非鋳型鎖のATGもメチオニン(Met)のコドンである。しかし，高校の生物ではmRNAのトリプレットをコドンと定義する場合が多いので，本書では原則としてmRNAだけでなくDNAの遺伝暗号も含む場合には，**標問33問**3のように，開始暗号や終止暗号のように表記し，個々の問題については各大学の表記に合わせるものとする。

Point 点突然変異

同じアミノ酸を指定
↓
- 置換
  - 同義置換 ⟶ 同義暗号に ⟶ アミノ酸配列に変化なし
  - 非同義置換
    - 終止暗号以外に ⟶ 1アミノ酸の置換
    - 終止暗号そのものに ⟶ 翻訳終止
- 欠失・挿入 → フレームシフト ⟶ 新たに終止暗号となるところまで，全く異なるアミノ酸を配列

〔注意〕 同義置換以外の置換が非同義置換であるが，1アミノ酸の置換に限定して非同義置換という用語を用いる場合もある。

標問32の解説

このmRNAは左から43番目～45番目がUGAという終止コドンであり，翻訳されると14個のアミノ酸がつながったポリペプチド鎖が合成される。

```
1        10                  20                  30                  40                  50
|01  02  03 |04  05  06  07  08  09  10| 11  12  13 |14  15  16  17  18 19
AUG CUC CUA UAC GUC AUU CUU AUU GAC AAA UUU CAA GUC AUA UGA CUU GAA AUG A
①-CUU                                ②-UAA UUA-③             ↑終止コドン
                                      ④-GAA
```

変異①：02のコドンがCUCからCUUに変化するが，ともにLeuを指定する同義コドンなので，02のアミノ酸もアミノ酸配列も変化しない。これが同義置換(サイレント変異)の例である。

変異②：10のコドンがLysを指定するAAAから終止コドンの1つであるUAAに変化したので翻訳が終了し，01〜09の短いポリペプチドになる。これが非同義置換の翻訳終止(ナンセンス変異)の例である。

変異③：11のコドンがUUUからUUAに変化することで，PheがLeuに置換される。これが非同義置換の1アミノ酸の置換(ミスセンス変異)の例である。

変異④：10のコドンがAAAからGAAに変化することで，LysがGluに置換される。これも非同義置換の1アミノ酸の置換の例である。

01 02 03 04 05 06 07 08 09 10 11 12 13 14 15 16 17 18 19
AUG CUC CUA UAC GUC AUU CUU AUU GAC AAA UUU CAA GUC AUA UGA CUU GAA AUG A
⑤ - ×
終止コドン

変異⑤：05の第1塩基のGが欠失することでフレームシフトが起こり，18が新たな終止コドンとなるだけでなく，05〜17のアミノ酸配列が全く異なるものになる。これが欠失によるフレームシフト(フレームシフト変異)で，長いポリペプチドになる例である。

01 02 03 04 05 06 07 08 09 10 11 12 13 14 15 16 17 18 19
AUG CUC CUA UAC GUC AUU CUU AUU GAC AAA UUU CAA GUC AUA UGA CUU GAA AUG A
⑥ - ××
終止コドン

変異⑥：05の第1塩基と第2塩基のGUが欠失することでフレームシフトが起こり，08が新たな終止コドンとなるだけでなく，05〜07のアミノ酸配列も異なるものになる。これも欠失によるフレームシフト(フレームシフト変異)だが，短いポリペプチドになる例である。

01 02 03 04 05 06 07 08 09 10 11 12 13 14 15 16 17 18 19
AUG CUC CUA UAC GUC AUU CUU AUU GAC AAA UUU CAA GUC AUA UGA CUU GAA AUG A
⑦ - A
終止コドン

変異⑦：06の第1塩基の前にAが挿入されることでフレームシフトが起こり，09が新たな終止コドンとなるだけでなく，06〜08のアミノ酸も異なるものになる。これは挿入によるフレームシフト(フレームシフト変異)で，短いポリペプチドになる例である。

01 02 03 04 05 06 07 08 09 10 11 12 13 14 15 16 17 18 19
AUG CUC CUA UAC GUC AUU CUU AUU GAC AAA UUU CAA GUC AUA UGA CUU GAA AUG A
⑧ - C
終止コドン

変異⑧：12の第1塩基の前にCが挿入されることでフレームシフトが起こり，17が新たな終止コドンとなるだけでなく，12〜16のアミノ酸配列が全く異なるものになる。これも挿入によるフレームシフト(フレームシフト変異)だが，長いポリペプチドになる例である。

問1　アミノ酸数が減少するのは，翻訳終止で09までになった変異②，フレームシフトで07までになった変異⑥および08までになった変異⑦である。

問2　アミノ酸数が増加するのは，フレームシフトで17までになった変異⑤と16までになった変異⑧である。

問3　アミノ酸配列が全く変化しないのは同義置換の変異①である。

問4　同義置換でアミノ酸配列に全く変化がなかった変異①を除くと，タンパク質の機能が保たれたのが変異④・⑧で，失われたのが変異②・③・⑤・⑥・⑦である。

(1)「機能する上で必須ではない」という表現がタンパク質の機能が保たれたから用いられたことを読み取る必要があるが，これができれば機能に変化がない変異④もしくは変異⑧のどちらかであるとわかる。そして，「アミノ酸配列」および「A番目のB以降」とあることから，1アミノ酸の置換の変異④ではなく，フレームシフトを起こした変異⑧であるとわかる。つまり，変異⑧では12以降のアミノ酸配列が全く異なるものに変化したのにもかかわらずタンパク質の機能が保たれたので，「12以降は必須ではない」という表現が用いられたのである。よって，Aは12，Bは元のCAAが指定するGlnである。

(2)「C番目のアミノ酸」とあることから1アミノ酸の置換の変異③もしくは④とわかる。そして「必ずしもDである必要がない」という表現がタンパク質の機能が保たれたから用いられたことを読み取れれば，④であるとわかる。つまり，変異④では10のLysがGluに置換されたのにもかかわらずタンパク質の機能が保たれたので，「10は必ずしもLysである必要がない」という表現が用いられたのである。よって，Cは10，DはLysである。

(3)「E番目のアミノ酸」とあることから1アミノ酸の置換で，残る変異③とわかる。そして，「Fである必要性が高い」という表現からタンパク質の機能が失われたと読み取れるので，やはり③であるとわかる。つまり，変異③では11のPheがLeuに置換されただけでタンパク質の機能が失われたので，「11はPheである必要性が高い」という表現が用いられたのである。よって，Eは11，FはPheである。

なお，「でなければならない」という表現が用いられなかったのは，よく似た性質のアミノ酸に置換されることで，タンパク質の機能が保たれる場合もあるからである。

標問 33 転写と翻訳(スプライシング)

答

問1　ア－核酸　イ－ヌクレオチド　ウ－リボース　エ－ウラシル
オ－伝令RNA(mRNA)　カ－転移RNA（運搬RNA，tRNA)
キ－リボソームRNA(rRNA)　ク－RNAポリメラーゼ
ケ－リボソーム　コ－アンチコドン

問2　DNAにタンパク質の情報にならないイントロンがない。(26字)

問3　(c)

問4　e　理由：合成されたタンパク質のアミノ酸数が13個なので本来の14番目のアミノ酸をコードする暗号が終止暗号に変化したとわかり，eの位置のTがAに置換されたと考えられる。(77字)

精講 本題のテーマ

■スプライシング

真核生物では，大部分の遺伝子のDNA領域にタンパク質のアミノ酸配列をコードしている領域(エキソン)とコードしていない領域(イントロン)とがあり，DNAから転写されたRNA(mRNA前駆体)は核内でイントロンを除去されてmRNAとなる。

なお，スプライシングだけではなく，RNAは5′末端にキャップという構造が形成され，3′末端にポリA尾部(ポリAテール)が付加されるなどの修飾も受ける。

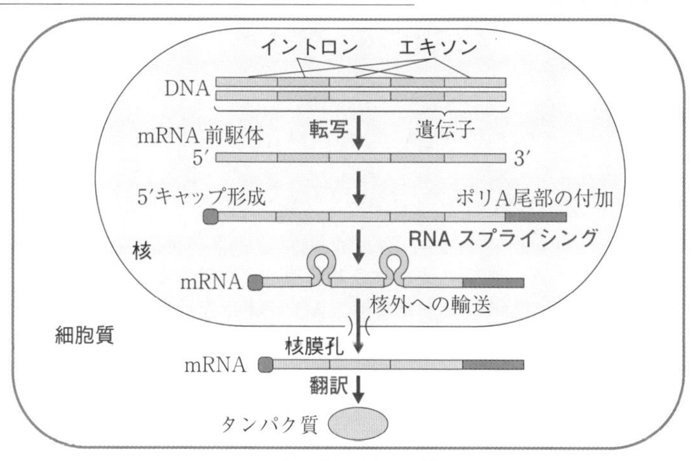

〔スプライシング〕

標問33の解説

問2　問題主文の8～10行目に「真核生物ではDNAにタンパク質の情報にならないイントロンがあるためにスプライシングが起こる」という主旨の説明がなされてい

るので，この反対の内容を示せばよい。なお，厳密には，原核生物の一部でもイントロンがあるためにスプライシングが起こる。

問3　図1に示されたDNA塩基配列の最初のATGが開始暗号なので，転写の際に鋳型にはならない方の鎖(非鋳型鎖と示す)の塩基配列であるとわかる。したがって，ATGのTをUに読み替えるとAUG(開始コドン)となるように，TをUに読み替えれば転写されたRNAの塩基配列になる。このため**非鋳型鎖をセンス鎖(コード鎖)**といい，研究の現場でも最近の入試でもよく用いられる。これに対して，**鋳型鎖はアンチセンス鎖(非コード鎖)**という。

Point
TとUを読み替えれば，
　非鋳型鎖の塩基配列　　= 転写されたRNAの塩基配列

エキソン部分の，
　非鋳型鎖のトリプレット = mRNAのコドン
　　鋳型鎖のトリプレット = tRNAのアンチコドン

(a)がイントロンであるとわかっているので，もう1つのイントロンが(b)である場合と(c)である場合の14番目までのmRNAのコドン配列とアミノ酸配列を次に示す(12番目までのアミノ酸配列は同一)。

(b)がイントロンの場合

01	02	03	04	05	06	07	08	09	10	11	12	13	14
AUG·	GCU·	UAU·	UUG·	CGC·	CUA·	AAG·	GUA·	GCU·	AGC·	UCG·	CAG·	GCU·	AAG
M	A	Y	L	R	L	K	V	A	S	S	Q	A	K

(c)がイントロンの場合

01	02	03	04	05	06	07	08	09	10	11	12	13	14
AUG·	GCU·	UAU·	UUG·	CGC·	CUA·	AAG·	GUA·	GCU·	AGC·	UCG·	CAG·	GUU·	UUA
M	A	Y	L	R	L	K	V	A	S	S	Q	V	L

実際のアミノ酸配列の13・14番目のアミノ酸がVLなので，(c)がイントロンであるとわかる。

(a)〜(c)のいずれもがGTで始まりAGで終わっていることについて，一言触れておく。実はイントロンは「GTで始まり，AGで終わる」のが原則であり，これをGT−AG則という。ただし，決してGTからAGまでが必ずイントロンになるという意味ではないことに注意するように。

Point
GT−AG則(GU−AG則)
イントロンはGTで始まり，AGで終わる。
(RNAのイントロンはGUで始まり，AGで終わる。)

問4　非鋳型鎖でのT→AはmRNAではU→Aとなること，およびタンパク質のアミノ酸数が13個になったことから，14番目のLをコードするUUAが終始コドンのUAAになったとわかる。よって，変異を起こしたTはeの位置のものである。

標問 34　選択的スプライシング

答

問1　アーDNAポリメラーゼ　イーRNAポリメラーゼ
ウープロモーター　エー核　オー細胞質　カーリボソーム

問2　正　　問3　③　　問4　①，④

問5　(1)　組織Xでは6つすべてのエキソンが選ばれるが，それ以外の組織では転写開始点側から4番目以外の5つのエキソンが選ばれると推定される。〔別解〕転写開始点側から4番目のエキソンが，組織Xでは残されるが，それ以外の組織では除かれると推定される。

(2)　4番目

(3)　組織Xでは選ばれる4番目のエキソンの途中に1塩基置換の突然変異が起こり，その部位が終止コドンとなって，翻訳がその手前の所までで終了した(ためであると考えられる)。

精講　本題のテーマ

■選択的スプライシング

真核生物において，同一のmRNA前駆体から複数種類のmRNAが合成される場合があり，これを選択的スプライシングという。

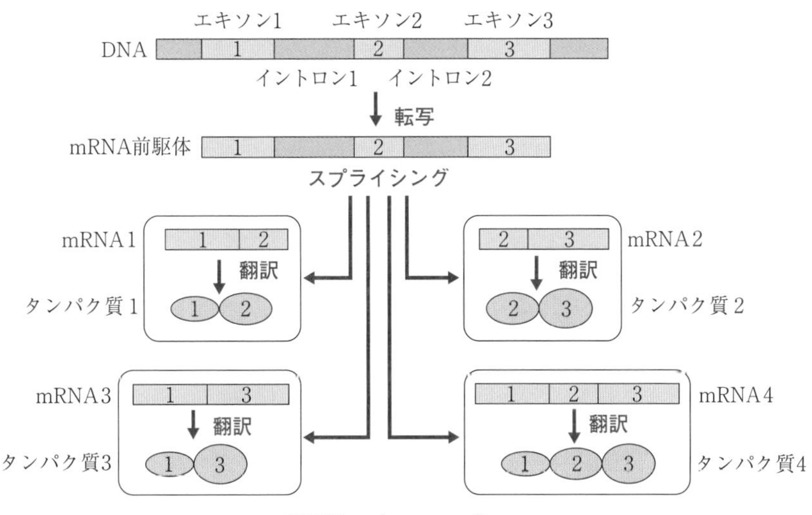

〔選択的スプライシング〕

標問34の解説

問2　DNAとよく結合するヒストンは塩基性なので，OH^-を出してその表面電荷は正(＋)となる。逆に，DNA 自体は核酸なので，H^+ を出してその電荷は負(－)となる。ゲル電気泳動法で DNA 断片が正(＋)極に向かって移動するのも，この負(－)の電荷が原因である。

Point 核酸である DNA の電荷は負(－)

問3　すべて問題主文で説明されている。

1 行目の「ヒトの染色体 DNA ～」の一文から，ヒストン(①)は DNA の全領域で結合しているとわかる。そして，3 行目の「DNA の複製の際～」の一文から，DNA の全領域で起こる複製に関わる DNA ポリメラーゼ(②)も二重らせん構造をほどき一本鎖にする働きをもつ酵素(④)も全領域に結合するとわかる。しかし，7 行目の「転写の開始を助ける～」の一文から，基本転写因子(③)がプロモーターと呼ばれる特定の塩基配列にのみ結合することがわかる。

問4　①　表中の生物のゲノムあたりの総塩基対数は，原核生物は最大の大腸菌Bでも 4.6×10^6 塩基対だが，真核生物は最小の酵母Cでも 12×10^6 塩基対である。よって，正しい。

②　ヒトと酵母Cの遺伝子数は表 1 に示されているが，実際にタンパク質をコードする領域の総塩基対数が示されていないので，タンパク質の平均の大きさを求めることはできない。よって，正誤の判定は不能。

③　ヒトの遺伝子は24,000であるが，問題主文に「少なくとも50%以上の遺伝子が選択的スプライシングを受けて複数種類のタンパク質を作る」とある。よって，明らかに誤り。

④　ゲノムあたりの総塩基数の増え方に比べて遺伝子数の増え方が小さいという傾向が見られる。例えば，シアノバクテリアAとヒトとで比較すると，前者は $\frac{3000}{3.6} \fallingdotseq 833$ 倍であり，後者は $\frac{24000}{3300} \fallingdotseq 7$ 倍である。このことから，タンパク質をコードしない DNA の量が多くなると考えられる。よって，正しい。

⑤　ヒトはシアノバクテリアがもつチラコイドやクロロフィル a などを作れない。よって，誤り。

問5　(1)　次の手順で考えるとよい。

〈1〉　遺伝子 *G* の 6 つのエキソン(E1～E6)のうち，開始コドンと終止コドンは常に用いられる E1 と E6 の途中にあるので，それぞれの塩基数とコードするアミノ酸数は次のようになる。

エキソン	E1	E2	E3	E4	E5	E6
塩基数	222	153	141	135	219	350
アミノ酸数	?1	51	47	45	73	?2

〔注〕 ?1 は最大で72 ←—— 後で切り離される開始メチオニンがある。
?2 は最大で115 ←—— 終止コドンはアミノ酸を指定しない。

〈2〉 タンパク質の大きさが通常組織では320アミノ酸だが組織Xでは365アミノ酸なので，通常の組織の方が45アミノ酸少ないとわかり，〈1〉から通常の組織ではE4が除かれるとわかる。

〈3〉 E1～E6のすべてを用いた場合のアミノ酸数は最大でも72＋51＋47＋45＋73＋115＝403なので，組織XでE2・E3・E5のうちのいずれか1つでも除かれれば365に達しない。このことから，組織XではE1～E6のすべてが用いられるとわかる。

〈4〉 エキソンの選ばれ方の違いについて，次のように推定される。

組織XではE4を残す ⟶ E1-E2-E3-E4-E5-E6 ⟶ 365アミノ酸
通常組織ではE4を除く ⟶ E1-E2-E3-E5-E6 ⟶ 320アミノ酸

なお，実際にはここまでのことがわかるが，別解として示した内容でも許されるだろう。

(2) 遺伝病の個体では正常な365アミノ酸のタンパク質と，約半分の大きさの異常タンパク質とが検出されたので，正常遺伝子と変異遺伝子をもつヘテロ接合体である。次の手順で考えるとよい。

〈1〉 アミノ酸数が約半分になることから，1**塩基の置換**によって**終止コドン**に変化したと考えられる。

〈2〉 組織X以外の通常組織では正常な320アミノ酸のタンパク質のみが検出されたので，通常組織が用いるE1-E2-E3-E5-E6には新たな終止コドンが生じていない，つまり**変異はない**とわかる。

〈3〉 突然変異は組織Xで用いられるE4に起こったものであり，終止コドンの新たな出現によって約半分の大きさの異常タンパク質が産生されるようになったと考えられる。

標問 35 PCR 法

答

問1　1.5 個

問2　1,000塩基の DNA が 2 分子，900塩基の DNA が10分子，
700塩基の DNA が10分子，600塩基の DNA が2,026分子

問3　プライマーZが結合する領域の一部の塩基(対)が置換されている。

問4　・アミノ酸の数も配列も全く同じタンパク質。
・アミノ酸の数は同じだが，一部のアミノ酸が異なるタンパク質。
・アミノ酸の数が少なくなったタンパク質。
・アミノ酸の数が多くなったタンパク質。（これらのうちから3つ。）

精講　本題のテーマ

■DNA ポリメラーゼのプライマー要求性

RNA ポリメラーゼは新しい鎖を作り始めることができるが，
DNA ポリメラーゼは既存の鎖を伸ばすことしかできない。

ヌクレオチド鎖を伸長させる際，RNA ポリメラーゼは最後尾のヌクレオチドを必要としないので新しいヌクレオチド鎖を作り始めることができるが，DNA ポリメラーゼは最後尾のヌクレオチドを必要とするので，既存のヌクレオチド鎖を伸ばすことしかできない。このため，DNA の半保存的複製では，まず RNA ポリメラーゼ(DNA プライマーゼ)が10ヌクレオチドほどの短い RNA 鎖(プライマー)を作り，その最後尾のヌクレオチドに DNA ポリメラーゼが新しいヌクレオチドを重合させていくことで鎖を伸ばしていく。これに対して PCR 法では人工合成した20ヌクレオチドほどの1本鎖 DNA をプライマーとして用いる。

■DNA の半保存的複製

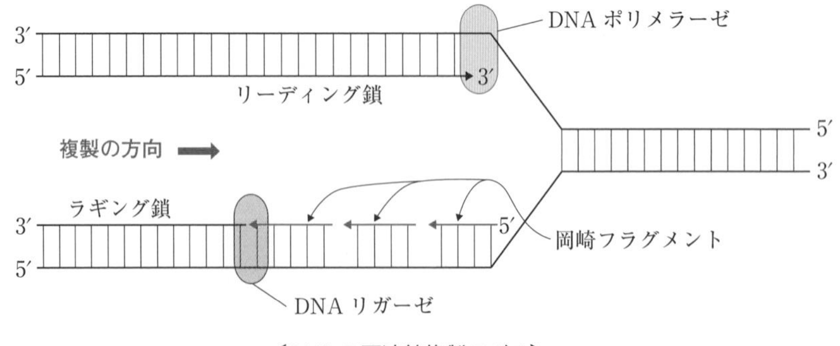

〔DNA の不連続複製モデル〕

① **鋳型鎖が 3′→5′ の場合**

新しい鎖(リーディング鎖)は，5′→3′ 方向に複製される。

② **鋳型鎖が 5′→3′ の場合**

まず 5′→3′ 方向に短いポリヌクレオチド鎖(**岡崎フラグメント**)が合成され，この断片を DNA リガーゼが連結して 1 本の新しい DNA 鎖(ラギング鎖)が完成する。各々の断片の合成開始時には短い RNA 鎖(プライマー)が合成され，それにつなげて DNA 短鎖が合成され，RNA の部分は後で DNA に置換される。

■PCR 法

① 約 94℃ ──→ DNA を熱変性させて 1 本鎖にする(熱変性)。

② 50〜60℃ ──→ 1 本鎖 DNA にプライマーを結合させる(アニーリング)。

③ 約 72℃ ──→ 耐熱性 DNA ポリメラーゼにより鎖を伸ばす(鎖の伸長)。

↑好熱菌のもの

標問 35 の解説

問 1　ある任意の16塩基配列(以後 α と示す)が生じる確率 $=\left(\frac{1}{4}\right)^{16}$ であり，ヒトゲノムの 60×10^8 塩基あたりに存在する16塩基配列の数は 60×10^8 個とみなしてよい。したがって，ヒトゲノムに存在する α の個数は以下のように求められる。

$$\alpha \text{の個数} = 60\times10^8\times\left(\frac{1}{4}\right)^{16} = \frac{60\times10^8}{4^{16}} = \frac{60\times10^8}{4\times(4^5)^3} = \frac{6\times10^9}{4\times10^9} = 1.5〔個〕$$

（$4^5 \fallingdotseq 10^3$）

もう少し話を掘り下げてみよう。先の計算結果から，ある任意の17塩基以上の配列ならヒトゲノム中に存在する同一配列は 1 個未満ということになるが，実はこれが PCR 法で用いるプライマーのヌクレオチド数を20ほど(実際には18〜28)とする理由である。ヌクレオチド数が18以上のプライマーを用いれば，ヒトゲノム中のどこの DNA 領域を増幅する場合でも，確実に鋳型鎖の増幅域の 3′ 末端部に結合することが期待できる。

問 2　第 1 サイクルから第 3 サイクルまでのようすと，1 サイクル後から10サイクル後の各塩基数の DNA の分子数を示すと，以下のようになる。

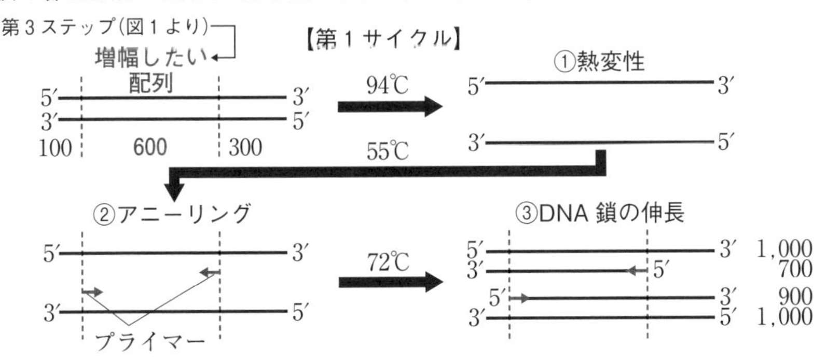

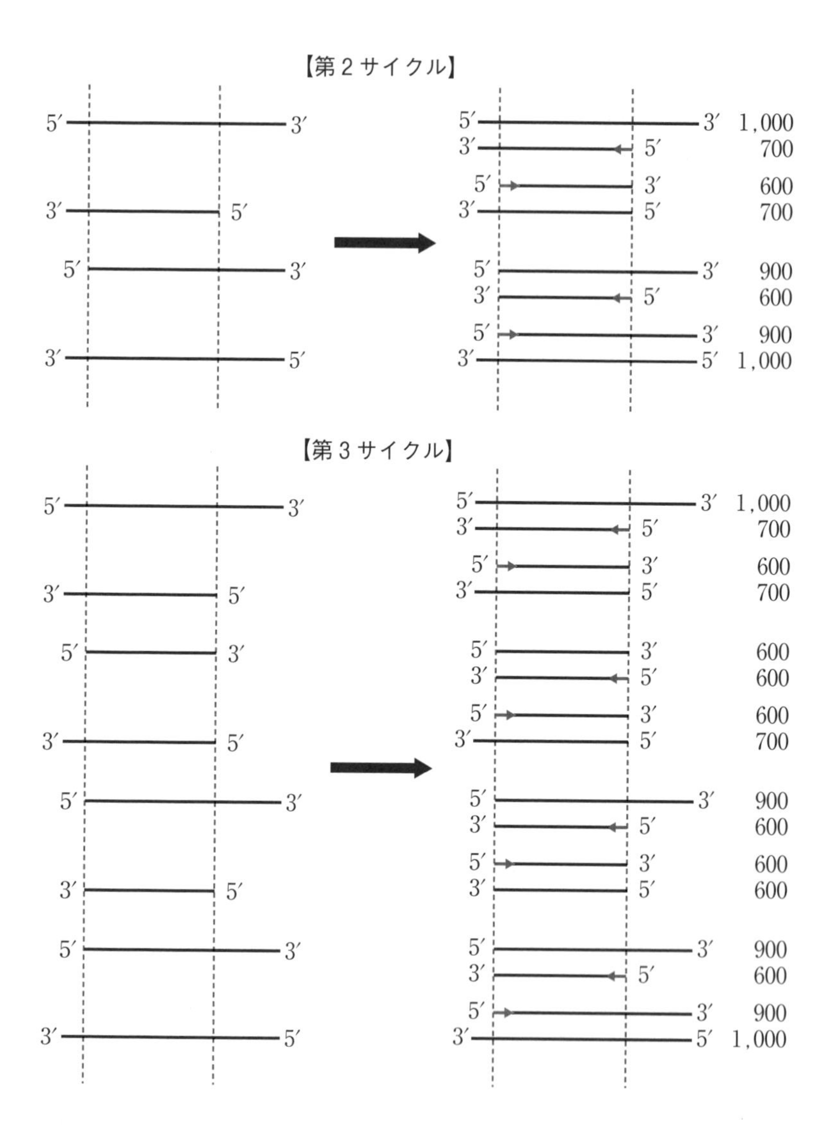

塩基数	1サイクル後	2サイクル後	3サイクル後	…	10サイクル後
1000	2	2	2	…	2
900	1	2	3	…	10
700	1	2	3	…	10
600	0	2	8	…	2026 ← 2048－22
計	$2^2=4$	$2^3=8$	$2^4=16$	…	$2^{11}=2048$

問3　次の手順で考えるとよい。

〈1〉　プライマーXとYのセットだとテスト株でも野生株と完全に同じ長さのDNA断片が増幅される。増幅されたことから，テスト株の遺伝子AのXとの結合部位にもYとの結合部位にも変異がないとわかり，さらに完全に同じ長さであることから，増幅された領域内にある変異は欠失でも挿入でもなく，**一部の塩基(対)の置換**であるとわかる。←── **1塩基(対)ではない可能性があることに注意!!**

〈2〉　プライマーXとZのセットだとテスト株ではDNA断片が増幅されないことから，遺伝子AのZ**との結合部位に変異がある**とわかり，〈1〉からそれは一部の塩基(対)の置換であるとわかる。

問4　①　**イントロン内での置換**，あるいは**エキソン内での同義置換**の場合は，アミノ酸の数も配列も全く同じタンパク質が生じている。

②　**エキソン内での非同義置換で終止暗号以外に変化**している場合は，アミノ酸の数は同じだが，一部のアミノ酸が異なるタンパク質が生じている。

③　**エキソン内での非同義置換で終止暗号そのものが生じている**場合は，アミノ酸の数が少なくなったタンパク質が生じている。

④　エキソン内での非同義置換で終止暗号がそれ以外に変化している場合は，アミノ酸の数が多くなったタンパク質が生じている。

標問 36 原核生物の遺伝子発現とその調節(1)

答

問1 (1) 核膜によってDNAを含む核と細胞質が隔てられており，細胞質には小胞体などの(膜系)細胞小器官が発達する。〈48字(50字)〉

(2) 核膜がない原核生物では，転写と翻訳が同時にほぼ同じ場所で行われる。これに対して核膜によって核内と細胞質が隔てられている真核生物では，転写とスプライシングは核内で起こり，翻訳は細胞質で起こる。(95字)

問2 ③

問3 (1) ア－RNAポリメラーゼ イ－プロモーター

(2) プロモーターの1ヶ所に突然変異が生じた。このため，ラクトースのみが存在してもRNAポリメラーゼがプロモーターに結合できず，ラクターゼ遺伝子を含む3つの遺伝子群の転写が起こらない。(89字)

問4 (1) ウ－オペレーター エ－オペロン

(2) オペレーターに結合することで，RNAポリメラーゼによる転写を抑制する。(35字)

(3) オペレーターの1カ所に突然変異が生じた。このため，グルコースのみが存在しても調節タンパク質がオペレーターに結合できず，ラクターゼ遺伝子を含む3つの遺伝子群の転写を抑制できない。(88字)

精講 本題のテーマ

■オペロン説…ジャコブ&モノー(1961年)

① 遺伝子の中には他の遺伝子の働きを調節する調節遺伝子がある。

② 調節遺伝子が調節タンパク質のアミノ酸配列をコードしている。

③ 調節タンパク質がオペレーター(特定のDNA領域)に結合することで，その支配下の遺伝子群の転写が抑制，もしくは促進される。

■用語

調節タンパク質(転写調節因子)：調節遺伝子にコードされる。

{ リプレッサー(転写抑制因子)：遺伝子発現の抑制(負の調節)に働く。
  アクティベーター(転写活性化因子)：遺伝子発現の促進(正の調節)に働く。

プロモーター：RNAポリメラーゼが結合する特定のDNA領域。

オペレーター：調節タンパク質が認識して結合する特定のDNA領域。

オペロン：1つのmRNAに転写される機能的に関連した遺伝子群で，隣接して存在する。

■ラクトースオペロン

① **ラクトースがないとき**

調節遺伝子から生じたリプレッサーがオペレーターに結合している。

⟶ RNA ポリメラーゼはプロモーターに結合できない。

⟶ 遺伝子群の転写は抑制されている。

② **グルコースがなく，ラクトースがあるとき**

ラクトースの代謝産物がリプレッサーと結合し，オペレーターから外れる。

⟶ RNA ポリメラーゼがプロモーターに結合。

⟶ 遺伝子群が転写される。

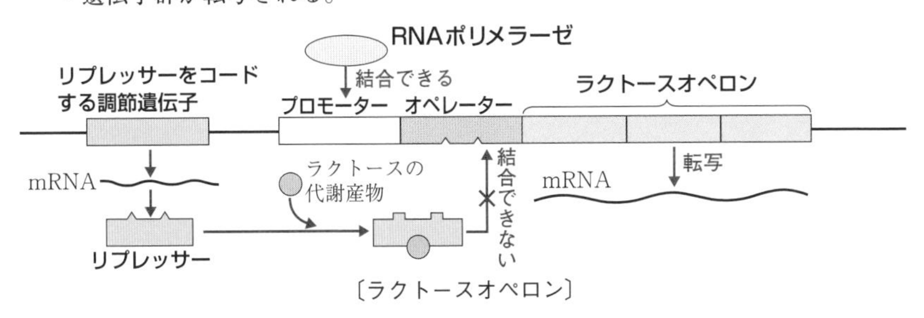

〔ラクトースオペロン〕

標問 36 の解説

問１　(1)と(2)がセットの設問であることに留意して解答する必要がある。

(1)　一般的には「核膜に包まれた核がある」と「細胞質に(膜系)細胞小器官が発達する」という２点を示せばよい。しかし本問では，(2)に結びつくように，前半部を解答例のように示すのが望ましい。

(2)　核膜によって核内と細胞質が隔てられている真核生物のタンパク質合成では，転写と翻訳の間にスプライシングやキャップ構造の形成やポリＡテールの付加などの RNA の加工の過程(**標問33**の精講を参照)が存在し，転写と RNA の加工は核内で行われ，翻訳は細胞質で行われる。 ➡ **不連続かつ異所的**

これに対して核膜がない原核生物では，転写と翻訳が同時にほぼ同じ場所で行われ，スプライシングなどの RNA の加工の過程は存在しない。

➡ **連続かつ同所的**

> **Point　原核生物と真核生物のタンパク質合成**
> **原核生物**：転写と翻訳が同時にほぼ同じ場所で行われる。
> **真核生物**：核内での転写＆スプライシング ⟶ 細胞質での翻訳。

問２　調節タンパク質(リプレッサー)は常に発現しており，グルコースのみの存在下ではオペレーターに結合し，ラクトースのみの存在下ではラクトースの代謝産物と結合してオペレーターから外れることで，常に転写のオン＆オフを調節している。

問3　問題文に「生じた突然変異」とともに「ラクターゼの活性を示さなくなったしくみ」を推測せよとあるので，この2点について示す必要がある。

RNAポリメラーゼ(ア)とプロモーター(イ)の働きに，つまりRNAポリメラーゼがプロモーターに結合して転写が始まることに着目せよとあり，また問題主文の最後に「ラクターゼ遺伝子の中あるいは近くに1カ所の突然変異をもつ」とあることから，プロモーターに1カ所の突然変異が生じたとわかる。そして，これが原因で，ラクトースのみが存在してRNAポリメラーゼがプロモーターに結合する条件下であるにもかかわらず，RNAポリメラーゼがプロモーターに結合できず，転写が起こらないと推測できる。

問4　(2)　野生型と突然変異体3を比較してとあることに注意する。表を見ると，正常な調節タンパク質をもつ野生型ではラクターゼ遺伝子の転写が抑制されているのに対して，機能を失った調節タンパク質をもつ突然変異体3では転写を抑制できていない。このことから，正常な調節タンパク質の機能がオペレーターに結合することで，RNAポリメラーゼによる転写を抑制することであると推測できる。

(3)　突然変異体4は正常な調節タンパク質を発現しているので，転写を抑制できない原因は調節タンパク質がオペレーターに結合できないことであり，さらに突然変異が起こったのがオペレーターであると推測できる。

標問 37 原核生物の遺伝子発現とその調節(2)

答

問1 ①，⑥

問2 (i) デオキシリボース(dR)ではなく，リボース(R)をもつ。

(ii) チミン(T)ではなく，ウラシル(U)をもつ。

(iii) 2本鎖ではなく，1本鎖である。

問3 リン酸(を含む)

問4 単独のタンパク質Yは領域zに結合しないが，物質Aと結合した状態では領域zに結合する。(42字)

問5 (i) 物質Aと結合する機能。

(ii) 物質Aと結合した状態で領域zに結合する機能。

問6 右図

問7 ②，⑤，⑥

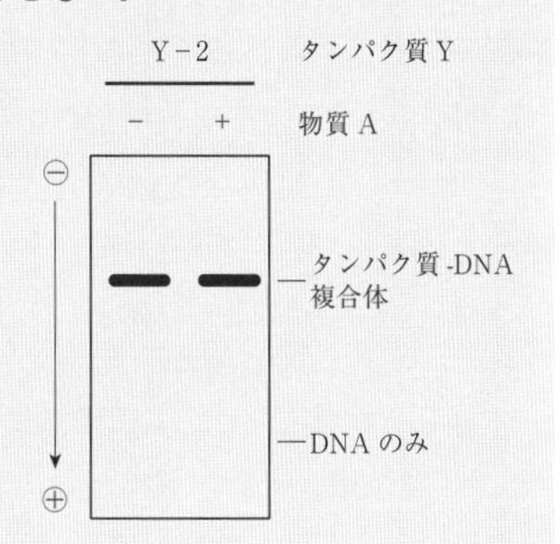

精講 重要事項の整理

■ゲル電気泳動法

DNAは負に荷電しているので，緩衝液中のゲルに電場をかけると陽(＋)極に向かってゲル内を移動するが，ゲルが形成する小さな網目構造が抵抗となって短いDNA断片ほど速く移動し，長いDNA断片ほど遅く移動する。このことを利用してDNA断片を分子量によって分離する手法をゲル電気泳動法という。

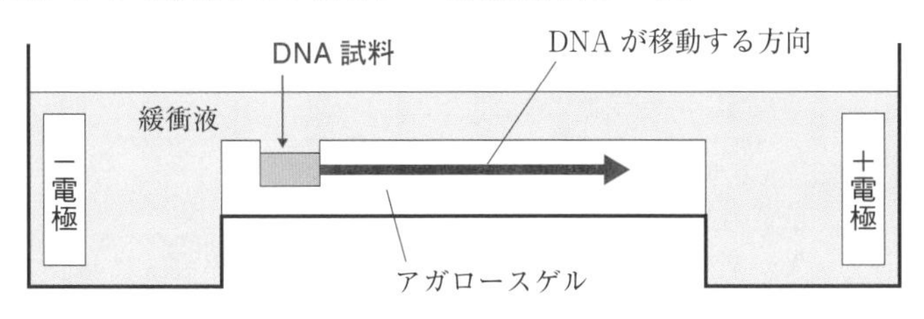

〔ゲル電気泳動法(横から見た所)〕

標問37の解説

問1 ATP合成に関わる酵素の遺伝子のように，生存のために不可欠な遺伝子は常に発現しており，これを**構成的発現**という。これに対して，外界の環境に応じて遺伝子の発現が調節されている場合を**調節的発現**という。

① 例えば，ショウジョウバエの体節構造の形成の際には，調節遺伝子群(ギャップ遺伝子群)から合成されたタンパク質群が調節タンパク質群として次の段階の

調節遺伝子群(ペアルール遺伝子群)を発現させる。 ∴ ○

② 例えば，メチオニン(Met)やトリプトファン(Trp)のコドンは1種類のみである。 ∴ ×

③ 細胞質ではなく，核内でスプライシングを受ける。 ∴ ×

④ 遺伝子産物である酵素が植物ホルモンを合成し，植物ホルモンも特定の遺伝子を発現させることでさまざまな生理作用を引き起こす。 ∴ ×

⑤ リボソームは，ゴルジ体ではなく，小胞体に結合して粗面小胞体を構成する。 ∴ ×

⑥ 核膜がない原核生物では，転写と翻訳が同時かつ同所的に起こる(**標問36問1**)。 ∴ ○

問2 dRではなくR，Tではなく U，2本鎖ではなく1本鎖の3点を示せばよい。なお，DNAが二重らせんという立体構造をとることに触れると，mRNAは立体構造をとらないが，tRNAとrRNAが複雑な立体構造をとることにまで触れなければならなくなるので，立体構造については触れなくてよい。

問3 DNAはリン酸を含んでおり，リン酸がH^+を出すことで負(−)に荷電する。

問4 次の手順で考えるとよい。なお，転写調節タンパク質とは調節タンパク質のことである。

〈1〉 オペレーターの領域zに結合するのは転写調節タンパク質Yである。

〈2〉 図2から，物質Aとタンパク質Yが共存するときだけタンパク質−DNA複合体が生じるとわかる。

〈3〉 タンパク質Yは物質Aと結合する(問題主文16行目)と示されている。

〈4〉 〈1〉～〈3〉より，タンパク質Yは単独では領域zに結合しないが，物質Aと結合した状態では領域zに結合すると考えられる。

〈5〉 さらに，細胞内に物質Aがある場合にのみ遺伝子xが発現する(問題主文12～14行目)とあることから，遺伝子xの発現調節を次のように考えることができる。

Point **遺伝子xの発現調節**

(1) 単独のYはzに結合しない。

(2) AがYに結合すると，Yの立体構造が変化してzに結合するようになる。

(3) A−Y複合体がzに結合すると，RNAポリメラーゼによる転写が促進される。

(4) Yは不活性型のアクティベーター(活性化因子)であり，Aが結合すると活性型のアクティベーターとして転写の活性化に働く。

問5 物質Aがあるにもかかわらずタンパク質−DNA複合体が生じない，つまり変異タンパク質Y-1が領域zに結合しないことから，Y-1が失った機能については2つの可能性が考えられる。1つは物質Aとの結合部位に変異が起きたためにAと結合できなくなったという可能性であり，もう1つは領域zとの結合部位に変異が起きたためにAと結合した状態でもzに結合できなくなったという可能性である。

問6　物質Aがあってもなくても遺伝子xが発現することから，Aと結合していても結合していなくても変異タンパク質 Y-2 が領域zに結合していると考えられる。そして，問題文にAの分子量が無視できるほど小さく，Y-2 とYの分子量が同じとあることから，Aの－と＋の両方で，タンパク質－DNA 複合体の位置にバンドが生じると考えられる。

問7　問4の解説で示した **Point** の内容を扱っている。

①，②　**Point** (2) ⟶ AはYに結合して立体構造を変化させる。
∴　①＝×，②＝○

③　細菌に核はない。　∴　×

④　**Point** (4) ⟶ Aと結合した状態のYは活性型のアクティベーターとして働く。　∴　×

⑤　Yはオペレーターであるzの塩基配列を認識して結合する。　∴　○

⑥，⑦　**Point** (3) ⟶ RNA ポリメラーゼによる転写が促進される。
∴　⑥＝○，⑦＝×

標問 38 遺伝子組換え(1)

答

問1　基質特異性　　問2　④　　問3　②，⑥，⑨

問4　ヒートショック　（7字）

問5　(a)－Ⅳ　(b)－Ⅲ　(c)－Ⅱ　(d)－Ⅴ

問6　(1)　(ウ)

(2)　GFP遺伝子が転写の逆方向に組み込まれたために，発現しなかった。(32字)

精講　本題のテーマ

■遺伝子組換えと遺伝子導入

ある生物の特定の遺伝子を別のDNAに組み込む操作を**遺伝子組換え**といい，ある生物に特定の遺伝子を導入して発現させる操作を**遺伝子導入**という。

制限酵素：DNAの特定の塩基配列を認識して切断する酵素。本来は，細胞内に侵入する外来DNAを切断して細胞を守る働きをする。制限酵素にはさまざまな種類があり，種類によって切断する部位の塩基配列が異なる。以下に代表的な制限酵素とその認識配列および切断部位を示す。

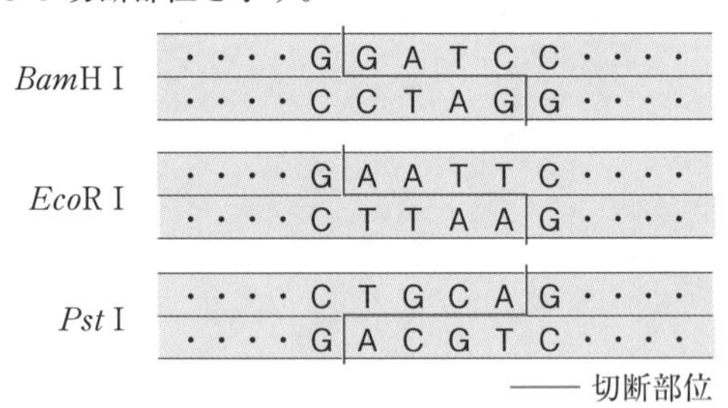

DNAリガーゼ：リガーゼともいい，切断されたDNAを連結する酵素。本来は，DNAの複製や修復に働く。

ベクター：宿主細胞内で自己複製できる運び屋としてのDNAで，プラスミドやウイルスDNAが用いられる。

■ブルーホワイトセレクション(青白選択)

IPTGとX-galを含むアンピシリン培地において，**白色のコロニーを形成したものを標的遺伝子が実際に組み込まれた大腸菌として，青色のコロニーを形成したものを標的遺伝子が組み込まれなかった大腸菌として選別する。ただし，本題のように単一の制限酵素を用いた場合などには，白色のコロニーを形成したとしても，標的遺伝子が転写と同じ方向に組み込まれて正常に発現する大腸菌の場合と，逆の方向に組み込まれて正常に発現しない大腸菌の場合があることに注意を要する。**

■大腸菌によるヒトインスリン合成

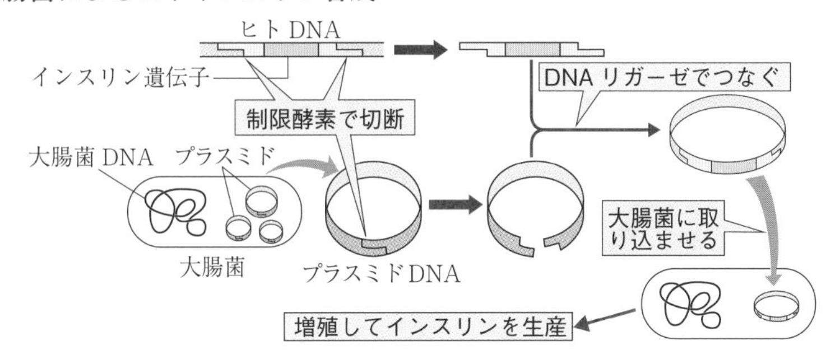

［注意］　インスリン遺伝子はmRNAを逆転写することによって合成されたcDNAである。⬅ **標問42の精講**

標問 38 の 解説

問2　*Amp*^{r}（アンピシリン耐性遺伝子）は抗生物質のアンピシリンを分解する酵素であるβ-ラクタマーゼの遺伝子である。問われることも少なくはないので，これを機に覚えておくとよい。

問3　IPTGと結合する調節タンパク質はリプレッサーで，リプレッサーはオペレーターという特定の塩基配列に結合する(⑨)ことで，RNAポリメラーゼが支配下の遺伝子(群)を転写するのを抑制する(②・⑥)。

問4　42℃の恒温槽に約1分間浸して加熱する操作をヒートショックといい，これによって大腸菌の細胞膜に穴が開き，そこからプラスミドが細胞内に取り込まれる。

問5　(1) IPTGがあると，P_L（ラクトースオペロンのプロモーター）からの転写がOnになること，および(2) *lacZ*の産物であるβ-ガラクトシダーゼとX-galがあると青色のコロニーになることに注意して，次の手順で考えるとよい。

Point
(1)　IPTGあり ⟹ P_Lからの転写On
(2)　β-ガラクトシダーゼ& X-galあり ⟹ 青色コロニー

〈1〉　実験1～3が操作ミスなく行われた場合，次の4種類の大腸菌が存在する。

大腸菌①：GFP遺伝子が転写の順方向に組み込まれたプラスミドを取り込んだもの。緑色蛍光が観察され，*lacZ*が破壊されるので白いコロニーを形成する(表1のタイプ1)。

大腸菌②：GFP遺伝子が転写の逆方向に組み込まれたプラスミドを取り込んだもの。緑色蛍光は観察されず，*lacZ*が破壊されるので白いコロニーを形成する(表1のタイプ2)。

大腸菌③：GFP遺伝子が組み込まれなかったプラスミドを取り込んだもの。

緑色蛍光は観察されず，*lacZ* が破壊されないので青いコロニーを形成する（表1のタイプ3）。

大腸菌④：プラスミドを取り込まず，形質転換しなかったもの。培地にアンピシリンがあると死滅し，コロニーを形成しない。

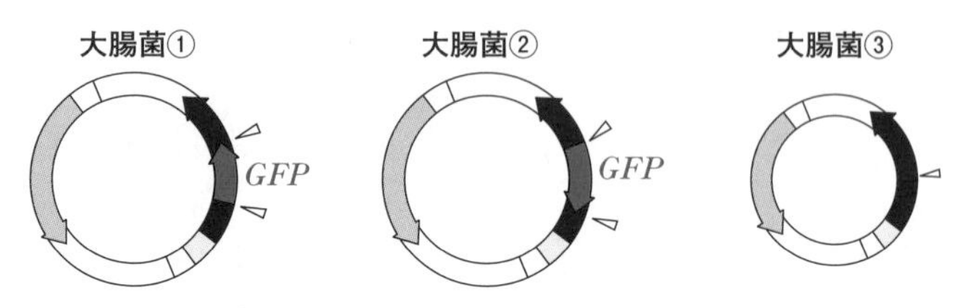

〔各大腸菌に取り込まれるプラスミド〕

〈2〉 (a) アンピシリンがないので，**大腸菌**①〜④のすべてがコロニーを形成する。∴ Ⅳ

(b) **大腸菌**①〜③がコロニーを形成する。IPTG がないのでオペレーターからリプレッサーが外れず，転写が起こらない。このため，GFP 遺伝子の組み込みの有無にかかわらず β-ガラクトシダーゼも GFP も産生されないので，白いコロニーとなり，緑色蛍光は観察されない。∴ Ⅲ

(c) **大腸菌**①〜③がコロニーを形成する。X-gal がないのですべて白いコロニーになるが，**大腸菌**①のコロニーでは緑色蛍光が観察される。∴ Ⅱ

(d) どこにも説明はないが，形質転換溶液とは塩化カルシウム($CaCl_2$)を含む溶液で，Ca^{2+} が大腸菌の細胞膜の透過性を高めることでプラスミドを取り込みやすくさせる。したがって，この形質転換溶液がないので，形質転換が起こらない，つまり大腸菌がプラスミドを取り込まないと考えればよい。すべてが大腸菌④なので，コロニーは皆無となる。∴ Ⅴ

問6 (1) タイプ 3 ＝**大腸菌**③のプラスミドには GFP 遺伝子が組み込まれていないので，*Eco*RI が 1 箇所を切断して 1 つの DNA 断片が得られる。∴ (ウ)

(2) タイプ 1 ＝**大腸菌**①と，タイプ 2 ＝**大腸菌**②のプラスミドには，順方向か逆方向かの違いはあるが，GFP 遺伝子が組み込まれているので，*Eco*RI が 2 箇所を切断し，GFP 遺伝子とその他の部分の，全く同じ 2 つの DNA 断片が得られる。

標問 39 遺伝子組換え(2)

答

問1　DNAリガーゼが連結する1本鎖の塩基配列に相補性がある。(28字)
〔別解〕 制限酵素が切断して1本鎖にする部分の塩基対配列が同じである。(30字)

問2　①　2本　②　2本　③　2本

問3　①　500塩基対，3500塩基対　②　500塩基対，4500塩基対
③　1500塩基対，3500塩基対

問4　(1)　本来の開始コドンより上流に生じた新たな開始コドンの位置から翻訳が開始される。(38字)
(2)　新たに生じる開始コドンや終止コドンの位置によって，長くもしくは短くなる。(36字)
(3)　一部のアミノ酸が変わる，もしくはフレームシフトにより全く異なるものになる。(37字)

問5　精細胞を作る花粉は葉緑体をもたない。(18字)

精講 本題のテーマ

■制限酵素の認識部位とDNAリガーゼの連結条件

(1)　**制限酵素の認識部位**

4～8塩基対の回文構造(例えば，たけやぶやけた)になっている場合が多い。本題の制限酵素Aの認識部位は，上を左から右(5′ → 3′)に読んでも，下を右から左(5′ → 3′)に読んでもGGATCCになっている(**標問38**の精講を参照)。

(2)　**DNAリガーゼの連結条件**

切断面の1本鎖部分(突出末端)の塩基の相補性を認識して連結する。したがって，切断面の相補性さえあれば，異なる制限酵素で切断したものも連結可能であり，本題の制限酵素AとBの切断面がその例である。

■プロモーターと遺伝子の向き

プラスミドに連結された遺伝子の向きが転写開始に必要なプロモーターの向きと同じになっている場合にのみ，目的のタンパク質(遺伝子産物)が得られる。

標問 39 の解説

問1　制限酵素AとBが認識して切断する部位をそれぞれ A|A と B|B のように示すものとし，制限酵素AとBで切断した後に，生じたDNA断片をDNAリガーゼによって連結させるものとする。すると，**DNAリガーゼは切断面の1本鎖の塩基配列に相補性さえあれば連結するので，**ⓘとⓘⓘの連結によって制限酵素Aが認識する A|A もⓘⓘⓘとⓘⓥの連結によってBが認識する B|B も生じるが，その他にⓘ

と ⅳ の連結および ⅲ と ⅱ の連結によってAもBも認識しない **A | B** と **B | A** が新たに生じることに注意してほしい。

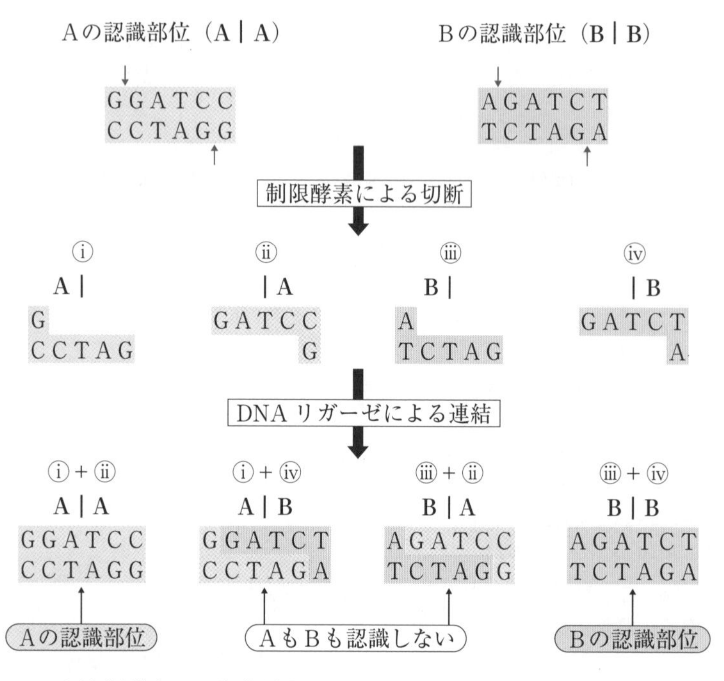

問2，3　図と解説文では塩基対を bp，プロモーターを p として示す。

① **遺伝子 *Z* が挿入されず，自己連結して元に戻ったプラスミド**

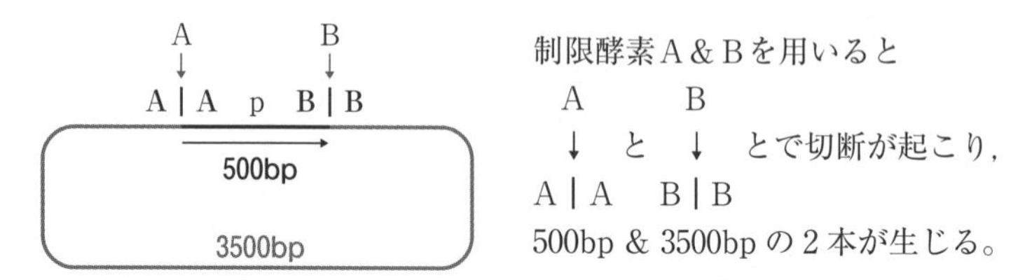

② **遺伝子 *Z* の転写方向が，プロモーターの向きと逆の向きに入ったプラスミド**

図2から，制限酵素で切り出した1000bp の遺伝子 *Z* の先端側は B | で基部側が | A になる，つまり | A ——→ B | になっていることに注意する。

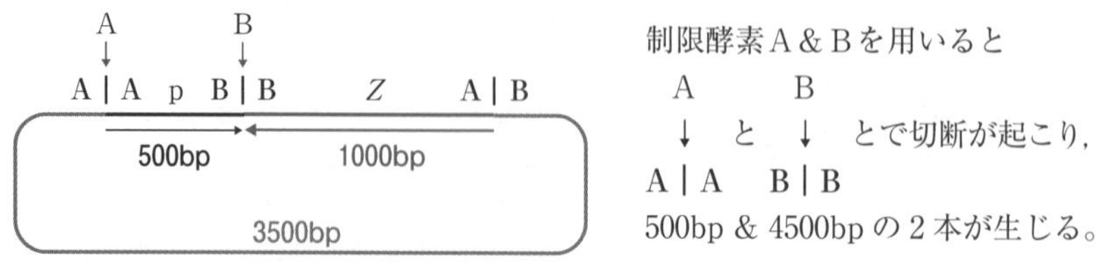

③　**遺伝子 Z の転写方向が，プロモーターの向きと同じ向きに入ったプラスミド**

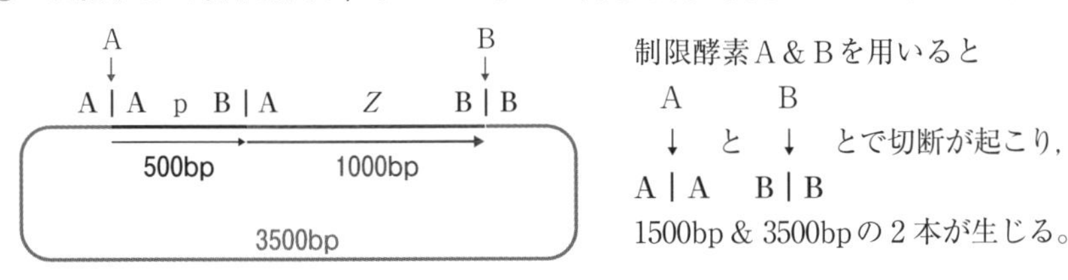

問４　葉緑体DNAの「RNA編集」では，DNAの非鋳型鎖(転写の際に鋳型とはならない方の鎖)ではCであるが，翻訳に用いられるmRNAではUになる。

〈１〉　新たな開始暗号の出現について

　　　　　　┌キャップ　　　　　　　　　　┌本来の開始暗号
非鋳型鎖　mG ……………… ACG ……………… ATG ………
　　　　　　　　　　　　　　⬇
mRNA　　mG ……………… AUG ……………… AUG ………
　　　　　　　　　　　　　└新たに生じる開始暗号

上流に生じた新たな開始暗号から翻訳が開始されるが，何塩基上流かによって次の２通りのことが起こりうる。

	塩基数		フレームシフト		アミノ酸配列		長さ
①	$3n$	⟶	なし	⟶	アミノ酸の追加	⟶	長くなる
②	$\neq 3n$	⟶	あり	⟶	全く異なるものに	⟶	短くor長くなる

〈２〉　途中でのアミノ酸の置換について

非鋳型鎖　……………… CAT(His) ………………
　　　　　　　　　　⬇　　　　　　　　　　➡アミノ酸の置換
mRNA　　……………… UAU(Tyr) ………………

〈３〉　新たな終止暗号の出現について

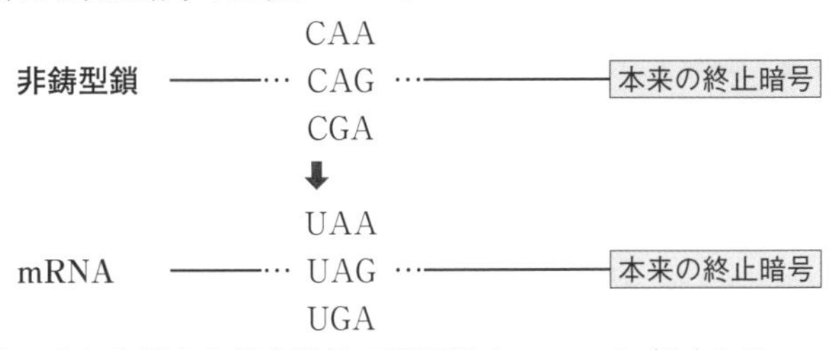

上流に生じた新たな終止暗号で翻訳停止　➡ 短くなる

(1)の翻訳開始については「上流から始まる」可能性を示せばよいだけだが，(2)のペプチドの長さにつては「新たに生じる開始コドンや終止コドンの位置によって長くなることも短くなることもある」可能性を示す必要があり，(3)のアミノ酸配列についても「置換によるアミノ酸の変化だけでなく，**フレームシフトにより全く異なる配列へ変化する**」可能性も示す必要がある。

問５　雄性配偶子の精細胞を作る花粉には葉緑体は存在しない。なお解答の際には，「花粉」を主語にすることを忘れないように。

標問 40 真核生物の遺伝子発現とその調節(1)

答

問1 (1) 脂溶性のステロイドホルモンなので，(リン)脂質二重層からなる細胞膜を通過できる。〈36字(38字)〉

(2) ②，⑤　(3) ⑤

問2 (1) ①の挿入部位で翻訳が終了するので，挿入部位より後のアミノ酸配列がすべて失われる。このため，挿入部位およびそれより下流の領域が関わる能力が認められなくなる。(77字)

(2) ②の挿入部位に4アミノ酸の挿入，もしくは2アミノ酸の変化と3アミノ酸の挿入が起こるが，その他の部位のアミノ酸配列は変化しない。このため，挿入部位が関わる能力のみが認められなくなる。(90字)

問3 標的遺伝子の転写促進には，受容体タンパク質と転写調節配列との結合が必要不可欠である。(42字)

問4 ケウコ

問5 ウに①を挿入すると，ケウコにある転写調節配列との結合領域とその下流のサエシにあるホルモンとの結合領域の能力が認められなくなる。そして，キイクにある転写の促進領域はケウコの上流にあるが，受容体タンパク質が転写調節配列と結合するという条件が満たされていないので，この領域の能力も認められなくなる。(146字)

問6 促進－A　抑制－G

問7 糖尿病発症のしくみをプロモーターのメチル化される場所の違いに基づいて解析するためには，DNAの配列を全く同じ条件にして，DNAの配列の違いによる影響をなくす必要がある。(84字)

精講 本題のテーマ

■用語

基本転写因子：真核生物の遺伝子の転写開始に際してRNAポリメラーゼ以外に必要なタンパク質群の総称で，RNAポリメラーゼとともに転写開始複合体を形成する。

転写調節領域：特定遺伝子の転写の開始と速度を調節するために必要なDNA領域。

- **プロモーター**：転写開始複合体が形成されるDNA領域。
- **調節配列**：調節タンパク質(転写調節因子)が結合するDNA領域で，アクティベーター(活性化因子)が結合するエンハンサーとリプレッサー(抑制因子)が結合するサイレンサーとがある。

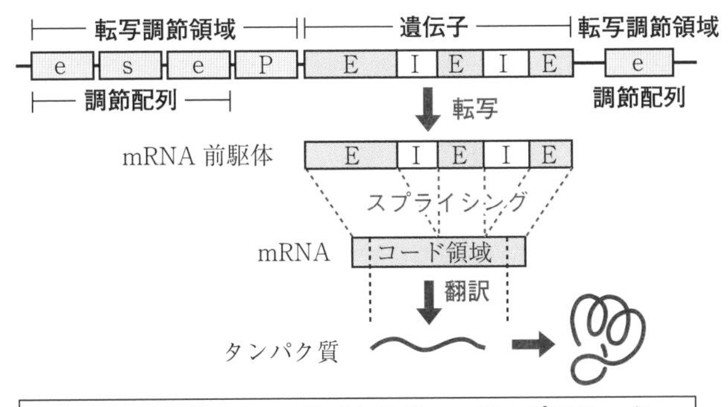

〔図1 典型的な遺伝子の構造とタンパク質生成〕

■真核生物の転写の調節

原核生物のRNAポリメラーゼは単独でプロモーターを認識して結合し，正しい位置から転写を開始できる。これに対して，真核生物のRNAポリメラーゼは単独ではこれができず，プロモーターを認識して結合した基本転写因子と**転写開始複合体**を形成する形でプロモーターに結合する。そして，さまざまな調節タンパク質(転写調節因子)が遺伝子の上流や下流にあるそれぞれの調節配列(転写調節配列)に結合すると，DNAが曲がって遠く離れた位置にある転写開始複合体にも作用できるようになり，これらの調節タンパク質と調節配列の働きが統合されて転写の速度が調節される。

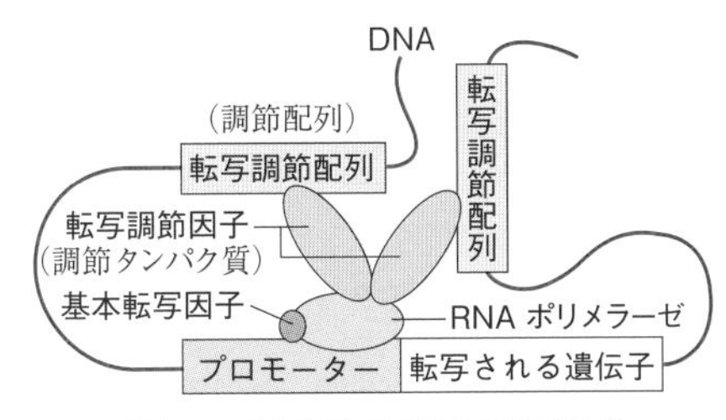

〔図 2 転写調節因子の相互作用〕

■ DNAのメチル化

DNAの配列の中のCGジヌクレオチド配列(CpG)部位のCに起こるメチル化を主にDNAのメチル化という。プロモーターに存在するCGジヌクレオチド配列でメチル化が起こると，プロモーターに結合すべき調節タンパク質が結合できなくなることで，転写が抑制されたり促進されたりする。このメチル化パターンはDNAの複製の際に娘細胞に受け継がれるため，塩基配列は変化しないままで，変化した表現型が受け継がれることになり，この現象を**エピジェネティック変化**という。例として，機能する遺伝子が母方由来か父方由来かで発現のしかたが異なるゲノム刷り込みや，哺乳類の雌の片方のX染色体が不活性化されるライオニゼーションがあり，後者にはDNAのメチル化とともにヒストンのメチル化なども関わる。

標問 40 の解説

問1 (2) 細胞膜を通過できるのは，ステロイドである副腎皮質ホルモンと生殖腺ホルモン，およびヨウ素を含む一種のアミノ酸であるチロキシンである。

(3) ①の小人症が成長ホルモンの欠乏，②の尿崩症がバソプレシンの欠乏，③のクレチン病がチロキシンの欠乏，④のバセドウ病がチロキシンの過多である。これらのことを知っていれば，副腎皮質ホルモンの欠乏症を知らなくても，消去法で⑤のアジソン病を選ぶことができる。なお，アジソン病では疲労感，筋力低下，体重減少などの症状がでる。

問2 まず，出題者がわざわざ終止コドンはUAG，UAAおよびUGAと示していることと，①のTTAATTAATTAAにTAAが含まれることとの関連性に気づけるかどうかがポイント。気づくことができれば，終止コドンUAAが非鋳型鎖(センス鎖)ではTAAなので，示された塩基配列が非鋳型鎖であるとわかる。

(1) **① TTAATTAATTAA が挿入された場合**

もともと | 1 2 3 | 4 5 6 | 7 8 9 | という3つのフレームの塩基配列があるものとすると，

1 2 3	TTA	ATT	AAT	TAA	4 5 6	7 8 9
1 2 3	4 TT	AAT	TAA	TTA	A 5 6	7 8 9
1 2 3	4 5 T	TAA	TTA	ATT	AA 6	7 8 9

となり，①の挿入部位で翻訳が必ず終了するので，その後のアミノ酸配列がすべて失われる。このため，挿入部位およびそれより下流の領域が関わる能力が認められなくなると考えられる。

(2) **② CCGGCCGGCCGG が挿入された場合**

もともと | 1 2 3 | 4 5 6 | 7 8 9 | という3つのフレームの塩基配列があるものとすると，

1 2 3	CCG	GCC	GGC	CGG	4 5 6	7 8 9
1 2 3	4 CC	GGC	CGG	CCG	G 5 6	7 8 9
1 2 3	4 5 C	CGG	CCG	GCC	GG 6	7 8 9

となり，②の挿入部位に4アミノ酸の挿入もしくは2アミノ酸の変化と3アミノ酸の挿入が起こるが，終止コドンが生じることがない上に，その他の部位にフレームシフトが起こることもないので，挿入部位以外のアミノ酸配列が変化しない。このため②の挿入部位が関わる能力のみが認められなくなると考えられる。

問3 ②の実験結果をみると，受容体タンパク質がホルモンと結合していなくても転写を促進する(サ&シ)が，転写調節配列と結合しなければ転写を促進しない(ケ&コ)とわかる。このことから，標的遺伝子の転写を促進するためには受容体タンパク質が転写調節配列と結合する必要があると考えられる。

問4 3つの領域の位置をスムーズに解析できるかどうかは，①の結果ではなく，②の結果に注目できたかどうかで決まる。先に①の結果に注目してしまうと，オより上流に3つの領域があること，およびエより上流に転写調節配列との結合領域と転写の促進領域があることしか解析できない上に，アもイもウも「3つの能力がすべて－」という結果に頭が混乱してしまう可能性が高い。

②の結果に注目すると，既に②の挿入部位が関わる能力のみが認められなくなる(**解説**の問2(2))とわかっている。よって，転写の促進だけが－なのがキとクだけなので転写の促進領域がキイクに位置し，転写調節配列との結合が－なのがケとコだけなので転写調節配列との結合領域がケウコに位置し，そしてホルモンとの結合が－なのがサとシだけなのでホルモンとの結合領域がサエシに位置するとスムーズに解析できる。なお，ケとコで転写の促進も－になっているのは問3の**解説**で示した理由からである。

問5　①のウでは3つの能力がすべて－になっている。**解説**の問2(1)から，①が挿入されたウが関わる転写調節配列との結合と下流のエが関わるホルモンとの結合が－になるのは直ぐに理解できるはずである。しかし，ウの上流にあってアミノ酸配列が失われていないイが関わる転写の促進まで－になっていることについては少し戸惑うかもしれないが，これもやはり問3の解説で示した理由から，つまり受容体タンパク質が転写調節配列と結合するという条件が満たされていないからである。

問6　次の手順で考えるとよい。

〈1〉　結合部位にCのメチル化が起こると結合できなくなるので，転写調節タンパク質はその働きを示すことができなくなる。つまり，転写を促進するものは促進できなくなり，抑制するものは抑制できなくなる。

〈2〉　糖尿病発症群では，mRNAの発現量が健康群よりも非常に高いことから，転写を促進する調節タンパク質の働きはより強められ，転写を抑制する調節タンパク質の働きはより弱められていると考えられる。つまり，促進するものの結合部位のメチル化率はより低く，抑制するものの結合部位のメチル化率はより高くなっていると考えられる。

〈3〉　図3より，健常群よりメチル化率が低くなっているのはS5なので，S5周囲のACGAなどを含む表2上から1段目の配列を結合配列とするAが転写を促進する調節タンパク質であると考えられる。また，健常群よりメチル化率が高くなっているのはS4なので，S4周囲のCCGGを含む下から2段目の配列を結合配列とするGが転写を抑制する調節タンパク質であると考えられる。

問7　この実験の目的は「遺伝子Xのプロモーターにおける DNA のメチル化パターンと糖尿病発症との関連を明らかにする」ことなので，**DNA の配列の違いによる影響を排除した上で実験する必要がある。**一卵性双生児は完全に同一の DNA 配列をもつが，DNA のメチル化パターンには多くの違いが見られるため，この実験だけでなく，他のエピジェネティック変化を調べる際にも解析対象とされる。

標問 41 真核生物の遺伝子発現とその調節(2)

答

問1 (1) ^{32}P 標識DNA断片に結合しているのは抗A抗体と調節タンパク質Aと調節タンパク質Bの複合体なので，増加した抗A抗体の分子量の分だけバンドWより移動距離が小さい位置にバンドが観察される。

(2) 調節タンパク質Dはプロモーターにも調節タンパク質Aにも調節タンパク質Bにも結合しないので，抗D抗体が調節タンパク質Dに結合してもバンドの形成位置に変化はなく，バンドWが観察される。

問2 ①，⑤

精講 重要事項の整理

■レポーター遺伝子とレポーター(遺伝子)アッセイ

目的とする遺伝子のプロモーターの下流に連結し，融合遺伝子の産物の活性を測定することで，目的とする遺伝子の発現の有無や発現の強さを定量する方法をレポーター(遺伝子)アッセイといい，連結させる遺伝子をレポーター遺伝子という。そして，融合遺伝子の産物をレポーターという。レポーター遺伝子としてはGFP(緑色蛍光タンパク質)の遺伝子，**ルシフェラーゼ**(ホタルの発光反応を触媒する酵素)の遺伝子，CAT(クロラムフェニコールアセチル転移酵素)の遺伝子などがあり，**目的とする遺伝子の転写調節配列や調節タンパク質を調べるのによく用いられる。**

標問 41 の解説

扱われている内容の流れに沿って，問2を先に解説する。

問2 次の手順で考えるとよい。

〈1〉 実験1について

図1を見ると，調節タンパク質がAとBだけの場合にXレポーター遺伝子の転写量が最大値の5となることから，遺伝子Xの活性化に調節タンパク質Cは必要ないとわかる。∴ ①＝×

さらにCも加わると転写量が2に減少することからCは転写を抑制すると考えられ，問題主文に「Cはプロモーターには結合しない」とあることから，CはAとBが複合体を形成するのを阻害する，あるいはAとBの複合体がプロモーターに結合するのを阻害すると考えられる。∴ ②＝○

説明文の最後に，ルシフェラーゼをレポーターとするルシフェラーゼ(遺伝子)アッセイでは「細胞を破砕することなく生物発光を経時的に測定できる」とある。∴ ④＝○

〈2〉 実験2について

培養細胞に調節タンパク質AとBの遺伝子を導入すると遺伝子Xの mRNA 量が上昇し，翻訳阻害剤を添加した後も mRNA 量が上昇し続けたことから，AとBの複合体は調節タンパク質Cのみならず他の調節タンパク質も必要とせずにXの転写を活性化する可能性が高いと考えられる。

培養細胞に調節タンパク質Dの遺伝子のみを導入してもXの mRNA 量が上昇するが，問題主文に「Dはプロモーターに結合しない」とあることから，DによるXの転写の活性化には培養細胞自体で合成されている別の調節タンパク質が必要であると考えられる。このことは翻訳阻害剤を添加した後は mRNA 量が上昇しなくなることからも裏づけられる。∴ ③＝○

〈3〉 実験3について

^{32}P 標識 DNA 断片と非標識 DNA 断片の塩基配列は同一なので，両者の間に調節タンパク質との結合力の差異はないと考えられる。∴ ⑤＝×

非標識 DNA 断片を大過剰に加えると，調節タンパク質 AB 複合体のほぼすべてが非標識 DNA 断片に結合してしまう。しかし，図2は ^{32}P で DNA 断片を標識し，その放射線をオートラジオグラフィーという手法で可視化したものなので，AB 複合体と結合した非標識 DNA 断片はバンドWの位置に存在してはいるのだがバンドとしては可視化されず，AB 複合体と結合しなかった極多量の単独非標識 DNA 断片も一番下のバンドの位置に存在してはいるのだがバンドとしては可視化されないだけである。 ∴ ⑥＝○

問1 (1) レーンO 問題文に「抗体が調節タンパク質に結合しても，調節タンパク質の DNA への結合は阻害されない」とあるので，抗A抗体が調節タンパク質 AB 複合体のAに結合した状態で ^{32}P 標識 DNA 断片に結合している。このため，AB 複合体と結合した ^{32}P 標識 DNA 断片より抗A抗体の分だけ分子量が大きくなるので，バンドWより少し移動距離が小さい位置(図では上側)にバンドが生じると考えられる。

(2) レーンP 調節タンパク質Dはプロモーターにも調節タンパク質AにもBにも結合しないので，抗D抗体がDに結合しても生じるバンドの位置には全く影響しない。したがって，AB 複合体と結合した ^{32}P 標識 DNA 断片によるバンドWが生じる。

標問 42 RNAウイルスと逆転写

答

問1　ア－逆転写酵素　イ－エキソン　ウ－イントロン
　エ－スプライシング　オ－小胞体　カ－ゴルジ体
問2　セントラルドグマ　　問3　ゲノム
問4　(1)　チミン
　(2)　ウイルス粒子が膜に囲まれた状態の逆転写酵素とRNAを保有している。(33字)
問5　制限酵素　　問6　(e)　真核生物　　(f)　原核生物
問7　S－S結合(ジスルフィド結合)
問8　RNA腫瘍ウイルスは合成したDNAを核膜孔から核内に運び込むことができないので，分裂期の核膜消失を利用する。これに対して，HIVは合成したDNAを核膜孔から直接核内に運び込むことができる。(94字)

精講　重要事項の整理

■ゲノム

ある生物のすべての遺伝情報を含む塩基配列の1セット。

■セントラルドグマ(クリック，1958年)

遺伝情報が DNA ⟶ RNA ⟶ タンパク質 の一方向に流れるという生物則。

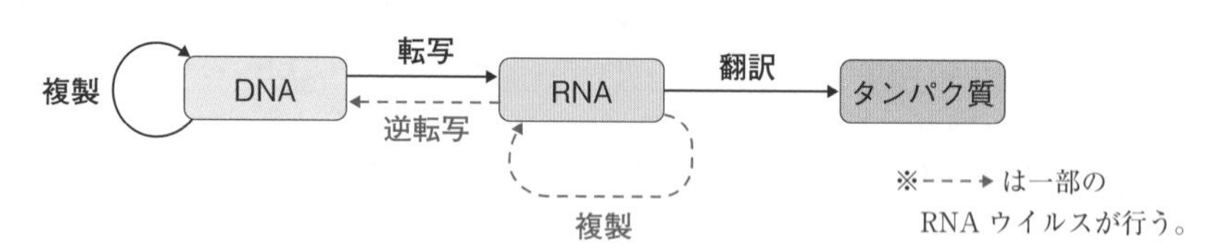

セントラルドグマの提唱後，RNAをゲノムとするRNAウイルスによるRNAの複製やRNAからDNAへの逆転写が見つかった。

■レトロウイルス

RNAをゲノムとしてもち，感染細胞(宿主細胞)内で逆転写酵素によって逆転写を行うウイルス。エイズの原因となるHIV（ヒト免疫不全ウイルス)もこのレトロウイ

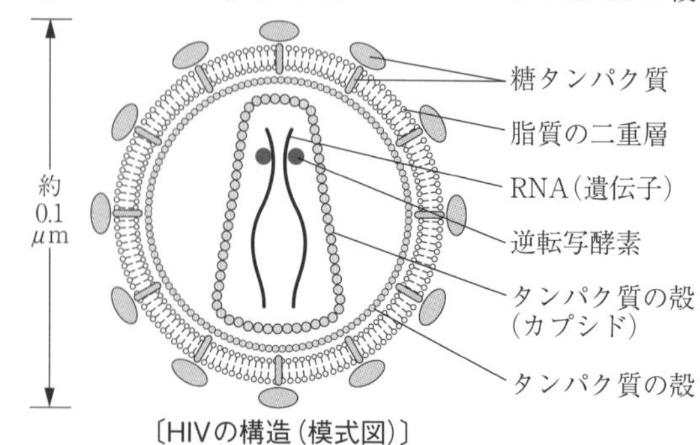

〔HIVの構造(模式図)〕

ルスで，RNA から逆転写した DNA を宿主細胞の DNA に組み込む。

DNA に組み込まれた遺伝情報は宿主細胞の中で RNA に転写され，タンパク質に翻訳されるので，レトロウイルスは**ベクター**としても用いられる(レトロウイルスベクター)。

■逆転写酵素と cDNA（complementary DNA，相補的 DNA）

原核生物にはスプライシングのシステムがないため，大腸菌にインスリンなどのヒトタンパク質を合成させるためには，核内にあるインスリンの遺伝子(DNA)ではなく，スプライシング後の mRNA（成熟 mRNA)に相補的な DNA，つまり cDNA を導入する必要がある。なお，cDNA は mRNA に相補的な DNA の 1 本鎖(鋳型鎖)を指す場合も，さらにこの鋳型鎖から DNA ポリメラーゼによって合成された 2 本鎖(鋳型鎖＋非鋳型鎖)を指す場合もある。

成熟 mRNA から cDNA を作成する方法を以下に示す。

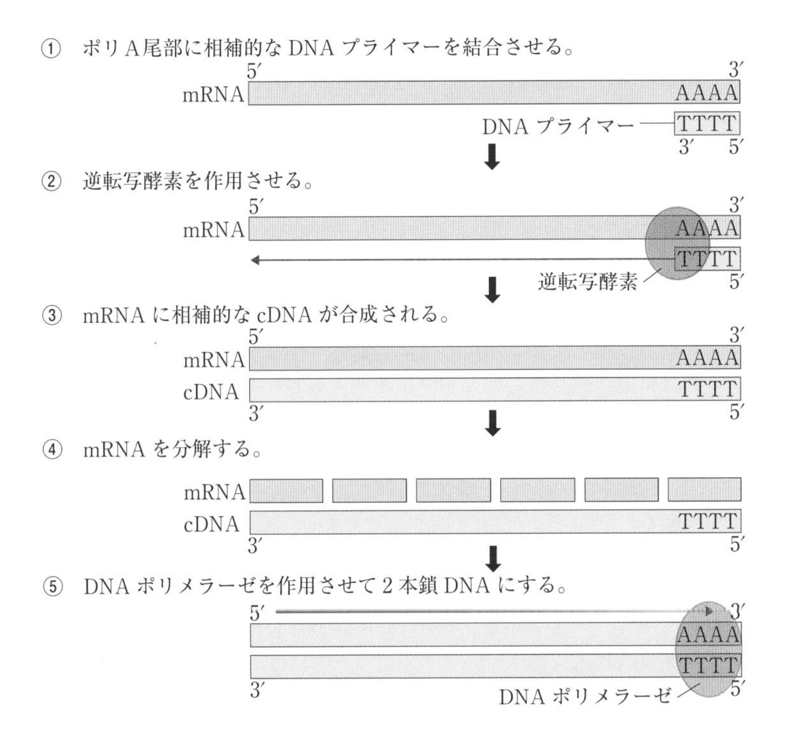

標問 42 の解説

問1，7　オ，カ．インスリンなどの分泌タンパク質や Na ポンプなどの膜タンパク質などは，粗面小胞体を構成するリボソームで合成されたポリペプチド鎖が小胞体(オ)やゴルジ体(カ)の中で，それぞれに特有なさまざまな酵素の働きによって，複数の断片に切断されたり，S-S結合(問7)によって立体構造を構築されたり，リン酸化されたり，糖や脂質を付加されたりするなどのかたちでさまざまな修飾を受ける。

問2，3　精講を参照。

問4　(1)　DNAとRNAの構成塩基の唯一の違いは，チミン(T)とウラシル(U)である。

Point
DNAのラベル ――→ ^{3}H-チミジン(T＋dR)
RNAのラベル ――→ ^{3}H-ウリジン(U＋ R)
※ dR：デオキシリボース，R：リボース

(2)　界面活性剤は，台所の食器洗い用の合成洗剤を思い出せばわかるように，脂質を溶かす作用が非常に強く，さらにタンパク質を変性させる作用ももつ。このことを知らなくても，問題p.86の下から2～1行目に「界面活性剤によって膜を破壊し,細胞小器官内部や膜に埋め込まれたタンパク質を回収し」とあることから，少なくとも**界面活性剤が(生体)膜，つまり脂質二重層(脂質二重膜)を破壊する作用をもつことがわかるはず。**

完全な反応液から界面活性剤を除くと，逆転写酵素がRNAからDNAを逆転写しなくなる(図1)ことから，**ウイルス粒子はRNAと逆転写酵素を脂質二重層で囲った状態で保持していると考えられる。**

なお，実際には，RNAと逆転写酵素は脂質二重層だけではなくタンパク質の膜(カプシド)にも囲まれている(精講のHIVの図を参照)が，出題者のヒントの出し方からして，タンパク質の膜については触れる必要はない。

問5　特定の塩基配列を認識して切断するのは**制限酵素**である。

問6　核が存在する真核細胞からなるのが**真核生物**で，存在しない原核細胞からなるのが**原核生物**である。

問7　硫黄(S)を含む2つのシステイン(Cys)間で，SH基のHが失われて生じるSどうしの結合を**S-S結合(ジスルフィド結合)**という。タンパク質の三次構造を形づくる結合の1つである。

問8　次の手順で考えるとよい。

〈1〉　問題文にウイルスDNAが細胞DNAに組み込まれるメカニズムは両者とも同じとあることから，ウイルスDNAが核の中に入った後は同じで，**核の中に入るまでが異なると考えられる。**

〈2〉　RNA腫瘍ウイルスは増殖中の細胞にしか感染しないとあり，用いるべき語群の中に「分裂・核膜・消失」の3語があることから，「感染には分裂期の核膜消失」が不可欠であると考えられ，さらに**RNA腫瘍ウイルスはウイルスDNAを核膜孔から核内に運び込むことができないと考えられる。**

〈3〉　HIVは増殖していない細胞にも感染するとあることから，感染に分裂期の核膜消失は不要であると考えられ，さらに**HIVはウイルスDNAを核膜孔から核内に運び込むことができると考えられる。**

第5章 生殖と発生

標問 43 動物の生殖

答

問1 (1) 有利な点：環境さえ整えば1個体で生殖することができるので，増殖効率が(非常に)高い。〈32字(35字)〉

不利な点：集団の遺伝子型構成が単一であり，環境の変化に対する適応度が(非常に)低い。〈32字(35字)〉

(2) 有利な点：集団の遺伝子型構成が非常に多様であり，環境の変化に対する適応度が(非常に)高い。〈35字(38字)〉

不利な点：異性の探索や求愛などに多大なエネルギーと時間を要するので，増殖効率が(非常に)低い。〈37字(40字)〉

問2 卵の数：1つ　　時期：受精後の減数分裂第二分裂終了時

問3 選択的遺伝子発現によって，細胞が特定の形態と機能をもつようになること。(35字)

問4 (1) 46・2n　(2) 23・n　(3) 23・n
(4) 46・2n　(5) 23・n

問5 ①

問6 (1) 実験5から，受精後12日目の雌の生殖細胞は雄の生殖腺からの働きかけに反応することなく減数分裂を起こすとわかる。したがって，受精後13日目の雌の生殖細胞も12日目の生殖細胞と同様に減数分裂を起こすと予想される。(101字)

〔別解〕 受精後12日目には生殖細胞の発生にも雌雄差が現れ，雌の生殖細胞は減数分裂を起こすが，雄の生殖細胞は体細胞分裂の G_1 期で停止する。したがって，受精後13日目の雌の生殖細胞も受精後12日目の雌の生殖細胞と同様に減数分裂を起こすと予想される。(114字)

(2) 遺伝子Zは生殖腺の体細胞で発現して生殖腺を精巣に分化させるので，生殖細胞の遺伝子Zの働きをなくしても生殖腺の分化には全く影響しない。したがって，実験6と同様に G_1 期で停止すると予想される。(93字)

問7 最初の精子の進入直後に Na^+ の流入によって膜電位を負から正に逆転させ，その状態を1分間ほど維持する間に受精膜を形成する。(58字)

精講 重要事項の整理

■選択的遺伝子発現と細胞の分化

細胞の置かれた状況に応じて，遺伝子が選択されて発現することを**選択的遺伝子発現**という。多細胞生物の細胞はもともと1個の受精卵に由来するので，すべて同一の遺伝情報(ゲノム)をもっている。しかし，発生過程における選択的遺伝子発現によって，1個の受精卵からさまざまな形態と機能をもつ細胞に分化する。

■ヒトの配偶子形成

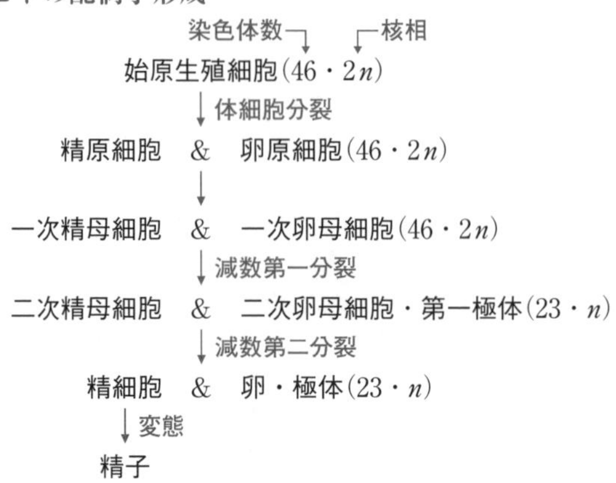

■*SRY*(性決定遺伝子，sex determining region Y)

哺乳類のY染色体上にあり，生殖巣を精巣に分化させる働きをもつ。この*SRY*が働かないと，生殖巣は卵巣に分化する。

■ウニの多精拒否

1個の精子が進入(侵入)すると，
直ぐに膜電位を負から正に逆転させて60秒間ほど保ち， ←—— 受精電位
その間の40秒後位に受精膜を完成させる ←—— 受精膜形成
ことで多精(受精)を拒否する。
⬇
多精受精による異常発生を未然に防ぐ。

受精電位の発生
0　40　60　(秒)
精子進入
受精膜完成

標問 43 の解説

問1　無性生殖は，環境さえ整えば1個体で生殖することができるので増殖効率は非常に高いが，体細胞分裂によるクローン集団(遺伝的に均一な集団)を形成するので，環境の変化によっては一気に全滅する可能性があり，**環境の変化に対する適応度は非常に低い**。これに対して有性生殖は，生殖周期の同調・異性の探索・求愛・交尾・子育てなどに多大なエネルギーと時間を必要とするので増殖効率は非常に低いが，減数分裂と接合によって極めて多様な遺伝子型をもつ個体からなる集団を形成するので，環境が変化しても生き残る可能性が高く，**環境の変化に対する適応度は非常に高い**。なお，「生殖周期の同調～子育てなど」の部分は，植物などの場合は「配偶子の形成と接合」などのように示すとよい。

問2　ヒトの場合，1つの一次卵母細胞は不均等な減数分裂によって1つの卵と3つの極体を生じる。また，第二極体が放出されるのは第二分裂終了時である。

問3　字数が少なければ「細胞が特定の形態と機能をもつようになる」ことだけを示せばよいが，40字以内なので，分化の原因となる**選択的遺伝子発現**について触れておくとよい。

> **Point**　**細胞の分化とは**
> (選択的遺伝子発現によって)独自の形態と機能をもつようになること。

問4　精講のヒトの配偶子形成を参照。

問5　相同染色体が対合するのは減数第一分裂前期(①)。

問6　下線部(b)と問6の問題文から次のことがわかる。

雄の場合は，まずY染色体上の遺伝子Z(精講で示した*SRY*)の働きによって生殖腺が精巣に分化し，次いで精巣内の始原生殖細胞が精原細胞となって体細胞分裂の G_1 期で停止する。これに対して雌の場合は，まず遺伝子Zの働きがないために生殖腺が卵巣に分化し，次いで卵巣内の始原生殖細胞が卵原細胞となって体細胞分裂により増殖した後に減数分裂を開始する。

実験1～6については，以下のように解析するとよい。

〈1〉　**実験1**と**実験2**から，受精後11日目の生殖腺から取り出した雌雄の生殖細胞にはまだ雌雄差が現れていない状態で，単独で培養すると減数分裂するとわかり，生殖腺からの働きかけがないと卵原細胞として発生すると考えられる。

〈2〉　(**実験1**と)**実験3**から，受精後11日目の雌雄差がまだない生殖細胞は雄の生殖腺からの働きかけを受けると，それに応答して精原細胞に分化するとわかる。

〈3〉　(**実験3**と)**実験5**の結果から，受精後12日目の雌の生殖腺から取り出した生殖細胞は雄の生殖腺からの働きかけを受けても応答しないとわかり，既に卵原細胞に分化していると考えられる。

〈4〉　〈2〉・〈3〉より，受精後11日目に生殖細胞を取り出してから12日目に生殖細胞を取り出すまでの間に，雌の生殖腺は遺伝子Zの働きがなかったので卵巣に分化し，次いで生殖細胞が卵原細胞に分化したと考えられる。

〈5〉　同様に，**実験2**と**4**と**6**の結果から，受精後11日目に生殖細胞を取り出してから12日目に生殖細胞を取り出すまでの間に，雄の生殖腺が遺伝子Zの働きによって精巣に分化し，次いで生殖細胞が精原細胞に分化したと考えられる。

(1)　**実験5**の結果を用いて解答すると本解のようになるが，**問6**問題文の4～6行目に示された内容を用いて解答すると〔**別解**〕のようになる。

(2)　**問6**問題文の2～3行目に「遺伝子Zは生殖腺の体細胞で発現して生殖腺を精巣に分化させる」とあることから，**遺伝子Zの働きを生殖細胞のみでなくしても，精巣の分化には何ら影響しないことに気づけばよい**。

> **Point**　Y上の*SRY*あり ——→ 精巣への分化 ——→ 精原細胞への分化
> Y上の*SRY*なし ——→ 卵巣への分化 ——→ 卵原細胞への分化

問7　精講のウニの多精拒否を参照。

標問 44 受精と減数分裂の再開

答

問1　第一極体

問2　アー亜鉛イオン　イー亜鉛イオン　ウー未受精卵
　エー細胞分裂しない

問3　(1)　亜鉛イオン吸収剤とカルシウムイオン吸収剤とを未受精卵に注入する(本)実験，および亜鉛イオン吸収剤と，カルシウムイオン吸収剤とカルシウムイオンを1：1で混ぜたものとを未受精卵に注入する対照実験を行う。
　(2)　前者では細胞分裂しないが，後者では細胞分裂するという実験結果が得られれば，仮説1が正しいと考えられる。

問4　受精しなくても，細胞分裂して，直径が卵の5分の1程度の細胞を放出する。

精講　重要事項の整理

■受精と減数分裂再開

ヒトやマウスでは，減数第二分裂中期の状態で二次卵母細胞が排卵される。受精すると，その刺激で減数分裂を再開し，第二極体を放出して第二分裂を完了する。そして卵核(雌性前核)と精核(雄性前核)が融合し，卵割を開始する。

■対照実験(コントロール)

本実験とただ1つだけ条件が異なる実験。本実験と対照実験の結果が違うことや同じことに基づいて，考察したり，新たな仮説を立てたりする。

なお，本章で実験考察について解説する際に用いる記号を説明しておく。

!! … 断言レベル(明確にわかる)
!? … 考察レベル(考えられる)
?? … 仮説レベル(可能性がある)

標問 44 の解説

第二分裂中期で停止していた減数分裂が受精すると減数分裂を再開するしくみにカルシウムイオンと亜鉛イオンがどのように関わっているかを，イオンと1：1で強固に結合するカルシウムイオン吸収剤と亜鉛イオン吸収剤を用いて調べるというのが本題のテーマである。

実験AとCで，受精時に細胞質基質のカルシウムイオン濃度が上昇した卵は減数分裂を再開して，つまり細胞分裂して第二極体を放出するが，カルシウムイオン吸収剤によってカルシウムイオン濃度が低く保たれた卵は細胞分裂しないことから，カルシウムイオン濃度の上昇は細胞分裂を引き起こすことに関わる要因の1つであると考えられる。

これに対して実験Bで，未受精卵から亜鉛イオン吸収剤によって亜鉛イオンを吸収すると，受精していないのに細胞分裂することから，亜鉛イオンの存在は受精するまで減数分裂を停止させておくことに関わる要因の１つであると考えられる。

問１　減数第二分裂中期の段階で存在するのは第一極体である。

問２　亜鉛イオンの吸収が細胞分裂を誘導したのであり，亜鉛イオン吸収剤の他の予期しない効果が原因ではないことを示すには，未受精卵の中を亜鉛イオン吸収剤は存在するが，亜鉛イオンが吸収されていない状態にすると細胞分裂しない(エ)ことを示せばよい。したがって，亜鉛イオン(ア)吸収剤と亜鉛イオン(イ)を１：１で混ぜたものを未受精卵(ウ)に注入すればよい。

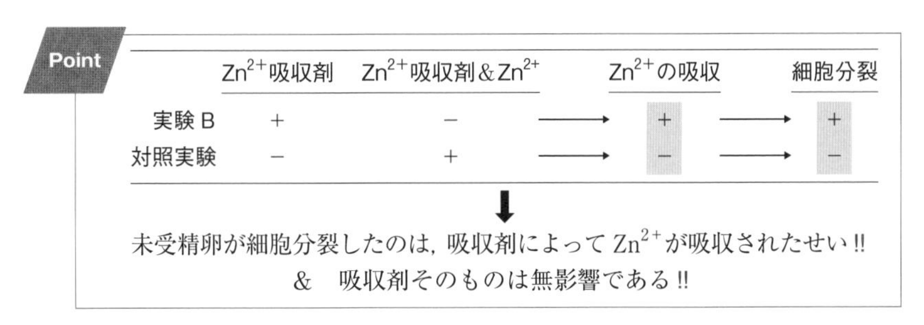
Point

	Zn^{2+}吸収剤	Zn^{2+}吸収剤＆Zn^{2+}		Zn^{2+}の吸収		細胞分裂
実験Ｂ	＋	－	⟶	＋	⟶	＋
対照実験	－	＋	⟶	－	⟶	－

⬇

未受精卵が細胞分裂したのは，吸収剤によってZn^{2+}が吸収されたせい !!
＆　吸収剤そのものは無影響である !!

問３　「亜鉛イオンが吸収されると未受精卵内のカルシウムイオン濃度が上昇し，その結果細胞分裂する」という仮説１を，実際にカルシウムイオン濃度を測定することなく，検証しなければならない。もしこの仮説が正しいのであれば，未受精卵内の亜鉛イオンを吸収することで濃度が上昇したカルシウムイオンをカルシウムイオン吸収剤で吸収すれば細胞分裂は起こらなくなるはずである。したがって，下の**Point**の①に示すような本実験と対照実験を組んで，②に示すような結果が得られれば仮説１は正しいと考えられる。しかし，対照実験でも－になれば，カルシウムイオン濃度が上昇しなかったか，あるいはカルシウムイオン濃度の上昇が細胞分裂に直結しないということになり，いずれにしても仮説１は誤りであるということになる。なお，カルシウムイオン吸収剤そのものは無影響であることも示すために，問２の対照実験の組み方にならう必要がある。

Point

	① Zn^{2+}吸収剤	Ca^{2+}吸収剤	Ca^{2+}吸収剤＆Ca^{2+}		②細胞分裂
本実験	＋	＋	－	⟶	－
対照実験	＋	－	＋	⟶	＋

問４　あり得ない前提の上に立っているのでこの問４そのものに殆ど意味はないが，出題者は受験生に次のような内容を理解して欲しかったのである。

問３の検証実験の結果は本実験と対照実験がともに－であり，実際に測定してもカルシウムイオン濃度は上昇していなかった。そこで新たに立てられたのが仮説２

である。真偽のほどは別として，この仮説2によれば，実験Bでは未受精卵内の亜鉛イオンが吸収されたために，タンパク質Xが細胞分裂を阻害できなくなって細胞分裂が起こったと矛盾することなく説明できる。さらに実際の受精時についても，次のように矛盾することなく説明できる。

〈1〉 受精するまでは，タンパク質Xが亜鉛イオンと結合して減数分裂の再開を阻害している。

〈2〉 精子の侵入が刺激となり，(小胞体が放出した)大量のカルシウムイオンの働きによってタンパク質Xを分解する酵素の活性が高まる。

〈3〉 分解酵素がタンパク質Xを分解することで細胞分裂の抑制が解かれ，減数分裂が再開される。

最後に，本問の解説をしておく。もしも排卵されたとすれば，タンパク質Xがないので細胞分裂が起こり，第二極体が放出されると考えられる。

標問 45 ショウジョウバエの発生(1)

答

問1　②

問2　タンパク質Pは濃度勾配を作って頭部形成と胸部形成のための位置情報を与え，相対濃度が6～の領域に頭部を，1～6の領域に胸部を形成させるという形で関与する(と考えられる)。〈76字(82字)〉

〔別解〕 タンパク質Pは濃度勾配を作って，相対濃度6と1を境目にして頭部形成と胸部形成のための位置情報を与えるという形で，胚の前後軸パターン形成に関与する(と考えられる)。〈73字(76字)〉

問3　①，③，④

問4　頭部と胸部が形成されるべき前方と中央部において腹部形成を抑制する(と推測される)。〈33字(36字)〉

問5　タンパク質Rは頭部と胸部が形成されるべき前方と中央部において腹部形成を抑制する役割を果たし，タンパク質Qは腹部が形成されるべき後方において，RのmRNAの翻訳を阻害することにより，腹部形成が抑制されないようにする役割を果たしている(と推測される)。〈116字(122字)〉

精講 重要事項の整理

■母性因子(母性効果因子)

卵形成の過程で蓄積され，初期発生に重要な役割を果たすmRNAやタンパク質を**母性因子**もしくは**母性効果因子**といい，その遺伝子を**母性効果遺伝子**という。本題では遺伝子 *P*（ビコイド遺伝子)や遺伝子 *Q*（ナノス遺伝子)などが母性効果遺伝子，これらのmRNAやタンパク質が母性因子で，タンパク質は他の遺伝子の転写や翻訳を促進したり抑制したりする働きをもつ。なお，母性効果遺伝子のmRNAも母性効果遺伝子といい，タンパク質のみを母性因子という場合も多い。

■位置情報

細胞集合体の中で**細胞が占める空間的位置を示す情報**を**位置情報**といい，細胞はこの情報を基に細胞分化を行う。位置情報を担う形態形成因子は濃度勾配を作り，その濃度によって細胞に位置情報を与える。本題ではタンパク質P(ビコイドタンパク質)やタンパク質Q(ナノスタンパク質)などが濃度勾配を作る形態形成因子である。

標問 45 の解説

問1　次の手順で考えるとよい。

〈1〉　本実験にあたる図1(a)の正常胚と対照実験にあたる(b)の異常胚との唯一の条件の違いはタンパク質Pの有無である。

〈2〉 頭部と胸部については，タンパク質Pありの図1(a)では形成されるのに，なしの(b)では形成されないことから，頭部と胸部が形成されるのはタンパク質Pのせいであることが明らかで，**タンパク質Pは頭部と胸部の形成を促進する**と考えられる。 ∴ ①=×，②=○，④=×

〈3〉 腹部については，タンパク質Pの有無にかかわらず図1(a)と(b)で形成されることから，**タンパク質Pは腹部形成には無関係**なことが明らかである。
∴ ③=×

問2 図1の(a)と(c)ではともに，タンパク質Pの相対濃度6が頭部形成と胸部形成の境目で，相対濃度1が胸部形成と腹部形成の境目になることがわかる。このことから，タンパク質Pは自らが作り出す濃度勾配によって頭部形成と胸部形成のための位置情報を与えるという形で，胚の前後軸パターン形成に関与すると考えられる。なお，6以上と書くべきか6より上と書くべきか判断できないので解答例では6～のように示したが，別解のように相対濃度6と1が境目になるという示し方でもよいだろう。

問3 次の手順で考えるとよい。

〈1〉 タンパク質Rがタンパク質Qを分解するのであれば，もともとタンパク質Qが合成されない前方と中央部でタンパク質Rが合成されて存在することの説明がつかず，タンパク質Qが多く存在する後方でタンパク質Rが存在しないことの説明もつかない。 ∴ ①=×

〈2〉 タンパク質QがmRNAから翻訳されて生じるのは受精後であり，RのmRNAは受精時には既に蓄積されている。したがって，タンパク質QがRの転写を制御することは不可能である。 ∴ ③&④=×

〈3〉 残る②が○で，タンパク質QがRの翻訳を阻害するのであれば，図2の(a)と(b)に示された結果を矛盾なく説明できる。

問4 下線部(エ)に本来は存在しないタンパク質Rを胚の後方で人為的に増やすと腹部形成できなくなるとあるので，タンパク質Rは腹部形成を阻害すると考えられる。そして，正常胚においてタンパク質Rが存在するのは頭部と胸部が形成されるべき前方と中央部である。これらのことから，**頭部と胸部が形成されるべき前方と中央部において腹部形成を抑制するのがタンパク質Rの機能**であると推測される。

問5 タンパク質Rの機能は腹部形成を阻害すること(問4)なので，腹部が形成されるべき後方でこのタンパク質Rが機能すると，腹部を形成できなくなる。このため，後方ではタンパク質Rに機能させないようにする必要があり，この役割を果たすのがRのmRNAの翻訳を阻害する(問3)タンパク質Qであると考えられる。つまり，前後軸パターン形成において，タンパク質Rは頭部と胸部が形成されるべき前方と中央部の領域で腹部形成を抑制するという役割を果たしており，**タンパク質Qは腹部が形成されるべき後方で，RのmRNAの翻訳を阻害することにより，腹部形成が抑制されないようにする**という役割を果たしていると推測される。

標問 46 ショウジョウバエの発生(2)

答

問1 ア，イ－背腹軸，左右軸(順不同) ウ－母性効果遺伝子
エ－分節遺伝子 オ－ホメオティック遺伝子

問2 ③，⑤

問3 ①，④

問4 ④

精講 重要事項の整理

■母性因子(母性効果因子) **標問45**の精講を見よ。

■位置情報 **標問45**の精講を見よ。

■分節遺伝子

胚を区画化し，前後軸に沿って連続する体節を形成する遺伝子を総称して分節遺伝子という。分節遺伝子には3つのグループがあり，それぞれギャップ遺伝子(群)，ペアルール遺伝子(群)，セグメントポラリティー遺伝子(群)といい，**この順序で段階的に発現する。ある段階の調節遺伝子が発現して生じた調節タンパク質が，次の段階の調節遺伝子の発現を調節し，生じた調節タンパク質がさらに次の段階の遺伝子の発現を調節する。**こうしたしくみによって胚が大まかに区画化され，さらに基本構造となる体節が形成される。

[注意] 「セグメントポラリティー」と「セグメントポラリティ」はどちらでもよいが，本書では**標問51** Hox 遺伝子(京大)での表記に合わせて「セグメントポラリティー」とする。

■ホメオティック遺伝子

ショウジョウバエでは，14の体節が形成された後，それぞれの体節から触角，眼，脚，翅などの器官が形成される。その際，**どの体節にどのような器官を形成するかという位置情報**を与えるのがホメオティック遺伝子(群)である。ホメオティック遺伝子(群)の発現は，ギャップ遺伝子(群)とペアルール遺伝子(群)に由来する調節タンパク質によって制御される。

標問 46 の解説

問1 ウ．「それぞれの伝令RNA(mRNA)」や「それらのmRNAとタンパク質」などとあることから，ビコイドなどは遺伝子を示すとわかる。

問2 次の手順で考えるとよい。

〈1〉 ハンチバックやコーダルのmRNAもビコイドやナノスのmRNAと同じように受精前から既に存在しているので，受精後に翻訳されて生じるビコイドタ

ンパク質やナノスタンパク質によって制御されるのは転写ではなく翻訳である。
∴ ①, ②, ④, ⑦は×

〈2〉 タンパク質濃度のグラフが右上がりか右下がりかに注目する。

③ ナノスタンパク質は右上がりなのに対して，ハンチバックタンパク質が右下がりであることから，ナノスタンパク質はハンチバック mRNA の翻訳を抑制すると読み取れる。 ∴ ○

⑤ ビコイドタンパク質は右下がりなのに対して，コーダルタンパク質が右上がりであることから，ビコイドタンパク質はコーダル mRNA の翻訳を抑制すると読み取れる。 ∴ ○

⑥ ビコイドタンパク質もハンチバックタンパク質も右下がりであることから，少なくともビコイドタンパク質がハンチバック mRNA の翻訳を抑制することはないと読み取れる。 ∴ ×

なお，ビコイドタンパク質がハンチバック mRNA の翻訳を，そしてナノスタンパク質がコーダル mRNA の翻訳を促進するのかどうかについては，本問からはわからない。しかし，現在までにわかっていることをまとめておくと次の **Point** のようになる。

Point
ビコイドタンパク質 ──→ コーダル mRNA の翻訳を抑制
ナノスタンパク質 ──→ ハンチバック mRNA の翻訳を抑制

問3 次の手順で考えるとよい。

〈1〉 ビコイド機能を失ったビコイド突然変異体では先端部と頭部と胸部が形成されないことから，ビコイドがこれらの形成を促進すると考えられる。
∴ ①と④は○ & ②, ③, ⑤, ⑥は×

〈2〉 ビコイド機能が失われても腹部が形成されるだけではなく，むしろ腹部の形成範囲が大幅に広くなることから，少なくともビコイドが腹部の形成を促進することはないと考えられる。 ∴ ⑦＝×

〈3〉 ビコイド機能が失われると前端部に本来は形成されない尾部が形成されることから，ビコイドは尾部の形成を抑制すると考えられる。 ∴ ⑧と⑨は×

問4 問3で，ビコイドは先端部・頭部・胸部の形成を促進するが，尾部の形成は抑制するとわかった。このことから，ビコイド mRNA が前端部と後端部の両方にあると先端部・頭部・胸部・腹部・胸部・頭部・先端部という**鏡像対称的な前後軸のパターン**になると予想される。 ∴ ④

標問 47 ショウジョウバエの発生(3)

答

問1　ア－分節　イ－調節
問2　核分裂のみが起こって多核体の状態になっている。(23字)
問3　ダイニン
問4　ギャップ遺伝子 → ペアルール遺伝子 → セグメントポラリティー遺伝子
問5　②
問6　(1)　BB：Bb：bb＝1：2：1　(2)　100%
(3)　正常個体：異常個体＝3：1
問7　①
問8　T1－○　T2－○　T3－○　A1－○　A2－○　A3－○
A4－○　A5－○　A6－○　A7－○　A8－○　A9－○

精講　重要事項の整理

■分節遺伝子　標問46の精講を見よ。
■ホメオティック遺伝子　標問46の精講を見よ。

■ホメオボックスとホメオドメイン
ショウジョウバエの8つのホメオティック遺伝子はすべてホメオボックスという相同性の高い180塩基対の塩基配列を含み，このホメオボックスが翻訳されてできる領域をホメオドメインという。ホメオドメインをもつタンパク質は，このホメオドメインの領域でDNAと結合して調節タンパク質として機能する。

■母性効果遺伝　標問56の精講を見よ。

標問 47 の解説

問2　ショウジョウバエの受精卵は細胞質分裂を伴わない核分裂を9回行うことで多核体となり，これらの核が表層に移動してさらに4回の核分裂を行う。その後，細胞膜が卵表面から内部に落ち込んで各々の核を包み込み，多細胞体となる。したがって，細胞膜が卵表面から落ち込み始めるまでは，すべての核が1つの細胞の中に存在するので，ビコイドタンパク質とナノスタンパク質の濃度勾配に基づく位置情報を各々の核が受け取ることができる。

問3　卵形成の過程で，ビコイドmRNAとナノスmRNAは哺育細胞から供給され，ビコイドmRNAはダイニンの働きによって微小管の(－)端である前端部に局在することになり，ナノスmRNAはキネシンの働きによって微小管の(＋)端である後端部に局在することになる。← 標問3の精講を見よ。

問4　標問46の精講の■分節遺伝子を見よ。

問5　(1)母性因子であるビコイド mRNA は卵形成期に母親の母性効果遺伝子から転写されてつくられること，および(2)母親が *BB* もしくは *Bb*，つまり *B* をもっていれば卵に正常なビコイド mRNA が存在することになり，父親の遺伝子型とは無関係に，胚が正常個体になることに留意して考える。

Point
(1)　ビコイド mRNA（ビコ mR）は母親の母性効果遺伝子由来
(2)　母親が
BB or *Bb* ⇒ 卵に *B* 由来の正常ビコ mR あり ⇒ 胚は正常個体
bb ⇒ 卵に *B* 由来の正常ビコ mR なし ⇒ 胚は**異常個体**

① ***bb* の正常個体**：母親が *Bb* であれば，*Bb* or *bb* の父親との間に生じた *bb* の胚は正常個体になる。　∴　生じる可能性あり

② ***BB* の異常個体**：母親が *BB* or *Bb* でなければ *BB* の胚が生じないので，胚は必ず正常個体になる。　∴　生じる可能性なし

③ ***Bb* の異常個体**：*bb* の母親と *BB* or *Bb* の父親から生じた *Bb* の胚は**異常個体**になる。　∴　生じる可能性あり

④ ***b* の卵の受精による正常個体**：*Bb* の母親がつくる *b* の卵の受精で生じる胚は正常個体になる。　∴　生じる可能性あり

⑤**正常個体の掛け合わせによる異常個体**：①で示したように，*Bb* の雌から生じた *bb* の胚は雌も雄も正常個体である。しかし，この *bb* の雌が親となった場合，たとえ父親が正常でも，生じる胚は**異常個体**になる。　∴　生じる可能性あり

問6　第一世代を G_1，第二世代を G_2 と示す。
(1)　*Bb* の母親と *Bb* の父親 ⇒ G_1 は *BB*：*Bb*：*bb* ＝1：2：1
(2)　*Bb* の母親から生じたので G_1 はすべて正常個体になる。　∴　100%
(3)　G_1 雌が *BB*：*Bb*：*bb* ＝1：2：1 なので，G_2 は *BB* or *Bb* を母親とする正常個体：*bb* を母親とする**異常個体**＝3：1 となる。

問7　野生型個体，*Ubx* 変異体，*abdA* 変異体についてまとめると次のようになる。

〈1〉　**野生型個体**

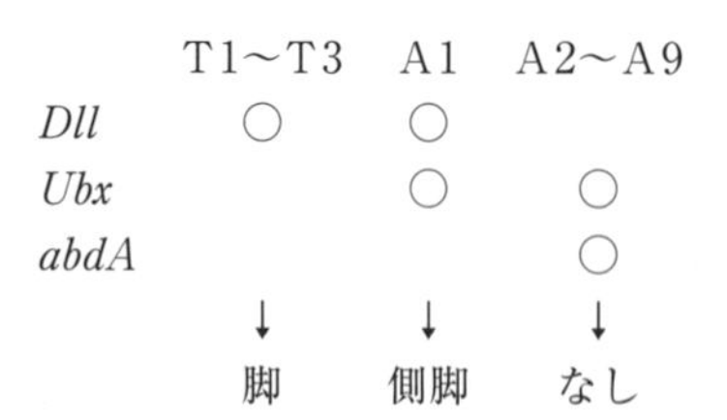

Dll のみが発現すると脚が形成され，*Dll* と *Ubx* が発現すると側脚が形成され，そして *Ubx* と *abdA* が発現すると脚も側脚も形成されないとわかる。

〈2〉 ***Ubx*** **変異体**

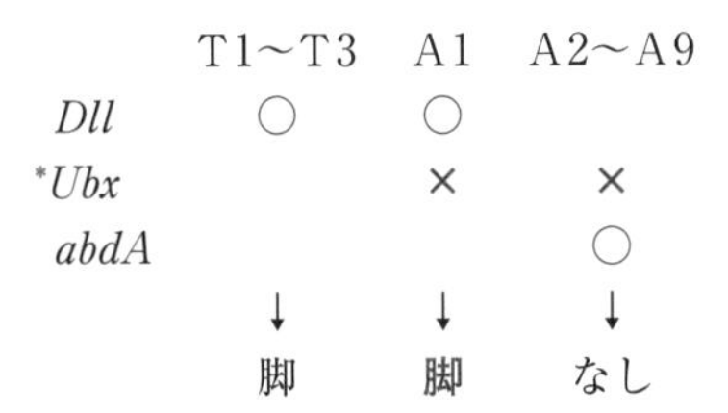

	T1～T3	A1	A2～A9
Dll	○	○	
**Ubx*		×	×
abdA			○
	↓	↓	↓
	脚	脚	なし

Ubx が発現しないと A1 に側脚ではなく脚が形成されるようになり，A2～A9 には変化がない。このことから，*Ubx* は *Dll* の働きに影響を及ぼして脚を側脚に変化させるが，*abdA* の働きには無影響であると考えられる。

〈3〉 ***abdA*** **変異体**

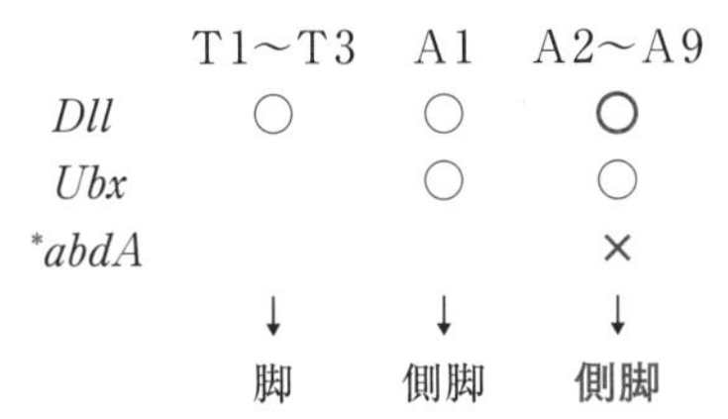

	T1～T3	A1	A2～A9
Dll	○	○	○
Ubx		○	○
**abdA*			×
	↓	↓	↓
	脚	側脚	側脚

abdA が発現しないと T1～T3 および A1 には変化がないが，A2～A9 には側脚が形成されるようになる。*abdA* が発現しないと *Dll* が発現するようになることから，*abdA* が発現してつくられるタンパク質は *Dll* の発現を抑制する(①)と考えられる。また，A1には変化がないことから，*abdA* は *Ubx* の働きには無影響であると考えられる。

問 8　*Ubx* と *abdA* が共に機能しないと，次のようになる。

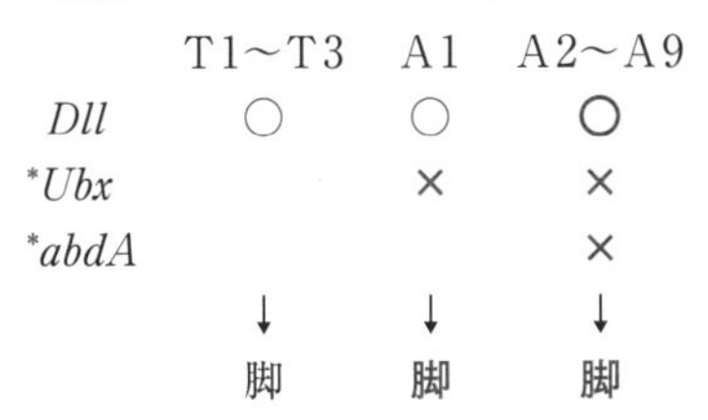

	T1～T3	A1	A2～A9
Dll	○	○	○
**Ubx*		×	×
**abdA*			×
	↓	↓	↓
	脚	脚	脚

標問 48 両生類の発生(1)

答

問1　形成体(オーガナイザー，シュペーマンオーガナイザー)

問2　第一卵割の卵割面が灰色三日月環を通る場合と通らない場合があるために引き起こされ，灰色三日月環を含む割球は正常発生するが，含まない割球はただの細胞塊となる。(77字)

問3　A RNA を注入した腹側に二次胚を誘導する形成体が形成されたことから，Aタンパク質はある遺伝子を特異的に発現させて形成体を形成させる働きをもつ(と考えられる)。〈71字(77字)〉

問4　①

問5　背側化因子は「Aタンパク質の働きを阻害するというBタンパク質の働き」を阻害することで，結果としてAタンパク質が形成体である原口背唇部を形成できるようにする(と考えられる)。
〈78字(84字)〉

精講 重要事項の整理

■表層回転と灰色三日月環

カエルの未受精卵は，動物極側には黒い色素が多く，植物極側には黒い色素が少ないが，動物極と植物極を通る軸に沿って回転相称である。受精の際，精子は動物半球から侵入するが，精子によって持ち込まれた中心体の働きによって，卵の表層全体が内側の細胞質に対して約30度回転する。この表層回転によって，精子侵入点の反対側の赤道部に周囲と色の濃さが異なる三日月状の領域，つまり**灰色三日月環**が生じる。その際，植物極付近に局在する母性因子のディシェベルドタンパク質(背側化因子)が灰色三日月環の領域に移動し，この母性因子の働きによってさまざまな調節遺伝子が発現するようになることで背腹軸が決定されると考えられている。このように，精子の侵入によって，胚は回転相称から左右相称となる(本題の図1)。

■イモリ胚の分離実験

イモリの受精卵が行う第1卵割では，卵割面が灰色三日月環を通る場合と通らない場合がある。2細胞期に細い髪の毛でくくって2つの割球を分離すると，前者の場合はそれぞれの割球から完全な個体が生じる(右図(a))が，後者の場合は灰色三

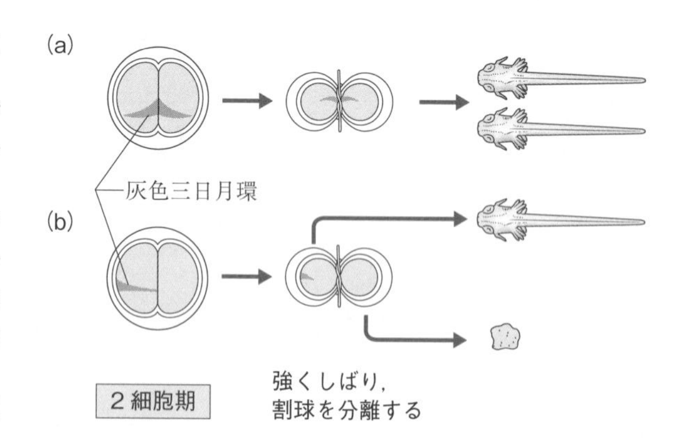

日月環を含む割球からのみ完全な個体が生じる(b)。このことから，灰色三日月環には正常発生に不可欠な母性因子(実際にはディシェベルドタンパク質)が局在すると考えられる。

標問 48 の解説

問2　精講のイモリ胚の分離実験を参照。

問3　問3そのものの解説に入る前に，図1と問題主文6～16行目に示された内容を次の **Point** にまとめておく。

Point

灰色三日月環の周辺領域 ←― 図1＆問2

〈i〉　表層回転によって背側化因子が移動した領域で
〈ii〉　この因子が及ぼす影響については？
〈iii〉　Aタンパク質が偏って機能する領域も？
〈iv〉　ある遺伝子の特異的な発現 ――→ 形成体の形成

灰色三日月環の周辺領域に形成される原口背唇部

Point の〈iii〉&〈iv〉を扱った問3については以下の通り。

下線部③から「Aタンパク質が働くところに二次胚を誘導する形成体が形成される」とわかり，問題主文12～17行目から「偏在する領域でAタンパク質が機能すると，ある遺伝子の特異的な発現が起こって形成体が形成される」と示されている。これらのことから，Aタンパク質はある遺伝子を特異的に発現させて形成体を形成させる働きをもつと考えられる。

問4　次の手順で考えるとよい。

〈1〉　実験(図2)では，A RNA を腹側に注入すると二次胚が形成され，B RNA を背側に注入すると背側構造が小さくなった。

〈2〉　頭部肥大については実験で扱っていないので③，④は×で，背側構造が小さくなるのはB RNA を背側に注入した場合なので⑤，⑥も×である。よって，A RNA を腹側に注入して二次胚の形成について調べる①もしくは②が○とわかる。

〈3〉　問題 p. 99の4～6行目から「Bタンパク質が二次胚を形成させるAタンパク質の働きを阻害する」とわかるので，加えるB RNA の量を増やすと二次胚が形成されにくくなると考えられる。∴　①＝○，②＝×

問5　**Point** 全体の内容を明らかにする本問については，次の手順で考えるとよい。

〈1〉　問3で示したようにAタンパク質が働くところに形成体が形成され，図1からわかるように背側化因子が存在する領域に形成体が形成される。これらのことから，背側化因子の存在する領域にAタンパク質の働きが偏在する(**Point** の〈iii〉)と考えられる。

〈2〉 背側化因子が存在する領域にも存在するBタンパク質はAタンパク質の働きを阻害する(問4〈3〉)が，Aタンパク質はBタンパク質の働きには無影響である(問題 p. 99の6行目)。

〈3〉 〈1〉&〈2〉から，背側化因子はBタンパク質の働きを阻害する(**Point** の〈ii〉)ことで，結果的に，Aタンパク質の働きを保護していると考えられる。

最後に本題の解説のまとめとして，次の **Point** を示しておく。

Point **母性因子によるカエルの背腹軸の決定**

〈i〉 背側化因子が表層回転によって移動した灰色三日月環周辺領域で，

〈ii〉 この因子が「Aタンパク質の働きを阻害するというBタンパク質の働き」を阻害する。

〈iii〉 この領域でのみ保護されたAタンパク質の働きによって

〈iv〉 ある遺伝子が特異的に発現し，形成体(原口背唇部)が形成される。

標問 49 両生類の発生(2)

答

問１　実験１～３で，部分Ａを部分Ｂと共培養した場合にのみ筋肉細胞が分化したことから，共培養そのものではなく，部分Ｂからの働きかけによって部分Ａに筋肉細胞が分化すると考えられる。そして実験４で，フィルターによって両細胞塊が直接接触しないようにしても筋肉細胞が出現したことから，接触そのものではなく，部分Ｂから分泌される0.1μm未満の拡散性の誘導物質による働きかけによって部分Ａに筋肉細胞が誘導されると考えられる。(200字)

問２　部分Ｂの細胞数が減少すると分泌される誘導物質の量も減少するので，部分Ａの中で筋肉細胞に分化するのに必要な濃度の誘導物質を受容する細胞数が減少する。(73字)

問３　胞胚の部分Ａは発生運命が未決定であるために，部分Ｂからの誘導にすべての細胞が反応できる。これに対して，原腸胚の部分Ａは外胚葉性組織に分化することが次第に決定しつつあるために，部分Ｂからの誘導に反応できなくなっている細胞もある。(113字)

精講 重要事項の整理

■形成体と誘導

胚のある領域(胚域)が隣接する他の領域に働きかけて分化の方向を決めることを**誘導**といい，このような誘導能をもつ胚域を**形成体(オーガナイザー)**という。

■中胚葉誘導

両生類の発生過程における最初の誘導が，胞胚期にみられる**中胚葉誘導**である。植物極側に局在している母性因子(*VegT*mRNA から合成される VegT という調節タンパク質)の働きによって植物極側の細胞の細胞質で中胚葉を誘導する物質(ノーダルという分泌タンパク質)がつくられ，細胞外に放出されて細胞間を移動し，帯域(赤道面付近の胚域)の細胞の受容体に結合する。その結果，その細胞内で新たな遺伝子発現が起こって中胚葉細胞に分化すると考えられている。

標問 49 の解説

問１　メキシコサンショウウオの胞胚を用いて行われたニューコープの実験(1969年)と同様の実験が，アフリカツメガエルの胞胚を用いて行われている。次の手順で解析するとよい。

〈１〉 **実験１**と**実験２**との唯一の条件の違いは共培養の有無であるが，ともにアニマルキャップ(部分Ａ)が外胚葉性組織に分化し，筋肉細胞が出現しないという同じ結果になったことから，共培養そのものは部分Ａの分化に対して無影響であることが明らかである。

〈2〉 共培養そのものは無影響と既にわかっているので，**実験2**と**実験3**との唯一の条件の違いは部分Bの有無である。部分Bが無しだと部分Aがすべて外胚葉性組織に分化したのに，有りだと部分Bとの接触面近くが筋肉細胞に分化したことから，筋肉細胞が分化したのは接触させた部分Bのせいであることが明らかで，部分Bが未分化な部分Aの細胞に働きかけて筋肉細胞を誘導したと考えられる。ただし，その働きかけについては，「接触そのものによる」という可能性と，「拡散性の誘導物質による」という可能性が考えられる。

〈3〉 **実験3**と**実験4**との唯一の条件の違いは，部分Aと部分Bの直接の接触の有無であるが，ともに筋肉細胞が出現するという同じ結果になったことから，接触そのものは無影響であることが明らかである。そして，用いたフィルターには直径0.1μmの穴が多数開いていることから，部分Bから分泌される0.1μm未満の微小物質が拡散性の誘導物質として部分Aの細胞に働きかけて筋肉細胞に分化させたと考えられる。

問2 問1で示したように，筋肉細胞の分化は部分Bから分泌される誘導物質によると考えられるが，これについても誘導物質の「有無のみが関係する」という可能性と，誘導物質の「濃度も関係する」という可能性が考えられる。これを明らかにするために行われたのが，本問に示された実験である。もし誘導物質の有無のみが関係するのであれば，誘導物質を分泌する部分Bの細胞数を減少させても，接触面積は同じままなので，生じる筋肉細胞数も同じままのはずである。しかし，実際には減少したので，筋肉細胞の分化には誘導物質の有無のみが関係するのではなく，誘導物質がある範囲の濃度に達することが必要であると考えられる。

したがって，部分Bの細胞数が減少すると分泌される誘導物質の量も減少するので，必要な濃度の誘導物質を受容する部分Aの細胞数も減少したと考えられる。

問3 部分Aの細胞の発生運命が未決定だと，部分Bからの誘導物質に反応して予定を変更し，筋肉細胞に分化できる。しかし発生運命が既決定だと，部分Bからの誘導物質に反応して予定を変更することができず，外胚葉性組織に分化する。したがって，胞胚の部分Aの発生運命は未決定であるが，筋肉細胞に分化した細胞の数が少ない原腸胚の部分Aは外胚葉性組織に分化するという発生運命が次第に決定しつつあると考えられる。

Point

アニマルキャップ	予定変更	発生運命
胞胚期	可能 ⟶	未決定
原腸胚期	両方 ⟶	決定中
（神経胚期	不能 ⟶	既決定）

標問 50 両生類の発生(3)

答

問1　ア－母性(母性効果)　イ－形成体　ウ－アニマルキャップ
　エ－多能性　オ－全能性　カ－初期化　キ－クローン

問2　表層回転によって灰色三日月環のできる領域に移動したディシェベルドが，他の胚域では合成されては分解され続けるβカテニンの分解を阻害する。(67字)

問3　名称：BMP
　理由：コーディンの働きはBMPの働きを阻害することなので，BMPがなければコーディンの有無には意味がない。このため，BMPだけがない場合もBMPとコーディンの両方がない場合も共に胚が背側化する。(94字)

問4　背側で最も高く腹側で低くなるという背腹軸に沿ったノーダルの濃度勾配が予定内胚葉に生じ，この濃度勾配に応じて背側内胚葉は脊索や筋肉などの背側中胚葉を誘導し，腹側内胚葉は血球などの腹側中胚葉を誘導する。(99字)
　〔別解〕ノーダルの濃度が最も高い背側内胚葉に接すると後に分泌されることになるコーディンの働きで脊索や筋肉などの背側中胚葉に分化し，濃度が低い腹側内胚葉に接するとBMPの働きで血球などの腹側中胚葉に分化する。(99字)

問5　④

精講　重要事項の整理

■ディシェベルドとβカテニン

βカテニンは胚の全域に存在するmRNAから合成されては分解されるということを繰り返すので，全域にほぼ一定量存在する。しかし，ディシェベルドがβカテニンの分解を阻害するために，ディシェベルドが働く領域の細胞ではβカテニンが次第に蓄積されていく。そして，細胞質での濃度が十分に高くなるとβカテニンが核内に移動して調節タンパクとして働き，背側の形成に関与する遺伝子の発現を促進することで形成体をつくるための条件を整える。

なお，βカテニンが一定量のままである他の胚域では，βカテニンが核内に移動することはない。

■中胚葉誘導　**標問49**の精講を見よ。

■コーディンとBMPによる背腹軸形成

BMPは胞胚期には胚全体に存在しており，**細胞膜の受容体に結合**することでその細胞の腹側化を促す。これに対して，コーディンは形成体(原口背唇部)から分泌され，

BMPに結合してBMPが受容体に結合するのを阻害し，BMPによる**腹側化を阻害する**ことで細胞の背側化を促す。

背側化を促すコーディンが形成体から分泌されて濃度勾配をつくり，BMPによる**腹側化を阻害するコーディンの濃度勾配に基づいて背腹軸が形成される**。

〈1〉 **外胚葉での神経誘導**

形成体から分泌されたコーディンの濃度がある程度以下の領域は**BMPによる腹側化によって表皮に分化**し，コーディンの濃度がそれ以上の領域は**BMPによる腹側化の阻害によって本来の神経に分化**する。

〈2〉 **中胚葉の背腹構造形成**

形成体から分泌されたコーディンの濃度が高い領域は**脊索**に，中間の領域は筋肉などの**体節**に，そして低い領域は造血組織などの**側板**に分化する。

標問 50 の解説

問2　まず，出題者がわざわざ問題文に「受精直後から胞胚期まで，βカテニンのmRNAは胚の中で一様に分布していた」と示していることから，受精直後から胞胚期までβカテニンが合成され続けていることを理解しなければならない。次に，「ディシェベルドがβカテニンの分解を阻害する」ことを示すだけでは，「βカテニンがなくならない」理由は説明できても，「βカテニンが蓄積される」理由が全く説明できない。さらに，字数も70字以内と比較的多い。これらを考え合わせると，βカテニンが合成されては分解され続けることにまで触れる必要があるのだろう。

問3　どのような筋道をたてて示せばよいのか見当がつきにくい，非常に難しい論述問題である。■コーディンとBMPによる背腹軸形成で示したように，コーディンの働きはBMPの働きを阻害することなので，働きかける相手のBMPがなければコーディンは何の役にも立たない，つまりコーディンはあってもなくても同じ結果になってしまう。この論理に気づけるかどうかがポイントとなる。

問4　問題文に「二重下線部を参考に」とあるので，恐らく，二重下線部だけを参考にした解答のような内容でよいのだろう。しかし「二重下線部だけを参考に」ではない上に，問3でコーディンとBMPによる背腹軸の形成を扱っている。このことを意識して問3で扱った内容まで参考にすると，別解のような内容になる。

問5　遺伝子の転写が可能か不能かについてはヒストンやDNAの化学修飾が関係しており，例えば，ヒストンの特定のアミノ酸がメチル化されるとクロマチン繊維が密に折りたたまれた状態になって転写不能となり，アセチル化されるとクロマチン繊維が緩んだ状態になって転写可能となる。既に細胞の分化が進めば進むほどヒストンやDNAの化学修飾の状態が変化していくことがわかっており，「初期化」とは分化細胞のヒストンやDNAの化学修飾の状態を受精卵の時の状態に戻すことであるともいえる。

標問 51 Hox 遺伝子

答

問1 ア－ギャップ イ－ペアルール ウ－セグメントポラリティー エ－ホメオティック

問2 (i)－④ (ii)－① (iii)－③
A－転写抑制 B－転写活性化

精講 重要事項の整理

■分節遺伝子 **標問46**の精講を見よ。

■ホメオティック遺伝子 **標問46**の精講を見よ。

■ Hox 遺伝子(ホックス遺伝子)

ショウジョウバエのホメオティック遺伝子と相同で，**動物の初期胚の前後軸(頭尾軸)に沿った形態形成において中心的な役割を果たす調節遺伝子群**を総称して Hox 遺伝子(群)という。哺乳類などの脊椎動物に限らず，左右相称動物のすべてに存在することがわかっており，染色体上に一列に並んだクラスターを形成していて，その並び順は各遺伝子によって支配される領域が前後軸に並ぶ順と同じである(本問の図 1 & 図 2)。ショウジョウバエのホメオティック遺伝子を含むすべての Hox 遺伝子はホメオボックスを含む。したがって，**Hox 遺伝子の遺伝子産物は DNA 結合領域として機能するホメオドメインを含み，調節タンパク質として下位に位置する遺伝子の発現を制御する。**

なお，植物にもホメオティック突然変異はあるが，その原因となる調節遺伝子は Hox 遺伝子とは全く別の遺伝子(群)である。

■ホメオボックスとホメオドメイン **標問47**の精講を見よ。

標問 51 の解説

問2 (i) 図 4 の領域Aに含まれる *Hox12* だけが発現して形成されるものはない(図 1)が，領域Bに含まれる *Hox11*～ *Hox1* が発現すると仙椎が形成される(図 1)ので，Aが転写抑制でBが転写活性化とわかる。そして，図 3 では④が仙椎にあたる。

(ii) 図 4 の領域Bに含まれる *Hox1* のみが発現すると頭蓋骨が形成され(図 1)，図 3 では①が頭蓋骨にあたる。

(iii) 図 4 の領域Bに含まれる *Hox6*～ *Hox1* が発現すると胸椎が形成され(図 1)，図 3 では③が胸椎にあたる。

標問 52 色素細胞の分化

答

問1 (1) 脊索 (2) 原口背唇部(原口背唇)が陥入により胚内に移動して予定外胚葉を裏打ちし，著しく伸長することで形成される。〈45字(44字)〉 (3) 神経を誘導し，体を支持する。(14字)

問2 水晶体(レンズ) 問3 ④

問4 (1) 矛盾する

(2) 茶色ニワトリでは色素細胞に分化する前駆細胞が神経管領域から分離して，側方に移動するとともに色素細胞に分化した。白色ニワトリが白色である原因は，色素細胞の側方への移動能力に欠陥があったためではなく，色素細胞自身の色素合成能力に欠陥があったためである。(124字) 〔別解〕 茶色ニワトリでは色素細胞に分化する前駆細胞が神経管領域から分離して，側方に移動するとともに色素細胞に分化した。白色ニワトリが白色である原因は，色素細胞自身の色素合成能力に欠陥があったためではなく，色素細胞の側方への移動能力に欠陥があったためである。(124字)

問5 オスマウスの始原生殖細胞とメスマウスの始原生殖細胞がともに白系統のマウスの細胞に由来していた。(47字)

精講 重要事項の整理

■キメラマウス

2つ以上の異なる遺伝子型の細胞，あるいは異なる種の細胞から作られた生物をキメラという(問題の図1)。キメラ動物を作ることによって，発生過程における遺伝子の働き方やヒトの遺伝的疾患の発現のしかたなどを調べることができる。

■神経堤細胞(しんけいてい)

脊椎動物の神経管の背部(神経管と表皮外胚葉の境界部＝神経堤)からつくられて遊走し，色素細胞や末梢神経細胞，副腎髄質，顔面の骨などに分化する一群の細胞を神経堤細胞(神経冠細胞)という。色素細胞に分化する場合，分裂を繰り返しながら表皮に沿って全身に遊走し，1本1本の毛や羽毛の付け根にある毛母細胞の間に入り込んで，メラニン色素を合成する。

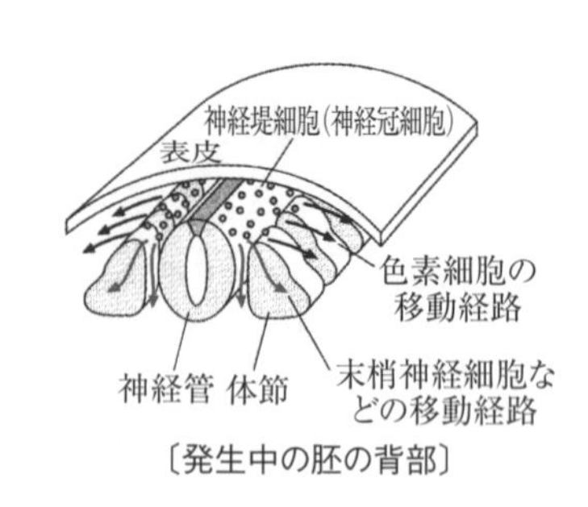

〔発生中の胚の背部〕

標問 52 の解説

問1 胞胚期に誘導された中胚葉の背側領域は原腸胚初期には原口背唇部となり，やがて陥入によって胚内に移動して予定外胚葉を裏打ちする。自身は脊索や体節などの中胚葉組織に分化するが，そのうちの**脊索**は**予定外胚葉**から**神経を誘導**して**前後軸と背腹軸を備えた胚軸構造を形成し，体の中軸支持器官として機能する**。

問2　神経誘導によって生じた神経管の前方部分は脊索からの誘導によって脳に分化する。やがて脳の一部の両側が膨らんで**眼胞**となり，その先端がくぼんで杯状の**眼杯**となる。この眼胞・眼杯が次の段階の形成体として接する表皮から**水晶体**（レンズ）を誘導する。そして誘導された水晶体が，さらに次の段階の形成体として接する表皮から**角膜**を誘導する。先の形成体として働いた眼杯自身は**網膜**に分化する。このように誘導が連続的に起こることを**誘導の連鎖**という。

Point　誘導の連鎖による眼の形成

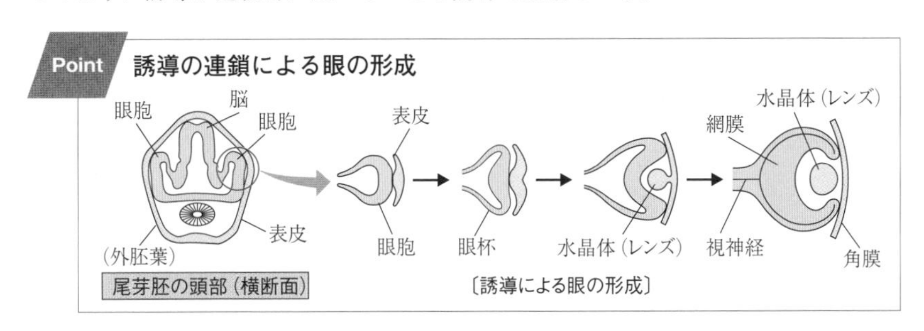

問3　マウスやニワトリの胚細胞の大きさを学習することはまずないので，ヒトの細胞がおおよそ6～25μm（赤血球は8μm）であり，マウスの細胞もヒトの細胞と同じぐらいであろうと見当をつければよい。

問4　(1)　ウズラ胚の神経管領域を移植片として行われた**実験2**と同様の実験の結果，色素細胞がすべて移植片由来であることが判明した。これは「色素細胞が宿主に由来する」という**実験2**の結果から立てられた仮説と明らかに矛盾する。

(2)　左右に帯状に広がる色素をもった領域の色素細胞がすべて移植された神経管領域の細胞に由来することから，神経管領域から色素細胞に分化する前駆細胞が分離し，側方に移動するとともに色素細胞に分化した可能性が考えられる。そして，白色ニワトリが白色である原因については，側方への移動には問題はなかったが分化した色素細胞自身の色素合成能力に問題があったという可能性や，分化した色素細胞自身の色素合成能力に問題はなかったが，側方への移動に問題があったという可能性が考えられる。

なお，**実験2**やそれと同様の実験の結果から立てる仮説には「神経堤細胞」という用語は用いることができないので「色素細胞に分化する前駆細胞」と示したが，これを「未分化な色素細胞」のように示してもよい。

問5　オスマウスとメスマウスの**始原生殖細胞**がともに白色の潜性遺伝子をホモにもつ白色の細胞に由来していれば，オスマウスがつくるすべての精子とメスマウスがつくるすべての卵が白色の潜性遺伝子をもつことになり，生まれてきた子マウスのすべてが潜性形質の白色になる。

標問 53 細胞の分化と多能性

答

問1　ア－遺伝子(DNA)　イ－RNAポリメラーゼ　ウ－転写
　エ－内部細胞塊

問2　早い時期に，細胞によって含むタンパク質などの細胞質の成分が異なるようになる。(38字)
　〔別解〕 初期の発生に強く影響する母性因子が受精卵の細胞質中に不均一に存在している。(37字)

問3　(1) 未受精卵の核の働きを失わせて，卵核の遺伝子が発現しないようにする。(33字)
　(2) 移植した核の遺伝子によって発生が行われたことを確認する。(28字)
　(3) 分化細胞の核も受精卵の核と同じ発生に必要なすべての遺伝情報を保持している。(37字)

問4　ES細胞が他人に由来するので，主要組織適合(性)抗原が移植を受ける人とは異なる確率が極めて高い。〈45字(46字)〉

問5　紫外線を照射した未受精卵に，臓器移植希望者の体細胞核を移植する。そして，この細胞を胚盤胞にまで発生させ，その内部細胞塊を取り出して培養することで，主要組織適合(性)抗原が同一のクローンES細胞を樹立する。〈100字(101字)〉

精講 重要事項の整理

■発生の進行と遺伝子発現

多くの動物種では，遺伝子発現つまりRNAの合成(転写)は胞胚中期から始まるにもかかわらず，タンパク質合成(翻訳)は受精後直ちに始まる。これは卵形成過程で卵の細胞質にmRNA・tRNA・rRNAが蓄積されているからであり，タンパク質も蓄積されている。これらのmRNAやタンパク質(母性因子)は卵内に局在している場合が多く，この卵の細胞質の不均一性が発生に強く影響する。遺伝子発現が始まると，やがて細胞の分化が起こって胚の領域ごとに異なる形態と機能をもつ細胞が現れてくるが，この過程で「選択的遺伝子発現」(**標問43**の精講)が見られるようになる。

■多能性と全能性

細胞や組織がさまざまな細胞・組織に分化する能力を**多能性**，細胞や組織が個体を構成するすべての種類の細胞・組織に分化する能力を**全能性**(**分化全能性**)という。動物において全能性をもつのは受精卵のみであり，万能細胞ともいわれるES細胞やiPS細胞がもつのは，厳密には全能性ではなく，多能性である。

■幹細胞の分化能と再生医療

組織を構成する細胞に分化する能力と分裂する能力をもつ細胞を**幹細胞**という。

組織幹細胞(体性幹細胞)：骨髄や肝臓などのさまざまな組織に存在する幹細胞で，本来の組織に分化する単能性だけでなく，条件によっては他の組織のさまざまな細胞に分化する多能性ももつ。患者本人の細胞なので倫理的な問題も拒絶反応の問題もないが，ES細胞やiPS細胞に比べて多能性の幅が狭い。

ES細胞(胚性幹細胞)：胎盤などの胚体外組織を除く，すべての種類の細胞・組織に分化する多能性をもつ。ヒトが生まれ得る胚盤胞から作成するために**倫理上の問題**があり，移植後に起こる**拒絶反応の問題**もある(問4)。拒絶反応については，クローンES細胞の作成によって問題を回避できる(問5)。

iPS細胞(人工多能性幹細胞)：さまざまな種類の細胞・組織に分化する多能性をもつ。胚盤胞を用いずにすみ，患者本人の体細胞から作成することができるので，**倫理上の問題と拒絶反応の問題を回避できるが**，ウイルスベクターを用いることなどで生じるガン化のリスクを下げる必要があるなどの課題も多い。

標問53の解説

問1　ア．問2の問題文で「遺伝子発現」という用語を用いていることに留意する。

問2　精講の「発生の進行と遺伝子発現」を参照。

第1卵割によって細胞質は二分されるが，ホヤやクシクラゲなどのように2細胞期の段階で割球に含まれる細胞質が異なるようになる卵もあれば，ウニやカエルなどのように2細胞期の段階では同じままの卵もある。かつては前者をモザイク卵，後者を調節卵と呼んでいたが，すべての卵が受精卵の段階では細胞質に不均一性(モザイク性)をもっているので両者の間に本質的な差異はない。

問題文に「ホヤなど」とあるので解答例のように示したが，カエルでも4細胞期，ウニでも8細胞期には割球(細胞)によって含まれる細胞質が異なるようになり，そのモザイク性が表に出てくるので，〔別解〕のように本質的なことを示してもよい。

問3　(1)，(2)は「遺伝子」を「遺伝情報」としてもよい。

(1)　核移植実験では移植した分化細胞の核の遺伝情報(ゲノム)を用いて発生させる必要があるので，まず未受精卵の核の働きを失わせて，卵核の遺伝情報が発現しないようにする必要がある。このために行われるのが，紫外線の照射である。

(2)　さらに，移植核の遺伝情報を用いて発生が行われたことを確認する必要があるので，核小体の数が異なる2系統のカエルを用い，発生した個体の核小体の個数が未受精卵の系統ではなく分化細胞の系統の核小体の個数と同じであることを確認する。

(3)　実験結果からは，解答例として示した内容の他に「発生の過程で核の遺伝情報の中で異なった遺伝子群が選択的に発現するようになることでさまざまな形と働きをもった細胞に分化する」こともわかる。

問4　主要組織適合(性)抗原をMHCと示してもよいが，マウスなどにはあてはまらないHLA(ヒト白血球型抗原)は不可である。

問5　「本文を参考にして」とあるので，患者の体細胞核を移植して樹立するクローンES細胞(ntES細胞(nuclear transfer ES cell))について示す。

第6章 遺 伝

標問 54 自家受精

答 問1 ア－75 イ－99.8

問2 $\dfrac{2^g-2}{2^g}$ または $1-\dfrac{1}{2^{g-1}}$ 問3 42.2 問4 $\dfrac{1}{40}$

精講 遺伝の基礎と自家受精

■表記法

基本的には確率表記で，遺伝子などの係数が1でも略さずに示す場合が多い。

遺伝子頻度

〔例〕 A：a＝1：1 ⟶ $\dfrac{1}{2}(A+a)$

A：a＝4：1 ⟶ $\dfrac{1}{5}(4A+1a)$

遺伝子型頻度

〔例〕 AA：Aa：aa＝1：2：1 ⟶ $\dfrac{1}{4}(1AA+2Aa+1aa)$

AABB：AABb：AaBB：AaBb＝1：2：2：4

⟶ $\dfrac{1}{9}(1AABB+2AABb+2AaBB+4AaBb)$

表現型頻度

〔例〕 〔A〕：〔a〕＝3：1 ⟶ $\dfrac{1}{4}$(3〔A〕＋1〔a〕)

〔AB〕：〔Ab〕：〔aB〕：〔ab〕＝9：3：3：1

⟶ $\dfrac{1}{16}$(9〔AB〕＋3〔Ab〕＋3〔aB〕＋1〔ab〕)

■一遺伝子雑種の6型

	AA：Aa：aa	〔A〕：〔a〕	
AA×AA ⟶	1：0：0 ⟶	1：0	…①
AA×Aa ⟶	1：1：0 ⟶	1：0	…②
AA×aa ⟶	0：1：0 ⟶	1：0	…③
Aa×Aa ⟶	1：2：1 ⟶	3：1	…④
Aa×aa ⟶	0：1：1 ⟶	1：1	…⑤
aa×aa ⟶	0：0：1 ⟶	0：1	…⑥

■自家受精の考え方（1つの遺伝子座について）

同一の遺伝子型

自家受精：**同一個体**がつくる **雌性配偶子** と **雄性配偶子** との受精。

AAの自家受精 ⟶ AA × AA …ⓘ
Aaの自家受精 ⟶ Aa × Aa …ⓘⓘ
aaの自家受精 ⟶ aa × aa …ⓘⓘⓘ

(1) PがAA×aa，F_1がAaのとき，F_2とF_3の自家受精について立式し，F_3とF_4の遺伝子型頻度を求めてみよう。

F_1の自家受精　Aa×Aa（⟵ 一遺伝子雑種の6型④）

$F_2=\frac{1}{4}(1AA+2Aa+1aa)$

F_2の自家受精　$\frac{1}{4}(1AA\times AA+2Aa\times Aa+1aa\times aa)$ ⟵ $\frac{1}{4}(1:2:1)$のままであることに注目!!

①　④　⑥

$F_3=\frac{1}{4}\{1AA+2\times\frac{1}{4}(1AA+2Aa+1aa)+1aa\}$

$=\frac{1}{4}\{1AA+\frac{1}{2}(1AA+2Aa+1aa)+1aa\}$

$=\frac{1}{8}(2AA+1AA+2Aa+1aa+2aa)$

$=\frac{1}{8}(3AA+2Aa+3aa)$

F_3の自家受精　$\frac{1}{8}(3AA\times AA+2Aa\times Aa+3aa\times aa)$ ⟵ $\frac{1}{8}(3:2:3)$のままであることに注目!!

①　④　⑥

$F_4=\frac{1}{8}\{3AA+2\times\frac{1}{4}(1AA+2Aa+1aa)+3aa\}$

$=\frac{1}{8}\{3AA+\frac{1}{2}(1AA+2Aa+1aa)+3aa\}$

$=\frac{1}{16}(6AA+1AA+2Aa+1aa+6aa)$

$=\frac{1}{16}(7AA+2Aa+7aa)$

(2) F_1～F_4の遺伝子型頻度からF_5とF_nの遺伝子型頻度を演繹(えんえき)的(てき)に推定した上で，$n\to\infty$のときのF_nの遺伝子型頻度を推定してみよう。

遺伝子型頻度 **Aaの頻度**

$F_2=\frac{1}{4}(1\,AA+2Aa+1\,aa)$ $\frac{2}{4}=\frac{1}{2}=\frac{1}{2^1}$

$F_3=\frac{1}{8}(3\,AA+2Aa+3\,aa)$ $\frac{2}{8}=\frac{1}{4}=\frac{1}{2^2}$

$F_4=\frac{1}{16}(7\,AA+2Aa+7\,aa)$ $\frac{2}{16}=\frac{1}{8}=\frac{1}{2^3}$

$F_{⑤}=\frac{1}{32}(15AA+2Aa+15aa)$ $\frac{2}{32}=\frac{1}{16}=\frac{1}{2^4}$

（$32 = 2^{⑤}$ ―同じ；$15 = \frac{2^5-2}{2}$）

$F_n=\frac{1}{2^n}\left(\frac{2^n-2}{2}AA+2Aa+\frac{2^n-2}{2}aa\right)$ $\frac{1}{2^{n-1}}$

$\lim_{n\to\infty}F_n=\frac{1}{2}(AA+aa)$ $\lim_{n\to\infty}\frac{1}{2^{n-1}}=0$

$n\to\infty$のとき，つまり自家受精を繰り返し続けると，最終的にはAa（ヘテロ接合）が消滅し，AA（顕性ホモ接合）とaa（潜性ホモ接合）のみになることがわかる。

なお，F_nや$\lim_{n\to\infty}$を用いなくても，Aaの頻度が代を重ねるごとに$\frac{1}{2}$になっていくので最終的には0になることと，常にAAとaaの頻度が同じであることから，最終的には$\frac{1}{2}(AA+aa)$になることは容易に理解できるはずである。

Point

$F_n=\frac{1}{2^n}\left(\frac{2^n-2}{2}AA+2Aa+\frac{2^n-2}{2}aa\right)$

$\lim_{n\to\infty}F_n=\frac{1}{2}(AA+aa)$

標問 54 の解説

問1～3 ア．$F_3=\frac{1}{8}(3AA+2Aa+3aa)$なので，AAとaaの出現率（頻度）は，

計 $\frac{6}{8}=\frac{3}{4}$ ⟶ 75%

ウ．$F_g=\frac{1}{2^g}\left(\frac{2^g-2}{2}AA+2Aa+\frac{2^g-2}{2}aa\right)$

なので，AAとaaの出現率の計は，

$$\frac{1}{2^g}\times\frac{2^g-2}{2}\times2=\frac{2^g-2}{2^g}=1-\frac{1}{2^{g-1}}$$

イ．$g=10$ で，$2^{10}=(2^5)^2=32^2=1024$ なので，

$$\frac{2^{10}-2}{2^{10}}=\frac{1022}{1024}=0.99804\cdots\fallingdotseq 0.998 \Longrightarrow 99.8\%$$

エ．3つの遺伝子座における遺伝は独立の法則が成立する**独立事象**（**標問55**の精講を参照）であり，1つの遺伝子座における F_3 でのホモ接合の出現率が $\frac{3}{4}$ である。

よって，3つの遺伝子座のすべてがホモ接合である個体の出現率は以下のように求められる。

$$\left(\frac{3}{4}\right)^3=\frac{27}{64}=0.42187\cdots \Longrightarrow 42.2\%$$

問4　目的の植物体を得るには aBC という遺伝子の組合せをもつ未熟花粉が必要なので，この未熟花粉の頻度を次の手順〈1〉～〈4〉で求めるとよい。

〈1〉　F_1＝AaBbCc の AB(ab)が連鎖しており，C(c)だけ独立している。

〈2〉　AaBb の部分について

AB(ab)の組換え価（以後 P と示す）＝10% ⟶ $\frac{1}{10}=\frac{1}{9+1}$

AaBb 部分の配偶子＝$\frac{1}{20}$(9AB＋1Ab＋1aB＋9ab)

〈3〉　Cc の部分について　Cc 部分の配偶子＝$\frac{1}{2}$(C＋c)

〈4〉　F_1 の配偶子＝$\frac{1}{20}$(9AB＋1Ab＋1aB＋9ab)×$\frac{1}{2}$(C＋c)

$$\frac{1}{20}\text{aB}\times\frac{1}{2}\text{C}=\frac{1}{40}\text{aBC} \Longrightarrow \frac{1}{40}$$

〈4〉より，aB かつ C という遺伝子の組合せをもつ未熟花粉の頻度は $\frac{1}{40}$ である。

標問 55 胚乳形質と独立の三遺伝子雑種

答

問1　(1)　黄色　　(2)　Aa　　(3)　AAa
問2　8（種類）
問3　ddeeff
問4　DDeeff と ddEEff
問5　3.7%

精講 本題のテーマ

■被子植物の胚乳形質

(1)　**胚のう形成**

胚のうの卵細胞・中央細胞・助細胞・反足細胞にある8個の核は，胚のう細胞の核(n)の3回の分裂によって生じるので，すべて同じ遺伝子型である。

Point1　卵核＝A ⟶ 2極核＝AA
卵核＝a ⟶ 2極核＝aa

(2)　**重複受精**

精核(n) ＋ 卵核(n) ⟶ 胚の核($2n$)
精核(n) ＋ 2極核($2n$) ⟶ 胚乳核($3n$)

■独立の三遺伝子雑種

3つの遺伝子座がそれぞれ異なる染色体上にある場合，それぞれの遺伝は独立の法則が成立する独立事象なので，個別に考えることができる。

Point2　**独立の法則が成立 ⟶ 独立事象 ⟶ 個別に考える**

標問 55 の解説

問1　問題主文には明記されていなかったが，下線部①に F_2 種子が**黄色種子：白色種子≒3：1** になったとあるので，種子を黄色にする顕性遺伝子がAで，白色にする潜性遺伝子がaと確認できる。白色（純系）の父親と黄色（純系）の母親との交配は以下のようになる。

♂P　♀P
aa × AA ⟹ F_1 の
（白色）（黄色）

　　　　精核　卵核
胚　＝　a　×　A ⟶ Aa ←(2)の答
　　　　　　↓↓ Point1
胚乳＝　a　×　AA ⟶ AAa＝〔A〕
　　　　精核　2極核
↑ (3)の答　（黄色）←(1)の答

本問では問われていないが，一般的には問われることが多いF_2についても示しておく。

♂F_1 ♀F_1
Aa × Aa ⟹ F_2の
胚 $= \frac{1}{2}(A+a) \times \frac{1}{2}(A+a) \longrightarrow \frac{1}{4}(AA+2Aa+aa)$ （精核・卵核）
胚乳 $= \frac{1}{2}(A+a) \times \frac{1}{2}(AA+aa) \longrightarrow \frac{1}{4}(AAA+AAa+Aaa+aaa)$ （精核・2極核）
$= \frac{1}{4}(3[A]+1[a])$
（黄色）（白色）

Point1

問2　問題主文の10行目以降の内容をまとめると以下のようになる。
・草丈の平均値が 90・120・150・180cm の4グループがある。
・顕性遺伝子D・E・Fのそれぞれが30cmずつ草丈を高くする。
・低い黄色の親の遺伝子型が ddeeFF で高い白色の親が DDEEff。
　これらから，草丈と種子の色と顕性遺伝子D・E・Fとの関係をまとめると，以下のようになる。
・白色より高い ⟶ 180cm ⟶ D・E・Fのうちの3種類ともも つ
・高い白色 ⟶ 150cm ⟶ D・E・Fのうちの2種類だけもつ
・低い黄色 ⟶ 120cm ⟶ D・E・Fのうちの1種類だけもつ
・黄色より低い ⟶ 90cm ⟶ D・E・Fのうちのどれももたず
　よって，低い黄色の親と高い白色の親の交配は次のようになる。

高い白色(150cm)　低い黄色(120cm)
DDEEff × ddeeFF
↓
F_1　DdEeFf

Dd ⬇　Ee ⬇　Ff ⬇　← Point2

F_1の配偶子 $= \frac{1}{2}(D+d) \times \frac{1}{2}(E+e) \times \frac{1}{2}(F+f)$
$= \frac{1}{8}(DEF+DEf+DeF+dEF+Def+dEf+deF+def)$
└─ 全部で8種類

問3　下線部②のF_2個体は黄色より低い90cmなので，D・E・Fのうちのどれももたない[def]のddeeffである。

問4　下線部③のF_2個体は黄色と同じ120cmなので，D・E・Fのうちの1種類だけもつ。よって，次の6つの遺伝子型が考えられるが，自家受粉によって生じるF_3がすべて元の120cmのままでなければならないので，次の〈1〉の純系であるとわかる。
〈1〉 DDeeff　ddEEff　ddeeFF ⟶ F_3はすべて120cm
〈2〉 Ddeeff　ddEeff　ddeeFf ⟶ F_3に90cmも生じる

求める遺伝子型は〈1〉の3つのうちで最初の交配に用いたddeeFF以外なので，DDeeffとddEEffの2つである。

問5　下線部④のF_2個体はF_1のDdEeFfと同じ180cmなので，D・E・Fのうちの3種類とももつ〔DEF〕である。

F_2の〔DEF〕の遺伝子型は，

F_2の〔D〕　F_2の〔E〕　F_2の〔F〕 ← Point2

$$\frac{1}{3}(1DD+2Dd)\times\frac{1}{3}(1EE+2Ee)\times\frac{1}{3}(1FF+2Ff)$$

これらの中で，F_3がすべて〔DEF〕になるのは，DDEEFFのみである。

$$\therefore\ \frac{1}{3}DD\times\frac{1}{3}EE\times\frac{1}{3}FF$$

$$=\frac{1}{27}DDEEFF$$

→ 0.0370……≒0.037 ⟶ 3.7%

標問 56 母性効果遺伝

答

問1　卵の数：1つ　　確率：$\frac{1}{4}$

問2　赤色：白色：桃色＝0：1：1

問3　RrXX：$\frac{1}{8}$　　RrXx：$\frac{1}{4}$　　Rrxx：$\frac{1}{8}$

rrXX：$\frac{1}{8}$　　rrXx：$\frac{1}{4}$　　rrxx：$\frac{1}{8}$

問4　Rrxx：$\frac{1}{8}$　　rrxx：$\frac{1}{8}$　　問5　$\frac{1}{192}$

精講　本題のテーマ

■母性効果遺伝

子の表現型が母親の遺伝子型によって決定される遺伝を**母性効果遺伝**という。多くの動物では，卵形成過程で蓄積された母親由来のmRNAやタンパク質など(**母性因子**)が子の初期発生に大きく関与しており，この母性因子の遺伝子を**母性効果遺伝子**という。代表的な例としては，受精後に翻訳されてショウジョウバエの胚の前後軸の決定に関わるビコイドmRNAの遺伝子がある(**標問45**参照)。

■集団の配偶子(遺伝子頻度)　**標問61**の精講を見よ。

■集団の自由交配　**標問61**の精講を見よ。

標問 56 の解説

問1　不均等な減数分裂によって1つの卵母細胞から1つの卵(細胞)と2～3つの極体が生じる。下線部①の♀の配偶子は以下のように求められる。

Rr Xx

$$配偶子=\frac{1}{2}(R+r)\times\frac{1}{2}(X+x)$$

$$=\frac{1}{4}(RX+Rx+rX+rx)\qquad\therefore\ \frac{1}{4}RX$$

問2　RrXx♀とrrXx♂の交配について，F_1♀の眼の色だけが問われている。

♀P　♂P

Rr × rr

↓

$$F_1(の♀♂)=\frac{1}{2}(Rr+rr)$$

$$=\frac{1}{2}(桃+白)\qquad\therefore\ 赤色：桃色：白色=0：1：1$$

問3　RrXx♀とrrXx♂の交配について，F_1♂の眼の色と生殖に関係する遺伝子(母性効果遺伝子)の遺伝子型の両方が問われている。

♀P　　　♂P

RrXx　×　rrXx

(Rr × rr) × (Xx × Xx) ← 独立

$$F_1(の♀♂) = \frac{1}{2}(Rr + rr) \times \frac{1}{4}(1XX + 2Xx + 1xx)$$

$$= \frac{1}{8}(1RrXX + 2RrXx + 1Rrxx + 1rrXX + 2rrXx + 1rrxx)$$

問4　問題主文の最初の段落に，母性効果遺伝子Xの機能を失った♀が産んだ卵は受精しても胚発生の途中で死ぬこと，およびXがxに対して完全に顕性であることが示されている。これらのことから下線部④のF_1♀の遺伝子型がxxであるとわかる。

$$F_1(の♀♂) = \frac{1}{2}(\underline{Rr + rr}) \times \frac{1}{4}(1XX + 2Xx + \underline{1xx})$$

下線部④のF_1♀は，$\frac{1}{8}$Rrxxと$\frac{1}{8}$rrxx

問5　下線部②のF_1♀と下線部③のF_1♂の自由交配についても，眼の色の遺伝と母性効果遺伝子Xとxの遺伝が独立事象なので，別個に扱ってよい。よって，次の〈1〉～〈3〉の手順で考えるとよい。

〈1〉　眼の色について

F_1♀　　　F_1♂

$$\frac{1}{2}(Rr + rr) \times \frac{1}{2}(Rr + rr)$$

$$F_2(の♀♂) = \frac{1}{2}\left\{\frac{1}{2}(R + r) + r\right\} \times \frac{1}{2}\left\{\frac{1}{2}(R + r) + r\right\}$$

$$= \frac{1}{4}(1R + 3r) \times \frac{1}{4}(1R + 3r)$$

$$= \frac{1}{16}(1RR + 6Rr + 9rr)$$

∴　F_2の中で眼が赤色のRRの出現頻度は$\frac{1}{16}$と期待される。

〈2〉　母性効果遺伝子Xとxについて

xxの♀が産む卵からは子が生じないので，正常に発生して成熟するF_2個体を産むことができるF_1♀は，XX：Xx＝1：2であることに注意する。卵を産まないF_1♂については，XX：Xx：xx＝1：2：1である。

$$\overset{F_1♀}{\frac{1}{3}(1XX+2Xx)}\times\overset{F_1♂}{\frac{1}{4}(1XX+2Xx+1xx)}$$

$$F_2(の♀♂)=\frac{1}{3}\left\{X+2\cdot\frac{1}{2}(X+x)\right\}\times\frac{1}{4}\left\{X+2\cdot\frac{1}{2}(X+x)+x\right\}$$

$$=\frac{1}{3}(2X+1x)\times\frac{1}{2}(X+x)$$

$$=\frac{1}{6}(2XX+3Xx+1xx)$$

$$=\frac{1}{12}(\underbrace{2XX+3Xx+1xx}_{F_2♀}+\underbrace{2XX+3Xx+1xx}_{F_2♂})$$

わかりやすくするために♀♂を別々に示す

∴　F_2の中でxxの♀の出現頻度は$\frac{1}{12}$と期待される。

〈3〉 F_2の中で，RRかつxxの♀の出現頻度は，

$$\frac{1}{16}\times\frac{1}{12}=\frac{1}{192}$$

と期待される。

標問 57 連鎖と組換え(1)

答

問1　ア－補足　イ－独立

問2　エチレンを生成する花：生成しない花＝129：127

問3　50%　　問4　A－⑥　B－③　C－②

精講 二遺伝子雑種

■二遺伝子雑種の F_2 の分離比

計16通り → 独立
（分離比の合計が16）

- 9：3：3：1
- 9：7　…　補足遺伝子
- 9：3：4　…　条件遺伝子※
- 12：3：1　…　被覆遺伝子
- 13：3　…　抑制遺伝子
- 15：1　…　同義遺伝子

計4通り → 完全連鎖
（分離比の合計が4）

- 3：0：0：1
- 2：1：1：0

その他 → 不完全連鎖

※厳密には補足遺伝子の1つ

標問 57の解説

本問では，問題主文に実験1・2の内容として，次のことが明示されている。

エチレン生成…純系4　AABBCC　　エチレン非生成 { 純系1　aaBBCC / 純系2　AAbbCC / 純系3　AABBcc }

しかしこのような説明がない問題も多く，その場合は次のように解析すればよい。

〈1〉 **実験1について**

エチレン生成の純系4と非生成の純系1の交配によって得られる F_2 が，生成：非生成＝3：1の計4通りに分離したことから，純系1が変異を起こしているのは1つの遺伝子であるとわかる(一遺伝子雑種)。さらに，分離比が3：1であること，および F_1 も生成のみであることから，生成が顕性形質で非生成が潜性形質であることもわかる。純系4と2および純系4と3についても同様である。

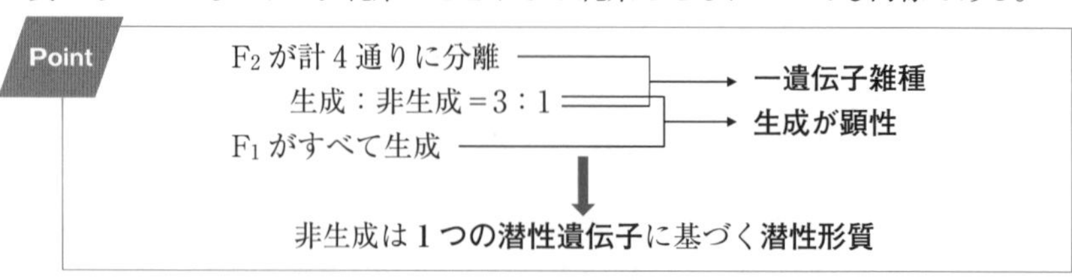

注意：完全連鎖の二遺伝子雑種でも F_2 の分離比の計が4になるが，その場合は，よほどのことがない限り2：1：1：0の分離比として出題される。

〈2〉 **実験2について**

もし純系1と2の変異遺伝子が同一ならば互いの変異を補い合うことができないので，これらのF_1も非生成になるはずである。しかし実際には生成になったことから，純系1と2の変異遺伝子は異なるとわかる。純系1と3および純系2と3の場合も同様なので，純系1～3の変異遺伝子はすべて異なるとわかる。

Point 異なる遺伝子の変異 ⟶ F_1は野生型(正常型)になる。
同一の遺伝子の変異 ⟶ F_1は変異型のまま。

問1 **実験3**については，次の〈1〉，〈2〉のように解析するとよい。

〈1〉 純系1と3のF_2が，生成：非生成＝9：7に分離した。計16通りになったことから，独立の二遺伝子雑種である，つまりA(a)とC(c)が異なる染色体上にあって，独立(イ)して遺伝するとわかる。さらに，分離比が9：7であることから，下に示すように，AとBが揃ったときだけ生成，1つでもないと非生成になり，AとBは互いに補足(ア)遺伝子として働くとわかる。

$$F_2=\frac{1}{16}(\underbrace{9[AC]}_{\text{生成}}+\underbrace{3[Ac]+3[aC]+1[ac]}_{\text{非生成}})=\frac{1}{16}(9\text{生成}+7\text{非生成})$$

純系2と3についても同様である。

Point F_2が，生成：非生成＝9：7に分離
計16通りに分離 ⟶ **独立の二遺伝子雑種**
生成：非生成＝9：7 ⟶ **補足遺伝子が関わる**

〈2〉 純系1と純系2のF_2の分離比の計がほぼ2であり，16にならなかったことから，A(a)とB(b)が同一の染色体上にあって，完全あるいは不完全に連鎖して遺伝するとわかる。

問2 完全連鎖と不完全連鎖の両方の場合について示しておく。

〈1〉 **Ab(aB)の組換え価(P)＝0％**

F_1＝AaBb の $P=0$

F_1の配偶子$=\frac{1}{2}(Ab+aB)$

$$F_2=\left\{\frac{1}{2}(Ab+aB)\right\}^2=\frac{1}{4}(\underbrace{2[AB]}_{\text{生成}}+\underbrace{1[Ab]+1[aB]}_{\text{非生成}})=\frac{1}{2}(1\text{生成}+1\text{非生成})$$

〈2〉 **Ab(aB)のP＝12.5％**

F_1＝AaBb の $P=0.125=\frac{1}{8}=\frac{1}{7+1}$

F_1の配偶子$=\frac{1}{16}(1AB+7Ab+7aB+1ab)$

$$F_2=\left\{\frac{1}{16}(1AB+7Ab+7aB+1ab)\right\}^2$$

$$=\frac{1}{256}(\underbrace{129[AB]}_{\text{生成}}+\underbrace{63[Ab]+63[aB]+1[ab]}_{\text{非生成}})$$

(129：③，63：②，63：②，1：①；63[Ab]と63[aB]は「同じ」)

	7	1
7	49＋7 →② 63	
1	7	1

③ 256－(63＋63＋1)

問３　F_2の非生成の$\frac{1}{127}$(63〔Ab〕＋63〔aB〕＋1〔ab〕)のうちで純系２のAAbbと交配して次世代に生成の〔AB〕が生じるのは63〔aB〕のみである。よって，

$$\frac{63}{127}=0.4960\cdots \fallingdotseq 0.50$$

問４　実験４と実験５については，次のように解析するとよい。

〈１〉　実験５の結果をまとめると次のようになる。

	純系１ aaBBCC	純系２ AAbbCC	純系３ AABBcc
Aの mRNA	×	○	○
Bの mRNA	×	×	○
Cの mRNA	○	○	×

純系１のａだとＡのmRNAだけでなくＢのmRNAまで合成されなくなることから，Ａがコードするタンパク質がＢの転写に不可欠なもので，選択肢⑥のＢの転写を促進する調節タンパク質であるとわかる。

〈２〉　純系２のｂはＢのmRNAのみに，純系３のｃはＣのmRNAのみに影響することから，ＢとＣがコードするタンパク質はそれぞれ選択肢①～④のいずれかであるとわかる。

〈３〉　実験４の説明文に中間代謝産物として物質ＸとＹがあると示されているので，エチレンの合成経路としては次の(a)と(b)の２つが考えられる。

(a)　前駆物質 ⟶ 物質Ｘ ⟶ 物質Ｙ ⟶ エチレン（選択肢②，③）

(b)　前駆物質 ⟶ 物質Ｙ ⟶ 物質Ｘ ⟶ エチレン（選択肢①，④）

(a)だと，物質Ｙを与えたときに「物質Ｘ ⟶ 物質Ｙ」の部分に欠陥をもつ純系はエチレンを合成できるが，「物質Ｙ ⟶ エチレン」の部分に欠陥をもつ純系はエチレンを合成できないので，前者がｂの純系２で後者がｃの純系３であるとすれば実験結果に合致する。

しかし(b)だと，物質Ｙを与えたときに，「物質Ｙ ⟶ 物質Ｘ」の部分に欠陥をもつ純系も「物質Ｘ ⟶ エチレン」の部分に欠陥をもつ純系もエチレンを合成できないことになって，実験結果と矛盾する。

したがって，エチレンの合成経路と純系２と３との関係は下のようになり，Ｂがコードするタンパク質は③で，Ｃがコードするタンパク質は②であるとわかる。

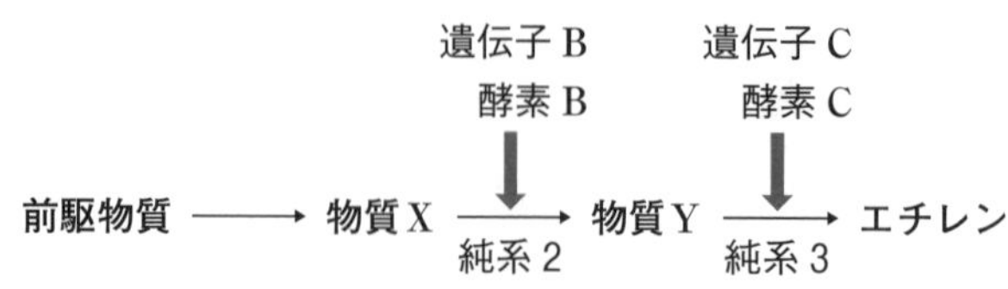

標問 58 連鎖と組換え(2)

答

問1　SNP座位1とSNP座位2が同一の染色体上にあり，祖先種では座位1のAと座位2のA，および座位1のCと座位2のGが不完全に連鎖していた。(68字)

問2　(1)　“丸”：“しわ”＝0：1　　(2)　“丸”：“しわ”＝9：7

問3　20%

精講 本題のテーマ

■一遺伝子雑種の遺伝様式

異なった対立遺伝子をそれぞれホモ接合でもつ両親(A_1A_1 と A_2A_2)の間に生じたヘテロ接合の子(A_1A_2)が示す形質に基づいて分類すると，遺伝様式は以下の3通りに分類できる。

顕　性　：子が両親の片方と同じ形質を示す
不完全顕性：子が両親の中間の形質を示す
共　顕　性：子が両親の両方の形質を示す

なお，本題の図1にあるSBEI遺伝子座のPCR産物の電気泳動像やSNP座位の塩基という形質も共顕性の遺伝様式を示す。

■転移因子

ゲノムDNA上のある部分から別の部分へ移動する，つまり転移することができるDNA配列であり，その転移様式によってトランスポゾンとレトロポゾン(レトロトランスポゾン)に大別される。

〈1〉　トランスポゾン
　自身のDNA配列を切り出し，ゲノムの新しい部位に挿入するカット＆ペースト様式で転移する。

〈2〉　レトロポゾン
　自身のDNA配列が転写されたRNA配列を逆転写酵素によってDNA配列にコピーし，このコピーをゲノムの新しい部位に挿入するコピー＆ペースト様式で転移する。

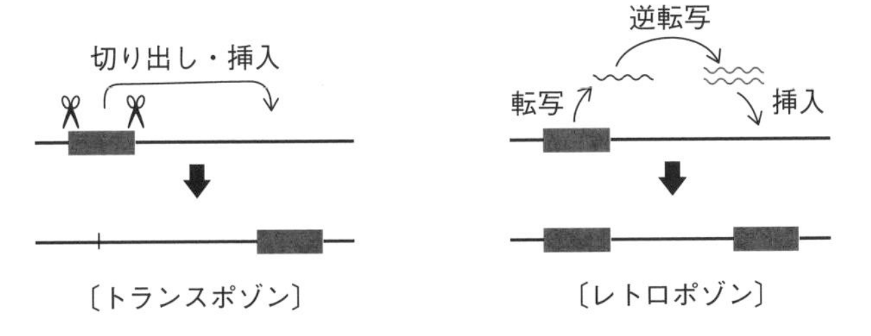

■一塩基多型(SNP，スニップ)

ヒトゲノムのうち，約99.9%の塩基配列はすべてのヒトで共通であるが，残りの約0.1%は個人によって異なっている。つまり，1000塩基に1塩基の割合で，ゲノムDNAの特定部位が1塩基単位で個体ごとに異なっているのである。これを**一塩基多型**という。

標問 58 の解説

問1　2つ以上の事象について，それぞれの期待値(確率)の積によって求めることができるのは，それらの事象が独立している場合の期待値(確率)である。よって，本問においても，2つのSNP座位のそれぞれの対立遺伝子頻度の積で求められる対立遺伝子の組み合わせの期待頻度は**独立事象**の場合，つまり2つのSNP座位が異なる染色体上に存在して両者の遺伝に独立の法則が成立する場合の期待値である。

〈1〉 **独立(事象)の場合**

SNP 座位 1　　SNP 座位 2

対立遺伝子の組み合わせの期待頻度＝(0.6A＋0.4C) × (0.5A＋0.5G)

＝0.30AA＋0.30AG＋0.20CA＋0.20CG

〈2〉 **実際の場合(表1)**

対立遺伝子の組み合わせの頻度＝0.45AA＋0.15AG＋0.05CA＋0.35CG

両者を比較すると，AAとCGの実際の頻度が期待頻度を上回り，AGとCAの実際の頻度が期待頻度を下回るので，SNP座位1とSNP座位2は，**異なる染色体上に存在するのではなく，同一の染色体上に存在すると考えられ，さらに祖先種においては座位1のAと座位2のA，および座位1のCと座位2のGが不完全に連鎖していたと考えられる。**

問2　新規“しわ”突然変異体を“丸”純系と交配するとF_1がすべて“丸”となることから，この新規“しわ”突然変異も潜性遺伝子によるものとわかる。

(1)　新規突然変異がSBEI遺伝子座位に起きた場合，新規突然変異体と“しわ”純系個体の遺伝子型はともに*rr*である。

新規突然変異体　　“しわ”純系個体

rr　×　*rr*

↓

F_1 …　*rr*

↓

F_2 …　*rr* ──→ “丸”：“しわ”＝0：1

(2)　新規突然変異がSBEI遺伝子座位と連鎖しない遺伝子座位に起きた場合，新規の突然変異遺伝子を*q*で示すものとすると，新規突然変異個体の遺伝子型は*qqRR*，“しわ”純系個体の遺伝子型は*QQrr*となる。

新規突然変異体　　　“しわ”純系個体

$qqRR$ × $QQrr$

↓

F_1 … $QqRr$

↓

独立 ➡ F_2 … $\frac{1}{16}(\underbrace{9[QR]}_{\text{“丸”}}+\underbrace{3[Qr]+3[qR]+1[qr]}_{\text{“しわ”}})$

↓

“丸”：“しわ”＝9：7

問3　次の手順で考えるとよい。

〈1〉 遺伝子 r のDNA領域には転移因子(トランスポゾン)が挿入されているので，図1の電気泳動像の分子量(大)のバンドが r であり，(小)のバンドが R であるとわかる。したがって，例えば，BC_1 世代の個体1は rrGG，個体2は RrGG，個体3は RrAG であるとわかる。

〈2〉 RR 純系の RRAA(親1)と rr 純系の rrGG(親2)から生じる F_1 は RrAG である。そして，この F_1 がつくる4種類の配偶子のうち，RA と rG はもともと連鎖していたものであり，組換えによって新たに生じたものは RG および rA である。

〈3〉 戻し交雑に用いた rr 純系の rrGG(親2)がつくる配偶子は rG である。

〈4〉 F_1 の配偶子 RG および rA と親2の配偶子 rG から生じた個体を図1の BC_1 世代の個体1～20の中から見つける。

F_1 の配偶子		親2の配偶子		生じる BC_1	
RG	×	rG	⟶	RrGG	… 2＆10の2個体
rA	×	rG	⟶	rrAG	… 7＆16の2個体

〈5〉 F_1 がつくった計20個の配偶子のうち，組換えによって生じたのは2個の RG と2個の rA の計4個とわかったので，組換え価＝$\frac{4}{20}=\frac{1}{5}$，つまり20％と求められる。

標問 59 性と遺伝

答　問1　1－DNA　2－核　3－常染色体　4－ヘテロ(ヘテロ接合)
5－ホモ(ホモ接合)　6－XY　7－ZW　8－伴性
問2　⑤　問3　④　問4　②　問5　③　問6　②
問7　ZZ

精講 本題のテーマ

■ヒトゲノム

体細胞の核内染色体には2組のゲノムが含まれている。1組のゲノムである約30億塩基対の中には，約20,000(20,500)個の遺伝子があると推定されている。なお，本題の問題主文にあるように，ミトコンドリアゲノムを含むとする場合もある。

■性決定の様式

(1)　♂ヘテロ型

		常染色体	性染色体	染色体数	〔例〕
XY型	♀	2A ＋	XX	$2n$	ヒト，ショウジョウバエ
	♂	2A ＋	XY	$2n$	
XO型	♀	2A ＋	XX	$2n$	バッタ，トンボ
	♂	2A ＋	X	$2n-1$	

(2)　♀ヘテロ型

		常染色体	性染色体	染色体数	〔例〕
ZW型	♀	2A ＋	ZW	$2n$	カイコガ，ニワトリ
	♂	2A ＋	ZZ	$2n$	
ZO型	♀	2A ＋	Z	$2n-1$	ミノガ，ヒゲナガトビケラ
	♂	2A ＋	ZZ	$2n$	

■ライオニゼーション(X染色体不活性化)

哺乳類の雌性体細胞では，2本のX染色体のうちの片方が不活性化されており，これによってX染色体にコードされる遺伝子産物が雌雄で等量となる。この片方の不活性化は発生初期に細胞ごとにランダムに起こるが，一度不活性化されると，その細胞に由来する子孫細胞ではすべて同じX染色体が不活性化される。

■*SRY*(性決定遺伝子)

哺乳類のY染色体上にあり，生殖巣を精巣に分化させる働きをもつ。この*SRY*が働かないと，生殖巣は卵巣に分化する。**標問43問6**を参照。

■XY型の伴性遺伝の表記法

ある遺伝的形質を支配する遺伝子がX染色体上に存在し，顕性遺伝子がAで潜性遺伝子がaとする。この場合，遺伝子型はXを2つもつ♀では3通りとなり，1つだけもつ♂では2通りとなるが，それぞれを次のように表記することにする。

♀			♂	
X^AX^A	X^AX^a	X^aX^a	X^AY	X^aY
⬇	⬇	⬇	⬇	⬇
AA	Aa	aa	A○	a○

つまり，Xについては遺伝子のみを示せばよく，遺伝子をもたないYについては○と示した上で○を遺伝子と同様に扱えばよい。したがって，AAなどの遺伝子2つが♀を示し，A○などの遺伝子1つと○が♂を示す。

標問 59 の解説

問1，2　精講を参照。

問3　ヒトのX染色体上には赤緑色覚異常や血友病（血液凝固第Ⅷ因子）などの遺伝子が，キイロショウジョウバエのX染色体上には白眼や黄体色などの遺伝子がある。

問4，5　灰色の野生型遺伝子をA，しま模様の潜性遺伝子をaとおくと，雌雄の遺伝子型と表現型は以下のようになる。

♀ { AA → 灰色 / Aa → まだら（灰色としま模様） / aa → しま模様 }

♂ { A○ → 灰色 / a○ → しま模様 }

〈1〉　問題文の交配の検証

灰色♀　しま♂

AA × a○

↓

$F_1 = \frac{1}{2}$(Aa + A○)

F_1♀：1・まだら　F_1♂：1・灰色

F_1♀　F_1♂

Aa × A○

↓

$F_2 = \frac{1}{4}$(AA + Aa + A○ + a○)

F_2♀：$\frac{1}{2}$(1・灰色＋1・まだら)　F_2♂：$\frac{1}{2}$(1・灰色＋1・しま)

〈2〉　問4 [エ] を求める。

しま♀　灰色♂

aa × A○

↓

$F_1 = \frac{1}{2}$(Aa + a○)

F_1♀：1・まだら　F_1♂：1・しま

〈3〉　問5 [オ] を求める。

F_1♀　F_1♂

Aa × a○

↓

$F_2 = \frac{1}{4}$(Aa + aa + A○ + a○)

F_2♀：$\frac{1}{2}$(1・まだら＋1・しま)　F_2♂：$\frac{1}{2}$(1・灰色＋1・しま)

問6　三毛ネコになるためには，X染色体上にある茶色の顕性遺伝子と黒色の潜性遺伝子をヘテロでもつ，つまりX染色体を2つもつ必要がある。したがって，三毛ネコの雄の性染色体構成はXXY（クラインフェルター症候群）である。∴　②

問7　体細胞の染色体数が雌雄で同じとあるので，コモドドラゴンはXY型かZW型のいずれかである。XY型であれば単為生殖によってXXの雌から産まれるのはXXの雌でしかあり得ない。したがって，コモドドラゴンはZW型であり，単為生殖によって産まれてくる雄はZZであると考えられる。

なお，他の何種かのは虫類でも単為生殖はみられるが，すべて雌だけが生じ，雄だけが生じるというコモドドラゴンのような単為生殖は他に類をみない。そのしくみは，今のところ，次のように考えられている。

二次卵母細胞が行う減数第二分裂の段階で，一価染色体（1本の染色体）を構成する2つの染色分体の分離は起こるが，核分裂と細胞質分裂が起こらず，染色分体の分離によって $n \to 2n$ となった卵が単為発生する。

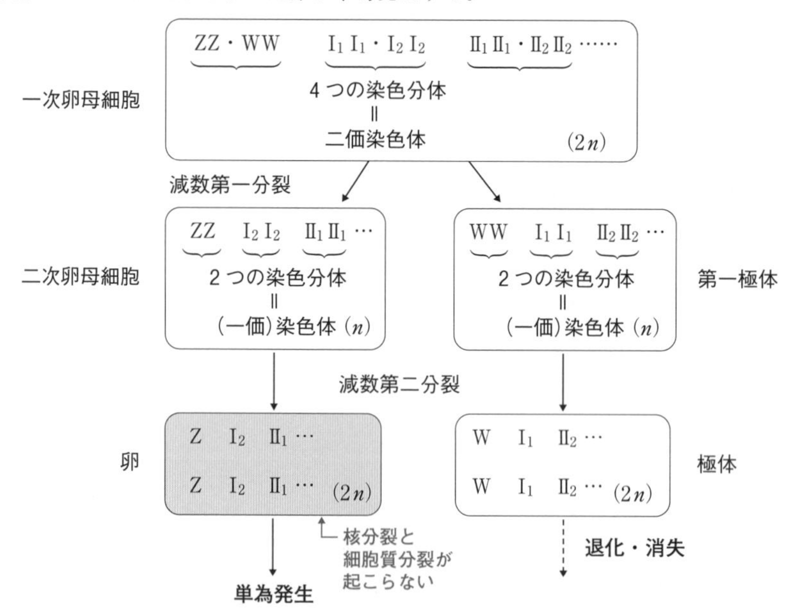

この図のように，ZZの卵とWWの極体が生じた場合はZZの卵が単為発生するが，逆にWWの卵とZZの極体が生じた場合は，恐らくYYの卵が単為発生できないのと同様に，WWの卵は単為発生しないものと考えられる。このような単為生殖によって生じた子どもの最大の特徴は，Z染色体だけに限らず，すべての常染色体について半保存的に複製された全く同一の塩基配列をもつ染色体を2つずつもつということである。つまり，すべての遺伝子についてホモ接合（純系）になっているのである。

標問 60 家系分析

答 問1 ④ 問2 ① 問3 ④ 問4 ②

精講 本題のテーマ

■集団の伴性遺伝の扱い方

X染色体上にある顕性遺伝子と潜性遺伝子をそれぞれAとaとし，それぞれの遺伝子頻度をpとq($p+q=1$)とすると，♀と♂の遺伝子型頻度と表現型頻度は以下のようになる。

	♀	♂
	$(p\mathrm{A}+q\mathrm{a})(p\mathrm{A}+q\mathrm{a})$	$(p\mathrm{A}+q\mathrm{a})$○
遺伝子型頻度＝	$p^2\mathrm{AA}+2pq\mathrm{Aa}+q^2\mathrm{aa}$	$=(p\mathrm{A}+q\mathrm{a})$○
表現型頻度＝	$(p^2+2pq)[\mathrm{A}]+q^2[\mathrm{a}]$	$=p[\mathrm{A}]+q[\mathrm{a}]$
	10^{-8}	10^{-4}

〔例〕日本の血友病遺伝子の$q=10^{-4}$

Point
① ♂はXが1つ ⟶ 遺伝子頻度＝遺伝子型頻度＝表現型頻度
② 潜性形質が現れる頻度は，$0<$(♀のq^2)$\ll$(♂のq)<1

標問 60 の解説

問1 血縁関係がある家系においても形質が男性(以後♂)にしか現れず，しかもその頻度が$\frac{4}{13}$と低いことから，伴性の潜性遺伝である可能性が高い。常染色体性の潜性遺伝である可能性も残るが，問3の問題文の「子$\mathrm{B_3}$が男性である場合」という条件文を出題者がヒントとして与えていることに気づく必要がある。∴ ④

問2 $\mathrm{A_2}$の女性(以後♀)については，〔A〕でAを1つもつこと以外には一切のデータがないので，遺伝子頻度pとqを用いて考えるしかない。

〈1〉 問題主文冒頭の「5000人に1人現れる程度の頻度」が♀と♂のどちらについてなのかがわからない。♀についてなら$q^2=\frac{1}{5000}$なので$q\fallingdotseq 0.0141$となり，♂についてなら$q=\frac{1}{5000}=0.0002$となるが，いずれにしても$q\fallingdotseq 0$である。

〈2〉 $\mathrm{A_2}$♀と$\mathrm{A_1}$♂の交配は次のようになる。

$$\underset{\mathrm{A_2}♀}{\mathrm{A}(p\mathrm{A}+q\mathrm{a})} \quad \times \quad \underset{\mathrm{A_1}♂}{\mathrm{a}○}$$

〔解1〕 子$\mathrm{A_3}$に形質が出るためには，$\mathrm{A_2}$♀の配偶子がaでないとダメなので，♀の配偶子だけについて考える。

$$♀の配偶子 = \frac{1}{2}\{A + (pA + qa)\}$$

$$= \frac{1}{2}\{(1+p)A + qa\}$$

$$\rightarrow \frac{1}{2}q \fallingdotseq 0 \Longrightarrow ①$$

〔**解 2**〕

$$\overset{A_2♀}{A(pA+qa)} \quad \times \quad \overset{A_1♂}{a○} \quad をすべて計算する。$$

$$子 = \frac{1}{2}\{A + (pA + qa)\} \times \frac{1}{2}(a + ○)$$

$$= \frac{1}{2}\{(1+p)A + qa\} \times \frac{1}{2}(a + ○)$$

$$= \frac{1}{4}\{(1+p)Aa + qaa + (1+p)A○ + qa○\}$$

$$= \frac{1}{2}\{(1+p)〔A〕 + q〔a〕\}$$

$$\rightarrow \frac{1}{2}q \fallingdotseq 0 \Longrightarrow ①$$

問 3　B_2♀については，〔a〕の息子がいることもわかっている。

〈1〉　息子が a○ の 正常 な B_2♀ = A a

〈2〉

$$\overset{B_2♀}{Aa} \quad \times \quad \overset{B_1♂}{A○}$$

$$子 = \frac{1}{4}(AA + Aa + A○ + a○)$$

$$B_3♂ = \frac{1}{2}(〔A〕 + 〔a〕)$$

$$\rightarrow \frac{1}{2} \Longrightarrow ④$$

問 4　C_1♀については，〔a〕の兄弟がいることしかわかっていないので，C_1♀の母親（D_1♀とする）と父親（D_2♂とする）にさかのぼって考える必要がある。

〈1〉

D_1　D_2

A_1　A_2　C_1　C_2

A_3　C_3

A_1♂

息子が a○ の 正常 な D_1♀ = A a

〈2〉

$$\overset{D_1♀}{Aa} \quad \times \quad \overset{D_2♂}{A○}$$

$$子 = \frac{1}{4}(\underbrace{AA + Aa}_{C_1♀} + A○ + a○)$$

〈3〉

$$\begin{array}{ccc} & C_1♀ & & C_2♂ \\ & \frac{1}{2}(AA+Aa) & \times & A○ \end{array}$$

$$子=\frac{1}{2}\left\{A+\frac{1}{2}(A+a)\right\}\times\frac{1}{2}(A+○)$$

$$=\frac{1}{4}(3A+1a)\times\frac{1}{2}(A+○)$$

$$=\frac{1}{8}(3AA+1Aa+3A○+\underline{1a○})$$

$$=\frac{1}{8}(7〔A〕+\underline{1〔a〕})$$

$$\rightarrow \frac{1}{8} \Rightarrow ②$$

標問 61 集団遺伝(1)

答　問1　①，②，⑨　　問2　解説を参照
問3　0.35もしくは0.65
問4　エ－0.9　オ－0.1　カ－81　キ－18　ク－低　ケ－9

精講 集団遺伝

■集団の配偶子＝遺伝子頻度＝遺伝子プール

① 個体の配偶子

個体の遺伝子型	AA	Aa	aa
	↓	↓	↓
配偶子の遺伝子型	1A	$\frac{1}{2}(A+a)$	1a

② 集団の配偶子＝遺伝子頻度＝遺伝子プール

ⓘ AA：Aa＝1：2の集団の場合

集団の遺伝子型頻度$=\frac{1}{3}(1AA+2Aa)$

集団の配偶子＝遺伝子頻度$=\frac{1}{3}\left\{A+2\cdot\frac{1}{2}(A+a)\right\}$

$=\frac{1}{3}(2A+1a)$ ➡ Aの遺伝子頻度$=\frac{2}{3}$，aの遺伝子頻度$=\frac{1}{3}$

遺伝子プール
A：2コ
a：1コ

ⓘⓘ Aa：aa＝2：1の集団の場合

集団の遺伝子型頻度$=\frac{1}{3}(2Aa+1aa)$

集団の配偶子＝遺伝子頻度$=\frac{1}{3}\left\{2\cdot\frac{1}{2}(A+a)+a\right\}$

$=\frac{1}{3}(1A+2a)$

ⓘⓘⓘ AA：Aa：aa＝1：2：1の集団(一遺伝子雑種の F_2)の場合

集団の遺伝子型頻度$=\frac{1}{4}(1AA+2Aa+1aa)$

集団の配偶子＝集団の遺伝子頻度$=\frac{1}{4}\left\{A+2\cdot\frac{1}{2}(A+a)+a\right\}$

$=\frac{1}{4}(2A+2a)$

$=\frac{1}{2}(A+a)$ ⬅ F_1＝Aaの配偶子＝遺伝子頻度と同じ!!

■集団の自由交配

① ♀集団と♂集団が異なる場合

♀集団　　　♂集団

$$\frac{1}{3}(1AA+2Aa)\times\frac{1}{3}(2Aa+1aa)$$

$$\text{次世代の遺伝子型頻度}=\frac{1}{3}\left\{A+2\cdot\frac{1}{2}(A+a)\right\}\times\frac{1}{3}\left\{2\cdot\frac{1}{2}(A+a)+a\right\}$$

$$=\frac{1}{3}(2A+1a)\times\frac{1}{3}(1A+2a)$$ ⟵ 集団の配偶子ⓘ×ⓘⓘ

$$=\frac{1}{9}(2AA+5Aa+2aa)$$

$$\text{次世代の表現型頻度}=\frac{1}{9}(7〔A〕+2〔a〕)$$

② ♀集団と♂集団が同一の場合(F_2の自由交配)

$$F_2\text{の遺伝子型頻度}=\frac{1}{4}(1AA+2Aa+1aa)$$

$$F_2\text{の遺伝子頻度}=\frac{1}{2}(A+a)$$ ⟵ 集団の配偶子ⓘⓘⓘ

$$F_3\text{の遺伝子型頻度}=\left\{\frac{1}{2}(A+a)\right\}^2$$

$$=\frac{1}{4}(1AA+2Aa+1aa)$$

$$F_3\text{の表現型頻度}=\frac{1}{4}(3〔A〕+1〔a〕)$$

⟵ F_2と同じ!!

■ハーディ・ワインベルグの法則(Hardy-Weinberg's law)

下の(1)の条件を満たす集団では,

集団中の遺伝子頻度と遺伝子型頻度はともに毎代不変で,
平衡状態(ハーディ・ワインベルグ平衡)にあり,
遺伝子型頻度は遺伝子頻度の積に等しい。

(1) 法則の成立条件

① 個体数が十分大きい　　② 自由交配が行われる
③ 個体の移出入がない　　④ 突然変異が起こらない
⑤ 自然選択が起こらない　　(⑥ 個体間に繁殖力の差がない)

(注) ①〜⑤だけが示されることが多いが,厳密には,各個体が次世代に同数の子(遺伝子)を残すという⑥も不可欠である。

(2) 法則を具体的に示すと

Aとaの遺伝子頻度をそれぞれpとq($p+q=1$)とすると, ⟶

① 代を重ねても,遺伝子頻度と遺伝子型頻度は変化しない。
② 各世代の遺伝子型の頻度は次のように求められる。

$$(\text{遺伝子頻度})^2$$
$$=(pA+qa)^2$$
$$=p^2AA+2pqAa+q^2aa$$

遺伝子プール
A：pコ
a：qコ

標問 61 の解説

問1　精講を参照。もし4つ選ぶのなら，精講の⑥にあたる選択肢③が答に加わる。

問2　ある世代の遺伝子頻度 $= p\mathrm{A} + q\mathrm{a}\ (p+q=1)$

次世代の遺伝子型頻度 $= (p\mathrm{A}+q\mathrm{a})^2$

$= p^2\mathrm{AA} + 2pq\mathrm{Aa} + q^2\mathrm{aa}$

次世代の遺伝子頻度 $= p^2\mathrm{A} + 2pq \cdot \frac{1}{2}(\mathrm{A}+\mathrm{a}) + q^2\mathrm{a}$

$= (p^2+pq)\mathrm{A} + (pq+q^2)\mathrm{a}$

$= p(p+q)\mathrm{A} + q(p+q)\mathrm{a}$　⟵ $p+q=1$

$= p\mathrm{A} + q\mathrm{a}$　⟵ 変化していない

（以上，解答として示す部分）

次々世代の遺伝子型頻度 $= (p\mathrm{A}+q\mathrm{a})^2$

$= p^2\mathrm{AA} + 2pq\mathrm{Aa} + q^2\mathrm{aa}$　⟵ 変化していない

問題主文に「対立遺伝子の遺伝子頻度は世代間で変化しない」とあるので，次々世代の遺伝子型頻度を求めて遺伝子型頻度も変化しないことは示さなくてよい。

問3　Aaの頻度である $2pq$ が0.455なので，次のように考えるとよい。

〈1〉　$2pq = 0.455 = \frac{455}{1000}$

$pq = \frac{455}{2000} = \frac{91}{400}$

〈2〉　$p+q=1$

$pq = \frac{91}{400} = \frac{7 \cdot 13}{20 \cdot 20}$

$\therefore\ (p, q) = \left(\frac{13}{20}, \frac{7}{20}\right)$ もしくは $\left(\frac{7}{20}, \frac{13}{20}\right)$

問4　次の手順で考えるとよい。なお，生殖可能年齢を生殖齢と略記し，遺伝子型についてはHbA/HbAをAAなどのように略記する。

〈1〉　ある世代の生殖齢

遺伝子型頻度 $= \frac{1}{10}(8\mathrm{AA} + 2\mathrm{AS})$

遺伝子頻度 $= \frac{1}{10}\left\{8\mathrm{A} + \cancel{2} \cdot \frac{1}{\cancel{2}}(\mathrm{A}+\mathrm{S})\right\}$

$= \frac{1}{10}(9\mathrm{A} + 1\mathrm{S})$ ➡ Aの頻度 $= \frac{9}{10} = 0.9$ ← エ の答；Sの頻度 $= \frac{1}{10} = 0.1$ ← オ の答

〈2〉　次世代の出生時

遺伝子型頻度 $= \left\{\frac{1}{10}(9\mathrm{A} + 1\mathrm{S})\right\}^2$

$= \frac{1}{100}(81\mathrm{AA} + 18\mathrm{AS} + 1\mathrm{SS})$ ⬅ 1SSが鎌状赤血球症で死亡する

（81AA → カ の答，18AS → キ の答，1SS → 死亡）

$= \frac{1}{99}(81\mathrm{AA} + 18\mathrm{AS})$

$= \frac{1}{11}(9\mathrm{AA} + 2\mathrm{AS})$

$$\text{遺伝子頻度} = \frac{1}{11}\left\{9A + \cancel{2}\cdot\frac{1}{\cancel{2}}(A + S)\right\}$$

$$= \frac{1}{11}(10A + 1S) \Longrightarrow \begin{cases} A\text{の頻度} = \dfrac{10}{11} = \text{に少し up} \\ S\text{の頻度} = \dfrac{1}{11} = \text{に少し down} \end{cases}$$

down ← ［ク］の答

〈3〉 次世代において

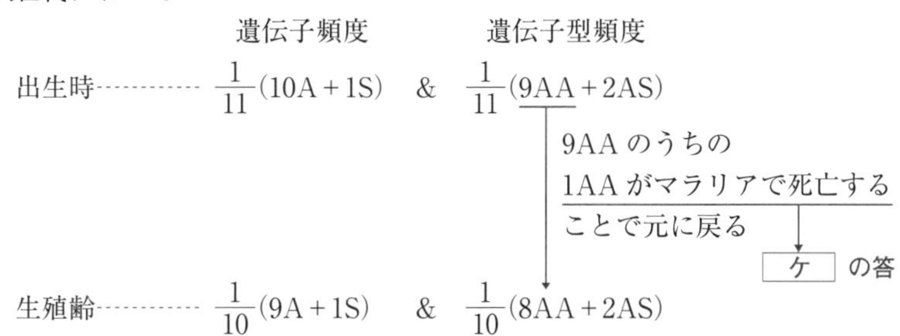

〈4〉 問題文**B**の内容を要約すると次のようになる。新しい世代の子どもが生じる過程では鎌状赤血球症によるSへの負の自然選択(自然淘汰)によって，遺伝子頻度はSが減少するとともにAが増大する。しかし逆に，子どもの成長する過程ではマラリアによるAへの負の自然選択によって，Aが減少してSが増大する。これが延々と繰り返されることで，AとSの遺伝子頻度が常に一定に保たれる。

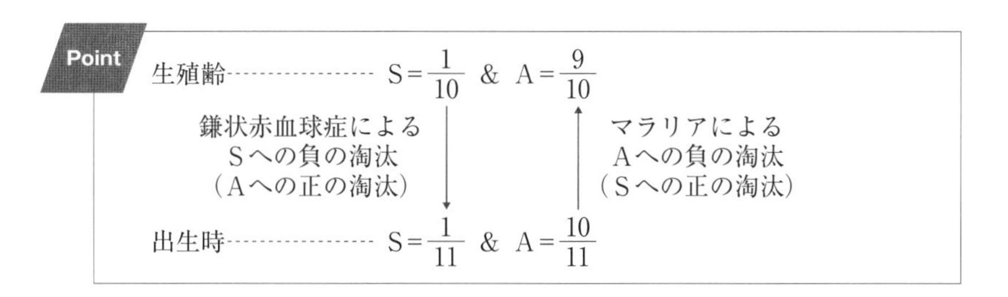

Point
生殖齢
S=1/10 & A=9/10
鎌状赤血球症による
Sへの負の淘汰
(Aへの正の淘汰)
マラリアによる
Aへの負の淘汰
(Sへの正の淘汰)
出生時
S=1/11 & A=10/11

標問 62 集団遺伝(2)

答

問1　〔A〕集団でアルビノのaaを生じるペアはAa×Aaであり，このペアの頻度が$\frac{1}{400}$であることから，Aaの頻度は次のように求められる。

$$\frac{1}{400}\times \text{Aa}\times \text{Aa}$$
$$=\frac{1}{20}\text{Aa}\times \frac{1}{20}\text{Aa}$$

Aaの頻度が$\frac{1}{20}$なので，この〔A〕集団の遺伝子型頻度と遺伝子頻度は次のように求められる。

$$\text{遺伝子型頻度}=\frac{1}{20}(19\text{AA}+1\text{Aa})$$
$$\text{遺伝子頻度}=\frac{1}{20}\left\{19\text{A}+\frac{1}{2}(\text{A}+\text{a})\right\}$$
$$=\frac{1}{40}(39\text{A}+1\text{a})$$
$$\therefore\quad \text{a の頻度}=\frac{1}{40}=0.025$$

問2　ア－p^2+2pq　イ－$\frac{q}{1+q}$　ウ－$\frac{q}{1+2q}$　エ－$\frac{q}{1+3q}$

オ－$\frac{q}{1+\mathrm{t}q}$

問3　40世代後

$\frac{1}{2}q\geqq\frac{q}{1+\mathrm{t}q}$で，$0<q$ かつ $0<1+\mathrm{t}q$

よって，$1+\mathrm{t}q\geqq 2$　$\mathrm{t}q\geqq 1$　$\mathrm{t}\geqq\frac{1}{q}$

問1の$q=\frac{1}{40}$なので，$\mathrm{t}\geqq 40$

問4　減少率を次第に低下させながら，次第に0に漸近していく。(27字)

精講 重要事項の整理

■顕性ホモ系統の確立

遺伝の実験を行うには，まず初めに顕性ホモ系統を確立しなければならない。このため，自家受精させることができる生物では自家受精を繰り返し続けることでヘテロ接合体を消滅させ(**標問54**)，自家受精させることができない生物では自由交配して潜性形質個体を除去することを繰り返し続けることで潜性遺伝子を消滅させ(本題 **II**)，顕性ホモ系統を確立する。

■ p と $q(p+q=1)$ を用いた表記

Aとaの遺伝子頻度を p と $q(p+q=1)$ とするとき，集団の遺伝子頻度と遺伝子型頻度は，$p+q=1$ であり $(p+q)^2=1$ であることから，通常は以下のように最初の分数を略して示す。

$$\text{遺伝子頻度}=\frac{1}{p+q}(p\text{A}+q\text{a})=p\text{A}+q\text{a}$$

$$\text{遺伝子型頻度}=\frac{1}{(p+q)^2}(p^2\text{AA}+2pq\text{Aa}+q^2\text{aa})=p^2\text{AA}+2pq\text{Aa}+q^2\text{aa}$$

しかし，係数の合計が1にならない場合は必ず最初の分数の分母に示さなければならない。示さなければ「確率の合計は1」に反することになるので注意を要する。

$$\text{遺伝子型頻度}=\frac{1}{p^2+2pq}(p^2\text{AA}+2pq\text{Aa})$$ ⬅ $\frac{1}{20}(19\text{AA}+1\text{Aa})$ などと同じ扱いにする

標問 62 の解説

問1　答を見よ。なお，Aaの頻度が $\frac{1}{20}$ であればAa×Aaの頻度が $\frac{1}{400}$ になることを，念のため，以下に示しておくので確認しておくとよい。

この〔A〕集団での自由交配

♀すべて　　♂すべて

$$\frac{1}{20}(19\text{AA}+\underline{1\text{Aa}})\times\frac{1}{20}(19\text{AA}+\underline{1\text{Aa}})$$

↓

$$\frac{1}{20}\text{Aa}\times\frac{1}{20}\text{Aa}=\frac{1}{400}(\text{Aa}\times\text{Aa})$$

問2　表1の世代を G_0 とすると，表2の次世代 G_1 については以下のようになる。

aaがすべて捕食されると，

$$G_1\text{の遺伝子型頻度}=\frac{1}{\cancel{(p+q)^2}}(p^2\text{AA}+2pq\text{Aa}+\cancel{q^2\text{aa}})$$

（分母 $(p+q)^2$ ↓ p^2+2pq ←捕食されて，0aaになる）

$$=\frac{1}{p^2+2pq}(p^2\text{AA}+2pq\text{Aa})$$

$$G_1\text{の遺伝子頻度}=\frac{1}{p^2+2pq}\left\{p^2\text{A}+2pq\cdot\frac{1}{2}(\text{A}+\text{a})\right\}$$

$$=\frac{p^2+pq}{p^2+2pq}\text{A}+\boxed{\frac{pq}{p^2+2pq}}\text{a}$$ ← ア の答

$$=\frac{p+q}{p+2q}\text{A}+\frac{q}{(p+q)+q}\text{a}$$ ←分母の変形に注意 $(p+q=1)$

$$=\frac{1}{1+q}\text{A}+\boxed{\frac{q}{1+q}}\text{a}$$ ← イ の答

q は G_0 の q なので，$q' = q_1 = \dfrac{q_0}{1+q_0}$ であり，

$q_{n+1} = \dfrac{q_n}{1+q_n}$ という関係式が成立するとわかる。

$$q'' = q_2 = \frac{q_1}{1+q_1} = \frac{\dfrac{q}{1+q}}{1+\dfrac{q}{1+q}} = \frac{\dfrac{q}{1+q}}{\dfrac{1+2q}{1+q}} = \boxed{\frac{q}{1+2q}}$$ ←［ウ］の答

$$q''' = q_3 = \frac{q_2}{1+q_2} = \frac{\dfrac{q}{1+2q}}{1+\dfrac{q}{1+2q}} = \frac{\dfrac{q}{1+2q}}{\dfrac{1+3q}{1+2q}} = \boxed{\frac{q}{1+3q}}$$ ←［エ］の答

$$\therefore \quad q\text{t} = \boxed{\frac{q}{1+\text{t}q}}$$ ←［オ］の答

問3　答を見よ。

問4　$q\text{t} = \dfrac{q}{1+\text{t}q} = \dfrac{1}{\text{t}+\dfrac{1}{q}} = \dfrac{1}{\text{t}+40}$ ⟸ $q = \dfrac{1}{40}$

t＝−40，qt＝0 を2つの漸近線とする直角双曲線であり，

0≦t，0≦qt なので下図のようになる。

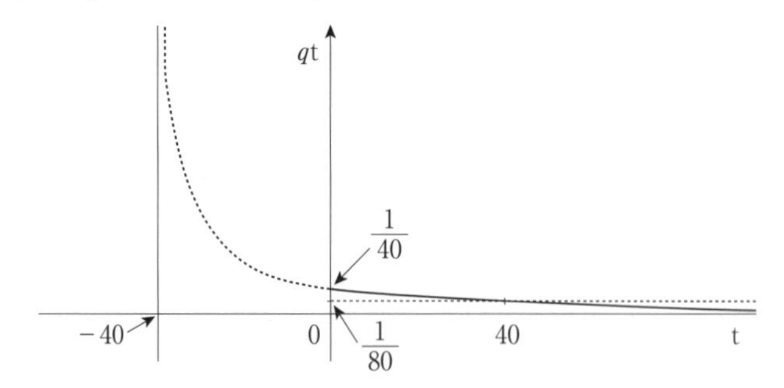

aa 個体が次世代を全く残せない場合，a の頻度はほんの少しずつ減少率を低下させながら，次第に0に漸近していく，つまり近づいていくことがわかる。くれぐれも「初めは急激に減少し」などと書かないように。でないと，qt についての関数の意味が全く理解できていないことになるので注意を要する。

標問 63 遺伝子の位置決定(1)

答

問1　ア－潜性　イ－顕性　ウ－連鎖

問2　1－24　2－1　3－51　4－24

問3　異常：正常＝1：3　　問4　異常：正常＝1：8

問5　銅異常蓄積：マーカーE　　毛色：マーカーB

理由：潜性の異常遺伝子はSの雄に由来するので染色体の黒い部位に存在するが，潜性ホモ個体だけが異常形質を示すので，その存在部位をさらに相同染色体の両方が黒い部分に絞り込める。そして，異常形質を示すラット1・3・4の相同染色体の両方が黒い部分に共通して存在するのはマーカーEのみである。(138字)

問6　銅異常蓄積で白色

精講 用語の整理

■近交系(純系)ラット

常染色体上のすべての遺伝子座において同一の対立遺伝子をもつもので，さまざまな形質を発現する遺伝子の解析に用いられる。

■ DNA マーカー

染色体上の特定の位置にあって，その塩基配列の多型が同定できる(本題ではSとWのどちらに由来するかを特定できる)もの。遺伝子であることもそうでないこともあり，遺伝子の位置決定などに用いられる。

標問 63 の解説

問1，2　(注)に銅の異常蓄積と毛色が一遺伝子雑種であり，両形質の遺伝子が第9染色体上にあって**連鎖**(ウ)していることが示されている。そして，近交系の説明およびSでは雌雄の区別なく銅の異常蓄積がみられることから，第9染色体が常染色体で両形質の遺伝が常染色体性であるとわかる。

〈1〉　銅を異常蓄積し(異常と示す)毛色が黒いSの雄と異常蓄積せず(正常と示す)毛色が白いWの雌の交配によって生じたF_1がすべて正常で黒色であったので，正常が顕性形質で**異常が潜性**(ア)形質であり，**黒色が顕性**(イ)形質で白色が潜性形質であるとわかる。各形質の遺伝子を次のように示すと，F_1は次ページのようになる。

銅の異常蓄積：正常－P，異常－p　　毛色：黒色－Q，白色－q

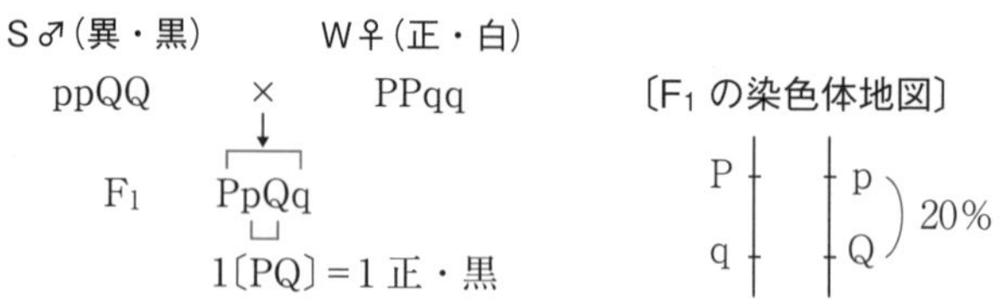

〈2〉 空欄1～4を求める。

F_1=PpQqの組換え価=20%=$\frac{1}{5}$=$\frac{1}{4+1}$なので,

F_1の配偶子=$\frac{1}{10}$(1PQ+4Pq +4pQ+1pq)

F_2の表現型=$\frac{1}{100}$(51〔PQ〕+24〔Pq〕+24〔pQ〕+1〔pq〕)

③ 100−(24+24+1)　② 同じ

	4	1	
4	16+4		→24
1	4	1	

∴ 〔pQ〕:〔pq〕:〔PQ〕:〔Pq〕=24:1:51:24
異・黒　異・白　正・黒　正・白

問3　銅の異常蓄積のみ，つまりP＆pのみについてのF_2の自由交配である。

F_2の遺伝子型頻度=$\frac{1}{4}$(PP+2Pp+1pp) ←標問61の精講

F_2の遺伝子頻度=$\frac{1}{4}\left\{P+2\cdot\frac{1}{2}(P+p)+p\right\}$
(F_2の配偶子)
$=\frac{1}{2}(P+p)$

子の遺伝子型頻度=$\left\{\frac{1}{2}(P+p)\right\}^2=\frac{1}{4}$(1PP+2Pp+1pp)

子の表現型頻度=$\frac{1}{4}$(3〔P〕+1〔p〕)=$\frac{1}{4}$(3正+1異)

問4　問3と同様，P＆pについてのみのF_2の〔P〕の自由交配である。

F_2の〔P〕の遺伝子型頻度=$\frac{1}{3}$(1PP+2Pp)

F_2の〔P〕の遺伝子頻度=$\frac{1}{3}\left\{P+2\cdot\frac{1}{2}(P+p)\right\}$
(F_2の〔P〕の配偶子)
$=\frac{1}{3}(2P+1p)$

子の遺伝子型頻度=$\left\{\frac{1}{3}(2P+1p)\right\}^2=\frac{1}{9}$(4PP+4Pp+1pp)

子の表現型頻度=$\frac{1}{9}$(8〔P〕+1〔p〕)=$\frac{1}{9}$(8正+1異)

問5　潜性形質は潜性遺伝子のホモ接合でのみ発現するので，遺伝子がある染色体の部位が図1の黒黒もしくは白白になり，遺伝子座の位置を絞り込みやすい。したがって，銅の異常蓄積ついては異常に，毛色については白色に着目するのがポイント。

〈1〉 P＆pについて

(1)　S♂に由来する異常の遺伝子pは図1の黒の部分にある。

(2) 形質が異常のラット1・3・4(表1)については，P＆pの遺伝子座がある部位は黒黒になっているはずである。

(3) 黒黒の部分にあるマーカーはラット1ではD＆E，ラット3ではE＆F，そしてラット4ではB～Fであり，唯一共通するのはマーカーEである。

(4) P＆pの遺伝子座はマーカーEに最も近いと予想される。

〈2〉 Q＆qについて

(1) W♀に由来する白色の遺伝子qは図1の白の部分にある。

(2) 形質が白色のラット3・6(表1)については，Q＆qの遺伝子座がある部位は白白になっているはずである。

(3) 白白の部分にあるマーカーはラット3ではA＆B，ラット6ではBのみであり，唯一共通するのはマーカーBである。

(4) Q＆qの遺伝子座はマーカーBに最も近いと予想される。

問6 検定交雑に用いるのは潜性形質個体なので，〔pq〕の異常・白色である。

標問 64 遺伝子の位置決定(2)

答

問1　ア－プライマー　イ－6　ウ－13

問2

マイクロサテライト番号	父親由来の染色体	母親由来の染色体
1	2	4
2	6	3
3	8	3

問3　父親の染色体の6番と7番のマイクロサテライトの間

問4　6番と9番のマイクロサテライトの間

精講 重要事項の整理

■マイクロサテライト

ゲノム中でCACACA…やCATCATCAT…**などのような数塩基の単位配列が繰り返し現れる部分**をマイクロサテライトという。マイクロサテライトの単位配列の繰り返し数は多様であり，1個体においても，父親由来のDNAと母親由来のDNAの間で繰り返し数が異なることが多い。このため，マイクロサテライトは，繰り返し数を分析することで個体のDNA型を識別する**親子鑑定**などのDNA型**鑑定**に用いられたり，DNAマーカーとして**遺伝子の位置決定**に用いられたりする。

標問 64 の解説

問1　イ．図1の枠線部①以外が40塩基対で，DNA断片全体が52塩基対なので，枠線部①内のCAの繰り返し部分は 52－40＝12 塩基対であり，繰り返し数は 12÷2＝6 である。

ウ．66－40＝26　　26÷2＝13

問2　サテライト番号1：父と母の繰り返し数に重複がないので，すぐに，父から2を受け継ぎ，母から4を受け継いだとわかる。

サテライト番号2：父と母で3が重複しているが，子の6は父からしか受け継ぐことができないので，3は母から受け継いだとわかる。

サテライト番号3：父と母で3が重複しているが，子の8は父からしか受け継ぐことができないので，3は母から受け継いだとわかる。

問3，4　次の手順で考えるとよい。

〈1〉 変異した病因遺伝子が存在する染色体を**病因染色体**と示す。また，第一世代～第三世代を G_1 ～ G_3 とし，図3に示された14本の染色体を左上から順に①～⑩(G_2)および⑪～⑭(G_3)とし，G_3 の■をBとする(次ページの図)。

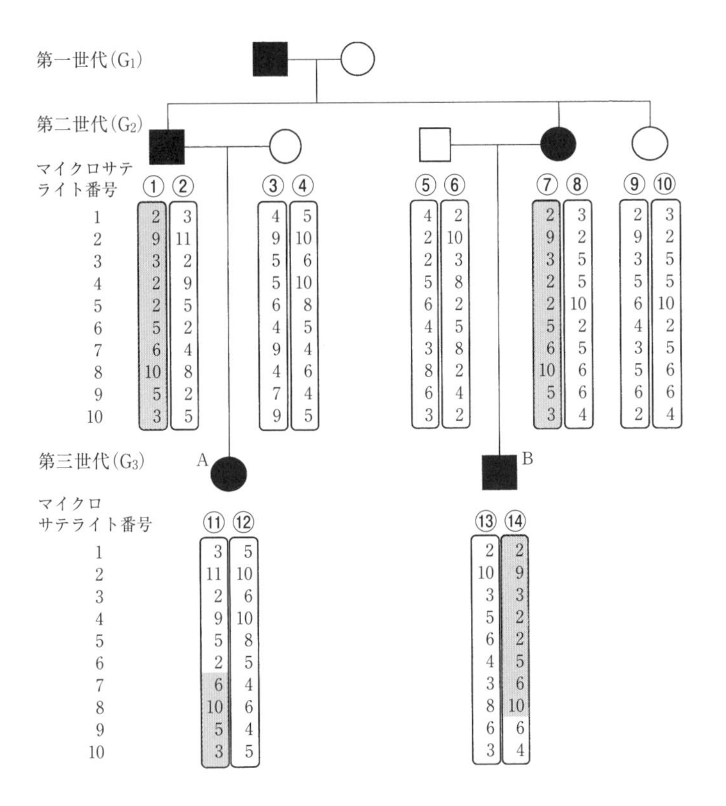

〈2〉 X病が顕性遺伝し，G_1 の■から正常な○も生まれることから，G_1 の■がヘテロ接合体であるとわかり，G_2 における病因染色体は，G_1 の■由来で同じハプロタイプをもつ①と⑦のみであるとわかる。

〈3〉 **Aについて**：病因遺伝子を父親から受け継いだので，⑪が病因染色体であるとわかる。そして，⑪のハプロタイプは正常染色体②のマイクロサテライトの1番～6番と病因染色体①の7番～10番とからなるので，**病因遺伝子は1番～6番にはないとわかる。これと同時に，父親の配偶子が形成される際に6番と7番の間で乗換えが起こったとわかる(問3)。**

〈4〉 **Bについて**：病因遺伝子を母親から受け継いだので，⑭が病因染色体であるとわかる。そして，⑭のハプロタイプは病因染色体⑦のマイクロサテライトの1番～8番と正常染色体⑧の9番～10番とからなるので，**病因遺伝子は9番～10番にはないとわかる。**これと同時に，母親の配偶子が形成される際に8番と9番の間で乗換えが起こったとわかる。

〈5〉 〈3〉&〈4〉より，**病因遺伝子は6番と9番のマイクロサテライトの間にあるとわかる(問4)。**

第7章 体内環境の維持

標問 65 心臓・循環

答

問1 ア－毛細血管 イ－左心室 ウ－右心房 エ－体循環(大循環)
オ－右心室 カ－左心房 キ－肺循環(小循環) ク－酸素
ケ－洞房結節(ペースメーカー) コ－ノルアドレナリン サ－交感神経
シ－増やし ス－強め セ－アセチルコリン ソ－副交感神経

問2 閉鎖血管系

問3 心房と心室とが同時に収縮せず，交互に収縮する。(23字)

問4 ステージ1　　問5 C→D　　問6 70mL

精講 血液循環

■血管系の種類

閉鎖血管系：動脈と静脈とが毛細血管でつながる血管系。血液は血管内を流れる。脊椎動物，環形動物，軟体動物の頭足類(イカ・タコのなかま)などでみられる。

開放血管系：毛細血管をもたない血管系。血液が血管外に出て細胞間を満たす。節足動物，軟体動物の腹足類(カイのなかま)など。

■ヒトの血液循環

① 心筋からなる心臓がポンプとなり，血液を循環させる。
② 静脈血を肺へ送り出す肺循環と，動脈血を全身へ送り出す体循環とがある。
③ 左心室は，血液を全身へと強く送り出すため，心筋が特に厚く発達している。
④ 心臓の内部には2種類の弁(房室弁，半月弁)があり，血液の逆流を防いでいる。

標問 65 の解説

問1 哺乳類と鳥類の右心房の，大静脈寄りには，特殊な心筋が集まった部分があり，洞房結節と呼ばれる。洞房結節の心筋は自律的に一定のリズムで興奮し収縮する性質をもち，この興奮が刺激伝導系によって心臓全体へと伝えられることで心臓の自動性(自律的に拍動する性質)が生まれる。すなわち，洞房結節はペースメーカーとして働いている。

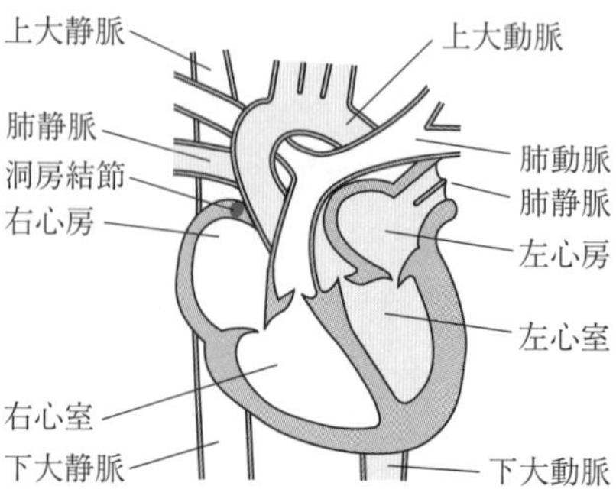

〔ヒトの心臓〕

自律神経系は交感神経と副交感神経とからなる。交感神経は活動に適した状態へ，副交感神経は安静状態へと変化させるときに働く。交感神経の終末から分泌される神経伝達物質であるノルアドレナリンは洞房結節の興奮に促進的に，副交感神経の末端から分泌されるアセチルコリンは抑制的に働き，心拍のリズムを変化させる。

問2　毛細血管は，動脈と静脈とをつなぐ血管である。毛細血管をもつ動物では，血液は血管内を流れる。このような血管系を閉鎖血管系といい，脊椎動物や環形動物(ゴカイやミミズ)，軟体動物の頭足類(タコやイカ)などがもつ。それに対して，毛細血管をもたず，動脈と静脈とがつながっていない血管系を開放血管系といい，節足動物(カニやトンボ)や軟体動物のカイ類(ハマグリやサザエ)などがもつ。開放血管系では動脈の開口部から流れ出した血液は，体組織の細胞間を流れた後，静脈へと入って心臓へ戻る。

問3　血液は静脈から心房へと流入し，心室へ流れた後，動脈へと流出する。心房から心室へと血液が流れるためには，心房が収縮するときに心室が弛緩している必要がある。

問4　グラフの軸を確認する。B，Cでの左心室の容積は，ともに最大である140mLとなっている。BからCへと変化する際，内圧が上昇していることから，Bは左心室に血液が流れ込んだ直後であり，Cはその後に左心室の壁の心筋が収縮して内圧を上げ，血液を動脈へと送り出す直前であるとわかる。

問5　ステージ2では左心室から血液が流出するため，左心室の容積が減少する。容積の減少が起きているのはC→Dのみである。

問6　動脈へと血液を送り出す直前(C)の左心室の容積は140mL，血液を送り出した直後(D)の容積は70mLである。よって，送り出された血液の量は，

$140-70=70$〔mL〕

となる。

標問 66 循環系・腎臓

答

問1　ア－閉鎖　イ－開放　ウ－脳下垂体後葉　エ－バソプレシン
オ－水　カ－鉱質コルチコイド　キ－Na^+

問2　名称－場所の順で，組織液(間質液)－体組織の細胞間，
リンパ液－リンパ管内

問3　魚類：1心房1心室　両生類：2心房1心室
は虫類：2心房1心室　鳥類：2心房2心室　哺乳類：2心房2心室

問4　昆虫：マルピーギ管　ゾウリムシ：収縮胞

問5　名称：オルニチン回路(尿素回路)
反応式：$2NH_3 + CO_2 + H_2O \longrightarrow 2H_2O + CO(NH_2)_2$
消費ATP：3分子

問6　右図

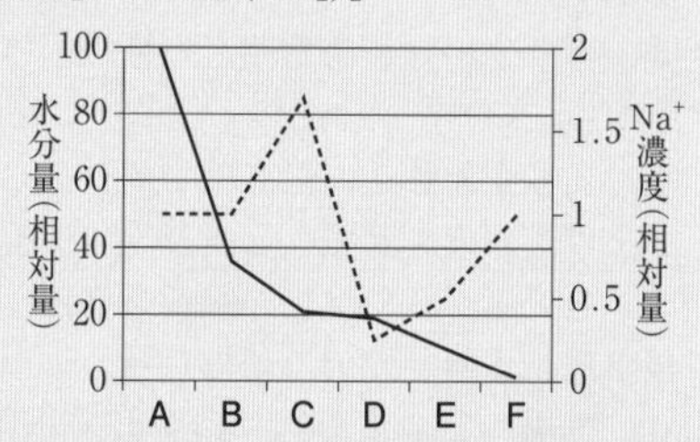

問7　グルコースはAの糸球体で自由にろ過された後，Bに至るまでの過程ですべて再吸収されるため，それ以降の原尿中には含まれない。

Na^+はAの糸球体で自由にろ過された後，Bに至るまでの過程で再吸収される。しかし，このNa^+の再吸収に伴って水も再吸収されるため，Na^+の濃度は変化しない。BからCに至る過程ではNa^+は再吸収されないが，水が再吸収されるため，Na^+の濃度は上昇する。CからDに至る過程では水の再吸収はあまり起きないが，Na^+の再吸収が盛んに起こり，濃度が低下する。DからEに至る過程では，Na^+は再吸収されないが，水が再吸収されるためNa^+の濃度は上昇する。EからFに至る過程ではNa^+，水ともに再吸収されるが，水が再吸収される割合の方が大きいため，Na^+濃度は上昇する。

問8　80

問9　尿素の濃縮率：60倍
理由：表1より，ろ過された直後の原尿中と腎うの尿中の相対量を比較すると，再吸収されないイヌリンが100のままであるのに対して，尿素は100から75に減少する。よって，イヌリンの濃縮率80に比べて尿素の濃縮率が60と低いのは，尿素が25%再吸収されるためである。

精講 腎臓における水の再吸収

① 腎臓では，皮質から髄質にかけて髄質の方が浸透圧が高くなるような浸透圧勾配がみられる。

② ボーマンのうでろ過された原尿は，細尿管を髄質方向へと進むに従い，高まる細

尿管周囲の浸透圧により水が再吸収されていき，液量が減少する。

③　ヘンレのループで折り返し，皮質方向へと進む細尿管の壁は，能動輸送による Na^+ 再吸収は起こるが，水透過性が極めて低い。そのため，皮質方向へと進むにつれ，Na^+ の再吸収により原尿の Na^+ 濃度は低下する。

④　集合管を髄質，さらには腎う方向へと進むときにも②と同様の原理で水の再吸収が起こり，液量が減少する。

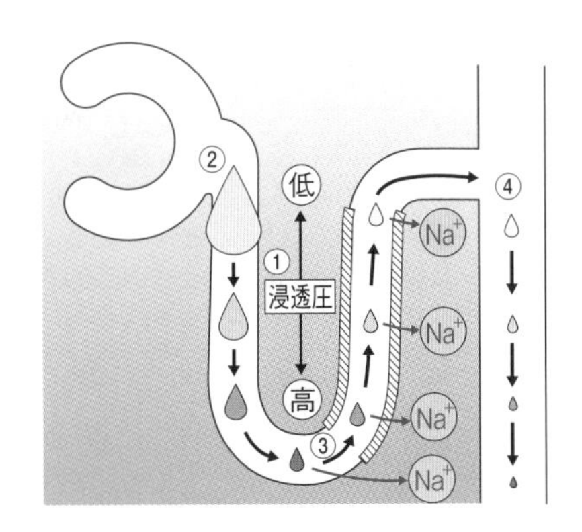

標問 66 の解説

問4　陸生昆虫では消化管から突出した**マルピーギ管**が排出系に働く。体液はマルピーギ管の壁を通って管内へ入る。この液が管を通って消化管の腸へと流れるとき，窒素老廃物は尿酸などとして沈殿し，その後に排出される。ゾウリムシなどの原生動物や，カイロウドウケツなどの海綿動物では，**収縮胞**が体内に浸透してくる水と老廃物の排出に働く。

問5　アンモニアは肝細胞のミトコンドリアから細胞質基質に渡って進行する**オルニチン回路**により，毒性の低い**尿素**へとつくり変えられる。

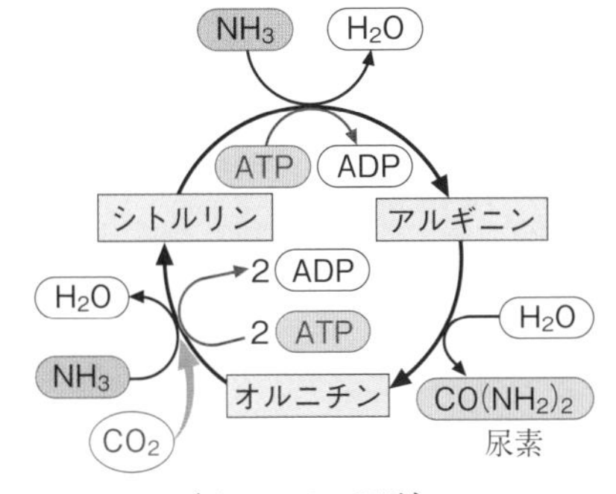

〔オルニチン回路〕

問7　表1および問6からわかるように，ネフロンを進むにつれて原尿の水分量は減少するが，Na^+ 濃度には増減が見られる。ここで，原尿中の Na^+「濃度」ではなく，Na^+「量」を考えよう。**原尿の体積と Na^+ 濃度の積が Na^+ 量に相当する**と考えることができる。

	A	B	C	D	E	F
水分量	100	36	21	19	10	1.25
Na^+ 濃度	1	1	1.7	0.25	0.5	1
Na^+ 量	100	36	35.7	4.75	5	1.25

ここで Na^+ 量の変化と濃度変化を合わせて見てみよう。**A→B**の過程では Na^+ は再吸収されているが濃度変化は起きていない。よって，**A→B**の過程では Na^+ と水の再吸収率が等しいことがわかる。また，**B→C**の過程および**D→E**の過程では Na^+ は再吸収されていないが濃度が高まっているので，水の再吸収により濃度が上昇したとわかる。**C→D**の過程では Na^+ 濃度が低下している。これは，水分量はほとんど変化しておらず，Na^+ 量が減少していることから Na^+ の再吸収によるといえる。最後に**E→F**の過程では水分量，Na^+ 量ともに減少していることから，ともに再吸

収を受けているとわかる。この過程では濃度が上昇していることから，水の再吸収率の方が大きいことがわかる。

水分量はほとんど変化していない
＝水の再吸収はほとんど起きていない
＝この時の Na^+ 濃度変化は Na^+ の再吸収による

	A		B		C	D		E		F
水分量	100	★	36	★	21	19	★	10	★	1.25
Na^+ 濃度	1		1		1.7	0.25		0.5		1
Na^+ 量	100	★	36		35.7	4.75	★	5	★	1.25

水分量も Na^+ 量も減少している
＝ともに再吸収が起きている

Na^+ 濃度は上昇している
＝(水の再吸収率)＞(Na^+ の再吸収率)
となっている

Na^+ 量はほとんど変化していない
＝ Na^+ の再吸収は起きていない
＝この時の Na^+ 濃度変化は水の再吸収によるもの

★…再吸収が起きている過程

問 8　「原尿量＝尿量×イヌリンの濃縮率」なので，

$100 = 1.25 \times x \qquad \therefore \quad x = 80$

問 9　問 7 と同様に，水分量と尿素濃度の積は液体中の尿素量(相対量)を示すと考える。すると，原尿中では $100 \times 1 = 100$ であった尿素量が，尿中では $1.25 \times 60 = 75$ にまで減少している。これはろ過後，細尿管を通って腎うに達するまでの間に再吸収が起きたことを意味している。全く再吸収を受けないイヌリンとの違いはここに起因する。

	原尿中	尿中
イヌリン量	$100 \times 1 = 100$	$1.25 \times 80 = 100$
尿素量	$100 \times 1 = 100$	$1.25 \times 60 = 75$

尿素は有害なのになぜ再吸収されるのか疑問に思う読者もいるだろう。まず，尿素の分子は小さいので膜を透過しやすく，受動輸送により再吸収が行われる。また，精講で述べた「皮質から髄質にかけての浸透圧勾配」をつくるのにも，尿素が使われている。

標問 67 尿生成

答

問1　ア－腎小体(マルピーギ小体)　イ－細尿管(腎細管)
ウ－糸球体　エ－ボーマンのう

問2　(1)　15〔L〕　(2)　43〔%〕　(3)　234〔g〕

問3　閾値：2〔mg/mL〕
グルコース再吸収量の最大値：250〔mg/分〕

問4　ホルモン：インスリン　臓器の名称：すい臓
しくみ：組織細胞へのグルコースの取り込みや，細胞内での酸化分解による消費，肝臓でのグリコーゲン合成などを促進することで血糖値を低下させる。(65字)

問5　④　問6　②，④

問7　脳下垂体後葉から分泌されるバソプレシンが集合管に作用し，水の透過性を高めることで水の再吸収量を増やし，体液浸透圧の上昇を抑える。(64字)

精講 濃縮率

「尿中での濃度が血しょう中での濃度の何倍に濃くなったか」を濃縮率といい，次の式で表される。

$$\text{濃縮率}=\frac{\text{尿中での濃度}}{\text{血しょう中での濃度}}$$

イヌリン(多糖類)は糸球体で自由にろ過されたあと，全く再吸収されることなく尿中へと排出される。そのためイヌリンの濃縮率(倍)は，生成された尿が何倍の体積の原尿に由来するかを示す。

原尿量＝尿量×イヌリンの濃縮率

標問 67 の解説

問2　(1)　イヌリンの濃縮率が，

$$\frac{0.3〔\text{mg/mL}〕}{0.002〔\text{mg/mL}〕}=150〔\text{倍}〕$$

なので，100 mL の尿が由来する原尿の体積は，

$100〔\text{mL}〕\times 150=15000〔\text{mL}〕=15〔\text{L}〕$

(2)　(1)より，尿が1 mL 排出されたとき，その尿が由来する原尿は150 mL である。
このとき代謝産物 X は，原尿中に，

$150〔\text{mL}〕\times 0.07〔\text{mg/mL}〕=10.5〔\text{mg}〕$

尿中には，

$1〔\text{mL}〕\times 6〔\text{mg/mL}〕=6〔\text{mg}〕$

含まれている。この差の，

$10.5-6=4.5$〔mg〕

が再吸収された量であるので，再吸収率は，

$$\frac{4.5[\mathrm{mg}]}{10.5[\mathrm{mg}]}\times 100[\%]\fallingdotseq 42.85[\%]\cdots\rightarrow 43[\%]$$

(3)　1日の尿量が1.3Lであるので，1日の原尿量は，(2)の〰〰より

$1.3\times 150=195$〔L〕

である。

血液中のグルコースは自由にろ過されるため，血しょう中と原尿中のグルコース濃度1.2mg/mLは等しい。よって1日当たりのグルコースろ過量は，

195〔L〕×1.2〔g/L〕=234〔g〕

血糖値は1日中閾値を超えることはなかったため，ろ過された全量が再吸収される。よって1日当たりの再吸収量は234〔g〕となる。

問3　図1より，尿にグルコースが排出されるようになる血糖値は2〔mg/mL〕である。また，**再吸収量＝ろ過量－排出量**であり，図1より血糖値をxとすると$x\geqq 2$のとき

ろ過量＝$125x$〔mg/分〕

排出量＝$125x-250$〔mg/分〕

であるので，

再吸収量＝(ろ過量 $125x$)－(排出量 $125x-250$)

＝250〔mg/分〕

問5　血糖量調節や体温維持など，恒常性維持の中枢は**間脳視床下部**である。

問6　①　低血糖時には**交感神経**が優位となる。∴　×

②，⑤　低血糖時，交感神経による刺激を受けると，副腎髄質からはアドレナリンが，すい臓ランゲルハンス島A細胞からはグルカゴンが分泌される。これらは肝細胞などにおけるグリコーゲンの分解を促進することで血糖量の増加に働く。

∴　②=○，⑤=×

③，④　低血糖時，副腎皮質刺激ホルモンによる刺激を受けると，副腎皮質から糖質コルチコイドが分泌される。糖質コルチコイドはタンパク質から糖を新生することにより血糖量の増加に働く。∴　③=×，④=○

問7　バソプレシンが集合管上皮細胞の受容体に結合すると，集合管上皮細胞内のアクアポリン(水チャネル)が細胞膜へ移動し，水の透過性が高まることにより集合管内からの水の再吸収速度が増す。

標問 68 カルシウム代謝

答

問1　副甲状腺

問2　アー視床下部　イー脳下垂体前葉　ウー甲状腺刺激ホルモン
エーフィードバック調節

問3　ホルモンAの標的細胞は破骨細胞であり，ホルモンAは破骨細胞の細胞膜上にのみ特異的に存在する受容体に結合するため。(56字)

問4　血液中のカルシウム濃度が低いとき，破骨細胞は骨を破壊し骨中のカルシウムを血液中に放出させ，カルシウム濃度を上昇させる。血液中のカルシウム濃度が上昇すると，甲状腺からのホルモンA分泌が促進される。ホルモンAは破骨細胞の細胞膜に存在する受容体に結合し，破骨細胞による骨の破壊を抑制することで,カルシウム濃度の上昇を抑える。(159字)

精講 カルシウムの主な生理的機能とホルモンによる濃度調節

■カルシウムの主な生理的機能

骨の構成成分：リン酸カルシウムとして，骨質を構成する。

筋収縮：筋収縮の際のアクチンフィラメントとミオシンフィラメントの結合に働く。

細胞接着：細胞膜に存在するカドヘリンが，隣接する細胞のカドヘリンと結合する際にはCa^{2+}を必要とする。

神経伝達物質の放出：Ca^{2+}によりシナプス小胞と軸索末端の細胞膜とが融合すると，シナプス間隙に神経伝達物質が放出される。

血液凝固：血液凝固に働く酵素トロンビンの生成にかかわる。

■カルシウム濃度の調節に働くホルモン

パラトルモン(副甲状腺ホルモン)：**血液中のCa^{2+}濃度を上昇させる**ペプチドホルモン。**副甲状腺**が,直接血液中のCa^{2+}濃度の減少を受容してパラトルモンを分泌する。

骨芽細胞の受容体に結合して，骨芽細胞からの破骨細胞分化因子の産生を促し，間接的に**破骨細胞を増殖**させて骨からカルシウムやリン酸が溶け出すのを促進する。腎臓では細尿管に作用してCa^{2+}の再吸収を促進し,リン酸の再吸収を抑制する。小腸ではビタミンDを活性化してCa^{2+}の吸収を促進する。甲状腺から分泌されるカルシトニンと拮抗的に作用する。

カルシトニン：**血液中のCa^{2+}濃度を低下させる**ペプチドホルモン。**甲状腺**から分泌される。血液中のCa^{2+}濃度の上昇により分泌が促進される。

破骨細胞の受容体に結合して，**破骨細胞の働きを抑え**，骨からカルシウムやリン酸が溶け出すのを抑制し，骨へのカルシウムとリン酸の沈着を促進する。腎臓ではCa^{2+}の再吸収を抑制する。パラトルモンやビタミンDと拮抗的に作用する。

本問で問われているホルモンAはカルシトニンである。

標問 68 の解説

問4 以下のように考える。

〈1〉 **実験1**から，甲状腺から分泌されるホルモンA(カルシトニン)は，血液中のCa^{2+}濃度の上昇によって分泌が促進されることがわかる。

〈2〉 **実験2，3**から，ホルモンAは血液中のCa^{2+}濃度の低下に働くことがわかる。

〈3〉 ホルモンは受容体に結合して初めて効果を生む。**実験4**より，ホルモンAは**破骨細胞**の細胞膜にのみ存在する受容体と結合していると考えられる。

〈4〉 **実験5**で，骨のみ(イ)，骨＋骨芽細胞(ハ)の場合はいずれもCa^{2+}濃度は低いが，骨と破骨細胞がともに存在すると，培養液中のCa^{2+}濃度が上昇している(図4(ロ))。よって，破骨細胞のみが培養液中のCa^{2+}濃度を上昇させる働きをもつといえる。

〈5〉 骨＋破骨細胞をホルモンAを加えた培養液中に置くと，Ca^{2+}濃度の上昇はホルモンAがない場合に比べて小さくなる。このことから，ホルモンAは破骨細胞による血液中Ca^{2+}濃度の上昇作用に抑制的に働くといえる。

標問 69 血糖量調節

答

問1 (1) すい液

(2) ホルモン：セクレチン　　器官：十二指腸

(3) 炭水化物，タンパク質，脂質を加水分解する。(21字)

問2 名称：グルカゴン　　組織：ランゲルハンス島　　細胞：A細胞

問3 ア－グルコース　イ－視床下部　ウ－副交感

エ－B(ランゲルハンス島B)　オ－インスリン　カ－グリコーゲン

問4 物質Eは，通常は細胞質中に存在するグルコース輸送体xを細胞膜上に移動させることで，細胞Xが濃度勾配に従ってグルコースを細胞内へ取り込むようにする。(69字)

問5 細胞外のグルコース濃度が高くなると，細胞Yの細胞膜に常在するグルコース輸送体yによる取り込み量が増加し，その量に応じて物質Eの産生量も増加する。(72字)

問6 患者X：(オ)　　患者Y：(エ)

精講 グルコース輸送体

細胞内へのグルコースの取り込みには，**グルコース輸送体**(グルコーストランスポーター　glucose transporter)という，生体膜に存在してグルコースを輸送する膜タンパク質が関与する。

動物細胞では，受動輸送である促進拡散型のグルコース輸送体であるGLUTファミリーと，Na^+依存能動輸送型のグルコース共(役)輸送体であるSGLTファミリーの2種に大別できる。

■ GLUT(グルコース輸送体)

グルコースを促進拡散させるグルコース輸送体で，グルコースは細胞膜に存在するGLUTに結合し，濃度勾配に従って細胞内へと取り込まれる。

GLUTは複数種あり，常に細胞膜上に存在して定常的なグルコースの取り込みに働くもの(本問のグルコース輸送体y)や，脂肪細胞や筋細胞の細胞質に存在してインスリン刺激により細胞質から細胞膜上へと移動してグルコース取り込みに働くもの(本問のグルコース輸送体x)などがある。

■ SGLT(グルコース共(役)輸送体)

小腸上皮や腎臓の近位細尿管にあり，Na^+の輸送と共役してグルコースの吸収や再吸収に働く。詳しい機構については**標問5**，**標問27**を参照すること。

標問 69 の解説

問4　物質Eは,「適切に働かなくなると高血糖状態が持続し,糖尿病を引き起こす」ホルモンである。血糖量低下に働くホルモンは,すい臓ランゲルハンス島B細胞から分泌されるインスリンのみである。よって物質Eはインスリン,細胞Yはランゲルハンス島B細胞である。

実験4,図3(a)より,細胞Xではインスリン(物質E)添加後に,グルコース取り込み量が大幅に上昇し,またグルコース輸送体xの分布が細胞内から細胞膜上へと変化している。このことから,細胞Xは輸送体xによってのみグルコースを細胞内へ取り込むが,輸送体xはインスリンが存在するときにのみ細胞膜上へと移動するため,細胞Xがグルコースを取り込めるのはインスリン存在時のみであると考えられる。

問5　実験5より,ランゲルハンス島B細胞(細胞Y)では,培養液中のグルコース濃度とグルコース取り込み速度,およびインスリン産生量との間に正の相関関係がみられる。グルコース輸送体yをもたないランゲルハンス島B細胞(細胞Y*)ではグルコースの取り込みもインスリンの産生もみられない。このことから,ランゲルハンス島B細胞は,細胞膜上に存在する輸送体yによってのみグルコースを細胞内へと取り込んでおり,取り込みにより細胞内のグルコース濃度が上昇するとインスリン産生量を増加させると考えられる。

問6　患者Xはインスリン(物質E)産生はできるが,細胞Xがグルコースを取り込めないため,食後の血糖値低下が起きない。よって物質E,血糖値ともに高いままとなっている(オ)である。

患者Yは輸送体yの異常によりランゲルハンス島B細胞内のグルコース濃度が上昇しないため,インスリンの分泌が起こらない。よって血糖値は高いが,物質Eの濃度は低いままの(エ)となる。

標問 70 糖尿病

答

問1　ア－交感　イ－アドレナリン　ウ－グルカゴン
　エ－副腎皮質刺激ホルモン　オ－糖質コルチコイド　カ－副交感(迷走)

問2　(1)　C

(2)　B　自己抗体の作用：インスリン受容体に結合することで，その受容体がインスリンと結合するのを阻害し，標的細胞のインスリンに対する反応性を低下させる。(63字)

(3)　1型糖尿病　理由：(ランゲルハンス島)B細胞が破壊されているので，食後に血糖濃度が上昇してもインスリンが分泌されない。〈48字(40字)〉

精講 糖尿病

食事などによって高くなった血糖濃度が正常に下がらず，慢性的に血糖濃度が高くなる病気が糖尿病であり，その原因に基づいて1型と2型に大別される。

〈1〉　**1型糖尿病**：自己免疫疾患の1つで，ランゲルハンス島B細胞が自己の免疫細胞によって破壊され，インスリンが分泌されなくなる。B細胞が破壊される原因は，まだよくわかっていない。

〈2〉　**2型糖尿病**：1型以外の糖尿病。生活習慣や遺伝などが原因で，インスリンの分泌量の低下や標的細胞のインスリンに対する反応性の低下が少しずつ起こる。

標問 70 の解説

問2　(1)　食後の血糖濃度の上昇とともにインスリン濃度も上昇し，血糖濃度の低下とともにインスリン濃度も低下するCが健常者のグラフである。

(2)「自己抗体 → 自己免疫疾患 → 1型糖尿病」と早合点してはいけない。問題文に「B細胞に対する自己抗体」ではなく「(標的細胞の)インスリン受容体に対する自己抗体」とあることから，B細胞自体が破壊される1型糖尿病ではなく，自己抗体が結合することでインスリンが受容体に結合できなくなり，標的細胞のインスリンに対する反応性が低下する2型糖尿病である。したがって，食後の血糖濃度の上昇とともにインスリン濃度も上昇するが，血糖濃度が高いままのグラフBを選ぶ。これを機に，2型糖尿病の中にも標的細胞のインスリン受容体に対する自己抗体をつくる自己免疫疾患もあることを確認しておこう。

(3)　残るグラフAが1型糖尿病患者で，B細胞が破壊されているので食後に血糖濃度が上昇してもインスリンが分泌されず，インスリン濃度が低いままである。

標問 71 体温調節

答

問1　ア－間脳視床下部　イ－交感神経　ウ－糖質コルチコイド
エ－肝臓　オ－収縮

問2　ホルモン：鉱質コルチコイド　　内分泌器官：副腎皮質

問3　(1)　A
(2)　AB
(3)　A

問4　右図

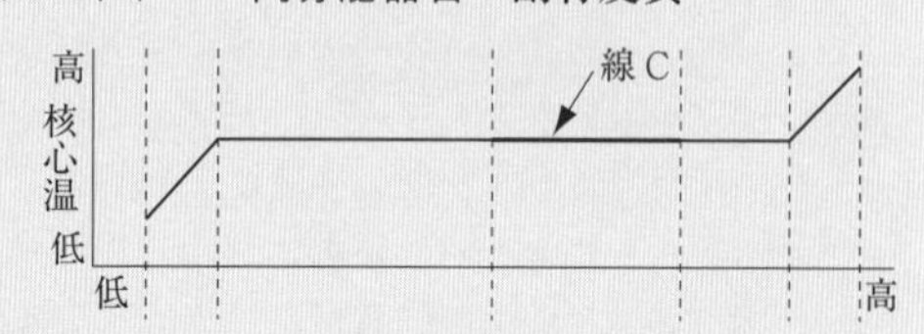

問5　冷やされた血液が
静脈を通って頭部から心臓へと戻る際，隣接し対向して脳へと流れる動脈を冷やすため。(48字)

問6　カ－②　キ－①

精講 体温調節

血液温度の変化を間脳視床下部の体温調節中枢が感知して，体温を調節する。

(1) **体温が低下したときの調節**

① **発熱量の増加**… チロキシン・糖質コルチコイド・アドレナリンなどのホルモンによる。

肝臓：物質の分解が促進される。物質分解による発熱量の増大，血糖量の増加。
骨格筋：収縮と弛緩が促進される ⟶ 震え。収縮による発熱量の増大。
心臓：拍動が促進される ⟶ 血流量の増加。血液による全身への熱の運搬。

② **放熱量の減少**… 交感神経による。

皮膚の毛細血管：収縮 ⟶ 皮膚直下の血流量減少。
立毛筋：収縮 ⟶ 立毛。

(2) **体温が上昇したときの調節**

① **発熱量の減少**… 各種ホルモンの分泌抑制，および副交感神経の働きによる。

肝臓・筋肉・心臓：発熱量減少。

② **放熱量の増大**

交感神経が作用しなくなることによる調節。
└→ {皮膚の毛細血管：拡張 ⟶ 皮膚直下の血流量増加。
　　 立毛筋：弛緩。

交感神経による調節
└→ 汗腺：発汗。

標問 71 の解説

問 3 (1) アドレナリンは体温低下時に分泌され，発熱を促進する効果をもつが，体温が上がったときに下げる効果はない。

(2) 図 3 (下の図) より，範囲A，Bともに熱中立帯よりもエネルギー消費量，すなわち ATP 消費量が多いことがわかる。

(3) 熱中立帯に比べ環境温が低い範囲Aでは，発汗量が少ないため体液浸透圧が低くなり，**尿生成における水の再吸収量が減少**する。

問 4 範囲Aでは環境温が低下するにつれ，範囲Bでは上昇するにつれ，エネルギー消費量が増している。これは，範囲Aではふるえなどによる発熱，範囲Bでは発汗などによる放熱により，体温を一定に保つためのエネルギー消費である。範囲Aより環境温が低い範囲や範囲Bより環境温が高い範囲では，エネルギー消費量が一定となっているので，環境温に応じて体温も変化する。

問 5 四肢や首では太い動脈に静脈が隣接し，互いに逆方向に血液が流れるため，この両者の間に温度の差があると熱の交換が行われることになる。首の静脈を通って体幹部へ戻る血液が，体幹部から頭部へ流れる温かい血液を冷やすため，脳内の温度を下げる効果がある。

問 6 体温調節は，核心温が何度であるかという絶対的な温度ではなく，目標値と核心温とが一致しているかいないか，という相対的な温度により行われる。目標値が38℃，核心温が37℃であると，核心温が目標値よりも低いため，核心温を38℃にするため，**体温を上げる調節**，すなわちふるえなどが起きる。

なお，この目標値の引き上げは次のようなしくみで起こる。

病原細菌などが体内に侵入することにより刺激を受けたマクロファージや単球は，ある種のサイトカイン(主として免疫系の細胞の増殖や分化を制御する生理活性物質)を分泌する。このサイトカインが脳に到達すると合成されるプロスタグランジンという物質が，体温調節中枢である間脳視床下部に作用して，目標値の変更が起こる。発熱時に服用する解熱剤は，プロスタグランジンの合成を阻害することで目標値の変更を止め，発熱を抑制する。

標問 72 レプチン

答

問1　ア－大脳　イ－条件反応　ウ－視床下部
エ－副交感神経(迷走神経)　オ－インスリン　カ－グリコーゲン
キ－交感神経　ク－グルカゴン　ケ－負のフィードバック
コ－ホメオスタシス(恒常性)

問2　サ－低下　シ－上昇

問3　各々のホルモンに特異的な受容体が，標的細胞にのみ存在する。(29字)

問4　(1)　ob マウスのレプチンは受容体と結合できないという異常をもち，db マウスの受容体はレプチンと結合できない，または細胞内に情報を伝達できないという異常をもつ。(75字)
(2)　ob マウスは摂食量と体重がともに減少し，ついには餓死してしまう。db マウスの摂食量に大きな変化はなく，体重は増え続ける。(58字)

問5　受容体が，合成されない，レプチンと結合できない，細胞内に情報を伝達できないなどが原因で，レプチン感受性が低下している。(59字)

問6　③　　問7　④

精講 摂食調節

間脳視床下部には，摂食行動を抑制する**満腹中枢**と，摂食行動を促進する**摂食中枢**とがある。満腹中枢および摂食中枢には，血糖値の変化を感知するニューロンがあり，体内のグルコース濃度の変化により摂食の調節がなされていると考えられている。摂食調節に働くホルモンにはレプチン，グレリンなどがある。

レプチン：脂肪細胞から分泌されるペプチドホルモンであり，視床下部への作用を介して摂食の抑制と，体内でのエネルギー消費の促進に働く。

グレリン：胃や視床下部から分泌されるペプチドホルモンで，成長ホルモンの分泌を促進するほか，摂食の促進に働く。

標問 72 の解説

問4　(1)　標的細胞がもつレプチン受容体に結合するレプチンが増加すると，摂食量および体重が減少するようになる。

ob マウスと正常マウスの併体結合では，ob マウスの体重減少が起きた。これは正常マウスから血液によりレプチンが移動し，ob マウスのレプチン受容体に結合したことによる。よって ob マウスは**正常なレプチン受容体をもつ**とわかる。しかし，正常な受容体をもつにもかかわらず肥満マウスとなることから，**正常なレプチンをもたないとわかり，受容体と結合できない異常なレプチンを合成する**と考えられる。

db マウスと正常マウスの併体結合では，正常マウスの著しい体重減少が起きた。これは db マウスから血液により多量のレプチンが移動し，正常マウスのレプチン受容体に結合したことによる。よって db マウスは**正常なレプチンをもつ**とわかる。しかし，正常なレプチンをもつにもかかわらず肥満マウスとなることから，**正常なレプチン受容体をもたない**とわかり，**レプチンと結合できない，あるいは細胞内に情報を伝達できない異常な受容体を合成する**と考えられる。

(2) ob マウスと db マウスの併体結合では，db マウスから血液により大量のレプチンが ob マウスに移動し，ob マウスの標的細胞にあるレプチン受容体に結合する。そのため併体結合した ob マウスは，db マウスと正常マウスの併体結合における正常マウスと同じ結果になると考えられる。

それに対して，自ら大量の正常なレプチンを合成する db マウスは正常なレプチン受容体をもたないため，併体結合した db マウスは，db マウスと正常マウスの併体結合における db マウスと同じ結果になると考えられる。

問5 レプチン濃度が上昇しても肥満になるのは db マウスと同じで，**レプチンに対する感受性の低下**という異常をもつと考えられる。しかし，その原因は問 4 の(1)のように合成する受容体に異常があるとは限定されておらず，次の〈1〉や〈2〉なども原因として考えられる。

〈1〉 **レプチン受容体遺伝子の遺伝子産物そのものが合成されない（異常な受容体さえ合成されない）。**

〈2〉 **正常な受容体が合成されるが，受容体に対する自己抗体が結合するために，レプチンと結合できない。**

問6 問題主文中に「大脳（ア）は摂食行動の意思決定を行う領域でもある」と明示されている。

問7 問題主文の第 6 段落に「動物にとって低血糖は致命的なため，その防御機構が二重三重に働くが，高血糖は致命的ではないので，その防御機構は強力ではない」と明示されている。これと同じで，摂食の機会が少ないのに，摂食を促さなければ餓死するが，摂食を抑えなくても直接には死に至らない。

標問 73 免疫とその医療への利用

答

問1　ア－自然免疫　イ－細胞性免疫　ウ－食　エ－樹状
オ－MHC 分子(MHC 抗原，主要組織適合遺伝子複合体分子，主要組織適合抗原，主要組織適合性複合体抗原)　カ－ヘルパーT細胞
キ－B細胞　ク－形質(抗体産生)

問2　リンパ管の途中にあって多くのリンパ球が存在する場所であり，非自己成分が血管系を通じて全身に広がるのを防いでいる。

問3　右図

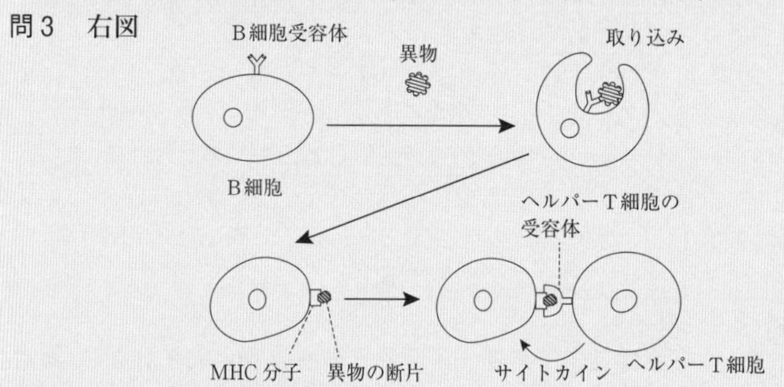

問4　抗体が結合することで，病原体の表面にあるタンパク質や毒素が細胞表面の受容体に結合することを防ぐ。

問5　(1)　抗体Aと抗体Bの両方が結合する抗原のみが検出されるため。

(2)　色素を付加した抗体Bを用いた場合，抗体Bに付加された量の色素しか発色しないが，酵素を付加した抗体Bを用いると，酵素が繰り返し基質を色素に変えるので，多くの色素が発色し検出しやすいため。

(3)　右図

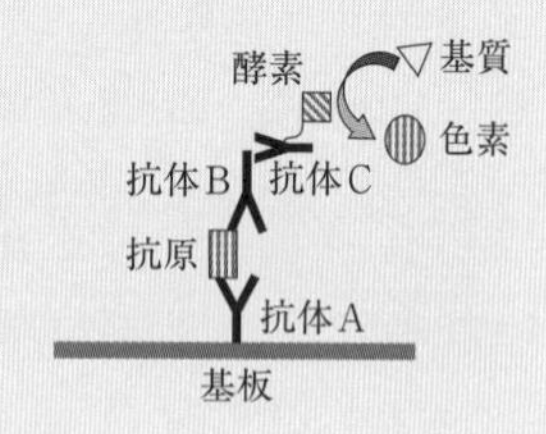

標問 73 の解説

問1　ア，イ．体内に侵入した異物を白血球が排除する免疫は，**自然免疫**と**適応免疫**(獲得免疫)に分けられる。自然免疫は**食細胞**(**マクロファージ**，**好中球**，**樹状細胞**)や NK **細胞**による，幅広い異物に対する免疫で，すべての動物にみられる。適応免疫はリンパ球(**B細胞**，**T細胞**)による特異的な免疫で，抗体が関わる体液性免疫と，キラーT細胞が働く**細胞性免疫**に分けられる。適応免疫はリンパ球が発達する脊椎動物に特有である。

ウ～オ．**樹状細胞**やマクロファージは，**食作用**により細胞内に取り込んで分解した異物の一部を，細胞膜上の MHC **分子**の上に乗せてT細胞に提示する，抗原提示

を行う。

カ～ク．T細胞の細胞膜上にはTCR（**T細胞受容体**）が，B細胞の細胞膜上にはBCR（**B細胞受容体**）が存在する。TCRとBCRは細胞ごとに構造が異なる可変部をもち，T細胞とB細胞は自身がもつ受容体の可変部に結合する抗原にのみ反応する。**ヘルパーT細胞**は，自身のTCRに結合する抗原をMHC分子により提示している樹状細胞からの**抗原提示**を受け，活性化&増殖する。一方，B細胞も自身のBCRに結合する抗原を取り込み，その一部をMHC分子の上に乗せ，ヘルパーT細胞に抗原提示する。B細胞からの抗原提示を受けたヘルパーT細胞はそのB細胞を活性化&増殖させる。するとB細胞は**形質細胞**（**抗体産生細胞**）へ分化し，抗体を産生するようになる。

問2　リンパ管のところどころにみられる，膨らんだ構造を**リンパ節**という。リンパ節には多くの種類のリンパ球が存在しており，異物をリンパ液から取り除くのに働くほか，樹状細胞からT細胞への抗原提示もリンパ節で行われる。樹状細胞は，食作用により取り込んだ異物を断片化して，MHC分子に結合させ，リンパ節へ移動する。T細胞は，リンパ節で樹状細胞のMHC分子に結合した異物の断片を認識し，活性化・増殖・分化して，リンパ節から感染部位へ移動する。

問3　問1カ～クの解説を参照。白血球などが合成・分泌し，免疫応答などで細胞間の情報伝達に働くタンパク質を**サイトカイン**という。サイトカインとは総称であり，働きにより免疫全般を調節する**インターロイキン**，ウイルス応答に働く**インターフェロン**，免疫細胞の集合を促す**ケモカイン**などに分類される。

問5　(1)　抗体は，可変部で特定のエピトープに結合する。一般に，1つの抗原には多くの異なるエピトープが存在し，それぞれのエピトープには異なるT細胞のTCR，異なるB細胞が産生した異なる抗体・BCRが結合する。そのため，「抗体Aを用いずに抗原を直接基板に固定する方法」では，抗体Bが結合するエピトープをもつ抗原がすべて検出される。一方，「抗体Aと抗体Bで抗原をサンドイッチする方法」では，抗体Aが結合するエピトープと抗体Bが結合するエピトープをあわせもつ抗原のみが検出されるため，より特異的に抗原を検出することができる。

(2)　酵素は，無色の基質を色素に変えて発色させる反応を繰り返し触媒する。すなわち，直接検出法において「色素を付加してある抗体B」を用いた場合は，1分子の抗体Bは1分子の色素による発色しか起こさないのに対し，1組の「抗体Bと酵素のセット」を用いた場合は，多数の色素を生じるため発色量が多く，検出感度が高いという利点がある。

(3)　サンドイッチ法により抗体Aと抗体Bの両方が結合するエピトープをあわせもつ抗原を捕捉し，抗体Bの定常部に結合する抗体Cに，基質を発色させる酵素を予め付加しておくことで，抗原をより特異的に，そして感度高く検出することができる。

このような，目的分子を抗体で捕捉し，抗体に結合させた酵素による発色反応によって分子を検出する方法をELISA法という。

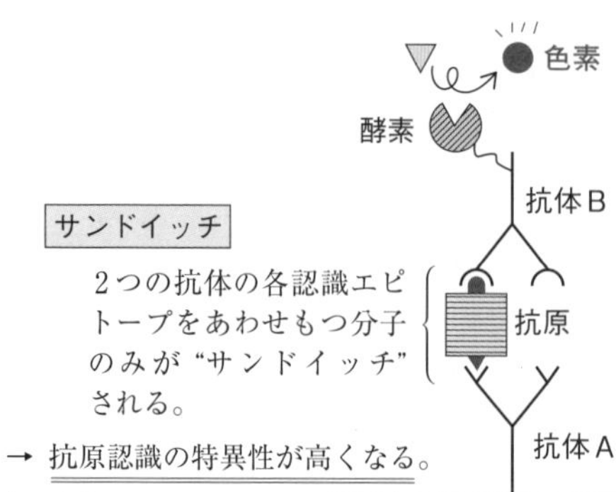
色素
酵素
抗体B
抗原
抗体A
サンドイッチ
2つの抗体の各認識エピトープをあわせもつ分子のみが“サンドイッチ”される。
→ 抗原認識の特異性が高くなる。
(→ (1))

ELISA法

目的分子を抗体で捕捉し，(直接 or 間接的に)結合させた酵素による発色反応により分子を検出する方法。

∴ 1組の「抗体B＆酵素」のセットで多数の色素を生じる。

∴ 検出感度が高い。(→ (2))

(「抗体Bに色素を付加」の場合，発色する色素は1抗体につき1分子のみ。(∴ 感度が低い。))

標問 74 細胞性免疫

答

問1　①

問2　MHC-B 分子をもつ母親の細胞が MHC-A 分子しかもたない仔マウスXのT細胞に非自己と認識された。(43字)

問3　(1) ①　(2) ②　(3) ①　(4) ①　(5) ②

問4　(1) 50%　(2) 100%　(3) 25%

問5　①, ③, ⑥, ⑧

問6　脱落する。

問7　生着する。

問8　胸腺がないためT細胞が分化せず細胞性免疫による拒絶反応が起きないから。(35字)

精講 免疫の多様性

B細胞やT細胞の細胞膜には，抗原に特異的に結合する受容体となる膜タンパク質が存在する。B細胞のものは，そのB細胞が産生する抗体の一種でBCR（B細胞受容体)と呼ばれる。T細胞のものはTCR（T細胞受容体)と呼ばれる。受容体には抗体と同じく定常部と可変部がある。未熟なB細胞やT細胞が分化する際，抗体と同様に可変部の**遺伝子再編成**が起こり，可変部と結合する抗原がそれぞれ1つに限定されるため，1つの成熟B細胞やT細胞は，特定の抗原としか反応しない。

遺伝子再編成による遺伝子断片の選択は偶然であり，その組み合わせは極めて多様である。そのため多様な抗原の排除が可能となる一方，自己の体内に存在する物質を抗原として認識する可変部が生じることもある。通常はそのような受容体をもつ不適切な細胞は**アポトーシス**(細胞死)により特異的に排除されるが，その排除が正常に行われなくなると，自己の細胞や組織を攻撃することによる**自己免疫性疾患**(リウマチや重症筋無力症など)が起きることがある。

標問 74 の解説

問1，2　父親の雄マウスはMHC-A 分子の遺伝子をホモ(AA)でもち，母親はMHC-A 分子とMHC-B 分子の遺伝子をヘテロ(AB)でもつ。よって，この両親から生まれる仔マウスの遺伝子型はAAもしくはABである。仔マウスXは，母親の組織を非自己として認識した。これは，母親のもつMHC-A 分子とMHC-B 分子，いずれか一方をもっていないためと考えられる。よって仔マウスXの遺伝子型はAAであり，MHC-A 分子のみを発現しているとわかる。

問3　骨髄細胞は，血球にのみ分化する。選択肢のうち血球はマクロファージとT細胞のみである。

問4　第1世代の雄はAA，雌はBBであるので，第2世代は雌雄ともにABである。第3世代はAA，AB，BBの3種類のマウスが25%，50%，25%の割合で出現すると期待される。

(1)　第2世代の母親(AB)からの皮膚移植を拒絶しないのはABのみである。

(2)　第2世代の父親と母親(ともにAB)は，MHC-A分子とMHC-B分子の両方を発現しているので，いずれのMHC分子をもつ細胞も攻撃しない。よって第3世代の3種類すべてのマウスの皮膚が生着する。

(3)　第1世代の父親(AA)はMHC-A分子しかもたないため，MHC-B分子を発現しているABおよびBBの皮膚は移植できない。

問5　図1において，MHC-A分子のみを発現する骨髄細胞と，MHC-B分子のみを発現する骨髄細胞の結果がほぼ同じなので，MHC分子がAかBはこの実験結果には無影響であると考えられる。したがって，図2での実験結果の差異は遺伝子Xの有無によるものと考えてよい。

〈1〉　①・②について

図3から，遺伝子Xを欠損すると細胞周期のS期・G_2期・M期の細胞の割合が増加するとわかるので，遺伝子Xは細胞の増殖を抑制する(①＝○)と考えられる。

〈2〉　③・④について

図2で，薬剤投与後に遺伝子X欠損(●)の方がより多く細胞死し，その割合がほぼ0になることから，遺伝子Xは細胞死を抑制する(③＝○)と考えられる。

〈3〉　⑤・⑥，⑦・⑧について

図2で，放射線照射後に，遺伝子X欠損(●)をより多く含む状態で，骨髄細胞数が正常値に回復していることから，遺伝子Xは骨髄細胞数の回復に必須ではなく(⑥＝○)，無論，移植した細胞が宿主の骨髄に到達するためにも必須ではない(⑧＝○)と考えられる。

問6　通常，何も処理していないマウスの免疫細胞は，異なる系統の皮膚片を異物として認識し攻撃するため，皮膚片は生着せず脱落する。しかし，B系統のマウスで適応免疫が成立する以前に，体内にA系統マウスの細胞を移植すると，A系統マウスの細胞を自己として認識する免疫寛容が起こる。そのため，成長してもA系統の細胞は攻撃対象とはならず，皮膚片は生着する。

しかし，何も処理していないB系統のマウスのリンパ節の細胞は，A系統の皮膚片を異物として認識し，攻撃する。

問7，8　未熟な前駆T細胞が胸腺に移動し，胸腺で増殖と分化を繰り返して成熟T細胞となる。よって，生後すぐに胸腺を除去したマウスでは，細胞性免疫だけでなく，ヘルパーT細胞がかかわる体液性免疫も働かない。

標問 75 体液性免疫

答

問1 ア－細胞 イ－抗原 ウ－抗原抗体 エ－体液
オ－免疫グロブリン カ－可変部 キ－定常部

問2 ⑤

問3 ①

問4 100×23×6＝13800〔種類〕

問5 (1) ミエローマ細胞：× ハイブリドーマ：○

(2) ミエローマ細胞：用いたミエローマ細胞は経路Sによる塩基合成を行えない。HAT培養液には物質Aが含まれるため，ミエローマ細胞は経路Dによっても塩基合成を行えない。増殖時には塩基を必要とするDNA合成が不可欠であるため，HAT培養液中のミエローマ細胞は無限増殖できない。(119字)

ハイブリドーマ：ハイブリドーマはB細胞の遺伝子ももつため，物質H，A，Tが存在するHAT培養液中で経路Sによる塩基合成が可能である。よって，経路Sによって合成された塩基を材料にDNAが合成され，無限増殖が可能となる。(94字)

問6 マウスの免疫グロブリンはヒトの免疫グロブリンとアミノ酸配列が異なるため，ヒトの体内で抗原として認識され排除される可能性があるから。(65字)

問7 タンパク質pの抗原と直接結合するのは免疫グロブリンの可変部であるので，可変部はそのままに，マウスDNAの免疫グロブリン定常部をコードする領域を，ヒト免疫グロブリン定常部をコードする遺伝子に組み換え，タンパク質pに特異的に結合する抗体を産生するハイブリドーマにおいて発現させる。(138字)

精講 抗体の構造

B細胞がつくる抗体は，**免疫グロブリン**というY字型のタンパク質である。免疫グロブリンは4本のポリペプチド鎖(H鎖(重鎖)2本，L鎖(軽鎖)2本)がジスルフィド結合(S-S結合)した右図のような構造をしている。

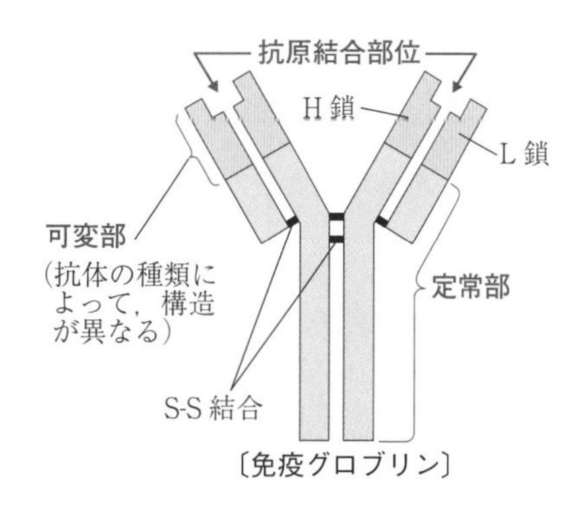

可変部と定常部からなり，可変部の先端にある2カ所の**抗原結合部位**の立体構造は抗体により異なり，特異的な抗原にのみ結合する。

標問 75 の解説

問4　抗体をつくるための遺伝子は断片化されており，DNA 上でいくつかの集団をつくって並んでいる。H鎖の可変部をつくる遺伝子群はV，D，Jの3群，L鎖の可変部をつくる遺伝子群はV，Jの2群である。B細胞の成熟過程でそれぞれの群から遺伝子の断片が1つずつ選択されて再構成されるので，可変部をつくる遺伝子の組み合わせは膨大な数となる。このしくみは利根川進により解明された。

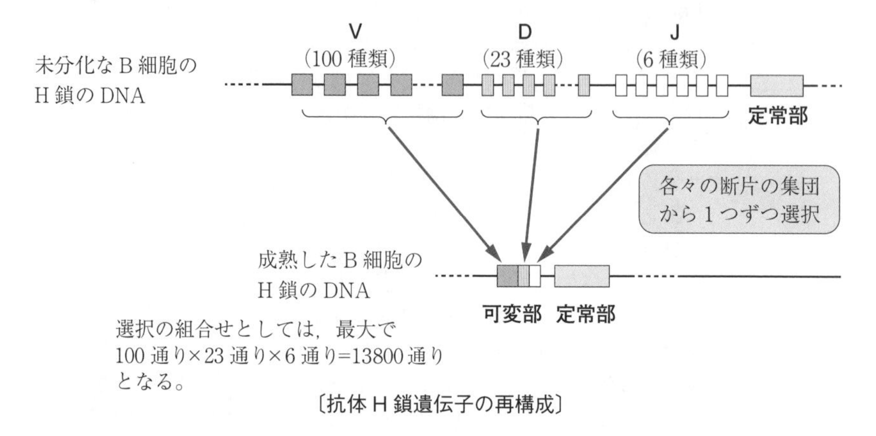

〔抗体H鎖遺伝子の再構成〕

問5　次のように考える。

ミエローマ細胞について

〈1〉　経路Sにおける塩基の合成に不可欠な酵素が働かないようになっているため，経路Sは働かない。

〈2〉　HAT 培養液に物質A(経路Dを阻害)が含まれるため，経路Dも働かない。

〈3〉　細胞増殖に不可欠な塩基が合成できないのでDNA が合成できず，無限増殖できない。

ハイブリドーマについて

〈1〉　B細胞の遺伝子が含まれるため，経路D，経路Sのどちらも正常に働く。

〈2〉　HAT 培養液に物質Aが含まれるため，経路Dは働かない。

〈3〉　HAT 培養液に物質H，Tが含まれるため，経路Sによって塩基合成ができる。

〈4〉　細胞増殖に不可欠な塩基が合成できるのでDNA が合成でき，無限増殖できる。

問6，7　タンパク質pに対する反応性をもつためには，その抗体の可変部はタンパク質pに特異的に結合する立体構造をもつ必要がある。また，ヒトの体内で抗原として認識されず排除を受けないためには，その抗体の定常部はヒト免疫グロブリンの定常部である必要がある。このような抗体をつくるためには，タンパク質pに特異的な抗体を産生するハイブリドーマがつくる抗体の定常部遺伝子を，ヒト免疫グロブリン定常部遺伝子に組み換えればよい。

標問 76 血液型

答
問1　血液型：次郎君－B型　　健太君－AB型　　彰君－O型
遺伝子型：次郎君－BO　　次郎君の母親－AO
問2　太郎君から健太君，次郎君から健太君，彰君から太郎君，彰君から次郎君，彰君から健太君
問3　A：B：AB：O＝3：3：9：1
問4　(1) $\frac{1}{64}$　　(2) $\frac{9}{64}$

精講　ABO式血液型

■ ABO式血液型
赤血球上の凝集原(A，B，O)のもち方と，血しょう中の凝集素(α，β)のもち方により決まる。

遺伝子A…凝集原Aをつくる。
遺伝子B…凝集原Bをつくる。
遺伝子O…凝集原をつくらない。

血液型	遺伝子型
A型（凝集原A，凝集素β）	AA，AO
B型（凝集原B，凝集素α）	BB，BO
AB型（凝集原A・B，凝集素なし）	AB
O型（凝集原なし，凝集素α，β）	OO

標問76の解説

問1　それぞれの血液型は次のように考える。
〈1〉　A型の太郎君は赤血球上に凝集原Aのみをもち，血しょうに凝集原βのみをもつ。太郎君の血しょうに混ぜたときに凝固が起きた(＋)次郎君と健太君は赤血球上に凝集原Bをもつ(つまりこの2人は凝集素βをもたない)。凝固が起きていない彰君は赤血球上に凝集原Bをもたない(つまり彰君は凝集素βをもつ)。
〈2〉　太郎君の赤血球を血しょうに混ぜたときに凝固が起きた(＋)次郎君と彰君は血しょう中に凝集素αをもつ。凝固が起きていない(－)健太君は血しょう中にαをもたない。
〈3〉〈1〉，〈2〉より，次郎君がもつ凝集素はαのみ，血液型はB型である。健太君は凝集素をもたないので血液型はAB型である。彰君は凝集素α，βをともにもつので血液型はO型である。

A型のヒトの遺伝子型はAAもしくはAO，B型のヒトの遺伝子型はBBもしくはBO，AB型のヒトの遺伝子型はABのみである。AB型である父親とA型である母親からB型の子が生まれるのは，父親から遺伝子Bを受け取り，かつ遺伝子型がAOである母親から遺伝子Oを受けとり，子の遺伝子型がBOとなるときのみである。

問2　問題文の表より，輸血により提供された赤血球が，輸血を受けた側の血しょう中の凝集素により凝固しない組合せ(－となる組合せ)を答える。

問3　各遺伝子型の出現頻度が等しい，とあるので，B型である父親はBBである確率とBOである確率が1：1，A型である母親はAAである確率とAOである確率が1：1である。

よって，父親から生じる配偶子の期待値は$B:O=3:1$，母親から生じる配偶子の期待値は$A:O=3:1$。受精により生じる子の遺伝子型(血液型)とその期待値は，

$$(3B+1O)\times(3A+1O)=9AB+3BO+3AO+1OO$$

よって，

AA(A型)：BB(B型)：AB(AB型)：OO(O型)＝3：3：9：1

問4　ABO式血液型を決定する遺伝子とRh式血液型を決定する遺伝子は異なる染色体上に存在するので，両者は独立に子に遺伝する。

問3と同様に，B型の父親とA型の母親から生まれる子の血液型とその期待値はA型：B型：AB型：O型＝3：3：9：1であるので，O型である確率は$\frac{1}{16}$，A型である確率は$\frac{3}{16}$である。

Rh式血液型はRh^+遺伝子が顕性(Dとする)，Rh^-遺伝子が潜性(dとする)である。Rh^+型である父親はDDである確率とDdである確率が1：1，Rh^-型である母親はddである。よって父親から生じる配偶子の期待値は$D:d=3:1$，母親から生じる配偶子はdのみなので，受精により生じる子の遺伝子型(血液型)とその期待値は，

$$(3D+1d)\times(1d)=3Dd+1dd$$

よって，Dd(Rh^+型)：dd(Rh^-型)＝3：1

となり，Rh^+型である確率は$\frac{3}{4}$，Rh^-型である確率は$\frac{1}{4}$である。

(1)　O型でありかつRh^-型である確率は，$\frac{1}{16}\times\frac{1}{4}=\frac{1}{64}$

(2)　A型でありかつRh^+型である確率は，$\frac{3}{16}\times\frac{3}{4}=\frac{9}{64}$

第8章　動物の反応と調節

標問 77　膜電位とその変化

答

問1　流動モザイクモデル　　問2　能動輸送
問3　ナトリウム－カリウム ATP アーゼ
問4　ア－ナトリウムイオン　イ－カリウムイオン
問5　ウ－外　エ－内　オ－内
問6　カ，キ－ニューロン，筋繊維(筋細胞)　(順不同)
問7　ク－ナトリウムチャネル　ケ－カリウムチャネル
問8　④

精講　本題のテーマ

■膜電位と分極

細胞の外側を 0mV として測定したときの内側の電位を**膜電位**といい，細胞膜を隔てて電位差が生じることを**分極**という。

■静止電位と活動電位

問題主文中の**漏洩 K^+ チャネル**は**電位非依存性 K^+ チャネル**, **膜電位感受性 Na^+ チャネル**などは**電位依存性 Na^+ チャネル**などということも多い。

(1)　**静止電位**

①　**Na^+ ポンプによる Na^+ の汲み出しと K^+ の取り込み**

Na^+ は細胞外に多く，K^+ は細胞内に多いという濃度勾配が生じる(図1)。

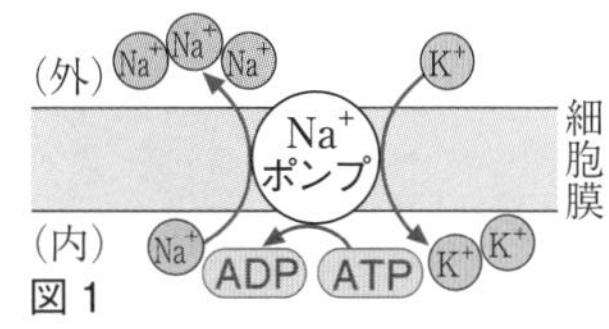

図1

②　**電位非依存性 K^+ チャネルによる K^+ の流出**

濃度勾配に従って K^+ が細胞外に流出しようとするため，K^+ を引き留めようとして細胞内に負の電位が生じ，流出しようとする力と引き留めようとする力が釣り合うと，見かけ上，K^+ が移動しなくなる。この状態の膜電位が静止電位である。

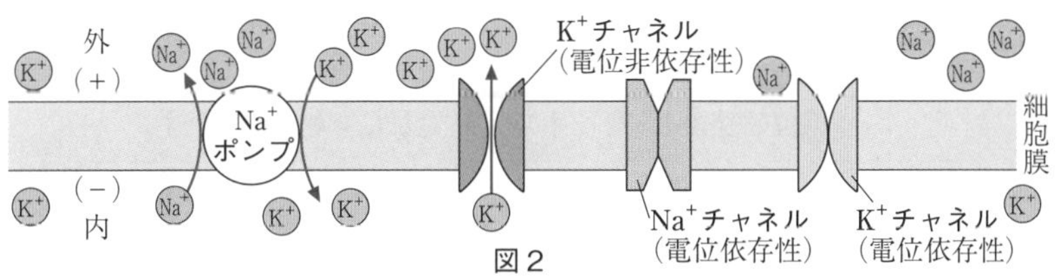

図2

(2)　**活動電位**

③　**電位依存性 Na^+ チャネルによる Na^+ の流入**

刺激により膜電位が上がって膜電位の閾値(閾膜電位)に達すると，電位依存性 Na^+ チャネルが一気に開いて Na^+ が細胞内へ流入しようとするため，細胞内が正になるように膜電位が変化する(図3)。

④　**電位依存性 K^+ チャネルによる K^+ の流出**

電位依存性 Na^+ チャネルに少し遅れて，電位依存性 K^+ チャネルが一気に開いて K^+ が流出しようとするため，細胞内が負に戻るように膜電位が変化する(図4)。

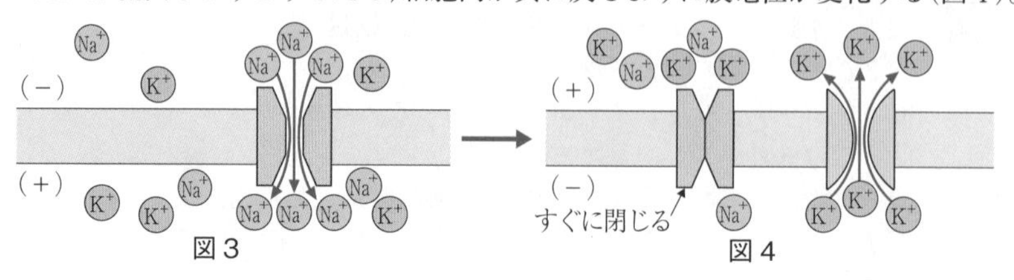

図3　図4

■**閾値(限界値)**

ある作用によって生体に反応が起こる場合，反応を起こすのに必要なその作用の最小値を閾値(限界値)という。刺激の強さについての閾値＝閾刺激，膜電位の大きさについての閾値＝閾膜電位，脱分極の大きさについての閾値＝閾脱分極。

標問 77 の解説

活動電位については，膜電位感受性 Na^+ チャネルが開くと一気に Na^+ が流入して細胞内の Na^+ 濃度が上がるので膜電位が正に逆転し，膜電位感受性 K^+ チャネルが開くと一気に K^+ が流出して K^+ 濃度が下がるので膜電位が負に戻ると誤解している受験生が非常に多い。しかし実際には，1回の活動電位の発生では，膜電位感受性 Na^+ チャネルも膜電位感受性 K^+ チャネルも開いている時間は非常に短く，細胞内の Na^+ 濃度はほとんど上がらず，細胞内の K^+ 濃度もほとんど下がらない。**これがゆえに連続的な活動電位の発生が可能となるのである。**そして，膜電位感受性 Na^+ チャネルが開いて Na^+ が一気に流入しようとするのを引き留めるために細胞外が負(膜電位は正)となり，膜電位感受性 K^+ チャネルが開いて K^+ が一気に流出しようとするのを引き留めるために膜電位が再び負に戻るのである。本問を繰り返し解いて活動電位についての理解を深めてほしい。

Point

漏洩 K^+ チャネル　＝　**電位非依存性** K^+ チャネル
膜電位感受性 Na^+ チャネル　＝　**電位依存性** Na^+ チャネル
膜電位感受性 K^+ チャネル　＝　**電位依存性** K^+ チャネル

問3　Na^+-K^+-ATP アーゼや，Na^+/K^+-ATP アーゼと表記することも多い。

問7　クは Na^+ チャネルでも，ケは K^+ チャネルでもよい。

問8　解説の冒頭で示したように，1回の活動電位では細胞内の Na^+ 濃度がほとんど上がらず K^+ 濃度もほとんど下がらないことが**活動電位の連続的な発生**を可能とし，負の電位に素早く戻すことが**活動電位の発生頻度(単位時間当たりの発生回数)の上昇**を可能とするのである。∴　④＝○

標問 78 神経の興奮と伝導・伝達

答

問1 g　問2 b　問3 e　問4 g　問5 d
問6 空間的加重　問7 クロライドイオン(塩化物イオン)
問8 40m/秒
問9 1.25ミリ秒後に衝突　点Qから細胞体側に50mmの部位
問10 衝突時には衝突部位の両隣がともに不応期にあるので，2つの活動電位はともに消滅する。(41字)
問11 ウには電位依存性ナトリウムチャネルが密に存在しており，シナプス後電位の加重によって膜電位が閾値に達すると電位依存性ナトリウムチャネルが一気に開き始める。(76字)

精講 重要事項の整理

■不応期

刺激しても活動電位が発生しない時期を不応期というが，厳密には，絶対不応期と相対不応期がある。絶対不応期は電位依存性 Na^+ チャネルが開いている時期と不活性化されている時期を合わせた本問図1の②・③・④であり，いくら強い刺激を与えられても活動電位を発生しない。そして，相対不応期は本問図1の⑤であり，電位依存性 Na^+ チャネルが不活性化されていないので，過分極している分だけ通常の閾値(閾刺激)より強い刺激を与えられれば活動電位を発生する。

■シナプス後電位(PSP)　**標問79**の精講を見よ。
■シナプス後電位の加重　**標問79**の精講を見よ。

■軸索小丘

細胞体から軸索が出る部分(本問図2Aのウ)を軸索小丘といい，電位依存性 Na^+ チャネルが密に存在している。ここで複数のシナプスからの入力が加算されて膜電位が閾値(閾膜電位)に達すると電位依存性 Na^+ チャネルが一気に開き始めるので，軸索小丘で最初に活動電位が発生する。

標問 78 の解説

Aの問1～問5については，**標問77**の内容をしっかり理解した上で解き，活動電位のどの時期にどのようなことが起こっているのかをしっかり理解してほしい。

問1 Na^+ ポンプは常に働いている。∴ ①～⑥のg
問2 刺激により膜電位が閾値(閾膜電位)に達すると電位依存性 Na^+ チャネルが一気に開き始めることで，膜電位が急激に上昇して正に逆転する。このことを知っていれば②を含むとわかるが，②の終わりにはまだ膜電位がピークに達していないので②・③のbを選ぶことになる。そして，自分で線を引いてみるとわかりやすいが，②の初めの時の膜電位が閾膜電位であり，膜電位のピークを過ぎた③の終わりの時まで電位依存性Na^+チャネル中に開いているものがあると理解しておくとよい。

問3　電位依存性Na^+チャネルに少し遅れて電位依存性K^+チャネルが開き始めると膜電位が静止電位より下まで急激に下降する。このことを知っていれば④を含むとわかるが，④の初めは既に膜電位のピークを過ぎていること，および④の終わりはまだ下降している途中であることから，③〜⑤のeを選ぶことになる。そして，電位依存性K^+チャネルは膜電位のピークの少し前から開き始め，再分極を経て過分極の終わりまで開いているものがあると理解しておくとよい。

問4　電位非依存性K^+チャネルは常に開いている。∴　①〜⑥のg

問5　精講の■不応期を見よ。∴　②〜④のd

問6，7　問題文**B**の第2段落について，「また，」の後の一文を下線部②，「ところが，」の後の一文を下線部③，そして「さらに」の後の一文を下線部④であるものとして内容をまとめると次のようになる。

①前半 ⇒ a，b，cの単独入力だと閾膜電位に達しない。

①後半 ⇒ a & b & cの同時入力だと空間的加重によって閾膜電位に達する。

④ ⇒ a & b & c & dの同時入力だと空間的加重によって閾膜電位に達しない。

a & b & cだと閾膜電位に達するのに，dが加わると閾膜電位に達しなくなることから，dが抑制性ニューロンであり，シナプス後細胞(図2Aのニューロン)にCl^-が流入してIPSP（抑制性シナプス後電位)が生じたとわかる。

なお③からは，a & bあるいはb & cの同時入力だと空間的加重によって閾膜電位に達しないとわかる。

問8　①後半と②から，活動電位はPQ間の60〔mm〕を2.5－1.0＝1.5〔m秒(ms)〕で進むとわかるので，

$$伝導速度 = 60〔mm〕 \div 1.5〔ms〕 = 40〔mm/ms〕 = 40〔m/s〕$$

と求められる。

問9　a，b，cの同時刺激により発生し，ニューロンの終末側へ向かう活動電位をαとし，点Qから細胞体側へ向かう活動電位をβとして，次の手順で考えるとよい。

〈1〉　刺激から1.0〔ms〕後には，αは点Pにあり，βは点Qから

$$40〔mm/ms〕\times 1〔ms〕= 40〔mm〕$$

進んだ点Rにある。

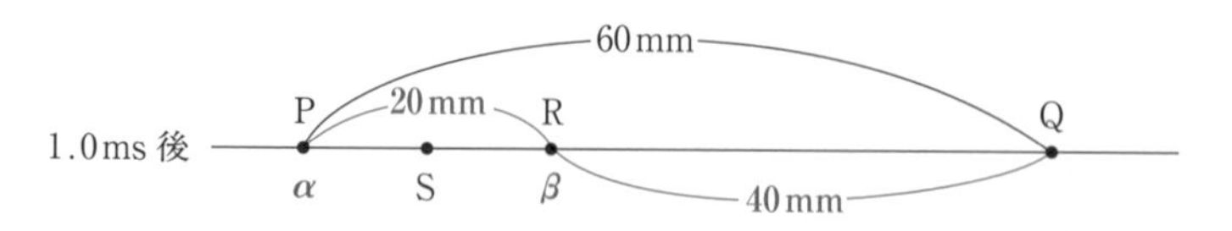

〈2〉　αとβが衝突するのは点Pと点Rの中間点S，つまり点Qから細胞体側へ

$$40〔mm〕+ 10〔mm〕= 50〔mm〕$$

の部位である。

〈3〉　αがPS間の10〔mm〕を進むのに，あるいはβがRS間の10〔mm〕を進むのに，

$$10〔mm〕\div 40〔mm/ms〕= 0.25〔ms〕$$

かかるので，衝突は

$$1.0 + 0.25 = 1.25〔ms〕後$$

であるとわかる。

問10　2つの活動電位が衝突する前後のようすを下図に示す。

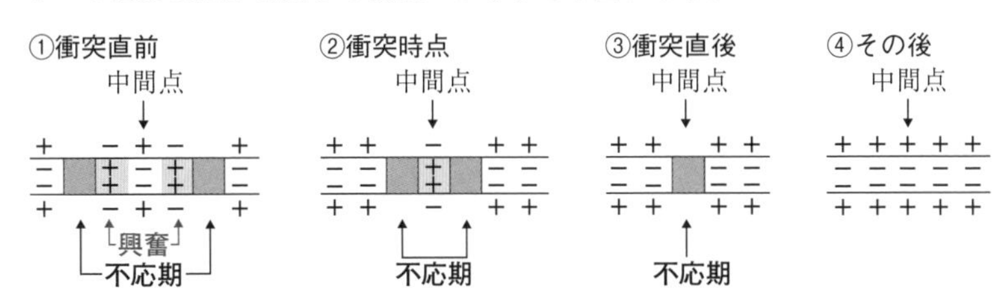

2つの活動電位が点Pと点Rの中間点Sで衝突したときには，その両隣が不応期にある。このため，どちらの活動電位も進行方向に進むことができずに消滅することになる。

問11　精講の■軸索小丘を見よ。

標問 79 シナプス後電位とその加重

答

問1　ア－抑制　イ－興奮

問2　連続して生じた2つの興奮性シナプス後電位が加算されて，膜電位が閾値に達した。(38字)

〔別解〕 連続して生じた2つの興奮性シナプス後電位の時間的加重によって閾膜電位に達した。(39字)

問3　ニューロンA－②　ニューロンB－②　ニューロンC－⑤

問4　④，⑥

精講 重要事項の整理

■シナプス後電位(PSP)

神経伝達物質を受容することでシナプス後細胞に生じる膜電位の変化をシナプス後電位(PSP)という。

〈1〉 **興奮性シナプス後電位**(EPSP)

神経伝達物質を受容して**神経伝達物質依存性** Na^+ **チャネルが開く**とシナプス後細胞内に Na^+ **が流入して脱分極性の電位変化が生じる**(本問の図3)。EPSPを発生させるシナプス前細胞とシナプスをそれぞれ興奮性ニューロンと興奮性シナプスといい，代表的な神経伝達物質として運動神経の**アセチルコリン**や中枢神経の**グルタミン酸**(Glu)がある。

〈2〉 **抑制性シナプス後電位**(IPSP)

神経伝達物質を受容して**神経伝達物質依存性** Cl^- **チャネルが開く**とシナプス後細胞内に Cl^- **が流入して過分極性の電位変化が生じる**(本問の図2)。IPSPを発生させるシナプス前細胞とシナプスをそれぞれ抑制性ニューロンと抑制性シナプスといい，代表的な神経伝達物質として中枢神経のGABA(γ-アミノ**酪酸**)がある。

■ニューロンにおけるシナプス後電位の加重

ニューロンの樹状突起や細胞体は他の多くのニューロンとシナプスを形成していることが多い。複数のシナプスから同時に入力されると，それらの入力によって生じる膜電位の変化は加算され，これを**空間的加重**という。また，単一のニューロンから短時間に連続して入力されても生じる膜電位の変化は加算され，これは**時間的加重**(本問の図5)という。通常，1つの興奮性入力によって発生するEPSPによって活動電位が発生することはなく，軸索小丘(細胞体から軸索が出る部分)に到達した複数のEPSPやIPSPが加算されて閾膜電位に達すると活動電位が発生する。

■軸索小丘　**標問78**の精講を見よ。

標問 79 の解説

問1　精講の■シナプス後電位(PSP)を見よ。

問2　精講の■ニューロンにおけるシナプス後電位の加重を見よ。

問3　精講で示したように，実際には，シナプス後細胞に生じたEPSPやIPSPは軸索小丘に到達して，そこで加算される。しかし，本問ではPSPの加重が細胞体で起こるという設定であることに留意して，次の手順で考えるとよい。

〈1〉　aへの刺激によって生じた活動電位は両側伝導によってニューロンAの細胞体と軸索末端に到達する。細胞体には活動電位そのものが到達する。∴　②

〈2〉　bへの刺激によって生じた活動電位も両側伝導によってニューロンBの細胞体と軸索末端に到達する。細胞体には活動電位そのものが到達する。∴　②

〈3〉　aからニューロンAの軸索末端に到達した興奮の伝達によってニューロンCの細胞体には図2に示されるIPSPが生じ，これと同時にbからニューロンBの軸索末端に到達した興奮の伝達によってニューロンCの細胞体には図3に示されるEPSPが生じるが，空間的加重によって相殺されてしまうので，膜電位に変化は生じない。∴　⑤

問4　次の手順で考えるとよい。

〈1〉　実験3の最初の一文に「培養液にカドミウムイオン(Cd^{2+})を加えると，bを刺激してもニューロンCの細胞体にEPSPが生じなくなる」とあることから，Cd^{2+}はニューロンBでの活動電位の発生と跳躍伝導もしくはニューロンBC間の伝達を阻害すると考えられる。

〈2〉「なお,」の後の一文に「Cd^{2+}は活動電位の発生を阻害しない」とあることから，bへの刺激によるニューロンBでの活動電位の発生そのものも，ランビエ絞輪に次々と活動電位が生じることで起こる跳躍伝導も阻害されないとわかる。したがって，ニューロンBC間の伝達が阻害されると考えられる。

〈3〉　ニューロンBC間の伝達は，大きく次の3つの過程に分けられる。

(1) ニューロンBの軸索末端からの神経伝達物質の放出

(2) シナプス間隙での神経伝達物質の拡散

(3) ニューロンCによる神経伝達物質の受容

〈4〉「また,」の後の一文に「Cd^{2+}がある状態でも，ニューロンBの神経伝達物質を培養液に滴下すると，ニューロンCの細胞体が興奮する」とあることから，〈3〉の(2)と(3)は阻害されないとわかる。

〈5〉　残る〈3〉の(1)のニューロンBの軸索末端からの神経伝達物質の放出が阻害されると考えられ，これに関わりのある電位依存性カルシウムイオンチャネルの働きが阻害されるという④，およびニューロンBのシナプス小胞の働きが阻害されるという⑥が考えうる仮説として残る。

標問 80 筋収縮

答

問1　ア－随意筋　イ－心筋　ウ－横紋筋　エ－筋原繊維
　オ－ミトコンドリア　カ－カルシウムイオン　キ－Z膜
問2　タンパク質の名称：ミオシン
　働き：ATPを分解して生じたエネルギーでアクチンフィラメントをたぐり寄せ，サルコメアを短縮させる働き。(46字)
問3　現象：伝達
　理由：運動神経細胞の末端からのみ神経伝達物質が放出でき，また，筋細胞側のみが神経伝達物質を受容できるから。(50字)
問4　化学物質の名称：アセチルコリン
　働き：心臓－心拍抑制　　腸－運動促進
問5　ク－ナトリウムイオン　ケ－カリウムイオン
　コ－カルシウムイオン
問6　サ－⑨　シ－⑨　ス－⑪　セ－⑱　ソ－③　タ－⑫　チ－⑲
　ツ－④　テ－④　ト－㉔

精講　本題のテーマ

■筋収縮

ミオシン頭部はATPアーゼ活性をもち，ATPを分解して生じたエネルギーを用いてアクチンフィラメントをたぐり寄せる。

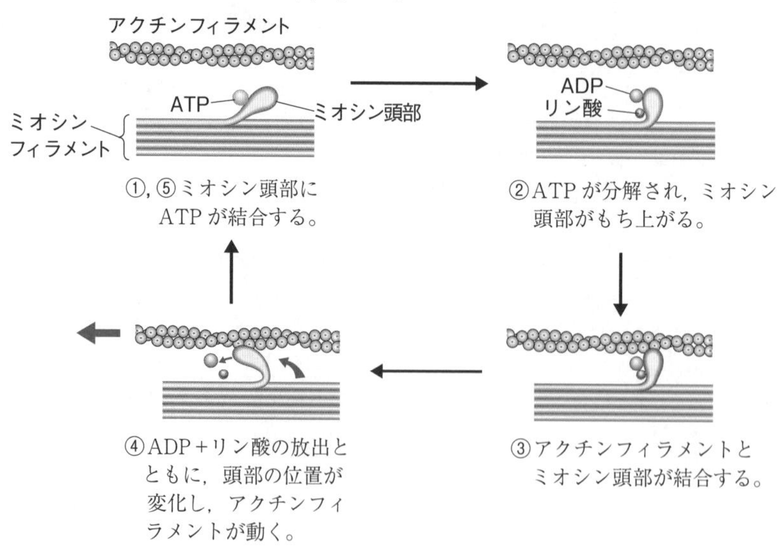
アクチンフィラメント
ATP
ミオシン頭部
ミオシンフィラメント
①,⑤ミオシン頭部にATPが結合する。
ADP
リン酸
②ATPが分解され，ミオシン頭部がもち上がる。
③アクチンフィラメントとミオシン頭部が結合する。
④ADP＋リン酸の放出とともに，頭部の位置が変化し，アクチンフィラメントが動く。

〔筋収縮のしくみ〕

Point **筋収縮のしくみ**

① ミオシン頭部に ATP が結合。
② ATP が ADP とリン酸に分解され，そのエネルギーを用いてミオシン頭部の角度が変わりもち上がる。
③ アクチンフィラメントとミオシン頭部が結合する。
④ ミオシン頭部は ADP とリン酸を放出すると同時にその構造を変化させ，アクチンをサルコメア中央方向へと動かす。
⑤ ATP が結合するとアクチンフィラメントからミオシン頭部が離れる(①に戻る)。

筋収縮の際には，ミオシンフィラメントが，アクチンフィラメント(球状のタンパク質であるアクチンが重合)に結合する必要がある。筋弛緩時にはアクチンフィラメントに絡みつくように存在する**トロポミオシン**というタンパク質が，両者の結合を物理的に妨げている。筋収縮時に筋小胞体から放出される**カルシウムイオン**(Ca^{2+})が**トロポニン**というタンパク質と結合すると，トロポミオシンの構造が変化して，ミオシンとアクチンフィラメントとの結合を可能にする。

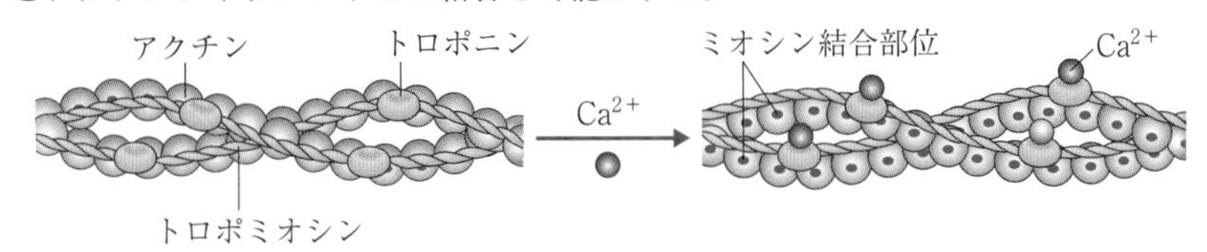

〔アクチンフィラメントの構造〕

標問 80 の解説

問2　1分子のミオシンタンパク質は2本のポリペプチド鎖が互いに巻きついた構造からなる。それぞれの一端はミオシン頭部と呼ばれる球状の構造となっている。

〔ミオシン分子〕

ミオシンフィラメントはミオシン分子が多数集合して束になったもので，一定の間隔で頭部が突き出している。ミオシン頭部は**ATP アーゼ活性**をもち，ATP を分解したエネルギーを用いて構造を変え，結合したアクチンフィラメントをたぐり寄せるので，**モータータンパク質**と呼ばれる。ATP のエネルギーによるミオシンフィラメントとアクチンフィラメントの「滑り」が筋繊維の短縮，すなわち筋収縮の原理である。

問3　運動神経細胞の末端から放出されたアセチルコリンが，筋細胞の細胞膜表面にあるアセチルコリン受容体に結合すると筋細胞膜において電位変化が生じ，細胞内での筋原繊維の収縮が引き起こされる。

運動神経細胞と筋細胞のうち，細胞内にアセチルコリンを含むのは運動神経細胞のみであり，アセチルコリン受容体をもつのは筋細胞のみであるため，興奮の伝達は運動神経細胞側から筋細胞側への一方向にのみ起こる。

問4　自律神経のうち，交感神経の末端からはノルアドレナリン，副交感神経の末端からはアセチルコリンが放出される。一般に交感神経は各器官を活動状態に，副交感神経は各器官を安静状態になるよう促す。

問5　筋収縮には，膜電位変化にかかわる Na^+ と K^+，アクチンとミオシンの結合に必要な Ca^{2+} が重要な働きを担う。Na^+ は体液中で，K^+ は細胞内液中で，それぞれ最も高濃度で存在する陽イオンである。

問6　筋細胞膜に存在するアセチルコリン受容体は Na^+ チャネルとしての機能ももち，アセチルコリンが結合すると開口して Na^+ を細胞内へと流入させる。その結果生じた活動電位は，細胞膜から一続きになって細胞内に入り込んでいる**T管膜**へと伝わり，電位依存性 K^+ チャネルを開口させる。すると，濃度勾配に従って K^+ が流出し，膜電位は低下する。

筋細胞内ではT管と**筋小胞体**(筋原繊維を取り囲むように分布している)とが接している部分があり，T管膜に生じた膜電位変化が筋小胞体膜に存在する Ca^{2+} チャネルを開口させ，筋小胞体からの Ca^{2+} 放出を起こす。精講でも述べたように，Ca^{2+} によりトロポミオシンの構造が変化し，ミオシンのアクチンフィラメントへの結合が可能になり，収縮が起こる。

標問 81 張　力

答　問1　すべてのミオシン頭部がアクチンフィラメントと重なった状態になっていて収縮に働くため。(42字)

問2　③　　理由：筋肉を引き伸ばして張力が完全にゼロになるのは，アクチンフィラメントとミオシンフィラメントの重なりがなくなるためで，そのときのサルコメアの長さはアクチンフィラメント2本分の長さとミオシンフィラメントの長さとを足したものになる。暗帯はミオシンフィラメントが存在する部分であり，その幅はミオシンフィラメントの長さに一致する。ミオシンフィラメントの長さが半分であると，張力がゼロになるときのサルコメアの長さは元のミオシンフィラメントの2分の1の長さ分，短いものになるから。

標問 81 の解説

問1　ミオシンフィラメントはミオシン分子が多数結合したもので，その両端にはミオシン頭部が突出する領域が，中央にはミオシン頭部がない領域がある。

張力は，ミオシンフィラメントの頭部が，アクチンフィラメントに結合しそれをたぐり寄せることにより生じる。よって，ミオシンフィラメントの頭部とアクチンフィラメントの**重なりの長さと張力は比例する**と考えてよい。

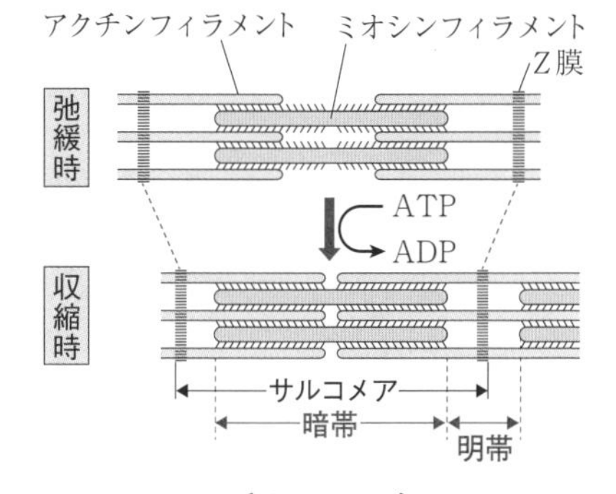

〔サルコメア〕

図1のCにおいて筋を伸ばすほど張力が低下するのは，筋を伸ばすほどミオシンフィラメントとアクチンフィラメントとの重なりが少なくなるからである。

図のAにおいて筋が短くなるほど張力が低下するのは，

① アクチンフィラメントどうしが重なり合い，互いにミオシンフィラメントとの相互作用が阻害される。

② 筋原繊維が過剰に収縮するため，T管が圧迫され，細胞の中心のT管に活動電位が伝わりにくくなる。

ことなどが原因となっている。

Point　張力は，ミオシン頭部とアクチンフィラメントとの重なりの長さに比例する。

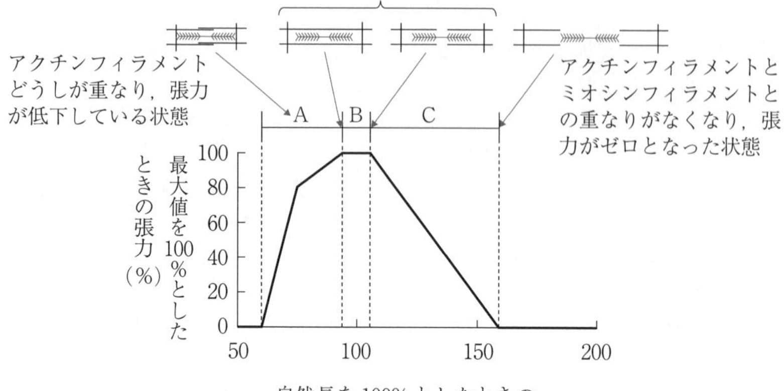

問2　筋を引き伸ばして張力がゼロになるのは，アクチンフィラメントの端がミオシンフィラメントの端に位置し，両者の重なりがなくなった状態である。暗帯の幅，すなわちミオシンフィラメントの長さが半分になると，この状態の長さも短くなる。

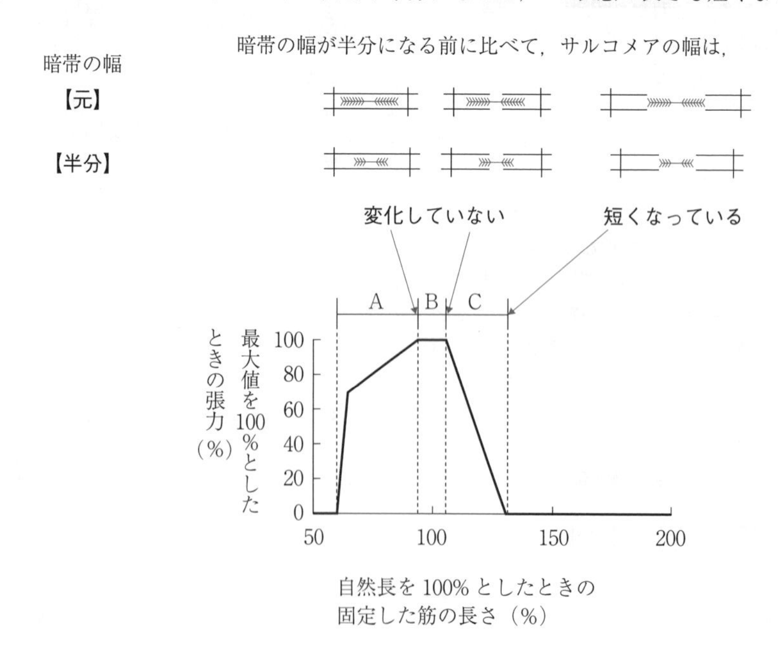

標問 82 中枢神経

答

問1　ア－樹状突起　イ－1m　ウ－散在神経　エ－介在神経
オ－跳躍伝導

問2　(1)　名称：シナプス　　物質：神経伝達物質
(2)　神経伝達物質を含むシナプス小胞は軸索末端にしか存在せず，また神経伝達物質が結合する受容体は細胞体や樹状突起の細胞膜にしか存在しないため。

問3　(1)

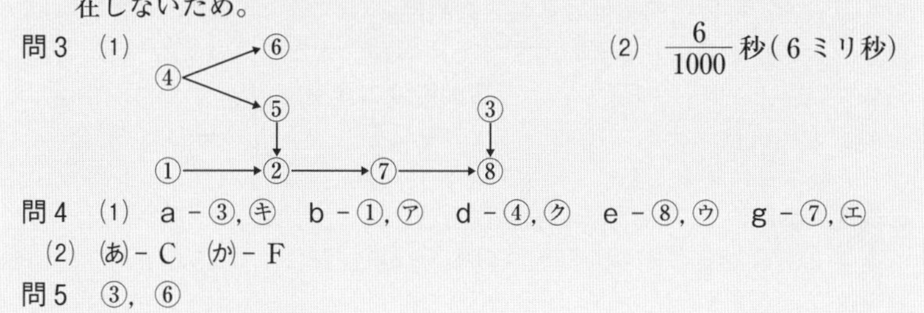

(2)　$\frac{6}{1000}$秒(6ミリ秒)

問4　(1)　a－③，㊔　b－①，㋐　d－④，㋗　e－⑧，㋒　g－⑦，㋓
(2)　(あ)－C　(か)－F

問5　③，⑥

精講　本題のテーマ

■脊椎動物の中枢神経

脊椎動物の中枢神経は脳(大脳・間脳・中脳・小脳・延髄)と脊髄とからなる。これらはそれぞれ異なる機能を有しており，動物種により発達するところが異なる。

中枢神経	機　能
脊　髄	脊髄反射の中枢 感覚および運動情報の中枢
延　髄	呼吸，心拍などの中枢
小　脳	随意運動の調節 からだの平衡維持
中　脳	眼・耳に関連した反射の中枢
間　脳	恒常性の中枢
大　脳	記憶，情動，随意運動，感覚情報の統合

〔中枢神経系の構成部位と機能〕

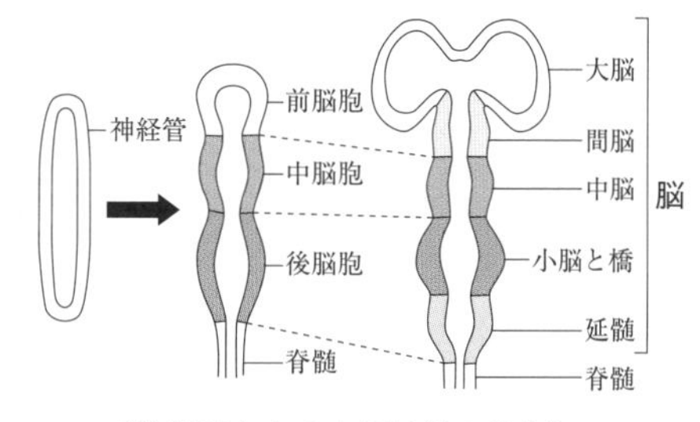

〔神経管からの中枢神経の分化〕

> **Point　脊椎動物の脳の特徴**
> 魚　類：延髄・小脳・中脳が発達。
> 両生類：中脳が発達。小脳は未発達。
> は虫類：両生類に比べ，大脳が発達。
> 鳥　類：小脳の発達が著しい。
> 哺乳類：大脳にひだがあり，著しく発達。

標問 82 の解説

問2　シナプスでは神経伝達物質による興奮伝達が行われる。シナプス前細胞の細胞内には**シナプス小胞**があり，興奮が末端方向へ伝達されるとシナプス小胞が軸索末端の細胞膜と融合し，エキソサイトーシス(開口分泌)により神経伝達物質がシナプス間隙へと放出される。神経伝達物質は受容体に結合すると膜電位を変化させるが，受容体は細胞体および樹状突起の細胞膜にのみ存在する。そのため，興奮は軸索末端側から細胞体側への一方向にしか伝達されない。

神経伝達物質には**興奮性**のものと**抑制性**のものとがある。興奮性の神経伝達物質はシナプス後細胞の細胞膜に存在する受容体，すなわちリガンド依存性 Na^+ チャネルに結合し，Na^+ の流入による**活動電位の発生**を引き起こす。対して抑制性の神経伝達物質はシナプス後細胞の細胞膜に存在する受容体であるリガンド依存性 Cl^- チャネルに結合し，Cl^- の流入により膜電位をより負へと変化させ，**活動電位の発生を抑制**する。興奮性の神経伝達物質にはノルアドレナリンやアセチルコリン，グルタミン酸などがあり，抑制性の神経伝達物質にはGABA(γ-アミノ酪酸)やグリシンなどがある。

問3　(1)　神経細胞1を刺激したときには，2，7，8の順に神経発火がみられるので，1→2→7→8の順に興奮が伝えられ，これらの間には他の神経細胞は介在していないとわかる。

神経細胞4を刺激したときには，5および6，2，7，8の順に神経発火がみられる。5，6は同時に神経発火しているので4は5と6の両方に興奮を伝えているとわかる。表1に「2と5が接続」とあるので，同時に興奮した5，6のうち5のみが2に興奮を伝えているとわかる。

表1に「3と8が接続」とあるが，8が3に興奮を伝えるならば，8が興奮した後に3が興奮するはずである。図1，2どちらでも3の興奮が生じていないことから，3と8は接続しているが，興奮を伝える方向は3→8であるとわかる。

(2)　神経細胞1を刺激してから8に興奮が伝わるまでは「1→」「2→」「7→」8の経路で3つの神経細胞を経由する。よって1つの神経細胞あたりにかかる時間は，

$$\frac{18}{1000} \div 3 = \frac{6}{1000}〔秒〕= 6〔ミリ秒〕$$

問4　(1)　脊椎動物の中枢神経は5つの脳(大脳，間脳，中脳，小脳，延髄)と，それに続く脊髄とからなる。脳は神経管から生じる。発生の進行に伴い，神経管の前方の膨らみ(すなわち脳胞)は脊髄に近い側からから後脳(菱脳)・中脳・前脳に分化する。そののち後脳から延髄と小脳，前脳から間脳と大脳が分化する。進化が進むにつれて，前脳が発達する。

すなわち，魚類では延髄や小脳の割合が高く，両生類およびは虫類では大脳の割合が増す。さらに鳥類・哺乳類では大脳の割合が著しく大きい。特に哺乳類では大脳が大きく発達し，間脳と中脳を包み込んでしまうため，外からは大脳，小脳，延髄，脊髄しか見られない。このことから，図4の(え)と(か)は哺乳類の脳であ

り，cが大脳，bが小脳，fが延髄，gが脊髄と決定される。また，大脳の割合が小さい(お)が魚類と判断され，魚類で小脳，延髄に次いで発達しているaが中脳である。dは間脳であり，その下に見られる突起部分であるeは脳下垂体である。両生類とは虫類とを比べると，は虫類の方が大脳が発達していることから，(う)がは虫類，(あ)が両生類である。

(2) A．顎骨(あごの骨)をもたない脊椎動物は，初めて出現した脊椎動物である無顎類である。ヤツメウナギやヌタウナギなどが該当する。

B．顎骨をもつが四肢をもたないものは無顎類以外の魚類であり，サメなどの軟骨魚類やタイなどの硬骨魚類が該当する。

C．羊膜は陸上で胚発生する動物で見られる。四肢をもち羊膜をもたない(すなわち水中で発生する)動物はカエルなどの両生類である。

D．陸上で発生し胎生でなく(すなわち卵生であり)，かつ羽毛をもたない動物はヘビなどのは虫類である。

E．陸上で発生し卵生，かつ羽毛をもつ動物はニワトリなどの鳥類。

F．脊椎動物のうち胎生であるのはヒトなど哺乳類のみである。

問5 ③ 神経は外胚葉由来である。

⑥ 反射には感覚神経と運動神経の間に介在神経を挟むもの(例：熱いものに手が触れたときに思わず手を引く，屈筋反射)だけでなく，感覚神経と運動神経が直接シナプスを形成するもの(例：膝蓋腱反射)もある。

標問 83 眼(1)

答

問1　アー角膜　イー虹彩　ウー水晶体　エー網膜

問2

		右眼		左眼	
		視神経束	動眼神経束	視神経束	動眼神経束
患者	①	○	×	×	○
	②	×	○	○	○
	③	○	○	○	×

問3　交感神経からの刺激により大きくなり，副交感神経からの刺激により小さくなる。(37字)

問4　強い光の下では，感度は低いが青・緑・赤の波長のそれぞれをよく吸収する3種類の錐体細胞の興奮の度合いを統合することによって色を見分ける。そして，弱い光の下では，主に感度が非常に高い桿体細胞に基づく暗順応によって極めて微弱な明暗をも見分ける。(119字)

標問 83 の解説

問2　眼に光が照射されると瞳孔は縮小する。健常者の結果，および図1からわかるように，右眼のみ，もしくは左眼のみに光が照射されても，脳から両方の瞳孔へ縮小するよう命令が出るので，光が照射されていない側の眼でも瞳孔の縮小が起こる。

患者①～③に両眼照射した結果を見ると，少なくとも片方の眼で瞳孔の縮小が起きているので，少なくとも片方の眼からの視神経束は正常であり，脳へ情報を伝えている。だが，患者①では脳から瞳孔縮小するよう命令が出ているにもかかわらず右眼の瞳孔縮小が起きていない。つまり，患者①は命令を伝える動眼神経束のうち右眼につながるものに異常がある。同様に患者③は動眼神経束のうち左眼につながるものに異常がある。患者②は両目で瞳孔縮小が起きているので，左右いずれの動眼神経束も正常である。

視神経束が正常で脳に情報が伝えられるならば，動眼神経束が正常である側の眼(患者①は左眼，患者②は両目，患者③は右眼)では瞳孔反射が起きる。右眼に光照射した場合，患者①と③では瞳孔縮小が起きているので，患者①，③は右眼視神経束は正常，患者②は縮小が見られていないので異常がある。左眼に光照射した場合，患者②と③では瞳孔縮小が起きているので，患者②，③は左眼視神経束は正常，患者①は縮小が見られていないので異常がある。

問3　交感神経末端から放出されるノルアドレナリンは，虹彩内部に放射状に分布する**瞳孔散大筋**を収縮させる。これにより虹彩の幅は狭まり，瞳孔が大きくなって眼球内へ入る光量が増大する。副交感神経末端から放出されるアセチルコリンは，虹彩内部に環状に分布する**瞳孔括約筋**を収縮させる。これにより虹彩の幅は広くなり，瞳孔が縮小して眼球内へ入る光量が減少する。

Point

瞳孔反射（中脳中枢）

強光時

副交感神経（アセチルコリン）

⟶ 瞳孔括約筋収縮

⟶ 瞳孔縮小

⟶ 光量減少

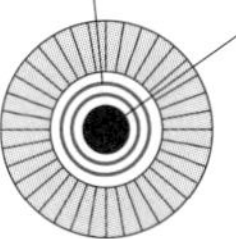

弱光時

交感神経（ノルアドレナリン）

⟶ 瞳孔散大筋収縮

⟶ 瞳孔散大

⟶ 光量増大

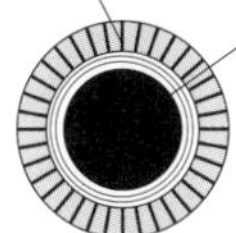

問４　視細胞の内部には光を吸収する感光物質（視物質）が含まれる。視物質は光により分解され，この変化が視細胞の興奮を起こす。**強光下では視物質が分解される反応が連続して起き，その速度は視物質の再合成の速度より大きい。**その結果，視物質の濃度が低く，視細胞の光に対する感度は低い。対して**弱光下では分解速度よりも再合成速度の方が大きいため**視物質の濃度は高く，視細胞の光に対する感度は高い。

桿体細胞に含まれる視物質はロドプシンという。錐体細胞はロドプシンと構造が似たフォトプシンを視物質としてもつ。暗所に入った際に視物質の濃度が高まり，光に対する感度が上昇していく現象が暗順応である。フォトプシン濃度の上昇，つまり**錐体細胞による暗順応は暗所に入るとすぐに起きる。**それに対しロドプシン濃度の上昇，つまり**桿体細胞による暗順応は暗所に入ってから10分程度を要する。**しかし，桿体細胞の暗順応は錐体細胞に比べ感度を大きく上昇させるため，時間経過に伴う光閾値の変化をグラフにすると，２段階に変化する。

		（視物質）		（光量）		（視細胞の興奮を引き起こすエネルギー量）
明順応	はじめ：眩しい	高濃度	＋	強光	⟶	過剰
	あ　と：目が慣れる	低濃度	＋	強光	⟶	適量
暗順応	はじめ：暗くて何も見えない	低濃度	＋	弱光	⟶	不足
	あ　と：目が慣れる	高濃度	＋	弱光	⟶	適量

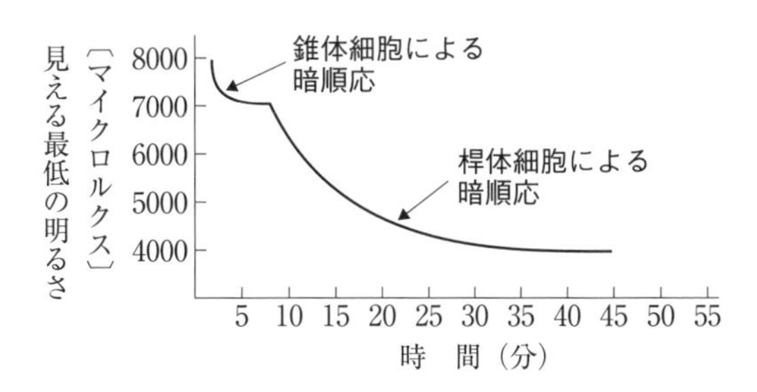

標問 84 眼(2)

答

問1　ア－水晶体　イ－視　ウ－ロドプシン　エ－盲斑(盲点)
　オ－黄斑(黄点)
問2　透明で血管がない。(9字)
問3

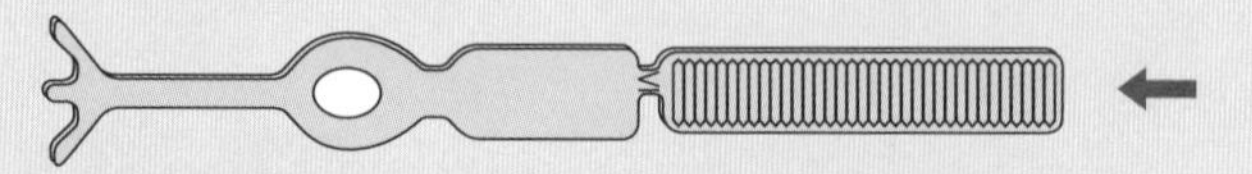

問4　視野の中心部分が歪んだり欠けて見える。(19字)
問5　A－青　B－緑　C－赤
問6　夜行性であり色覚を必要としなかった。(18字)
問7　(1)　明るさの違いのみで色の違いは見えない。(19字)
　(2)　3色とも異なる色に見えている。(15字)

精講　ヒトの色覚

ヒトの眼には最もよく吸収する波長が異なる3種類の錐体細胞，**青錐体細胞**(極大吸収波長：420nm)，**緑錐体細胞**(534nm)，**赤錐体細胞**(564nm)がある。

波長により各錐体細胞に生じる興奮の大きさが異なり，その興奮の大きさの違いが色覚の違いとして処理される。

標問 84 の解説

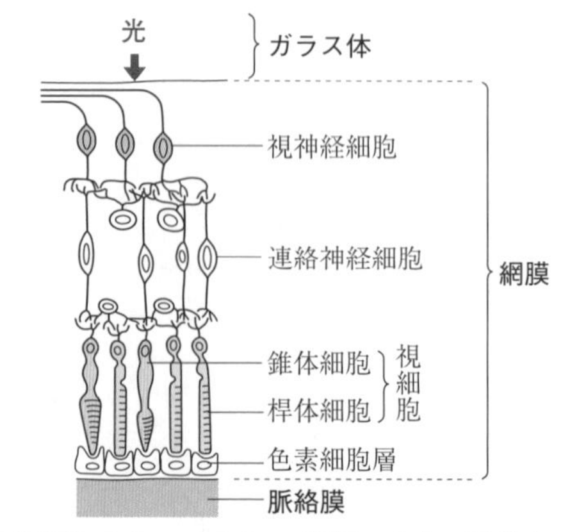

問1　視細胞は，網膜の脈絡膜側に位置する。光を受容して生じた視細胞の興奮は，ガラス体側の連絡神経細胞，さらに視神経細胞へと伝達される。視神経細胞は眼球の外へ出るため，網膜全体から一点に集中し，束となって網膜を貫く。この部位には視細胞が存在しないため，光が当たっても感知できない。この部位が盲斑(盲点)である。盲斑は黄斑よりも鼻側の網膜上に位置していることも確認しておきたい。

問2　角膜は強膜の一部で，共に眼球の最外層である。眼球内に入る光は角膜を通過したものであり，角膜には光の通過を妨げる色素や血管は分布しない。角膜の細胞が必要とする酸素や栄養分は，涙や眼房水(角膜と水晶体の間を満たす液体)により供給される。

問3　視細胞は細胞内に視物質をもつ。視物質は視細胞内の脈絡膜側(すなわち眼球外寄り)にあり，光が当たるとその構造が変化し，視細胞の興奮を起こす。

問4　一点を注視するとその像は黄斑に結像する。つまり**黄斑には視野の中央が結像**するので，黄斑に障害が生じると視野の中央部分が黒く欠損した状態となる。

問5　下図に示す，光の波長と色の関係は覚えておきたい。動物の視覚器だけでなく，植物の光合成色素や光発芽の分野でも必要となる。

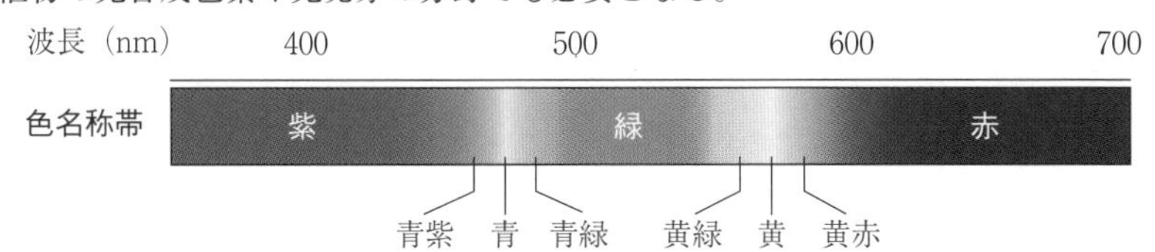

問6　哺乳類はは虫類が全盛であった中生代三畳紀に出現した。初期の哺乳類の多くは**夜行性**であり，**色覚が不要**であったと考えられる。そのため4種類あった錐体細胞のうちの2つが退化した。なお，現在ヒトを含めた霊長類(サル)の多くがもつ3種類の錐体細胞は，霊長類が進化する過程において2種類の錐体細胞のうちの一方の遺伝子に生じた突然変異によって獲得されたものである。

問7　色の違いは，波長の違いにより異なる錐体細胞が興奮し，その興奮の違いが脳で処理されることにより捉えられる。

(1)　イヌの場合，信号機の色である緑・黄・赤の波長は1種類の錐体細胞を興奮させるのみである。興奮の大きさ，つまり**明るさの違いは認識されるが，色の違いとしては認識されない**。

(2)　4種類の錐体細胞をもつ鳥類は，3色のそれぞれの光が複数種の錐体細胞を興奮させるので，**色の違いを認識することができる**。

標問 85 耳

答 問1 ① 問2 ③ 問3 a－② b－⑤ 問4 ⑤
問5 ③ 問6 0.3〔ミリ秒〕

標問 85 の解説

問1　鼓膜の振動は耳小骨を経て内耳のうずまき管へ伝えられる。耳小骨は鼓膜側から順につち骨，きぬた骨，あぶみ骨となっており，つち骨ときぬた骨とがてこの原理で振動を増幅し，うずまき管の卵円窓につながるあぶみ骨が内耳へと振動を伝える。

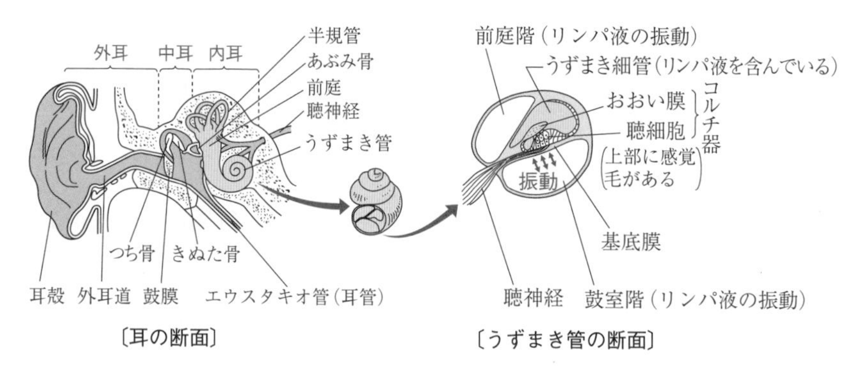

〔耳の断面〕　〔うずまき管の断面〕

うずまき管は2枚の長い仕切り板で区切られた三重構造をしている。卵円窓につながる前庭階はうずまきの頂部で鼓室階へとつながる。前庭階と鼓室階の間にはうずまき細管が位置し，うずまき細管の床部分にあたる基底膜が振動すると，基底膜上の聴細胞が興奮する。

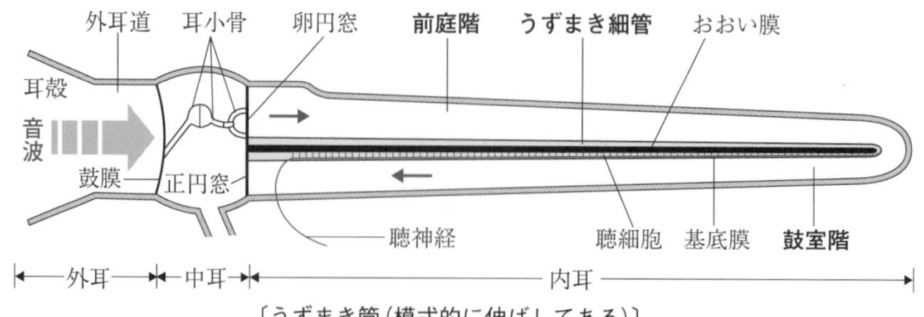

〔うずまき管(模式的に伸ばしてある)〕

問2　強い音は大きな振動として耳に伝わる。聴細胞の閾値は細胞ごとに異なっており，大きな刺激では閾値の大きい聴細胞(すなわち感度の低い聴細胞)も興奮する。強い音では多くの聴細胞からの興奮が伝達されるため，聴神経細胞で見られる興奮の回数(頻度)も増える。ただし，１本の聴神経細胞に生じる活動電位の大きさは一定である(全か無かの法則による)ので，図１と同じ大きさの活動電位が複数回生じている③が正解となる。

問３　基底膜の幅はうずまき管の入り口(基部)付近ほど狭く，奥(先端部)ほど広くなっている。高音，すなわち高い周波数の振動は基部付近の狭い基底膜を振動させ，低音，すなわち低い周波数の振動は先端部付近の広い基底膜を振動させる。ヒトの場合，基底膜を振動させる周波数は20Hz～20000Hzであり，この範囲外の周波数は基底膜を振動させないため，音として認識されない。

問４　気導音は外耳，中耳を経て内耳で聴細胞の興奮を起こす。内耳に異常がある場合，内耳までの経路が正常であってもその異常のため聴神経へと興奮が伝わりにくく，聴力レベルは低いものとなる。また，骨導音は内耳そのものに振動を与えるが，同じく内耳の異常のため聴神経の興奮は起きにくく，聴力レベルは同程度に低いものとなる(このような，内耳における音の受容機構が障害を受けていることによる難聴を感音性難聴という)。なお，気導音の聴力レベルが骨導音のものより高いことはありえない。②のように気導音の聴力レベルのみが低いのは内耳に振動を伝達するまでの経路に異常があるタイプの難聴(伝音性難聴という)であり，内耳までの経路および内耳の両方に異常がある場合，④のように共に聴力レベルが低いが気導音の聴力レベルがより低いものとなる。

問５　気導音，骨導音の聴力レベルが同程度に低下しているので，内耳に異常があると考えられる。また，高い周波数において聴力レベルの低下が顕著であるため，高音を受容する部分の基底膜，すなわちうずまき管の基部付近に異常があると考えられる。

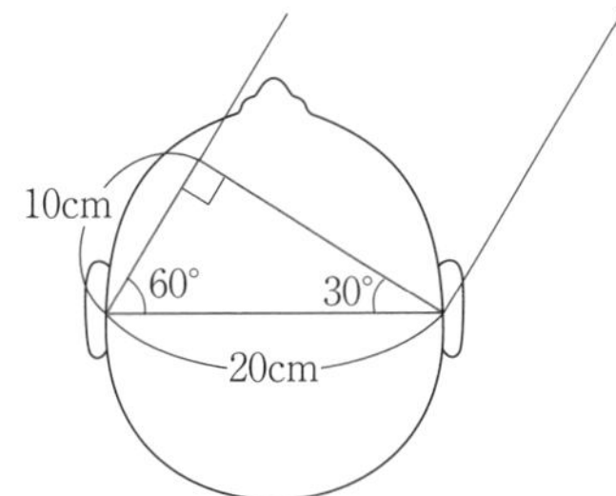

問６　音源から右耳と左耳までの距離の差は10cm(右図参照)であるので，

$$10〔\mathrm{cm}〕\div 330〔\mathrm{m/秒}〕$$

$$=\frac{10\times 10^{-2}〔\mathrm{m}〕}{330\times 10^{-3}〔\mathrm{m/ミリ秒}〕}$$

$$=0.30〔\mathrm{ミリ秒}〕$$

標問 86 動物の行動

答

問1 (1) 実験2において視覚を奪われた雄が，雌が見えなくとも雌に接近したから。(34字)

(2) 実験1においてガラス容器によって雌のにおい物質を遮断された雄が，雌に反応を示さなかったから。(46字)

(3) 実験4で雌のにおい刺激に反応できたのは，触角をもつ雄のみであったから。(35字)

問2 集合フェロモン－ゴキブリ，道しるべフェロモン－アリ，警報フェロモン－ミツバチ，階級フェロモン－シロアリ，などから1つ。

問3 雌のカイコガが分泌する性フェロモンの受容体をもつのは，雄のカイコガのみであるから。(41字)

問4 ③

問5 におい刺激を受容していないときにはジグザグターン－回転行動を行い，この行動の途中でにおい刺激を受容するとにおいの刺激方向へと直進行動を行う。(70字)

問6 本能行動

精講 動物の行動

動物の行動には**生得的行動**(生まれつき遺伝的なプログラムにより決定している行動)や**学習行動**(生まれてからの経験によって変化する行動)がある。生得的行動を引き起こすきっかけになる特定の刺激をかぎ刺激(信号刺激)という。

生得的行動には，

走性：特定の刺激源に対する，一方向性の移動行動。

定位行動：環境中の刺激を情報源として自身の位置を定める行動。鳥の渡りなど。

などのほか，

フェロモン：体外に分泌する揮発性の化学物質で，特定の情報をもつ。

ミツバチの8の字ダンス：なかまに餌の位置情報などを伝える。

などの同種の個体どうしのコミュニケーション(情報伝達)などがある。

学習行動には，

慣れ：無害な刺激を与え続けると反応が消失または小さくなる。

古典的条件付け：反射を起こさせる刺激Aと，それとは無関係な刺激Bとをいつも同時に与え続けると，刺激Bだけで反射を起こすようになる。

オペラント条件付け：試行錯誤により，自身の行動と結果(報酬や罰)を結びつけ行動の頻度を変化させる。

刷込み：特定の時期に記憶した対象により，生涯にわたって影響を受ける行動。

などがある。

標問 86 の解説

問1　リード文および実験1～4の条件と結果をまとめてみると次の表のようになる。

	視覚刺激	におい刺激	雄の反応
対照 (リード文)	○	○	雌に接近
実験1	○	×	反応なし
実験2	×	○	雌に接近
実験3	×	○	激しく羽ばたいた
実験4	×	○	触角のある雄：激しく羽ばたいた 触角のない雄：反応なし

(1)　対照実験と実験2の結果を合わせると，視覚刺激により雌に接近しているのではないことがわかる。

(2)　対照実験と実験1の結果を合わせると，におい刺激を手がかりに雌に接近していることがわかる。

(3)　同じ刺激を与えても，実験4で触角の有無により反応が異なることから，におい刺激の受容は触角で行われていることがわかる。

問3　フェロモンやホルモンなどの情報伝達物質は，特定の受容体に結合して初めて効果を発揮する。他の動物や雌のカイコガは，雌のカイコガが分泌する性フェロモンの受容体遺伝子をもたない，もしくは遺伝子が発現しないなどの理由で受容体をもたないと考えられる。

問5　におい刺激を受容していないときにはジグザグターン-回転行動を行い，においフィラメントを探索する。その行動の途中でにおい刺激を受容した場合には，におい源の方向へ直進行動を行う。その途中でにおい刺激をがなくなった場合には再びジグザグターン-回転行動でにおいの探索を行う。このように，におい物質受容の有無により行動を切り替えることで，効率的ににおい源に到達する。

第9章 植物の反応と調節

標問 87 オーキシンの働き

答

問1 (1) アブシシン酸：−
(2) アブシシン酸：−，ジベレリン：＋
(3) エチレン：＋，オーキシン：−
(4) エチレン：−，ジベレリン：＋

問2 インドール酢酸　問3 ③，⑤，⑥

問4 明らかにしたい内容：オーキシンは表皮組織と内部組織のどちらにより強く作用を及ぼすか。(32字)
〔別解〕 オーキシンの作用によって成長がより促進されるのは表皮組織である。(32字)
実験：表皮組織のみを，水あるいはオーキシン溶液に浮かべて測定する。(30字)

問5 液胞　問6 c

問7 反応：重力屈性
しくみ：芽ばえを水平に置くとオーキシンの重力側の濃度が垂直の場合より高まるが，茎より根の方が感受性が高いので，重力側の伸長が茎では促進され，根では逆に抑制される。(76字)
〔別解〕 芽ばえを水平に置くとオーキシンの重力側の濃度が垂直の場合より高まる。このため，重力側の伸長は茎では促進されるが，感受性が茎より高い根では逆に抑制される。(76字)

問8 根冠が重力方向を感知し，先端で合成されて根まで極性移動してきたオーキシンを重力側の濃度が高くなるように偏らせているから。(60字)

精講 植物ホルモン

植物の成長には，植物の体内で合成され，植物体の他の部分に運ばれ，ごくわずかな量で植物の成長や反応を調節する，植物ホルモンと総称される物質が大きくかかわる。

オーキシンは植物の光屈性に関する研究から発見された植物ホルモンの一種である。

■オーキシン
インドール酢酸(IAA)という化学物質。
細胞分化，茎の伸長調節，根の伸長調節，発根促進，離層形成抑制に働く。

標問 87 の解説

問1 (3) アブシシン酸はエチレンの合成を誘導することで，離層形成に促進的に働く。

問2　人工的に合成された，インドール酢酸と同様の働きをもつ物質としては，ナフタレン酢酸や2,4-Dなどがある。

問3　③　表皮組織をはがした茎における処理1時間後の結果は，水に浸した場合とオーキシン溶液に浸した場合とで差がない。よって，この時点での伸びはオーキシンの影響はないといえる。　∴　×

⑤　オーキシンが正常な表皮組織を通過したときにしか成長を促進しないならば，表皮組織をはがした茎ではオーキシンの効果はなく，2つの点線のグラフは常に一致するはずである。　∴　×

⑥　12%のスクロース溶液はエンドウの茎よりも高張であると考えられ，浸透圧差により茎の吸水が起こりにくく，茎は伸びにくくなると考えられる。　∴　×

問6　水に浮かべたときに外側に曲がったのは，細胞の吸水による伸長が外側よりも内側で大きかったためである。図2のグラフで20時間後を見ると，確かに水に浮かべた茎の長さは，表皮組織をはがした茎の方が未処理の茎より長い。これより，問6の実験では，表皮組織がない側(内側)の方が表皮組織がある側(外側)よりも大きく伸長したため，図3の結果になったとわかる。

図2の20時間後のオーキシンに浮かべた茎の長さを見ると，水に浮かべた場合とは逆に，未処理の茎の方が表皮組織をはがした茎より長い。つまり，オーキシンの入った水に浮かべると，20時間後では表皮組織がある側(外側)の方が，表皮組織がない側(内側)の細胞より伸長することがわかる。よって，cが正解。

オーキシンの方がより伸長するだろうと勝手に考えてaを選ばないように。「20時間後に観察すると」など条件がきちんと示されていることに気づき，しっかりグラフを読み取ることが大切である。

問7　オーキシンは伸長成長を促進するが，その作用は濃度に依存する。高濃度のオーキシンは伸長成長に抑制的に作用する。オーキシンに対する感受性は植物の器官によって異なっており，根は感受性が高く，茎は低い。よって，同じオーキシン濃度で培養しても，根では伸長が抑制されるのに対し，茎では伸長が促進されることもある。

植物を横たえておくと，茎の内皮細胞や根の平衡細胞内で，アミロプラストという細胞小器官が重力方向へ移動し，植物体が重力方向を感知する。すると，オーキシンが重力方向へと輸送され，植物体全体において重力側のオーキシン濃度が高まる(**標問88**を参照)。その結果，感受性が低い茎では重力側の伸長が促進されて上向きに，感受性が高い根では重力側の伸長が抑制されて下向きに屈曲する。

問8　植物体の先端で合成されたオーキシンは中心柱を通って根へと極性移動する。根冠に達したオーキシンは，表皮および皮層を通って先端側へと移動する。根を横たえておくと，根冠の平衡細胞内でアミロプラストが重力側へ沈降することで重力方向が感知され，オーキシンが重力方向の表皮および皮層へと多く輸送され，**正の重力屈性**が起こる。根冠を取り除くと，重力方向の感知が起こらないため，屈曲は見られない。

標問 88 オーキシンの移動

答

問1　傾性　　問2　曲線A－根　　曲線B－茎　　問3　エ

問4　輸送：求基的輸送

理由：根端から 2mm と 5mm のいずれの位置にオーキシンを与えても，未処理の場合と比較して，その位置より茎側の部分の成長が抑制されており，根端側の部分の成長は抑制されていない。(84字)

問5　①

問6　(1)　重力とは別の作用で起こっている。

(2)　根の切片に対し，オーキシンを含む寒天片は下側，オーキシンを含まない寒天片は上側に置かれているが，いずれの実験でもオーキシン由来の放射能が上側の寒天片から検出されている。これは，オーキシンが重力とは逆の方向にも輸送されたことを示す。(115字)

問7　根の中心部を通って求頂的に根端へ輸送されたオーキシンは，重力を感知した根冠内で，重力側に多く偏って存在するようになる。このオーキシンが中心部よりも外側の部域を求基的輸送によって茎側に向けて輸送され，成長部域において重力の反対側と比較して重力側の相対的成長量を減少させる。これによって水平に置かれた根は重力側へ屈曲する正の重力屈性を示す。(168字)

標問 88 の解説

問2　オーキシンに対する感受性は根の方が高く，茎の方が低い。よって，最大の伸長促進作用を与える濃度は根の方が低く，茎の方が高い。

問3，4　オーキシンを塗布した位置が根端から 2mm，5mm のいずれの場合でも，効果が表れているのは塗布した部分よりも茎に近い位置であり，かつ現れた効果は成長の抑制である。

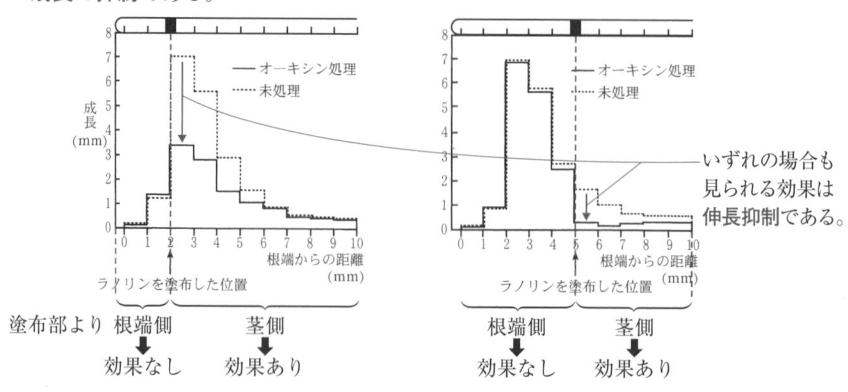

塗布した部分から茎側へ向かう輸送は**求基的輸送**である。また，図2において，根(A)に成長抑制効果を与える濃度はエのみである。

問5　**実験2**の，図5左は，求頂的輸送がどの部分で行われているかを調べた結果を示す。針金で中心部をふさいだ(B)結果，ふさがない(A)ときと比べて移動量が減少している。よって，**求頂的輸送は中心部で行われている**といえる。

また，図5右は，求基的輸送がどの部分で行われているかを調べた結果を示す。針金で中心部をふさいだ(B)ときとふさがない(A)ときとでは移動量に変化はない(ただし，いずれも移動は起きている)。よって，**求基的輸送は中心部ではなく，外側の部域で起こっている**といえる。

問6　重力の作用によって移動しているならば，オーキシンは重力方向，すなわち上から下への方向にしか移動しないはずである。**実験2**ではオーキシンを下側の寒天片に含ませることにより，オーキシンの移動が重力方向とは逆に起きること，つまり重力の作用によるものではないことを示している。

問7　**実験1，2**からは根における求基的輸送は中心部より外側で，求頂的輸送は中心部で起こっていることがわかる。

実験3では，根冠に重力刺激を与えると，伸長域は重力刺激を受けていなくとも根冠が重力方向だと感知した側の成長が抑制されることがわかる。根の伸長は，高濃度のオーキシンにより抑制される。そのことをあわせて考えると，次のように考えられる。

根の中心部を求頂的輸送されてきたオーキシンを，重力刺激を受けた根冠が，重力方向へと偏らせる。その結果，重力方向側(下側)では重力方向反対側(上側)よりも高濃度のオーキシンが，根の中心部より外側を求基的輸送され，重力方向側の伸長域の伸長が抑制されている。

精講 オーキシンの移動

オーキシンは植物体の先端部で合成され，植物体内を移動して他の部分に作用する。

■オーキシンの極性移動

茎におけるオーキシンの移動は**先端側から基部側への一方向のみ**であり，逆方向の移動は起きない。これは，細胞膜に存在するオーキシン輸送タンパク質の局在に基づく。細胞膜にはオーキシン取り込み輸送体(**AUX1タンパク質**)とオーキシン排出輸送体(**PINタンパク質**)とがあるが，PINタンパク質は細胞の**基部側**の細胞膜に集中して存在している。細胞内へのオーキシンの移動は，AUX1タン

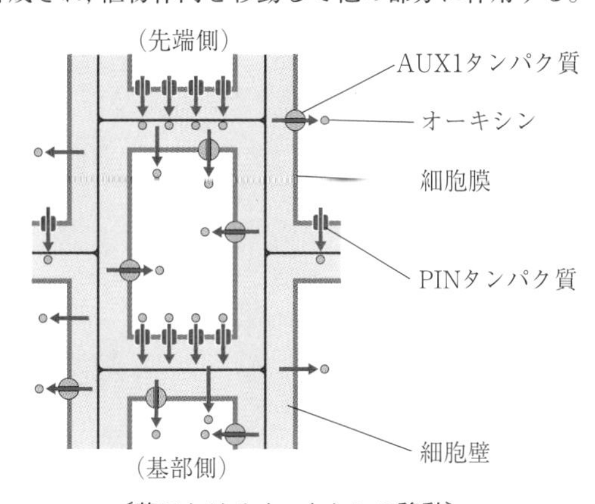

〔茎におけるオーキシンの移動〕

パク質のみによるのではなく，拡散や師管によっても起こる。結果，AUX1タンパク質の分布よりもPINタンパク質の分布の片寄りの方がオーキシンの移動に大きく影響するので，オーキシンは先端側から基部側への極性移動をすることになる。

■重力屈性とオーキシン

茎の先端で合成されたオーキシンの一部は，根の中心部の維管束を通って根へと移動する。根冠に達したオーキシンは，中心部よりも表面に近い皮層に移動し，皮層の中を根冠から離れる方向へと移動する。根の伸長に関わるのは，この皮層内を移動するオーキシンである。

植物体を横たえると，根冠の中央付近にある平衡細胞(コルメラ細胞)にある細胞小器官であるアミロプラストが，重力方向に沈降する。すると，PINタンパク質の配置が変化する。その結果，根冠から皮層に移動するオーキシンが，重力側，つまり下側では多く，上側では少なくなる。根はオーキシンに対する感受性が高いため，下側の成長が抑制され，正の重力屈性を示すことになる。

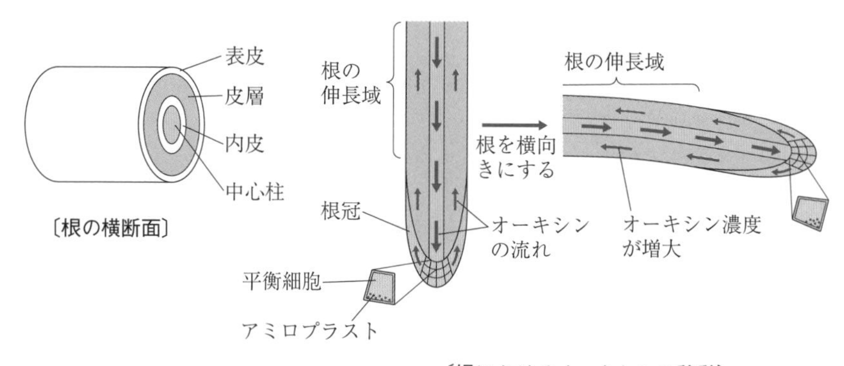

標問 89 植物細胞内の情報伝達

答
問1　ア－②　イ－③　ウ－①
問2　9
問3　エ－①　オ－②　カ－②
問4　②，③

標問 89 の解説

問1　本文に述べられている物質や遺伝子発現の関係を整理してみよう。

〈1〉 DELLA タンパク質の量は，ジベレリン量の影響を受ける。すなわち，ジベレリンが多いと DELLA タンパク質は分解される。一方，制御タンパク質Bの量は，物質J量の影響を受ける。すなわち，物質Jが多いと制御タンパク質Bの多くが分解される。

〈2〉 DELLA タンパク質は転写因子Aと制御タンパク質Bの機能に影響を与える。
転写因子A：DELLA タンパク質により，機能(アミラーゼ遺伝子等の転写促進作用)を抑制される。
制御タンパク質B：DELLA タンパク質と結合することにより，機能を抑制される。

〈3〉 制御タンパク質Bは転写因子Cと結合することにより，転写因子Cの機能を抑制する。

〈4〉 転写因子Aはアミラーゼ遺伝子等の転写を促進する。

〈5〉 転写因子Cは遺伝子Dの転写を促進する。

DELLA タンパク質と制御タンパク質B，転写因子Cとの関係をまとめると，下の図のようになる。

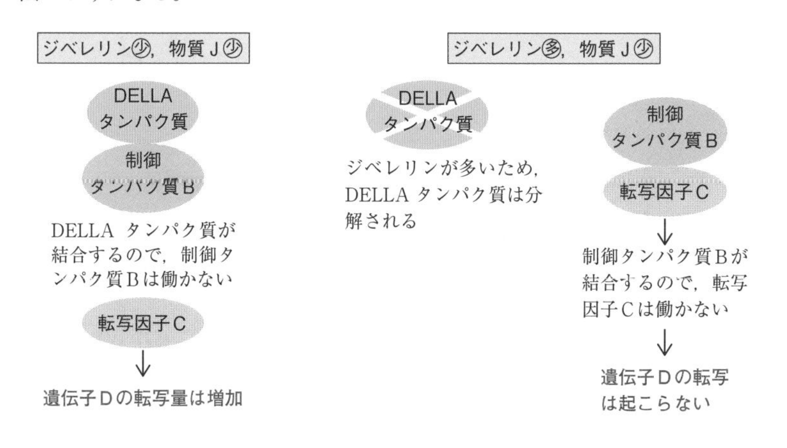

ジベレリン少，物質Ｊ多

制御タンパク質B（×）
物質Ｊが多いため，制御タンパク質Ｂの多くが分解される

DELLAタンパク質
制御タンパク質B
分解されない一部の制御タンパク質ＢはDELLAタンパク質が結合するので，働かない

転写因子C → 遺伝子Dの転写量は増加

転写因子C → 遺伝子Dの転写量は増加

ジベレリン多，物質Ｊ多

制御タンパク質B（×）
物質Ｊが多いため，制御タンパク質Ｂの多くが分解される

転写因子C → 遺伝子Dの転写量は増加

DELLAタンパク質（×）
ジベレリンが多いため，DELLAタンパク質が分解されて存在しないので，分解されない一部の制御タンパク質Ｂは，転写因子Ｃに結合する

制御タンパク質B
転写因子C
↓
制御タンパク質Ｂが結合するので，転写因子Ｃは働かない
↓
遺伝子Dの転写は起こらない

よって，ジベレリン量と物質Ｊ量が少ない緑葉に十分な濃度のジベレリンを与えると，DELLAタンパク質が分解されて，制御タンパク質Ｂが転写因子Ｃに結合するので転写因子Ｃは働かなくなり，遺伝子Ｄの転写は起こらなくなる。

一方，物質Ｊを与えた場合，制御タンパク質Ｂの多くが分解され，また分解されなかった制御タンパク質ＢもDELLAタンパク質が結合することにより働かない。よって転写因子Ｃが働き，遺伝子Ｄの転写が起こる。

また，ジベレリンと物質Ｊの両方を与えた場合，制御タンパク質Ｂの多くとDELLAタンパク質が分解される。そのため，分解されなかった制御タンパク質Ｂが結合した一部の転写因子Ｃは働かないため，遺伝子Ｄの転写は起こるが転写量は物質Ｊのみを与えたときよりも少ない。

問２　図３において，開始コドン(AUG)は１つしか含まれない。開始コドンより上流(5′側)は翻訳されないので，DELLAタンパク質が働かなくなった原因となる変異は，開始コドンより下流(3′側)である９に起きた変異であるとわかる。この位置でシトシンがアデニンに変化すると，終止コドンUAAが生じるため，ここで翻訳が終わってしまう。そのためDELLAタンパク質が合成されず，DELLAタンパク質としての機能をもたない，４個のアミノ酸からなる短いポリペプチド鎖が合成されると考えられる。

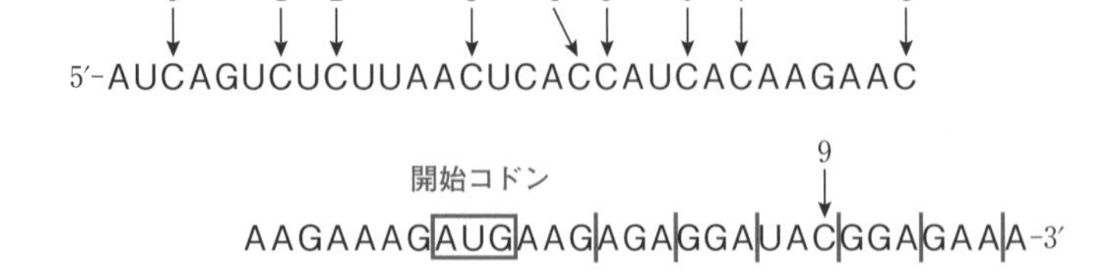

問3　エ．正しい。ジベレリン量が十分に少ないとき，転写因子AはDELLAタンパク質により機能が抑制される。しかし，正常なDELLAタンパク質をもたないDELLA変異株では，転写因子Aが抑制されずに働くので，転写因子Aが制御する遺伝子の転写量は野生株よりも多いと考えられる。

オ．誤り。物質J量が十分に少ないとき，制御タンパク質Bは転写因子Cに結合し，転写因子Cによる遺伝子Dの転写促進を阻害する。DELLAタンパク質が存在する場合は，制御タンパク質BがDELLAタンパク質と結合して転写因子Cに結合できなくなるため，遺伝子Dの転写量が増加する。しかし，DELLA変異株では正常なDELLAタンパク質が存在しないため，制御タンパク質Bは転写因子Cに結合し，転写因子Cによる遺伝子Dの転写促進を阻害する。そのため，遺伝子Dの転写量は野生株よりも少ないと考えられる。

カ．誤り。物質Jを与えると，制御タンパク質Bの多くが分解される。「物質Jを与えた野生株」では，分解されずに残った制御タンパク質BもDELLAタンパク質と結合することで働かず，転写因子Cが働き遺伝子Dの転写量が増加する。一方，「物質Jを与えたDELLA変異株」では，残った制御タンパク質Bが転写因子Cに結合するため，転写因子Cの一部は働かない。よって，遺伝子Dの転写量は野生型よりも少なくなると考えられる。

問4　①　誤り。DELLAタンパク質量が野生型の半分であるDELLA抑制株において，「転写因子Aによって制御される遺伝子の転写量は野生株と同程度」であることから，DELLAタンパク質量が半分になる量のジベレリンを野生株に与えた場合も，転写因子Aによって制御される遺伝子の転写量は野生型と同程度であると予想される。

②　正しい。DELLA抑制株に十分な濃度のジベレリンを与えた場合，DELLAタンパク質が分解されるため，働く転写因子Aが増加し，転写因子Aによって制御される遺伝子の転写量は増えると予想される。

③　正しい。DELLA抑制株に物質Jを与えると，制御タンパク質Bの多くが分解される。そのため，働く転写因子Cが増加し，遺伝子Dの転写量は増えると予想される。

標問 90 アブシシン酸の働き

答

問1　フォトトロピン

問2　赤色光照射により発芽が促進され，遠赤色光照射により発芽が抑制される。(34字)

問3　ア－膨圧　イ－浸透圧　ウ－大きく

問4　個体：葉の温度が低い個体

理由：気孔が開口したままの葉では蒸散が盛んに起こり，気化熱を奪われるため葉面温度が低いと考えられるから。(49字)

問5　種子が休眠せず，すぐに発芽する。

精講 環境要因と気孔の開閉

気孔は植物体のガス交換の95%以上を担っている。

気孔は晴天時に開いて，光合成に必要な二酸化炭素を取り込み，産生される酸素を放出する。また，葉から水を蒸散させて根からの水分や養分の取り込みを促進し，同時に日光により上昇した葉の温度を低下させる。

光合成を行うためには気孔を開く必要があるが，蒸散量が増えてしまうと植物体が水不足になる危険もある。植物体は環境の変化に応じて適宜気孔の開閉を調節している。気孔開閉を調節する要因には水と光とがある。

■水による気孔開閉調節

植物は水不足の状態になると，アブシシン酸の合成量を増す。アブシシン酸は孔辺細胞の細胞膜に存在する陰イオンチャネルを活性化させ，主に Cl^- が細胞外へ流出する。これにより膜電位が変化すると，K^+ チャネルが開き細胞外へ K^+ を流出させる。その結果，孔辺細胞の浸透圧は低下し，水の流出が起きると膨圧が低下し，気孔が閉じる。

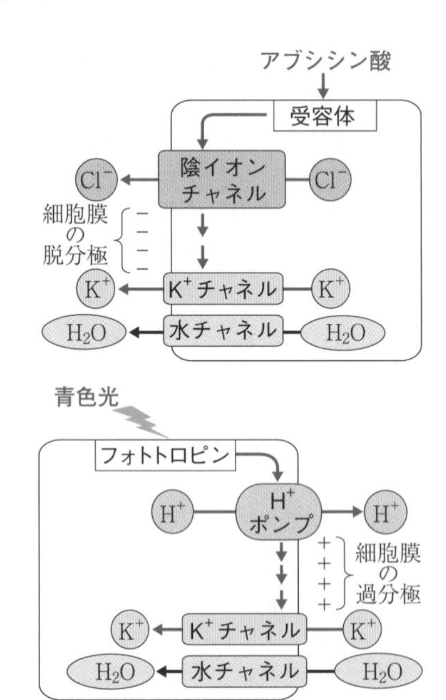

■光による気孔開閉調節

孔辺細胞に青色光が当たると，青色光を受容したフォトトロピンが細胞膜の H^+ ポンプ（プロトンポンプ）を活性化する。H^+ ポンプは能動輸送により H^+ を細胞外へ排出する。H^+ の分布が変化したことにより膜電位が変化すると，電位依存性 K^+ チャネルが開き，K^+ が細胞内へ流入する。その結果，孔辺細胞の浸透圧は上昇し，水の流入が起きると膨圧が上昇し，気孔が開く。フォトトロピン欠損株では青色光を照射しても，気孔はあまり開かない。

標問 90 の解説

問1　フォトトロピンはクリプトクロムと共に青色光を受容する色素タンパク質である。クリプトクロムは光による茎の伸長抑制や，暗所での芽や葉の形態形成などに働く。

問2　光発芽種子には細胞質に存在するフィトクロムというタンパク質が関わっている。フィトクロムは**赤色光**と**遠赤色光**を吸収し，赤色光を吸収すると**遠赤色光吸収型**(Pfr 型)に，遠赤色光を吸収すると**赤色光吸収型**(Pr 型)に可逆的に変化する。赤色光照射により生じたPfr 型は核内へ移行し，調節タンパク質と共に調節領域に結合し，発芽に関わる遺伝子の発現を促進すると考えられている(**標問93**参照)。

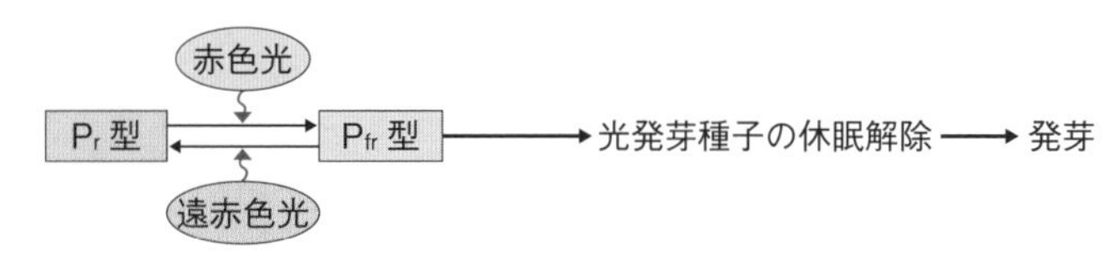

問3　植物細胞をスクロースなどの溶液に浸した場合，細胞の吸水力，細胞内外の浸透圧，および細胞の吸水力について，次の等式が成立する。

吸水力＝(細胞内の浸透圧－細胞外の浸透圧)－膨圧

細胞内に水が流入したということは「吸水力＞0」なので，次の不等式が成立する。

(細胞内の浸透圧－細胞外の浸透圧)－膨圧＞0

∴　**細胞内の浸透圧 ＞ 細胞外の浸透圧＋膨圧**

［イ］［ウ］［イ］［ア］

実験1では細胞壁のないプロトプラストを用いているので，膨圧＝0であり，さらに次の不等式が成立する。

細胞内の浸透圧＞細胞外の浸透圧

問4　アブシシン酸は**気孔閉鎖作用**をもつ。アブシシン酸不応変異体は気孔が開いたままになっているため，常に蒸散が起きている。蒸散時に気化熱が奪われるため，変異体の葉面温度は正常個体よりも低くなっていると考えられる。

問5　アブシシン酸は**種子の休眠を維持する**働きをもつ。休眠には，生活に不適切な時期に発芽して枯死してしまう危険性を回避する意義がある。アブシシン酸が作用しないと，種子が休眠せず，種子形成後に発芽に必要な環境要因(水や酸素，適温など)が揃うとすぐに発芽してしまうと考えられる。

標問 91 フロリゲン

答

問1　実験1－①　　実験2－②　　実験3－①　　実験4－④

問2　長日条件下におかれると，葉において *FT* 遺伝子の転写及び翻訳が起こる。合成されたFTタンパク質は茎を通って茎頂まで輸送される。(60字)

問3　下図実線

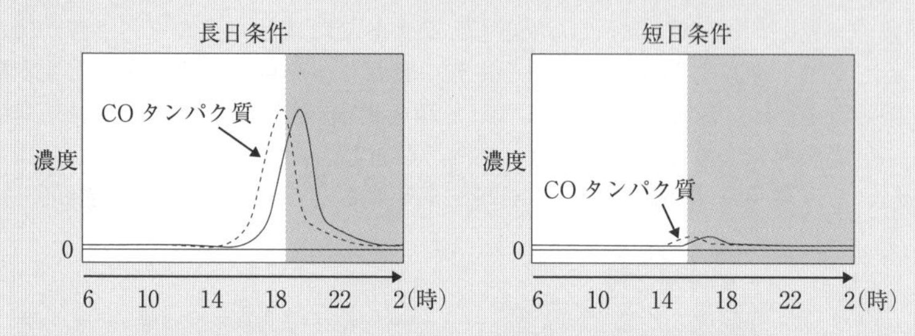

問4　遺伝子組換えにより，GFP が結合したFTタンパク質を合成する植物体を作製する。その植物体を長日条件で栽培し，GFP の蛍光が葉から茎を通って茎頂へと運ばれることを確認する。(80字)

精講　フロリゲンの実体

長日条件下に置かれたシロイヌナズナでは，葉で ***FT*** **遺伝子**(*Flowering Locus T* 遺伝子)が発現し，**FTタンパク質**が合成される。FTタンパク質は**師管**を通って**茎頂**へ移動し，茎頂分裂組織にある**FDタンパク質**と結合する。このFTタンパク質とFDタンパク質の複合体が花芽分化に関わる遺伝子の発現を誘導する。

短日植物であるイネでは，短日条件下で発現が誘導され，*FT* 遺伝子と塩基配列の相同性が高い ***Hd3a*** **遺伝子**からつくられる Hd3a**タンパク質**が FTタンパク質と同様の働きをもつ。このFTタンパク質，Hd3aタンパク質こそが**フロリゲン**の実体である。

シロイヌナズナやイネだけではなく他の植物においても，*FT* 遺伝子・*Hd3a* 遺伝子と高い塩基配列相同性を示す遺伝子からつくられるタンパク質が，同じように花芽形成促進の働きをもつことがわかっている。

標問92の精講も参照すること。

標問 91 の解説

問1　フロリゲンは花芽形成に適した日長を感受した**葉**で合成され，茎の**師管**を通って茎頂へと移動して作用する。

実験1　オナモミBの領域Xで合成されたフロリゲンが，オナモミBだけでなく，接ぎ木によりオナモミAへも移動して花芽を分化させる。

実験2　領域Xの葉をすべて取り去ったので，花芽形成に適した短日条件を感受する葉が存在しない。よってフロリゲンは合成されず，花芽形成は見られない。

実験3　花芽形成に適した日長を感受する葉が1枚でもあれば，フロリゲンは合成される。

実験4　環状除皮は，形成層より外側を剥ぎ取る処理であるため，フロリゲンの通路となる**師管が除去**される。よって，領域Xの葉で合成されたフロリゲンはオナモミAに移動することはできず，オナモミAでは花芽形成がみられない。

問2　DNAに記されている遺伝情報は転写，翻訳によりタンパク質という実体となる。FTタンパク質が働いている茎頂で*FT*mRNAが検出されないということは，他の部位で転写・翻訳が行われ，合成されたFTタンパク質が茎頂へ輸送されていることを意味する。

問3　COタンパク質が*FT*遺伝子の転写促進に働くので，COタンパク質濃度と*FT*mRNA濃度との間には正の相関関係があるといえる。COタンパク質が合成されてDNAの転写調節領域に結合し，*FT*遺伝子の転写が開始するまでの時間のずれがあると考えられるので，COタンパク質濃度の変動が少し遅れたものが*FT*mRNA濃度の変動となる。

問4　GFP（Green Fluorescent Protein）は，**緑色の蛍光を発する**タンパク質である。他のタンパク質につなげても蛍光を発するので，生体内での特定のタンパク質の位置を探る手がかりとしても用いることができる。

実際の研究でも，イネのHd3aタンパク質にGFPタンパク質をつなげた融合タンパク質を用いて，Hd3aタンパク質が茎頂分裂組織に運ばれることが観察された。

標問 92 花芽形成

答

問1　ア－茎頂分裂　イ－光周性

問2　短日植物は，連続暗期の長さのみによって花芽形成が決定されるのではなく，約24時間周期の光に対する感受性の変化をもち，感受性が高いときに光照射を受けると花芽形成が抑制される。

問3　光中断は花成ホルモンにより誘導される花芽形成の有無に影響を与える。実験4より，光中断により発現量が変化するのはA遺伝子のみである。よってA遺伝子産物が花成ホルモンであると考えられる。

問4　項目：①葉で合成されたA遺伝子産物が師管を通って移動すること。
②A遺伝子産物が茎頂分裂組織に作用すると，芽が花芽へと分化すること。

実験：遺伝子組換えによりA遺伝子産物にGFPが結合したタンパク質を合成する植物体を作製し，葉で合成されたGFPが師管を通って茎頂分裂組織に到達すると花芽形成が起こることを確認する。

〔別解〕①花芽形成が起こる日長条件下で栽培されている双子葉植物において，葉と芽の間で環状除皮を行い師管を除去すると花芽形成が起こらないことを確認する。

②花芽形成が起こらない日長条件下で栽培されている植物に，A遺伝子を導入した大腸菌などから得られるA遺伝子産物を与えると，花芽形成が起こることを確認する。

問5　①A遺伝子の転写はB遺伝子産物と光照射の影響を受け，B遺伝子産物が多く存在するときに光照射を受けると転写が抑制される。B遺伝子産物が少ないときであれば光照射を受けても転写は抑制されない。
②B遺伝子の転写は24時間周期で変動しており，光照射の影響を受けない。

標問 92 の解説

問2　図1のａ，ｅ，ｆに注目する。連続暗期の長さは，ａ＞ｆ＞ｅだが，開花率はｆ＞ａ＞ｅとなっている。このことから，単純に連続暗期の長さのみによって花成のオン・オフが決定されるのではないことが明らかである。

また図2より，光中断が効果を発揮して開花率が低くなっているのは暗期開始から8時間後のｂ，32時間後のｄ，56時間後のｆである。また20時間後のｃ，44時間後のｅでは光中断を行っても開花率は低下していない。これらから，光中断が開花率を低下させる効果には約24時間の周期性があることがわかる。よって，短日植物は24時間周期で巡る光受容のタイミングに光照射を受けると花芽形成が阻害され，その他のタイミングならば光照射を受けても花芽形成は阻害を受けない。

問3　花成ホルモンが存在すると花芽形成が促進される。よって，花成ホルモン遺伝子は花芽形成が行える条件でのみ転写される。短日植物であるイネにおいて，A遺伝子は花芽形成可能な短日条件でのみmRNAが増加しており，パルスにより光中断を行うとmRNA量が増加しないのに対し，B遺伝子はどちらの条件でもmRNA量に違いはない。よって，A遺伝子がコードするタンパク質が花成ホルモンであると考えられる。

問4　〔別解〕のように①を確認する際，イネは単子葉植物であるため維管束が散在しており移動を妨げるのは難しい。そのため，同じ短日植物の双子葉植物であるオナモミなどに環状除皮した結果で確認する。

問5　実験5より，A遺伝子の転写にはB遺伝子産物が必要であることがわかる。また，図3からB遺伝子の転写は光中断の影響を受けず，24時間周期での変動が見られる。そして，A遺伝子mRNAはB遺伝子mRNAの発現量が多いときに光中断を受けると発現量が低下している。よって，A遺伝子は，24時間周期で変動するB遺伝子産物が多いときに光照射を受けると転写が抑制され，B遺伝子産物が少ないときならば，光中断されても転写は抑制されないと考えられる。

精講　イネの花芽形成促進

このB遺伝子は*Hd1*遺伝子，A遺伝子は*Hd3a*遺伝子である。**標問91**で解説したように，シロイヌナズナでは，*CO*遺伝子産物のCOタンパク質が，フロリゲンの本体である*FT*遺伝子を活性化させ，FTタンパク質が合成され，花芽形成が促進される。

イネでは，COタンパク質に相当するのがHd1タンパク質，FTタンパク質に相当するのがHd3aタンパク質である。ただし，COタンパク質が*FT*遺伝子の転写促進に働くのに対して，Hd1タンパク質は短日条件では*Hd3a*遺伝子の転写を促進して花芽形成を促進し，長日条件では*Hd3a*遺伝子の転写を抑制して花芽形成を抑制するというように，日長に応じて異なる2つの機能をもっている。

そのため，*CO*遺伝子欠損株は長日条件下で野生株より遅咲きになるが，*Hd1*遺伝子欠損株は，長日条件下では野生株より早咲きになり，短日条件下では野生株より遅咲きになる。

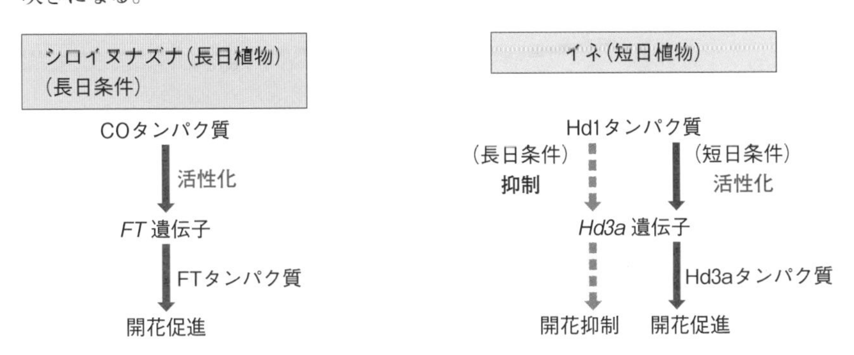

標問 93 発芽調節

答

問1 ①，⑤，⑦，⑩

問2 発芽は赤色光照射により誘導されるが，低温処理はその効果をさらに高めることで発芽率を増大させる効果をもつ。(52字)

問3 ①

問4 赤色光照射は，作物Xと雑草Yに対してジベレリン合成を促進する効果をもつ。低温処理は，雑草Yに対して赤色光照射によるジベレリン合成の促進作用をさらに高める効果をもつが，作物Xに対する効果はない。(96字)

問5 (1) ⑥ (2) ②

問6 ②，④，⑤

問7 発芽に必要な赤色光が，作物Xにより上部で吸収されるため，雑草Yの種子に到達しないから。(43字)

問8 光合成に必要な青色光と赤色光が到達しない環境では発芽しないことで，発芽後に光合成が行えずに枯死する危険性を回避することができる。(64字)

精講 発芽調節

■フィトクロム

光発芽種子の発芽や就眠運動の制御，短日植物の花芽形成の抑制には，主に赤色光と遠赤色光を吸収する色素タンパク質である**フィトクロム**が関わっている。

光発芽種子に赤色光を照射すると，フィトクロムは**Pfr型**へ変化する。Pfr型のフィトクロムは核内へ移動し，他のタンパク質とともに**調節タンパク質**として働き，ジベレリンの合成に関わる遺伝子の発現を誘導する。

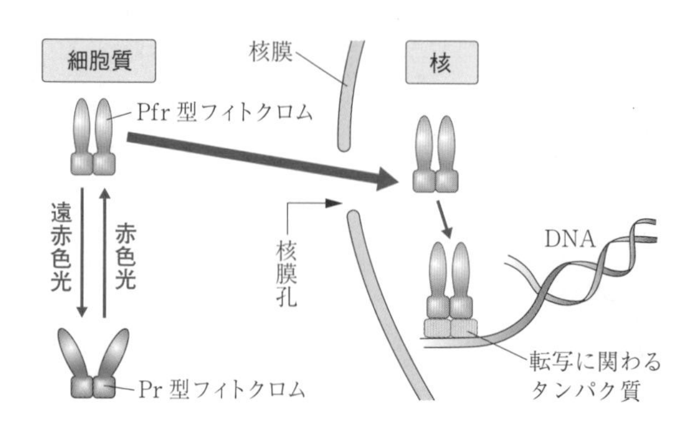

■オオムギ種子におけるジベレリンの発芽促進

オオムギでは，発芽三条件と呼ばれる**酸素，適温，水**が揃うと，以下の反応が起こり，発芽が始まる。

① **胚**でジベレリンの合成が盛んになる。

② **糊粉層**の細胞にジベレリンが作用すると，アミラーゼの合成が盛んになる。

③ アミラーゼが**胚乳**のデンプンを糖へと分解する。

④ **胚**は糖を吸収して，浸透圧を高めて吸水を促進すると共に呼吸を行い，発芽のためのエネルギーを産生する。

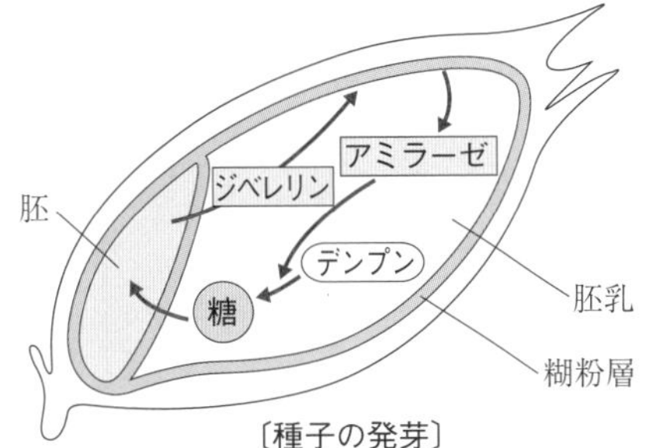

〔種子の発芽〕

標問 93 の解説

問1　処理 a，b の比較より，赤色光は種子の発芽を促進することがわかる。

∴　①＝○，②・③＝×

処理 b, d の比較より，遠赤色光は発芽促進の効果をもたず（⑤＝○，④・⑥＝×），かつ遠赤色光は赤色光照射による発芽促進作用を打ち消すことがわかる（⑩＝○，⑪・⑫＝×）。

処理 c，e や d，f の比較より，赤色光は遠赤色光による「発芽促進打ち消し」の効果を打ち消すことがわかる。∴　⑦＝○，⑧・⑨＝×

問2　実験 1 処理 a，実験 1 処理 b，実験 2 の処理と発芽率をまとめると，下表のようになる。

	作物Ｘの種子	作物Ｙの種子
実験 1a（暗黒）	0 %	0 %
実験 1b（赤色光→暗黒）	90%	45%
実験 2（低温・暗黒→赤色光→暗黒）	90%	90%

よって，雑草Ｙに対する低温処理は，赤色光照射によって 0 %から45%に高められた発芽率を，さらに90%にまで高める効果があるといえる。

問3　実験 1 処理 a と実験 3 の比較より，ジベレリンは発芽を促進すること，さらに実験 4，5 をあわせて考えると，赤色光照射や低温処理を行ってもジベレリンがなければ発芽はみられないことから，**ジベレリンは発芽に必要で，赤色光照射にジベレリン合成を促進する効果があると**推測できる。

問4　問 2 の解説の表からわかるように，赤色光は作物Ｘ，雑草Ｙの両方に対して発芽促進効果をもつが，**低温処理は雑草Ｙの種子に対してのみ効果をもつ**。

問5　①はエチレン，③・④・⑤はオーキシンの作用。

問6　図2(い)を読み取る。波長と対応する色は大まかでいいので覚えておこう。

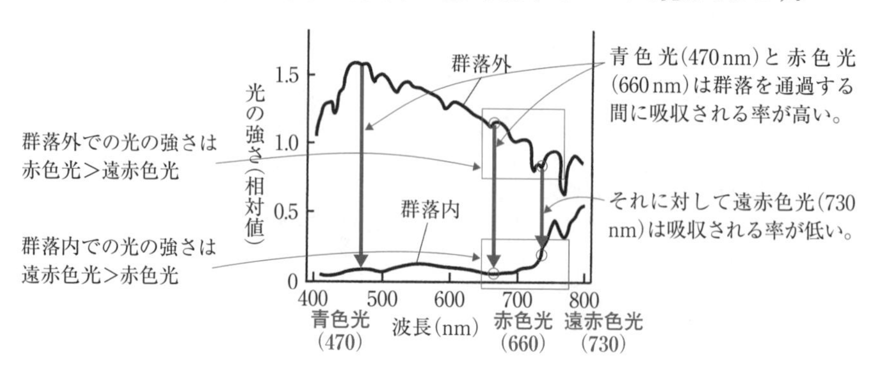

問7　雑草Yは赤色光照射により発芽が誘導される(正確には赤色光照射により合成が誘導されるジベレリンの作用による)。問6でも確認したように，群落を通過する際に赤色光は上部の葉に吸収されるため，種子が存在する地表付近にはほとんど到達しない。

問8　植物に吸収されやすい赤色光により発芽が促進され，吸収されにくい遠赤色光によりその発芽促進が打ち消されることは，他の植物に覆われていない，開けた環境でのみ発芽すること，つまりは光合成に適した条件下でのみ発芽することにつながる。

標問 94 水分調節

答

問1　ア－根毛　イ－無機塩類　ウ－皮層　エ－内皮
問2　④，⑦
問3　②
問4　(1)　④　　(2)　エ→イ→ウ→ア→オ
問5　(1)　フォトトロピン　　(2)　③
(3)　プロトプラスト内にカリウムが取り込まれることで浸透圧が上昇し，プロトプラスト内に水が流入した。(47字)
(4)　野生株で葉表面温度が低下した理由：青色光を受容することで気孔が開き，蒸散が盛んになってより多くの気化熱が奪われた。(40字)
変異株では低下しなかった理由：青色光を受容できないので気孔が開かず，蒸散量も気化熱として奪われる熱量も増えなかった。(43字)

精講　吸水に働く力

植物体内で水を上昇させるのに働く力には，根で発生する水を押し上げる圧力である根圧，水分子どうしが互いに引き合い離れにくい性質(凝集力)，葉の気孔から水蒸気を放出(蒸散)することにより浸透圧を高め，水を引き上げる力などがある。

標問 94 の解説

問1　根毛から吸収された水や無機塩類は，皮層の細胞間隙を通って，もしくは細胞内に取り込まれ細胞間の原形質連絡を通って内皮に達する。内皮は1層の内皮細胞からなり，根の中心部にある維管束を取り囲んでいる。内皮の細胞壁の周囲には水を透過させにくい構造があるため，すべての水は内皮の細胞内へ取り込まれ，さらに内側に位置する道管へと入る。

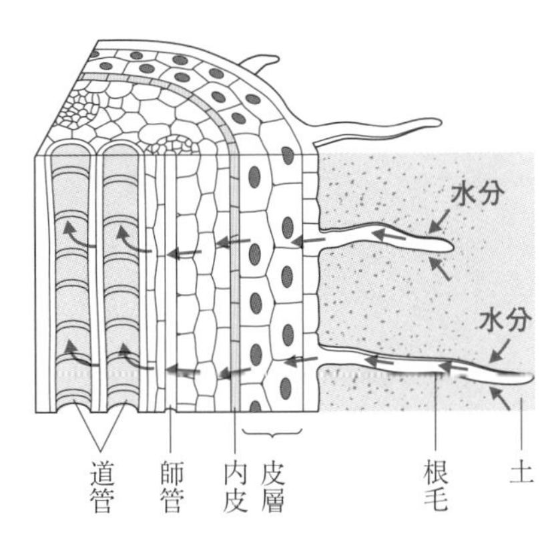

水や無機塩類が根の中心部へ移動する際に，必ず内皮の細胞内を通ることによってその移動が制御されている。

問2　④　水分子は凝集力(水分子どうしで引き合う力)が大きいため，蒸散により葉の浸透圧が上昇すると，道管内の水が途切れることなく引き上げられる。
⑦　蒸散が起きると，気化熱が奪われるため葉温は低下する。

問3　気孔が閉じているとき，孔辺細胞の体積は2.5，カリウム濃度は0.04である。気孔が開いているときの体積は5.0，すなわち閉じているときの2倍なので，「孔辺細胞の細胞膜が完全な半透性」であれば，カリウム濃度は$\frac{1}{2}$倍の0.02となる。

問4　問3がヒントとなっている。「細胞膜が完全な半透性」であるならば，カリウム濃度は0.02となるはずであるが，表1より，実際の濃度は0.4となっている。これは気孔が開く際に細胞内へカリウムが取り込まれていることを意味している。カリウムが取り込まれることにより孔辺細胞の浸透圧が高まり，周囲の細胞から水が流入し，膨圧が上昇する。孔辺細胞の大きな特徴として，気孔側の細胞壁は厚く，反対側(外側)は薄いことは知っておかねばならない。膨圧の上昇により，外側の細胞壁が薄い側へと孔辺細胞が湾曲することで気孔が開く(**標問90**の精講を参照)。

問5　**標問90**の精講を参照。

(2)　①と②にはフィトクロムが受容する赤色光と遠赤色光が関わっている。なお，「最も適切なものを1つ選べ」とあるので答は③でよいが，②については最近になってクリプトクロムが受容する青色光も関わっているとわかってきていることを付け加えておく。

(3)　「問5の内容をもとに」とあるので，「プロトプラスト内へのカリウムの取り込み」→「浸透圧の上昇」→「水の流入」を示せばよい。

(4)　青色光を受容できる野生株は気孔を開いて蒸散量を増加させ，気化熱として奪われる熱量も増加させることができる。これに対して，青色光を受容できない変異株は気孔を開くことができず，蒸散量も気化熱として奪われる熱量も増加させることができない。

標問 95 被子植物の受粉

答

問1　記号：C

理由：細胞壁や細胞膜の成分を含む小胞が細胞膜と融合できないので，花粉管は伸長しない。しかし，小胞が輸送され続けるので，細胞壁のない先端部だけが小胞の蓄積によって膨らむ(と考えられる)。〈81字(87字)〉

問2　記号：G

理由：翻訳を阻害した場合は，花粉管の伸長に用いることができるのは予め花粉に蓄積されていたタンパク質だけである。しかし，転写を阻害した場合は蓄積されていたmRNAから翻訳されたタンパク質も用いることができ，何も阻害しない場合はさらに新たに始まる転写と翻訳によって生じるタンパク質まで用いることができる(と考えられる)。〈147字(153字)〉

問3　個体Ⅰ：まんべんなく塗布した個体Ⅰの花粉タンパク質が個体Ⅰの柱頭表面の全細胞に作用するので，個体Ⅱの花粉がどこに付着しても水分が供給されず，花粉は発芽・伸長しない(と考えられる)。〈78字(84字)〉

個体Ⅱ：塗布した個体Ⅰの花粉タンパク質は個体Ⅱの柱頭表面の細胞に作用しないが，個体Ⅱの花粉タンパク質が作用するので花粉へ水分が供給されず，花粉は発芽・伸長しない(と考えられる)。〈77字(83字)〉

個体Ⅲ：塗布した個体Ⅰの花粉タンパク質も個体Ⅱの花粉タンパク質も個体Ⅲの柱頭表面の細胞に作用しないので，個体Ⅱの花粉へ水分が供給され，花粉は発芽・伸長する(と考えられる)。〈74字(80字)〉

精講 本題のテーマ

■花粉管の形の維持と伸長のしくみ

先端を除いて存在する細胞壁によって，花粉管の細長い形が維持されている。そして，細胞壁や細胞膜の成分を含む小胞が花粉管内を先端部に輸送されて細胞膜と融合し，これによって供給される成分を用いて花粉管が先端方向に伸長する(問題文図1)。

■自家不和合性

自己の花粉が柱頭に付着しても花粉の発芽や伸長に問題が生じて受精に至らないことを**自家不和合**といい，そのような性質を**自家不和合性**という。

近交弱勢を回避し，種の遺伝的多様性を維持するのに役立つと考えられており，多くの植物種にみられる。

標問 95 の解説

問1　長さに関しては，先端部に輸送されてくる小胞には細胞壁や細胞膜の成分が含まれているが，加えられた阻害剤によって小胞が細胞膜に融合できない。このため，細胞壁や細胞膜の成分が先端部に供給されず，花粉管は伸長しない。そして形に関しては，先端部に向けて輸送され続ける小胞がどこに蓄積するかがポイントとなるが，問題主文4〜6行目に「先端部を除いて細胞壁があり，それによって花粉管の細長い形が維持されている」とあることに注意する。細胞壁がある部分はその細長い形が維持されるので，膨らむとすれば細胞壁がない先端部のみである。よって，Cのようになると考えられる。

問2　mRNAもタンパク質を合成するためのものなので，結局，花粉管がどれだけ伸長するかはどれだけタンパク質を利用できるかによって決まると考えられる。

Point　花粉管が伸びる長さ　∝　利用できるタンパク質の量

そこで，利用できるタンパク質を整理してみると，次の3種類に分けられる。

①　花粉の中に予め蓄積されているタンパク質
②　花粉の中に予め蓄積されているmRNAから合成されるタンパク質
③　伸長開始後に始まる新たな転写と翻訳によって合成されるタンパク質

次に，3つの条件によって利用できるタンパク質と予想される一定時間後の花粉管の長さをまとめると，以下のようになる。

Point

	利用できるタンパク質		花粉管の長さ
翻訳を阻害 ⟶	①のみ	⟶	最短
転写を阻害 ⟶	①＋②	⟶	中間
阻害なし ⟶	①＋②＋③	⟶	最長

よって，Gのようになると考えられる。

問3　通常の受粉では複数の花粉が付着するので，柱頭は自己の花粉に対しては水分の供給を絶たなければならないが，自己ではない花粉に対しては水分を供給しなければならない。このため，「花粉表面のタンパク質が自己の柱頭表面の細胞に作用すると，その細胞部分からの水分の供給は絶たれるが，他の細胞部分からの水分の供給は絶たれない」と考えられる。

Point **本題での自家不和合のしくみ**

花粉表面のタンパク質が自己の柱頭表面の細胞に作用

その細胞部分からの水分の供給が絶たれるが，
他の細胞部分からの水分の供給は絶たれない。

個体Ⅰ：塗布された花粉タンパク質が自己のものである。

まんべんなく塗布された個体Ⅰの花粉タンパク質が柱頭表面のすべての細胞に作用するので，**柱頭表面のすべての細胞部分からの水分の供給が絶たれる**。このため，個体Ⅱの花粉が柱頭のどの部分に付着しても水分が供給されず，花粉は発芽・伸長しないと考えられる。

個体Ⅱ：付着した花粉が自己のものである。

塗布された個体Ⅰの花粉タンパク質は個体Ⅱの柱頭表面の細胞には作用しないので，**何も塗布しなかったのと同じ**である。しかし，付着した個体Ⅱの花粉タンパク質が自己の柱頭表面の細胞に作用するので，**その部分からの水分の供給が絶たれる**。このため個体Ⅱの花粉は発芽・伸長しないものと考えられる。

個体Ⅲ：塗布された花粉タンパク質も付着した花粉も自己のものではない。

塗布された個体Ⅰの花粉タンパク質だけではなく，付着した個体Ⅱの花粉タンパク質も個体Ⅲの柱頭表面の細胞には作用しないので，個体Ⅱの花粉へ**水分が供給される**。このため個体Ⅱの花粉は**発芽・伸長する**ものと考えられる。

標問 96 被子植物の受精

答

問１　ア－柱頭　イ－助細胞　ウ－反足細胞　エ－精細胞
　オ－重複受精

問２　⑴　花粉の発芽(のしくみ)
　⑵　柱頭に存在する何らかの物質が花粉の発芽を促進する。(25字)
　⑶　柱頭との物理的な接触が花粉の発芽を促進する。(22字)

問３　柱頭の抽出液を含む寒天培地と含まない寒天培地のそれぞれで花粉を培養する。そして，培養開始から花粉管を伸ばすまでの時間が，前者がめしべに受粉した花粉と同じになり，後者が実験１の花粉と同じになるという結果が得られればよい。(109字)

問４　花粉管を胚のうに誘導するのは助細胞が分泌する誘引物質である。(30字)

問５　助細胞は種特異的な誘引物質を分泌することで，同種の花粉管のみを胚のうへ誘導する。(40字)

問６　胚のうが同種の花粉とのみ交配するようにして，次世代以降に残す子孫の数を増やす。(39字)

精講 重要事項の整理

■被子植物の重複受精

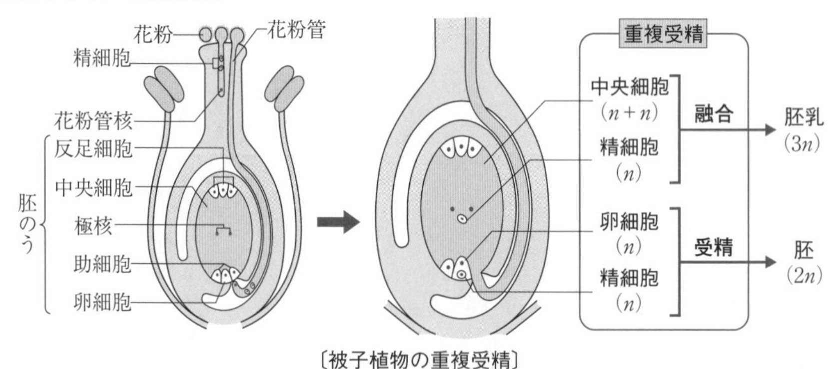

〔被子植物の重複受精〕

標問 96 の解説

問１　精講の被子植物の重複受精を参照。

問２　⑴　観察された違いが「花粉管を伸ばすまで，つまり発芽するまでの時間の長短」なので，実験１が問題主文の7行目に示されている「花粉の発芽のしくみ」について調べるためのものであるとわかる。

(2), (3)　**実験1**の最後の但し書きに「めしべから取り出しても胚のうの機能は正常に保たれる」とあるので，めしべに受粉した通常の花粉と**実験1**の花粉の唯一の条件の違いは**柱頭への付着の有無**ということになる。したがって，通常の花粉の発芽までの時間が短いのは柱頭に付着するせいであることが明らかであり，(2)柱頭に存在する何らかの物質が花粉の発芽を促進する可能性が高いと推定できるが，(3)柱頭との物理的な接触が花粉の発芽を促進する可能性も残る。

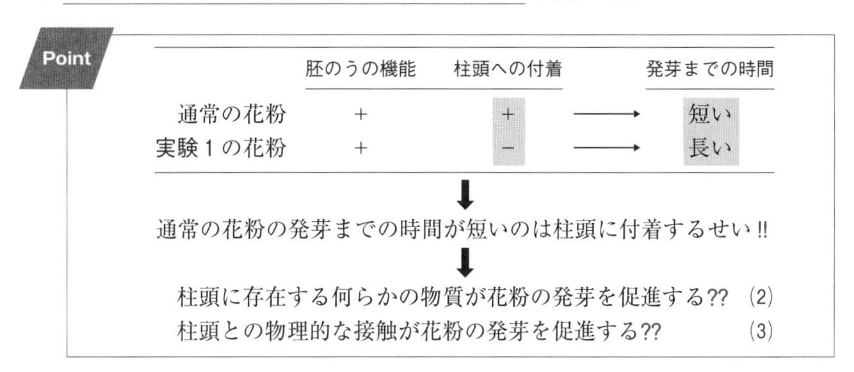

Point

	胚のうの機能	柱頭への付着		発芽までの時間
通常の花粉	＋	＋	⟶	短い
実験1の花粉	＋	－	⟶	長い

⬇

通常の花粉の発芽までの時間が短いのは柱頭に付着するせい!!

⬇

柱頭に存在する何らかの物質が花粉の発芽を促進する??　(2)

柱頭との物理的な接触が花粉の発芽を促進する??　(3)

問3　(2)を支持し，(3)を否定するには，柱頭が存在しない寒天培地を用いて，柱頭の抽出物の有無のみが異なる2つの条件に花粉を置き，花粉の発芽までの時間が柱頭の抽出物がある条件ではめしべに受粉する通常の花粉と同じになり，ない条件では実験1の花粉と同じになることを示せばよい。

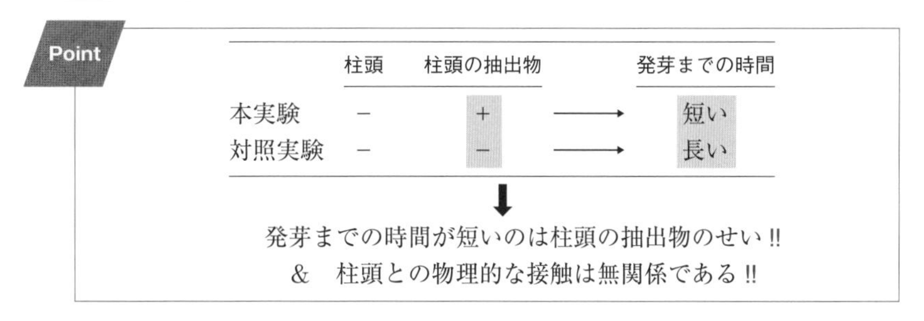

Point

	柱頭	柱頭の抽出物		発芽までの時間
本実験	－	＋	⟶	短い
対照実験	－	－	⟶	長い

⬇

発芽までの時間が短いのは柱頭の抽出物のせい!!

&　柱頭との物理的な接触は無関係である!!

問4　**実験2**で，卵細胞の両脇にある助細胞が2つとも破壊された場合にのみ花粉管が胚のうに誘導されなくなることから，花粉管を胚のうに誘導するのは助細胞であるとわかる。さらに，離れた場所にある花粉管を誘導することから，**助細胞が誘引物質を分泌している**と推定される。

問5　**実験3**で，トレニアの花粉管と植物Xの花粉管はともに同種の胚のうにのみ誘引されることから，助細胞が分泌する**誘引物質は種特異的なもの**であると推定される。「**実験3の結果が得られたしくみについて**」とあるので，解答の書き方には十分注意するように。

なお，助細胞が分泌する花粉管誘引物質であるタンパク質は2009年に同定され，「ルアー」と名付けられている。

問6　花粉は他種のめしべの柱頭についてしまうことも多いので，他種の胚のうと交配する可能性を完全に排除するシステムを作ることは不可能である。しかし胚のうの場合は，助細胞が種特異的な誘引物質を分泌し，同種の花粉管のみを胚のうに誘導することによって確実に同種の花粉とのみ交配させるシステムを作ることができる。被子植物はこのシステムを備えることで，他種の精細胞が胚のうに侵入して受精不能になったり，不稔性の雑種ができたりすることを防ぎ，より多くの子孫を次世代以降に残せるようになったと考えられる。

Point　柱頭が**発芽促進物質**によって花粉の発芽を促進し，
助細胞が誘引物質(ルアー)によって花粉管を胚のうに誘導する。

標問 97 花器官の形成と ABC モデル

答

問1　DNA から mRNA の過程：転写
mRNA からタンパク質の過程：翻訳　　原則：セントラルドグマ

問2　トリプトファンのコドン UGG の G が A に置換されると，UAG・UGA・UAA のいずれかの終止コドンになる。このため，翻訳が途中で終了し，遺伝子産物であるタンパク質の機能が欠損したり低下したりすることが多い。(102字)

問3　3種類の終止暗号を除く61種類の遺伝暗号で20種類のアミノ酸を指定するので，2～6種類の同義暗号をもつアミノ酸がほとんどである。(62字)　※暗号をコドンとしてもよい。

問4　アーホメオティック　イー葉　　問5　②

問6　調節遺伝子 A － 領域1と2　　調節遺伝子 B － 領域4
調節遺伝子 C － 領域3と4

問7　領域1 － 花弁　領域2 － 花弁　領域3 － おしべ　領域4 － おしべ
調節遺伝子 A の機能を欠損させ，調節遺伝子 C の機能がすべての領域で現れるようにした。(41字)

標問 97 の解説

問2　開始コドンが AUG※であることは当然として，終止コドンが UAA・UAG・UGA の3種類であることも知っておくべきである。トリプトファンのコドン UGG の第2塩基が A に置換されると UAG に，第3塩基が A に置換されると UGA に，そして第2塩基と第3塩基が A に置換されると UAA になって，いずれの場合も翻訳が途中で終了する。このため，遺伝子産物であるタンパク質の活性部位が失われるなどして，機能が欠失したり低下したりする確率が高い。

※原核生物ではまれに GUG なども開始コドンとなるが，その場合もバリン(Val)ではなくメチオニン(Met)を指定する。

問3　問題文にもあるように，タンパク質をコードする DNA の塩基配列に変化が生じても，その部分のアミノ酸が同じままで，アミノ酸配列が全く変化しない場合があるのと同じ理由である。

遺伝暗号は3つの塩基の組合せなので $4^3 = 64$ 種類ある。しかし，そのうちの3種類が終止暗号なので，61種類の遺伝暗号で20種類のアミノ酸を指定することになり，メチオニン(Met)とトリプトファン(Trp)以外の18種類のアミノ酸が2～6種類の同義暗号をもっている。このため，1つのアミノ酸配列に対して，それをコードしている可能性がある塩基配列は非常に数多いものとなる。

問4　問題主文にもあるように，多細胞生物の形態形成において，本来特定の部位に形成されるはずの器官が作られず，そこに別の部位に形成されるはずの器官が作られる突然変異をホメオティック(ア)突然変異といい，原因となる遺伝子をホメオティック遺伝子という。ショウジョウバエの形態形成では，ホメオティック遺伝子の１つであるウルトラバイソラックス遺伝子に突然変異が起こると，胸の第３体節が第２体節に置き換わり，４枚の翅をもつようになるホメオーシス(相同異質形成)が起こることや，アンテナペディア遺伝子に突然変異が起こると触角の生えるべき位置に脚が生えるホメオーシスが起こることなどが良く知られている。

花器官は葉(イ)が進化して特殊化したものと考えられているが，この(イ)については地上の茎に生じる器官が葉と花であることから考えればよい。

問５　次の手順で考えるとよい。

〈1〉　表１の領域１を見ると，Ａクラス遺伝子が機能しないとがくは形成されず，Ｂクラス遺伝子が機能しなくてもＣクラス遺伝子が機能しなくてもがくが形成されるので，１におけるがくの形成はＡクラス遺伝子単独の機能によるとわかる。同様に，４におけるめしべの形成はＣクラス遺伝子単独の機能によるとわかる。

〈2〉　領域２を見ると，Ｃクラス遺伝子が機能しなくても花弁は形成されるが，Ａクラス遺伝子が機能しなくてもＢクラス遺伝子が機能しなくても花弁が形成されないので，２における花弁の形成はＡクラス遺伝子とＢクラス遺伝子の共同の機能によるとわかる。同様に，３におけるおしべの形成はＢクラス遺伝子とＣクラス遺伝子の共同の機能によるとわかる。

〈3〉　〈1〉・〈2〉より，領域１～４における花器官の形成とＡ～Ｃクラス遺伝子の機能との関係をまとめると，次の**Point**のようになる。

Point　**シロイヌナズナのABCモデル**

領域	1	2	3	4
調節遺伝子	A	A B	C B	C
花器官	がく	花弁	おしべ	めしべ

①　領域２ではＡクラス遺伝子とＢクラス遺伝子が共同して機能している。∴　×

②　すべての領域でＡクラス遺伝子とＣクラス遺伝子が共同して機能することがないので，Ａクラス遺伝子とＣクラス遺伝子が拮抗(競争)的に機能すると考えると，Ａクラス遺伝子が機能しないとＣクラス遺伝子の機能がすべての領域に及び，１にはめしべが形成され，２にはおしべが形成されることになるので，表１の結果と矛盾しない。∴　○

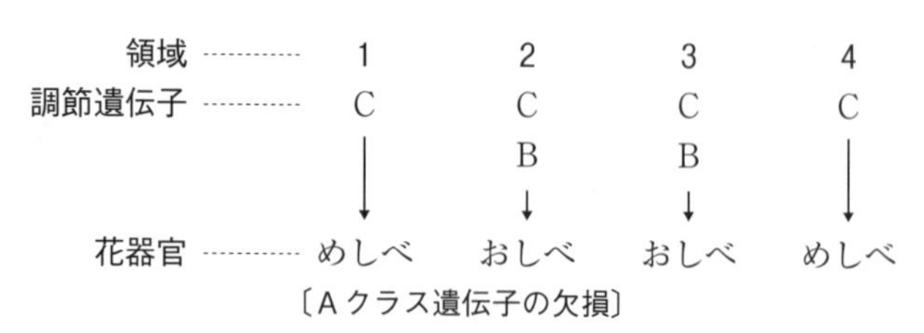

〔Ａクラス遺伝子の欠損〕

③　①に同じ。　∴　×

④　Aクラス遺伝子はBクラス遺伝子と共同して花弁を形成させるし，②で示したように，Aクラス遺伝子はCクラス遺伝子と拮抗的に機能する。　∴　×

⑤　Aクラス遺伝子がなくても，Bクラス遺伝子はCクラス遺伝子と共同しておしべを形成させる。　∴　×

問6　ラカンドニアの場合の，領域1～4における花器官の形成とA～Cクラス遺伝子の機能との関係は以下のようになる。

領域	1	2	3	4
調節遺伝子	A	A	C	C B
	↓	↓	↓	↓
花器官	がく	がく	めしべ	おしべ

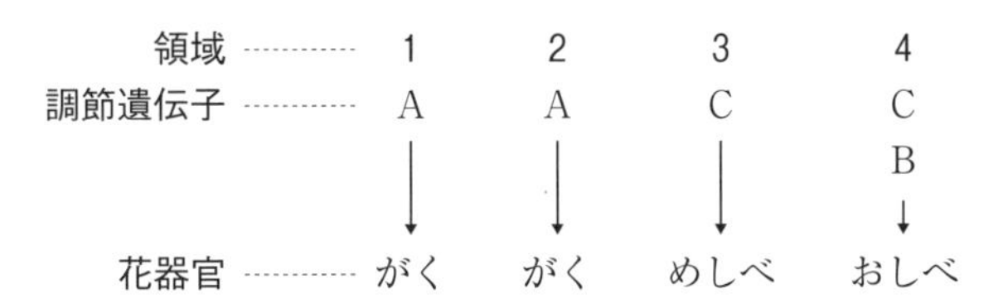

問7　シロイヌナズナで，Bクラス遺伝子をすべての領域で強制的に発現させると以下のようになる。

領域	1	2	3	4
調節遺伝子	A B	A B	C B	C B
	↓	↓	↓	↓
花器官	花弁	花弁	おしべ	おしべ

Bクラス遺伝子をすべての領域で強制的に発現させた上で，すべての領域におしべが形成されたとする場合は下のようになるので，Aクラス遺伝子の機能を欠損させることで，Cクラス遺伝子の機能がすべての領域に及ぶように変化させたことになる。

領域	1	2	3	4
調節遺伝子	C B	C B	C B	C B
	↓	↓	↓	↓
花器官	おしべ	おしべ	おしべ	おしべ

精講　重要事項の整理

■ホメオティック突然変異とホメオティック遺伝子

多細胞生物の形態形成において，特定の部分に形成されるはずの器官が別の部分に形成されるはずの器官に置換される突然変異を**ホメオティック突然変異**といい，その原因となる遺伝子を**ホメオティック遺伝子**という。また，下線部の現象そのものはホメオーシス(相同異質形成)という。

■ABC モデル

植物の花器官の形成をAクラス遺伝子・Bクラス遺伝子・Cクラス遺伝子という3つの調節遺伝子の発現の組合せから説明するモデルで，これら3つの調節遺伝子はホメオティック遺伝子でもある。

Aクラス遺伝子が単独で機能する領域にはがくが，Aクラス遺伝子とBクラス遺伝子が機能する領域には花弁が，Bクラス遺伝子とCクラス遺伝子が機能する領域にはおしべが，そしてCクラス遺伝子が単独で機能する領域にはめしべが形成される。これら3つの調節遺伝子のいずれもが機能しないと葉が形成される。また，Aクラス遺伝子とCクラス遺伝子は拮抗(競争)的に機能するので，片方の遺伝子の機能が失われた領域には他方の調節遺伝子の機能が及ぶ。このため，例えばAクラス遺伝子を欠くと，がくの代わりにめしべが，花弁の代わりにおしべが形成される。Cクラス遺伝子を欠くと，めしべの代わりにがくが，おしべの代わりに花弁が形成されて，がくと花弁が幾重にも繰り返される「八重咲き」となる。

領域	1	2	3	4	3	2	1
調節遺伝子	A	A B	A B	A	A B	A B	A
	↓	↓	↓	↓	↓	↓	↓
花器官	がく	花弁	花弁	がく	花弁	花弁	がく

〔Cクラス遺伝子の欠損(八重咲き)〕

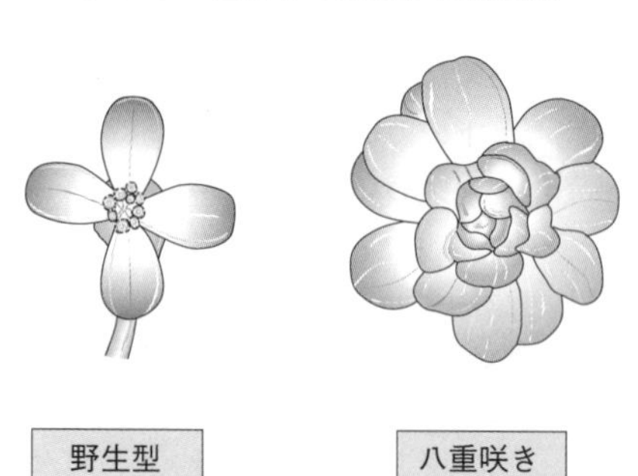

〔シロイヌナズナの野生型と八重咲き〕

第10章 生態と環境

標問 98 個体群密度の変化

答

問1　密度効果

問2　(1)　餌や生活空間が不足して競争が激しくなり，動物では排出物の蓄積などにより環境が悪化するため。

(2)　環境収容力

(3)　右図

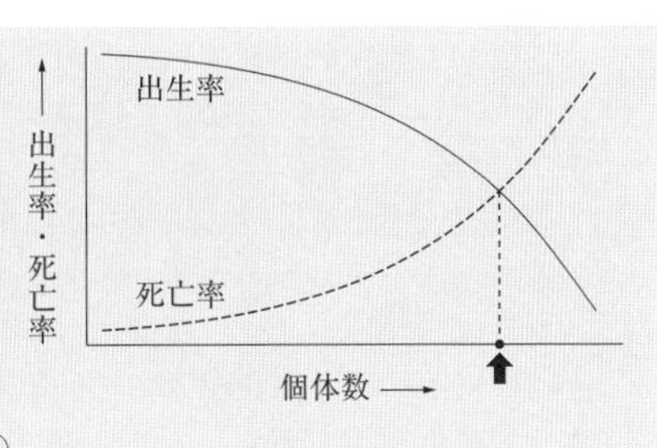

問3　②　　問4　イ－②　ウ－④

精講　本題のテーマ

■密度効果

個体群密度が，個体の形態・生理・成長・行動などに及ぼす影響を**密度効果**という。個体群密度が高くなると，出生率が低下し，死亡率が高くなる。

動物：餌や生活空間の不足，排泄物による汚染。

植物：光・水・栄養塩類など，資源の不足。

■環境収容力

一定の地域では，資源量によって個体群密度の上限が決まる(環境収容力)。

標問 98 の解説

問2　(1)　個体群密度はその地域における資源量によって決まる。餌が不足すれば栄養状態が悪くなり，生活空間を巡る競争が強まれば，餌を摂取したり繁殖に費やしたりする時間が減少して，産卵数や産子数が減少する。動物では排泄物による汚染が進めば感染症の蔓延などにより死亡率が高くなる。

(3)　問題主文に「個体数の増加率＝出生率－死亡率」として与えられている。個体数が一定の値になるのは，**個体数の増加率＝0**となるとき，すなわち**出生率と死亡率が等しくなるとき**である。

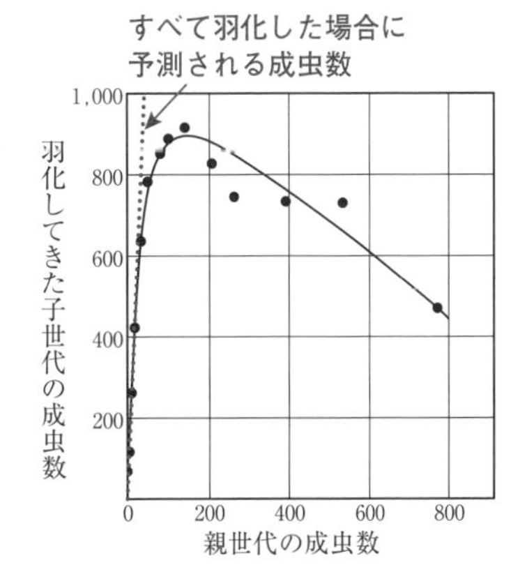

問3　メスの産む卵の数が一定であり，その卵がすべて羽化すると仮定すれば，右図に示すように羽化してくる子世代の成虫数は，親世代の成虫数に比例するはずである(正確には

雌雄が1：1ならば，親世代の成虫数の$\frac{1}{2}$に比例する)。

① 密度の影響がみられないならば，親世代の成虫数約150匹までは，羽化してきた子世代の成虫数は親世代の成虫数に比例するはずである。しかし実際は，親世代の成虫数が150匹に近づくにつれて，羽化した子世代の数は比例する場合より少なくなっている。∴ ×

② 「親世代のメス1匹あたりの増殖率」は，羽化してきた成虫数を親世代のメスの数で割った値に相当する。この値は親世代の成虫数と子世代の成虫数が比例するならば一定になるが，実際には，親世代の成虫数がおおよそ50匹になるあたりからグラフの傾きが比例する場合よりも緩やかになっている。よって，メス1匹あたりの増殖率が最大になる密度は，親世代の成虫数が150匹になる以前のはずである。∴ ○

③ 親世代の成虫数が約150匹を超えてから羽化する子世代の成虫数が急激に減少するのは，メスの産卵数が減少する以外に，卵のふ化率や羽化する割合が低下することも考えられるので，産卵数の減少だけでは必ずしも説明できない。∴ ×

問4 図2が意味するところを検討する。

はじめ成虫は雌雄1対で，産卵後に羽化した子は餌となるアズキを入れ替えた容器に移すので，餌と生活空間は十分にあり個体数は増加することが容易に予測できる(すべての選択肢のグラフで初期の個体数は増加している)。

理解を容易にするために，ある程度個体数が増加した状態として，成虫が400匹になったときを考える(下図a)。このとき，羽化する子世代の成虫数は約730匹(b)程度である。この成虫が親となったとき(b')，羽化する子世代の成虫数は約470匹(c)である。この成虫が親になったとき(c')，羽化する子世代の成虫数は約700匹(d)である。この成虫が親になったとき(d')…と繰り返していくと，最終的な個体数は600匹に収束することが推測される(変化のようすを矢印でつないでいくと，収束するようすがつかみやすい)。

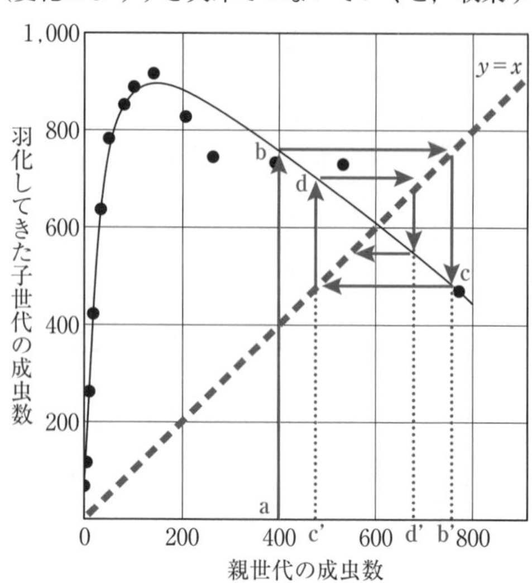

この数は親世代の成虫数と，羽化してきた子世代の成虫数が等しくなるところ(グラフに$y=x$として示している)であるので，ここから判断することもできるだろう。

グラフについて，一般に成長曲線は選択肢のグラフ①のように示されるが，本問では成虫数はa→b'→c'→d'と増減はするものの最終的には一定値(600匹)に近づく。よって②が妥当である。

標問 99 個体数の推測・相変異

答

問1　ア－標識再捕法　イ－環境収容力　ウ－群生相　エ－孤独相

問2　ある地域に生息する複数の生物種の個体群の集まり。(24字)

問3　固着生活をする動物や，動きが緩慢な動物。

問4　305個体

問5　①調査する区域に移出入する個体がない。②調査期間中に死亡や出生がない。③標識が脱落したり，生存に影響したりしない。

問6　20　　問7　(b)，(c)，(f)

問8　成虫になって餌や生活空間が確保できる環境に移動してから，産卵に適した状態になる。

精講　個体数の推測法

■区画法

固着性の生物や植物などに適用する。個体数を推測する場所を区画で仕切り，1区画あたりの個体数を数区画で調べ，その平均に区画数をかけて全個体数を求める。

■標識再捕法

移動・分散する動物に適用する。

$$\frac{\text{1回目に捕獲して標識をつけた個体数}}{\text{全個体数}} = \frac{\text{2回目に捕獲した個体のうち標識個体数}}{\text{2回目に捕獲した個体数}}$$

の式から全個体数を推測する。

標問 99 の解説

問1～3　ある地域に存在する生物全体を**生物群集**と呼び，その地域に生息する特定の種の集まりを**個体群**と呼ぶ。

ある地域に生息する個体数をその地域の面積で割った値を**個体群密度**と呼ぶ。個体群密度を測定する場合，狭い範囲ではすべての個体数を調べることができるが，広い範囲や個体数が非常に多い場合には全個体数を計測するのが難しい。

個体数を推測する方法には**標識再捕法**と**区画法**がある。前者は移動・分散する動物に適用し，後者は固着生活する動物，植物に適用する。

問4　この区画全体は $5\,\text{m} \times 5\,\text{m} = 25\,\text{m}^2$。$1\,\text{m} \times 1\,\text{m}$ に仕切られた5区画に個体数が示されており，この5区画($5\,\text{m}^2$)の個体数は，

$8 + 10 + 17 + 12 + 14 = 61$

全体の面積は数えた5区画の5倍あるので，全個体数は，

$61 \times 5 = 305$〔個体〕

問6　捕獲した1250匹に標識して放したのち，標識個体が集団内で均一に拡散すれば，全個体数に対する標識個体数の比と，２回目に捕獲した個体数に対するその中の標識個体数の比が一致するはずである。

今，全個体数が156250匹，１回目の捕獲数が1250匹，２回目の捕獲数が2500匹である。２回目に捕獲した個体のうち標識のある個体数を x 匹とすれば，

$$\frac{1250}{156250}=\frac{x}{2500}$$

$$x=\frac{1250\times 2500}{156250}$$

$$=20〔個体〕$$

問7　個体群密度によって形態や生理的状態，行動が著しく変化することを**相変異**と呼ぶ。個体群密度が高くなっても個体の移動能力が高くなれば，現在生息している場所での密度効果が緩和され，移動した個体は餌や生活空間を確保することができる。

バッタでは個体群密度が高くなると，体色が暗化し，体長に対して翅が長くなり，後脚は短くなる。また，集合性が高くなって集団で飛翔する。産卵数は少ないものの，幼虫の成長は速い。よって，(a)，(d)，(e)は関係が逆である。

問8　個体群密度が高い状態では，餌不足などで成虫の栄養状態が悪く，産まれてきた幼虫にとっても成長に適した環境ではないことから推測する。

標問 100 種内関係，種間関係

答

問１　模様の違いを学習して有毒な被食者を捕食しなくなる。(25字)

問２　被食者全体に対する有毒な被食者の割合が低く，捕食者が毒性とその外見との関係を学習しにくい場合。(48字)

問３　擬態

問４　有毒昆虫のＧ種が多い島では，捕食者がその模様から捕食を回避する学習が成立しやすく，似た模様をもつタイプβも捕食者からの捕食を逃れているため。(70字)

問５　捕食者はＸ種やＹ種を模様から有毒であると認識しているが，まれにしか出現しない模様の異なる雑種は有毒であることが学習されにくいため。(65字)

問６　生殖的

問７　地域１のＸ種はＹ種と交尾しない。雑種は捕食者に捕食されやすいため，Ｙ種と交尾しない性質をもつものの方が子孫を残しやすく有利であるためと考えられる。(73字)

標問 100 の解説

問１　実験１では，①で模様がなく毒性のない餌を与えているので，②の１回目の実験で既に認識されている無毒な餌の食べられている数が多い。②，③では無毒な餌と有毒な餌の両方が与えられ，実験を繰り返すことで有毒な餌の食べられる回数が減少している。有毒な餌が不味などですぐに認識されるならば，捕食によって餌に描かれた模様と餌の有毒性が結びつき，**学習**が成立して捕食者が食べなくなったことを示している。

問２　実験２では「無毒な餌には台紙と同じ模様を，有毒な餌には台紙と異なる模様を描いて」とあることから，**有毒な餌が目立つ**ことがわかる。実験群の有毒な餌の割合は，群(1) 4％，群(2)12%，群(3)32%となっており，50個の餌を無作為に食べたときの有毒な餌を食べる期待値は，それぞれ２個，６個，16個である。

群(1)と(2)では有毒な餌が期待値より多く捕食されているが，これは有毒な餌が目立ち，また，その数が少ないためだと考えられる。ある程度以上に有毒な餌の割合が多くなると捕食される確率も高くなり，そこに描かれた模様と毒性が結びついて学習され，やがて捕食されにくくなっていくと考えられる。

問３　動物の体の構造や姿勢が他のものに似ることを**擬態**と呼ぶ。擬態には他のものに似て目立たなくなる場合(隠蔽的擬態)や，模様をまねることで捕食を逃れる場合(標識的擬態)などがある。標識的擬態は，さらにベーツ型擬態(有毒や悪味で警告色をもつ他の生物種に似る)と，ミュラー型擬態(有毒や悪味の生物種どうしが共通の警告色をもつことで捕食者の学習を早める)がある。

問4　実験1では餌の毒性と模様が結びつけられて学習が成立することを，実験2では有毒な餌が多くなるほど捕食者に避けられることが示されている。無毒な昆虫Fのタイプαは黒色だが，タイプβは有毒昆虫Gと似た模様であり，昆虫Gが多い島の捕食者では，学習によってG種の模様が有毒性と結びついており，昆虫Gと似たような模様をもつタイプβの捕食を回避すると考えられる。これは問3の解説で述べたベーツ型擬態の例である。

問5　X種とY種はともに形状が同じで有毒性をもつが模様が異なる。この両者の模様と有毒性については捕食者の学習が成立している。しかし，両者の雑種が出現することはまれで個体数が少ないので，X種やY種と異なる模様をもつ雑種が毒性をもっていても捕食者による学習が成立しにくい。

問6，7　実験3～5より，地域1のX種は他種であるY種との求愛と交尾を避けており，同種であるが模様が異なる地域2のX種との求愛も避けることがわかる。しかし，地域2のX種はY種にも模様が異なるX種にも求愛して交尾する。

地域1でこのような生殖的隔離が進んだ理由を，雑種が捕食されやすいことから推察する。

標問 101 遷移，バイオーム

答

問1　林冠を形成する木が寿命や台風などで部分的に倒木して光が差し込むようになった場所であり，林床まで届く光量が増加する。

問2　陽樹：ミズナラ　　陰樹：ブナ　　問3　B種

根拠：B種は林床での生存率が高いので，幼木が弱光下でも成長できる陰樹のアに対応し，E種は大きいギャップ内での成長速度が高いので，幼木が強光下でよく成長する陽樹のイに対応すると判断できる。

問4　林床での生存率を高めようとすると陰樹的な性質が強くなり，光量の多い大きなギャップでの生育に有利になる成長速度を高くすることができない。一方，大きなギャップ内で成長速度が高くなるような陽樹的な性質が強くなると，光補償点が高くなり，光量の少ない林床で生存することが難しくなる。

問5　台風などによる倒木で大きなギャップができて林床にまで光が差し込むと，陰樹の幼木が成長するだけでなく，埋土種子や外部から侵入した種子から発芽した陽樹の幼木が急速に成長してギャップを埋める。このことで，極相林に部分的に陽樹が混生した状態になる。

問6　(1)　A　　(2)　熱帯多雨林　　問7　③

問8　降水量が極めて少なく，1日における気温差が大きい。(25字)

問9　(1)　(iv)

(2)　(i)よりも気温が低い地域に成立する(iv)では，分解者による腐植の分解が進みにくいため。(42字)

問10　一般に(i)では楕円形の葉が地面と平行につくが，Eでは針状の葉が枝に垂直につく。(35字)

精講　重要事項の整理

■ギャップ更新

ギャップが形成されることで森林を構成する樹木が入れ替わる。

大きいギャップ：林床の光量が増え，陽樹が成長してギャップを埋める。

小さいギャップ：林床の光量はあまり増えず，陰樹の幼木が成長してギャップを埋める。

■バイオーム

気候によって区分されるある地域の植生や動物などの生物のまとまりをバイオーム(**生物群系**)という。バイオームは**相観**によって分類される。相観(森林・草原・荒原)は**年平均気温**と**年間降水量**によって決まる。相観は降水量が多い方から，森林，草原，荒原と変化する。

森林は気温の違いによって，比較的温暖な地域では熱帯多雨林や照葉樹林のような常緑広葉樹が，寒暖差や雨季・乾季がある地域では落葉広葉樹が，年間を通じて気温の低い地域では針葉樹が中心となる。

草原はイネ科植物が主体で，熱帯では木本が混じるサバンナとなり，温帯では木本がほとんどないステップとなる。

乾燥が厳しいと砂漠になり，気温がかなり低いとツンドラとなる。

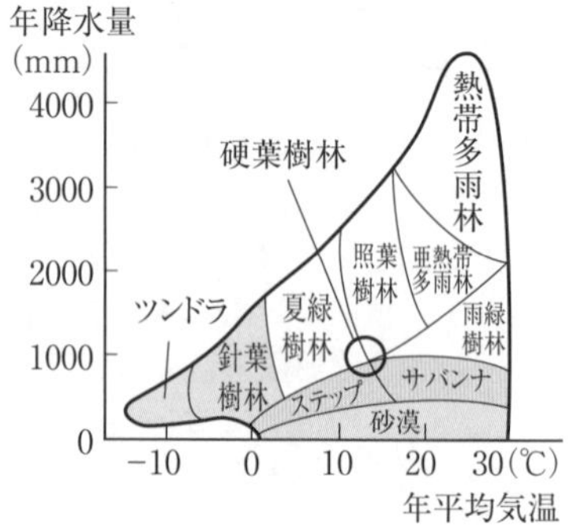

〔気温・降水量とバイオーム〕

■ラウンケルの生活形

生育に不適当な時期につける芽を**休眠芽**と呼ぶ。ラウンケルはこの位置によって植物を分類したが，これは植物の生育する環境と密接な関係がある。

熱帯多雨林のような好適な環境では生育を阻害する因子が少ないため，植物は年間を通じて成長する。一方，気温が極端に低くなる地域では，大気中よりも地表面の方が温度の変化が少ないため，地表面付近に休眠芽を形成するようになる（半地中植物・地中植物）。乾燥が強くなると植物体を残すことができないので，休眠芽をつけるのではなく乾燥に強い種子を残してやり過ごす一年生植物が多くなる。

温暖で湿潤な熱帯多雨林：地上植物が多い。

寒冷な地域：半地中植物・地中植物が多い。

著しく乾燥する地域：一年生植物が多い。

標問 101 の解説

問１　森林の上部を**林冠**と呼び，葉で覆われているため林内は暗い。病気や寿命，台風などの影響で林冠を構成する木や枝が失われると，**光が差し込む隙間**ができる。この場所がギャップである。

問２　どちらも夏緑樹林帯の代表的な樹種である。

問３　幼木が森林のさまざまな場所に出現するアが陰樹で，ギャップの部分に集中的に出現するイが陽樹である。そして，問題文に「アとイはそれぞれ図１中のＢ種とＥ種のどちらかに対応する」と示されているので，図１より，幼木の林床での生存率が高いＢ種が弱光下でも成長できる陰樹のアに対応し，幼木の大きいギャップ内での成長速度が高いＢ種が強光下でよく成長する陽樹のイに対応すると判断できる。

問４　本問でいう「トレードオフ関係」は「一方を追求すると他方が犠牲にならざるを得ない」と示されており，「一方」と「他方」はグラフの縦軸と横軸である。つまり，「林床での生存率を高くしようとすると，大きいギャップ内での成長速度を高くできない」ということである。このままではグラフの軸をただ書き写しただけで答案にならないので，解釈が必要である。

問３の解説に示したように，光量の多い場所での生育に有利なのは成長速度の大きい陽樹である。しかし，森林が成立した後には林床の光量が著しく減少し陽樹の芽生えは成長できないので，林床での成長速度と生存率の両方を高くすることはできない。つまり，林床での生存率を高くするには陰樹的な性質をもつ必要があるが，大きいギャップ内では成長速度が高いことが生存には有利に働くため，陽樹的な性質が有利となる。

問5　ギャップの大きさによって，その後に出現する樹種に違いが生じる。

倒木する木が少なく，**小さいギャップ**しかできなかった場合，林内に光は差し込んでも林床にまで光が届かないことがある。林床が明るくならなければ陽樹の幼木は成長できないので，このような場合は既に存在している**陰樹**の幼木が成長して林冠が閉鎖される。つまり，**陽樹が混じらない**。**大きいギャップ**ができた場合は林床にまで光が届き光量が多くなるので，外部から侵入したり土壌に残っていたりした種子から発芽した陽樹の幼木が，陰樹よりも速く成長する。この陽樹によって林冠が閉鎖されると，**極相林に陽樹が混生する**ことになる。

ギャップ形成によって木が入れ替わることを**ギャップ更新**と呼ぶ。極相林の安定とは，全体としては変化していないように見えるが，**部分的には少しずつ入れ替わっている**ことによって保たれている。また，気候変化や開発などによる自然状態の変化を攪乱（かくらん）と呼び，大規模な攪乱は多くの生物を絶滅に追い込むが，ある程度の攪乱は優占する種を減らし，多様な種の共存を可能にする(中規模攪乱説)。

問6　バイオームを理解する上で重要な精講の図と，問題文の図２を照らし合わせると本問の判断は容易である。設問文の「世界のバイオームの中で最も樹木の種類数が多い」は，年平均気温が高い熱帯(図２のＡ)に成立する**熱帯多雨林**の特徴である。高温多湿で植物の生育に適しているこの地域には，多種類の植物が生育し，地上植物が多い。

問7　森林は年間降水量が700～1000mm程度以上，砂漠は年間降水量が200mm以下の地域に成立する。よってＣは草原であり，イネ科草本が主体となる。なお，熱帯と温帯の境目は年平均気温が12℃前後なので，Ｃは**ステップ**である。

問8　一年生植物が多いのは砂漠の特徴である。砂砂漠では植生はほとんど見られないが，岩砂漠や礫砂漠(れきさばく，表面を石が占める)にはわずかだが植生が見られる。土壌がない分，直射日光が当たる昼間は気温が非常に高く，夜間はかなり気温が下がる。いずれにしろ植物の生育には厳しい地域である。

問9　「落葉樹が優占する森林」には雨緑樹林と夏緑樹林とがある。雨緑樹林は熱帯多雨林(図２Ａ)と同じくらいの年平均気温で年降水量が1000～2000mmの地域に成立するが，図２Ａ～Ｅはいずれも該当しない。年降水量が1000mmを越え，かつ冷温帯に成立しているＤが植物群落(iv)，**夏緑樹林**と判断できる。

高温多湿な熱帯多雨林では，活発に活動する分解者によって土壌に供給される落葉落枝の分解が速く進み，腐植が厚くならない。夏緑樹林では冬の低温によって分解者の活動が停止するため，腐植の分解が熱帯多雨林ほど進まない。

問10　Ｅはかなり気温の低い地域に成立するが，設問文に「優占する樹木は常緑樹」とあるのでツンドラではなく**針葉樹林**である。針葉樹と広葉樹の葉の違いについて述べる。

標問 102 垂直分布(動物)

答

問1　ア－氷期(氷河期)　イ－すみ分け　ウ－種間競争

問2　互いに交配が可能で生殖能力のある子孫を残すことができ，他種とは遺伝的な交流が制限された集団を種というが，交尾器の形態に差があって交配が不可能で子孫を作れないならば同種といえないため。

問3　樹林帯名：夏緑樹林　　樹種：③，⑤

問4　②

標問 102 の解説

問1　ウ．競争には種間競争と種内競争がある。

問2　種の概念，という根本の理解を必要とする設問である。一般に種は，**個体間で自由に交配可能で生殖能力のある子孫を生じる生物群**と定義される。問題にあげられている交尾器の形態が一致しない，繁殖期が異なる，繁殖の合図が異なるなどの**生殖的隔離**が成立する生物どうしは別種に分類される。

問3　標高によるバイオームの違いを垂直分布と呼び，中部日本における垂直分布は標高700m までの丘陵帯(低地帯)が**照葉樹林**，1500m までの山地帯が**夏緑樹林**，2500m までの亜高山帯が**針葉樹林**である。標高 2500m 以上になると木本が少なくなるのでこの標高を**森林限界**，さらに高くなって雪などによって高木が生息できなくなる標高を**高木限界**と呼び，高山の頂上付近は**高山草原**となる。

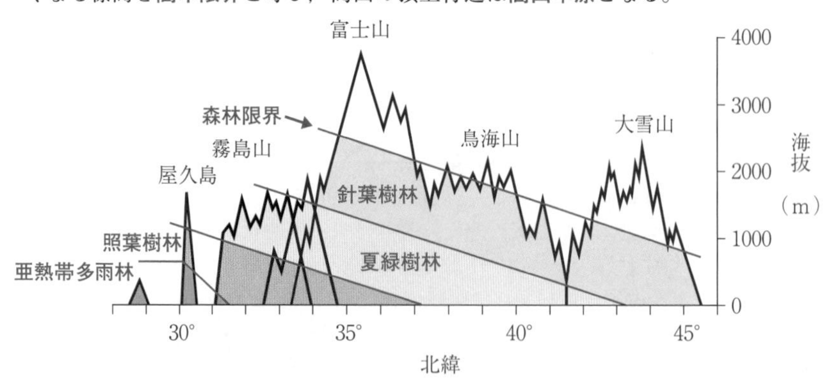

問4　問題に示されたルリクワガタは図2の水平分布および図3の垂直分布から判断して山岳帯の冷涼な地域での生活に適している。ルリクワガタが分布を広げるには地域一帯の気温が低下して，ルリクワガタの生息に適するようになることが必要である。よって，**寒冷化が先行し，寒冷期に低標高地に分布を広げた**と判断できる。広く分布した後に温暖化が起これば，低標高地で生活できなくなるため，**再び高標高地に孤立するようになる**。

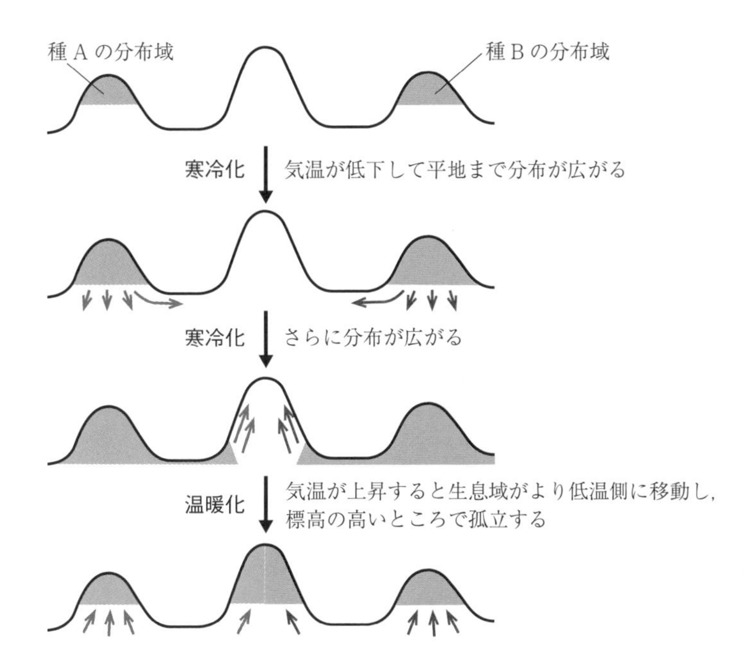
種Ａの分布域
種Ｂの分布域
寒冷化
気温が低下して平地まで分布が広がる
寒冷化
さらに分布が広がる
温暖化
気温が上昇すると生息域がより低温側に移動し，
標高の高いところで孤立する

問題はここまでであるが，さらなる温暖化が進めば，ルリクワガタの生息域は山頂付近に追い詰められ，やがては絶滅すると推測できる。現在進行しているとされる地球温暖化に通じるテーマである。

標問 103 垂直分布(植物)

答

問1 ②，⑤

問2 この標高だけが草原や陽樹林の段階で，極相に達していない。(28字)

問3 森林限界

問4 ①，④

問5

標高(m)	バイオームの名称	代表的な樹種
900m	照葉樹林	②・③
1400m	照葉樹林	②・③
1800m	夏緑樹林	⑦・⑩
2500m	針葉樹林	⑤・⑧

精講 本題のテーマ

■植物の垂直分布

標問102の解説問3を見よ。

■暖かさの指数

日本のような降水量が十分な地域では，どのようなバイオームになるかは気温によって決まる。そこで，植物が成長したり繁殖したりできる下限の温度を5℃と考え，1年のうち月平均気温が5℃以上の月について，月平均気温から5を差し引いた値を求め，それらを積算したものを暖かさの指数(WI, warmth index)とする。暖かさの指数と生育するバイオーム・水平分布・垂直分布の関係を下の表にまとめておく。

暖かさの指数(WI)	バイオーム	水平分布	垂直分布*
0< WI ≦ 15	低木林・草原	寒　帯	高 山 帯
15< WI ≦ 45	針葉樹林	亜寒帯	亜高山帯
45< WI ≦ 85	夏緑樹林	冷温帯	山 地 帯
85< WI ≦180	照葉樹林	暖温帯	丘 陵 帯
180< WI ≦240	亜熱帯多雨林	亜熱帯	

＊本州中部における垂直分布

標問 103 の解説

まず，本題で扱われている本州中部のある山の各標高でのバイオームについて，確認しておく。

標高 900m：ススキ草原，アカマツ林　──→ 照葉樹林
標高 1400m：ミズナラ林，カエデ類の落葉広葉樹
　　ただし，アカマツは見られず　──→ 夏緑樹林
標高 1800m：オオシラビソやコメツガの森　──→ 針葉樹林
標高 2500m：ハイマツの低木林，高山植物　──→ 高山帯

なお，高校の教科書に記載されているような一般的な本州中部の山では標高 900m は夏緑樹林である。しかし，アカマツ林が暖温帯における遷移の過程で見られる代表的な陽樹林であること，および標高 1400m の夏緑樹林ではアカマツは見られないと明示されていることから，本題で扱われている山の標高 900m では極相に達すると**照葉樹林**になると判断できる。

問1　① アカマツは外生菌根を形成し，菌根菌に光合成産物を与え，菌根菌から土壌から吸収した水と無機塩をもらう(相利共生)。しかし，窒素固定はしない。
∴　×

② 林床に生えるコミヤマカタバミは陰生植物であり，ススキは強光・高温に適した C_4 植物である。∴　○

③ オオシラビソは北海道の平地にも自生するが，コメツガは北海道には自生せず，青森県(八甲田山)～愛媛県(石鎚山)の亜高山帯に自生する。∴　×

④ ダケカンバは陽生の落葉広葉樹である。∴　×

問2　標高 1400m ではミズナラの林，標高 1800m ではオオシラビソやコメツガの森という極相林が見られるのに対して，標高 900m ではススキ草原やアカマツ林という暖温帯の陽樹林は見られるが，スダジイやタブノキなどの陰樹林が見られない。

問3　高校の教科書に高木限界の記載がないので解答には森林限界と示したが，厳密には，「高木が生えていない」なので高木限界である。

問4　① 生育可能期間が短いため，多年生草本が多い。∴　○

② C_4 植物は強光・高温に適した植物である。∴　×

③ ハイマツは常緑の針葉樹である。∴　×

⑤ 暖かさの指数は，高山帯が 0 ～15で，亜高山帯が15～45である。∴　×
ただし，各帯の具体的な数値まで覚えている受験生は殆んどいないはずである。

問5　3℃＝0.6℃×5 なので，それぞれが**現在の標高より 500m 低い標高でのバイオームになる**と考える。

標高 900m と 1400m はそれぞれ標高 400m と 900m に相当するようになり，本題では標高 900m は照葉樹林として扱われているので，両者ともに**スダジイ**(②)や**タブノキ**(③)などを代表樹とする**照葉樹林**になる。

標高 1800m は標高 1300m に相当するようになり，標高 1500m 付近までに見られ，**ブナ**(⑩)や**ミズナラ**(⑦)を代表樹とする**夏緑樹林**になる。

標高 2500m は標高 2000m に相当するようになり，標高 2500m 付近までに見られ，**シラビソ**(⑤)や**コメツガ**(⑧)などを代表樹とする**針葉樹林**になる。

標問 104 生態系とエネルギーの移動

答

問1　ア－無機物　イ－有機物　ウ－食物網　エ－光　オ－化学
　カ－熱

問2　⑥　　問3　①－×　②－○　③－×

問4　春以降に新たな地上部を速やかに成長させるため，前年の生産活動により地下部に貯蔵されていた栄養分を利用するので，地下部現存量が減少する。(67字)

問5　最大の純生産量の月：7月　　純生産量：0.65〔g/m^2/月〕

精講 生態系における有機物量の収支

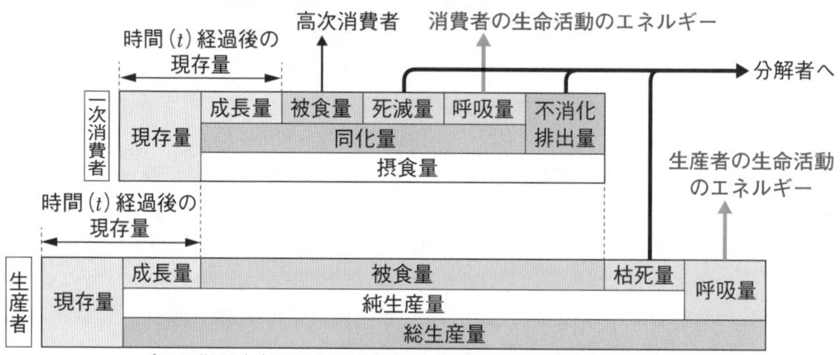

〔ある期間(t)における生産者と消費者の有機物量の収支〕

標問 104 の解説

問1　物質は生態系内を循環するが，エネルギーは熱エネルギーとして生態系外へ失われ，循環しない。

問2　生態系で利用される有機物は，生産者による炭酸同化などで合成される。植物や藻類は代表的な生産者である。生産者によって合成された有機物量を総生産量と呼ぶ。生産者の合成した有機物は，生産者自身の成長(成長量)と呼吸によって消費される分(呼吸量)もあるが，食物連鎖によって消費者に移行する分(生産者の被食量＝消費者の摂食量)，枯死や脱落によって分解者へと移行する分(枯死量，死亡量など)として利用される。

Point　生産者の物質生産

総生産量＝純生産量＋呼吸量

純生産量＝成長量＋被食量＋枯死・死亡量

生産者や一次消費者といった，食物連鎖上の位置に基づく生物の分類は，栄養段階と呼ばれる。生産者の被食量は，消費者では摂食量と呼び名が変わる。消費者において，摂食量のうち消化できない分を不消化排出量，残りを同化量と呼ぶ(総生産量と呼ぶこともある)。同化量から呼吸量を引いた値は生産量と呼ばれる。生産量の内訳は成長量，被食量，死滅量であり，生産者の内訳と変わらない。なお，最高次の消費者では被食量がない。

Point　消費者の物質生産

消費者の摂食量＝生産者の被食量
摂食量＝同化量＋不消化排出量
同化量＝生産量＋呼吸量＝(成長量＋被食量＋死滅量)＋呼吸量

問３　①　移行するエネルギー量は低次の栄養段階では低く(１%以下)，栄養段階が高くなるにつれて利用できるエネルギーが少なくなるため，エネルギー利用効率が高くなる。ただし，最大でも20%程度しか移行しない。

②　植物による総生産量が減少すると，一次消費者が利用できる有機物量が減って一次消費者の数が減少する。それにより二次消費者も減少し，さらに高次の消費者が利用できる有機物量が減少するので，高次消費者の絶滅，すなわち栄養段階は減少する可能性がある。

③　総生産量には限界があり，栄養段階が高くなるにつれて高次消費者に移行するエネルギー量は減少するため，栄養段階の数が無限に増加することはない。

問４　多年生植物は生育に不適当な時期をやりすごすために根や地下茎などに栄養分を貯蔵する。このことは，表１で８月以降の地下部現存量が増加していることに表れている。貯蔵されている栄養分を利用することで，種子から発芽して成長する植物よりも地上部を急速に成長させることができ，早期に葉を展開して光を獲得することに有利であることも理解しておきたい。

問５　純生産量は以下の式で与えられる。

純生産量＝成長量＋被食量＋枯死量

成長量は現存量の増加分であり，被食量は条件より０，枯死量は表に示されている。よって，各月の純生産量は次の通り。

７月の純生産量＝(８月の現存量－７月の現存量)＋７月の枯死量
＝{(0.98＋1.22)－(0.69＋1.12)}＋0.26＝0.65

８月の純生産量＝(９月の現存量－８月の現存量)＋８月の枯死量
＝{(1.07＋1.46)－(0.98＋1.22)}＋0.12＝0.45

９月の純生産量＝(10月の現存量－９月の現存量)＋９月の枯死量
＝{(1.11＋1.62)－(1.07＋1.46)}＋0.09＝0.29

標問 105 炭素循環

答

問1　固定される量：18%　　入れかわる割合：5.5年

問2　陸地：9.5年　　海洋：0.070年

原因：陸地の主たる生産者は木本で，現存量における非同化器官の割合が大きいため，現存量あたりの純一次生産量は小さい。一方，海洋の生産者は寿命の短い植物プランクトンで，現存量における非同化器官の割合が小さいため，現存量あたりの純一次生産量は大きいから。

問3　木本が主体で現存量が大きい亜熱帯季節林では乾季は活動を停止し，雨季も非同化器官が多いので呼吸量が大きくなり，純生産量があまり大きくならない。イネ科草本が主体のサバンナは現存量は小さいが，総生産量は大きくなくても非同化器官が少ないので呼吸量が小さくなり，純生産量が小さくならないため。

問4　緯度が高くなると気温が下がり，植物の成長が低下するので，現存量や純一次生産量は小さくなる。また，分解者の活動が低下して土壌有機物の分解が進まなくなるため，高緯度になるほど土壌有機物量が多くなる。

標問 105 の解説

問1　大気中の CO_2 が植物の光合成によって固定されて有機物になるので，この量は総生産量に相当する。「植物の総生産量の $\frac{1}{2}$ が呼吸で失われる」ことから，総生産量の $\frac{1}{2}$ が呼吸量，残りの $\frac{1}{2}$ が純生産量(本問では純一次生産となっている)である。よって，地球全体の単位面積あたりの総生産量(以下すべて炭素量で示す)は，

$$総生産量 = 純一次生産量 \times 2 = 0.133 \times 2 = 0.266〔kg/(m^2・年)〕$$

地球全体の面積が，$510 \times 10^{12}\,m^2$ なので，1年間に地球全体で固定される CO_2 量は，

$$0.266〔kg/(m^2・年)〕\times 510 \times 10^{12}〔m^2〕= 135.66 \times 10^{12}〔kg/年〕$$

となる。この量が大気中の CO_2 量(750×10^{12} kg)に占める割合は，

$$\frac{135.66 \times 10^{12}〔kg/年〕}{750 \times 10^{12}〔kg〕} \times 100〔\%〕= 18.088 \fallingdotseq 18.1〔\%/年〕$$

である。このことから，毎年大気中の18.1%の CO_2 が植物に固定され，同量が放出されれば，1年で大気中の CO_2 が18.1%入れかわるので，

$$\frac{100〔\%〕}{18.1〔\%/年〕} \fallingdotseq 5.52〔年〕$$

より，約5.5年ですべてが入れかわることになる。

問2　「純一次生産量あたりの植物現存量」と求める値が示されているので，

$$陸地の炭素の滞留時間=\frac{3.8〔kg/m^2〕}{0.40〔kg/m^2・年〕}=9.5〔年〕$$

$$海洋の炭素の滞留時間=\frac{0.0043〔kg/m^2〕}{0.061〔kg/m^2・年〕}≒0.070〔年〕$$

である。次にこの値の違いを検討する。

陸上の主たる生産者は大規模に存在する**森林の木本**である。安定した森林では非同化器官である幹などで構成される現存量が極めて大きい。非同化器官の割合が高いので呼吸量が大きくなり純生産量が小さい。また，成長量や被食量が小さく，純生産量の大部分は枯死量で占められる。すなわち，光合成によって固定された炭素の大部分は，枯死・脱落した分を更新する(作り替える)ことに利用される。つまり，大きな現存量を小さな枯死量に相当する純生産量でコツコツと更新するため，炭素の滞留時間が長くなる。

海洋の主たる生産者は**植物プランクトン**であることに注意する必要がある。枯死量は小さいが，個体がそのまま消費者に捕食されるので純生産量における被食量の割合が大きい(純生産量はほぼ被食量に相当する)。植物プランクトンは寿命が短く，現存量も小さいが，非同化器官の割合が低いので呼吸量がさほど大きくない。よって，小さな現存量を比較的大きな被食量に相当する純生産量で更新することになるため，炭素の滞留時間が短くなる。

問3　草本が主体のサバンナは，木本が主体の亜熱帯季節林(雨緑樹林)よりも現存量が小さい。草本の総生産量はあまり大きくならないが，木本に比べて非同化器官の割合が低く，総生産量に対する呼吸量の割合が小さい。このためサバンナの純生産量は，比較的大きくなる。雨緑樹林は乾季には葉が落ちて光合成できないため総生産量があまり大きくならず，また総生産量に対する呼吸量の割合が大きいので純生産量はあまり大きくならない。

問4　土壌有機物は植物が枯死・脱落することなどで供給されるが，土壌中の分解者によって分解される。高温多湿の熱帯多雨林は分解者の活動が活発なため，土壌に供給される有機物は速やかに分解されて失われる。気温が下がるにつれて分解者の活動が低下し，針葉樹林では気温が低いことに加えて冬季には分解者の活動が停止するため，有機物の分解があまり進まない。よって，緯度が高く，気温が低くなるにつれて，土壌有機物量が多くなる。

標問 106 窒素同化

答

問1　ア－硝化菌　イ－亜硝酸イオン　ウ－還元
　エ－ケトグルタル酸(α-ケトグルタル酸)　オ－アミノ基転移酵素

問2　6.0×10(g)　　問3　③，⑤，⑦

問4　カ－アンモニウムイオン　キ－蓄積　ク－同化　ケ－不足

問5　グルタミン酸：⑥　　グルタミン：②

問6　窒素同化の過程において，アンモニウムイオンとグルタミン酸からグルタミンを生じる反応には，光エネルギーを利用して合成されたATPが用いられるが，グルタミン以降の反応はATPを必要としないため。(95字)

標問 106 の解説

植物の窒素同化の過程と，土壌中での無機窒素化合物の変化の過程は以下の通り。

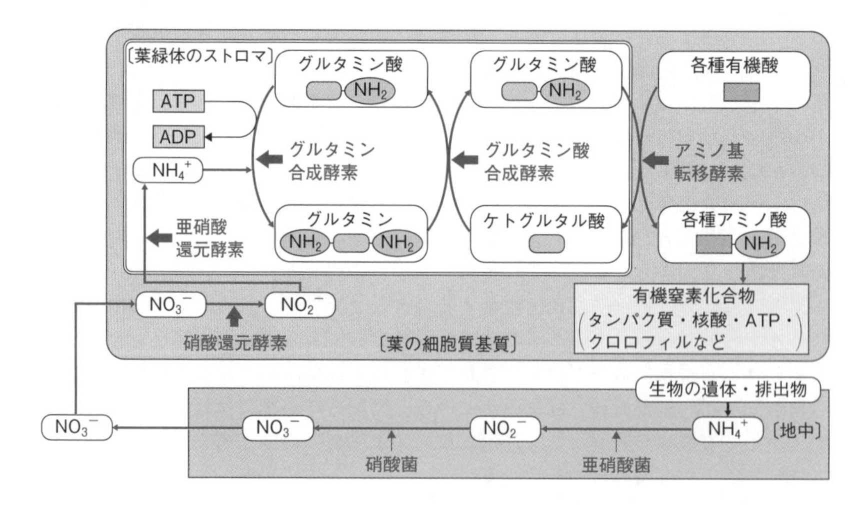

問1　ア，イ．生物の遺体や排出物中に含まれる有機窒素化合物は，分解者によりアンモニウムイオン(NH_4^+)へ，NH_4^+は亜硝酸菌により**亜硝酸イオン**(NO_2^-)へ，NO_2^-は硝酸菌により硝酸イオン(NO_3^-)へと変えられる。亜硝酸菌と硝酸菌によるNH_4^+からNO_3^-への酸化反応を**硝化**(**硝化作用**)と呼び，両者を**硝化菌**と呼ぶ。

ウ，オ．植物が根から吸収したNO_3^-は，道管により葉の細胞へ運ばれ，細胞質基質において硝酸還元酵素(酵素 1)によりNO_2^-へ**還元**される。NO_2^-は葉緑体内に入り，ストロマにおいて亜硝酸還元酵素(酵素 2)によりNH_4^+へ還元される。NH_4^+はストロマにおいてグルタミン合成酵素により**グルタミン酸**と結合して**グルタミン**となり，グルタミンのアミノ基はグルタミン酸合成酵素によりケトグルタル酸へ転移され，グルタミン酸が生じる。グルタミン酸は細胞質基質へ運ばれ，**アミノ基転移酵素**によりグルタミン酸のアミノ基が各種有機酸へ渡されることで，各種アミノ酸が合成される(**窒素同化**)。

問2　5平方メートル，地表15cmの土壌の乾燥重量は，

$$100[\mathrm{cm}]\times500[\mathrm{cm}]\times15[\mathrm{cm}]\times0.8[\mathrm{g/cm^3}]$$
$$=750000[\mathrm{cm^3}]\times0.8[\mathrm{g/cm^3}]=600000[\mathrm{g}]$$

である。この中に含まれる窒素量は，

$$600000[\mathrm{g}]\times\frac{2.8[\mathrm{mg}]}{100[\mathrm{g}]}=16800[\mathrm{mg}]=16.8[\mathrm{g}]$$

であり，この窒素の80%が分子量62である硝酸イオン(NO_3^-)に含まれることから，この土壌中の硝酸イオンの重さは，

$$16.8[\mathrm{g}]\times\frac{80}{100}\times\frac{62}{14}=59.52[\mathrm{g}]\qquad\text{有効数字2桁では，}6.0\times10[\mathrm{g}]$$

問3　植物の窒素同化で合成された各種アミノ酸は，タンパク質(③，⑦)・核酸(⑤)やATP・クロロフィルなどの有機窒素化合物の合成に利用される。① NO_3^- は窒素を含むが無機物。②脂肪，④クエン酸，⑥グルコースは有機物だが窒素を含まない。

問4　グルタミン合成酵素が関与する窒素同化産物は植物の生育にとって不可欠である。そのため，植物をグルホシネートで処理すると，**窒素同化産物の不足**により植物は枯死する。また，グルタミン合成酵素は NH_4^+ とグルタミン酸の結合を触媒するため，植物をグルホシネートで処理すると，**NH_4^+ の蓄積**が起きる。高濃度の NH_4^+ は毒性を示すので，植物は枯死する。

問5　タンパク質の材料となる20種類のアミノ酸の化学式や側鎖の構造は，すべての大学で出題されるものではないが，大学によっては出題されることもある。過去に出題されている場合は覚えておいた方がよい。

```
      COOH                      NH2
       |                         |
      CH2                       C=O
       |                         |
      CH2                       CH2
       |                         |
NH2-CH-COOH                     CH2
                                 |
                          NH2-CH-COOH
```

グルタミン酸：$C_5H_9NO_4$　　グルタミン：$C_5H_{10}N_2O_3$

問6　窒素同化の過程において，**NH_4^+ とグルタミン酸からグルタミンを生じる反応には，チラコイドにおける光リン酸化で合成されたATPが利用される**。そのため，低温や日照不足により光合成速度が小さい条件では，ATP不足によりグルタミン合成速度も低下し，有機窒素化合物が不足する。一方，**グルタミン合成以降の反応にはATPは用いられない**ため，低温や日照不足の条件でも，グルタミンを与えれば反応が進み，有機窒素化合物の不足が解消されるため生育が促進される。

標問 107 海岸の生態系

答

問1　補償深度より深い水深では1日の呼吸量が光合成量を上回り，生存に必要な有機物が不足するため。

問2　日中は光合成速度が呼吸速度を上回ることで酸素が供給されて溶存酸素濃度が高くなる。光合成ができない夜間は呼吸による酸素消費が進み溶存酸素濃度は低くなる。

問3　脱落した個体の一部から新個体を生じる，栄養生殖によって増殖すると考えられる。

問4　根粒内部に共生する根粒菌の窒素固定によって，植物は無機窒素化合物の供給を受ける。

問5　湖岸に生育するYでは根の細胞の浸透圧が高くないので，食塩水を与えると土壌からの吸水量が減少する。水の供給が減少したことで気孔開度が低下し，二酸化炭素の取り込みが減少することで光合成速度が低下したと考えられる。

問6　両者の祖先となる植物は，湖が海に接近した時期にはこの地域に広く分布していた。湖が海から離れると両者は地理的に隔離されて交配が妨げられ，さらに湖岸と海岸という異なる環境に適応した結果，遺伝的な違いが大きくなり生殖的に隔離されるようになった。

標問 107 の解説

問1　光合成の光補償点(光合成速度と呼吸速度が等しくなり，見かけの光合成速度が0となる光の強さ)と等しい光の強さに達する深度を補償深度という。補償深度における光量は，おおよそ海面が受ける光の1%程度とされる。植物や藻類などの光合成生物は，補償深度より浅い水深でないと生存できない。

一般には，1日の光合成量と呼吸量が等しくなる水深(日補償深度)の意味で補償深度が使われる。

問2　夜間は呼吸のみが行われることから判断する。

問3　雄株だけでは有性生殖での増殖はできない。つまり，無性生殖によって増殖していると考えられる。本問の条件からは具体的な繁殖方法ははっきりとはわからないが，植物や藻類では栄養生殖で増殖するものが少なくないので，栄養生殖によることを含めて解答する。

問4　植物の生育にはリン，窒素，カリウムなどの無機塩類が必要であり，やせた土地ではこのような無機塩類が不足することで生育が著しく抑制される。マメ科植物が遷移の初期に出現したり，砂浜などの荒れ地でも比較的よく生育できるのは，根粒菌が共生することでアンモニウムイオン(NH_4^+)を得ることができるためである。

問5　食塩によって光合成が阻害されるなどと短絡的に判断してはいけない。実験2から，食塩水の影響は細胞の浸透圧に反映している。

一般に根の細胞の浸透圧は土壌水(土壌に含まれる水分)の浸透圧よりも高く，そのため根での吸水が起こる。根に食塩水を与えたとき，海岸に生育するYでは根の細胞の浸透圧が土壌水の浸透圧よりも高く保たれるので吸水が可能であるが，湖岸に生育するYでは根の細胞の浸透圧が高くないので土壌水からの吸水が十分に起こらない。そのため湖岸に生育するYでは根からの吸水が不足して，気孔開度が低下し二酸化炭素の供給が減少する。

植物が水不足の環境にさらされると，根の細胞でアミノ酸や糖を貯蔵して土壌水よりも浸透圧が高い状態を維持する。また，海岸沿いでは海水によって土壌水の浸透圧が高くなるので，このような場所で生育する植物では能動輸送によってNa^+を細胞内に取り込み，根の細胞の浸透圧が高い状態を維持している。

問6　種分化のしくみを踏まえて説明する。なお，湖と海が接近した時期に，湖岸にいた個体が海岸に進出したのか，逆に海岸にいた個体が湖岸に進出したのかは問題文からははっきりしない。

標問 108 キーストーン種

答

問1 (1) b－イ (2) a－ウ (3) d－エ (4) c－ア

問2 カサガイはフジツボのように固着生活ではないので，ヒトデの捕食から逃れることができる。

問3 ヒザラガイ 問4 ① 問5 対照区

問6 (1) 捕食者であるヒトデがいなくなり，生存率が高くなった。

(2) ⅱの時期に餌となる紅藻が減少した。

問7 ②，③

標問 108 の解説

問1 (1) ヒトデはウニ・ナマコとともに代表的な棘皮動物である。棘皮動物は新口動物なので，原口は肛門側にでき，口は原口の反対側に新たにつくられる。

(2) ヒザラガイ(多板綱)は軟体動物に属するが，イカやタコ(頭足綱)，二枚貝(斧足綱)や巻貝(腹足綱)とはかなり形態が異なる。外套膜は炭酸カルシウムが蓄積して貝殻となるものが多い。

(3) フジツボはカメノテなどとともに固着生活をする節足動物で，エビやカニのなかまである(甲殻綱)。節足動物は体節構造をもち，外骨格である。

(4) イソギンチャクはクラゲやサンゴなどとともに刺胞動物に分類される。

問2 問題文に示された「フジツボ＝固着生活，カサガイ＝動き回る」に注目する。

問3 競争とは同種または異種の個体間で餌や生活空間を奪い合うような関係を指す。

問4 ① ヒトデとイソギンチャクは餌として共通な動物がいない。

②，③ フジツボとイガイ，イガイとカメノテはともにプランクトンを共通の餌としているので競争関係にある。

問6 (1) 捕食者がいなくなったために個体数が増加したと考えられる。

(2) 増加したフジツボとイガイによって，ヒザラガイやカサガイの餌となる紅藻が減少したことによると考えられる。

問7 捕食者が存在することで，多様な生物の共存が可能になる場合があり，このときバランスを保つのに重要な役割をする種をキーストーン種と呼ぶ。キーストーンとは石組みのアーチを安定させるために必要な石(鍵石)に由来する(右図)。本問ではヒトデがキーストーン種である。

キーストーン

①，④ 均等に捕食していないし，藻類も捕食しない。

②，③ ヒトデがいないと最終的にイガイで占拠される場所で，捕食によってイガイの定着を抑制し，結果としてヒザラガイなど多様な生物の生息を可能とする。

Point キーストーン種

種間関係を決定するのに重要な役割を果たす捕食者。

標問 109 環境保全

答

問1　ア－食物連鎖　イ－生物濃縮　ウ－水俣　エ－カドミウム
　オ－オゾン層　カ－DNA

問2　①脂溶性であり，体内に取り込まれると脂肪組織に蓄積しやすい。(29字)
　②体内で代謝されず，また体外に排出するしくみがない。(25字)

問3　(1)　24倍　(2)　96000倍

問4　(1)　卵殻が薄くなって強度が低下し，壊れやすくなった。(24字)
　(2)　母親が卵を温めるときに殻が壊れて，胚が死亡した。(24字)

問5　⑤，⑦

標問 109 の解説

問1，2　環境中に放出された有機物は，一般に微生物によって分解され無機物になるが，DDT や BHC，PCB などの有機塩素化合物は自然界に存在しないため，これらの物質を代謝する生物がほとんどいない。現在ではどの物質も使用が禁止されているが，過去に放出されたものは全世界的に分散し，極地帯の海獣類の体内からも検出されている。

これらの物質はいずれも**脂溶性**で，生物にはこれらの物質を分解や排出するしくみがないので，体内に取り込まれると**脂肪組織**などに蓄積される。低次消費者ではこれらの物質を体内に取り込む量が少なく体内濃度がさほど高くならないが，食物連鎖を通じて生物濃縮が進むことで，高次消費者では毒性が問題になる。

工場排水に含まれる有機水銀(メチル水銀)による水俣病は1950年代に熊本県や新潟県で発生し世界的にも有名であるが，現在でも新興国で似たような健康被害が報告されている。

問3　(1)　濃縮率は濃度が何倍高くなったかを示す値である。イワシとアジサシの体重 100 g あたりの DDT 濃度をそれぞれ，イワシの DDT 濃度＝0.02(mg/100g 体重)，アジサシの DDT 濃度＝0.48(mg/100 g 体重)とすれば，求める値は，

$$\frac{\text{アジサシのDDT濃度}}{\text{イワシのDDT濃度}}=\frac{0.48〔\text{mg/100 g 体重}〕}{0.02〔\text{mg/100 g 体重}〕}=24〔\text{倍}〕$$

(2)　海水の DDT 濃度は 0.00005 ppm であり，濃縮率を求めるにはまず同じ単位にする必要がある。ppm は百万分率を示す単位で，本来の割合に100万をかけた値である(“%”が本来の割合に100をかけて大きく見せるのと同様)。よって 100 g の海水中に含まれる DDT 量は，

$$100〔\text{g}〕\times\frac{0.00005}{10^6}=5\times10^{-9}〔\text{g/100 g 海水}〕=5\times10^{-6}〔\text{mg/100 g 海水}〕$$

である。したがって，

$$\frac{\text{アジサシのDDT濃度}}{\text{海水のDDT濃度}} = \frac{0.48〔\text{mg/100 g 体重}〕}{5 \times 10^{-6}〔\text{mg/100 g 海水}〕} = 96000〔\text{倍}〕$$

となり，海水では極めて低い濃度で含まれても，高次消費者の体内では濃縮されていることがわかる。

Point　生物濃縮

① 食物連鎖を通じて濃縮が進み，高次消費者に影響する。

② PCBやDDTなどの脂溶性物質は分解や排出がされにくく，生物濃縮が起こりやすい。

問4 (1) 農薬散布以降，グラフでは卵殻指数が低下している。この値が小さくなるのは，分子が小さくなる，分母が大きくなるなど，さまざまな理由が考えられる。ここで，分母の卵長×卵幅は右図に示すように卵の大きさの指標となるのだが，設問に「卵の殻に何が起きたか」とあることから，卵殻のみに原因があると判断する。すなわち，卵の大きさは変化しないが，卵殻重量が減少したことでふ化率が低下したと推測される。

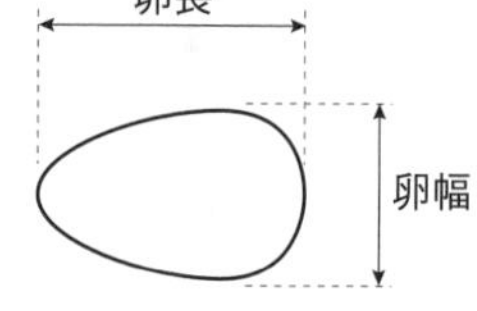

(2) 卵殻が薄くなったことで，胚を保護する能力が低下したことがふ化率に影響したと判断する。

問5 紫外線がDNAに吸収されると塩基に変化が起こり，突然変異を起こす原因になる。このことで細胞周期が異常になると，細胞ががん化する可能性がある。また，タンパク質を変性させる働きももち，白内障（水晶体が白濁し，視力が低下する疾患）の進行が速くなるとされる。